Taschenatlas Zoologie

T0175174

Wolfgang Clauss · Cornelia Clauss

Taschenatlas
Zoologie

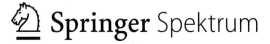

Wolfgang Clauss
Gießen, Lahn, Deutschland

Cornelia Clauss
Gießen, Lahn, Deutschland

ISBN 978-3-662-61591-1   ISBN 978-3-662-61593-5   (eBook)
https://doi.org/10.1007/978-3-662-61593-5

Die Deutsche Nationalbibliothek verzeichnet diese Publikation in der Deutschen Nationalbibliografie; detaillierte bibliografische Daten sind im Internet über http://dnb.d-nb.de abrufbar.

Planung/Lektorat: Stefanie Wolf
Springer Spektrum ist ein Imprint der eingetragenen Gesellschaft Springer-Verlag GmbH, DE und ist ein Teil von Springer Nature.
Die Anschrift der Gesellschaft ist: Heidelberger Platz 3, 14197 Berlin, Germany

Vorwort

In zahlreichen naturwissenschaftlichen und medizinischen Fachbereichen sind Taschenatlanten mit ihrer Kombination aus Text- und Bildseite bereits mit großem Erfolg etabliert. In diesem bewährten Format präsentieren wir nun auch das Fachgebiet der Zoologie in kompakter und übersichtlicher Form, die sich ideal für ein konzentriertes Studium einzelner, in sich abgeschlossener Themenbereiche eignet.

Die Doppelseiten umfassen jeweils eine Einheit aus Text und Abbildung, die den Leser in die grundsätzlichen Inhalte eines bestimmten Themas einführen. Es kann aber nicht Aufgabe eines Taschenatlas der Zoologie sein, das gesamte Fachgebiet der Zoologie erschöpfend in allen Details darzustellen. Wir haben deshalb versucht, die wichtigen Aspekte unter Einbeziehung der aktuellsten Erkenntnisse zu veranschaulichen. Die Grafiken des Buchs wurden unter didaktischen Gesichtspunkten erstellt, wobei es unser Anliegen war, eine Informationsüberfrachtung zu vermeiden. Somit wird ein zum Lernen, Lesen und Nachschlagen geeigneter Überblick über die Allgemeine und Spezielle Zoologie geboten. Wir hoffen, dass das Buch nicht nur für die Studierenden der Biologie und verwandter Fächer und für Lehrer der Biologie, sondern auch für alle, die an der Vielfalt der Tierwelt interessiert sind, ein nützliches Nachschlagewerk sein wird.

Dankenswerterweise haben sich verschiedene Fachkollegen und Freunde mit wertvollen und kompetenten Hinweisen und Korrekturvorschlägen beteiligt. Besonders dankbar sind wir Prof. Dr. Mike Althaus (Bonn), Rainer Bartelt (Delbrück), Dr. Reinhard Kikinger (Senftenberg), Dr. Michael Nickel (Stuttgart) und Prof. Dr. Andreas Schmidt-Rhaesa (Hamburg).

Wir bedanken uns bei dem Team des Springer-Verlags, insbesondere Frank Wigger, Steffanie Wolf und Martina Mechler für die hervorragende Betreuung und die Geduld bei der Umsetzung dieses Projekts. Besonderer Dank gilt auch unserer Lektorin Dr. Birgit Jarosch, die nicht nur sämtliche Kapitel kompetent redigiert hat, sondern darüber hinaus auch viele wertvolle und wichtige Hinweise und Ergänzungen beisteuerte.

Wir haben uns die wissenschaftliche und grafische Arbeit geteilt.

Gießen, im November 2021

Wolfgang Clauss

Cornelia Clauss

1 Aufbau und Struktur der tierischen Organismen

1.1 Architektur der Zelle

Zellen sind die kleinsten selbstständig funktionsfähigen Einheiten eines Organismus. Als Einzeller sind sie von anderen Zellen völlig unabhängig lebensfähig, als Mehrzeller organisieren sie sich zu Geweben, Organen und Organismen und übernehmen im Verband unterschiedliche Aufgaben. Nur die eukaryotischen Zellen sind in unterschiedliche Funktionsräume (Organellen) kompartimentiert.

Alle tierischen Zellen sind eukaryotisch mit einem echten Zellkern. Es gibt apolare und polare Zellen. Das Beispiel einer polaren Epithelzelle (→ A) zeigt alle typischen Merkmale und Organellen. Solche Zellen befinden sich z. B. in der Darmschleimhaut und bewirken einen kontrollierten Stoffaustausch. Ihre apikale Oberfläche ist durch Mikrovilli stark vergrößert. Die stark verformbare Zellmembran besteht aus einer Lipiddoppelschicht mit eingelagerten Proteinen (Fluid-Mosaik-Modell), deren Zusammensetzung zwischen apikaler und basolateraler Seite unterschiedlich ist. Das Cytoplasma enthält den Zellkern und die Organellen. Dazwischen befindet sich das Grundplasma (Cytosol). Es besteht hauptsächlich aus Wassermolekülen und Ionen, aber auch Proteinen, Kohlenhydraten, Lipiden und Nucleinsäuren. Seine kolloidartige Masse kann verschiedene Viskositätszustände annehmen (Solzustand und Gelzustand) und ermöglicht eine amöboide Beweglichkeit.

Als Organellen gibt es Zell-Zell-Kontakte (Tight Junctions, Desmosomen), Mitochondrien für den Energiestoffwechsel, das glatte und raue endoplasmatische Reticulum zur Proteinsynthese, den Golgi-Apparat als Verteilungsstelle für Vesikel, Elemente des Cytoskeletts (Centriol und Filamente sowie bei speziellen Zellen Cilien) sowie Reaktionsräume für den Abbau (Peroxisomen). Größere Partikel und Moleküle werden über vesikelartige Strukturen aus der Zelle hinaus (Exocytose) oder in die Zelle hinein geschleust (Endocytose).

Tierische Zellen sind in eine extrazelluläre Matrix eingebettet, die ihnen mechanische Festigkeit und Orientierung für Wachstum und Differenzierung bietet. Sie besteht aus vernetzten Proteinen (Kollagene), die in ein wässriges Gel aus Polysacchariden (Hyaluronsäure) und Proteoglykanen eingebettet sind.

Zellformen. Vielzeller wie der Mensch bestehen aus bis zu 200 verschiedenen Zelltypen, die entsprechend ihrer Funktion unterschiedliche Formen aufweisen (→ B). Sie entwickeln sich aus einer embryonalen Stammzelle über gewebetypische Stammzellen. Die normale Zellgröße variiert von wenigen bis etwa 30 µm Durchmesser, spezialisierte Zellen (N. ischiadicus) können aber bis über 1 m lang werden.

Evolution der Zellen. Das gesamte Leben auf der Erde, von einzelligen Bakterien bis zu den komplexen, vielzelligen Säugetieren, hat sich aus einer gemeinsamen Urzelle entwickelt. Dabei zeigen Sequenzhomologien, dass die drei Organismenreiche Bakterien, Archaeen und Eukaryoten miteinander verwandt sind (→ C). Zellen ohne echten Zellkern (Bakterien und Archaeen) werden als Prokaryoten zusammengefasst.

Die Archaeen unterscheiden sich in wesentlichen genetischen, physiologischen, strukturellen und biochemischen Eigenschaften von den Bakterien und werden deshalb seit 1990 als eigenständige Domäne im Tierreich taxonomisch eingeordnet (Drei-Domänen-System: Eukaryoten, Archaeen, Bakterien). Innerhalb des Systems stehen die Archaeen den Eukaryoten vermutlich näher als die Bakterien. Durch ihren ungewöhnlichen Stoffwechsel sind in Archaeen vermutlich Merkmale des frühen Lebens auf der Erde erhalten geblieben und sie haben sich an Biotope mit extremen Lebensbedingungen (110 °C) angepasst.

Modifikationen der apikalen Zellmembran. Die apikale Membranfläche der Epithelzellen ist auf die Abgrenzung zweier Kompartimente spezialisiert (→ D). Je nach Funktion kann sie als Schutz eine Kruste (Urothel) oder Cuticula (Insekten) haben, Oberflächenvergrößerungen (Mikrovilli) bilden oder der Sinnesperzeption (Stereocilien) und Bewegung (Kinocilien) dienen.

Zellbewegungen (Motilität). Zellen können durch Veränderungen ihres Protoplasmas Pseudopodien ausbilden und sich so im Körper oder in der Umgebung fortbewegen (→ E).

© Springer-Verlag GmbH Deutschland, ein Teil von Springer Nature 2021
W. Clauss und C. Clauss, *Taschenatlas Zoologie*,
https://doi.org/10.1007/978-3-662-61593-5_1

A. Epithelzelle mit Organellen

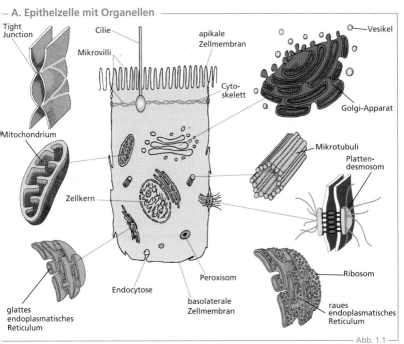

Tight Junction

Cilie

Mikrovilli

apikale Zellmembran

Vesikel

Cyto-skelett

Golgi-Apparat

Mitochondrium

Mikrotubuli

Platten-desmosom

Zellkern

glattes endoplasmatisches Reticulum

Endocytose

Peroxisom

basolaterale Zellmembran

Ribosom

raues endoplasmatisches Reticulum

Abb. 1.1

B. Zellformen

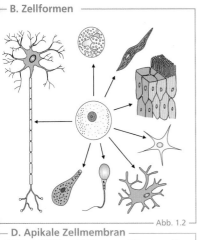

Abb. 1.2

C. Einteilung der Lebewesen

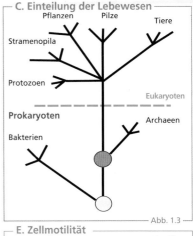

Pflanzen   Pilze

Tiere

Stramenopila

Protozoen

Eukaryoten

Prokaryoten

Archaeen

Bakterien

Abb. 1.3

D. Apikale Zellmembran

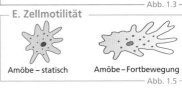

Urothel   Cuticula   Mikrovilli   Stereocilien   Kinocilium

Abb. 1.4

E. Zellmotilität

Amöbe – statisch

Amöbe – Fortbewegung

Abb. 1.5

1.2 Zellmembran

Die Membranen der tierischen Zellen sind stark verformbar und bestehen aus einer Lipiddoppelschicht, in die Proteine eingelagert sind (→ A). Dieser Aufbau wird auch als Fluid-Mosaik-Modell bezeichnet, da alle Komponenten der Zellmembran sehr beweglich sind. Die Moleküle der beiden Lipidschichten ordnen sich so an, dass ihr polarer, hydrophiler Kopf nach außen zeigt. Die apolaren, hydrophoben Schwänze weisen dagegen in das Innere der Membran. Die in diese Lipiddoppelschicht eingelagerten, integralen Proteine unterteilen sich in verschiedene Funktionsklassen. Es gibt Transmembranproteine, die die Membran vollständig durchspannen und z. B. als Tunnelproteine (Ionenkanäle) für den Transport von Substanzen in oder aus der Zelle sorgen. Membranproteine können auch nur in einer Lamelle der Lipiddoppelschicht liegen und als Rezeptoren oder Enzyme wirken. Membranassoziierte Proteine sind oft an die integralen Proteine angelagert und können ebenfalls Enzym- oder Signalfunktionen übernehmen, wie es z. B. bei den G-Proteinen der Fall ist. An der Außenseite der Zelle sind die Membranproteine oft mit Zuckerketten verknüpft (Glykosylierung). Diese Zuckermoleküle geben jeder Zelle ein charakteristisches Oberflächenprofil und dienen der Erkennung, z. B. zum Schutz vor körpereigenen Abwehrmechanismen. Zusammen mit anderen Substanzen bilden sie die Glykokalyx, einen dünnen Überzug jeder Zelle.

Die Lipiddoppelschicht wird auch als Bilayer bezeichnet. Sie besteht aus Phospholipiden, z. B. aus Phosphatidylcholin, das auch als Lecithin bezeichnet wird (→ B). Weitere Bestandteile sind Glykolipide (z. B. Ceramide) und Cholesterin. Dessen Anteil in der Membran ist zellspezifisch und beträgt bei Erythrocyten ca. 22 %, während die intrazellulären Organellenmembranen nur ca. 5% enthalten.

Der Cholesterinanteil einer Membran bestimmt ihre Fluidität.

Aufgrund ihrer Molekularbewegung sind alle Lipide in der Zellmembran in einer ständigen dynamischen Umordnung begriffen. Die Lipidmoleküle rotieren um sich selbst, tauschen in einer Lamelle häufig den Platz und können sogar von einer Lamelle in die andere wechseln (Flip-Flop-Mechanismus). Die Lipiddoppelschicht ist durch ihre Hydrophobizität nur für Gase und kleine, nichtionisierte Moleküle sowie für lipidlösliche Stoffe permeabel. Für Wasser und alle anorganischen Ionen ist sie undurchlässig. Für diese sind mit den integralen Proteinen spezielle Transportsysteme vorhanden.

Die integralen Membranproteine können am Cytoskelett verankert sein oder sich lateral in der Doppelschicht bewegen. Ihre Struktur durchspannt die Lipidschicht oft mehrfach, wobei die apolaren Anteile als Membrandomänen bezeichnet werden (→ C). Sie werden durch hydrophile Schleifen verbunden, die als extra- oder cytoplasmatische Domäne bezeichnet werden. Ein integrales Membranprotein besteht aus einer langen Peptidkette, die eine komplizierte dreidimensionale Struktur hat.

Bei Ionenkanälen (→ D) lagern sich die Transmembrandomänen oft kreisförmig zusammen und bilden einen Tunnel, durch den die Ionen die Zellmembran passieren können. Die Transmembrandomänen haben in den Tunnelwänden punktuelle Ladungen mit elektrischen Feldern, die für die selektive Passage der Ionen entscheidend sind. Im Beispiel können die negativen Ionen gut passieren, die positiven nicht.

So bildet die Zellmembran eine Barriere zwischen dem Extra- und dem Intrazellularraum und ermöglicht eine Kompartimentierung biologischer Materie. Die dadurch entstehende ungleiche Verteilung von Substanzen ist eine Voraussetzung für die Entstehung des Lebens und die Funktion von Organismen.

A. Aufbau der Zellmembran

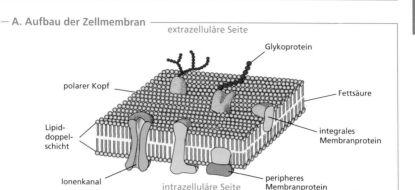

extrazelluläre Seite

Glykoprotein

polarer Kopf

Fettsäure

Lipid-
doppel-
schicht

integrales
Membranprotein

Ionenkanal

intrazelluläre Seite

peripheres
Membranprotein

Abb. 1.6

B. Lipiddoppelschicht

a Aufbau der Lipiddoppelschicht

b typisches Phospholipid

(Phosphatidylcholin)

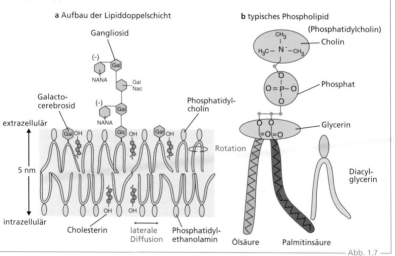

Gangliosid

(-)

Gal

NANA

Gal
Nac

Galacto-
cerebrosid

(-)

Gal

NANA

Phosphatidyl-
cholin

Cholin

Phosphat

Glycerin

extrazellulär

Gal OH

Glc OH

Gal OH

Rotation

5 nm

Diacyl-
glycerin

intrazellulär

OH   OH

Cholesterin

laterale
Diffusion

Phosphatidyl-
ethanolamin

Ölsäure

Palmitinsäure

Abb. 1.7

C. Transmembranprotein

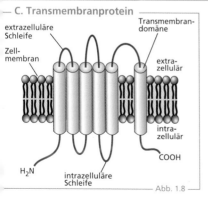

extrazelluläre
Schleife

Transmembran-
domäne

Zell-
membran

extra-
zellulär

intra-
zellulär

COOH

H₂N

intrazelluläre
Schleife

Abb. 1.8

D. Ionenkanal

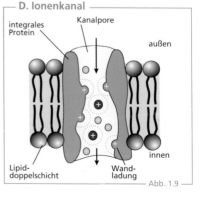

integrales
Protein

Kanalpore

außen

Lipid-
doppelschicht

Wand-
ladung

innen

Abb. 1.9

1.3 Zellorganellen

Innerhalb der Zellen befindet sich das Cytoplasma (Cytosol), ein wässriges Medium, das die Organellen enthält.

Neben Wasser als hauptsächlichem Bestandteil enthält das Cytoplasma auch Proteine, Kohlenhydrate ($\rightarrow$ A), Lipide und Nucleinsäuren. Im Cytoplasma befinden sich auch Ionen (Na^+, K^+, Ca^{2+}, Mg^{2+}, HCO_3^-, PO_4^{3-}, Cl^- u. a.), deren Konzentration durch Transportmoleküle in der Zellmembran so reguliert wird, dass sie konstant ist (zelluläre Homöostase). Durch die Proteine enthält das Cytosol eine kolloidartige Eigenschaft, die ihm, je nach Konzentration, verschiedene Eigenschaften verleiht. Sind die Proteine frei im wässrigen Milieu verteilt, ist die Zelle sehr beweglich und formbar. Man spricht dann vom flüssigen Solzustand. Sind die Proteine dagegen durch Seitenketten miteinander vernetzt, so wird das Cytosol zähflüssiger und befindet sich im Gelzustand. Durch die Einflüsse von Temperatur, pH-Wert, Ionenkonzentration und intrazellulären Signalstoffen können diese beiden Zustände ineinander übergehen.

Die einfachsten Zellorganellen werden als Vesikel bezeichnet ($\rightarrow$ B). Vesikel sind kleine, kugelige Kompartimente, die von einer einfachen Membran umgeben sind. Oft entstehen sie durch Abschnürung von anderen Organellen wie dem Golgi-Apparat oder dem endoplamatischen Reticulum ($\rightarrow$ F).

Lysosomen sind Verdauungsorganellen, die saure Hydrolasen enthalten. Peroxisomen sind dagegen auf oxidative Reaktionen spezialisiert. Ihre Oxidasen setzen Substrate (Purine, Fettsäuten, Milchsäure) mit O_2 um. Das entstehende Peroxid wird durch die Katalase abgebaut. Peroxisomen waren ursprünglich vielleicht autonome Organismen.

Alle eukaryotischen Zellen besitzen einen echten Zellkern (Nucleus). Er besteht aus einer Doppelmembran, die von vielen Öffnungen (Kernporen) durchbrochen ist ($\rightarrow$ C).

Die Kernporen bestehen aus ringförmig angeordneten Proteinen, die einen Kernporenkomplex bilden, der geöffnet oder auch verschlossen werden kann. Zwischen den beiden Schichten der Doppelmembran befindet sich der perinucleäre Raum. Er geht an verschiedenen Stellen der äußeren Membran in das endoplamatische Reticulum über. Im Zellkern befindet sich die Erbsubstanz, das Chromatin und das Kernkörperchen (Nucleolus). In ihm werden die Untereinheiten der Ribosomen hergestellt, die dann ins Cytoplasma wandern. Das Chromatin wird in das genetisch aktive Euchromatin und das inaktive Heterochromatin unterteilt. Es liegt verteilt im Karyoplasma (Nucleoplasma). Chromosomen als kondensierte Formen der Erbsubstanz sind nur im Stadium der Zellteilung erkennbar.

Das endoplasmatische Reticulum (ER) bildet in der Zelle ein weit verzweigtes System aus Gängen und Kammern.

Es besteht aus einer einfachen Membran und hat eine zentrale Funktion für den Zellstoffwechsel. Es dient als Syntheseort für Baustoffe und Hormone und im Lumen des glatten ER ($\rightarrow$ D) erfolgt die Entgiftung zellfremder Substanzen (Xenobiotika). Das raue ER ist an der Außenseite mit Ribosomen besetzt ($\rightarrow$ E) und dient der Proteinsynthese ($\rightarrow$ Abschn. 1.5). Das entstehende Polypeptid wird direkt ins ER-Lumen geleitet, wo es mithilfe von Faltungsproteinen (Chaperonen) gefaltet, glykosyliert und noch weiter modifiziert wird.

Der Golgi-Apparat ($\rightarrow$ F) ist eine Ansammlung von tellerförmigen Zisternen, die übereinandergeschichtet sind, und stellt eine Verteiler- und Adressierstelle innerhalb der Zelle dar.

Er modifiziert Proteine und Lipide aus dem endoplasmatischen Reticulum, verpackt sie in Vesikel und versendet sie dann an verschiedene Zielorte ($\rightarrow$ Abschn. 1.5). Der Golgi-Apparat ist polar aufgebaut. Seine cis-Seite ist dem endoplasmatischen Reticulum zugewandt und empfängt die Vesikel, die von dort kommen und ihren Inhalt durch Membranfusion in den Golgi-Apparat abgeben. Im Golgi-Apparat durchwandern die Produkte mehrere Kompartimente und werden dann nach unterschiedlichen Modifikationen an der gegenüberliegenden trans-Seite über die Abschnürung von Vesikeln wieder abgegeben. Diese tragen an ihrer Außenseite eine Adressierung durch einen Glykosylphosphatidylinositol-(GPI)-Anker, der eine charakteristische Erkennung und damit eine korrekte Sortierung ermöglicht. Danach werden sie von den Motorproteinen über das Cytoskelett zu ihrem Bestimmungsort in der Zelle oder in der Zellmembran gebracht oder durch Exocytose entleert ($\rightarrow$ Abschn. 1.5).

A. Cytoplasma

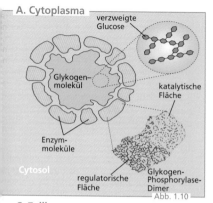

verzweigte
Glucose

Glykogen-
molekül

katalytische
Fläche

Enzym-
moleküle

Cytosol

regulatorische
Fläche

Glykogen-
Phosphorylase-
Dimer

Abb. 1.10

B. Vesikel

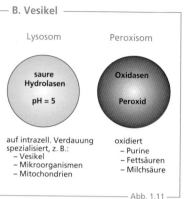

Lysosom

Peroxisom

saure
Hydrolasen

pH = 5

Oxidasen

Peroxid

auf intrazell. Verdauung
spezialisiert, z. B.:
– Vesikel
– Mikroorganismen
– Mitochondrien

oxidiert
– Purine
– Fettsäuren
– Milchsäure

Abb. 1.11

C. Zellkern

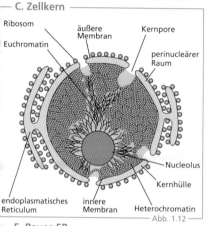

Ribosom

Euchromatin

äußere
Membran

Kernpore

perinucleärer
Raum

Nucleolus

Kernhülle

endoplasmatisches
Reticulum

innere
Membran

Heterochromatin

Abb. 1.12

D. Glattes ER

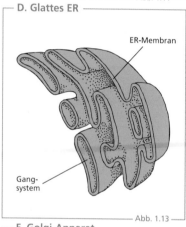

ER-Membran

Gang-
system

Abb. 1.13

E. Raues ER

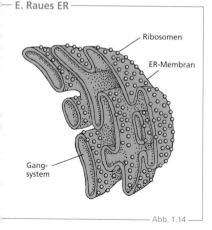

Ribosomen

ER-Membran

Gang-
system

Abb. 1.14

F. Golgi-Apparat

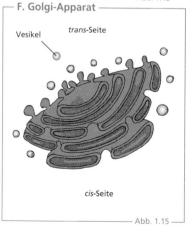

Vesikel

trans-Seite

cis-Seite

Abb. 1.15

1.4 Cytoskelett

Das Cytoskelett ist ein bewegliches, inneres Gerüst, das die äußerst flexible Zellmembran formgebend stabilisiert.

Im Zellinneren ist es neben strukturbildenden Elementen auch für den gerichteten intrazellulären Transport zuständig. Es besteht aus einzelnen Filamenten, die in speziellen Strukturen der Zellmembran verankert sind. Sie durchziehen die gesamte Zelle in alle Richtungen und unterteilen sich in drei Typen:

Actinfilamente (→ A) sind in allen eukayotischen Zellen vorhanden und bilden sich durch eine dynamische Polymerisierung von einzelnen G-Actin-Molekülen zu langen fadenförmigen F-Actin-Strukturen, von denen jeweils zwei zu einer Helix verdrillt sind.

Durch akzessorische Proteine (Ankyrin, Fimbrin, Vinculin) sind sie in der Zellmembran verankert. Zusammen mit Myosin bilden sie in Muskelzellen den kontraktilen Apparat (→ Kap. 11). Sie sind auch an der Zellteilung beteiligt und für die Formgebung bei Entwicklungsvorgängen verantwortlich.

Intermediärfilamente (IF) bilden als vernetzte Polypeptide ein dreidimensionales, inneres Gerüst in der Zelle (→ A). Man unterscheidet gewebespezifische Typen: Keratin in Hautzellen, Desmin in Muskelellen, Vimentin in Bindegewebe, Neurofilamente in Nervenzellen.

Mikrotubuli bestehen aus Polymeren von α- und ß-Tubulin, spiralig als Dimere angeordnet in Mikroröhren (→ A). Sie sind in einem ständigen Aufbau (Polmerisierung) am Plusende und einem Abbau (Depolymerisierung) am Minusende begriffen (Tretmühlenmechanismus). So können sie wachsen oder sich verkürzen. Sie sorgen im Zusammenspiel mit Motorproteinen (→ B) für den intrazellulären Transport von Substanzen und Vesikeln und bilden den Kernspindelapparat für die Zellteilung. Auch die innere Bewegungsstruktur von Cilien wird durch die radiäre Anordnung nach der (9+2)-Formel von Mikrotubuli zusammen mit Radialspeichen und beweglichen Dyneinmolekülen gebildet (→ A).

Molekulare Motoren sorgen für den intrazellulären Transport entlang des Cytoskeletts. So gleitet das Motorprotein Myosin in Muskelzellen entlang des Actins. Weitere Motorproteine bewegen sich entlang der Mikrotubuli (→ B). Sie kommen ubiquitär in allen Zellen

vor. Dynein bewegt sich zum Minusende un Kinesin zum Plusende der Mikrotubuli. Fü diese Bewegungen haben die Moleküle zwe Bindungsstellen, die unter ATP-Verbrauch ein schreitende Bewegung ermöglichen. An ein dritte Bindungsstelle können Vesikel andc cken.

Zu den Zell-Zell-Verbindungen gehöre neben den für die Haftkontakte zustän digen Desmosomen auch die Tight Junc tions (→ C).

Sie bestehen aus speziellen Verschlussprote inen (Occludine, Claudine), die die Zellmem branen von Epithelzellen an dieser Stelle z strands zusammenheften (→ C). Da die Ver schlussproteine fest miteinander gekoppelt i den Membranlamellen zweier benachbarte Zellen sitzen, bilden sie auch eine natürl che Barriere für die laterale Diffusion vo Membranproteinen. Auf diese Weise werde apikale und basolaterale Membranbereich voneinander getrennt und weisen jeweils ihr eigene, charakteristische Zusammensetzun der Membranproteine auf. Trennt man Epi thelzellen durch Enzyme und Calciumentzu in einer Zellkultur voneinander, dann entkop peln sich die Occludine. Die Zellen verliere dann ihre Form und Polarität.

Gap Junctions (Nexus) sind Kommunikations kontakte zwischen einzelnen Zellen (→ D) Sie bestehen aus zwei Hälften (Connexone) die jeweils in den Membranen benachbarte Zellen lokalisiert sind. Jedes Connexon besteh aus sechs identischen Proteinen (Connexine) die gemeinsam einen Tunnel bilden. Beim An docken dieser Hälften aneinander bildet sic ein großlumiger Tunnel, der große Molekül bis zu einer Masse von 1500 Da durchlässt. Die können chemische Signalstoffe wie cAMP sein Da Gap Junctions mit Flüssigkeit gefüllt sind koppeln sie das Cytosol benachbarter Zel len elektrisch, sodass elektrische Signale seh schnell in beide Richtungen weitergegebe werden können (elektrische Synapse). Conne xone sind in der Zellmembran lateral beweg lich und müssen sich miteinander verbinden um eine leitende Verbindung zu schaffen. Sie können sich aber auch entkoppeln, wenn Zel len in Kultur dissoziieren. Dann schließen sic die Hälften, um ein Auslaufen der Zellen z verhindern. Die Durchlässigkeit der Gap Junc tions wird durch Ca^{2+} reguliert. Sie komme besonders häufig zwischen Herzmuskelzelle und zwischen glatten Muskelzellen vor (— Kap. 11).

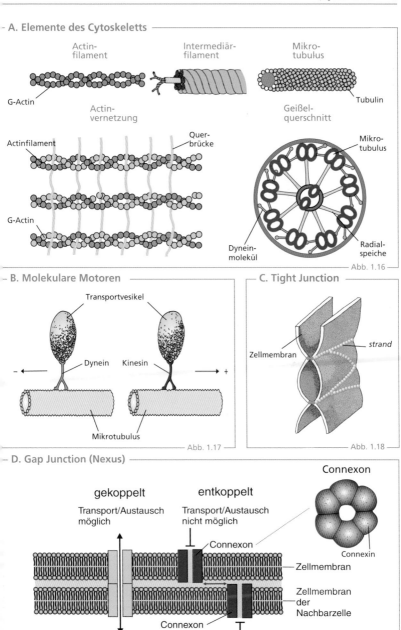

A. Elemente des Cytoskeletts

Actin-
filament

Intermediär-
filament

Mikro-
tubulus

G-Actin

Actin-
vernetzung

Geißel-
querschnitt

Tubulin

Actinfilament

Quer-
brücke

Mikro-
tubulus

G-Actin

Dynein-
molekül

Radial-
speiche

Abb. 1.16

B. Molekulare Motoren

Transportvesikel

Dynein   Kinesin

Mikrotubulus

Abb. 1.17

C. Tight Junction

strand

Zellmembran

Abb. 1.18

D. Gap Junction (Nexus)

Connexon

gekoppelt

entkoppelt

Transport/Austausch
möglich

Transport/Austausch
nicht möglich

Connexon

Connexin

Zellmembran

Zellmembran
der
Nachbarzelle

Connexon

Abb. 1.19

1.5 Translation

Die partikelförmigen Ribosomen dienen der Proteinsynthese (Translation). Jede eukaryotische Zelle besitzt mehr als 1 Mio. Ribosomen. Sie kommen entweder frei im Cytosol vor oder sind an das endoplasmatische Reticulum gebunden. Eine Spezialform der Ribosomen findet sich in den Mitochondrien. Ribosomen bestehen aus zwei verschieden großen Untereinheiten, die im Nucleolus des Zellkerns synthetisiert werden und dann durch Kernporen in das Cytosol auswandern. Dort verbleiben sie entweder als freie cytosolische Ribosomen und dienen der Synthese von cytosolischen Proteinen oder sie werden zeitweise an die Außenseite des endoplasmatischen Reticulums gebunden (raues ER). Die ribosomalen Untereinheiten von Prokaryoten und Eukaryoten sind unterschiedlich groß (→ A). Sie werden nach der Sedimentationsgeschwindigkeit (S) beim Zentrifugieren bezeichnet. Ribosomen von Eukaryoten bestehen aus 60S- und 40S-Untereinheiten, während Ribosomen von Prokaryoten aus 50S- und 30S-Untereinheiten bestehen. Die Untereinheiten bestehen aus ribosomaler RNA (rRNA) und verschiedenen Proteinen. Lagern sich eine große und eine kleine Untereinheit zusammen, dann entsteht ein Komplex, der der Proteinsynthese (Translation) dient.

Bei der Translation gleitet die mRNA zwischen den beiden Untereinheiten hindurch und ihre Codons (Tripletts) werden abgelesen (→ B). Dabei trägt die Transfer-RNA (tRNA) das erkennende und passende Anticodon und bringt jeweils eine Aminosäure mit, die dann über eine Peptidbindung mit der vorhergehenden Aminosäure verknüpft wird. Danach löst sich die unbeladene tRNA wieder ab. Nach Beendigung der Translation einer mRNA-Sequenz trennen sich die ribosomalen Untereinheiten wieder voneinander. Oft lagern sich an der mRNA nacheinander viele Ribosomen an und beginnen mit der Translation, wobei gleichzeitig mehrere Kopien desselben Produkts gebildet werden, und der Vorgang wird effizienter. In dieser Anordnung werden die Ribosomen als Polysomen bezeichnet.

Der gesamte zelluläre Weg von der Transkription der DNA im Zellkern über die Translation im Cytosol oder ER, über die Modifikation und Verteilung im Golgi-Apparat führt zu Proteinen, die entweder in der Zelle verbleiben (Lysosomen), in die Zellmembran eingebaut werden oder über Exocytose die Zelle verlassen (→ C). Dabei fusioniert ein Vesikel mit der Zellmembran und bildet eine Fusionspore, durch die der Vesikelinhalt in den extrazellulären Raum abgegeben wird. Bei der Fusion spielen spezielle Erkennungsproteine eine Rolle, die unter ATP-Verbrauch einen Fusionskomplex bilden. Für die Exocytose ist auch die intrazelluläre Ca^{2+}-Konzentration von Bedeutung (Ca^{2+}-vermittelte Exocytose). Bei der Endocytose (→ D) bildet sich in der Zellmembran eine Einbuchtung, die sich weiter einsenkt und den extrazellulären Inhalt in ein Vesikel einschließt. Dabei wird die Vesikelmembran aus der Lipiddoppelschicht der Zellmembran gebildet und ist deshalb umgekehrt orientiert: Die ehemals äußere Membranlamelle liegt jetzt innen. Die Aufnahme fester Stoffe wird als Phagocytose bezeichnet, die flüssiger Stoffe als Pinocytose.

Bei der rezeptorvermittelten Endocytose werden Stoffe wie Insulin oder Eisen von Rezeptoren in der Zellmembran erkannt. Diese lösen eine Signalkaskade aus, die zur Einsenkung der Vesikel führt. Diese werden dann von einer netzartigen, stabilisierenden Struktur (Clathrin) überzogen und fusionieren zur weiteren Verarbeitung mit anderen Zellstrukturen (Endosomen). Clathrin und die Rezeptoren werden zurück in die Zellmembran überführt, wo sie in speziellen Strukturen, den Coated Pits, für einen neuen Einsenkungszyklus bereitstehen.

A. Ribosomen

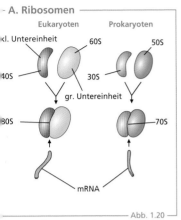

Eukaryoten   Prokaryoten

kl. Untereinheit   60S   50S

40S   30S

gr. Untereinheit

80S   70S

mRNA

Abb. 1.20

B. Translation

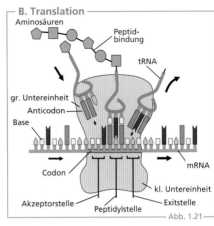

Aminosäuren   Peptid-
bindung

tRNA

gr. Untereinheit
Anticodon
Base

Codon   mRNA

Akzeptorstelle   kl. Untereinheit
Peptidylstelle   Exitstelle

Abb. 1.21

C. Syntheseweg der Proteine

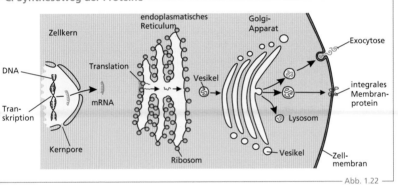

Zellkern   endoplasmatisches   Golgi-
Reticulum   Apparat

Exocytose

DNA   Translation   Vesikel

Trans-   mRNA   integrales
skription   Membran-
protein

Kernpore   Lysosom

Ribosom   Vesikel   Zellmembran

Abb. 1.22

D. Endocytose

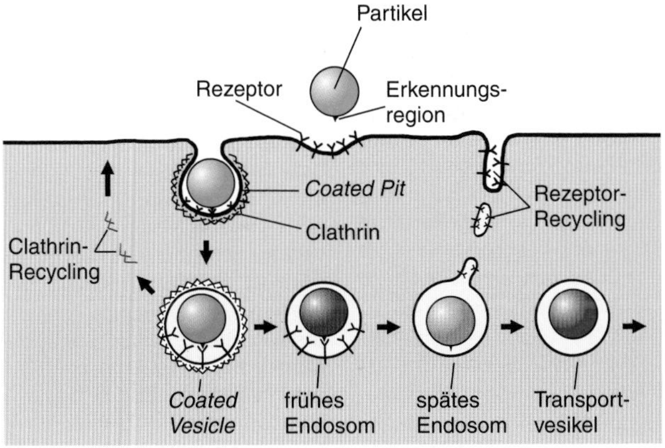

Partikel

Rezeptor   Erkennungs-
region

Coated Pit

Clathrin   Rezeptor-
Recycling

Clathrin-
Recycling

Coated   frühes   spätes   Transport-
Vesicle   Endosom   Endosom   vesikel

Abb. 1.23

1.6 Energiegewinnung

Mitochondrien sind längliche Zellorganellen mit einer Doppelmembran, die der Energieproduktion dienen (→ A). Sie stellen das energiereiche Molekül Adenosintriphosphat (ATP) her. Anders als alle anderen Organellen können Mitochondrien nicht von der Zelle aufgebaut werden, sondern entstehen durch Teilung aus sich selbst. Man geht davon aus, dass sie Endosymbionten prokaryotischen Ursprungs sind, die vor Millionen von Jahren von den Vorfahren der heutigen eukaryotischen Zellen aufgenommen wurden.

Diese Endosymbiontentheorie wird dadurch gestützt, dass Mitochondrien ein eigenes Genom enthalten, das ähnlich dem von Prokaryoten aus einer ringförmigen DNA von begrenzter Länge (< 20 kb) besteht. Auch enthalten Mitochondrien eigene Ribosomen, die ähnlich denen von Prokaryoten vom 70S-Typ sind. Schließlich spricht auch die Doppelmembran der Mitochondrien für die Endosymbiontentheorie. Eine weitere Besonderheit von Mitochondrien ist ihre ausschließliche Vererbung über die mütterliche Linie.

Durch die Doppelmembran bestehen Mitochondrien aus vier Kompartimenten: äußere Membran, Intermembranraum, innere Membran und Innenraum (Matrix). Jeder dieser Räume weist eine andere Zusammensetzung auf und erst ihr Zusammenspiel ermöglicht die Funktion der Mitochondrien bei der Energieproduktion. Während die äußere Membran glatt ist und die Mitochondrien oval umschließt, ist die Oberfläche der inneren Membran durch viele lamellenförmige Falten (Cristae) stark vergrößert (→ B). Diese Form der Cristae ist für die meisten Zelltypen charakteristisch, kann aber in speziell hormonproduzierenden Zellen der Nebenniere auch schlauchförmig sein (Tubulustyp).

In der Matrix der Mitochondrien finden die wichtigsten Stoffwechselprozesse statt (Citratzyklus, Fettsäureoxidation und Biosynthese der Aminosäuren). In diesem Raum liegen auch mehrere Kopien der ringförmigen DNA, die Ribosomen, ribosomale RNA sowie tRNA (→ C). Außerdem befinden sich hier alle Enzyme, die für das Stoffwechselgeschehen und die Proteinsynthese notwendig sind. Die mitochondriale Genaktivität ist semiautonom und wird vom Zellkern kontrolliert.

In der inneren Membran sind verschiedene Transportproteine lokalisiert, die durch die enorme Oberflächenvergrößerung der Cristae in unzähligen Kopien vorliegen. Besonders hervorzuheben ist der ATP-Synthase-Komplex, der durch den Mechanismus der oxidativen Phosphorylierung ATP herstellt (→ D). Dieser Komplex wird durch Protonen getrieben, die durch membranständige Protonenpumpen ständig aus der Matrix in den Intermembranraum gepumpt werden und so einen Protonengradienten über der inneren Membran bilden. Die Protonen folgen dem elektrochemischen Potenzial und strömen durch den Komplex zurück in die Matrix, wobei ATP gebildet wird. Wird dieser Gradient entkoppelt, so wird die ATP-Produktion unterbrochen und es wird hauptsächlich Wärme gebildet.

Die Mitochondrien sind deshalb auch hauptsächlich an der Wärmeproduktion beteiligt. Bei homoiothermen Organismen, die im neonatalen Zustand eine besonders starke Wärmeproduktion benötigen, ist deshalb häufig ein besonders mitochondrienreiches Gewebe, das braune Fettgewebe, vorhanden, das im adulten Organismus zurückgebildet wird. Die Regulation der Wärmeproduktion an der inneren Mitochondrienmembran ist bei Winterschläfern besonders wichtig (→ Kap. 17).

Jede Körperzelle hat mehrere Hundert Mitochondrien, deren Zahl in sehr stoffwechselaktiven Zellen (Leber und Muskulatur) sehr viel höher ist, als z. B. in Nervenzellen.

A. Mitochondrien

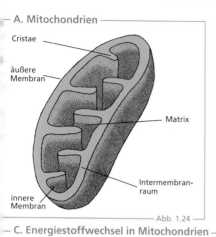

Cristae
äußere Membran
Matrix
Intermembran-raum
innere Membran

Abb. 1.24

B. Innere Membran

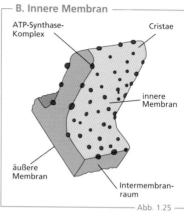

ATP-Synthase-Komplex
Cristae
innere Membran
äußere Membran
Intermembran-raum

Abb. 1.25

C. Energiestoffwechsel in Mitochondrien

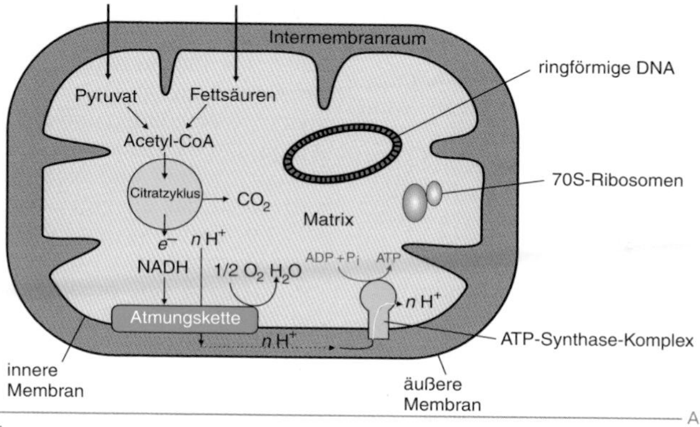

Intermembranraum
Pyruvat   Fettsäuren
Acetyl-CoA
Citratzyklus → CO_2
ringförmige DNA
70S-Ribosomen
Matrix
e^- $n\,H^+$
NADH $1/2\,O_2$ H_2O $ADP + P_i$ ATP
Atmungskette $n\,H^+$
innere Membran
$n\,H^+$
ATP-Synthase-Komplex
äußere Membran

Abb. 1.26

D. Bildung von ATP

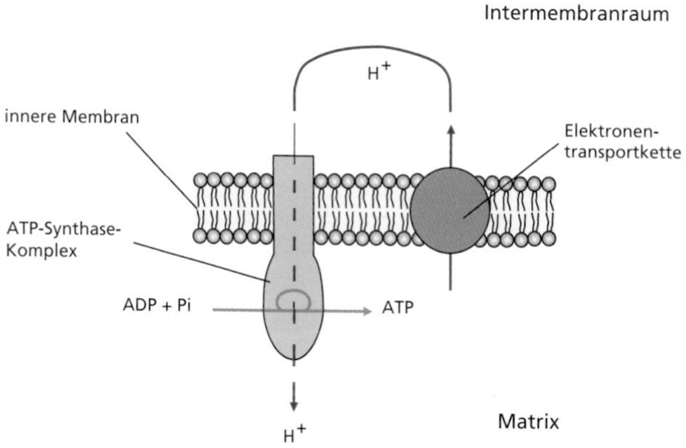

Intermembranraum
innere Membran
H^+
Elektronen-transportkette
ATP-Synthase-Komplex
$ADP + Pi$ → ATP
H^+
Matrix

Abb. 1.27

1.7 Gewebe

Ein Organismus besteht aus einer Unmenge an spezialisierten Zellen, die sich zu einer Vielzahl von Geweben organisieren. Gewebe wiederum bilden Organe. Allgemein werden vier Gewebetypen unterschieden: Muskel-, Binde-, Epithel- und Nervengewebe.

Die Hauptaufgabe der Muskelzellen (Myocyten) ist die Kontraktion (reversible Verkürzung). Dazu besitzt jede Muskelzelle einen kontraktilen Apparat mit den Molekülen Actin und Myosin (→ Kap. 11). Muskelgewebe kann aus allen Keimblättern entstehen. Bei Cnidaria bilden sich z. B. Muskelepithelzellen aus den ektodermalen und entodermalen Epithelschichten, deren basale Fortsätze kontraktile Elemente enthalten (→ Aa). Bei Nematoden haben die Kahnmuskelzellen neben den Fortsätzen zum Nervensystem auch Fortsätze mit kontraktilen Einheiten (→ Ab). Bei höheren Tieren unterscheidet man zwischen Skelettmuskelgewebe, Herzmuskelgewebe und glatter Muskulatur (→ Ac–e).

Für das Wachstum, die Formgebung und die Erhaltung des Körpers ist das Binde- oder Stützgewebe entscheidend. Dieses Gewebe entwickelt sich aus dem mittleren Keimblatt (Mesoderm). Das Bindegewebe unterteilt man in verschiedene Typen: lockeres, straffes und reticuläres. Das Stützgewebe unterteilt man in Knorpel und Knochen (→ B).

Epithelgewebe werden auch als Deckgewebe bezeichnet, da sie neben inneren Organoberflächen auch Körperoberflächen bedecken (→ C). Sie sind flächige Zellverbände, deren polare Zellen stets durch *Tight Junctions* verbunden sind. Die äußeren Epithelgewebe, z. B. die Haut, entstehen in der embryonalen Entwicklung stets aus dem äußeren Keimblatt (Ektoderm). Die inneren Epithelgewebe, z. B. das Darmepithel, entstehen dagegen stets aus dem inneren Keimblatt (Entoderm). Zu den Epithelgeweben gehören auch die Sinnesepithelien (→ Kap. 7). Epithelgewebe bestehen aus Epithelzellen, die nebeneinander auf einer bindegewebigen Trägerschicht (Basallamina) angeordnet sind. Sie können auch in mehreren Lagen angeordnet sein (mehrschichtiges Epithel).

Das Nervengewebe besteht nur zu etwa 10 % aus Nervenzellen (Neurone), den überwiegenden Bestandteil bildet die Neuroglia (Nervenhüllgewebe) mit ihren verschiedenen Zelltypen (→ Kap. 8). Die Neuroglia isoliert und stützt die Nervenzellen, versorgt sie mit Nährstoffen und dient auch der Immunabwehr. Die verschiedenen Neuronentypen bilden ein kompliziertes Nervengeflecht (→ D).

Ein Organ wird durch verschiedene Gewebe gebildet. Dabei bilden diejenigen Zellen, die für die eigentliche Funktion des Organs zuständig sind, das Parenchym. Die Umhüllung und das Gerüst des Organs, das dann auch die Versorgungsbahnen (Gefäße und Nerven) enthält, wird durch das Bindegewebe (Stroma) gebildet. Zwischen den Zellen liegt die Interzellularsubstanz, die dem jeweiligen Gewebe eine organtypische Form und Festigkeit verleiht. Diese Substanz besteht aus Wasser, Kohlenhydraten und Proteinen, die als bindegewebige Fasern eine gitterartige Netzstruktur und Elastizität vermitteln.

Arbeiten mehrere Organe funktionell zusammen, so bilden sie ein Organsystem. Am Beispiel des Verdauungstrakts wird dies deutlich. Er beginnt mit der Aufnahme und Zerkleinerung der Nahrung durch den Mund und die Zähne und zieht sich dann durch alle Segmente des Magen-Darm-Kanals bis zum Anus. Die Funktionen aller Segmente werden mittels enterogastrischer Reflexe und Hormone (→ Kap. 12) koordiniert, sowie durch eine übergeordnete Steuerung, z. B. im Falle der Nahrungsaufnahme durch Interaktion mit den Sinnesorganen und Rückkopplung zum Sättigungszentrum im Gehirn.

A. Muskelzelltypen

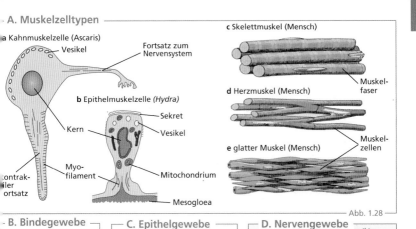

a Kahnmuskelzelle (Ascaris)

Vesikel

Fortsatz zum Nervensystem

b Epithelmuskelzelle *(Hydra)*

Kern

kontraktiler Fortsatz

Myo-filament

Sekret

Vesikel

Mitochondrium

Mesogloea

c Skelettmuskel (Mensch)

Muskel-faser

d Herzmuskel (Mensch)

Muskel-zellen

e glatter Muskel (Mensch)

Abb. 1.28

B. Bindegewebe

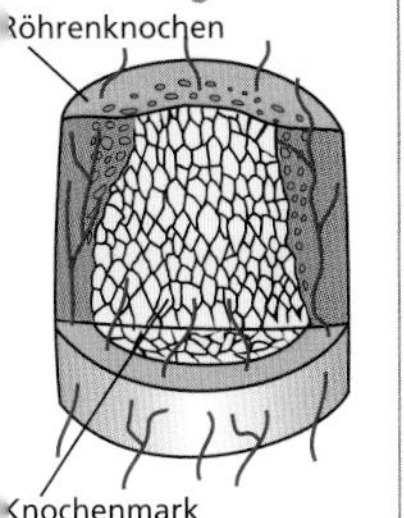

Röhrenknochen

Knochenmark

Abb. 1.29

C. Epithelgewebe

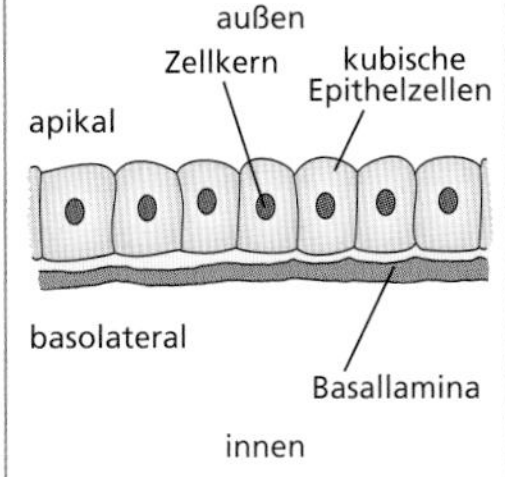

außen

Zellkern   kubische Epithelzellen

apikal

basolateral

Basallamina

innen

Abb. 1.30

D. Nervengewebe

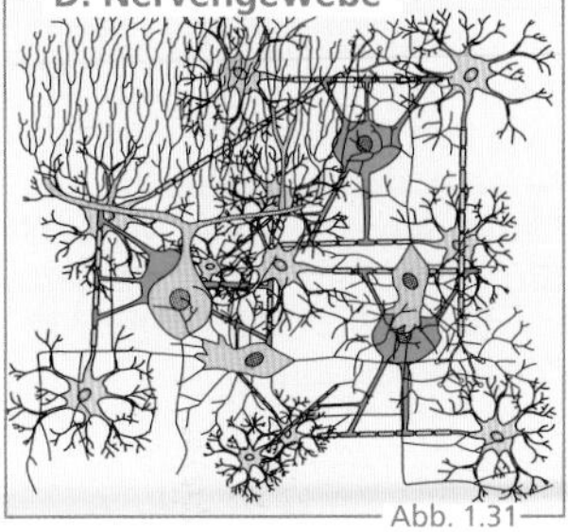

Abb. 1.31

D. Organ – Leber

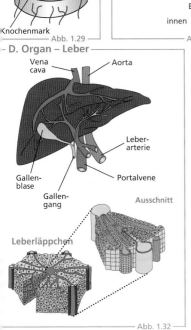

Vena cava

Aorta

Leber-arterie

Portalvene

Gallen-blase

Gallen-gang

Ausschnitt

Leberläppchen

Abb. 1.32

E. Organsystem – Verdauungstrakt

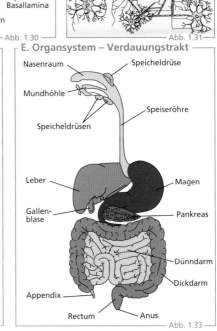

Nasenraum

Speicheldrüse

Mundhöhle

Speiseröhre

Speicheldrüsen

Leber

Magen

Gallen-blase

Pankreas

Dünndarm

Dickdarm

Appendix

Rectum

Anus

Abb. 1.33

2 Stoffwechsel

2.1 Energiegewinnung aus Glucose

Die meisten Organismen benutzen zur Energiegewinnung aus den Spaltprodukten der Nahrungsstoffe die gleichen zelluläre Stoffwechselwege. Sie werden in zwei hauptsächliche Gruppen eingeteilt: die sauerstoffabhängige (aerobe) Energiegewinnung und die sauerstoffunabhängige (anaerobe) Energiegewinnung. Vorwiegend benutzen die tierischen Zellen die aus den Nahrungsstoffen aufgeschlossene Glucose als Brennstoff für die Energiegewinnung (→ Kap 12). Dafür wird Glucose in den Körperzellen in vier Schritten abgebaut. Im ersten Schritt, der Glykolyse (→ A), wird ein Molekül Glucose bei Anwesenheit von Sauerstoff (aerober oxidativer Abbau) durch zahlreiche enzymatische Reaktionen in zwei Moleküle Pyruvat (Brenztraubensäure) gespalten. Dabei werden zwei Moleküle ATP gebildet. Diese Reaktion findet im Cytoplasma statt. Die Glykolyse kann aber auch bei Sauerstoffmangel oder in Anwesenheit von Sauerstoff stattfinden. Allerdings kann das Pyruvat unter Sauerstoffmangel dann nicht weiter verwendet werden, sondern wird in Lactat (Milchsäure) umgewandelt, das über den Blutkreislauf in die Leber gebracht wird.

Ansonsten wird bei normaler Sauerstoffsättigung das Pyruvat im zweiten Schritt in die Mitochondrien gebracht, wo es sich mit Pantothensäure (Coenzym A) und Nicotinamidadenindinucleotid (NAD) unter Abspaltung von CO_2 zu Acetyl-Coenzym A (Acetyl-CoA) verbindet (→ B). Dabei fällt reduziertes NADH an, das später in der Atmungskette oxidiert werden kann.

Acetyl-CoA ist das zentrale Molekül im Energiestoffwechsel eines Organismus, da es nicht nur durch die Glykolyse gebildet wird, sondern auch beim Abbau einiger Aminosäuren anfällt sowie bei der Fettverbrennung entsteht. Diese Mechanismen stellen die gemeinsame Endstrecke der Abbauwege für Kohlen hydrate, Fette und Aminosäuren da (metabolische Konvergenz).

Der dritte Schritt erfolgt im Citratzyklus, der ebenfalls in den Mitochondrien stattfindet und zwar in der Matrix. In diesen Zyklus aus vielen aufeinanderfolgenden enzymatischen Reaktionen wird Acetyl-CoA eingeschleust (→ A). Dabei entsteht pro Molekül Acetyl-CoA eine energiereiche Phosphatverbindung in Form von GTP (Guanosintriphosphat) die Adenosindiphosphat (ADP) direkt in das energiereiche Adenosintriphosphat überführen kann (→ A). Außerdem entstehen zwei weitere reduzierte Coenzyme: NADH, sowie als zweites Coenzym das reduzierte Flavinadenindinucleotid ($FADH_2$). Beide Coenzyme werden ebenfalls erst später in der Atmungskette oxidiert.

Neben der Energiegewinnung aus Glucose hat der Citratzyklus eine zentrale Bedeutung für viele weitere Stoffwechselvorgänge und liefert die Substrate für weitere metabolisch Reaktionen.

Der vierte Schritt der Energiegewinnung ist die oxidative Phosphorylierung die in der Atmungskette stattfindet. Die Atmungskette besteht aus mehreren Enzymkomplexen und ist in eukaryotischen Organismen an der inneren Mitochondrienmembran lokalisiert. In der Atmungskette werden Elektronen der in den vorherigen enzymatischen Schritten reduzierten Coenzyme (→ A genutzt, um Protonen durch die innere Mitochondrienmembran zu transportieren und schließlich auf molekularen Sauerstoff (O_2) zu übertragen. Dabei entsteht Energie in Form von Adenosintriphosphat (ATP) sowie Wasser. Die Schritte der Atmungskette werden auf der folgenden Seite im Detail behandelt.

In der Gesamtbilanz entstehen so aus einem Molekül Glucose 32 Moleküle ATP und zwar 2 Moleküle während der Glykolyse, 2 Moleküle durch den Citratzyklus und 28 Moleküle in der Atmungskette (→ A).

© Springer-Verlag GmbH Deutschland, ein Teil von Springer Nature 2021
W. Clauss und C. Clauss, *Taschenatlas Zoologie*,
https://doi.org/10.1007/978-3-662-61593-5_2

A. Energiegewinnung aus Glucose

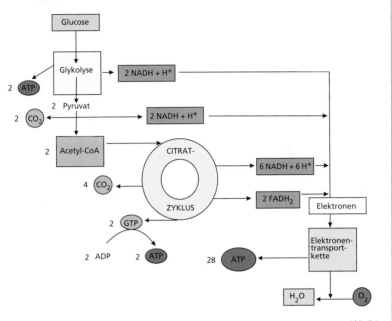

Abb. 2.1

B. Bildung von Acetyl-CoA

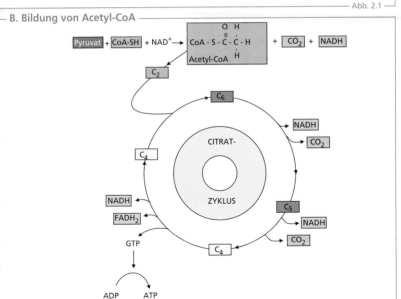

Abb. 2.2

2.2 Atmungskette

Die Atmungskette (Elektronentransportkette) besteht aus vier Komplexen (I–IV), die als integrale Proteine in der inneren Mitochondrienmembran lokalisiert sind (→ A). Es handelt sich um eine Reihe hintereinandergeschalteter Redox-Moleküle, die Elektronen aufnehmen und weitergeben. Die Elektronen werden dabei jeweils von einem höheren auf ein niedrigeres Energieniveau gebracht. Dieser Elektronentransport ist mit der Aufnahme und Abgabe von Protonen (H^+) verbunden, die dabei aus der Matrix in den Intermembranraum transportiert werden und damit einen elektrochemischen Protonengradienten über der Membran etablieren.

Der Prozess beginnt, indem am Komplex I das NADH zu NAD^+ oxidiert wird und die Elektronen auf Ubichinon (Coenzym Q) übertragen werden. Das entstehende Ubichinol leitet die Elektronen an Komplex III weiter. An Komplex II (Succinat-Dehydrogenase) schleust $FADH_2$ seine Elektronen, die ebenfalls über Ubichinol zu Komplex III gelangen, in die Kette. Über Cytochrom c gelangen die Elektronen zu Komplex IV, wo sie O_2 zu Wasser reduzieren. Komplex I, III und IV nutzen die Energie des Elektronentransports, um Protonen aus der Matrix in den Intermembranraum zu pumpen und einen Protonengradienten aufzubauen. Die Protonen strömen durch den ATP-Synthase-Komplex (Komplex V) zurück in die Matrix, gleichzeitig wird ATP synthetisiert (oxidative Phosphorylierung).

Wird die Glucose nicht vollständig zur Energiegewinnung genutzt, dann wird sie in die Speicherform Glykogen überführt. Diese besteht aus aneinandergereihten und vernetzten Glucosemolekülen. Sie können im Cytoplasma, v.a. von Leberzellen und in der Muskulatur, gespeichert werden (→ Abb. 1.3 A). Bei übermäßiger Aufnahme von Kohlenhydraten, wenn die Glykogenspeicher schon voll sind, wird die überschüssige Glucose in Fett umgewandelt.

In der Gluconeogenese kann Glykogen wieder in Glucose zurückgewandelt werden, die für den Energieverbrauch genutzt werden kann (→ B). Bei diesem Vorgang handelt es sich praktisch um eine Umkehr der Glykolyse, allerdings werden einige Reaktionschritte umgangen, was nur durch den zusätzlichen Verbrauch von ATP für diese Ersatzreaktionen möglich ist. Außer dem Glykogen können auch Fette und Proteine zur Energiegewinnung herangezogen werden. Dieser Vorgang findet überwiegend in der Leber statt.

Der Hauptenergieträger der tierischen Zelle ist das Adenosintriphosphat (ATP). Es kann im zellulären Stoffwechsel leicht auf- und abgebaut werden und dient deshalb als schnell verfügbare Zwischenspeicher. ATP findet man als ubiquitären Energieträger in allen Organismen.

ATP ist ein Nucleotid und besteht aus einem Nucleosid (aus der stickstoffhaltigen Base Adenin, dem Zuckermolekül Ribose) und drei zusätzlichen Phosphatgruppen (→ C). Die Verbindungen dieser Phosphatgruppen sind die eigentlichen Energieträger im Molekül und setzen diese Energie bei der Spaltung frei. Wird z.B. eine Phosphatgruppe unter Verbrauch von Wasser (Hydrolyse) abgespalten, so entsteht Adenosindiphosphat (ADP) und sofort verfügbare Energie. Soll dieses Molekül (ADP) wieder in ATP umgewandelt werden, so muss wieder Energie zugeführt werden und es wird mit einem Phosphat verbunden (oxidative Phosphorylierung).

Wird eine weitere Phosphatgruppe abgespalten, so entsteht Adenosinmonophosphat (AMP), das auch als Adenylat bezeichnet wird. AMP ist ein Grundbaustein der Ribonucleinsäuren (→ Abb. 3.3 A) und ist auch Ausgangsstoff für die Synthese von cAMP, einem zentralen Signalmolekül in der Zelle (→ D).

A. Mitochondriale Elektronentransportkette (Atmungskette)

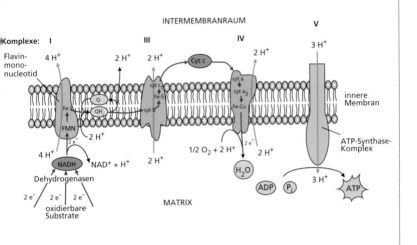

— Abb. 2.3 —

B. Gluconeogenese

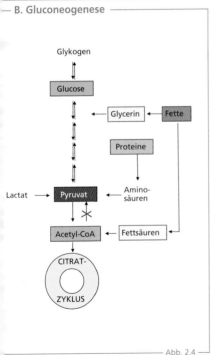

— Abb. 2.4 —

C. ATP

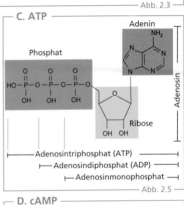

— Abb. 2.5 —

D. cAMP

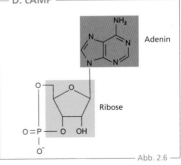

— Abb. 2.6 —

2.3 Energieumsatz

Mit der Körpergröße wird die Körperoberfläche eines Organismus größer und auch der Energieumsatz steigt an. Die Umsatzrate steht allerdings unter dem Einfluss zahlreicher weiterer Faktoren. Dabei spielen unter anderem Alter und Geschlecht, Nahrungsaufnahme, Ernährungszustand, körperliche Aktivität und auch Umgebungsbedingungen wie Temperatur, Beleuchtung (Tag-Nacht) und Tageszeit eine Rolle.

In postresorptivem Zustand, bei metabolisch indifferenter Umgebungstemperatur und körperlicher Ruhe wird der gemessene Energieumsatz als Grundumsatz bezeichnet. Er kann durch direkte (Messung der Wärmeabgabe) und indirekte kalorimetrische Verfahren (Messung des Gaswechsels) bestimmt werden. Der Grundumsatz eines Tieres entspricht dem zur Aufrechterhaltung des Lebens (Atmung, Kreislauf, Muskeltätigkeit, Zellfunktionen) minimal notwendigen Energieumsatz. In diesem Zustand (Erhaltungsumsatz) bleibt die Körpermasse konstant.

Die Stoffwechselrate nimmt, bezogen auf die Masseneinheit (z. B. Gramm), mit steigender Körpergröße ab (→ A). In logarithmischer Darstellung entspricht bei Säugetieren die Steigung dieser Relation der 3/4-Potenz. Dieser nach dem Kleiber-Gesetz berechnete, allometrische Zusammenhang hat im Graphen einen taxonspezifischen Schnittpunkt mit der y-Achse, der für jede Tierart charakteristisch ist.

Für diese Beziehung zwischen Körpergröße und Grundumsatz muss das Oberflächen-Volumen-Verhältnis eines Organismus berücksichtigt werden. Bezogen auf ihr Körpervolumen haben größere Tiere nämlich eine relativ geringere Körperoberfläche als kleine Tiere. Dies spielt bei der Wärmeabgabe über die Körperoberfläche (→ Kap. 17) eine wichtige Rolle. Es ergibt sich eine relative Verringerung des Grundumsatzes mit steigender Körpermasse. Ein tonnenschwerer Elefant verbraucht pro Gramm Körpergewicht etwa 20-mal weniger Energie als eine Maus (→ A).

Allerdings muss man bei dieser Relation berücksichtigen, dass größere Tiere aus statischen Gründen ein viel massiveres Skelett benötigen, welches entscheidend zum Körpergewicht beiträgt dessen Kochenstruktur aber eine geringere Stoffwechelaktivität aufweist. Bei einer Maus tragen die inneren, stoffwechselaktiven Organe etwa 12% zur Gesamtmasse bei, das Skelett aber nur 5%. Beim Elefanten ist dies umgekehrt die inneren stoffwechselaktiven Organe betragen nur 2% und das Skelett dagegen 30% der Gesamtkörpermasse. Man spricht deshalb von einem differenziell unterschiedlichen Energieverbrauch der Körperorgane in dieser allometrischer Beziehung.

Durch den unproportionalen Zusammenhang zwischen wärmeproduzierender Körpermasse und wärmeabgebender Körperoberfläche können homoiotherme Tiere nicht beliebig klein werden, sonst wären ihre Wärmeverluste an der dann relativ zu großer Körperoberfläche zu hoch. Andererseits können homoiotherme Tiere aber auch nicht zu groß werden, weil dann über ihre relativ zu kleine Körperoberfläche nicht mehr genügend Wärme abgeführt werden kann, um ihre Körpertemperatur konstant zu halten.

Da die Körpertempertur ektothermer Tiere nicht konstant ist, sondern von der Umgebungstemperatur abhängt, haben sie auch keinen definierten Grundumsatz wie die homoiothermen Tiere, sondern eine auf die Umgebungstemperatur bezogene Standardstoffwechselrate, die man bei allometrischen Vergleichen ihres Energieumsatzes berücksichtigen muss. Zum Beispiel fahren Alligatoren und Schlangen bei Kältewellen ihre Herzfrequenz und ihren Stoffwechsel komplett herunter (→ B).

A. Kleiber-Gesetz

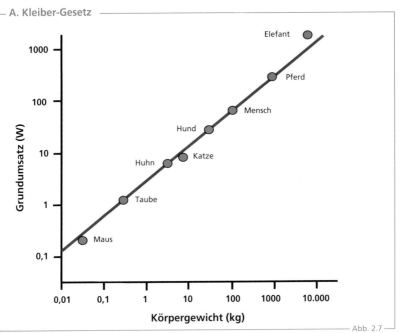

Abb. 2.7

B. Stoffwechsel und Umgebungstemperatur

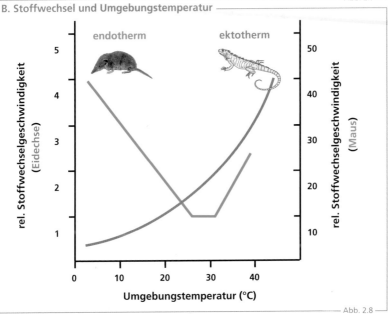

Abb. 2.8

3 Grundlagen der Genetik

3.1 Allgemeine Genetik

Die allgemeine Genetik beschäftigt sich mit dem strukturellen Aufbau der Erbsubstanz, den Gesetzmäßigkeiten ihrer Vererbung und dem Ablauf der Zellteilungen.

Alle eukaryotischen Zellen haben einen Zellkern, in dem das Kernplasma (Nucleoplasma) enthalten und der von einer Doppelmembran umgeben ist. Neben Ionen, löslichen Proteinen und Stoffwechselmetaboliten findet man in ihm auch filamentöse Strukturen (Kernmatrix), das Kernkörperchen (Nucleolus) und die Erbsubstanz (Chromatin). Das Chromatin liegt in der Phase zwischen den Zellteilungen als netzartige Struktur vor und verdichtet sich für die Kernteilungen zu Chromosomen (→ Aa), die dann durch die Kernspindel in die Hälften der zukünftigen Tochterzellen gezogen werden.

Chromatin besteht aus DNA (Desoxyribonucleinsäure), die als Doppelhelix um Strukturproteine (Histone) gewunden ist (→ A). Histone dienen nicht nur der Stabilisierung der DNA in ihrer kondensierten Form, sondern können auch die Genregulation beeinflussen.

Die Nucleosomen bilden die strukturellen Untereinheiten des Chromatins. Sie bestehen aus einem Histonoktamer, um das die DNA-Doppelhelix in einer anderthalbfachen Windung gewunden ist, bevor sie über ein Verbindungsstück, die Linker-DNA, weiter zum nächsten Nucleosom zieht. So entsteht eine perlschnurartige Struktur (→ Ab), welche die DNA bereits erheblich verkürzt. Die Nucleosomenkette ist ihrerseits mithilfe eines weiteren Histonproteins zu einer schraubenförmigen Faserstruktur (Solenoid) organisiert (→ Ad). Die Chromatinfasern legen sich in unregelmäßigen Schleifen zusammen, sodass bei einer maximalen Verdichtung von 2% ihrer eigentlichen Länge schließlich die Form eines Chromosoms entsteht (→ Ad).

Die Chromosomen liegen als diploider Satz vor, beim Menschen sind es 23 Paare, also 46 Chromosomen, davon 44 Autosomen und 2 Gonosomen, beim Mann XY, bei der Frau XX.

Die Zellteilung verläuft gemäß dem Zelltyp bei Soma- und Keimzellen unterschiedlich. Die normalen Körperzellen sind diploid und entwickeln sich aus gewebetypischen Stammzellen durch fortwährende Mitose (→ B) zu Geweben und Organen mit identischen Zellen. Die Mitose läuft dabei in vier Schritten ab. In der ersten Phase (Prophase) verschwindet der Nucleolus und die Chromatinfäden verdichten sich. Es bilden sich die Chromosomen mit ihren beiden Einzelsträngen (Chromatiden). Diese sind identische Verdoppelungen eines einzelnen Chromosoms. An jedem Chromosom wird jetzt auch eine Einschnürung sichtbar, die die beiden Chromatiden verbindet, das Centromer.

In der Metaphase (→ Bc) ordnen sich die Chromosomen in der Äquatorialebene an und die Spindelfasern wachsen von den Centriolen zu den Centromeren aus. In der Anaphase (→ Bd,e) verkürzt sich die Spindelfaser, die Chromatiden werden getrennt und zu den beiden Polen gezogen. In der Telophase (→ Bf) sind die Chromatiden an den Zellpolen angekommen und bilden den diploiden Chromosomensatz der Tochterzellen. Die Chromosomenstruktur löst sich auf, Kernmembran und Nucleus bilden sich und der kontraktile Ring aus Actinfasern schnürt in der Cytokinese die Zelle in der Äquatorialebene ein.

Die Meiose macht aus jeder Ausgangszelle mit diploidem Chromosomensatz vier Keimzellen mit je einem haploiden Chromosomensatz. Deshalb wird sie auch als Reduktionsteilung bezeichnet. Dadurch wird verhindet, dass sich der Chromosomensatz bei der Vereinigung der Gameten (Syngamie) von Generation zu Generation verdoppelt.

Sie läuft in zwei Schritten ab, die als Meiose I und Meiose II bezeichnet werden (→ C). Die Meiose I ist die eigentliche Reduktionsteilung. In ihr wird der diploide auf den haploiden Chromosomensatz reduziert. Dazu paaren sich in der Prophase die homologen Chromosomen, sodass in der Metaphase vier Chromatiden in einer Tetrade eng zusammenliegen.

In dieser Phase kann es durch Überkreuzung (Chiasma) von homologen Chromatiden zu einem Austausch (Crossing-over) von Nichtschwester-Chromatiden kommen. Dadurch wird die genetische Information neu kombiniert (Rekombination). Die Prophase der Meiose I wird in folgende einzelne Stadien unterteilt: Leptotän, Zygotän, Pachytän, Diplotän und Diakinese. Darauf folgen Metaphase I, Anaphase I und Telophase I.

Anschließend trennen sich die homologen Chromosomen; in der unmittelbar darauf folgenden Meiose II werden dann die Chromatiden getrennt.

© Springer-Verlag GmbH Deutschland, ein Teil von Springer Nature 2021
W. Clauss und C. Clauss, *Taschenatlas Zoologie*,
https://doi.org/10.1007/978-3-662-61593-5_3

A. Chromosomenstruktur

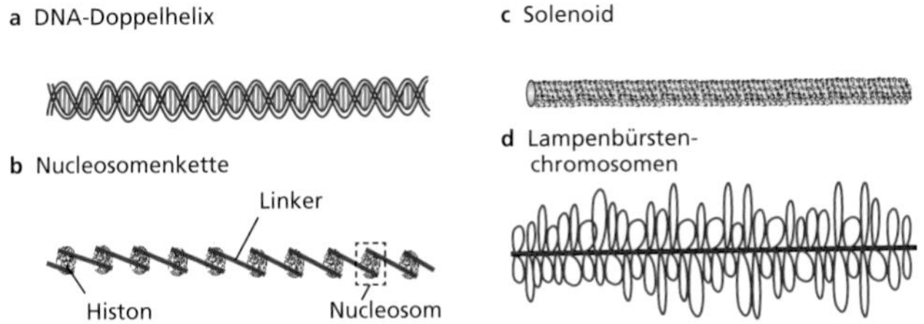

a DNA-Doppelhelix

c Solenoid

b Nucleosomenkette

Linker

d Lampenbürsten-
chromosomen

Histon   Nucleosom

Abb. 3.1

B. Mitose

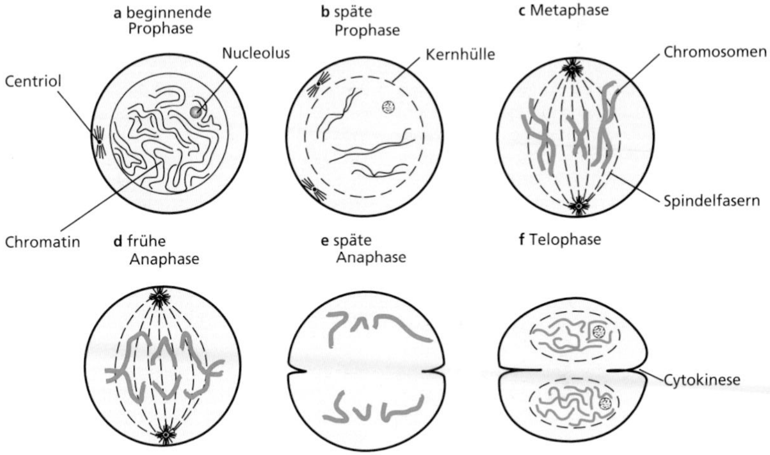

a beginnende
Prophase

Nucleolus

b späte
Prophase

Kernhülle

c Metaphase

Chromosomen

Centriol

Spindelfasern

Chromatin

d frühe
Anaphase

e späte
Anaphase

f Telophase

Cytokinese

Abb. 3.2

C. Meiose

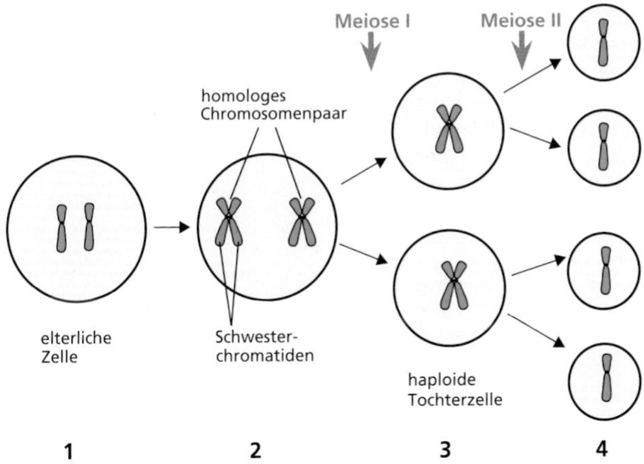

Meiose I   Meiose II

homologes
Chromosomenpaar

elterliche
Zelle

Schwester-
chromatiden

haploide
Tochterzelle

1   **2**   **3**   **4**

Abb. 3.3

3.2 Molekulare Genetik

Die molekulare Genetik beschäftigt sich mit dem Aufbau von DNA und RNA sowie mit ihrer Funktion, Verwendung und den gentechnischen Möglichkeiten.

Die Struktur der DNA besteht aus einer Doppelhelix, deren beide Einzelstränge zueinander komplementär sind und antiparallel verlaufen (→ A).

Das Rückgrat des Einzelstrangs bildet die Desoxyribose, die durch einen Phosphatrest mit der Desoxyribose des nächsten Nucleotids verbunden ist. Die Nucleotide, die die Bausteine des DNA-Moleküls sind, unterscheiden sich in den vier Basen. Durch die Aneinanderreihung der Nucleotide ergibt sich ein langes, kettenförmiges Molekül, der einzelne DNA-Strang, von dem sich wiederum zwei zu einer Doppelhelix zusammenlagern. Die DNA-Doppelhelix ist schraubenförmig verdrillt, wobei jeweils zehn aufeinanderfolgende Basen einem vollen Umlauf entsprechen.

Die Reihenfolge dieser Basen wird als Basensequenz bezeichnet, sie wird laut Konvention beginnend mit dem 5`-Phosphatende zum 3`-Hydroxylende angegeben. Bei der Transkription wird einer der beiden DNA-Stränge abgelesen und seine Sequenz in die einzelsträngige Messenger-RNA (mRNA) übersetzt. Jeweils drei Basen der mRNA (Triplett) codieren eine Aminosäure und bilden in ihrer Abfolge die Grundlage für den genetischen Code.

Für die Zellteilung muss die Erbsubstanz vor der Mitose verdoppelt werden. Diesen Vorgang bezeichnet man als Replikation (→ B), da identische Kopien der DNA-Stränge angefertigt werden.

Dabei wird jeweils ein Strang der urprünglichen DNA durch einen komplementären, neu gebildeten DNA-Strang ergänzt. Für die Replikation sind komplizierte enzymatische Vorgänge verantwortlich, von denen im Folgenden nur die grundlegenden Prozesse behandelt werden.

Zunächst werden die Wasserstoffbrücken zwischen den Einzelsträngen der DNA-Doppelhelix an einer bestimmten Stelle (Replikationsursprung) gelöst. Der Bereich, in dem die Neusynthese der DNA erfolgt, wird als Replikationsgabel bezeichnet.

Für den Start ist ein sogenannter Primer notwendig, der durch eine RNA-Polymerase (Primase) synthetisiert wird. Vom Primer ausgehend werden nun Nucleotide in 5` → 3`-Richtung aneinandergehängt, ein Vorgang, der von der DNA-Polymerase katalysiert wird. Die Polymerase benutzt dabei je einen DNA-Einzelstrang als Matrize, d. h. seine Basensequenz wird abgelesen und komplementär dazu Nucleotide des Tochterstrangs miteinander verknüpft. Die beiden neuen DNA-Stränge setzen sich also jeweils aus dem ursprünglichen Einzelstrang, der als Matrize abgelesen wurde, und aus dem dazu komplementär neu gebildeten Tochterstrang zusammen. Dieses Prinzip nennt man semikonservative Replikation.

Mehrere Enzyme sind an der Replikation beteiligt. In der Replikationsgabel werden die Wasserstoffbrücken durch die Helicase gelöst. Die Primase synthetisiert einen Primer, von dem ausgehend die DNA-Polymerase zur Matrize komplementäre Nucleotide aneinanderfügt. Dieses Enzym kann eine Neusynthese allerdings nur in 5` → 3`-Richtung durchführen. Für den einen Matrizenstrang ergibt sich daher eine kontinuierliche Synthese des sogenannten Leitstrangs in Richtung der wandernden Replikationsgabel.

Für den anderen Matrizenstrang verläuft die Synthese jedoch in Gegenrichtung, sodass fortwährend neue RNA-Primer synthetisiert werden müssen, als die Ausgangspunkte für die Synthese von Okazaki-Fragmenten dienen welche später durch eine Ligase zusammengeführt werden. Die Replikation dieses Folgestrangs ist deshalb diskontinuierlich.

Die Replikation eines eukaryotischen Chromosoms erfolgt in der S-Phase des Zellzyklus. Sie beginnt bidirektional an bestimmten Stellen (Replikationsursprünge), die im eukaryotischen Chromosom, im Gegensatz zum prokaryotischen Chromosom, mehrfach vorhanden sind. Eventuelle Schleifen in der Superhelixstruktur in der DNA werden durch Einzelstrangbrüche aufgelöst, aufgedrillt und danach durch Topoisomerasen wieder geschlossen. Fehlerhaft replizierte Abschnitte werden durch Reparaturmechanismen korrigiert. An den Chromosomenenden schützen Telomere vor enzymatischem Abbau. Sie werden mit einer zunehmenden Zahl an Replikationsrunden und daher mit zunehmendem Zellalter immer kürzer, können aber in bestimmten Zelltypen wie Keimbahn- oder Tumorzellen durch die Telomerase verlängert werden.

A. Molekulare Struktur der DNA

a Einzelstrang mit Basenpaarungen

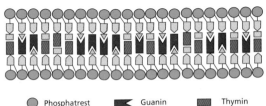

● Phosphatrest	◤ Guanin	▨ Thymin
Desoxyribose	▷ Cytosin	☐ Adenin

b Doppelhelixstruktur

Abb. 3.4

B. Replikation

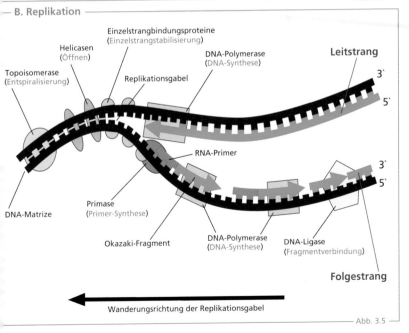

Topoisomerase
(Entspiralisierung)

Helicasen
(Öffnen)

Einzelstrangbindungsproteine
(Einzelstrangstabilisierung)

Replikationsgabel

DNA-Polymerase
(DNA-Synthese)

Leitstrang

3`
5`

DNA-Matrize

RNA-Primer

3`
5`

Primase
(Primer-Synthese)

Okazaki-Fragment

DNA-Polymerase
(DNA-Synthese)

DNA-Ligase
(Fragmentverbindung)

Folgestrang

← Wanderungsrichtung der Replikationsgabel

Abb. 3.5

3.3 Transkription, RNA-Prozessierung

Bei der Transkription (→ A) wird die genetische Information eines der beiden DNA-Stränge in RNA übertragen. Dafür wird die Sequenz des anderen DNA-Strangs (der Matrizenstrang ist der codogene Strang, der andere DNA-Strang ist der codierende Strang, seine Sequenz entspricht der RNA-Sequenz; bis auf U statt T) genutzt. Die dabei gebildete Messenger-RNA (mRNA) ist einzelsträngig und komplementär zum DNA-Matrizenstrang. Statt der Base Thymin (T) wird jedoch in der mRNA die Base Uracil (U) verwendet. Die Übertragung der genetischen Information von DNA in RNA wird von RNA-Polymerasen katalysiert, die wie die DNA-Polymerase in 5` → 3`-Richtung synthetisieren.

Die meisten eukaryotischen Gene sind in codierende Abschnitte (Exons) und nichtcodierende Abschnitte (Introns) unterteilt (→ B). Bei der Transkription entsteht zunächst eine Prä-mRNA, die sowohl Exons als auch Introns enthält. In weiteren enzymatischen Schritten wird sie zu einer reifen mRNA verarbeitet (RNA-Prozessierung). Dabei werden die Introns durch Spleißen entfernt, die Exons miteinander verknüpft und die sehr fragile mRNA an beiden Enden modifiziert. Dazu wird am 5`-Ende eine Cap-Struktur angehängt und am 3`-Ende der Poly(A)-Schwanz, eine Sequenz aus Adeninnucleotiden.

Die Cap-Struktur ist wichtig, damit die mRNA den Zellkern durch die Kernporen verlassen kann. Sie dient auch als wichtige Initiationssequenz für den Beginn der Proteinsynthese (Translation) an den Ribosomen. Das Spleißen ist sehr variabel. So können z. B. verschiedene Exons einer mRNA unterschiedlich miteinander kombiniert werden oder auch Exons, die von verschiedenen Genen codiert werden, werden zusammengefügt (alternatives oder differenzielles Spleißen). Der genetische Code entsteht durch Dreierkombinationen aus Basen der DNA (Tripletts). Jedes Triplett (auch Codon genannt) codiert eine der 20 Aminosäuren, die in Proteinen vorkommen. Da es in der DNA vier Basen gibt, stünden kombinatorisch maximal 64 Möglichkeiten zur Verfügung, die aber nicht alle genutzt werden, denn manche Aminosäuren werden von mehreren Triplett codiert. Insgesamt werden 61 Aminosäurecodons verwendet.

Bestimmte Basenkombinationen (UAA, UAG und UGA) codieren keine Aminosäuren, sondern dienen als Stoppcodon für die Translation. Als Startcodon fungiert die Kombination AUG, die die Aminosäure Methionin codiert. Die genetische Information wird beginnend mit dem Startcodon fortlaufend in Dreierschritten abgelesen. Wurde eine Base durch Mutation entfernt oder schädigt, so kann sich das Leseraster mit möglicherweise schwerwiegenden Konsequenzen verschieben. Da einige Codons die gleiche Aminosäure codieren und man daher nicht von der Aminosäure auf ein Codon schließen kann, bezeichnet man den genetischen Code auch als degeneriert. Dieser Code wird nahezu universell bei allen Organismen (Tieren und Pflanzen) verwendet.

Die Genregulation erfolgt durch unterschiedliche Mechanismen. Prokaryotische Gene sind in Operons (Gruppen von eng benachbarten Strukturgenen) organisiert, die eine Transkriptionseinheit bilden und von einer einzelnen regulatorischen Region kontrolliert werden. Dagegen besitzen Eukaryoten vorwiegend Einzelgene, deren Regulation auf verschiedenen Ebenen stattfindet, wie der Organisation des Chromatins (Heterochromatin vs. Euchromatin), der Initiation der Transkription, der mRNA-Stabilität, der Translation und der Proteinstabilität.

Darüberhinaus verändern epigenetische Prozesse, die nicht von der primären Basensequenz abhängen, die Chromatinstruktur über aktivierende und inaktivierende Modifikationen der Histone durch Acetylierung und Methylierung.

A. Transkription

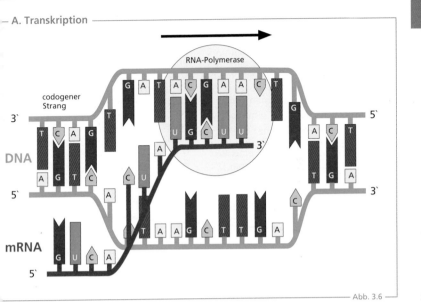

Abb. 3.6

B. RNA-Prozessierung

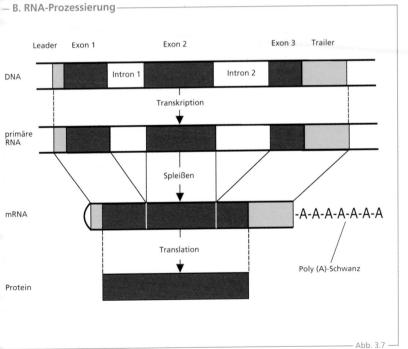

Abb. 3.7

3.4 Genregulation, Mutationen

Transposons (springende Gene) sind DNA-Abschnitte, die ihren Ort im Genom verändern und sich an einer anderen Stelle, auch mitten in einem vorhandenen Gen, einbauen können. Sie kommen in vielen Organismen vor.

In eukaryotischen Zellen gibt es zwei Arten von Transposons. Retrotransposons arbeiten nach dem *copy and paste*-Prinzip, d. h., sie erzeugen eine RNA-Kopie ihrer Sequenz, die revers in DNA transkribiert und an anderer Stelle in das Genom integriert wird. Das urprüngliche Transposom bleibt dabei an seiner Stelle erhalten. DNA-Transposons benötigen dagegen keine RNA-Kopie, sondern werden ausgeschnitten und wandern nach dem *cut and paste*-Prinzip an eine andere Stelle im Genom, das dadurch in seiner urprünglichen Länge erhalten bleibt (→ A). Die Transposase bildet dabei eine Schleife und bewegt die DNA an eine neue Stelle. Der Vorgang wird durch umgekehrte Sequenzwiederholungen unterstützt, die sich am Ende aller DNA-Transposons befinden. Dieser Vorgang wird als nicht replikativ bezeichnet. In seltenen Fällen wird auch replikativ transponiert, sodass die urprüngliche Stelle erhalten bleibt.

Ursprünglich war umstritten, ob Transposons nur Abfall (*junk*-DNA) darstellen, ob sie intrazelluläre Parasiten sind, die sich selbst replizieren, oder ob ihnen eine wichtige übergreifende genetische Funktion zukommt. Integrieren sie sich nämlich in ein vorhandenes Gen (→ A), so wird dieses funktionsunfähig oder mutiert. Auf diese Weise entstanden einige Erbkrankheiten des Menschen, z. B. die Bluterkrankheit oder auch Muskeldystrophien. Neuere Forschungen zeigen, dass Transposons durchaus auch wichtige Funktionen haben; so stammen wahrscheinlich die Immunglobuline von ihnen ab. Heutzutage spricht man Transposons auch eine wichtige Rolle als kreative Faktoren bei genetischen Innovationen zu.

Durch eine reverse Transkription kann Information von einem RNA-Genom eines Retrovirus in cDNA transkribiert und diese dann in die DNA der Wirtszelle eingebaut werden (→ B).

Im Gegensatz zu der in eukaryotischen Zellen üblichen Transkriptionsrichtung von der DNA zur RNA ist bei der reversen Transkription die Richtung der Informationsübertragung umgekehrt. Dies ist nur durch das spezielle Enzym Reverse Transkriptase möglich. Es spielt eine wesentliche Rolle im Zellgeschehen, da durch seine Wirkung nicht nur virale Erbinformation in das eukaryotische Genom eingebaut werden kann, sondern Tumorsuppressoren in der Zelle inaktiviert werden können. Deshalb ist dieses Enzym auch für die Krebsentstehung von Bedeutung.

Die ursprünglich an Retroviren erfolgte Aufklärung dieses Vorgangs zeigt, dass die Reverse Transkriptase von dem viralen Genom zunächst eine einzelsträngige DNA-Kopie herstellt und dann die Synthese des komplementären DNA-Stranges katalysiert. Das resultierende doppelsträngige DNA-Stück wird in das Genom der Wirtszelle eingebaut und damit zur Synthese von viralen Proteinen benutzt. Teilen sich diese Zellen, resultieren infizierte Tochterzellen.

Bekanntestes Beispiel solcher Retroviren ist HIV (*human immunodeficiency virus*), der AIDS hervorruft. Das Virus befällt T-Lymphocyten und führt nach einer initialen, oft mehrere Jahre dauernden Ruhephase zu einer sich ausbreitenden Immunschwäche. Bei Affen tritt ein HIV-ähnliches Virus, das SIV (*simian immunodeficiency virus*), auf, das als Vorläufer des HIV gilt. Im Gegensatz zur Humanmedizin, in der HIV erst seit ca. 1982 eine Rolle spielt, sind Retroviren in der Tiermedizin (Lentiviren, RNA-Tumorviren) seit vielen Jahren als Krankheitsauslöser bekannt. Man unterscheidet zwischen infektiösen exogenen und den in der Keimbahn vorhandenen endogenen Retroviren.

A. Transposon

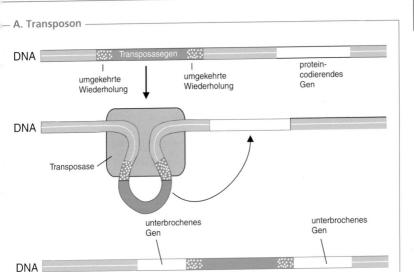

DNA

Transposasegen

umgekehrte
Wiederholung

umgekehrte
Wiederholung

protein-
codierendes
Gen

DNA

Transposase

unterbrochenes
Gen

unterbrochenes
Gen

DNA

Abb. 3.8

B. Retroviren

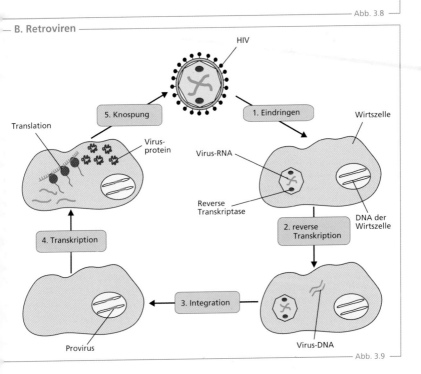

HIV

5. Knospung

1. Eindringen

Wirtszelle

Translation

Virus-
protein

Virus-RNA

Reverse
Transkriptase

DNA der
Wirtszelle

4. Transkription

2. reverse
Transkription

3. Integration

Provirus

Virus-DNA

Abb. 3.9

3.5 Gentechnologie

Die Entdeckung der Reversen Transkriptase und anderer Enzyme, die ein Genom gezielt an bestimmten Stellen schneiden können, wie die Restriktionsenzyme, haben die Wissenschaft der molekularen Genetik erst möglich gemacht. Sie hat sich von der experimentellen Grundlagenforschung inzwischen zu einer Disziplin mit industrieähnlichen Analyse und Produktionsverfahren entwickelt. Neben der Analyse von bestimmten Genen stellt sie Genkombinationen her, die in natürlichen Organismen nicht vorkommen (rekombinante DNA).

Die Klonierung von Genen wurde mithilfe von Plasmiden möglich. Diese meist künstlichen, ringförmigen DNA-Moleküle dienen als Träger und selbständig funktionierende Vermehrungseinheiten. Die DNA kann mit Restriktionsenzymen an bestimmten Stellen gespalten und mit Ligasen auch wieder zusammengefügt werden. Plasmide können in prokaryotische Zellen eingeschleust werden (Transformation) und werden dann bei Zellteilungen vermehrt und weitervererbt. Werden Plasmide in eukaryotische Zellen übertragen, spricht man von einer Transfektion. Nutzt man rekombinante Expressionsvektoren, lassen sich in großen Mengen Proteine herstellen. Ein Beispiel ist die Produktion von Humaninsulin in Hefe, die die Gewinnung aus der Bauchspeicheldrüse von Schweinen abgelöst hat.

In der Tierzucht ist es schon seit vielen Jahren möglich, Klone von Lämmern und Kälbern aus kultivierten Zellen herzustellen. Dazu wird die DNA aus dem Zellkern einer frühembryonalen Spenderzelle in eine vorher entkernte Zelle übertragen (Nucleustransfer): Die Zelle mit dem transferierten Erbgut entwickelt sich ähnlich wie ein Embryo, der anschließend in ein Empfängertier übertragen wird. Diese Klonierung von Erbmaterial aus adulten Spenderzellen gelang erstmals beim Schaf Dolly (→ A).

Klonierungsversuche an Säugetieren sind ethisch problematisch und der Umgang mit ihnen ist international unterschiedlich geregelt. In vielen Ländern ist neben dem reproduktiven Klonen des Menschen auch das therapeutische Klonen aus embryonalem Material zur Erzeugung von Geweben und Organen untersagt.

Die CRISPR/Cas-Methode (clustered regularly interspaced short palindromic repeats) ist die neueste und präzisest Methode, um DNA gezielt und punktgenau zu schneiden und zu verändern (genome editing) (→ B).

Sie basiert auf der Entdeckung von kurzen, sich wiederholenden Sequenzen (CRISPR-Sequenzen) im Genom von Bakterien und Archaeen, die es den Prokaryoten erlaubt, eingedrungene virale DNA gezielt durch zwei Schnitte zu zerstückeln und zu eliminieren. Die Cas9-Nuclease schneidet dabei die DNA mithilfe zweier spezieller RNA-Moleküle.

Zunächst werden die CRISPR- und Spacer-Sequenzen in eine crRNA übersetzt. Bevor diese aber dem Cas9-Enzym die korrekten Schnittstellen zeigen kann, muss sie selbst durch Schneideproteine in die endgültige Form umgewandelt werden. Dazu wird sie von der RNase III mit einer tracrRNA (trans-activating crRNA) zusammengeführt, gekürzt und in ein funktionsfähiges Molekül (crRNA-tracrRNA-Molekül) umgewandelt. Dieses dient dann als Adapter zur Bindung an die zu schneidende Ziel-DNA.

Zur Bindung von Cas9 an die Ziel-DNA sind außerdem noch die PAM-Motive (proto-spacer ajacent motif) notwendig. Sie bestehen aus einem drei Basen langen Abschnitt, der jeweils unmittelbar neben der Erkennungssequenz liegt.

Dann entspiralisiert sich die Ziel-DNA und das crRNA/tracrRNA-Molekül binde mit dem gRNA-Abschnitt (guide-RNA) an die Zielsequenz, worauf der Schneidevorgang durch Cas9 einsetzt.

Mit dieser neuen gentechnischen Methode können einzelne DNA-Nucleotide ausgetauscht, Teile eines Gens entfernt oder durch neue Sequenzen ergänzt werden.

— A. Klonierung von Dolly —

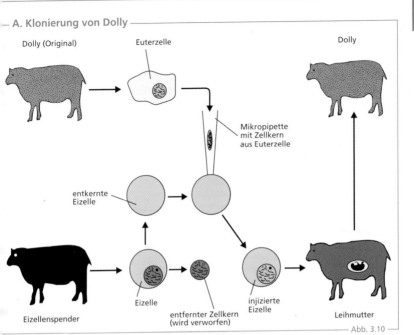

Dolly (Original)

Euterzelle

Dolly

Mikropipette mit Zellkern aus Euterzelle

entkernte Eizelle

Eizellenspender

Eizelle

entfernter Zellkern (wird verworfen)

injizierte Eizelle

Leihmutter

Abb. 3.10

— B. CRISPR/Cas-Methode —

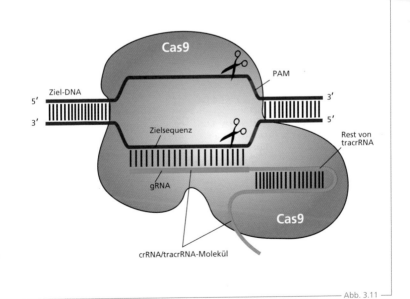

Cas9

Ziel-DNA

PAM

5′

3′

3′

5′

Zielsequenz

Rest von tracrRNA

gRNA

Cas9

crRNA/tracrRNA-Molekül

Abb. 3.11

4 Evolution

4.1 Entstehung der belebten Materie

Vermutlich ist die lebendige Materie aus anorganischen Stoffen im Rahmen einer chemischen Evolution entstanden. Dafür sprechen verschiedene experimentelle Hinweise, die die Entstehung von organischen Molekülen unter den besonderen Bedingungen einer der Uratmosphäre nachempfundenen Umgebung nachgestellt haben (→ A).

Aus einem Gasgemisch von Methan, Kohlendioxid, Ammoniak, Wasserstoff und Wasserdampf konnte unter der Einwirkung von elektrischen Entladungen eine Reihe von organischen Verbindungen wie Aminosäuren, verschiedene Zuckermoleküle und vor allem auch Nucleotide, die Grundbausteine der Nucleinsäuren, hergestellt werden. Der entscheidende nächste Schritt, wie aus diesen einfachen organischen Molekülen in einer Art Selbstorganisation lebendige Materie entstand, ist allerdings bisher experimentell weniger überzeugend bewiesen. Es existieren allerdings verschiedenen Modellvorstellungen.

Nach einem Modell haben sich einfache organische Moleküle wie Aminosäuren zunächst zu Peptiden und Proteinen verbunden, die sich dann in einer Reaktionskette zusammenschlossen und gegenseitig katalytisch beeinflusst haben. Auf diese Weise käme ein konstanter Reaktionsprozess zustande, der zur Bildung immer neuer Proteine führen würde. Ähnliche Vorstellungen gibt es zur Entstehung und zyklischen Produktion von Nucleinsäuren, die sich durch Anlagerung zu Ketten und komplementären Doppelsträngen entwickelt haben könnten. Würden sich nun Nucleinsäure-Reaktionsketten mit den Protein-Reaktionsketten verknüpfen, dann könnte eine gegenseitige katalytische und steuernde Beeinflussung entstanden sein, die zur Selbstorganisation der biologischen Materie geführt haben könnte. Voraussetzung für diese Reaktionsabläufe ist allerdings eine lokale Kompartimentierung, die diese Reaktionsketten vom Außenmedium abschließt und so zu den ersten primitiven zellulären Lebensformen, den Protobionten, geführt haben könnte.

Alle Organismen besitzen Nucleinsäuren für die Speicherung und Prozessierung der genetischen Information. Es gibt zwei Klassen von Nucleinsäuren, DNA (Desoxyribonucleinsäure) und RNA (Ribonucleinsäure). Bei Eukaryoten fungiert die DNA als Speicher der genetischen Information (→ Kap. 3), während die RNA der Prozessierung der genetischen Information in der Zelle dient.

Nucleinsäuren bestehen aus einzelnen Bausteinen, den Nucleotiden (→ B), die als Monomere aneinandergereiht sind. Jedes Nucleotid besteht aus einem Zuckermolekül (Pentose), im Falle der DNA eine Desoxyribose, die mit einer Base und einer Phosphatgruppe verbunden ist (→ B). Die Zuckermoleküle sind über die Phosphatreste miteinander verbunden und bilden das Rückgrat der Struktur, während die Basen die Buchstaben des genetischen Codes darstellen. Als Nucleosid wird die Verbindung einer Pentose mit einer Base bezeichnet (→ B).

Es gibt zwei Basentypen: Purinbasen (Adenin, Guanin) und Pyrimidinbasen (Cytosin, Thymin, Uracil). Thymin kommt nur in der DNA vor und wird in der RNA durch Uracil ersetzt, das wiederum in der DNA nicht vorkommt. Die Basen sind jeweils über eine N-glykosidische Bindung mit der Pentose verbunden und ragen seitlich aus der Pentose-Phosphat-Kette heraus. Sie bilden in ihrer Abfolge als aufeinanderfolgende Dreiergruppierungen (Tripletts) den genetischen Code. Näheres hierzu in → Kap. 3.

Ein neues aktuelles Forschungsgebiet der molekularen Genetik ist die synthetische Biologie. Sie erzeugt im Grenzgebiet zwischen Molekularbiologie, organischer Chemie, Nanotechnologie und Informatik neue biologische Systeme, die bisher in der Natur nicht vorkommen. Dazu werden chemische Systeme mit biologischen Eigenschaften aufgebaut (biomimetische Chemie) oder künstliche Systeme in natürliche Lebewesen integriert (→ C).

© Springer-Verlag GmbH Deutschland, ein Teil von Springer Nature 2021
W. Clauss und C. Clauss, *Taschenatlas Zoologie*,
https://doi.org/10.1007/978-3-662-61593-5_4

A. Experiment – Miller–Urey 1953

elektrische
Entladung
Blitze

Ventil zur
Proben-
entnahme

Ur-Atmosphäre
$H_2O, CH_4, NH_3, H_2, CO$

Gaszufuhr
CH_4, NH_3

Gase
Uratmosphäre

Wasser
Urozean

Kühlung
Regen

Wärme-
quelle

— Abb. 4.1 —

B. Aufbau von Nucleotiden

Nucleotid

Base

Phosphat   O   N

Pentose

Nucleosid

Base

O   N

Pentose

$HOCH_2$ O   H

H   H   H   OH

OH   H

2-Desoxyribose

$HOCH_2$ O   H

H   H   H   OH

OH   OH

D-Ribose

— Abb. 4.2 —

C. Synthetische Biologie

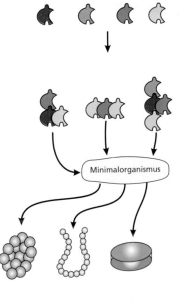

spezielle Zellfunktionen werden als Module
synthetisch hergestellt

sie werden dann beliebig kombiniert

und werden einzeln oder kombiniert in
einen Minimalorganismus (synthetisches
Bakterium) eingebracht

Minimalorganismus

der Minimalorganismus kann dann unterschiedliche Produkte herstellen und sie
durch Exocytose bereitstellen

— Abb. 4.3 —

4.2 Biodiversität und Evolution

Die Biodiversität (Vielzahl der Organismen) ist durch die Evolution entstanden, wobei manche Tierarten sich über viele Millionen Jahre entwickelt haben. Für die Artbildung waren die zum gegebenen Zeitpunkt vorhandenen evolutiven Möglichkeiten entscheidend, d. h. welche biologischen Baumaterialien und welches genetische Programm jeweils zur Verfügung standen.

Biologische Arten wurden schon seit Aristoteles als unwandelbare Einheiten im Sinne einer typologischen Klassifizierung betrachtet. Carl von Linné klassifizierte 1735 als erster 4235 Tierarten in seinem umfassenden Werk *Systema naturae*. Frühe Evolutionsforscher wie Jean-Baptiste de Lamarck (1744–1829), Étienne Geoffroy Saint-Hilaire (1772–1844) und Robert Chambers (1802–1871) vertraten teils widersprüchliche Ansichten. Lamarck erklärte in seiner Abstammungslehre die Entwicklung durch Vererbung erworbener Eigenschaften. Strittig war stets, wie der Mensch in das Tierreich (Regnum animale) einzuordnen sei. Religiöse und naturwissenschaftliche Deutungen waren im harten Konflikt. Erst 1859 kam mit Charles Darwin (1809–1882) der Durchbruch in der Evolutionsforschung. Mit seinem Werk *On the origin of species by means of natural selection* zeigte er erstmals eine umfassende Darstellung, die zwar höchst kontrovers diskutiert wurde, sich aber letztendlich allgemein durchsetzte.

Darwin, der auf seiner langen Forschungsreise mit der „Beagle" rund um Südamerika viele Informationen sammelte, klassifizierte die Arten durch genaue Beobachtung und Vergleiche. Berühmt sind seine Studien zur Evolution der Finken auf den Galapagos-Inseln. Dort beobachtete er, dass es auf jeder Insel eine eigene Finken-Art gab; diese Arten waren zwar eng verwandt, unterschieden sich jedoch in Ihrer Schnabelform (→ A) und ihren Nahrungsspezialisierungen. Darwin überlegte, ob verschiedene, einander ähnliche Arten aus einer gemeinsamen Stammform hervorgegangen sein könnten. Heute weiß man, dass sich die Finken durch das inselspezifische Nahrungsangebot von einer körnerfressenden Urform in 14 Arten differenziert haben.

Die Wahl dieser abgelegenen und vom Festland isolierten Inselgruppe war glücklich, da sie vermutlich schon im Tertiär von Tierarten besiedelt wurde, die sich dann aus einer Gründerpopulation weiter entwickelt und spezialisiert haben. Dieser Vorgang wird a[l]s adaptive Radiation bezeichnet und hat at nahrungsbedingte Selektion der Artentwick[lung] entscheidend zu Darwins Selektionsthe[orie] beigetragen.

Diese besagt, dass alle Organismen meh[r] Nachkommen erzeugen, als bei natürlic[h] begrenzten Ressourcen überleben könne[n] (ökologische Konkurrenz). Dabei untersche[i]den sich die Nachkommen untereinander un[d] von den Eltern durch fitnessbeeinflussend[e] erbliche Merkmale (genetische Variabilität[)]. Darwin zog daraus die Schlussfolgerung, da[ss] im *struggle for life* durch natürliche Auslese nur die jeweils bestangepassten Individuen überleben (*survival of the fittest*).

Die Biogeografie zeigt, dass ökologisch gleichartige Lebensräume oft von völlig unterschiedlichen Tierarten besiede[lt] sind. So leben in der Arktis Polarsäu[ge]tiere wie Eisbären, Polarfüchse un[d] Robben, während es in der Antarkti[s] zwar andere Robbenarten gibt, abe[r] keine Eisbären, dafür aber Pinguine. Of[-] fensichtlich stellen also Umweltbedin[-] gungen nicht die einzig entscheidende[n] Entwicklungsfaktoren für die Evolutio[n] dar, sondern es kommen geografisch[e] Verbreitungsschranken wie Meere dazu, wie es auch schon bei der Evolutio[n] der Galapagos-Finken der Fall war. Be[i] der Beurteilung dieser Biogeografi[e] muss man deshalb die Erdentwicklun[g] und die Verschiebung und Trennung de[r] Kontinente berücksichtigen (→ B). Dies[e] haben dazu geführt, dass Tierarten übe[r] Landbrücken in andere Kontinente wan[-] derten und sich dort neue Gattungen und Arten entwickelten.

Heutzutage leben auf weit voneinande[r] getrennten Kontinenten wie Südame[-] rika, Afrika und Australien auch Tierar[-] ten, die sehr nahe verwandt sind, z. B[.] die sechs rezenten Arten der Lungen[-] fische. Sie entstammen offensichtlich ei[-] ner gemeinsamen Evolutionslinie inner[-] halb einer Periode der Erdschichte, al[s] diese Kontinente noch zusammen eine[r] großen Urkontinent bildeten.

A. Evolution der Schnabelformen

Spechtfink
(Stocherer)

Kaktusfink
(Stocherer u. Beißer)

Großer Grundfink
(Körnerfresser)

Waldschnepfe
(Stocherer)

Kreuzschnabel
(Körnerfresser)

Abb. 4.4

B. Biogeografie

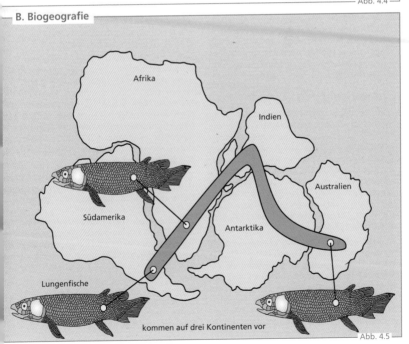

Afrika

Indien

Australien

Südamerika

Antarktika

Lungenfische

kommen auf drei Kontinenten vor

Abb. 4.5

4.3 Populationsentwicklung und Artbildung

Durch die natürliche Selektion der best angepassten Arten werden deren Gene an die nächste Generation weitergegeben und führen so in zeitlicher Abfolge der nachfolgenden Generationen zu einer evolutiven Änderung der Population.

Dabei treten spontane Mutationen zwar selten auf, bei Mäusen aber doch etwa alle zwei Jahre pro Genom eines Stammes. Diese Mutationsraten können sich allerdings durch die Einwirkung von UV- und Röntgen-Strahlung oder mutagener Substanzen erheblich erhöhen. Infolge des degenerierten genetischen Codes führt aber nicht jede Mutation sofort zu einer phänotypischen Ausprägung, sondern bleibt oft als stille Mutation vorhanden. Sie ist jedoch Teil eines sich ständig erweiternden Polymorphismus auf der DNA-Ebene einer Art und trägt zu der reichen genetischen Auswahlmöglichkeit natürlicher Selektion bei.

Eine weitere Verbreitung dieses genetischen Polymorphismus erfolgt bei der Fortpflanzung und genetischen Rekombination. Abhängig von Reproduktionsrate und Generationszeit können so z. B. bei Parasiten schon innerhalb weniger Generationen bedeutende evolutive Anpassungen erfolgen. Beispiele dafür sind die Resistenzbildung von Bakterien gegenüber Antibiotika oder die Anpassung der Malariaerreger an die gebräuchlichen Pharmaka.

Die durch diese Mechanismen entstandenen genetischen Variationen erfahren durch die natürliche Selektion (nach Darwin) eine evolutive Ausrichtung. Dabei hängt diese Selektion von den erreichten Vorteilen für die Fortpflanzung ab und entwickelt sich nicht vorbestimmt und durch radikalen Umbau, sondern je nach momentanen Erfolg in kleinen Schritten. So führt immer der aktuelle Selektionsvorteil gegenüber Mitkonkurrenten bevorzugt zum reproduktiven Erfolg.

Evolution vollzieht sich stets in Populationen und nicht in Individuen, da so die genetische Variationsbreite größer ist. So bilden alle Allele einer Population einen Genpool (→ A). Die Untersuchung der Allelfrequenzen und Genotyphäufigkeit sind Gegenstand der Populationsgenetik. Idealerweise wären diese Parameter über viele Generationen konstant und in einem genetischen Gleichgewicht. Aber unter natürlichen Bedingungen werden sie ständig durch Faktoren wie Mutation, Rekombination sowie Zu- und Abwanderung von Individuen verändert. So können bei kleinen Populationen zufällig einzelne Allele eliminiert oder zugeführt werden (Gendrift).

Mutationen wirken auf der genetischen Ebene, während Selektion die Leistungsfähigkeit des Phänotyps bewertet. Erfolg oder Misserfolg machen sich so von Generation zu Generation bemerkbar. Der Selektionsdruck reichert positive Gene im Laufe der Zeit in der Population an und unterdrückt negative Gene. Deshalb hängt die Evolution auch stark von der Generationsdauer ab, die bei Tieren oft sehr kurz ist.

Die natürliche Selektion begünstigt oft heterozygote Allele (Heterosis). So bleiben Allele, die in der homozygoten Form zu einer letalen Erbkrankheit führen, in der heterozygoten Form erhalten und werden weitervererbt. Dies führt zu einer genetischen Last der Population und zu einem fein ausbalancierten Polymorphismus. So leiden bei der Sichelzellenanämie der Menschen, die durch ein verändertes Hämoglobinmolekül entsteht, die heterozygoten Träger zwar auch unter Anämie sind aber gleichzeitig resistent gegen Malaria, was einen erheblichen Selektionsvorteil in tropischen Gebieten mit sich bringt.

Selbst heute bestehen noch erhebliche Meinungsverschiedenheiten über die evolutive Bedeutung von Mutation und Selektion. Selektionisten schreiben diesen Faktoren die hauptsächliche Triebkraft der Evolution zu. Neutralisten sind dagegen der Auffassung, dass Mutationen sich zunächst selektiv neutral auswirken, sich also nicht durch Selektionsdruck, sondern zufällig, z. B. über Gendrift, auf die Evolution auswirken.

Hox-Gene sind eine Unterfamilie der sogenannten Homöobox-Gene, die als regulative Gene die Individualentwicklung steuern (→ B). Sie haben eine Sonderstellung im Genom aller eukaryotischen Lebewesen und sind bei allen Tieren erstaunlich ähnlich. Sie codieren Transkriptionsfaktoren und beeinflussen so die Wirkung anderer Gene in der Embryonalentwicklung. Indem sie eine Verbindung der mikroevolutiven Veränderungen im Genom zu der makroevolutiven Veränderung im Bauplan des Organismus herstellen, spielen Hox-Gene eine Schlüsselrolle in der Evolution. Diese Forschungsrichtung wird auch als Evo-Devo bezeichnet (→ Kap. 6).

A. Evolution in einer Population

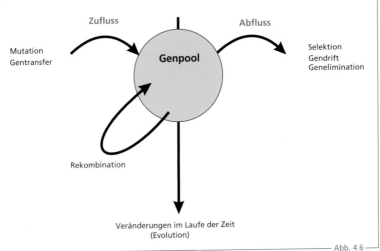

Zufluss

Abfluss

Mutation
Gentransfer

Genpool

Selektion
Gendrift
Genelimination

Rekombination

Veränderungen im Laufe der Zeit
(Evolution)

Abb. 4.6

B. Evolution der Hox-Gene

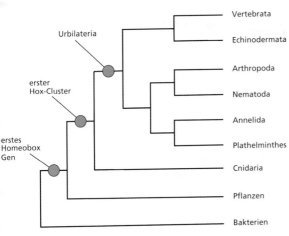

Urbilateria

Vertebrata

Echinodermata

erster
Hox-Cluster

Arthropoda

Nematoda

Annelida

erstes
Homeobox
Gen

Plathelminthes

Cnidaria

Pflanzen

Bakterien

Hox-Cluster auf Chromosom

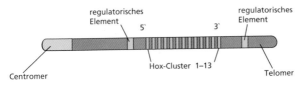

regulatorisches
Element

regulatorisches
Element

5`

3`

Centromer

Hox-Cluster 1–13

Telomer

Abb. 4.7

4.4 Mechanismen der Artbildung

Die Entstehung einer neuen Art (Spezies) wurde schon von Darwin als zentraler Schritt im Ablauf der Evolution verstanden. Arten sind Fortpflanzungsgemeinschaften, deren Individuen untereinander fertil kreuzbar sind, die aber von anderen Arten reproduktiv abgeschottet sind. Alle Individuen einer Art stimmen in den wesentlichen taxonomischen Merkmalen überein.

Sind solche Arten geografisch weiträumig verbreitet, können sich erhebliche Merkmalsunterschiede im Phänotyp zeigen, sodass man solche lokalen Populationen als Subspezies bezeichnet. Solche geografisch weit verbreiteten Arten können durch graduelle Veränderungen der Umwelt, z. B. zu- oder abnehmende Temperatur, auch graduelle Merkmalsgradienten, z. B. im Federkleid, aufweisen. Diese graduellen Ausprägungen bezeichnet man als Clines. Unterarten werden auch als Rassen bezeichnet, wenn der Genaustausch vermindert ist und es zu einer verstärkten Ausbildung gemeinsamer phänotypischer Merkmale kommt. Unterarten können sich auch zu neuen Arten entwickeln, wenn sie so weit auseinanderdriften, dass sich eine Fortpflanzungsbarriere bildet, die einen Genaustausch dauerhaft verhindert. In der Tierzucht (Hund, Katze, Pferd) ist der Begriff "Rasse" von großer Bedeutung, da die Reinrassigkeit oft den Wert eines Tieres bestimmt. Hier greift der Mensch in die natürlichen Selektionsmechanismen ein und definiert eigene Selektionsziele (Zuchtkriterien).

Am häufigsten erfolgt die Artbildung durch geografische Separation, die Genübertragungen verhindert. Diese allopatrische Artbildung wurde am Beispiel der Galapagos-Finken gezeigt (→ A). Mechanismen der Isolation stellen dann sicher, dass es bei erneutem Kontakt nicht zu einem Genaustausch und der Bildung von Zwischenformen (Bastarden) kommt. Progame Isolationsmechanismen wirken vor der Kopulation, also präzygotisch. Sie verhindern die fehlerhafte Verwendung von Keimzellen und damit die Bildung von Hybriden. Durch progame Mechanismen wird auch der Geschlechtspartner als arteigen erkannt und akzeptiert. Oft, z. B. bei Spinnen, funktionieren solche Mechanismen über genau zueinander passende männliche und weibliche

Kopulationsorgane, sodass eine Paarung nu[r] zwischen artgleichen Sexualpartnern möglic[h] wird. Chemische, akustische oder optisch[e] artspezifische Verhaltenssignale dienen de[r] Erkennung des artgleichen Partners. Komm[t] es trotzdem zur artfremden Paarung, so kön[nen] nen die Keimzellen auch noch im Genitaltrak[t] des artfremden Weibchens inaktiviert werde[n]. Metagame Isolationsmechanismen wirke[n] postzygotisch und induzieren eine Sterilitä[t] von Hybriden. So sind Maultiere und Maulese[l] nicht fortpflanzugsfähig und müssen imme[r] wieder aus den Elternarten Pferd und Ese[l] gezüchtet werden.

Neben der divergenten Artbildung durch Auf[-] spaltungsmechanismen kann es auch zu eine[r] allmählichen Artbildung (phyletische Artbi[l-] dung) kommen. Wie bereits erwähnt, unter[-] scheiden sich in dieser Frage die Anhänge[r] Darwins, die von einem gradualistischen Wan[-] del der Arten ausgehen, von den Anhänger[n] der punktualistischen Artbildung. Letzter[e] vertreten die Auffassung, dass Arten relati[v] lange konstant und stabil sind (Stasis) und sic[h] dann durch punktuelle rasche Artbildungspro[-] zesse weiterentwickeln.

Im langfristigen Verlauf der Evolution ist e[s] immer wieder zu größeren Entwicklungsschrit[-] ten gekommen, die evolutive Durchbrüch[e] darstellen. Sie resultieren meist aus radikale[n] Änderungen der Umweltbedingungen, soda[ss] den Organismen neue ökologische Lizenze[n] angeboten werden. Durch diese neuen Selek[-] tionsbedingungen wird es Organismen auc[h] möglich, sich völlig neue ökologische Lebens[-] räume zu erschließen. Dadurch werden adap[-] tive Radiationen in großem Ausmaß möglich[.] Solche großen Evolutionsschritte waren siche[r] der Übergang einiger wasserlebender Tier[e] auf das Land. Dazu mussten diese Tiere ers[t] Lungen und Extremitäten zur Fortbewegun[g] entwickeln. Lungenfische und Quastenflosse[r] (→ Kap. 40) sind Beispiele solcher Übergäng[e] auf das Landleben.

Als Hotspots werden Brennpunkte der Evolu[-] tion bezeichnet. Die Biodiversität der Organis[-] men ist auf der Erde sehr unteschiedlich ver[-] teilt (→ B). In Biodiversität-Hotspots komme[n] besonders viele endemische Tier- und Pflan[-] zenarten vor. Derzeit geht man von 34 solche[n] Hotspots aus, zu denen auch die Galapagos[-] Inseln gehören. Diese Regionen bedecken nu[r] ca. 2,3% der Erdoberfläche und befinden sich[h] überwiegend in den Regenwäldern der Tro[-] pen und in den Subtropen.

A. Mechanismen der Artbildung

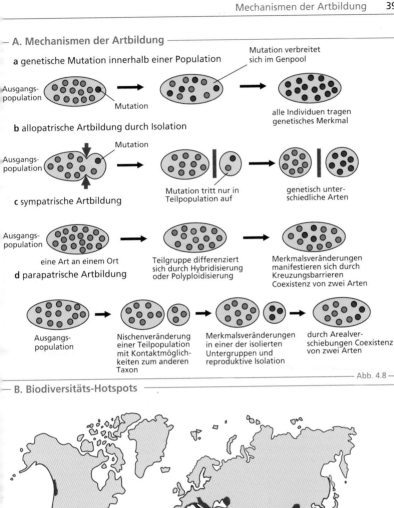

a genetische Mutation innerhalb einer Population

Ausgangs-
population

Mutation

Mutation verbreitet
sich im Genpool

alle Individuen tragen
genetisches Merkmal

b allopatrische Artbildung durch Isolation

Ausgangs-
population

Mutation

Mutation tritt nur in
Teilpopulation auf

genetisch unter-
schiedliche Arten

c sympatrische Artbildung

Ausgangs-
population

eine Art an einem Ort

Teilgruppe differenziert
sich durch Hybridisierung
oder Polyploidisierung

Merkmalsveränderungen
manifestieren sich durch
Kreuzungsbarrieren
Coexistenz von zwei Arten

d parapatrische Artbildung

Ausgangs-
population

Nischenveränderung
einer Teilpopulation
mit Kontaktmöglich-
keiten zum anderen
Taxon

Merkmalsveränderungen
in einer der isolierten
Untergruppen und
reproduktive Isolation

durch Arealver-
schiebungen Coexistenz
von zwei Arten

Abb. 4.8

B. Biodiversitäts-Hotspots

Abb. 4.9

5 Fortpflanzung und Entwicklung

5.1 Fortpflanzungstypen und Geschlechterverhältnis

Die Fähigkeit zur Fortpflanzung (Reproduktion) gehört zu den wichtigsten Eigenschaften eines Organismus. Nur so kann er seine genetischen Eigenschaften weitergeben und den Fortbestand einer Art sichern. Dazu gibt es verschiedene Fortpflanzungsarten.

Die asexuelle (ungeschlechtliche) Fortpflanzung wird oft auch als vegetative Vermehrung bezeichnet, da sie ausschließlich auf mitotischen Teilungen eines Elternindividuums beruht. Damit sind die Nachkommen dies durch genetisch identisch. Bei niederen Tieren kann dies durch einfache Teilung (Plathelminthen, Seesterne), durch Regeneration (Polypen, Polychaeten) oder durch Knospung (Schwämme, Korallen) erfolgen (→ A). Die Vorteile bestehen aus einer geringen Vermehrungsdauer und dem Wegfall eines Sexualpartners. Nachteile entstehen durch genetische Homogenität, Akkumulation von genetischen Defekten und durch eine hohe Mortalitätsrate in der Population bei ungünstigen Änderungen der Umweltbedingungen.

Die sexuelle (geschlechtliche) Fortpflanzung benötigt zwei Typen von Keimzellen (Gameten), die bei der Befruchtung verschmelzen (Anisogamie). Männliche Organismen produzieren in der Spermatogenese in den meist paarigen Keimdrüsen (Hoden) Spermien, die meist kleiner und beweglicher sind. Weibchen produzieren in der Oogenese in den Ovarien (Eierstöcke) relativ große und unbewegliche Keimzellen, die als Ovum (Ei) bezeichnet werden. Während der Keimzellbildung (Gametogenese) wird der diploide Chromosomensatz der Ausgangszelle in der Meiose halbiert, wodurch haploide Gameten entstehen (→ Kap. 3). Durch die bei der Befruchtung erfolgende Verschmelzung zweier haploider Gameten entsteht eine diploide Somazelle, die Zygote.

Bei der unisexuellen Fortpflanzung gibt es verschiedene Formen, bei denen kein Austausch von genetischem Material stattfindet. Es pflanzt sich nur das Muttertier fort. Bei der apomiktischen Parthenogenese (→ B) entsteht der Embryo aus einem unbefruchteten Ei, sodass das männliche Geschlecht genetisch keine Rolle spielt. Bei einer Form der Parthenogenese, der Arrhenotokie (→ C) entstehen aus unbefruchteten Eiern haploide Männchen.

Diese Fortpflanzungsart kommt bei Honigbie nen vor. Bei der Gynogenese (→ D) wird di Furchung des diploiden Eies durch ein Spe mium aktiviert. Dabei werden wie bei der Pa thenogenese keine Chromosomen übergeber Gynogenese kommt bei einigen Fischen vor.

Als Geschlechterverhältnis (Geschlechts verteilung) bezeichnet man das Verhält nis der Anzahl an männlichen Individue einer Population zur Anzahl der weib lichen Individuen. Man unterscheide zwischen dem primären, dem sekundär en und dem tertiären Geschlechterver hältnis.

Unter dem primären Geschlechterverhältni versteht man das Verhältnis bei Befruchtung Es kann tierartlich sehr unterschiedlich sei (meist 1:1) und liegt beim Menschen bei ca 1,3 männlich zu 1,0 weiblich. Das sekundär Geschlechterverhältnis bei der Geburt lieg beim Menschen bei 1,05 männlich zu 1,0 weib lich, sofern nicht eine selektive Geburtsver hinderung vorgenommen wird. Das tertiär Geschlechterverhältnis wird im fortpflar zungsfähigen Alter bestimmt. Es wird bein Menschen stark von historischen und soziale Gegebenheiten beeinflusst. Als effektives Ge schlechterverhältnis wird das Verhältnis unte den reproduktiv aktiven Mitgliedern einer Po pulation bezeichnet.

Die üblicherweise auftretende Geschlechter verteilung ist 1:1. Sie ist genetisch bedingt und gilt für getrenntgeschlechtliche Organismen Bei den verschiedenen Formen von Zwittrig keit (Hermaphroditismus) ist das Geschlechts verhältnis jedoch artspezifisch kompliziert, d es neben Simultan-Zwitter auch unterschied liche Konsekutiv-Zwitter gibt (Proterandrie oder Proterogynie).

Oft kommen bei Tierpopulationen unausgegli chene Geschlechterverhältnisse vor, deren Ur sache nach wie vor ungeklärt ist. Verschieden Hypothesen versuchten den Anteil der Söhne mit der physischen Konstitution der Mutte zu korrelieren. Auch andere Faktoren wie das Alter der Mutter oder der Zeitpunkt de Empfängnis wurden diskutiert. Bisher schein einzig die intrauterine Position der Mutte das Geschlechterverhältnis der Nachkommer eindeutig zu beeinflussen. Die Mütter, die sich während einer Schwangerschaft im Uterus gleichzeitig zusammen mit eigenen Brüderr entwickelt haben, erzeugen überdurchschnitt lich viele männliche Nachkommen.

© Springer-Verlag GmbH Deutschland, ein Teil von Springer Nature 2021
W. Clauss und C. Clauss, *Taschenatlas Zoologie*,
https://doi.org/10.1007/978-3-662-61593-5_5

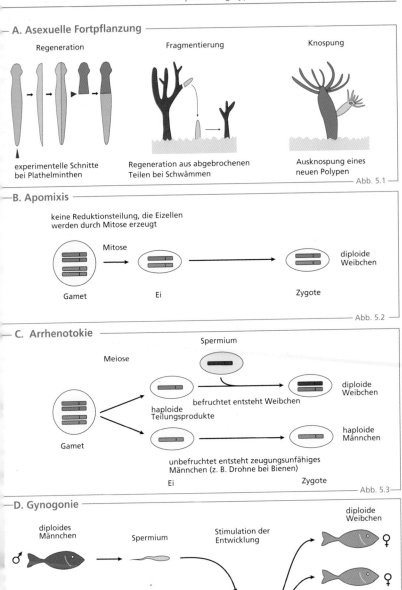

A. Asexuelle Fortpflanzung

Regeneration

Fragmentierung

Knospung

experimentelle Schnitte
bei Plathelminthen

Regeneration aus abgebrochenen
Teilen bei Schwämmen

Ausknospung eines
neuen Polypen

Abb. 5.1

B. Apomixis

keine Reduktionsteilung, die Eizellen
werden durch Mitose erzeugt

Mitose

diploide
Weibchen

Gamet

Ei

Zygote

Abb. 5.2

C. Arrhenotokie

Spermium

Meiose

diploide
Weibchen

haploide
Teilungsprodukte

befruchtet entsteht Weibchen

haploide
Männchen

Gamet

unbefruchtet entsteht zeugungsunfähiges
Männchen (z. B. Drohne bei Bienen)

Ei

Zygote

Abb. 5.3

D. Gynogonie

diploides
Männchen

Spermium

Stimulation der
Entwicklung

diploide
Weibchen

♂

♀

♀

♀

♂

diploides
Weibchen

unbefruchtete
Oocyte

stimulierte
Oocyte

Abb. 5.4

5.2 Geschlechtsbestimmung

Durch den Entwicklungsschritt der Geschlechtsbestimmung wird das primäre (gonadale) Geschlecht eines Organismus festgelegt. Dies wird durch Gene determiniert. Diese werden durch Kontrollgene auf zwei unterschiedlichen Weisen (genotypisch, phänotypisch) gesteuert.

Bei der genotypischen Geschlechtsbestimmung gibt es zwei Möglichkeiten. Die einfachste ist der monogene Mechanismus, bei dem das Geschlecht nur durch den Polymorphismus eines Kontrollgens bestimmt wird. Dies erfolgt z. B. bei einigen Stechmücken, Milben und Blattläusen.

Bei der chromosomalen Geschlechtsbestimmung (→ A) ist der Karyotyp der Zygote entscheidend. In ihrem Chromosomensatz befinden sich nämlich neben den Autosomen zwei Geschlechtschromosomen (Gonosomen). Deren Vorhandensein ist artspezifisch sehr unterschiedlich. Beim „Säugetiertyp" besitzt das Weibchen ein Paar identische Gonosomen (XX) und alle von ihm produzierten Gameten tragen deshalb ein X-Chromosom (homogametisch). Die Männchen besitzen dagegen zwei ungleiche Gonosomen (XY) und sind deshalb heterogametisch. Bei ihnen entstehen zwei unterschiedliche Gameten, die entweder das X- oder das Y-Chromosom tragen. Neben den Säugetieren ist dies noch bei einigen Fischen, Reptilien und Amphibien der Fall. Beim „Vogeltyp" ist der Karyotyp genau umgekehrt, das Weibchen ist heterogametisch (XY) und das Männchen homogametisch (XX). Die offizielle Bezeichnung (ZW/ZZ) unterstreicht die Abweichung vom Säugetiertyp. Dieser Karyotyp kommt neben den Vögeln auch bei einigen Amphibien und Insekten vor.

Das Y-Chromosom enthält die genetische Information für die männliche Entwicklung des Embryos und wird bei Säugetieren vom Vater an seine Söhne weitervererbt. Es trägt mit dem SRY-Gen die männliche Geschlechtsdetermination. Das Y-Chromosom ist im Vergleich zum X-Chromosom sehr klein, da es nur wenige Gene trägt. Dagegen befinden sich auf dem X-Chromosom viele lebenswichtige Gene und die Nachkommen müssen stets mindestens ein X-Chromosom erhalten, um lebensfähig zu sein.

Bei der phänotypischen (umweltbedingten) Geschlechtsbestimmung werden die Kontrollgene durch Umweltfaktoren (Temperatur, Licht, Nahrung, Salinität, Pheromone) ein oder ausgeschaltet. Diese Geschlechtsbestimmung kommt bei verschiedenen Tierarten vo (Ciliaten, Nematoden, Polychaeten, Crustacea Knochenfische, einige Reptilien). Zum Beispie wirkt sich bei Schildkröten und Krokodilen di Temperatur, bei der die Eier bebrütet werden entscheidend auf die Geschlechtsdeterminа tion aus. Höhere Temperaturen bewirken be Krokodilen die Entstehung von Männchen, be Schildkröten die von Weibchen.

Die Geschlechtsdifferenzierung eine Organismus efolgt, nachdem der Go nadentyp festgelegt wurde. In diesen Entwicklungsprozess bilden sich die je weiligen Geschlechtsorgane und -merk male aus.

Bei den Geschlechtsorganen unterscheide man die Gonaden (Keimdrüsen) und das in nere und äußere Genital. Entwicklungsge schichtlich besteht ein Zusammenhang mit de Entwicklung der Exkretionsorgane, deshalb auch die Bezeichnung Urogenitalsystem (→ B). Das innere Genital ist ursprünglich paa rig angelegt mit zwei Ausführungsgänger (Wolff-Gang und Müller-Gang). Auch die Go naden sind bisexuell angelegt und entwickeln sich unter dem Einfluss von Hormonen zun männlichen oder weiblichen Geschlecht.

Die Zellen des Markbereichs entwickeln sich zum Hoden (Testis) und die Zellen der Rin denschicht (Cortex) zum Eierstock (Ovar). Die genetische Anlage (X- und Y-Chromosom) ent scheidet, ob sich die Gonadenentwicklung in die männliche oder weibliche Richtung voll zieht. Die Ausführungsgänge sind zunächst bisexuell angelegt und differenzieren sich im Verlauf der Embryogenese zum Eileiter ode werden im männlichen Organismus rückge bildet, da hier der primäre Harnleiter (Wolff Gang) auch als Samenleiter benutzt wird. Im weiblichen Organismus differenziert sich der parallel zum Harnleiter angelegte embryonale Eileiter zum primären Eileiter (Müller-Gang).

Bei den meisten Säugetieren werden die Ho den von der Leibeshöhle ventral in einen Hodensack (Scrotum) verlagert. Dieser Hoden abstieg (Descensus testis) ist zur Ausbildung der Fertilität zwingend erforderlich, da zur Entwicklung und Reifung der Spermien eine niedrigere Hodentemperatur notwendig ist.

A. Chromosomale Geschlechtsbestimmung

XY-Typ	X0-Typ	ZW/ZZ-Typ
Männchen heterogametisch Mensch, *Drosophila*	ein homologes Chromosom fehlt Wanzen, Fadenwürmer	Männchen heterogametisch Vögel, Schmetterlinge Köcherfliegen

XY ♂   XX ♀   X ♂   XX ♀   ZZ ♂   ZW ♀

Eltern (diploid)   Eltern (diploid)   Eltern (diploid)

Spermien   Eizellen   Spermien   Eizellen   Spermien   Eizellen

Gameten (haploid) Ⓧ   Gameten (haploid) Ⓧ   Gameten (haploid) Ⓩ Ⓦ

50/50%   100%   50/50%   100%   100%   50/50%

Zygoten (diploid)   Zygoten (diploid)   Zygoten (diploid)

XY   XX   X   XX   ZZ   ZW

50% ♂   50% ♀   50% ♂   50% ♀   50% ♂   50% ♀

Abb. 5.5

B. Geschlechtsdifferenzierung bei Säugetieren

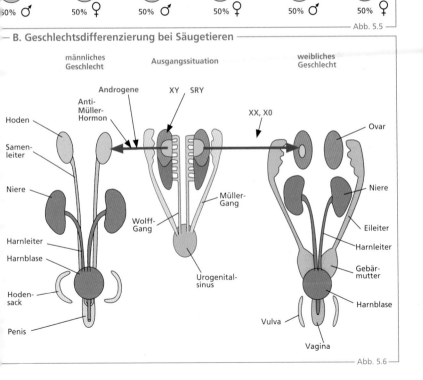

männliches Geschlecht — Ausgangssituation — weibliches Geschlecht

Androgene XY SRY XX, X0

Anti-Müller-Hormon

Hoden   Ovar

Samenleiter

Niere   Müller-Gang   Niere

Wolff-Gang

Harnleiter   Eileiter

Harnblase   Harnleiter

Hodensack   Gebärmutter

Urogenitalsinus

Penis   Harnblase

Vulva   Vagina

Abb. 5.6

5.3 Männliche Fortpflanzungsorgane

Die artspezifisch unterschiedlichen Geschlechtsorgane sind in den einzelnen Tiergruppen dargestellt (→ Kap. 20–44). Hier werden die Geschlechtsorgane des Menschen behandelt.

Primäre Geschlechtsmerkmale sind beim Mann der Penis, Hoden, Nebenhoden und Samenwege. Sekundäre Geschlechtsmerkmale (Bart, Schambehaarung) bilden sich in der Pubertät durch Hormone. Als tertiäre Geschlechtsmerkmale bezeichnet man den Körperbau (Körpergröße, Beckenform) und geschlechtsspezifische Verhaltensweisen und Gefühle (Psyche).

Hoden, Nebenhoden, Samenleiter, Samenstrang, Vorsteherdrüse, Samenbläschen und Cowper-Drüsen gehören zu den inneren Geschlechtsorganen des Mannes. Der Penis und der Hodensack werden als äußere Geschlechtsorgane bezeichnet (→ A). Die paarigen Hoden sind im Hodensack elastisch gelagert. An ihrem oberen Ende befinden sich die Nebenhoden (→ D). Den Hoden umgibt eine Bindegewebskapsel, von der Septen ins Innere ziehen und den Hoden in etwa 200 Hodenläppchen unterteilen. Diese enthalten die Hodenkanälchen, die in einem Epithel die Vorstufen der Keimzellen und Sertoli-Zellen enthalten (→ B). Hier entstehen durch Reifung und Proliferation die Keimzellen (Spermien). Die Sertoli-Zellen dienen der Ernährung der reifenden Spermien und bilden Hormone und Trägerproteine. Um die Hodenkanälchen liegen die Leydig-Zellen, die Testosteron bilden.

Der Hoden entwickelt sich im Embryo und wandert ab dem dritten Schwangerschaftsmonat nach unten (Descensus testis) und schließlich in den Hodensack. Dabei nimmt er die versorgenden Blutgefäße und Nerven mit und der Samenstrang wird gebildet. Durch die tieferen Temperaturen wird die Spermienreifung erst möglich.

In der Spermatogenese werden die befruchtungsfähigen Spermien in den Hodenkanälchen gebildet. Sie dauert ca. 8 Tage. Dabei bilden sich aus den Urkeimzellen zunächst die Spermatogonien (→ B), die sich ab der Pubertät durch Mitose in die diploiden primären Spermatocyten teilen. In der ersten meiotischen Teilung bilden sich aus ihnen die haploiden sekundären Spermatocyten (→ C) aus denen in der zweiten meiotischen Teilung die Spermatiden entstehen. Diese reifen schließlich zu den beweglichen und befruchtungsfähigen Spermien.

Die Spermien bestehen aus einem Kopf mit dem Chromosomensatz, der auch das Akrosom, eine Struktur für das Eindringen in die Eizelle, enthält (→ D). Der Hals verbindet Kopf und Mittelstück, in dem sich die Mitochondrien für die Energieversorgung befinden. Dann folgt der Schwanzteil des Spermiums. Die Spermien wandern zunächst in den Nebenhoden, wo sie mit Sekret angereichert reifen. Zusammen mit den Sekreten aus Prostata, Samenblasen und Cowper-Drüsen bilden sie das leicht alkalische Sperma. Wird vom vegetativen Nervensystem ein Samenerguss (Ejakulation) ausgelöst, so werden 60–600 Mio. Spermien in etwa 5 ml Flüssigkeit abgegeben. Eine Ejakulation kann durch sexuelle Träume, Masturbation oder beim Geschlechtsverkehr induziert werden.

Zu den männlichen Geschlechtsdrüsen zählen die Prostata, die Samenbläschen und die Cowper-Drüsen. Die kastaniengroße Prostata umschließt die Harnsamenröhre kurz vor der Harnblase und produziert die Hauptmenge der Ejakulats in einem dünnflüssigen Sekret. Die Samenbläschen geben wie die Cowper-Drüsen ein alkalisches und zuckerreiches Sekret in das Ejakulat ab. Eine Prostatavergrößerung kann sich durch hormonelle Störungen oder pathologische Veränderungen bilden. Zur Früherkennung kann das prostataspezifische Antigen (PSA) im Blut bestimmt werden.

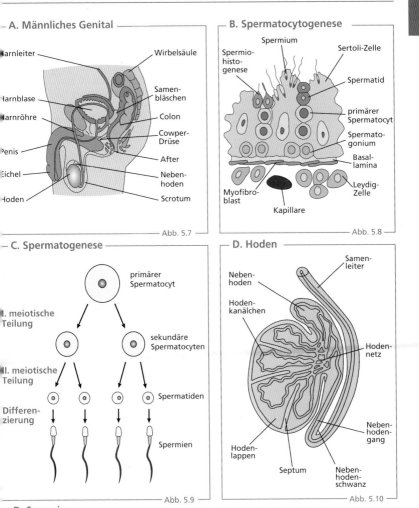

A. Männliches Genital

Harnleiter — Wirbelsäule
Harnblase — Samen-bläschen
Harnröhre — Colon
Penis — Cowper-Drüse
Eichel — After
Hoden — Neben-hoden
— Scrotum

Abb. 5.7

B. Spermatocytogenese

Spermium
Spermio-histo-genese — Sertoli-Zelle
— Spermatid
— primärer Spermatocyt
— Spermato-gonium
— Basal-lamina
Myofibro-blast — Leydig-Zelle
Kapillare

Abb. 5.8

C. Spermatogenese

primärer Spermatocyt

I. meiotische Teilung

sekundäre Spermatocyten

II. meiotische Teilung

Differen-zierung

Spermatiden

Spermien

Abb. 5.9

D. Hoden

Neben-hoden — Samen-leiter
Hoden-kanälchen — Hoden-netz
— Neben-hoden-gang
Hoden-lappen
Septum — Neben-hoden-schwanz

Abb. 5.10

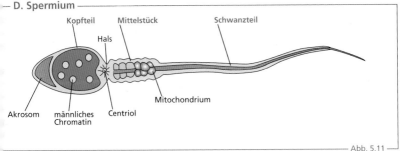

D. Spermium

Kopfteil   Mittelstück   Schwanzteil
Hals
Akrosom   männliches Chromatin   Centriol   Mitochondrium

Abb. 5.11

5.4 Weibliche Fortpflanzungsorgane

Ursprünglich sind die weiblichen Fortpflanzungsorgane paarig angelegt, sie werden aber im Laufe der Säugetierentwicklung umdifferenziert und einzelne Abschnitte verschmelzen (→ A). Bei den Monotremata (Kloakentiere) und den Marsupialia (Beuteltiere) bleiben die beiden Müller-Gänge getrennt und es haben sich auch zwei Uteri und zwei Vaginae entwickelt. Diese Tiere werden deshalb auch zweischeidige Tiere (Didelphia) genannt. Bei den Placentalia verschmelzen die unteren Abschnitte der Müller-Gänge zu einer Vagina, während die Uteri völlig getrennt bleiben (Uterus duplex) oder auch verschmelzen. Dabei können nur die unteren Uterusteile (Uterus bicornis) oder die ganzen Uteri verschmelzen (Uterus simplex) wie beim Menschen (→ A, B).

Bei den ursprünglichen Wirbeltieren münden Harn- und Geschlechtsorgane in eine gemeinsame Kloake, in die auch der Enddarm mündet. Bei den Säugetieren außer den Monotremata werden die Ausführungsöffnungen durch den Damm (Perineum) getrennt. Im ventralen Sinus urogenitalis münden Harn- und Geschlechtsorgane, während der Darm im dorsalen After mündet.

Die inneren Geschlechtsorgane der Frau liegen im kleinen Becken und umfassen Eierstöcke, Eileiter, Gebärmutter und Scheide. Zu den äußeren Geschlechtsorganen gehören die großen und kleinen Schamlippen, Kitzler und Scheidenvorhof (→ C). Die paarigen Eierstöcke (→ B) produzieren beim Menschen jeden Monat eine befruchtungsfähige Eizelle und bilden außerdem als weibliche Sexualhormone Östrogene und Progesteron. Mit der ersten Regelblutung setzt die vollständige Eibildung mit dem Eisprung ein. Sie wiederholt sich bis zur letzten Regelblutung (Menarche). Danach folgt die Postmenopause.

Beim Eisprung wandert das Ei in die trichterförmige Erweiterung des Eileiters und wird durch peristaltische Kontraktionen weiter bis zur Gebärmutter befördert.

Die Bildung der befruchtungsfähigen Eizelle (Oogenese) läuft in verschiedenen Phasen ab. Am Anfang stehen die aus den Urkeimzellen gebildeten Oogonien, die sich durch Mitose weiter teilen. Einige dieser Oogonien vergrößern sich und beginnen die erste Reifeteilung (→ D). In ihrer Prophase verharren sie in der Rinde der Eierstöcke, umgeben vom Follikelepithel. Diese Struktur wird als Primärfollikel (→ E) bezeichnet. Jedes Ovar enthält von Beginn an etwa 400.000 Primärfollikel, die mindestens bis zur Pubertät und längstens bis zur Menopause in diesem Zustand verbleiben.

Unter hormonellem Einfluss bilden sich aus diesem Primärfollikel monatlich einige Sekundärfollikel. Sie besitzen ein mehrschichtiges Follikelepithel, eine Umhüllung der Oocyte (Zona pellucida) und eine hormonproduzierende Zellschicht (Theca folliculi). Durch weiteres Wachstum und die Ansammlung von Flüssigkeit bildet sich schließlich der Tertiärfollikel, der die Oocyte enthält. Nur einer der Tertiärfollikel wandelt sich jeden Monat zum sprungreifen Graaf-Follikel (→ E), die anderen werden abgebaut.

Noch vor dem Eisprung vollendet die Oocyte im Graaf-Follikel die erste meiotische Teilung und beginnt mit der zweiten (→ D). In der Mitte des Monatszyklus gelangt eine Oocyte aus dem Graaf-Follikel in den Eileiter (Ovulation) und wird zur Gebärmutter transportiert. Die zweite meiotische Teilung wird erst nach der Befruchtung abgeschlossen, sodass erst dann eine reife Eizelle (Ovum) entsteht. Der leere Graaf-Follikel bildet sich zum Gelbkörper (Corpus luteum) um (→ E), der dann das Hormon Progesteron produziert. Der Gelbkörper wird danach durch Makrophagen abgebaut und mit Kollagen und Fibroblasten gefüllt. Dieses bindegewebig degenerierte Stadium wird als Corpus albicans bezeichnet.

A. Weibliche Fortpflanzungsorgane

zwei Uteri   Uterus duplex   Uterus bicornis   Uterus simplex

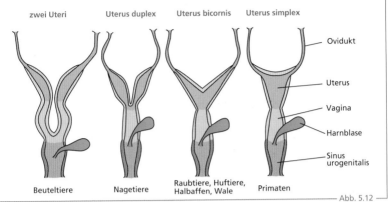

Ovidukt

Uterus

Vagina

Harnblase

Sinus urogenitalis

Beuteltiere   Nagetiere   Raubtiere, Huftiere, Halbaffen, Wale   Primaten

Abb. 5.12

B. Uterus

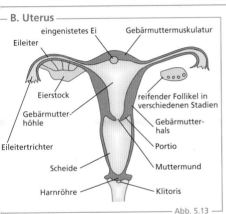

eingenistetes Ei   Gebärmuttermuskulatur

Eileiter

Eierstock

Gebärmutterhöhle

Eileitertrichter

reifender Follikel in verschiedenen Stadien

Gebärmutterhals

Portio

Scheide

Muttermund

Harnröhre   Klitoris

Abb. 5.13

C. Weibliches Genital

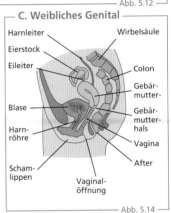

Harnleiter   Wirbelsäule

Eierstock

Eileiter

Colon

Gebärmutter-

Blase

Gebärmutterhals

Harnröhre

Vagina

After

Schamlippen

Vaginalöffnung

Abb. 5.14

D. Oogenese

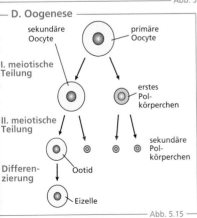

sekundäre Oocyte   primäre Oocyte

I. meiotische Teilung

erstes Polkörperchen

II. meiotische Teilung

sekundäre Polkörperchen

Differenzierung

Ootid

Eizelle

Abb. 5.15

E. Follikelgenese

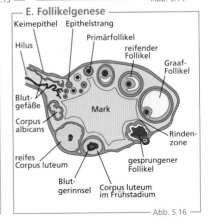

Keimepithel   Epithelstrang

Hilus

Primärfollikel

reifender Follikel

Graaf-Follikel

Blutgefäße

Mark

Corpus albicans

reifes Corpus luteum

Rindenzone

gesprungener Follikel

Blutgerinnsel   Corpus luteum im Frühstadium

Abb. 5.16

5.5 Steuerung der Sexualfunktion

Mit der Pubertät wird durch die Freisetzung des Gonadotropin-Releasing-Hormons (GnRH) im Hypophysenvorderlappen (→ A) die Bildung und Ausschüttung des follikelstimulierenden Hormons (FSH) und des luteinisierenden Hormons (LH) angeregt.

Beim Mann (→ Aa) stimuliert FSH die Spermienreifung über die Sekrete der Sertoli-Zellen, LH stimuliert in den Leydig-Zellen die Bildung von Testosteron. Diese hormonellen Funktionen halten normalerweise über das ganze Erwachsenenleben an. Testosteron ist das wichtigste männliche Geschlechtshormon und gehört zu den Androgenen. Beim Menschen wirkt hauptsächlich das noch stärkere Dihydrotestosteron (DHT). Neben dieser Funktion bewirken Androgene die Geschlechtsdifferenzierung und -wachstum sowie die Ausbildung der sekundären Geschlechtsmerkmale. Außerdem haben sie eine starke anabole Wirkung auf Muskel- und Knochenwachstum.

Bei der Frau stimuliert GnRH über FSH und LH die Östrogenbildung der Eierstöcke (→ Ab) und bewirkt die Reifung der Follikel zum Graaf-Follikel in der ersten Zyklushälfte. LH wird in der Zyklusmitte in hoher Konzentration abgegeben (→ B) und bewirkt den Eisprung und die Umwandlung des Graaf-Follikels in den Gelbkörper (Corpus luteum). Dieser produziert dann das Gelbkörperhormon Progesteron und in geringerem Umfang auch Östrogene.

Die hauptsächlichen weiblichen Sexualhormone sind Östrogene und Progesteron. Östrogene verursachen die sekundären weiblichen Geschlechtsmerkmale (Brust), die Eireifung und den Aufbau der Gebärmutterschleimhaut. Progesteron wird in der zweiten Zyklushälfte abgegeben und bereitet die Gebärmutterschleimhaut auf das Einnisten des befruchteten Eies vor. Außerdem erhöht es die Körpertemperatur, verhindert nach der Befruchtung die Menstruation, ve dichtet den Zervixschleim, steuert d Gebärmutter während der Schwange schaft und bereitet die Milchproduktio in der Brust vor.

Der Menstruationszyklus (→ B) daue ca. 28 Tage und läuft in vier Phasen ab. I der ersten Phase, der eigentlichen Menstruation, löst sich die oberste Schich des Endometriums, die Funktionalis unter oft heftigen Blutungen und Uteruskontraktionen ab. Dies dauert 3– Tage und geht in die Proliferationsphas (5.–14. Tag) über, in der unter dem Ein fluss des ansteigenden Östrogenspiegel die Funktionalis mit ihren Blutgefäße wieder aufgebaut wird. Die Östrogen stimulieren auch die Hypophyse zur Aus schüttung von FSH und LH, sodass zu Zyklusmitte der Eisprung ausgelöst wird Vom 15. Tag an bis kurz vor der näch sten Menstruation dauert die Sekreti onsphase, die auch gestagene Phase ge nannt wird. Progesteron baut das Endo metrium wieder auf und bereitet durc Glykogeneinlagerung das Einnisten de befruchteten Eies vor. Wurde die Eizelle nicht befruchtet, bildet sich in der Ischä miephase der Gelbkörper zurück, sein Progesteronsekretion nimmt ab, di Blutgefäße im Endometrium verenger sich und durch die Mangeldurchblutung schrumpft die Funktionalis und stirb ab. Diese Phase dauert oft nur wenige Stunden und führt zum anschließenden nächsten Menstruationszyklus.

Der Menstruationszyklus beginnt in de Pubertät mit der ersten Regelblutung (Menarche) und wiederholt sich über ca 40 Jahre bis zur Menopause. Er wird nu durch eine Schwangerschaft und einen Teil der Stillzeit unterbrochen. Im Klimakterium kommt es durch den starken Abfall der Hormonspiegel von Östrogenen und Progesteron oft zu Hitzewallungen, Herzrhythmusstörungen, Osteoporose und depressiven Beschwerden. Dies kann durch eine niedrige Kombinationsdosis von Östrogenen und Gestagenen behandelt werden.

A. Regulation der Genitalfunktionen

a Regulation der Hodenfunktion **b** Regulation der Ovarialfunktion

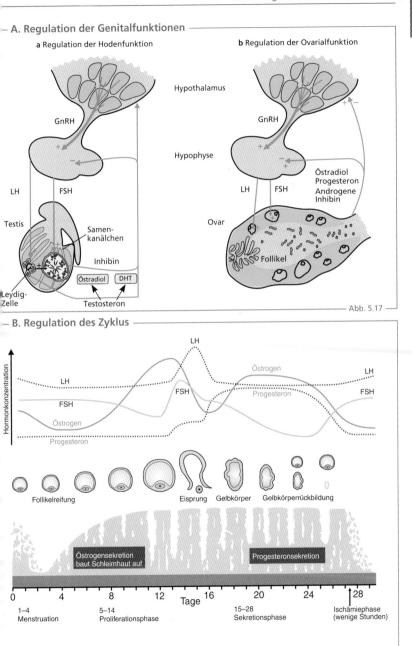

Abb. 5.17

B. Regulation des Zyklus

Abb. 5.18

5.6 Schwangerschaft, Geburt, Lactation

Beim Kontakt eines Spermiums mit einer befruchtungsfähigen Eizelle verschmelzen die Zellmembranen durch einen rezeptorgesteuerten Mechanismus (→ A) und das Spermium dringt in die Eizelle ein (Besamung). Darauf bildet sich die rigide Zona pellucida, um ein Eindringen weiterer Spermien zu verhindern. Der Spermienkopf trennt sich vom Schwanz und bildet den Vorkern, der sich mit dem ebenfalls haploiden Vorkern der Eizelle vereinigt (Befruchtung). Dadurch entsteht eine diploide Zygote.

Innerhalb der nächsten Stunden finden die Furchungsteilungen statt, wodurch sich schließlich ein kugeliger Zellhaufen (Morula) bildet. Dieser wandelt sich innerhalb von vier Tagen in die flüssigkeitsgefüllte Blastula. Diese hat eine seitliche Verdickung (Embryoblast), die die Embryonalanlage enthält. Die restlichen Zellen (Trophoblast) umgeben den Embryoblasten und dienen der Ernährung.

Die so entstehende Blastocyste wandert in den Uterus und lagert sich mit dem Embryoblasten an der Gebärmutterschleimhaut (Endometrium) an. Die Zellen des Trophoblasten sezernieren proteolytische Enzyme, sodass sich die Blastocyste tief in dem Endometrium einnisten kann (Nidation, → Ca). Durch Bildung von Lakunen verschmilzt der Trophoblast mit mütterlichen Blutgefäßen, die die Ernährung übernehmen (→ Cb). Es werden Chorionzotten gebildet (→ Cc) und der Trophoblast produziert das Schwangerschaftshormon humanes Choriogonadotropin (hCG), das die Gelbkörperfunktion aufrechterhält und so ein Abstoßen des Endometriums und einen Abort verhindert.

Die Differenzierung des Embryoblasten wird in → Kap. 6 behandelt. Nachdem sich die Placenta entwickelt hat, wird der Embryo über die Nabelschnur ernährt (→ D). Der Embryo ist während der Schwangerschaft von der Fruchtblase und den Eihäuten überzogen (→ B, D). Die Organe nehmen ab der 8. Woch ihre Funktionen auf, reifen und vergrö ßern sich. Ab dieser fötalen Entwicklungsphase reagiert der Fötus auf Reize Die Schwangerschaft dauert ca. 9,5 Monate und wird in drei Abschnitte unter teilt. Im ersten Trimenon (1.–3. Monat stellt sich der mütterliche Organismu hormonell um, was Übelkeit verursach Im zweiten Trimenion (4.–6. Monat wächst der Embryo etwa zur Größe eine Faust heran. Im dritten Trimenion ist de Bauch so groß, dass fast alle Tätigkeite als Belastung empfunden werden. E treten ab und zu Uteruskontraktione (Wehen) auf, da die Muskulatur sensib ler für Oxytocin wird. Der Muttermun wird durch Prostaglandine flexibler, die Geburt wird hormonell vorbereitet. Vie Wochen vor der Geburt dreht sich de Fötus mit dem Kopf nach unten un nimmt die Geburtslage ein (→ B). Re gelmäßige Wehen setzen schon Stunde vor der Geburt ein (Eröffnungsphase).

Die Milchsekretion (Lactation) wird vo der Hypophyse gesteuert (→ E). Vor de Geburt hemmen Östrogene und Pro gesteron die Milchsekretion. Nach de Geburt bildet die Milchdrüse zunächs ein fettarmes Sekret (Kolostrum). Im Verlauf von 2–5 Tagen kommt es durc Prolactin zur vollen Milchsekretion Diese bleibt erhalten, wenn eine me chanische Reizung der Brustwarzen in Hypothalamus die Bildung des Prolactin Releasing-Hormons (PRH) stimuliert. Da Prolactin-Inhibiting-Hormon (PIH), da bei Nichtschwangeren die Milchbildung unterdrückt, wird gehemmt. Dadurch wird verstärkt Prolactin ausgeschüttet Gleichzeitig wird über denselben Refle aus dem Hinterlappen Oxytocin freige setzt, das die Milchgänge kontrahiere lässt und die Milchejektion fördert. Pro lactin und Oxytocin inhibieren auch die Ausschüttung von GnRH, wodurch be der stillenden Frau der Menstruationszy klus für mehrere Monate gehemmt wird

A. Besamung

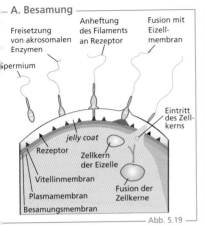

- Freisetzung von akrosomalen Enzymen
- Anheftung des Filaments an Rezeptor
- Fusion mit Eizellmembran
- Spermium
- Eintritt des Zellkerns
- jelly coat
- Rezeptor
- Zellkern der Eizelle
- Vitellinmembran
- Fusion der Zellkerne
- Plasmamembran
- Besamungsmembran

Abb. 5.19

B. Fötus

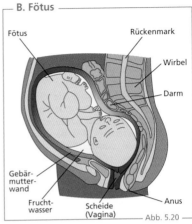

- Fötus
- Rückenmark
- Wirbel
- Darm
- Gebärmutterwand
- Fruchtwasser
- Scheide (Vagina)
- Anus

Abb. 5.20

C. Einnistung

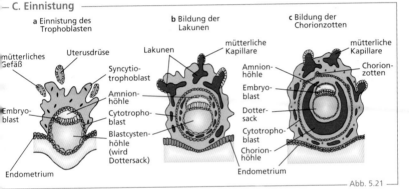

a Einnistung des Trophoblasten

- mütterliches Gefäß
- Uterusdrüse
- Syncytiotrophoblast
- Amnionhöhle
- Cytotrophoblast
- Embryoblast
- Blastcystenhöhle (wird Dottersack)
- Endometrium

b Bildung der Lakunen

- Lakunen
- mütterliche Kapillare

c Bildung der Chorionzotten

- mütterliche Kapillare
- Amnionhöhle
- Embryoblast
- Dottersack
- Cytotrophoblast
- Chorionhöhle
- Chorionzotten
- Endometrium

Abb. 5.21

D. Embryo

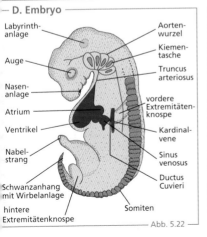

- Labyrinthanlage
- Auge
- Nasenanlage
- Atrium
- Ventrikel
- Nabelstrang
- Schwanzanhang mit Wirbelanlage
- hintere Extremitätenknospe
- Aortenwurzel
- Kiementasche
- Truncus arteriosus
- vordere Extremitätenknospe
- Kardinalvene
- Sinus venosus
- Ductus Cuvieri
- Somiten

Abb. 5.22

E. Lactation

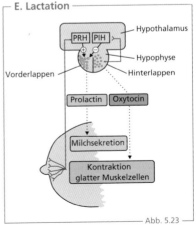

- PRH PIH
- Hypothalamus
- Hypophyse
- Vorderlappen
- Hinterlappen
- Prolactin Oxytocin
- Milchsekretion
- Kontraktion glatter Muskelzellen

Abb. 5.23

5.7 Ei- und Embryonalentwicklung

Die Eizelle (Oocyte) besteht aus dem Cytoplasma mit dem Dotter und den Reservestoffen für die Ernährung des Embryos wie auch dem Zellkern, der den weiblichen haploiden Chromosomensatz enthält. Bei fast allen Tierarten besitzen die Oocyten eine animal-vegetative Polarität. In der Oocyte liegt der Zellkern meistens in der Nähe des animalischen Pols, während sich die Reservestoffe mit dem Dotter am vegetativen Pol befinden.

Am Beginn der Embryonalentwicklung (Embryogenese) von vielzelligen Tieren stehen die Furchungsteilungen (Blastogenese) der befruchteten Eizelle (Zygote). Dabei vergrößert sich der Embryo nicht, es handelt sich nicht um die Neubildung von Zellmaterial, sondern um Abschnürungen des vorhandenen Materials. Dadurch bilden sich die Blastomeren. Solche Furchungsteilungen können etwa alle 8 min stattfinden und führen schließlich zu einer kugeligen Struktur aus zahlreichen Zellen (Morula). Die Teilungen verlaufen meist synchron und führen zu einer ständigen Änderung des Kern-Plasma-Verhältnisses.

Bei der äqualen Furchung entstehen gleich große Blastomere (→ Aa), bei der inäqualen Furchung entstehen unterschiedlich große Blastomere (→ Ab, Ac) die als Makromere und Mikromere bezeichnet werden. Die Verteilung des Dotters im Ei führt zu drei unterschiedlichen Furchungstypen:

Die holoblastische Furchung (vollständige oder totale Furchung) kann bei dotterarmen oder mäßig dotterreichen Eizellen entweder total äqual erfolgen wie bei den dotterarmen Eizellen der Säugetiere, deren Dotter gleichmäßg (isolecithal) verteilt ist. Ist der Dotter dagegen bei dotterreichen Eizellen an einem Pol konzentriert (telolecithal), so ergibt sich eine total inäquale Furchung (Amphibien). Das einfachste Furchungs-

muster ist die Radiärfuchung (→ Aa) bei der die Teilungsspindeln parallel un senkrecht zur Hauptachse stehen, soda. sich eine radiärsymmetrische Anordnung der Blastomeren ergibt (Seeigel).

Sind die Eier extrem dotterreich, so e folgt die meroblastische Furchung. Si ist eine partielle Furchung (→ Ad, Ae wobei der Dotter entweder an einer Ende konzentriert wird (telolecitha oder auch discoidal) oder im Zentrum lokalisiert ist (centrolecithal oder auc superfiziell, → Af). Dabei bleibt ein gro ßer Bereich der Eizelle zunächst unge furcht. Bei discoidalen Furchungen en steht eine Keimscheibe. Sie liegt dem Dotter zunächst als Zellkappe auf un umwächst im späteren Verlauf der Em bryonalentwicklung, während der Gas trulation, den Dotter, der dann eine Dottersack bildet (Epibolie). Dieser Fur chungstyp kommt in verschiedenen Va riationen bei Fischen, Reptilien, Vögeln Kopffüßern und Kloakentieren vor (→ Ad, Ae). Bei den sehr dotterreichen cen trolecithalen Eizellen der Arthropode (→ Af) furcht sich die ganze Oberfläch der Eizelle. Der Kern teilt sich mehrfac und die Tochterkerne wandern schließ lich in die neu gebildeten, oberfläch lichen Blastodermzellen ein.

Der dritte Furchungstyp ist die Spiral furchung, bei der die Zellen wendel förmig gegeneinander versetzt werde (→ Ab). Hier sind die Teilungsspindel gegen die Teilungsebenen geneigt, so dass die Blastomeren nicht wie bei de Radiärfuchung neben- und übereinan der liegen, sondern auf Lücke angeord net sind. Dies ist der Furchungstyp de als Spiralier bezeichneten Tierstämme (Anneliden, Mollusken [außer Cephalo poda], Spritzwürmer, Plattwürmer un Schnurwürmer). Dieser Furchungstyp is in der Regel mit der Mesodermbildun und einer Trochophora-Larve (→ Kap 31) verbunden. Von weiteren Taxa is die Homologie der Spiralfurchung noc ungeklärt.

A. Furchungstypen

a total, äqual, radiär   Echinodermen: Seeigel (*Echinus*)

b total, inäqual, spiralig   Anneliden: Meeresringelwurm (*Platynereis*)

c total, inäqual, bilateral   Tunicaten: Ascidie (*Ciona*)

d partiell, moderat discoidal   Fische

e partiell, discoidal   Reptilien, Vögel

f partiell, superfiziell   Taufliege (*Drosophila*)

Abb. 5.24

6 Individualentwicklung der Organismen

6.1 Bildung der Keimblätter

Die Differenzierungsprozesse der Metazoa (Mehrzeller) lassen sich am Beispiel der Gastrulation am besten verstehen (→ A).

Aus der während der Furchung enstandenen, flüssigkeitsgefüllten Blastula entsteht durch Einstülpung (Gastrulation) der Wand eine doppelwandige Gastrula. Dabei bilden sich die beiden Keimblätter: das äußere Ektoderm und das innere Entoderm. Das Ektoderm, die äußere Oberfläche des Embryos, bildet später auch die äußere Körperbedeckung und das Nervensystem. Das Entoderm bildet zunächst den embryonalen Urdarm (Archenteron). Aus ihm werden später Verdauungstrakt und innere Organe, z. B. Lunge und Leber. Zwischen beiden Keimblättern bildet sich die primäre Leibeshöhle, das flüssigkeitsgefüllte Blastocoel. Der Urdarm steht über den Blastoporus (Urmund) in Verbindung mit der Außenwelt. Diese häufigste Form der Gastrulation wird Invagination genannt. Eine zweiwandige Gastrula kann auch durch Umwachsung der Makromeren entstehen (Epibolie).

Die zweikeimblättrigen Tiere, die sich aus diesem Stadium entwickeln, werden Diploblastica genannt. Zu ihnen zählen Porifera (Schwämme), Cnidaria (Nesseltiere) und Ctenophora (Rippenquallen). Porifera werden oft als Parazoa bezeichnet, weil sie nach der Umstülpung der Blastula keine echten Gewebe und Organe bilden. Alle anderen Mehrzeller werden als Eumetazoa zusammengefasst. Triploblastica sind dreikeimblättrige Tiere, die ein drittes Keimblatt, das Mesoderm, entwickeln. Es entsteht im Embryo zwischen Ektoderm und Entoderm durch Teilung und Einwanderung von Urmesodermzellen in den Zwischenraum oder durch Abfaltung des Urdarmdachs. Hierbei bilden sich die Mesodermleisten. Diese sind so angelegt, dass sich die Triploblastica entlang ihrer Medianebene in zwei spiegelsymmetrische Hälften teilen lassen (Bilateralsymmetrie). Die Triploblastica werden daher auch als Bilateria bezeichnet.

Die Eumetazoa werden aufgrund ihrer Körpersymmetrie in die Radiata und die Bilateria unterteilt. Ein radiärsymmetrisch aufgebautes Tier, z. B. ein Polyp oder eine Qualle, orientiert sich in seinem Bauplan gleichmäßig in alle Richtungen, ausgehend von der Körperlängsachse. Radiata haben deshalb keine Rücken oder Bauchseite, sondern nur eine Mundseite (oral) und eine vom Mund abgewandte Seite (aboral). Dagegen besitzen bilateralsymmetrisch aufgebaute Tiere neben dem Kopfende (anterior) auch ein Schwanzende (posterior), eine Oberseite (dorsal) und eine Unterseite (ventral) sowie eine rechte und linke Seite (lateral).

Die Position des Urmundes und seine Entstehung führen in der zoologischen Systematik der Triploblastica zu zwei klar getrennten evolutionären Linien (→ B): Protostomia (Urmünder) und Deuterostomia (Neumünder).

Bei den Protostomia wird der Urmund später zum eigentlichen Mund des Tieres und an der gegenüberliegenden Stelle des Keims bricht eine zweite Öffnung durch, die sich später zum After entwickelt. Zu den Protostomia gehören unter anderem die Plathelminthes, Nemathelminthes, Annelia, Arthropoda und Mollusca, zu den Deuterostomia gehören die Echinodermata, Hemichordata und Chordata. Bei den Deuterostomia wird der Urmund zum After und die an der gegenüberliegenden Stelle des Keims entstehende zweite Öffnung zum eigentlichen Mund (→ B). Diese Entwicklung stellt den wichtigsten und charakteristischsten Unterschied zwischen Protostomia und Deuterostomia dar. Darüberhinaus gibt es weitere bedeutende Unterschiede, die vor allem die Furchung und die Bildung des Coeloms, einer sekundären Leibeshöhle, betreffen.

Bei vielen Protostomia tritt im frühen Entwicklungsstadium eine Spiralfurchung auf (→ B), in der die Teilungsebene der dritten Furchung diagonal verläuft. Die meisten Protostomia haben auch eine frühdeterminierte Furchung, d. h. das spätere Entwicklungsziel einer Embryonalzelle wird schon sehr früh festgelegt. Bei den Deuterostomia kommt es dagegen nie zur einer Spiralfurchung, sondern die Furchungsebenen verlaufen rechtwinklig (→ B). Bei den meisten Deuterostomia wird das Entwicklungsziel der Zellen erst spät festgelegt, es erfolgt also eine spätdeterminierte Furchung. Bei einer frühen Trennung der Zellen hat so jede einzelne Zelle die Fähigkeit, einen vollständigen Embryo mit all seinen Geweben auszubilden. Diese Totipotenz spielt in der gegenwärtigen Diskussion um die Forschung mit embryonalen Stammzellen des Menschen eine gewichtige Rolle.

© Springer-Verlag GmbH Deutschland, ein Teil von Springer Nature 2021
W. Clauss und C. Clauss, *Taschenatlas Zoologie*,
https://doi.org/10.1007/978-3-662-61593-5_6

A. Gastrulation

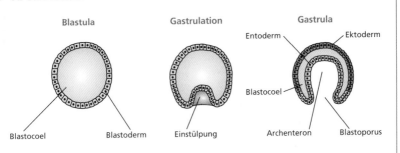

Blastula Gastrulation Gastrula

Entoderm Ektoderm

Blastocoel

Blastocoel Blastoderm Einstülpung Archenteron Blastoporus

Abb. 6.1

B. Entwicklung der Protostomia und Deuterostomia

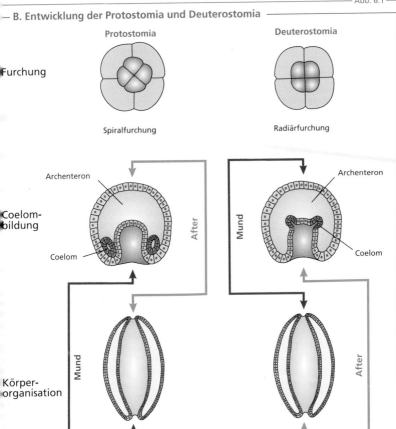

Protostomia Deuterostomia

Furchung

Spiralfurchung Radiärfurchung

Archenteron Archenteron

Coelombildung

After Mund

Coelom Coelom

Mund After

Körperorganisation

Abb. 6.2

6.2 Coelombildung

Während sich die frühe Furchung und die Bildung des Urmunds bzw. des Neumunds nach vollendeter Entwicklung nicht mehr unterscheiden oder nachvollziehen lassen, kann man viele voll entwickelte Protostomia oder Deuterostomia an der Lage ihres Hauptnervenstrangs im Körper unterscheiden. Bei vielen Protostomia liegt dieser ventral vom Darmkanal. Sie werden deshalb als Gastroneuralia bezeichnet. Bei den Deuterostomia, auch beim Menschen, liegt der Hauptnervenstrang dorsal zum Darm. Sie werden auch Notoneuralia genannt (→ A). Ein weiterer wichtiger Unterschied in der embryonalen Entwicklung der Protostomia und Deuterostomia ist die Bildung des Coeloms, d. h. der sekundären Leibeshöhle. Bei Protostomia entstehen zunächst aus den Urmesodermzellen seitlich des Urdarms mesodermale Zellhaufen, in denen sich flüssigkeitsgefüllte Spalten bilden. Diese erweitern sich zum Coelom, das nach dieser Entwicklungsform Schizocoel genannt wird (→ B). Im Gegensatz dazu entsteht das Coelom der Deuterostomia durch Abfaltungen von seitlichen Divertikeln aus dem Urdarmdach (→ C). Es wird deshalb auch als Enterocoel bezeichnet.

Innerhalb der bilateralsymmetrisch aufgebauten Tiere (Bilateria) gibt es verschiedene Varianten von Körperaufbau und Anordnung der Leibeshöhle (→ D).

Die äußere Körperhülle eines Tieres (Integument) umschließt die darunterliegende Muskelschicht, die der Fortbewegung dient. Integument und Muskelschicht bilden zusammen den Hautmuskelschlauch. In der Mitte des Körpers liegt der Darm. Tiere, die zwischen Darm und Hautmuskelschlauch keine flüssigkeitsgefüllte Körperhöhle besitzen, werden als Acoelomaten bezeichnet. Zu ihnen gehören vor allem die Plathelminthes (Plattwürmer).

Die übrigen Bilateria besitzen eine flüssigkeitsgefüllte Höhle, die sich allerdings bei verschiedenen Tierstämmen unterschiedlich entwickeln und ausdifferenzieren kann. Wird kein echtes Coelom gebildet, d. h. die Körperhöhle ist nicht vollständig von einer mesodermalen Gewebeschicht (Mesothel oder Coelothel) ausgekleidet, so werden die Tiere Pseudocoelomaten genannt. Zu diesen gehören die Nemathelminthes (Rundwürmer) und einige weitere Stämme. Tiere mit einem echten Coelom werden als Eucoelomaten oder Coelomaten bezeichnet. Zu diesen zählen neben anderen Tierstämmen die Annelida (Ringelwürmer).

Ein echtes Coelom ist vollständig mit einer mesodermalen Epithelschicht ausgekleidet, die im Inneren der Muskulatur des Darms anliegt und nach außen direkt an die Muskulatur des Hautmuskelschlauchs anschließt (→ D).

Die beiden Epithelschichten sind dorsal und ventral durch Mesenterien verbunden. Die darm und körperoberflächennahen Anteile dieses Coelothels differenzieren sich vielfach zur Muskulatur. Eucoelomaten besitzen auch ein Blutgefäßsystem, das den Acoelomaten und den meisten Pseudocoelomaten fehlt. Das flüssigkeitsgefüllte Coelom dient als Speicher und Transportmedium. In das Coelom münden auch die Trichter der Metanephridien, die der Exkretion dienen.

Außerdem polstert das Coelom die Eingeweide von der Körperhülle ab, so dass bei Bewegungen keine störenden Einflüsse übertragen werden. Bei der Kontraktion der an der Bewegung beteiligten Muskelgruppen kann der daraus resultierende erhöhte Druck in der Leibeshöhle und im Hautmuskelschlauch den Körper oder die Segmente stabilisieren (Hydroskelett). Auf diese Weise werden die schlängelnden Bewegungen von einigen wurmförmigen Organismen wie z. B. den Spulwürmern ermöglicht (→ D).

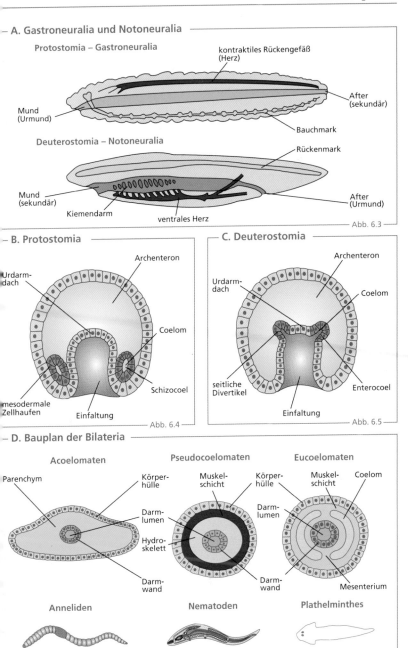

A. Gastroneuralia und Notoneuralia

Protostomia – Gastroneuralia

kontraktiles Rückengefäß (Herz)

Mund (Urmund)

After (sekundär)

Bauchmark

Deuterostomia – Notoneuralia

Rückenmark

Mund (sekundär)

After (Urmund)

Kiemendarm

ventrales Herz

Abb. 6.3

B. Protostomia

Urdarm-dach

Archenteron

Coelom

Schizocoel

mesodermale Zellhaufen

Einfaltung

Abb. 6.4

C. Deuterostomia

Urdarm-dach

Archenteron

Coelom

seitliche Divertikel

Enterocoel

Einfaltung

Abb. 6.5

D. Bauplan der Bilateria

Acoelomaten

Parenchym

Körperhülle

Darmlumen

Darmwand

Pseudocoelomaten

Muskelschicht

Darmlumen

Hydroskelett

Darmwand

Eucoelomaten

Körperhülle

Muskelschicht

Coelom

Darmlumen

Mesenterium

Anneliden

Nematoden

Plathelminthes

Abb. 6.6

6.3 Organogenese

Eine Voraussetzung für die spätere Entwicklung (Determination) und Organentwicklung wird bereits in der Eizelle geschaffen. Direkt nach der Befruchtung und vor der Furchung kommt es zu einer Umorganisation des Ooplasmas in drei Bereiche und damit zur Bildung eines grauen Halbmondes (→ A). Diese Bereiche werden während der Furchung und der Bildung der Blastula auf verschiedene Zellen verteilt. Die Zellen, die aus dem grauen Halbmond hevorgehen, spielen bei der weiteren Embryonalentwicklung eine wichtige Rolle, da sie wichtige Signalproteine freisetzen. Durch sie wird an einem bestimmten Punkt des grauen Halbmondes die Gastrulation ausgelöst.

Sie beginnt mit der Einwölbung der Flaschenzellen in das Blastocoel (→ B). An dieser Stelle bildet sich die dorsale Urmundlippe, über die fortwährend weitere Zellen in das Blastocoel einwandern (Involution), die zunächst den Urdarm bilden (Entoderm) und später das Mesoderm. Am Ende dieses Vorgangs sind alle drei Keimblätter gebildet und die dorsoventrale Körperachse festgelegt. Die dorsale Urmundlippe (Spemann-Organisator) organisiert die gesamte weitere Entwicklung des Embryos.

Im Laufe der weiteren embryonalen Entwicklung kommt es zur Wanderung von Zellen, die ihre Form ändern. Durch diese morphogenetischen Bewegungen gelangen die Zellen in andere embryonale Bereiche, in denen sie mit weiteren Zellen durch die Freisetzung von Signalmolekülen kommunizieren und weitere embryonale Entwicklungsvorgänge induzieren. So werden zunächst die Kopf-, dann die Rumpfbereiche gebildet und schließlich organisieren die letzten einwandernden Zellen die Schwanzstrukturen.

Als Auslöser der Organisatoraktivität ist das Signalprotein ß-Catenin von zentraler Bedeutung. Es wirkt als Transkrip-

tionsfaktor zur Aktivierung verschiedener Entwicklungsgene (Goosecoid, Siamois). Ähnliche vergleichbare Organisationszentren gibt es auch bei den übrigen Wirbeltieren, so z. B. der Primtivknoten bei den Amnioten oder der dorsale Schild bei den Zebrafischen.

Während der Entwicklung des Wirbeltierkeims wird durch den Einfluss des Urdarmdachs im Ektoderm des Keims die Bildung der Neuralplatte induziert (→ Ca). Dies ist ein früher Vorgang der Organogenese, der schon im Stadium der Gastrula stattfindet.

Zur Entwicklung des Nervensystems senkt sich dann die Neuralplatte ein und bildet eine Falte, die Neuralrinne. Diese schließt sich vollständig zum Neuralrohr, das sich vom Ektoderm ablöst und darunter dorsal entlang des Embryos die Grundstruktur des Nervensystems bildet (→ Cb). Diese komplizierten morphologischen Vorgänge werden durch Zellwanderung und Zellverformungen unter Mitwirkung des Cytoskeletts durchgeführt und als Neurulation bezeichnet. Im vorderen Bereich des Embryos wird das Neuralrohr besonders breit angelegt und in fünf Blasen differenziert, aus denen die einzelnen Abschnitte des Wirbeltiergehirns entstehen (→ Kap 8). Der ursprüngliche Hohlraum des Neuralrohrs bleibt im Gehirn als Ventrikel und im Rückenmark als Zentralkanal erhalten und ist mit Gehirnflüssigkeit (Liquor) gefüllt. Bei allen Wirbeltieren ist das Gehirn nach diesem Grundbauplan in fünf Abschnitte gegliedert. Je nach Wirbeltierstamm und Spezialisierung entwickeln sich die einzelnen Gehirnabschnitte aber unterschiedlich stark.

In weiteren Entwicklungsschritten werden beim Wirbeltierembryo im Kopfbereich die verschiedenen Teile des Wirbeltierauges (Linse, Hornhaut, Netzhaut) gebildet. Dabei handelt es sich um zwei seitliche Austülpungen des vorderen Neuralrohrs (→ D).

A. Befruchtete Amphibienoocyte

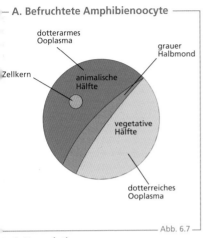

- dotterarmes Ooplasma
- grauer Halbmond
- Zellkern
- animalische Hälfte
- vegetative Hälfte
- dotterreiches Ooplasma

Abb. 6.7

B. Blastoporus

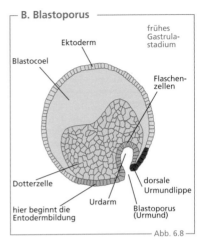

- frühes Gastrulastadium
- Ektoderm
- Blastocoel
- Flaschenzellen
- Dotterzelle
- hier beginnt die Entodermbildung
- Urdarm
- dorsale Urmundlippe
- Blastoporus (Urmund)

Abb. 6.8

C. Neurulation

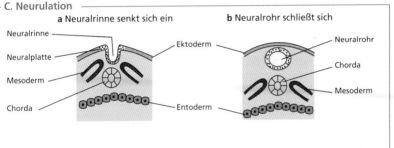

a Neuralrinne senkt sich ein
b Neuralrohr schließt sich

- Neuralrinne
- Neuralplatte
- Mesoderm
- Chorda
- Ektoderm
- Entoderm
- Neuralrohr
- Chorda
- Mesoderm

Abb. 6.9

D. Augenentwicklung

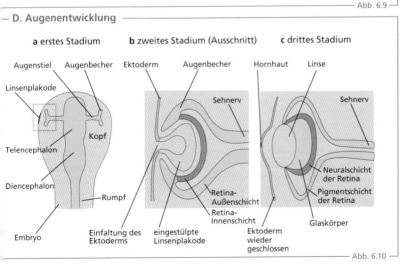

a erstes Stadium   **b** zweites Stadium (Ausschnitt)   **c** drittes Stadium

- Augenstiel
- Augenbecher
- Linsenplakode
- Telencephalon
- Diencephalon
- Embryo
- Kopf
- Rumpf
- Ektoderm
- Augenbecher
- Sehnerv
- Einfaltung des Ektoderms
- eingestülpte Linsenplakode
- Retina-Außenschicht
- Retina-Innenschicht
- Hornhaut
- Linse
- Sehnerv
- Neuralschicht der Retina
- Pigmentschicht der Retina
- Glaskörper
- Ektoderm wieder geschlossen

Abb. 6.10

6.4 Entwicklungsgenetik

Die meisten Tiere bilden die Polaritätsachsen des Embryos und damit die Grundarchitektur der Körperentwicklung schon am Anfang der Furchung aus. Durch maternale Morphogene wird die anterior-posteriore Körperachse (Kopf-Schwanz) festgelegt. Die Proteine diffundieren im Cytoplasma der befruchteten Eizelle zu gegenüberliegenden Polen und bilden damit ein Konzentrationsgefälle.

Ein Beispiel sind die Gradienten der anterioren Morphogene Bicoid und Hunchback und der posterioren Morphogene Caudal und Nanos im Embryo von *Drosophila* (→ A). Die Konzentrationsunterschiede wirken in der weiteren embryonalen Entwicklung in den einzelnen Blastomeren weiter, die sich dann entsprechend entwickeln. Daraufhin induzieren Maternaleffektgene wiederum drei Klassen von Segmentierungsgenen: Lückengene bewirken breite Banden längs der anterior-posterioren Körperachse, Paarregelgene unterteilen den Embryo in Bereiche von jeweils zwei Segmenten, Segmentpolaritätsgene bestimmen die Grenzen der einzelnen Segmente und deren Organisation. Diese drei Klassen von Segmentierungsgenen bewirken in immer detailliertere Segmentierungsmuster (→ B).

Bei den Säugetieren werden die Polaritätsachsen dagegen erst nach der Furchung gebildet. Dann kontrollieren die homöotischen Gene die Körpersegmentierung und ihre Entwicklung. Diese homöotischen Gene sind schon früh in der Evolution entstanden (→ Kap. 4) und werden bei Wirbeltieren als Hox-Gene bezeichnet. Sie finden sich bei Säugetieren in vier paralogen Clustern (a–d), die jeweils bis zu 13 Gene aufweisen und auf vier verschiedenen Chromosomen liegen, beim Menschen auf den Chromosomen 2 (Hox-D), 7 (Hox-A), 12 (Hox-C) und 17 (Hox-B) (→ C).

Die Expression dieser Gene folgt dabei zeitlich und räumlich genau der Reihenfolge ihrer linearen Anordnung auf den Chromosomen, und zwar so, dass die Gene, die am 3'-Ende des Genclusters liegen, zuerst im vorderen Bereich des Embryos exprimiert werden und dann im hinteren Bereich. Die Hox-Gene produzieren so nacheinander segmentspezifische Genprodukte, die als Transkriptionsfaktoren wirken und die Differenzierung der jeweiligen Zellen entlang der anterior-posterioren Körperachse steuern. Diese differenzielle Genexpression erfolgt modular in funktionellen Einheiten, die aus Genen und verschiedenen Signalwegen bestehen und die man als Entwicklungsmodule bezeichnet.

Weitere Genprodukte wie SHH (*Sonic hedgehog*), ein von der Neuralplatte sezerniertes Signalprotein, das BMP (*Bone morphogenic protein*) und sein Inhibitorprotein Noggin sowie der *Wnt*-Signalweg steuern dann die dorso-ventrale Differenzierung in den einzelnen Segmenten (Somiten). Hier differenzieren sich die dorsalen Zellen zu Muskel- und Hautzellen, während die ventral gelegenen Zellen zu Knorpel- und Knochenzellen werden.

Eine weitere Genfamilie der Homöobox-Gene, die Pax-Gene (*paired-box genes*), von denen es vier Gruppen mit insgesamt neun Genen gibt, spielen ebenfalls eine wichtige Rolle bei der Entwicklung der Somiten und des Nervensystems. Sie codieren von nun an gewebespezifischen Transkriptionsfaktoren und sind nicht nur für die embryonale Entwicklung wichtig, sondern auch für die epimorphe Regeneration von Körperteilen bei Tieren, die dazu in der Lage sind.

Erst wenn sich die Körpersegmentierung vollständig entwickelt hat, folgt als nächster Schritt die Bildung und Ausdifferenzierung von Organen und Organsystemen.

A. Morphogengradienten

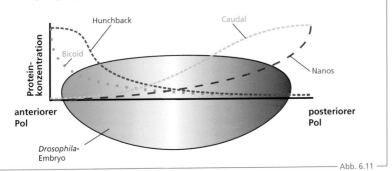

Abb. 6.11

B. Genaktivierungskaskade und Musterbildung

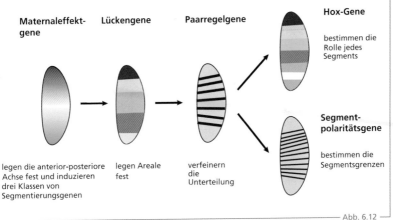

Maternaleffekt-gene

Lückengene

Paarregelgene

Hox-Gene
bestimmen die Rolle jedes Segments

Segment-polaritätsgene
bestimmen die Segmentsgrenzen

legen die anterior-posteriore Achse fest und induzieren drei Klassen von Segmentierungsgenen

legen Areale fest

verfeinern die Unterteilung

Abb. 6.12

C. Hox-Gen-Cluster

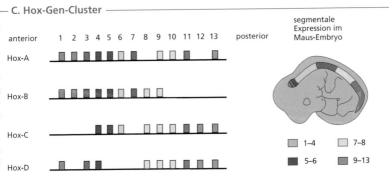

Abb. 6.13

6.5 Larvalentwicklung und Metamorphose

In der Entwicklung entstehen bei vielen Tieren zunächst frei lebende Embryonalstadien, die man als Larven bezeichnet. Sie dienen vorwiegend der Nahrungsaufnahme und dem Wachstum, bis sich schließlich so viel Körpersubstanz entwickelt hat, dass ein adulter Organismus gebildet werden kann. Im Larvenstadium ist auch eine weite Verbreitung möglich, so z. B. bei Parasiten. Die Larvenstadien sind meist nicht fortpflanzungsfähig.

Die Entwicklungsvorgänge, die vom Larvenstadium zum adulten Tier führen, werden als Metamorphose bezeichnet. Sie werden vielfach durch Hormone gesteuert. Bei Amphibien löst z. B. Thyroxin die Metamorphose von der Larve (Kaulquappe) zum Frosch aus (→ A), während Prolactin diese Umwandlung hemmt. Bei Insekten gibt es unterschiedliche Metamorphosen. Bei hemimetabolen Tieren kommt es zur stufenweisen, allmählichen Umwandlung von der Larve über die Nymphe zur Imago, wobei sich alle Entwicklungsstadien ähneln. Dieser Vorgang wird auch als unvollständige Metamorphose bezeichnet. Bei den holometabolen Tieren kommt es zu einer vollständigen Metamorphose, in der sich die oft raupenförmigen Larven über ein Ruhestadium (Puppe) zur Imago entwickelt, die dann weiterwächst und sich mehrmals häutet, bevor sie ausgewachsen ist (→ Kap. 9, 36).

Regeneration bedeutet den Ersatz und die Heilung von geschädigtem Gewebe oder Körperteilen. Dies ist bei Organismen, deren Körperzellen determiniert sind (z. B. Nemathelminthes), nicht möglich. Bei anderen Tiergruppen wie Amphibia, Porifera, Plathelminthes und Cnidaria ist die Fähigkeit zur Regeneration dagegen stark ausgeprägt.

Grundsätzlich unterscheidet man zwischen zwei Formen der Regeneration. Bei der physiologischen Regeneration werden Gewebe erneuert, wenn sie beschädigt wurden (Haut) oder altern. So schilfern z. B. die Darmepithelzellen im Verdauungstrakt ca. alle sieben Tage ab und werden durch neue Zellen ersetzt. Auch Blutzellen altern, werden ausgesondert und ständig gegen neugebildete Zellen ausgetauscht. Nur terminal differenzierte Zellen wie Muskel- oder Nervenzellen können sich nicht oder nur bedingt regenerieren. Einige Tiere sind zu einer reparativen Regeneration fähig. Bei Verletzungen oder Amputationen können ganze Körperteile oder Extremitäten vollständig regeneriert werden. Bei Amphibien, z. B. beim Salamander, wird eine amputierte Extremität wieder vollständig neu gebildet (→ B). Solche Amphibien können auf der Flucht auch Körperteile, z. B. den Schwanz, abwerfen, um zu entkommen und auch dieser wird wieder vollständig regeneriert. Ebenso können abgetrennte Arme von Seesternen oder Nesseltieren vollständig ersetzt werden und die abgetrennten Teile wachsen oft zu vollständig neuen Individuen heran.

Alterungsprozesse können bei Organismen bereits in verschiedenen Altersstufen einsetzen, z. B. beim Absterben der Oogonien in den Eierstöcken. Das Absterben von Zellen kann funktionelle Ursachen haben, z. B. bei Entzündungen von Geweben (Nekrose), oder es handelt sich um einen programmierten Zelltod (Apoptose) (→ C). Bei der Nekrose werden Zellen z. B. vom Immunsystem angegriffen, schwellen an, platzen und verlieren Zellinhalt. Dagegen ist die Apoptose ein genetisch gesteuerter Prozess, durch den die Zelle in kleine, von einer Membran umgebene Strukturen (apoptotic bodies) zerfällt. Diese werden dann von Makrophagen phagozytiert. Dabei entsteht keine Entzündung. Apoptose kann bei natürlichen Entwicklungsvorgängen eine Rolle spielen, durch die Gestaltungs- und Formungsprozesse, z. B. bei der Bildung der Extremitäten, möglich werden.

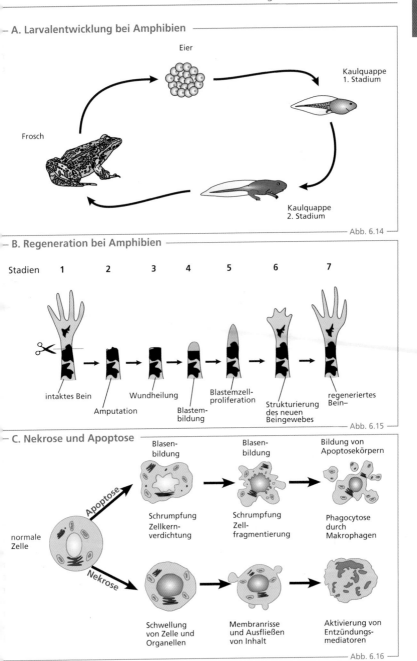

A. Larvalentwicklung bei Amphibien

Eier

Kaulquappe
1. Stadium

Frosch

Kaulquappe
2. Stadium

Abb. 6.14

B. Regeneration bei Amphibien

Stadien   1   2   3   4   5   6   7

intaktes Bein

Amputation

Wundheilung

Blastem-
bildung

Blastemzell-
proliferation

Strukturierung
des neuen
Beingewebes

regeneriertes
Bein–

Abb. 6.15

C. Nekrose und Apoptose

Apoptose

Blasen-
bildung

Blasen-
bildung

Bildung von
Apoptosekörpern

Schrumpfung
Zellkern-
verdichtung

Schrumpfung
Zell-
fragmentierung

Phagocytose
durch
Makrophagen

normale
Zelle

Nekrose

Schwellung
von Zelle und
Organellen

Membranrisse
und Ausfließen
von Inhalt

Aktivierung von
Entzündungs-
mediatoren

Abb. 6.16

7 Wahrnehmung und Sinnes- leistungen

7.1 Reiz-Erregungs-Transformation

Die Sinnesphysiologie beschäftigt sich mit den auf einen Organismus einwir- kenden Reizen, die dieser mithilfe geeig- neter Sinnesorgane aufnehmen kann. Daran schließt sich die Reizverarbeitung im peripheren und zentralen Nervensy- stem an. Die Sinnesphysiologie wird in zwei Bereiche unterteilt.

Die objektive Sinnesphysiologie beschäftigt sich mit der durch Experimente messbaren Si- gnalkette, die mit dem Reiz beginnt und, über die Erregung der Sinneszellen, die Weiterlei- tung durch afferente sensorische Neurone bis zur Verarbeitung in sensorischen Zentren des zentralen Nervensystems (Gehirn) reicht. Diese Vorgänge können objektiv beobachtet und analysiert werden.

Die Wahrnehmungspsychologie beschäftigt sich dagegen mit einer nicht objektiv erfass- baren Dimension der Vorgänge, nämlich den subjektiven Wahrnehmungen, die jedes In- dividuum mit Sinneseindrücken verbindet und unterschiedlich erfährt. Beim Menschen wird diese Wahrnehmung durch Befragung erschlossen, bei Tieren kann man sie als durch Verhaltensuntersuchungen nachvollziehen.

Beim Menschen werden die Sinneseindrücke immer mit erfahrungsgeprägten Wahrneh- mungen der Psyche verbunden. Ein typisches Beispiel ist die Betrachtung von Vexierbildern (→ Aa), die deutlich macht, dass unterschied- liche Betrachter ein Bild mit zwei möglichen Bildinterpretationen unterschiedlich wahr- nehmen und oft bei längerer Betrachtung von einer Interpretation zur anderen wechseln.

Die Sinne werden nach den adäquaten Reizen eingeteilt, für die sie jeweils selektiv sind. Man unterscheidet das Sehen, das Gehör, den Geschmack, das Riechen, den mechanischen Sinn und den Temperatursinn und bei einigen Tieren einen magnetischen und einen elektri- schen Sinn.

Sinnesorgane beinhalten Sinneszellen (Sen- soren), die selektiv auf einen adäquaten Reiz reagieren. Dazu sind die Sinneszellen oder auch freie Nervenendigungen spezialisiert. Man unterscheidet zwischen neurosenso- rischen Zellen, primären und sekundären Sin- neszellen (→ Ab–Ad). Alle sind so aufgebaut, dass der für sie adäquate Reiz möglichst nur

eine minimale Energie haben muss. Sie rea- gieren aber oft auch auf inadäquate Reize. S führt z. B. der Druck auf das Auge zu unspezi fischen Lichtempfindungen.

Die spezifische Reizempfindlichkeit eines Sin nesorgans wird entweder durch die spezi ellen Charakteristika der jeweiligen Sinnes zelle (Membraneigenschaften, intrazellulär Signalwege) bestimmt oder auch durch di Anordnung der Sinneszellen im Gesamtauf bau eines Sinnesorgans. Je nach Aufbau un Position können sie so die jeweilige Sinnes modalität am besten aufnehmen (→ B). Di Reize werden von der Dendritenzone aufge nommen und gewandelt, in der Neuritenzon weitergeleitet und von der Synapsenregio auf ein Folgeneuron übertragen.

Die Transduktion einer Erregung wird am Bei spiel eines Druckrezeptors (Pacini-Körperchen dargestellt (→ Ca). Der Rezeptor besteht au der Endigung eines myelinisierten Neurons die in einem druckempfindlichen Körperche mit lamellenartigen Membranen liegt. Unte mechanischem Druck verformen sich die La mellen. Die in der Membran eingelagerte Ionenkanäle (→ Cd) verändern ihre Leitfä higkeit, sodass im Sensorbereich der freie Nervenendigung ein Rezeptorpotenzial ent steht. Dieses Potenzial wird auch als Genera torpotenzial bezeichnet. Entsprechend seine Amplitude wird die AP-Frequenz des Neu rons moduliert (→ Cb). Der Sensor übernimm dabei meist auch eine Verstärkungsfunktion Solche Mechanorezeptoren sitzen auch in de Muskelspindeln (→ Cc), wo sie laufend de Kontraktionszustand der Skelettmuskulatu messen. Die sensorischen Bahnen dieser freie Nervenendigungen werden funktionell auc als Afferenzen bezeichnet, da sie das Signa einem Verarbeitungszentrum zuführen, da dann über Efferenzen (motorische Fasern) di Länge der Muskelspindel kontrolliert.

Die Übersetzung des lokalen Rezeptorpoten zials in eine modulierte Serie von APs wir als Transformation bezeichnet. Wie im Fal eines postsynaptischen Potenzials wirkt da graduierte Rezeptorpotenzial elektrotonisc auf Membranbereiche der Sinneszelle, di über spannungsabhängige Na^+-Kanäle verfü gen und damit APs auslösen können. Auc hier spielt die Überschreitung eines gewisse Schwellenwerts eine Rolle.

Die Intensität eines Reizes wird also in zwe Schritten, erst über die Amplitude des Rezep torpotenzials, dann über die zeitliche Abfolg der Aktionspotenziale (Frequenz) codiert.

© Springer-Verlag GmbH Deutschland, ein Teil von Springer Nature 2021
W. Clauss und C. Clauss, *Taschenatlas Zoologie*,
https://doi.org/10.1007/978-3-662-61593-5_7

A. Sinneszellen und Wahrnehmungspsychologie

a Vexierbild

b neurosensorische Zelle

c primäre Sinneszelle

d sekundäre Sinneszelle

sekundäre Sinneszelle   Synapse   Nervenzelle   AP-Bildung

Abb. 7.1

B. Verschiedene Typen von Sinneszellen

a Riechzelle   **b** Dehnungsrezeptor   **c** Hautsinneszelle   **d** Hörzelle

Dendritenzone (rezeptive Region)

Neuritenzone

Telodendritenzone (präsynaptische Region)

Abb. 7.2

C. Erregungstransduktion und Transformation

a Druckrezeptor

Ranvier-Schnürring   Druck

Sensor

Myelin-scheide   AP-Bildung   Rezeptor-potenzial

b Erregungstransduktion

Druck

Rezeptorpotenzial

Aktionspotenzial

Zeit

c Muskelspindel

Afferenzen

Efferenzen motorische γ-Faser   sensorische Ia-Faser   Efferenzen motorische γ-Faser

Kapsel   Sensorbereich   kontraktiles Element

d mechanosensitiver Ionenkanal

extrazellulärer Anker

extrazelluläre Verbindung   mechanosensitiver Ionenkanal (ENaC oder TRP)

Zellmembran

intrazelluläre Verbindung

Cytoskelett

Abb. 7.3

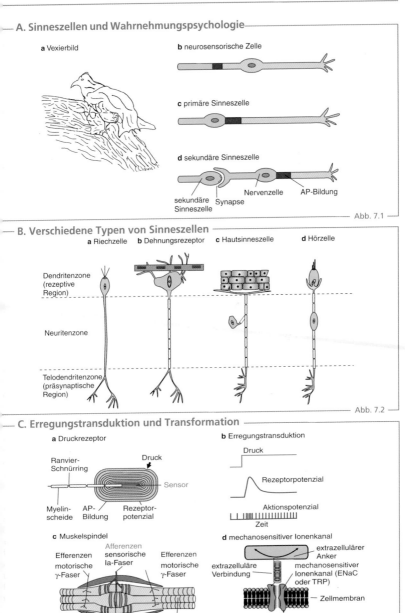

7.2 Reizweiterleitung

Nachdem ein Reiz in eine AP-Frequenz codiert wurde, ist dieser den im Nervensystem üblichen Leitungsprozessen an Axonen und Synapsen unterworfen (→ A).

An den Axonen hängt die Leitungsgeschwindigkeit vom Fasertyp (mit oder ohne Myelinisolierung) ab. Nervenfasern werden in verschiedene Klassen eingeteilt. Unter den myelinisierten Fasern sind die Aα-Fasern mit einer Leitungsgeschwindigkeit von 70–120 m/s die schnellsten sensorischen Fasern. Sie kommen von den Muskelspindeln. Aß-Fasern von Hautrezeptoren leiten mit 30–70 m/s wesentlich langsamer. Schnelle myelinisierte A∂-Schmerzfasern leiten mit 12–30 m/s noch langsamer. Am langsamsten leiten mit 0,5–2 m/s die nichtmyelinisierten C-Fasern, die Temperatur und lang anhaltenden Schmerz vermitteln.

Bei den an den Synapsen ausgeschütteten Transmittern handelt es sich um die klassischen Überträgerstoffe Acetylcholin, Glutamat und Serotonin.

Die aus der Peripherie von den Sinnesorganen ins zentrale Nervensystem (ZNS) leitenden Nervenzellen werden insgesamt als afferentes System (Afferenzen) bezeichnet. Dabei wird bei höheren Wirbeltieren noch unterschieden zwischen sensiblen Afferenzen, die zur Vermittlung der Oberflächensensibilität oder Tiefensensibilität dienen und besonders für die Haptik wichtig sind. Als sensorische Afferenzen bezeichnet man die Weiterleitung visueller, olfaktorischer, gustatorischer und auditorischer Sinneswahrnehmungen. Die somatischen Afferenzen gehören zum somatischen Nervensystem und leiten Sinneswahrnehmungen aus dem gesamten Körper, z. B. Temperatur, Schmerz, Berührung und Gleichgewicht. Als viszerale Afferenzen bezeichnet man die Anteile des vegetativen Nervensystems, welche Informationen aus den inneren Organen

ins zentrale Nervensystem leiten. Dazu gehören Schmerzreize und chemische Reize für Geruch und Geschmack.

Neben den neuronalen Verschaltungen der Divergenz und der Konvergenz spielen an den Synapsen sämtliche Möglichkeiten der räumlichen und zeitlichen Bahnung eine Rolle. Bei der flächigen Anordnung von Sinneszellen in Sinnesepithelien werden die Zellen durch nachgeordnete Inter- und Folgeneuron in rezeptive Felder verschaltet, um die Reizintensität fokal abzubilden. Durch Konvergenz werden viele Sinneszellen auf wenige Folgeneurone verschaltet. Solche peripheren rezeptiven Felder findet man z. B. in der Netzhaut (Retina) des Auges oder in Hautarealen der Körperoberfläche, die über eine bestimmte Anzahl von Tastrezeptoren verfügen. Je größer ein solches rezeptives Feld ist, desto geringer ist sein räumliches Auflösungsvermögen. Eine punktuelle Lokalisierung von Reizen kann durch eine Überlappung solcher rezeptiven Felder erfolgen.

Die neuronale Verschaltung durch die laterale Inhibition (→ B) erhöht die Kontrastschärfe von Reizen. Damit können z. B. im Auge die Grenzen zwischen Hell und Dunkel genau abgebildet werden. Die laterale Inhibition von benachbarten Rezeptorverschaltungen führt zu einer Kontrasterhöhung der Trennlinie, sodass die unmittelbar angrenzende helle Fläche noch heller erscheint und die dunkle Fläche noch dunkler.

Die neuronale Verschaltung mit inhibitorischen Kollateralfasern ist hier rot dargestellt (→ B). Durch sie wird die ursprüngliche relative Erregungsgröße (10 bzw. 5) am Folgeneuron mittels hemmender Transmitter um den jeweils mit −2 und −1 bezeichneten Erregungsbetrag verringert. Das postsynaptische Potenzial ist am Folgeneuron daher entsprechend geringer (untere Zahlenreihe). Dadurch wird ein besonders scharfer Hell/Dunkel-Kontrast (7 zu 2) erzeugt.

A. Reizweiterleitung

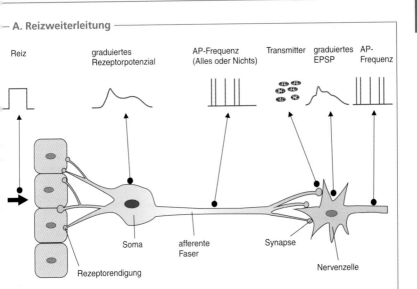

Reiz — graduiertes Rezeptorpotenzial — AP-Frequenz (Alles oder Nichts) — Transmitter — graduiertes EPSP — AP-Frequenz

Soma — afferente Faser — Synapse — Nervenzelle — Rezeptorendigung

Abb. 7.4

B. Laterale Inhibition

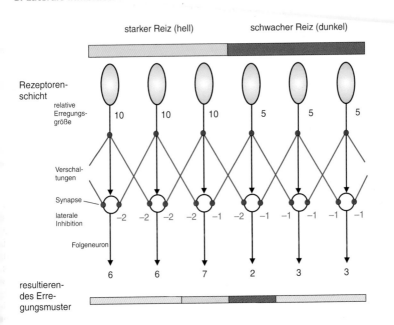

starker Reiz (hell) — schwacher Reiz (dunkel)

Rezeptorenschicht
relative Erregungsgröße

Verschaltungen

Synapse
laterale Inhibition

Folgeneuron

resultierendes Erregungsmuster

Abb. 7.5

7.3 Mechanorezeption bei Invertebraten

Mechanorezeptoren haben eine sehr schnelle Reaktionszeit und reagieren bereits innerhalb weniger Millisekunden, da ihr Mechanismus nicht über biochemische Signalkaskaden läuft, sondern direkt mechanisch auf Ionenkanäle einwirkt, die dann das Rezeptorpotenzial erzeugen.

Es gibt zwei Hauptgruppen von Ionenkanälen, die direkt mechanosensitiv sind. Das sind zum einen epitheliale Na^+-Kanäle (ENaC), die eigentlich für die Na^+-Resorption zuständig sind ($\rightarrow$ Kap. 16), und zum anderen die Familie der TRP-(*transient receptor potential*-)Kanäle. Diese Kanäle einer ubiquitären Familie von mechanosensitiven Proteinen wurden in Mechanorezeptoren der Haut und in Haarzellen des Ohrs gefunden. Ihre Funktionweise ist in Abb. 7.3 dargestellt. Mechanische Reize wirken auf einen Anker, der den Ionenkanal öffnet. Dadurch ändert sich das Membranpotenzial vorübergehend und führt zusammen mit der Öffnung von anderen TRPs zu einem Rezeptorpotenzial.

Mechanorezeptoren sind in verschiedenen Organisationsformen in die Haut eingelagert ($\rightarrow$ A). Sie sind polar aufgebaut und besitzen auf ihrer apikalen Seite Cilien, die teilweise von Mikrovilli umgeben sind. Man unterscheidet zwischen Stereocilien, die für die Transduktionsprozesse verantwortlich sind, und den Kinocilien. Eine einzelne epitheliale Rezeptorzelle kann bis zu 200 Stereocilien enthalten, hat aber oft nur ein einzelnes Kinocilium oder gar keines wie die Hörzellen. Diese Haarsinneszellen perzipieren nicht nur Berührungsreize, sondern auch Wasserströmungen und Druckveränderungen.

Druck- und berührungssensitive Mechanorezeptoren lassen sich in drei Gruppen unterteilen. Tastrezeptoren befinden sich auf der Körperoberfläche und perzipieren Berührung, Druck und Vibrationen. Propriozeptoren befinden sich im Körperinneren und melden die Stellung der Gelenke und Extremitäten. Barozeptoren reagieren auf Druckveränderungen im Kreislauf, im Magen-Darm-Kanal und in den ableitenden Harnwegen.

Beim Menschen finden sich vielfältige Tastrezeptoren, die entweder als freie Nervenendigungen zwischen den Epidermiszellen liegen oder als marklose Nervenendigungen von speziell organisierten Hüllen umgeben sind. Sie bilden in tieferen Hautschichten verschiedene tastempfindliche Körperchen ($\rightarrow$ Ac).

In der unbehaarten Haut findet man Meissner Körperchen, die ebenso wie die Ruffini-Körperchen bei Primaten in den höchstempfindlichen Regionen wie Fingerbeeren und Lippen vorkommen. Die mit einer lamellenartigen Struktur versehenen Pacini-Körperchen sind in der Fingerkuppe lokalisiert, Tastscheiber und Merkel-Zellen finden sich hauptsächlich in der flächigen Haut. Die Berührung oder das Abbiegen eines Haars wird von Haarfollikelsensoren in den Haarbälgen perzipiert.

Bilaterale Tiere besitzen meist paarige Statocysten, die oft aus Einstülpungen des Ektoderms hervorgehen. Oft bleiben sie, wie bei den decapoden Krebsen durch eine Öffnung mit der Außenwelt verbunden und die Statolithen werden durch von außen aufgenommene Partikel, z. B. Sandkörner, gebildet, die dann durch ein gelartiges Sekret miteinander verbunden werden. In diesem Gel sind auch die Kinocilien eingelagert, sodass sich der Statolith nicht stark verlagern kann. Crustaceen ersetzen den Statolithen bei jeder Häutung.

Insekten besitzen besondere Gleichgewichtsorgane, die bei Landinsekten als Propriozeptoren arbeiten. Bei ihnen wird das Eigengewicht von kolbenförmigen Sinneshaaren in Sensillen auf der Körperoberfläche durch die Schwerkraft beeinflusst.

Insekten haben besonders spezifische Gehörorgane (Tympanal- und Chordotonalorgane) entwickelt. Sie befinden sich im Hinterleib und in den Beinen und funktionieren über mechanosensitive Sinneszellen und präferierte Frequenzen ($\rightarrow$ B, C). Durch Analyse der Schalldruckgradienten erlauben sie auch ein Richtungshören. Besonders empfindlich sind das Johnston-Organ an den Antennen der Mücken sowie das Piliferorgan von Schwärmern.

A. Mechanosensoren in der Haut

a behaarte Haut   **b** unbehaarte Haut

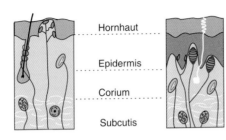

Hornhaut

Epidermis

Corium

Subcutis

c Mechanosensoren der Haut

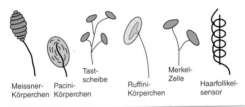

Meissner-
Körperchen

Pacini-
Körperchen

Tast-
scheibe

Ruffini-
Körperchen

Merkel-
Zelle

Haarfollikel-
sensor

Abb. 7.6

B. Lage im Insektenbein

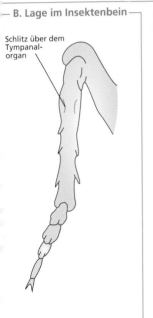

Schlitz über dem
Tympanal-
organ

Abb. 7.7

C. Lage im Hinterleib

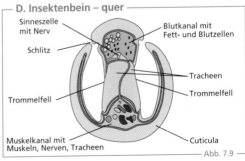

Tympanal-
organ

Abb. 7.8

D. Insektenbein – quer

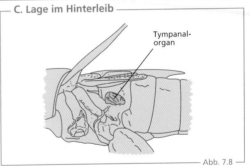

Sinneszelle
mit Nerv

Schlitz

Trommelfell

Muskelkanal mit
Muskeln, Nerven, Tracheen

Blutkanal mit
Fett- und Blutzellen

Tracheen

Trommelfell

Cuticula

Abb. 7.9

7.4 Mechanorezeption, Gleichgewichtssinn

Organismen haben für die Orientierung im Raum spezielle Sinnesorgane entwickelt, mit denen sie ihre Körperlage relativ zur Schwerkraft der Erde bestimmen können. Auch dazu werden Mechanorezeptoren verwendet.

Bereits bei Einzellern sind mechanosensitive Ionenkanäle beschrieben, deren Schaltverhalten sich unter dem Einfluss der Schwerkraft verändert. Bei mehrzelligen Tieren wird diese Funktion von speziell entwickelten Gleichgewichtsorganen übernommen. Dabei handelt es sich um eine mit Flüssigkeit gefüllte Blase (Statocyste), an deren Grund sich ein Sinneszellepithel mit nach oben ragenden Kinocilien befindet. Auf ihnen liegen ein oder mehrere Partikel (Statolithen), deren statischer Druck oder relative Umlagerung bei Bewegungen die Auslenkung der Kinocilien verändert und damit das Signal der Sinneszellen bestimmt (→ A). Die einzelnen Partikel können sich, wie bei einigen Mollusken, frei in der Blase bewegen oder auch mit verbindenden Filamenten an die Kinocilien angeheftet sein (bei Wirbeltieren und einigen Invertebraten). Die auf die Kinocilien wirkenden adäquaten Reize bezeichnet man als Scherkräfte.

Bei den Sinneszellen handelt es sich um sekundäre Sinneszellen, die durch afferente und efferente Neurone innerviert werden. Werden Kinocilien in die eine Richtung umgelenkt, ergibt sich eine Depolarisation des Ruhepotenzials, eine Auslenkung in die andere Richtung ruft dagegen eine Hyperpolarisation hervor. Entsprechend diesem Rezeptorpotenzial wird die AP-Frequenz des ableitenden afferenten Neurons moduliert. Durch ein zusätzliches efferentes Neuron kann die Empfindlichkeit des Systems verändert werden.

Bei den Vertebraten ist das Gleichgewichtsorgan im Labyrinth (Vestibularorgan) angelegt. Es ist zusammen mit dem Gehörorgan im Schädelknochen eingelagert und besteht aus einem flüssigkeitsgefüllten Gangsystem (→ B).

In dem knöchernen Labyrinth ist das häutige Labyrinth eingelagert, das mit Endolymphe gefüllt ist. Zwischen der Wand des häutigen Labyrinths und dem Knochen befindet sich die Perilymphe. Das Vestibularorgan (Bogengänge) und das Gehörorgan (Schnecke) sind

miteinander verbunden (→ Ba), sodass sich di Innenräume mit der Perilymphe und der Endo lymphe über beide Organe erstrecken. Im Ver lauf der Vertebratenentwicklung hat sich da Labyrinth in verschiedenen Stufen entwickel und ist bei den einzelnen Wirbeltierklasse unterschiedlich angelegt.

Das Gleichgewichtsorgan des Menschen ist ar weitesten entwickelt. Es ist beidseitig ange legt und besteht aus drei Bogengangorgane und zwei Maculaorganen. Dabei sind die dre Bogengänge senkrecht zueinander angeord net, sodass sie alle drei Richtungen des Raum vertreten (→ Bb). Die Haarsinneszellen befin den sich in den ampullenförmigen Erweite rungen und ihre Cilien ragen in die gallert artige Masse der Cupula (→ Bb). Jede Sinnes zelle besitzt mehrere Stereocilien, die durch Filamente verbunden sind (tip links), sowie ei Kinocilium. Mit den drei Bogengangorgane kann der Organismus eine Drehbeschleuni gung (Winkelbeschleunigung) wahrnehmer da bei Drehung des Kopfs die Endolymphe im jeweiligen Bogengang aufgrund ihrer Träg keit zurückbleibt und die Cupula seitlich aus lenkt, wodurch die Cilien wie in → A gezeig funktionieren.

Die epithelialen Sinnesfelder der Macula utri culi und Macula sacculi liegen zwischen de Bogengängen und der Schnecke (→ A) in bla senartigen, knöchernen Kammern. Sie diene als Statolithen und haben ebenfalls in ein Gelmatrix eingelagerte Haarsinneszellen (→ Bc). Auf dieser Gelmasse liegen kleine Calci umcarbonatpartikel, die als Otolithen (Ohren steine) bezeichnet werden. Die Maculaorgane erfassen die Position des Kopfs relativ zu Schwerkraft und durch die Anordnung de Sinnesepithelien (senkrecht in der Macula sac culi und waagrecht in der Macula utriculi führt die Lageänderung des Kopfs zur entspre chenden Lageänderung der Otolithen und damit zu einer kombinierten Modulation de tonischen Aktivitäten der Haarsinneszellen i den beiden Organen.

Die Signale dieser Sinnesorgane werden im Hirnstamm und Cerebellum mit den anderer mechanosensitiven Signalen (Winkelbeschleu nigung, Stellung der Extremitäten) verschal tet, um einen Gesamteindruck der Körperlage im dreidimensionalen Raum zu erzeugen.

Bei niederen Vertebraten, bei denen die Ge hörorgane entweder gar nicht oder nur un vollständig ausgebildet sind, dienen die Macu laorgane auch zur Erfassung von Schallwellen

A. Funktion der Haarzellen

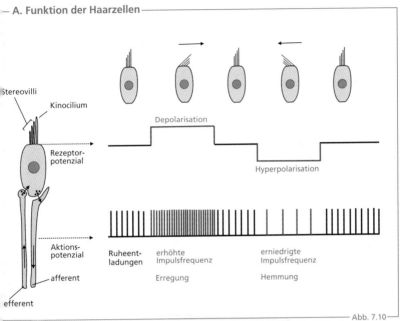

Abb. 7.10

B. Gleichgewichtsorgan bei Säugetieren

a Labyrinth   b Bogengang   c Macula

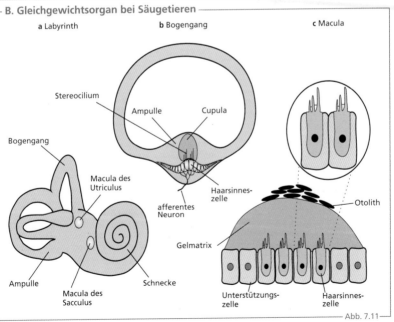

Abb. 7.11

7.5 Gehörsinn der Säugetiere

Schallsignale sind lineare, rhythmische Verdichtungen der Moleküle eines schallleitenden Mediums (Luft, Wasser, festes Substrat). Ihre Charakteristika sind: Frequenz, Schalldruck, Schallschnelle und Ausbreitungsgeschwindigkeit. Schallsignale dienen der Kommunikation, der Ortung und dem Beutefang.

Der Gehörsinn bei Wirbellosen (Insekten) wurde bereits dargestellt (→ Abb. 7.7). Bei Wirbeltieren perzipieren Fische Schallwellen im Wasser mit ihren Gleichgewichtsorganen oder über die Schwimmblase (Weber-Apparat). Landlebende Wirbeltiere haben paarige Gehörorgane mit Trommelfell und Gehörknöchelchen.

Aufbau und Funktion des Gehörorgans werden hier am Beispiel des Menschen besprochen (→ A).

Die Schallsignale werden von einem speziell angepassten Außenohr (Ohrmuschel und Gehörgang) aufgenommen. An dessen Ende sitzt das Trommelfell. Das Außenohr wirkt, tierartlich angepasst, bereits als Richtungsorgan. Der Schall wird durch den Gehörgang zum Trommelfell geleitet. Es trennt das äußere Ohr vom Mittelohr völlig ab. Das Trommelfell wird in Schwingungen versetzt, deren Amplitude durch die drei Gehörknöchelchen (Hammer, Amboss, Steigbügel) auf das ovale Fenster des Innenohrs übertragen wird. Durch die Hebelmechanik wird der Schalldruck 80-fach verstärkt. Durch die eustachische Röhre ist das Mittelohr mit dem Rachenraum verbunden, sodass ein Druckausgleich erfolgen kann.

Das Innenohr besteht aus der knöchernen Schnecke (Cochlea), die drei von häutigen Schichten umgebene Kanäle enthält. Bei Säugetieren ist die Schnecke in einer Spirale geformt, bei Amphibien und Vögeln ist sie fast linear. Der obere Kanal (Scala vestibuli) ist mit dem unteren Kanal (Scala tympani) über das Helicotrema verbunden (→ Aa) und mit Perilymphe gefüllt. Zwischen beiden Kanälen liegt die Basilarmembran, die durch Schallwellen in Schwingungen versetzt wird. Die Schallwellen werden dabei vom Steigbügel über das ovale Fenster auf die Perilymphe der Scala vestibuli übertragen und laufen über das Helicotrema und die Scala tympani zum runden Fenster. Es bewegt sich im Ausgleich zum ovalen Fenster,

um den Druck in der Schnecke konstant z halten.

Die Basilarmembran ist am Anfang am schmalsten und nimmt in der Breite zum Helicotrema hin zu. Ihr Resonanzverhalten diskriminiert zwischen den Frequenzen, sodass die maximale Auslenkung frequenzspezifisch in einer bestimmten Entfernung vom ovale Fenster erfolgt. Diese Frequenzunterscheidung wird mit der Wanderwellentheorie beschrieben (→ Ab).

Am Punkt der maximalen Auslenkung wird das Corti-Organ erregt, das entlang der Schnecke in die Basilarmembran eingelagert ist (→ Ba, b). Der dritte Gang in der Cochlea, die Scala media, ist mit Endolymphe gefüllt (→ Ba). Er wird durch die Reißner-Membran von der Scala vestibuli getrennt. Die Ionenkonzentrationen in Peri- und Endolymphe unterscheiden sich wesentlich. Während die Perilymphe Na+-reich und K+-arm ist, ist es bei der Endolymphe umgekehrt (→ C). Durch die Ionengradienten ergeben sich erhebliche Unterschiede der elektrischen Potenzialverhältnisse (→ Ca). Am Boden der Scala media befindet sich ein Sinnesepithel, dessen Cilien nach oben in eine wulstförmige Ausstülpung der Basilarmembran, Tektorialmembran genannt, reichen. Die gesamte Anordnung wird als Corti-Organ bezeichnet und zieht sich entlang der ganzen Schnecke von der Basis bis zur Helicotrema. Das Corti-Organ ist der Ort der eigentlichen Reizaufnahme. Die Sinneszellen sind in zwei Gruppen und drei Reihen äußere und eine Reihe innerer Haarsinneszellen zwischen Stützzellen angeordnet. Nur die äußeren Haarzellen besitzen Stereocilien, die nach oben in die Tektorialmembran hineinragen.

Die Wanderwellen verursachen eine Scherbewegung zwischen der Tektorial- und der Basilarmembran und eine mechanoelektrische Transduktion wird eingeleitet (→ Cb). Hierbei werden die über tip-link-Filamente verbundenen Stereocilien zur Seite bewegt, abgebogen und dadurch K+-Kanäle in der Cilienmembran geöffnet. Durch den extrem hohen endocochlearen Potenzialgradienten von +155 mV steht eine treibende Kraft für einen massiven K+-Einstrom zur Verfügung. Dadurch wird die Haarsinneszelle depolarisiert, was über die Ausschüttung von Ca2+-Ionen zur Freisetzung eines Transmitters, vermutlich Glutamat, führt. Dieser stimuliert ein afferentes Neuron der Hörbahn zum Gehirn. Etwas verzögert öffnen sich dann andere K+-Kanäle, was zu Repolarisation führt.

A. Funktion des Ohrs

a Aufbau des Säugetierohrs

Incus · Stapes · ovales Fenster · Scala vestibuli · Basilarmembran · Malleus · Gehörgang · basal · apikal · Helicotrema · Scala tympani · Tympanum · Mittelohr · rundes Fenster · eustachische Röhre

b Wanderwelle

Hüllkurve
relative Amplitude
a → b
20 22 24 26 28 30
basal ← Entfernung vom Steigbügel [mm] → apikal

— Abb. 7.12 —

B. Funktion der Cochlea

a Querschnitt durch die Cochlea

Stria vascularis · Scala media · Scala vestibuli · Reißner-Membran · Tektorialmembran · Ganglion cochleare · innere · äußere · Haarzelle · Basilarmembran · Fasern des Hörnervs · Scala tympani

b Querschnitt durch das Corti-Organ

Reißner-Membran · Tektorialmembran · Stereocilium · Stützzellen · Basilarmembran · äußere · innere · Haarzelle · afferente Nervenfaser

— Abb. 7.13 —

C. Transduktion in den Haarzellen

a endocochleäre Potenzialverhältnisse

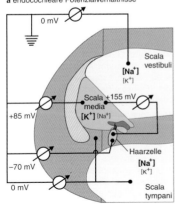

0 mV · Scala vestibuli · [Na$^+$] [K$^+$] · Scala media +155 mV · +85 mV · [K$^+$] [Na$^+$] · Haarzelle [Na$^+$] [K$^+$] · −70 mV · 0 mV · Scala tympani

b Transduktion in der Haarzelle

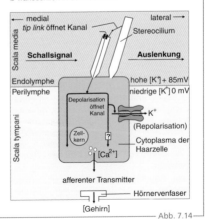

← medial · lateral → · tip link öffnet Kanal · Stereocilium · Scala media · Schallsignal · Auslenkung · Endolymphe · hohe [K$^+$] + 85mV · Perilymphe · niedrige [K$^+$] 0 mV · Depolarisation öffnet Kanal · K$^+$ · (Repolarisation) · Zellkern · ? · Cytoplasma der Haarzelle · Scala tympani · [Ca^{2+}] · afferenter Transmitter · Hörnervenfaser · [Gehirn]

— Abb. 7.14 —

7.6 Chemische Sinne

Die Rezeptoren für diese Sinnesmodalität werden als Chemosensoren bezeichnet. Bei Wirbeltieren unterscheidet man zwischen Geschmackssinn und Geruchssinn.

Bei Wirbellosen gibt es diese Unterscheidung mit Ausnahme der Insekten nicht. Schon bei Einzellern gibt es Chemotaxis, bei Plathelminthes und Nematoden sind chemorezeptive Neurone bekannt. Mollusken haben mit dem Osphradium ein chemosensitives Organ in der Mantelhöhle und Crustaceen besitzen chemorezeptive Neurone in Antennen und Mundwerkzeugen. Spinnen haben chemosensitive Haare an den Laufbeinen und Milben die Haller'schen Organe an ihren Extremitäten. Insekten haben Haarsensillen in der Mundregion.

Bei Wirbeltieren sind die Geschmacksrezeptoren in den Geschmacksknospen und Geschmackspapillen organisiert (→ A). In der menschlichen Zunge sind die Geschmacksqualitäten salzig, bitter, süß und sauer jeweils in eigenen Papillen mit einer präferenziellen Verteilung lokalisiert. Süß und salzig werden vorwiegend an der Zungenspitze wahrgenommen, bitter an der Zungenbasis und sauer im seitlichen Bereich (→ Ac).

Geschmackszellen sind sekundäre Sinneszellen, die ihr Signal über eine Synapse an die ableitenden Nerven weitergeben (→ Aa). Sie liegen zwischen Stützzellen und besitzen an ihrem Vorderende viele Mikrovilli, die über eine Pore Kontakt mit der wässrigen Umgebung auf der Zunge haben. In der Membran der Mikrovilli befinden sich spezielle Rezeptorproteine und Ionenkanäle, die auf die betreffenden chemischen Stimuli reagieren. Für die Perzeption des Salzgeschmacks ist hauptsächlich der Na^+-leitende, epitheliale Na^+-Kanal (ENaC) zuständig, während der Sauergeschmack wohl hauptsächlich durch K^+-Kanäle erfasst wird. Für den Süß- und Bittergeschmack sind metabotrope Rezeptoren verantwortlich, die über G-Proteine eine intrazelluläre Signalkaskade auslösen. Alle diese Reize führen schließlich zur Depolarisation der Sinnesepithelzelle und zur Ausschüttung von spezifischen Neurotransmittern.

Bei den Geschmacksqualitäten gibt es Überlappungen. So wird der Süßgeschmack durch Zucker, Alkohole, manche Aminosäuren und Süßstoffe (Saccharin) ausgelöst. Der Sauergeschmack ergibt sich durch dissoziierte Säurereverbindungen (z. B. H^+) und der Bittergeschmack durch pflanzliche Alkaloide und andere Aminoverbindungen. Eine fünfte Geschmacksqualität (Umami) beschreibt einen Fleischgeschmack, der durch Würzung mit Glutamat erzeugt wird.

Durch den Geruchssinn können Organismen Duftstoffe in ihrer Umgebung wahrnehmen. Diese können durch Luftbewegungen oft über weite Entfernungen herangeführt werden, sodass Tiere ihr Verhalten an Nahrung, Feinde oder Sexualpartner anpassen können.

Geruchszellen sind primäre Sinneszellen. Bei Wirbellosen (Insekten) sind sie in den Antennen, Mundwerkzeugen oder Extremitäten lokalisiert. Dabei liegen die Dendriten der Neurone in den Spitzen der Riechkegel. Es gibt artspezifische Rezeptoren für bestimmte Duftstoffe, z. B. Ketone und Mercaptane oder auch Pheromone. So produzieren Weibchen der Seidenspinners Bombykol, das von den Männchen über viele Kilometer perzipiert wird.

Bei Wirbeltieren sind die Geruchszellen in das Riechepithel der Nase eingebettet. Auf der apikalen Oberfläche dieser primären Sinneszellen befinden sich Cilien, eingebettet in eine dünne Schleimschicht. In ihr lösen sich die Duftstoffe und gelangen in Kontakt mit der Cilienmembran. In ihr befinden sich viele Tausend spezialisierte Duftstoffrezeptoren.

Bindet ein Duftstoffmolekül an einen zugehörigen Rezeptor, so wird ein Transduktionsprozess ausgelöst, der über G-Proteine und die Synthese von cAMP verläuft (→ B). Diese verursacht die Öffnung von unspezifischen Kationenkanälen, sodass sich durch einen Ca^{2+}-Einstrom Cl^--Kanäle öffnen. Durch den Ausstrom von Cl^- kommt es zur Depolarisation und einer Serie von Aktionspotenzialen, die über die langen Axone der Zellen zum Riechkolben (Bulbus olfactorius) ins Gehirn geleitet werden.

Man unterscheidet Wirbeltiere mit starkem Geruchsvermögen, die Makrosmaten (z. B. Nagetiere, Huftiere, Raubtiere), und mit geringem Geruchsvermögen, die Mikrosmaten (z. B. Mensch). Bei den Anosmaten, z. B. Walen, ist kein Geruchsvermögen ausgebildet. Auch bei Wirbeltieren gibt es Pheromone, Androstenol, das als Abbauprodukt von Testosteron im Achselschweiß vorkommt und vom Eber als Sexuallockstoff abgegeben wird.

A. Geschmackssinnesorgane

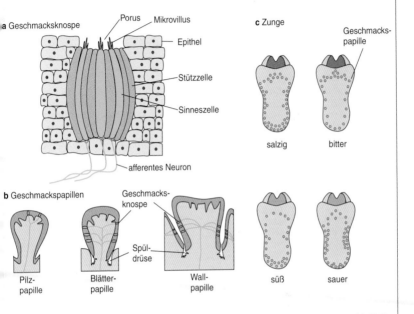

a Geschmacksknospe

Porus — Mikrovillus
Epithel
Stützzelle
Sinneszelle
afferentes Neuron

b Geschmackspapillen

Geschmacksknospe
Spüldrüse

Pilzpapille · Blätterpapille · Wallpapille

c Zunge

Geschmackspapille

salzig · bitter

süß · sauer

Abb. 7.15

B. Transduktion beim Geruchssinn

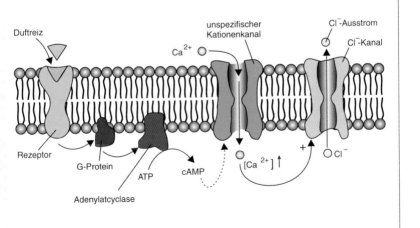

Duftreiz

unspezifischer Kationenkanal

Ca^{2+}

Cl^--Ausstrom

Cl^--Kanal

Rezeptor

G-Protein

ATP

cAMP

Adenylatcyclase

$[Ca^{2+}]$ ↑

+

Cl^-

Abb. 7.16

7.7 Lichtsinn

Bei den meisten Tieren spielt der Lichtsinn eine dominierende Rolle. Da der Aufbau und die Funktion der tierartlich unterschiedlichen optischen Systeme und Augentypen hier nicht im Einzelnen dargestellt werden können, beschränkt sich dieser Teil auf einige exemplarische Beispiele und das menschliche Auge.

Lichtsinneszellen sind primäre Sinneszellen mit ausgeprägter Zellpolarität. Im apikalen Bereich befinden sich lichtabsorbierende Sehpigmente, die den Lichtreiz in eine elektrische Antwort (Rezeptorpotenzial) umsetzen. Abhängig von dessen Größe wird im ableitenden Neuron eine AP-Folge erzeugt.

Bei Wirbellosen findet man einfache Lichtsinneszellen schon bei Coelenteraten. In der weiteren Entwicklung der Tierstämme haben sich schließlich zwei Typen herausgebildet, der Cilientyp und der Rhabdomertyp. Bei beiden sorgt eine stark vergrößerte Zelloberfläche für ausreichend Raum für die Sehpigmente (Transmembranproteine). Zwischen den Sinneszellen sind oft Pigmentzellen eingelagert, die durch seitliche Abschirmung neben dem einfachen Hell-Dunkel-Sehen auch ein Richtungssehen ermöglichen. Erst ein abbildender (dioptrischer) Apparat mit Öffnungen und Linsen ermöglicht auch ein Formensehen. Einfache Grubenaugen ermöglichen bei Gastropoden ein Richtungssehen. Würfelquallen und Tintenfische können mit Linsenaugen bereits Formen erkennen. Ein besonderer Augentyp ist das Komplexauge (Facettenauge) bei Arthropoden (→ Kap. 36).

Alle Wirbeltiere besitzen Linsenaugen, die mit einem unterschiedlichen dioptrischen Apparat ausgerüstet sind. Er ist aufgrund des unterschiedlichen Brechungsindexes des Lichts in Wasser oder Luft unterschiedlich aufgebaut. Wasserlebende Tiere haben deshalb meist eine kugelförmige Linse, um die Brechkraft und Sehschärfe zu erhöhen. Fische können mit einer Retinomotorik auch die Sehzellen in der Netzhaut unterschiedlich positionieren. Amphibien, Reptilien und Vögel besitzen in den Rezeptoren (Zapfen) Öltröpfchen, die ein klares Sehen im UV-Bereich ermöglichen.

Das menschliche Auge unterteilt sich funktionell in den dioptrischen Apparat und in den Rezeptorbereich der Netzhaut (→ A). Der dioptrische Teil bildet auf der Netzhaut ein umgekehrtes und verkleinertes Bild ab.

Der dioptrische Apparat besteht aus der durchsichtigen Hornhaut (Cornea), den mit Kammerwasser gefüllten vorderen und hinteren Augenkammern, der die Pupille bildenden Iris, der Linse und dem Glaskörper, einer gelartigen Struktur, die den größten Teil des Raums im Augapfel ausfüllt. Der Rezeptorteil besteht aus der Retina, deren ableitende Nerven über den N. opticus ins Gehirn führen. Die Fovea centralis, etwa im Schnittpunkt der optischen Achse, ist der Ort des schärfsten Sehens. Das Auge wird von der Lederhaut (Sclera) umgeben und dazwischen liegt die durchblutete Aderhaut (Choreoidea). Der Ciliarkörper hält über Fasern die Linse, die durch Kontraktion des ringförmigen Ciliarmuskels ihre Krümmung und Brechkraft verändert.

Die Netzhaut (→ B) enthält zwischen Pigmentzellen zwei Typen von lichtsensorischen Zellen (Photorezeptoren). Sie ist invers und in verschiedenen Schichten aufgebaut. Das Licht muss deshalb durch die ableitenden Ganglienzellen und Bipolarzellen dringen, bevor es auf die Photorezeptoren trifft. Die Stäbchen sind für das Hell-Dunkel-Sehen verantwortlich und Farben werden mit den weniger lichtempfindlichen Zapfen wahrgenommen. Die Verteilung der Rezeptortypen ist tierartlich stark unterschiedlich. Nachtaktive Tiere besitzen ausschließlich Stäbchen und unterscheiden nur zwischen Hell und Dunkel (skotopisches Sehen).

In der Membranfläche der Außenglieder befinden sich Sehpigmente bei Stäbchen Rhodopsin (→ B). Bei Lichtabsorption aktiviert es Transducin, das über Aktivierung der Phosphodiesterase (PDE) cGMP abbaut und durch Aktivierung des Na^+-Einstroms (Dunkelstrom) die Zelle hyperpolarisiert (→ C).

Beim Menschen wird das Farbensehen durch drei Zapfentypen ermöglicht, die unterschiedliche Opsinmoleküle mit verschiedenen Absorptionsmaxima für Rot, Grün und Blau enthalten. Da diese genetisch festgelegt sind gibt es auch erbliche Varianten der Farbenblindheit. Die eigentliche Farbwahrnehmung erfolgt durch neuronale Verarbeitung der Absorptionsmaxima in rezeptiven Feldern. Trichromatisches Farbempfinden haben vermutlich nur Primaten, fast alle Säugetiere sehen dichromatisch. Vögel und Bienen sehen ein breiteres Farbspektrum bis in den UV-Bereich. Reptilien sehen bis weit in den Infrarotbereich.

A. Aufbau des menschlichen Auges

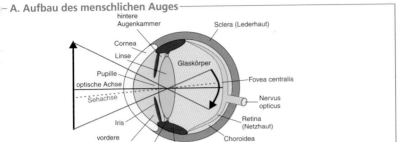

hintere
Augenkammer

Cornea

Linse

Pupille

optische Achse

Sehachse

Iris

vordere
Augenkammer

Zonulafasern

Sclera (Lederhaut)

Glaskörper

Fovea centralis

Nervus
opticus

Retina
(Netzhaut)

Choroidea
(Aderhaut)

Ciliarkörper

dioptrischer Apparat — rezeptiver Bereich

Abb. 7.17

B. Aufbau der Netzhaut

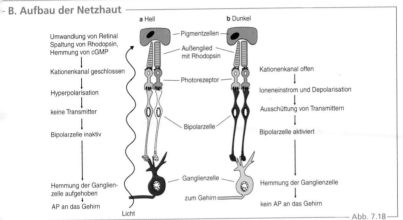

a Hell   **b** Dunkel

Umwandlung von Retinal
Spaltung von Rhodopsin,
Hemmung von cGMP

Kationenkanal geschlossen

Hyperpolarisation

keine Transmitter

Bipolarzelle inaktiv

Hemmung der Ganglien-
zelle aufgehoben

AP an das Gehirn

Licht

Pigmentzellen

Außenglied
mit Rhodopsin

Photorezeptor

Bipolarzelle

Ganglienzelle

zum Gehirn

Kationenkanal offen

Ioneneinstrom und Depolarisation

Ausschüttung von Transmittern

Bipolarzelle aktiviert

Hemmung der Ganglienzelle

kein AP an das Gehirn

Abb. 7.18

C. Transduktion und Regulation des Dunkelstroms

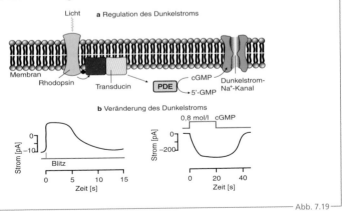

Licht   **a** Regulation des Dunkelstroms

Membran

Rhodopsin   Transducin   PDE   cGMP   Dunkelstrom-
Na$^+$-Kanal

5'-GMP

b Veränderung des Dunkelstroms

0,8 mol/l cGMP

Strom [pA]

Blitz

Zeit [s]

Strom [pA]

Zeit [s]

Abb. 7.19

8 Neuronale Steuerung der Körperfunktionen

8.1 Neurone und Gliazellen

Das Nervensystem dient der Aufnahme, Verarbeitung und Weiterleitung von Information im Organismus. Seine unterschiedliche Komplexität erreicht es unter anderem durch unterschiedliche Zelltypen. Neuronale Systeme bestehen aus Nervenzellen (Neurone) und Gliazellen. Im Laufe der Evolution wurden sie immer komplexer. Zusammenballungen von Neuronen nennt man Ganglien.

Nervenzellen (Neurone) unterscheiden sich durch viele unterschiedliche Formen. Die klassische Form eines Neurons (→ A) ist in verschiedene Abschnitte untergliedert. Die am Dendritenbaum eingehenden Signale werden im Soma (Zellleib) integriert und zum Axonhügel weitergeleitet. Dort entstehen aus den von allen Dendriten zusammenlaufenden Informationen die Aktionspotenziale (APs), deren Frequenz die Information codiert. Die Serie der APs wird über das Axon weitergeleitet und führt in der Synapsenregion zur Freisetzung von Transmittersubstanzen (Überträgerstoffe), die wiederum auf die Dendriten eines folgenden Neurons oder auf eine andere Effektorzelle, z. B. eine Muskelzelle, wirken. Der Informationsfluss geht dabei stets in diese Richtung.

Astrocyten (→ B) sind Gliazellen, die aufgrund ihrer vom Soma ausgehenden Fortsätze auch als Sternzellen bezeichnet werden. Sie kommen hauptsächlich im zentralen Nervensystem von Säugetieren vor, sind untereinander durch Nexus verbunden und bilden ein dichtes Netzwerk zur Versorgung und Ernährung der Nervenzellen. Sie bilden auch die Blut-Hirn-Schranke.

Oligodendrocyten (→ C) sind ebenfalls Gliazellen, die im ZNS die Neurone umhüllen und elektrisch isolieren. Sie umwickeln die Axone und bilden die Myelinscheide der Neurone mit den Internodien (Ranvier-Schnürringe). Ihre Zellmembran enthält Rezeptoren für Transmitter (Glutamat) und kann elektrisch depolarisiert werden. Oligodendrocyten dienen der Versorgung der Neurone und enthalten auch Wachstumsfaktoren zur Neuroregeneration.

Purkinje-Zellen (→ D) sind spezialisierte Neurone, die im Kleinhirn vorkommen. Sie sind an der Bewegungssteuerung beteiligt und koordinieren die Neurone zur Regulation der Feinmotorik. Entsprechend stark verzweigt ist ihr Dendritenbaum. Aus der Zellform wird deutlich, dass dieser Neuronentyp viele eingehende Informationen verarbeitet und dann gezielt über das kurze Axon weiterleitet.

Pyramidenzellen (→ E) sind besonders große Neurone und kommen in der Rinde des Großhirns (Cortex) vor. Dort stehen sie dicht an dicht und bilden funktionelle Säulen. Sie empfangen Impulse aus verschiedenen Rindenschichten und verteilen sie in andere Schichten. Dazu breitet sich das Axon wurzelförmig in andere Schichten des Cortex aus und bildet Zehntausende erregende Synapsen mit anderen Neuronen. Axon und Dendritenbaum sind im Vergleich zu peripheren Neuronen relativ kurz.

Das Ruhepotenzial einer nichterregten Nervenzelle (→ F) wird durch die Ionengradienten an ihrer Zellmembran erzeugt. In ihr befinden sich verschiedene Ionenkanäle (Na^+, K^+, Cl^-) und eine Na^+-K^+-ATPase, die die intrazelluläre Ionenkonzentration konstant und damit die Ionengradienten zwischen dem extrazellulären Raum (Interstitium) und dem intrazellulären Raum stabil hält (→ G). In der Zelle befindet sich wenig K^+, Ca^{2+} und moderates HCO_3^-, aber viel Na^+ und Cl^-. Extrazellulär sind die Verhältnisse umgekehrt mit viel K^+, wenig Na^+ und Cl^-, weniger HCO_3^- und extrem wenig Ca^{2+}. Das Ruhepotenzial beträgt -70 mV, wobei das Zellinnere negativ geladen ist. Dieser Wert kann mit intrazellulären Mikroelektroden durch Punktion des Somas gemessen werden.

© Springer-Verlag GmbH Deutschland, ein Teil von Springer Nature 2021
W. Clauss und C. Clauss, *Taschenatlas Zoologie*,
https://doi.org/10.1007/978-3-662-61593-5_8

A. Nervenzelle

Dendrit
Zellkern
Ranvier-Schnürring
Endplatten an Synapse
Axon-hügel
Dendrit
Soma   **Axon**   **Synapse**

Abb. 8.1

B. Astrocyt

Astrocyt
Blutgefäß
Zellkern
Neuron
Neurit
Ausläufer

Abb. 8.2

C. Oligodendrocyt

Neurit
Myelin-scheide
Axon
Oligo-dendrocyt
Neuron
Ranvier-Schnürring

Abb. 8.3

D. Purkinjezelle

Dendrit
Zellkern
Soma
Axon

Abb. 8.4

E. Pyramidenzelle

Dendrit
Zellkern
Soma
Axon

Abb. 8.5

F. Ionengradienten an einer Zelle

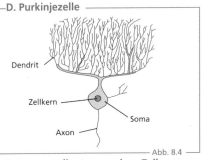

Na^+/K^+-ATPase
K^+
Na^+
Proteine
K^+
Diffusion
Cl^-
mV
Ruhepotenzial = −70 mV

Abb. 8.6

G. Ionenverhältnisse

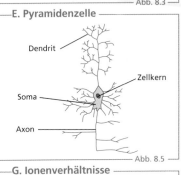

	extrazellulär (EZF)	intrazellulär (IZF)
K^+	4,5	160
Na^+	144	7
Ca^{2+}	1,3	0,0001
Cl^-	114	7
HCO_3^-	28	10
alle Werte in mmol/l		

Abb. 8.7

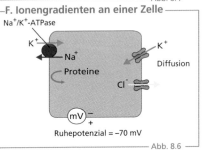
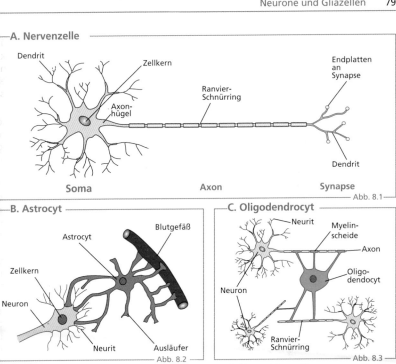

8.2 Bioelektrizität

Molekularer Aufbau des spannungsabhängigen Na+-Kanals. Der spannungsabhängige Na+-Kanal besteht aus einem Polypeptid aus etwa 1800 Aminosäuren. Er durchzieht die Zellmembran in mehreren Schleifen und besteht aus vier homologen Untereinheiten (U1–4) mit je sechs Segmenten (S1–6), die jeweils α-Helix-Strukturen bilden (→ A). Das Kanalprotein hat etwa 8 nm Durchmesser und die ringförmig angeordneten Segmente umschließen einen wassergefüllten Kanal, der mit 5 nm etwa den Durchmesser eines hydratisierten Na+-Ions hat. Im oberen Teil des Kanals befindet sich ein Selektivitätsfilter (→ B), der für die hohe Na+-Selektivität verantwortlich ist. Weiter innen befindet sich ein durch einen Spannungssensor kontrolliertes Tor (m-gate), das den Kanal völlig verschließen und damit den Einstrom von Na+-Ionen blockieren kann. An der Innenseite der Kanalöffnung zum Cytosol hin liegt ein zweites Tor, das Inaktivierungstor oder auch h-gate. Es wird erst geschlossen, wenn der Na+-Kanal vorher voll geöffnet war.

Abhängig von dem anliegenden Membranpotenzial bewegt sich der Na+-Kanal zwischen den folgenden drei Zuständen. Je näher sich das Membranpotenzial am Ruhepotenzial befindet, umso mehr ist der Kanal in seinem geschlossenen aber aktivierbaren Zustand. Nachdem ein Reiz das Membranpotenzial über die Schwelle in Richtung Null depolarisiert hat, wird der Kanal aktiviert und geöffnet. Anschließend wird er inaktiviert und geht schließlich wieder in den ursprünglichen Zustand über.

Ein Aktionspotenzial bildet sich im Verlauf von 1–2 ms (→ C). Nach einer Reizung des Neurons kommt es, ausgehend vom Ruhepotenzial (V_{RP}) von etwa –70 mV, zunächst zu einer langsamen Depolarisation bis zu einem Schwellenwert (V_S). Wird dieser überschritten, beginnt plötzlich eine starke Depolarisation über die Nulllinie bis zu einem Wert von etwa +30 mV, sodass fast das Na+-Gleichgewichtspotenzial (V_{Na}), das bei etwa +60 mV liegt, erreicht wird. Dieser Vorgang spielt sich innerhalb von etwa 1 ms ab. Danach folgt

eine fast ebenso schnelle Repolarisation, der das Potenzial in den negativen Berei[ch] zurückkehrt. Es unterschreitet sogar das R[u]hepotenzial (V_{RP}) und erreicht ungefähr d[as] Gleichgewichtspotenzial von K+ (V_K), das etw[a] bei –90 mV liegt. Diesen Vorgang bezeichn[et] man als Hyperpolarisation. Erst danach stel[lt] sich innerhalb von 1–2 ms wieder das Ruhepo[-] tenzial (V_{RP}) ein.

Erreichen die im Soma des Neurons inte[g]rierten Signale den Axonhügel, werden A[P] erzeugt, die entlang des Axons weiter z[ur] synaptischen Region geleitet werden. D[ie] Axone sind durch Schwann-Zellen unte[r] schiedlicher Form isoliert. Bei nichtmyelin[i] sierten Neuronen der Invertebraten wird d[as] Axon nicht von einer Markscheide (Myeli[n] scheide) umhüllt. Entsteht ein AP, dann ist d[ie] ser Membranbezirk umgepolt und es komm[t] zu Ausgleichsströmen mit benachbarten, no[ch] unerregten Membranbezirken (→ Da). Dies[e] werden ebenfalls depolarisiert und bilden AP[.] Die Erregung wird also durch vorausgreifend[e] Stromschleifen kontinuierlich weitergeleitet.

Bei myelinisierten Neuronen werden die AP[e] durch saltatorische Erregungsleitung sprun[g] haft und verlustfrei weitergeleitet, da d[ie] Axonmembran nur an den nichtisoliert[en] Ranvier–Schnürringen depolarisieren kann (→ Db).

Um Signale von einem Neuron auf ein[e] folgende Zelle zu übertragen, besi[t] zen Neurone eine Synapsenregion. Di[e] Übertragung erfolgt durch elektrisch[e] oder chemische Synapsen.

Elektrische Synapsen (→ E) stellen Sonder[-] fälle im Tierreich dar. Bei ihnen wird da[s] Signal direkt elektrotonisch von einer Zell[e] auf die nächste übertragen. Deshalb könn[en] elektrische Synapsen auch in beide Richtunge[n] leiten und sind sehr schnell.

Die überwiegende Zahl der Synapsen im Ner[-] vensystem sind jedoch chemische Synapse[n] (→ F). Bei ihnen wird das Signal auf che[-] mischem Wege über Transmitter weitergeleitet. Transmitter werden von der präsynap[-] tischen Membran ausgeschüttet, diffundiere[n] durch den synaptischen Spalt und binden a[n] spezifische Rezeptoren der postsynaptische[n] Membran. Dies legt auch die Übertragungs[-] richtung fest, sodass Synapsen auch als gleich[-] richtende Schaltelemente in Neuronennetze[n] zu betrachten sind. Ihre Übertragungsge[-] schwindigkeit ist jedoch langsamer.

A. Molekulare Struktur des spannungsabhängigen Na⁺-Kanals

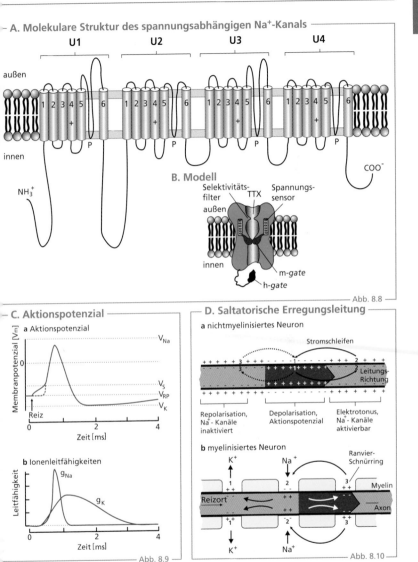

Abb. 8.8

B. Modell

Selektivitätsfilter · TTX · Spannungssensor · außen · innen · m-*gate* · h-*gate*

C. Aktionspotenzial

a Aktionspotenzial

V_{Na}

V_S

V_{RP}

V_K

Reiz

Membranpotenzial [V_m]

Zeit [ms]

b Ionenleitfähigkeiten

g_{Na}

g_K

Leitfähigkeit

Zeit [ms]

Abb. 8.9

D. Saltatorische Erregungsleitung

a nichtmyelinisiertes Neuron

Stromschleifen

Leitungs-Richtung

Repolarisation, Na⁻-Kanäle inaktiviert · Depolarisation, Aktionspotenzial · Elektrotonus, Na⁺-Kanäle aktivierbar

b myelinisiertes Neuron

Ranvier-Schnürring

K⁺ · Na⁺

Reizort · Myelin · Axon

K⁺ · Na⁺

Abb. 8.10

E. Elektrische Synapse

durchgehendes elektrisches Signal

präsynaptisches Neuron · postsynaptisches Neuron

Gap Junction

Abb. 8.11

F. Chemische Synapse

durchgehendes chemisches Signal

Vesikel · präsynaptisches Neuron · postsynaptisches Neuron · Rezeptor

Neurotransmitter

Abb. 8.12

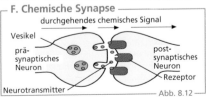
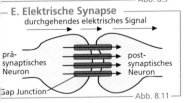

8.3 Verschaltung im Nervensystem

Die Freisetzung der Transmitter erfolgt in der präsynaptischen Membran durch Exocytose (→ A). Dazu ist eine Abfolge von Signalvorgängen notwendig.

Nach Ankunft der APs im Membranbereich der Synapse werden durch Umpolung der Zellmembran spannungsgesteuerte Ca^{2+}-Kanäle geöffnet, die einen Ca^{2+}-Einstrom in die Zelle generieren. Die Höhe des Ca^{2+}-Einstroms ist abhängig von der AP-Frequenz. Durch die Erhöhung der intrazellulären Ca^{2+}-Konzentration lagern sich transmittergefüllte Vesikel and die präsynaptische Membran an (1–3) und fusionieren mit ihr (SNARE-Mechanismus). Es bildet sich eine Fusionspore, durch die der Transmitter in den synaptischen Spalt entlassen wird (4 = Exocytose).

Diese Umsetzung von elektrischen Signalen über biochemische Reaktionen führt zu einer geringen Verzögerung von ca. 0,2 ms bis zur Transmitterfreisetzung. Verschiedene Neurotoxine wie Tetanus- und Botulinumtoxin blockieren die Transmitterfreisetzung. Andere Neurotoxine können die Vesikelausschüttung auch steigern und die Freisetzung verstärken.

In unserem Beispiel wird der Transmitter Acetylcholin (ACh) in den synaptischen Spalt freigesetzt (4). Es kann zum einen von einem Rezeptor in der postsynaptischen Membran gebunden werden (5), der über ein G-Protein einen Na^+-Kanal aktiviert (muscarinerger Kanal). Zum anderen kann ACh mit einem ligandengesteuerten Kanal (nicotinerger Kanal) interagieren (7) und über die elektrotonische Wirkung des exzitatorischen postsynaptischen Potenzials (EPSP) auf Na^+-Kanäle (8) ein neues Aktionspotenzial generieren (9).

Nach der Diffusion durch den synaptischen Spalt aktivieren die Transmittermoleküle spezifische Rezeptoren in der postsynaptischen Membran. Dabei gibt es für die verschiedenen Übertragerstoffe jeweils spezifische Rezeptortypen. Früher nahm man an, dass ein Neuron jeweils nur einen spezifischen Typ von Transmitter ausschüttet (Dale-Prinzip). Heute geht man jedoch von zusätzlichen Cotransmittern aus, nachdem man entdeckt hat, dass Neurone auch das gasförmige Stickstoffmonoxid (NO), ATP und das Neurohormon Oxytocin abgeben, die ebenfalls als Transmitter wirken und die synaptische Übertragung modulieren.

Während nicotinerge ACh-Rezeptoren vorwiegend im peripheren Nervensystem vorkommen, findet man muscarinerge ACh-Rezeptoren vorallem in den postganglionäre Synapsen des vegetativen Nervensystem. Weitere Beispiele von Rezeptortypen sind d α- und ß-Rezeptoren der Catecholamine (Adrenalin und Noradrenalin), die ebenfalls i vegetativen Nervensystem vorkommen.

Pro exocytiertem Vesikel werden etwa 600 8000 Transmittermoleküle in einer imm etwa gleichen Menge (Quant) abgegebe Da sich die Übertragerstoffe im synaptische Spalt anhäufen würden, müssen sie möglic schnell abgebaut werden, um eine Übere regung zu vermeiden. Dies geschieht dur Enzyme, im Fall von ACh durch die Acetylch linesterase. Sie spaltet ACh in einen Acetylre und Cholin, das zur Neusynthese von AC wieder in die Zelle aufgenommen wird.

Die Bindung von Transmittern an di Rezeptoren löst Ionenströme aus, di das Ruhepotenzial graduell veränder Diese Potenzialänderungen werden a postsynaptische Potenziale bezeichne (→ B).

Je nach Synapsentyp können exzitatorisch postsynaptische Potenziale (EPSPs) oder in hibitorische postsynaptische Potenziale (I SPs) ausgelöst werden. EPSPs werden z. durch den stimulierenden Neurotransmitte ACh hervorgerufen, IPSPs durch den hemme den Neurotransmitter γ-Aminobuttersäur (GABA). Diese in der unmittelbaren posts naptischen Region erzeugten EPSPs und IPSP wirken sich über elektrotonische Stromschle fen auf die übrige Zelle aus und können in Falle von EPSPs anschließend dann wieder A erzeugen (→ Ba). IPSPs werden durch eine Cl^--Einstrom erzeugt, der eine Hyperpolaris tion bewirkt (→ Bb). Gleichzeitig auftretend EPSPs und IPSPs bilden ein integrales Potenzi und können sich deshalb neutralisieren (→ Bc

Im Organismus gibt es noch viel mehr Übertra gerstoffe. Nach ihrer Wirkung lassen sie sic in exzitatorische Transmitter (ACh, Glutma Noradrenalin) oder inhibitorische Transmitte (GABA) unterscheiden. Transmitter könne auch nach ihrer chemischen Struktur unte teilt werden. So unterscheidet man chol nerge Transmitter (ACh), aminerge Transmi ter (Noradrenalin, Dopamin, Serotonin, GABA Glutamat) und Neuropeptide (ADH, Oxytocin Endorphine, Gastrin, Angiotensin, Prolakti Enkephaline).

A. Signalübertragung durch Acetylcholin an einer Synapse

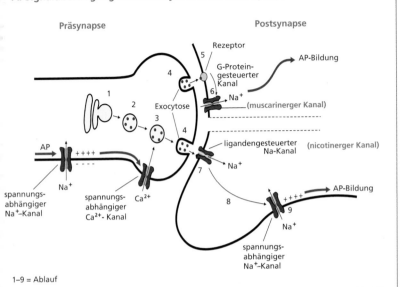

Präsynapse

Postsynapse

Rezeptor

5

G-Protein-
gesteuerter
Kanal

AP-Bildung

4

6

Na⁺

(muscarinerger Kanal)

1

2   Exocytose

3

ligandengesteuerter
Na-Kanal   (nicotinerger Kanal)

AP

++++

4

Na⁺

– – – –

7

spannungs-
abhängiger
Na⁺-Kanal

spannungs-
abhängiger
Ca²⁺- Kanal

Na⁺

Ca²⁺

8

AP-Bildung

++++

9

Na⁺

spannungs-
abhängiger
Na⁺-Kanal

1–9 = Ablauf

Abb. 8.13

B. Postsynaptische Potenziale

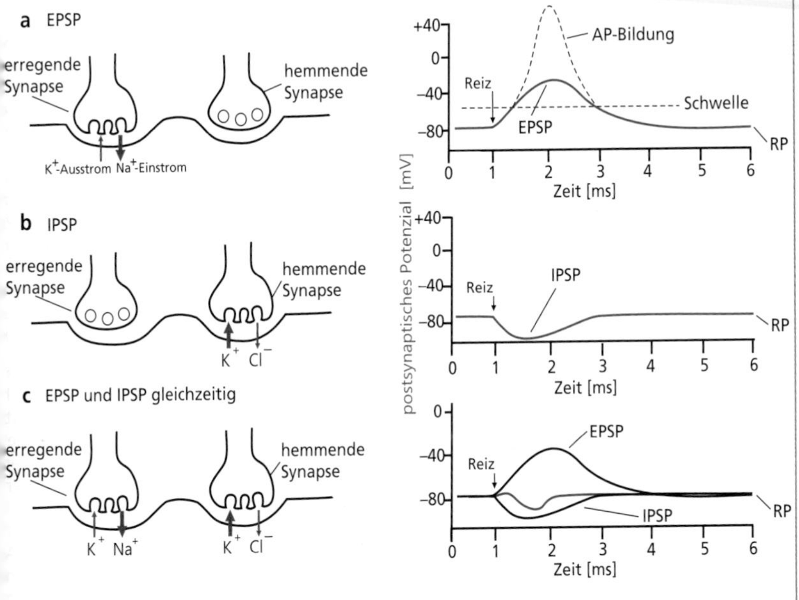

a EPSP

erregende
Synapse

hemmende
Synapse

K⁺-Ausstrom   Na⁺-Einstrom

AP-Bildung

Reiz   Schwelle

EPSP   RP

b IPSP

erregende
Synapse

hemmende
Synapse

K⁺   Cl⁻

IPSP

Reiz   RP

c EPSP und IPSP gleichzeitig

erregende
Synapse

hemmende
Synapse

K⁺   Na⁺   K⁺   Cl⁻

EPSP

Reiz

IPSP   RP

postsynaptisches Potenzial [mV]

Zeit [ms]

Abb. 8.14

8.4 Zentrales Nervensystem

Das **zentrale Nervensystem** (ZNS) umfasst das Gehirn und das Rückenmark, die beide im Verlauf der **Embryogenese** aus dem **Neuralrohr** entstehen. Es steuert und koordiniert über das periphere Nervensystem und in Zusammenarbeit mit dem vegetativen Nervensystem die Funktion der Organe. Im ZNS befinden sich bei Säugetieren etwa 10 Mrd. Neurone, die in einem komplexen Netzwerk interagieren.

Während der Embryonalentwicklung wird das Neuralrohr im vorderen Teil des Wirbeltierembryos in fünf Blasen differenziert, aus denen die **fünf Abschnitte** des Wirbeltiergehirns entstehen (→ A). Der ursprüngliche Hohlraum des Neuralrohrs bleibt im Gehirn als Ventrikel und im Rückenmark als Zentralkanal erhalten und ist mit Gehirnflüssigkeit (Liquor) gefüllt. Bei allen Wirbeltieren ist das Gehirn nach diesem Grundbauplan in fünf Abschnitte gegliedert. Je nach Wirbeltierstamm und Spezialisierung entwickeln sich die einzelnen Gehirnabschnitte aber unterschiedlich stark.

Das **Großhirn** (Telencephalon) erfährt vor allem durch die enorme Vergrößerung der **Rindengebiete** eine Vervielfachung der ursprünglichen Neurone. Bei Primaten überdeckt es alle anderen Gehirnteile und ist Sitz des Bewusstseins, der Intelligenz und des Gedächtnisses. Jede **Hemisphäre** ist an der vorderen Basis zu einem Riechlappen (Bulbus olfactorius) ausgestülpt. Am Boden jeder Hemisphäre befindet sich ein Basalganglion (Corpus striatum).

Das **Zwischenhirn** (Diencephalon) fungiert als wichtige Umschaltstation und als Regulationszentrum für Körperfunktionen. In ihm liegt der **Thalamus**, durch den sämtliche aufsteigende sensorische Bahnen verlaufen. Er ist auch Sitz der inneren Uhr und Umschaltstation für das Kurz- und Langzeitgedächtnis. Ventral davon liegt der **Hypothalamus**, dessen Kerne und Neurohormone unter anderem Blutdruck, Wasserhaushalt und Körpertemperatur steuern. Von ihm ziehen neurosekretorische Axone in die darunterliegende **Hypophyse**.

Das **Mittelhirn** (Mesencephalon) besteht im Wesentlichen aus dem Dach (Tectum), in dessen Zweihügelregion bei niederen Wirbeltieren das optische Zentrum liegt. Bei höheren Wirbeltieren gibt es zwei weitere Hügel (Vier-

hügelregion), die für Augenreflexe und de akustischen Sinn zuständig ist.

Das **Kleinhirn** (Cerebellum) ist für die Bew gungskoordination, das Gleichgewicht ur den Muskeltonus verantwortlich.

Im **Nachhirn** (Myelencephalon) entspringe fast alle **Gehirnnerven**. Es enthält auch wic tige **Automatiezentren** für Blutdruck und A mung.

Beim Menschen hat sich die Großhir rinde durch eine enorme Oberfläche vergrößerung so entwickelt, dass höhe kognitive Leistungen möglich sind.

Das **Großhirn** besteht aus der Rinde (grau Substanz), den Leitungsbahnen (weiße Su stanz) und den **Großhirnkernen** (tief liegend graue Substanz). Den **Arealen** der Großhir rinde (→ B) lassen sich spezifische sensorisc und motorische Funktionen zuordnen.

Zum peripheren **Nervensystem** gehöre die **Hirnnerven** und die Spinalnerve mit Ihren Verzweigungen (→ C). Jede **Spinalnerv** teilt sich in vordere und hir tere Äste auf, die die entsprechende Körperregionen versorgen.

Das **Rückenmark** (Medulla spinalis) lieg im Wirbelkanal der Wirbelsäule (→ D und ist ein kräftiger Nervenleitung strang, der aber auch **Reflexe** verscha tet und das Gehirn mit den Spinalnerve verbindet.

Diese entspringen seitlich aus 31 Paaren vc Nervenwurzeln und gliedern das Rückenmar in 31 Segmente. Aus jedem **Segment** entsprin gen links und rechts eine vordere und hinter **Nervenwurzel**, die nach wenigen Millimeter zum Spinalnerv zusammentreten. Die Sp nalnerven verlassen den Wirbelkanal seitlic durch die Zwischenwirbellöcher.

Das Rückenmark empfängt die segment über die dorsalen Nervenwurzeln (**Hinterhö** ner) einlaufenden, **sensorischen Reize** un leitet sie, nach einer Umschaltung über In terneurone, über die afferenten Bahnen zu ZNS. Efferente Bahnen verlassen die Rücke marksegmente über die **motorischen Bahne** und die **Vorderhörner**. Das Rückenmark wir in die schmetterlingsförmige, **graue Substan** (Zellkörper der Neurone) und die sie um gebende **weiße Substanz** (Leitungsbahner eingeteilt (→ D).

A. Wirbeltiergehirn

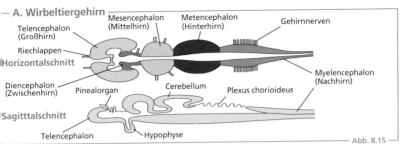

Telencephalon (Großhirn)

Mesencephalon (Mittelhirn)

Metencephalon (Hinterhirn)

Gehirnnerven

Riechlappen

Horizontalschnitt

Diencephalon (Zwischenhirn)

Pinealorgan

Cerebellum

Plexus chorioideus

Myelencephalon (Nachhirn)

Sagittalschnitt

Telencephalon

Hypophyse

Abb. 8.15

B. Gehirnregionen des Menschen

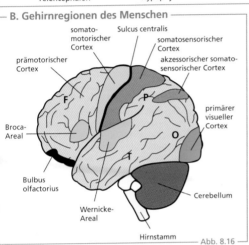

somato-motorischer Cortex

Sulcus centralis

somatosensorischer Cortex

akzessorischer somato-sensorischer Cortex

prämotorischer Cortex

primärer visueller Cortex

Broca-Areal

Bulbus olfactorius

Wernicke-Areal

Cerebellum

Hirnstamm

Abb. 8.16

C. Peripheres Nervensystem

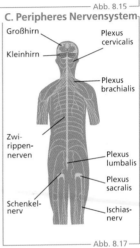

Großhirn

Kleinhirn

Plexus cervicalis

Plexus brachialis

Zwirippennerven

Plexus lumbalis

Plexus sacralis

Schenkelnerv

Ischiasnerv

Abb. 8.17

D. Wirbelsäule – quer

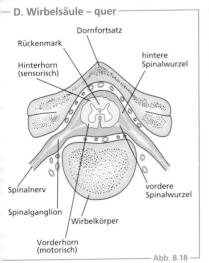

Dornfortsatz

Rückenmark

hintere Spinalwurzel

Hinterhorn (sensorisch)

Spinalnerv

Spinalganglion

Wirbelkörper

vordere Spinalwurzel

Vorderhorn (motorisch)

Abb. 8.18

E. Rückenmark – quer

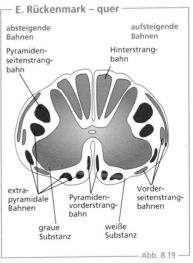

absteigende Bahnen

aufsteigende Bahnen

Pyramiden-seitenstrang-bahn

Hinterstrang-bahn

extra-pyramidale Bahnen

Pyramiden-vorderstrang-bahn

Vorder-seitenstrang-bahnen

graue Substanz

weiße Substanz

Abb. 8.19

8.5 Vegetatives Nervensystem

Das vegetative Nervensystem ist für die Steuerung des Stoffwechselgeschehens verantwortlich und reguliert deshalb alle inneren Organe. Da es nicht willkürlich beeinflusst werden kann, wird es auch als autonomes Nervensystem bezeichnet. Es ist in seinen Funktionen aber eng an das ZNS gekoppelt, mit dem es teilweise eng verzahnte Strukturen aufweist. Auch mit dem endokrinen System arbeitet es eng zusammen, da viele der hormonproduzierenden Zellen und Organe unter Kontrolle des vegetativen Nervensystems stehen.

Die zwei Bereiche des vegetativen Nervensystems werden als Sympathikus und Parasympathikus bezeichnet (→ A). Beide entspringen dem Rückenmark oder der Medulla oblongata des Gehirns und ziehen dann an die verschiedenen inneren Organe. Ein weiterer eigenständiger Bereich des vegetativen Nervensystems ist das enterische Nervensystem des Darms, das ebenfalls weitgehend autonom funktioniert. In die Peripherie des vegetativen Nervensystems sind Ganglien integriert, die als Umschaltstellen zwischen den zentral entspringenden, präganglionären Nervenfasern und den in die Organe führenden, postganglionären Nervenfasern dienen. Dabei ist die Position dieser Ganglien und die Länge der prä- und postganglionären Fasern bei Sympathikus und Parasympathikus unterschiedlich und beide funktionellen Bereiche verwenden auch weitgehend andere Transmitter.

Die präganglionären Fasen des Sympathikus entspringen dem mittleren Bereich des Rückenmarks (→ A). Die Zellkörper dieser Neurone liegen in den Seitenhörnern der thorakalen Segmente Th1–L3. Diese Neurone sind kurz und ziehen nur bis in den Grenzstrang, in dem sich die ebenfalls segmental angeordneten Ganglien befinden. Von hier aus ziehen die wesentlich längeren postganglionären Neurone weiter zu den Endorganen. Die im Grenzstrang beidseitig des Rückenmarks paravertebral angeordneten Ganglien stehen auch untereinander über Neurone in Verbindung. Neben diesen paarigen Grenzstrangganglien gibt es noch einige unpaarige, sympathische Ganglien (G. coeliacum, G. mesentericum), die außerhalb des Grenzstrangs liegen und deren postganglionäre Neurone Teile des Magen-Darm-Kanals versorgen. Der Sympathikus in nerviert vor allem Gefäße, Herzmuskulatu sowie Stoffwechselorgane und Drüsen.

Der Parasympathikus hat dagegen einen völli anderen Aufbau (→ A). Seine präganglionäre Neurone sind viel länger und entspringe entweder als Gehirnnerven dem Stammhirn der Medulla oblongata oder den Segmente S2–S4 des Sakralmarks. Die Ganglien sitze nahe an den Erfolgsorganen oder sind vielfac sogar in diese integriert. Auch weisen sie i Gegensatz zu den sympathischen Ganglien i Grenzstrang keine zusätzlichen Verbindunge untereinander auf. Die Blutgefäße werde von wenigen Ausnahmen (Genitalarterien) a gesehen, nicht vom Parasympathikus versorg Der Parasympathikus innerviert vor allem d glatte Muskulatur aller inneren Organe sow lokalisierte Bereiche des Herzens (Sinuskn ten) und des Auges (Tränendrüsen, Pupillen).

Sympathikus und Parasympathikus verwende an den postganglionären Synapsen zu de Erfolgsorganen unterschiedliche Transmitte dagegen ist ihr Übertragungsmechanismus a den präganglionären Synapsen sehr ähnlic Beide benutzen an diesen Synapsen Acety cholin als Transmitter (→ B) und haben a den Dendriten der Folgeneurone nicotinerg Rezeptoren vom gleichen Typ, den man auc in den Synapsen der motorischen Endplatte i peripheren Nervensystem findet. Die postgar glionären Synapsen sind meist Varikositäte von denen die Transmitter in den Extrazell larraum freigesetzt werden, von dem aus s die Zellen der Erfolgsorgane lokal erregen.

Hier setzen die postganglionären Synapse des Sympathikus hauptsächlich Noradrenali im ZNS aber auch Adrenalin frei. Diese Ca techolamine wirken auf α- und ß-Rezeptore mit ihren Subtypen α_1, α_2 und β_1, β_2, die i den Erfolgsorganen unterschiedlich lokalisie und verteilt sind. α- und ß-Rezeptoren wirke meist antagonistisch.

In den postganglionären Synapsen des Para sympatikus wirkt dagegen Acetylcholin a Transmitter, allerdings auf muscarinerge Re zeptoren vom Subtyp M_1–M_3.

Eine Aktivierung des Sympathikus führt ge nerell zu einer raschen Aktivierung des Stof wechsels (→ C). Herzfrequenz und Blutdru werden erhöht (als + dargestellt). Der Pa rasympathikus wirkt dagegen antagonistisc und ist hauptsächlich bei körperlicher Ruh aktiv (als – dargestellt).

A. Vegetatives Nervensystem

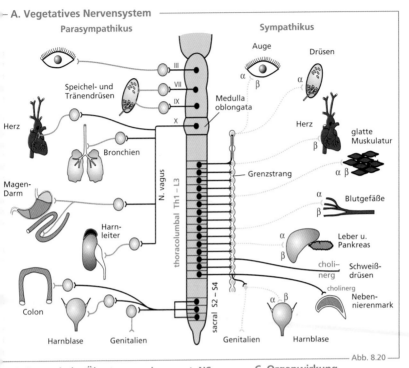

Parasympathikus   Sympathikus

Auge
Drüsen

Speichel- und
Tränendrüsen

III
VII
IX
X

Medulla
oblongata

α
β

α

Herz   Herz
glatte
Muskulatur

Bronchien
β

N. vagus

thoracolumbal Th1 – L3

Grenzstrang

α β

Magen-
Darm

α
Blutgefäße
β

Harn-
leiter

α
Leber u.
Pankreas
β

choli-
nerg
Schweiß-
drüsen

sacral S2 – S4

cholinerg
Neben-
nierenmark

Colon

α – β

Harnblase   Genitalien   Genitalien   Harnblase

— Abb. 8.20 —

B. Synaptische Übertragung im veget. NS

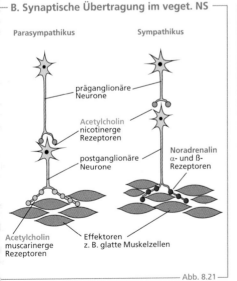

Parasympathikus   Sympathikus

präganglionäre
Neurone

Acetylcholin
nicotinerge
Rezeptoren

Noradrenalin
α- und ß-
Rezeptoren

postganglionäre
Neurone

Acetylcholin
muscarinerge
Rezeptoren

Effektoren
z. B. glatte Muskelzellen

— Abb. 8.21 —

C. Organwirkung

	Symp.	Parasymp.
Stoffwechsel	+ β_2	
Herzfrequenz	+ β_1	− M_2
Kontraktionskraft	+ β_1	
arter. Vasokonstr.	+ α_1	
arter. Vasodilatation	+ β_2	
ven. Vasokonstr.	+ α_1	
Darmmotorik	− α_2 β_2	+ M_3
Bronchokonstriktion		+ M_3
Bronchodilatation	+ β_2	
Speichelsekretion	+ α_1	+ M_3
Tränensekretion		+ M_3
Pupillendilatation	+ α_1	
Pupillenkontraktion		+ M_3

— Abb. 8.22 —

9 Hormonelle Steuerung der Körperfunktionen

9.1 Hormonsysteme und Hormone

Die Kommunikation zwischen Zellen und Organen wird neben dem Nervensystem auch durch das Hormonsystem ermöglicht. In verschiedenen Organen des Körpers werden Hormone produziert, die als Boten- und Signalstoffe (primäre Messenger) über das Blut im Körper verteilt werden (endokrine Wirkung). Neben dieser Fernwirkung können Hormone aber auch eine Nahwirkung durch Diffusion zu benachbarten Zellen entfalten (parakrine Wirkung) oder auch auf die hormonproduzierenden Zellen selbst wirken (autokrine Wirkung).

Die Zellspezifität von Hormonen wird durch spezifische Rezeptoren auf den Zielzellen erreicht. Im Vergleich zum Nervensystem arbeitet das Hormonsystem außerdem langsam, die Hormonwirkung kann sich von Minuten über Stunden bis zu Monaten erstrecken. Einige Hormone werden gleichzeitig auch als Transmitter im Nervensystem eingesetzt, wie Serotonin oder Noradrenalin. Auch Nervenzellen können Hormone, sogenannte Neurohormone, produzieren, z. B. das antidiuretische Hormon (ADH).

Hormone werden nach ihrer chemischen Struktur, ihrem Bildungsort oder ihrem Wirkungsmechanismus eingeteilt.

Entsprechend der chemischen Ausgangsstoffe ihrer Synthese werden Hormone in vier Gruppen eingeteilt (→ A). Die fettlöslichen Steroidhormone (Steroide) werden aus Cholesterin synthetisiert. Zu ihnen gehören neben den Corticosteroiden aus der Nebenniere auch die Sexualhormone aus den weiblichen und männlichen Geschlechtsorganen. Peptidhormone bestehen aus langen Aminosäureketten und sind meist wasserlöslich. Sie stellen eine große Hormongruppe dar und werden in verschiedenen Organen gebildet. Zu den Aminosäurederivaten gehören die Schilddrüsenhormone und die Catecholamine aus der Nebenniere. Arachidonsäurederivate sind Hormone, die überall im Körper vorkommen und gebildet werden.

Die unterschiedlichen biochemischen Eigenschaften bestimmen auch die Art der therapeutischen Anwendung. Da Steroidhormone und Aminosäurederivate nicht von der Magensäure angebaut werden, können sie oral als Tablettenform verabreicht werden. Dies ist bei Peptidhormonen wie Insulin nicht möglich, die deshalb parenteral durch Injektion verabreicht werden müssen.

Als glanduläre Hormone bezeichnet man Drüsenhormone, die von speziellen endokrinen Drüsen gebildet werden, hier am Beispiel des Menschen dargestellt (→ B). Die Zellen dieser Drüsen produzieren Hormone, die zunächst durch Exocytose in das Interstitium und erst von dort aus in die Blutkapillaren zur weiteren Verteilung gelangen. Außerdem werden Hormone in vielen anderen, nicht unbedingt endokrin spezialisierten Geweben gebildet. Zu diesen Gewebshormonen gehören die Prostaglandine und Cytokine, aber auch das in der Lunge gebildete Erythropoetin. Auch die hormonbildenden Gewebe wie Herzvorhöfe, Lunge, Plazenta und Leber sind hier am Beispiel des Menschen dargestellt (→ B).

Die meisten Hormone sind während des Transports im Blut an spezielle Transportproteine gebunden. Dies gilt für alle fettlöslichen und die meisten wasserlöslichen Hormone. So ist Cortison an das Transportprotein Transcortin und die Schilddrüsenhormone an das thyroxinbindende Globulin gebunden. Diese Bindung wirkt als Depot und verhindert einen vorzeitigen biochemischen Abbau.

Die Dauer der Bindung zwischen Hormon und Transportprotein wird von einer klassischen Bindungskinetik bestimmt und führt zu einer für jeden Hormontyp charakteristischen Halbwertszeit im Blut. Diese beträgt z. B. für Corticotropin (ACTH) nur 10 min, für Thyroxin dagegen etwa 7 d. In dieser Zeit können die Hormone das Blut in der Peripherie nicht verlassen und zirkulieren und wirken ununterbrochen im Kreislauf. Die große Bandbreite der Halbwertszeiten von Minuten bis zu mehreren Tagen spiegelt sich in der Ansprechzeit der Zielgewebe, d. h. der Zeit bis zum Einsetzen der Hormonwirkung wider.

© Springer-Verlag GmbH Deutschland, ein Teil von Springer Nature 2021
W. Clauss und C. Clauss, *Taschenatlas Zoologie*,
https://doi.org/10.1007/978-3-662-61593-5_9

A. Einteilung der Hormone

Klasse	Hormon	Bildungsort
Steroidhormone	Aldosteron, Corticosteron	Nebenniere
	Testosteron	Hoden
	Östrogene, Progesteron	Eierstöcke
Peptidhormone	Oxytocin, antidiuretisches Hormon	Hypothalamus
	Releasing- oder Inhibiting-Hormone RH bzw. IH	
	Insulin	Bauchspeicheldrüse
	Wachstumshormon, Prolaktin, TSH, ACTH, FSH, LH	Hypophysenvorderlappen
	Calcitonin	Schilddrüse
	Parathormon (PTH)	Nebenschilddrüse
Aminosäure-derivate	Thyroxin und Triiodthyronin	Schilddrüse
	Adrenalin, Noradrenalin (auch als Catecholamine bezeichnet)	Nebennierenmark
Arachidonsäure-derivate	Prostaglandine, Thromboxan	überall im Körper

Abb. 9.1

B. Bildungsorte der Hormone

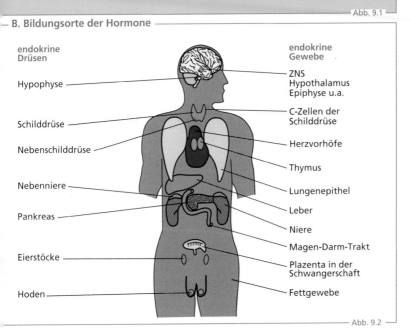

endokrine Drüsen

- Hypophyse
- Schilddrüse
- Nebenschilddrüse
- Nebenniere
- Pankreas
- Eierstöcke
- Hoden

endokrine Gewebe

- ZNS Hypothalamus Epiphyse u.a.
- C-Zellen der Schilddrüse
- Herzvorhöfe
- Thymus
- Lungenepithel
- Leber
- Niere
- Magen-Darm-Trakt
- Plazenta in der Schwangerschaft
- Fettgewebe

Abb. 9.2

9.2 Primärwirkung und Signaltransduktion

Jede Zielzelle muss spezifische Hormonrezeptoren besitzen, um auf ein Hormonsignal reagieren zu können. Diese Rezeptoren können in der Zellmembran oder auch im Zellinneren lokalisiert sein und lösen über intrazelluläre Signalwege spezifische Zellantworten aus.

Eine Zelle kann für ein spezielles Hormon verschiedene Rezeptortypen tragen, sodass ein Hormon unterschiedliche, oft gegensätzliche Zellantworten auslösen kann. So kann Adrenalin über α-Rezeptoren auf Endothelzellen eine Gefäßverengung, über ß-Rezeptoren aber eine Gefäßerweiterung auslösen. Jede Zelle kann gänzlich unterschiedliche Hormonrezeptoren besitzen und Ziel gleichzeitig wirkender Hormone sein.

Hormonrezeptoren in der Zellmembran gibt es für wasserlösliche Hormone wie Peptidhormone oder Aminosäurederivate. Diese können aufgrund ihrer chemischen Eigenschaften nicht in die Zelle eindringen und benötigen deshalb extrazelluläre Rezeptoren.

Die Hormone (primäre Messenger) binden von außen an diese Rezeptoren, die daraufhin ihre Struktur ändern und in der Zelle eine Signalkette aktivieren, die durch zelluläre Signalmoleküle (Second Messenger) weitergeleitet wird. Es gibt verschiedene intrazelluläre Signalwege. Der am weitesten verbreitete ist der cAMP-Signalweg (→ A). Über ihn verläuft z. B. die Wirkung der vom antidiuretischen Hormon (ADH) ausgehenden Signalübertragung. ADH bindet an einen extrazellulären Rezeptor (V_2-Rezeptor), der aktiviert wird und das Signal über hemmende und stimulierende Proteine (G-Proteine) zu einem membranständigen Enzym, der Adenylatcyclase (AC), weiterleitet. Dieses Enzym wandelt ATP in cAMP (zyklisches Adenosinmonophosphat) um, das als Second Messenger in der Zelle wirkt und über Proteinkinase

A ein Zielprotein, den epithelialen Na Kanal (ENaC) phosphoryliert und dam zur Na^+-Resorption aktiviert.

Intrazelluläre Hormonrezeptoren gib es für lipidlösliche Hormone wie di Steroidhormone (Glucocorticoide un Mineralocorticoide, männliche un weibliche Sexualhormone) oder auch di Schilddrüsenhormone. Diese Hormon können aufgrund ihrer chemischen E genschaften ungehindert durch di Zellmbran in das Cytosol diffundier Dort befinden sich die Rezeptoren fü die Steroidhormone, während die Re zeptoren für die Schilddrüsenhormon im Zellkern lokalisiert sind (→ B).

Die intrazellulären cytosolischen Stero idrezeptoren (→ C) liegen in der nich stimulierten Zelle als Monomere vor. Si besitzen eine Hormonbindungsdomän Ist diese noch nicht besetzt, so ist di Rezeptorstruktur labil und wird durc die Bindung an ein Hitzeschockprotei (Hsp90) stabilisiert. Nach Bindung d Steroidhormons wird der Komplex stab und das Hitzeschockprotein löst sich. D nach wird der Hormon-Rezeptor-Kon plex in den Zellkern gebracht.

Dort binden die aktivierten Hormon-R zeptor-Komplexe an regulatorische Pr motorelemente, die hormonresponsive Elemente (HREs) der hormonabhängige Gene und aktivieren diese, worauf die Transkription dieser Gene entw der aktiviert oder gehemmt wird. B einer Aktivierung wird die Translatio spezieller hormoninduzierter Proteine Gang gesetzt. Im Falle des Mineraloc ticoids Aldosteron spricht man z. B. vo den aldosteroninduzierten Proteine (AIPs). Von ihnen sind inzwischen übe 60 bekannt. Gleichzeitig kann durch di Hormonwirkung aber auch die Synthe se anderer zellulärer Proteine gehemm werden. Im Falle von Aldosteron werde diese als aldosteronreprimierte Protein (ARPs) bezeichnet. Die Hormonwirkun der Steroidhormone setzt erst nach 1– h ein.

A. Signalkette

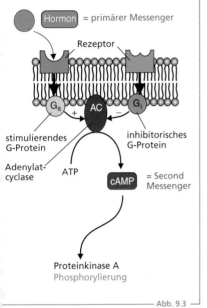

Hormon
= primärer Messenger
Rezeptor
Gs
AC
Gi
+
–
stimulierendes G-Protein
inhibitorisches G-Protein
Adenylat-cyclase
ATP
cAMP
= Second Messenger
Proteinkinase A
Phosphorylierung

Abb. 9.3

B. Kernrezeptor Typ 2

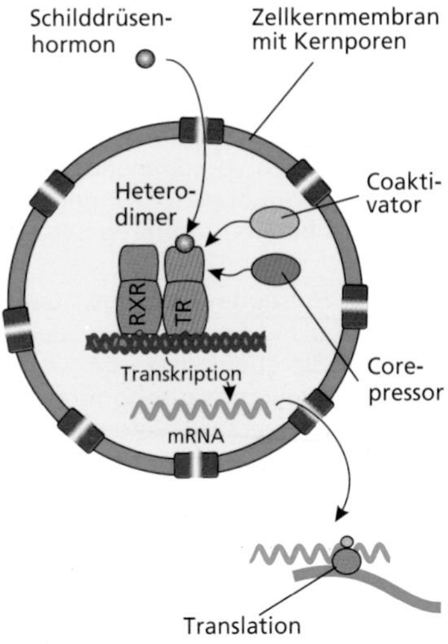

Schilddrüsen-hormon
Zellkernmembran mit Kernporen
Hetero-dimer
Coakti-vator
RXR
TR
Core-pressor
Transkription
mRNA
Translation

Abb. 9.4

C. Hormonelle Genaktivierung

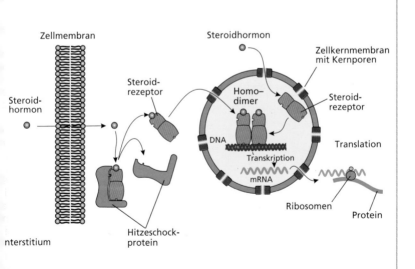

Zellmembran
Steroidhormon
Steroid-hormon
Steroid-rezeptor
Zellkernmembran mit Kernporen
Homo-dimer
Steroid-rezeptor
DNA
Translation
Transkription
mRNA
Ribosomen
Protein
Hitzeschock-protein
nterstitium

Abb. 9.5

9.3 Hormonsysteme bei Wirbellosen

Bereits bei Hydrozoen gibt es neurosekretorische Zellen, die Peptidhormone bilden. Dabei handelt es sich um Neuropeptide der FMRF-Familie, die an Wachstum und Regeneration beteiligt sind. In ihrer Struktur ähneln sie den später bei Wirbeltieren vorkommenden antidiuretischen Hormonen (ADH) und haben ebenfalls bereits osmoregulatorische Wirkung.

Ähnliche Hormone kommen auch bei Nematoden und Anneliden vor. Bei Letzteren sind sie ebenfalls an der Osmoregulation beteiligt. Neurohormone spielen bei Polychaeten (Palolowurm) auch eine wichtige Rolle beim Übergang von der benthischen, asexuellen Form (atok) zur frei schwimmenden, sexuell aktiven Form (epitoke Metamorphose). Vom supraösophagialen Ganglion wird dazu vermutlich ein Juvenilhormon gebildet, das die Epitokie und sexuelle Reifung verhindert.

Bei Oligochaeten und Hirudineen wird Annetocin gebildet. Es ist dem bei Wirbeltieren vorkommenden Oxytocin ähnlich und wirkt auf die Eiablage und auf die Osmoregulation im Integument.

Bei Mollusken werden ebenfalls Neurosekrete als Hormone im Körper verteilt. Bekannt sind Eilegehormon (ELH), Dorsalkörperhormon (DBH), kardioaktive, FMRF-ähnliche Hormone, Vasotocin, Enkephaline, Somatostatin und Insulin, deren Funktionen vielfach noch unbekannt sind. Bei Schnecken (Lymnea) steigert das DGC-Hormon die Wasserausscheidung. Es ist strukturell dem Thyreotropin-Releasing-Hormon (TRH) der Wirbeltiere ähnlich.

Das endokrine System der Insekten wird hauptsächlich durch die Funktion der neurosekretorischen Zellen und der Neurohämalorgane bestimmt. Letztere schütten Neurosekrete in die Hämolymphe aus. Zu ihnen gehören die paarigen Corpora cardiaca ($\rightarrow$ A), die ihr Neurosekret über axonalen Transport aus dem Gehirn erhalten. Diese Neurone ziehen auch zu der posterior gelegenen Corpora allata, ein endokrines Organ, dessen Zellen Hormone synthetisieren und ausschütten. Weiter posterior sitzt ein weiteres endokrines Organ, die Prothorakaldrüse. Weitere Hormone werden von den epitrachealen Drüsen abgegeben ($\rightarrow$ A).

Neben Osmoregulation und Stoffwechselvorgängen werden von diesen Hormondrüsen die Metamorphose, die Häutungszyklen, die Fortpflanzung und die Diapause gesteuert. Am Beispiel der Metamorphose von Insekten ($\rightarrow$ Kap. 30) werden die einzelnen Hormone und ihre Funktion erklärt ($\rightarrow$ A):

Der Ablauf der Metamorphose bei holometabolen und bei hemimetabolen Insekten wird durch das Zusammenwirken von nur zwei Hormonen gesteuert. Dabei wird der Beginn einer Häutung (Ecdysis) durch Prothorakotropin (PTTH) eingeleitet, das über neurosekretorische Axone die Corpora allata erreicht und dort ausgeschüttet wird. Über die Hämolymphe gelangt es zur Prothorakaldrüse. Diese schüttet daraufhin das eigentliche Häutungshormon Ecdyson aus. Dieses Steroidhormon steuert durch Genexpression in den Epidermiszellen das Abstoßen der alten Cuticula und den Aufbau einer neuen Cuticula. Der Entwicklungsstand der Larve wird vom Juvenilhormon aus der Corpora allata gesteuert. Solange dessen Spiegel hoch ist, führen Häutungen stets zu neuen Larvalstadien. Erst bei Unterschreitung einer bestimmten Konzentration führt die nächste Häutung zur Puppe und zum Adultstadium. Das Eclosionshormon (EH) und das Ecdysis-Trigger-Hormon (ETH) aus den epitrachealen Drüsen sind für die präzise Steuerung des Schlüpfvorgangs aus der alten Hülle zuständig.

Durch Bursicon, ein weiteres neurosekretorisches Hormon aus dem Gehirn, härtet die Cuticula nach dem Schlüpfen aus.

A. Häutung und Metamorphose von Insekten

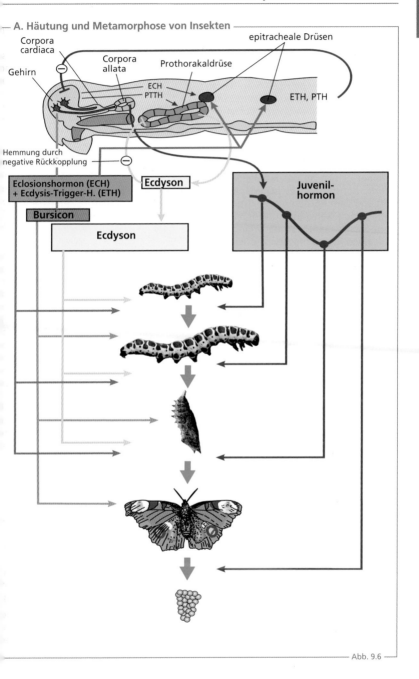

Corpora cardiaca

Corpora allata

Gehirn

Prothorakaldrüse

epitracheale Drüsen

ECH
PTTH

ETH, PTH

Hemmung durch
negative Rückkopplung

Eclosionshormon (ECH)
+ Ecdysis-Trigger-H. (ETH)

Ecdyson

Juvenil-
hormon

Bursicon

Ecdyson

Abb. 9.6

9.4 Hierarchie der Hormonsysteme

Um die verschiedenen hormonellen Regelkreise, die sich gegenseitig beeinflussen, zu koordinieren, unterliegt die Hormonsekretion einer gewissen Hierarchie, d. h., bestimmte Hormondrüsen sind anderen hormonausschüttenden Drüsen und Geweben übergeordnet.

Bei vielen hormonellen Regelkreisen ist der Hypothalamus der oberste Regulator. Durch seine Lage zentral im Gehirn befindet er sich an der Schaltstelle des Informationsflusses zwischen Außenwelt und dem Körperinneren. Durch die Abgabe von Releasing- und Inhibiting-Hormonen beeinflusst der Hypothalamus einen eng benachbarten, zweiten Regulator, die Hypophyse (→ A). Sie ist in zwei Bereiche unterteilt, den Hypophysenhinterlappen und den Hypophysenvorderlappen. Letzterer fungiert in der Hierarchie als nächste Regulationsebene, indem er die glandotropen Hormone sezerniert, die auf die untergeordneten Hormondrüsen einwirken. Diese untergeordneten Hormondrüsen wie Nebenniere, Schilddrüse, Hoden und Eierstöcke bilden die unterste Ebene der Hierarchie. Sie sezernieren die peripheren Hormone und wirken mit diesen auf die jeweiligen Zielzellen ein.

Nicht alle peripheren Hormondrüsen unterliegen dieser dreigliedrigen Hierarchieebene. So wirken einige Hormone der Hypophyse (antidiuretisches Hormon, Oxytocin, Wachstumshormon, Prolaktin und das melanocytenstimulierende Hormon) direkt auf die Zielzellen und überspringen somit eine Hierarchie (→ B). Auch andere Hormondrüsen wie die Bauchspeicheldrüse (Pankreas) funktionieren zum größten Teil unabhängig von Hypothalamus und Hypophyse.

Die Regulationsketten der verschiedenen Hormone sind also in Achsen angeordnet, die mit und ohne zwischengeschaltete Ebenen funktionieren (→ B). Zur Begriffserklärung in B: ACTH, adrenocorticotrophes Hormon; CRH, Corticotropin-Releasing-Hormon; TRH Thyreotropin-Releasing-Hormon; TSH thyreoideastimulierendes Hormon; T3 Triiodthyronin; T4, Thyroxin; GnRH Gonadotropin-Releasing-Hormon; FSH follikelstimulierendes Hormon; LH, luteinisierendes Hormon; PRLRH, Prolaktin-Releasing-Hormon; PRLIH, Prolaktin-Inhibiting-Hormon; GHRH, Growth-Hormon-Releasing-Hormon; GHIH Growth-Hormon-Inhibiting-Hormon; Somatostatin.

Die Größe und das Wachstum der Hormondrüsen werden ständig den Erfordernissen im Körper angepasst. Dabei spielen Zellteilung (Proliferation) und Zelltod (Apoptose) eine wichtige Rolle. Eine dauerhaft gesteigerte Hormonausschüttung führt zu einer Vergrößerung der Hormondrüse (Hyperplasie), bei der Zahl und Größe der hormonproduzierenden Zellen zunehmen. Bei einer dauerhaft unterdrückten Hormonausschüttung verkleinert sich dagegen die Hormondrüse (Aplasie), die hormonproduzierenden Zellen schrumpfen (Atrophie) und sterben schließlich ab.

Hormone werden größtenteils in der Leber abgebaut und die entsprechenden Produkte dann über die Niere ausgeschieden. Durch Bestimmung der Abbauprodukte im Urin lassen sich häufig Rückschlüsse auf den Hormonspiegel im Blut ziehen. So spiegelt die Konzentration von Vanilinmandelsäure im 24--Sammelurin zuverlässig die in diesem Zeitraum vorliegende Blutkonzentration an Adrenalin und Noradrenalin wider und kann damit zur Diagnostik der Ursachen von Bluthochdruck eingesetzt werden.

Für Verhaltensuntersuchungen von Zoo- und Wildtieren wird z. B. der Urin von Primaten (Gorillas und Schimpansen) gesammelt, um aus den Abbauprodukten Rückschlüsse auf die Stressbelastung bei Zootierhaltung im Vergleich zum Leben in freier Wildbahn in Afrika zu ziehen.

A. Hierarchie der Hormonregulation

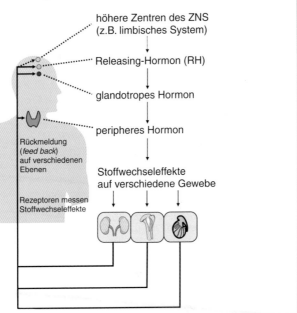

höhere Zentren des ZNS
(z.B. limbisches System)

Releasing-Hormon (RH)

glandotropes Hormon

peripheres Hormon

Stoffwechseleffekte
auf verschiedene Gewebe

Rückmeldung
(*feed back*)
auf verschiedenen
Ebenen

Rezeptoren messen
Stoffwechseleffekte

Abb. 9.7

B. Regulationsketten der Hormonsysteme

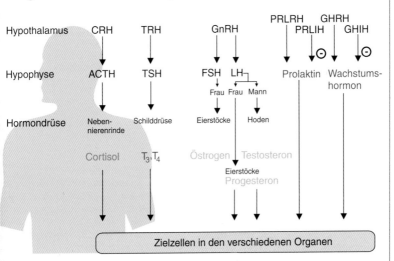

Hypothalamus	CRH	TRH		GnRH			PRLRH GHRH PRLIH GHIH	
Hypophyse	ACTH	TSH		FSH	LH		Prolaktin	Wachstums- hormon
					Frau	Frau	Mann	
Hormondrüse	Neben- nierenrinde	Schilddrüse		Eierstöcke		Hoden		
	Cortisol	T₃, T₄		Östrogen		Testosteron		
				Eierstöcke Progesteron				

Zielzellen in den verschiedenen Organen

Abb. 9.8

9.5 Hypothalamus-Hypophysen-System

Der Hypothalamus ist bei Vertebraten die zentrale und oberste Instanz der Hormonregulation. Hier werden neuronale Reize aus dem ZNS in hormonelle Regulationen umgesetzt ($\rightarrow$ A).

Der Hypothalamus ist mit der Hypophyse über den Hypophysenstiel verbunden, durch den Nervenfasern und Blutgefäße verlaufen. In den hypophysären Portalkreislauf werden aus der Vorderseite die Releasing-Hormone (Liberine) und die Inhibiting-Hormone (Statine) freigesetzt und in den Hypophysenvorderlappen (Adenohypophyse) abgegeben, wo sie die Ausschüttung der Vorderlappenhormone (TSH [thyroideastimulierendes Hormon], LH [luteinisierendes Hormon], FSH [follikelstimulierendes Hormon], ACTH [adrenocorticotropes Hormon], GH [Growth Hormone], Prolaktin, MSH [melanocytenstimulierendes Hormon]) regulieren. Weitere Kerngebiete des Hypothalamus (Nuclei supraoptici und N. paraventriculares) bilden die Hypothalamushormone Oxytocin und ADH (antidiuretisches Hormon), die über Axone in den Hypophysenhinterlappen (Neurohypophyse) transportiert und dort bis zur Abgabe ins Blut gespeichert werden.

9.6 Schilddrüse

Vom Hypothalamus ausgehend erfolgt die Regulation der Schilddrüse über die Hypophyse ($\rightarrow$ B). Vom Hypothalamus wird das Releasing-Hormon TRH in den Hypophysenvorderlappen (Adenohypophyse) abgegeben. Er bildet TSH, das in der Schilddrüse eine vermehrte Bildung und Freisetzung von Triiodthyronin (T_3) und Thyroxin (T_4; $\rightarrow$ F) auslöst.

Die Biosynthese der Schilddrüsenhormone erfolgt in den blasenartigen Follikeln der Epithelzellen ($\rightarrow$ C). Dazu produzieren die Follikelepithelzellen Thyreoglobulin (TG), das im Follikellumen mit dem ebenfalls abgegebenen Iodid (I^-) iodiert und bis zur Sekretion in kolloidaler Form gespeichert wird.

T_3 und T_4 werden im Blut von thyroxinbindendem Globulin (TBG) zu den Zielzellen transportiert. Dort binden sie an Kernrezeptoren und lösen über Gen-

aktivierung ein breites Wirkung[]
spektrum aus (Stoffwechselsteigerun[]
Wärmeproduktion, Wachstum, R[]
fung, Stimulation von Nerven ur[]
Muskulatur). Während T_4 biologis[]
kaum wirksam ist, stellt T_3 das eigentli[]
wirksame Schilddrüsenhormon dar. []
entsteht zu 80% erst in den Zielzelle[]
durch das Enzym 5`-Deiodase aus T_4.

9.7 Nebenniere

Am oberen Pol der paarigen Nieren sir[]
die Nebennieren lokalisiert, die aus d[]
Rinde (Cortex) und dem Mark (Medull[]
aufgebaut sind ($\rightarrow$ D, E).

Die Rinde unterteilt sich in dr[]
Gewebezonen, die verschieder[]
Steroidhormone bilden: Die ä[]
ßere Zona glomerulosa bildet d[]
Mineralocorticoid Aldosteron, die mit[]
lere Zona fasciculata die Glucocorticoi[]
Cortison und Cortisol ($\rightarrow$ F), sowie d[]
innere Zona reticularis geschlecht[]
spezifisch unterschiedliche Meng[]
von Sexualhormonen (Androgene ur[]
Östrogene).

Aldosteron reguliert den Mineralhaush[]
des Körpers, die Glucocorticoide st[]
gern Stoffwechselprozesse und hemm[]
Entzündungen (antiallergische und immu[]
suppressive Wirkungen). Eine Überprodukti[]
dieser Hormone führt zu dem Krankheitsb[]
Morbus Cushing. Androgene wirken sta[]
anabol und führen zu einem verstä[]
ten Proteinaufbau. Die Ausschüttung v[]
Aldosteron wird über das Renin-Angiotens[]
Aldosteron-Hormonsystem reguliert ($\rightarrow$ Ka[]
16), die Glucocorticoidausschüttung durch d[]
ACTH. Alle Steroidhormone werden im Blut []
Proteine gebunden transportiert.

Das Nebennierenmark (Medulla) b[]
det die Catecholamine Adrenalin ur[]
Noradrenalin, die als Hormone und a[]
Transmitter im sympathischen Anteil d[]
vegetativen Nervensystems fungiere[]
Sie mobilisieren Stoffwechselenerg[]
und ihre Ausschüttung wird desha[]
unter Stressbedingungen maximal g[]
steigert.

A. Hypothalamus – Hypophyse

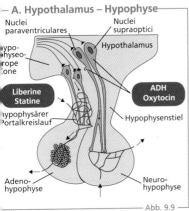

Nuclei paraventriculares
Nuclei supraoptici
Hypothalamus
Hypophyseotrope Zone
Liberine Statine
ADH Oxytocin
Hypophysärer Portalkreislauf
Hypophysenstiel
Adenohypophyse
Neurohypophyse

Abb. 9.9

B. Regulation Schilddrüsenfunktion

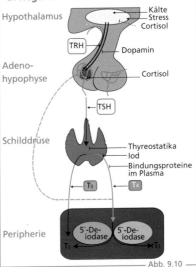

Hypothalamus
Kälte
Stress
Cortisol
TRH
Dopamin
Adenohypophyse
Cortisol
TSH
Schilddrüse
Thyreostatika
Iod
Bindungsproteine im Plasma
T₃   T₄
Peripherie
5'-Deiodase   5'-Deiodase
T₃   rT₃

Abb. 9.10

C. Synthese der Schilddrüsenhormone

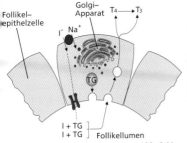

Follikelepithelzelle
Golgi-Apparat
$T_4 \rightarrow T_3$
I^- Na^+
TG
I + TG
I + TG
Follikellumen

Abb. 9.11

D. Lage der Nebenniere

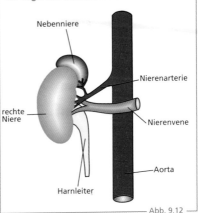

Nebenniere
Nierenarterie
rechte Niere
Nierenvene
Aorta
Harnleiter

Abb. 9.12

E. Gewebeschichten der Nebenniere

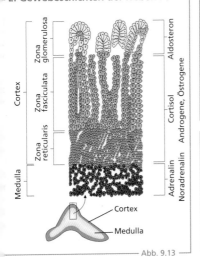

Cortex
Zona glomerulosa — Aldosteron
Zona fasciculata — Cortisol, Androgene, Östrogene
Zona reticularis
Medulla — Adrenalin, Noradrenalin
Cortex
Medulla

Abb. 9.13

F. Strukturformeln

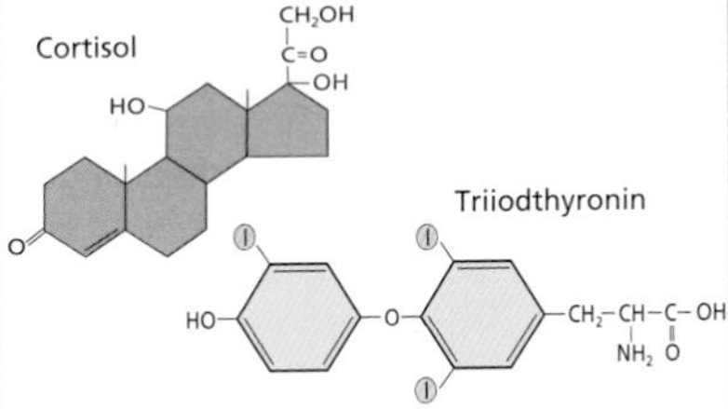

Cortisol
CH_2OH
$C=O$
OH
HO

Triiodthyronin
HO
$CH_2-CH-C-OH$
NH_2 O

Abb. 9.14

9.8 Weitere Drüsen und Hormone

Sexualhormone werden im Zusammenhang mit der Reproduktion behandelt (→ **Kap. 5**).

Die **Epiphyse** (Corpus pineale), auch **Zirbeldrüse** benannt, befindet sich oberhalb des Mittelhirns. Sie sezerniert das Hormon **Melatonin**, das aus dem Neurotransmitter Serotonin synthetisiert wird (→ **A**). Bei manchen Wirbeltieren ist sie lichtempfindlich und vermutlich Teil eines **photoendokrinen Systems**, das im Körper **circadiane Rhythmen** steuert. Da die Melatoninausschüttung bei Dunkelheit aktiviert ist und bei Helligkeit gehemmt wird, wird dem Hormon auch die Rolle eines „Schlafhormons" zugeschrieben.

Die **Nebenschilddrüsen** werden auch als Epithelkörperchen bezeichnet. Sie bestehen beim Menschen aus vier Knötchen an der Rückseite der Schilddrüse. Sie bilden das **Parathormon** (PTH), das im Zusammenspiel mit Calcitonin in die Regulation des Knochenstoffwechsels eingreift. PTH aktiviert die Osteoklasten und erhöht damit den **Knochenabbau** und den Ca^{2+}-**Spiegel** des Blutes. Außerdem vermindert es die Calciumausscheidung in der Niere und erhöht die Calciumresorption im Darm.

Innerhalb der **Bauchspeicheldrüse** (Pankreas) befinden sich hormonproduzierende Gewebebezirke, die als **Langerhans-Inseln** bezeichnet werden. Sie enthalten verschiedene Zelltypen, die unterschiedliche Hormone produzieren. Den größten Anteil stellen die ß-Zellen, die das Hormon **Insulin** ausschütten. Es reguliert im Zusammenhang mit dem Hormon **Glucagon**, das in den α-**Zellen** produziert wird, den Blutzuckerspiegel. In den ∂-**Zellen** wird (ebenso wie im Hypothalamus) das Hormon **Somatostatin** hergestellt, das die Sekretion von Magensaft- und Bauchspeichelsekret sowie die Magenbewegung hemmt.

Für die zellulären Vorgänge, die zur Ausschüttung von Insulin führen (→ **B**), ist die Plasmakonzentration von **Glucose** der wichtigste Auslöser. Glucose wird durch Glucosetransporter (GLUT) in die Zelle aufgenommen und glykolytisch abgebaut. Das dabei entstehende ATP hemmt ATP-sensitive K^+-Kanäle, die zur Aufrechterhaltung des Ruhepotenzials notwendig sind. Diese Hemmung bewirkt eine Depolarisation der Zelle, wodurch sich spannungsabhängige Ca^{2+}-Kanäle öffnen. Dadurch erhöht sich die intrazelluläre Ca^{2+}-Konzentration, was zu einer Stimulation der **Insulinausschüttung** führt. Das Insulin wird in den ß-Zellen über Proteinsynthese gebildet und in intrazellulären **Vesikeln** verpackt, deren Inhalt dann durch die Ca^{2+}-Stimulation exocytotisch abgegeben wird.

Die **Insulinausschüttung** wird durch eine Reihe von Faktoren moduliert. So sensibilisieren **gastrointestinale Hormone** wie Gastrin, Sekretin, Cholecystokinin u. a. die Empfindlichkeit der ß-Zellen für Glucose und bewirken eine gesteigerte Insulinsekretion. Ebenfalls regulierend wirkt das **vegetative Nervensystem**. Während Acetylcholin die Insulinsekretion über M_3-Rezeptoren und Inositoltrisphosphat (IP_3) stimuliert, hemmt der Sympathikus mit Noradrenalin über α-Rezeptoren die Insulinausschüttung, indem andere K^+-Kanäle aktiviert werden und die Zelle hyperpolarisiert. Das in den benachbarten ∂-Zellen hergestellte **Somatostatin** hemmt die Insulinausschüttung ebenso wie **Glucagon**.

Therapeutisch hemmt man die Insulinausschüttung durch die Gabe von oralen Antidiabetika (**Sulfonylharnstoffe**), die die K^+-Kanäle hemmen.

In den einzelnen Geweben der Darmabschnitte oder akzessorischen Darmorgane (z. B. Leber, Gallenblase) wird eine Vielzahl von **enterischen Hormonen** gebildet (→ **C**). Ihre Funktion wird teilweise in → **Kap. 12** dargestellt.

A. Epiphyse

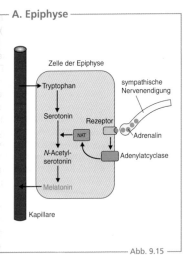

Abb. 9.15

B. Pankreas

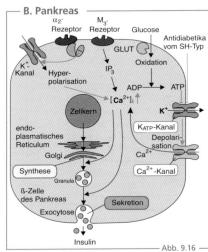

Abb. 9.16

C. Weitere gastrointestinale Hormone

Hormon	Bildungsort	Wirkung	
		Stimulation	Hemmung
Leptin	Fettgewebe		Appetit Energieumsatz
Ghrelin	Magenschleimhaut	Appetit Magenmotilität Magensekretion	
Asprosin	weißes Fettgewebe	Glykogenolyse in der Leber	
Betatrophin	Leber und Fettgewebe	Neubildung von ß-Zellen	
Somatostatin	Verdauungstrakt δ-Zellen im Pankreas		Gallensekretion Pankreassekretion
vasoaktives intestinales Peptid	enterische Neurone		Magenmotilität Magensekretion
Neurotensin	N-Zellen im Dünndarm	Darmmotilität Glucagonfreisetzung	Magensekretion
Motilin	M-Zellen im Dünndarm	Darmmotilität	
Guanylin	Darmmukosa	natriuretisch	

Abb. 9.17

10 Integument und Skelett

10.1 Integument und Haut

Als **Integument** wird die äußere Körperhülle aller Gewebetiere einschließlich des Menschen bezeichnet. Es beinhaltet alle in der Haut gebildeten **Strukturen** (Haare, Federn, Stacheln, Nägel, Kalkpanzer usw.). Das Integument stellt einerseits den Kontakt des Organismus zu seiner Umwelt her und schützt ihn andererseits vor schädigenden Einflüssen.

Die Haut besteht aus vielen verschiedenen Zellen und Gewebeschichten und ist ein Organ des Körpers. Beim Menschen hat sie eine Fläche von bis zu 2 m² und ein Gewicht von mehreren Kilogramm. Sie ist das größte Organ des Körpers. Durch ihre Schutzwirkung ist sie auch ein Teil des **Immunsystems**. Mit ihren Sinnesrezeptoren fungiert sie als wichtiges **Sinnesorgan**. Durch ihre Funktion als **Fettspeicher**, ihre Rolle bei der **Vitamin-D-Synthese** und ihren **Pigmentstoffwechsel** ist sie auch ein unentbehrliches Stoffwechselorgan. Über die Abgabe von **Schweiß** reguliert die Haut auch den Körpertemperatur und den Wasserhaushalt.

Die menschliche Haut (→ **A**) besteht aus drei Schichten, der äußeren Oberhaut (**Epidermis**), der Lederhaut (**Corium**) und der Unterhaut (**Subcutis**). Die beiden äußeren Schichten, Epidermis und Corium, werden zur **Cutis** zusammengefasst.

Die Oberhaut besteht aus **Keratinocyten**, die sich zu einem verhornten, mehrschichtigen **Plattenepithel** anordnen. Sie enthält keine Blutgefäße und kann mehrere Millimeter dick sein. Die Keratinocyten produzieren das hornbildende **Keratin**, das Schutz und Festigkeit bietet und wasserabweisend ist. Die Keratinocyten ordnen sich in fünf übereinanderliegenden Schichten an. Ganz außen liegt die Hornschicht (**Stratum corneum**), die sich ständig erneuert. Die darunterliegende Glanzschicht (**Str. lucidum**) findet sich nur an den Fußsohlen und im Handteller. Die Körnerschicht (**Str. granulosum**) enthält Hyalin zur Hornbildung und ölige Substanzen. Die Stachelzellschicht (**Str. spinosum**) besteht aus pigmenthaltigen **Melanocyten** mit stacheligen Ausläufern. Die Basalzellschicht (**Str. basale**) ist teilungsfähig, enthält auch **Tastsinneszellen** (**Merkel-Zellen**) und **Melanocyten** zum Schutz vor UV-Strahlung.

Unter der Oberhaut liegt die bindegewebige Lederhaut (**Corium**), die der Haut Elastizität und Reißfestigkeit verleiht. Sie besteht aus zwei Schichten. Oben liegt die Papillarschicht (**Str. papillare**), deren feine **Papillen** bis in die Oberhaut reichen. In ihnen verlaufen die Hautkapillaren und sie enthalten auch Mechanosensoren (**Meissner-Körperchen**). Nach innen liegt die Geflechtschicht (**Str. reticulare**), in deren Bindegewebe Gefäße, Nerven, Talg- und Schweißdrüsen eingelagert sind.

In der Haut von Schuppenkriechtieren, außer bei Schildkröten und Krokodilen, überlagern sich die **Hornschuppen** in der Regel dachziegelartig (→ **B**). Eine echte **Häutung** tritt bei Schlangen auf, da die Haut nicht mitwächst.

Als **Hautanhangsgebilde** bezeichnet man Haare, Nägel und Hautdrüsen, also Strukturen, die den Oberhautbereich durchqueren und auf der Oberfläche nach außen ragen. **Haare** schützen den Körper vor Sonneneinstrahlung, Kälte und mechanischer Belastung. Man unterscheidet zwischen Flaumhaaren beim Fötus, Wollhaaren beim Kind und Terminalhaaren beim adulten Organismus. Haare bestehen aus einem **Haarschaft** und einer Haarwurzel, die bis in die Unterhaut reicht (→ **C**). Die **Haarwurzeln** werden vom Haarfollikel umgeben, der aus zwei epidermalen Zelllagen, dem externen und internen Wurzelblatt, besteht. Beide wiederum umgibt die bindegewebige Wurzelscheide des **Haarbalgs**. Um die Follikel herum befinden sich Nerven, die Haarbewegungen registrieren. Jedes Haar hat eine **Talgdrüse** mit Ausführungsgang. In die **Dermispapille** münden Blutgefäße und hier werden neue Haarzellen gebildet. Glatte Muskelstränge richten bei Kontraktion das Haar auf. Die **Haarfarbe** wird vom **Melanin** der verhornten Zellen bestimmt.

Federn (→ **D**) entwickeln sich aus in die Epidermis eingewanderten **Mesodermzellen**. Sie bestehen aus dem Protein ß-Keratin.

Zähne (→ **E**) entstehen aus einer Verdickung des Mundhöhlenepithels in der bogenförmigen **Zahnleiste** des Kiefers. Sie sind modifizierte Teile des Hautskeletts, die zu Hartgebilden mit basaler Knochenmasse heranwachsen.

Nägel (→ **G**) bestehen aus harten verhornten Zellen, die am Extremitätenende die **Nagelplatte** bilden. Diese wächst aus dem **Nagelbett**, wobei sich die Oberflächenzellen der **Nagelmatrix** in verhornte, abgestorbene Zellen umwandeln.

© Springer-Verlag GmbH Deutschland, ein Teil von Springer Nature 2021
W. Clauss und C. Clauss, *Taschenatlas Zoologie*,
https://doi.org/10.1007/978-3-662-61593-5_10

A. Hautschichten

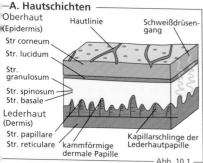

Oberhaut (Epidermis)
- Str corneum
- Str. lucidum
- Str. granulosum
- Str. spinosum
- Str. basale

Lederhaut (Dermis)
- Str. papillare
- Str. reticulare

Hautlinie
Schweißdrüsengang
kammförmige dermale Papille
Kapillarschlinge der Lederhautpapille

— Abb. 10.1 —

B. Reptilienhaut – Schuppen

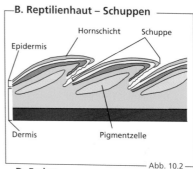

Epidermis
Hornschicht
Schuppe
Dermis
Pigmentzelle

— Abb. 10.2 —

C. Haarbalg

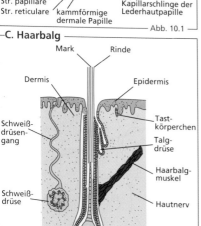

Mark
Rinde
Dermis
Epidermis
Schweißdrüsengang
Tastkörperchen
Talgdrüse
Haarbalgmuskel
Schweißdrüse
Hautnerv
Wurzelschaft
Dermispapille
Blutgefäß

— Abb. 10.3 —

D. Feder

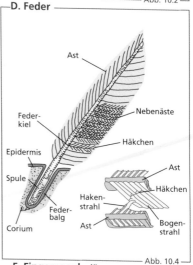

Ast
Federkiel
Nebenäste
Häkchen
Epidermis
Spule
Hakenstrahl
Federbalg
Corium
Ast
Häkchen
Bogenstrahl

— Abb. 10.4 —

E. Zahn – quer

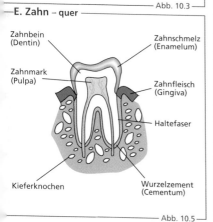

Zahnbein (Dentin)
Zahnschmelz (Enamelum)
Zahnmark (Pulpa)
Zahnfleisch (Gingiva)
Haltefaser
Kieferknochen
Wurzelzement (Cementum)

— Abb. 10.5 —

F. Fingernagel – längs

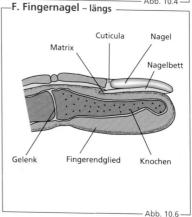

Matrix
Cuticula
Nagel
Nagelbett
Gelenk
Fingerendglied
Knochen

— Abb. 10.6 —

10.2 Skelett und Knochenstoffwechsel

Das Skelett (→ **A**) bildet die Stützstruktur eines Organismus. Die einfachste Skelettform ist das **Hydroskelett** bei verschiedenen Invertebraten (Würmer), bei denen der äußere Hautmuskelschlauch die Flüssigkeit im Körperinneren komprimiert und so den Organismus stabilisiert. Ein **Exoskelett** bietet neben Stabilität auch Schutz vor Austrocknung und Feinden. Es kann aus Chitin (Insekten) oder Calcium (Korallen) oder Silikat (Algen) bestehen und muss während des Wachstums gehäutet werden. Ein **Endoskelett** ermöglicht neben der Stabilität auch die freie Bewegung des Körpers. Es findet sich bei Chordatieren und Echinodermata und entstammt dem Mesoderm.

Knochenzelltypen

Für Bildung, Erhalt und Abbau von Knochensubstanz sind drei unterschiedliche Typen von Knochenzellen verantwortlich. Die Grundsubstanz der Knochen (Knochenmatrix) wird von den **Osteoblasten** gebildet. Diese Zellen sezernieren über ihre Membran Calciumphosphate und Calciumcarbonate, die als schlecht lösliche Substanzen in der extrazellulären Matrix (Kollagenfasern) vorwiegend als Hydroxylapatit ($Ca_5[PO_4]_3OH$) auskristallisieren. So werden die Osteoblasten von einer unlöslichen Masse umgeben und können sich nicht mehr teilen. Sie bilden sich zu **Osteocyten** um, als verhärtetes Gewebe die Knochenstruktur bilden. Diese **Ossifikation** kann sich im Wachstums- und Entwicklungsalter über Jahre hinwegziehen, dauert aber bei der Heilung von Knochenbrüchen nur einige Wochen. Für den Abbau der Knochensubstanz sind die **Osteoklasten** zuständig. Sie stehen normalerweise mit den Osteoblasten in einem dynamischen Gleichgewicht.

Regulation des Knochenstoffwechsels

Das Gleichgewicht zwischen Knochenauf- und -abbau wird durch drei Hormone gesteuert, die den Calciumphosphathaushalt regulieren.

Die Epithelkörperchen der Nebenschilddrüse sezernieren das Peptidhormon **Parathyrin**, das man auch als **Parathormon** (PTH) bezeichnet (→ **B**). Dadurch wird **Calcium** rasch mobilisiert und aus kristallinen Strukturen in das Blut abgegeben. Als zweites Hormon wirkt Calci-

triol (D-Hormon), das von Leber und Niere au **Vitamin D** hergestellt wird. Dieses entsteh wiederum durch UV-Bestrahlung in der Hau aus dem **Provitamin** 7-Dehydrocholesteri Calcitriol fördert die Calcium- und Phosphatre sorption im Darmepithel und in der Niere, wa zu einem Aufbau der Knochenmatrix führ Als drittes Hormon wirkt das Peptidhormo **Calcitonin**, das in den C-Zellen der Schilddrüs und des Thymus gebildet wird. Es wirkt a Gegenspieler des Parathormons und förde ebenfalls eine Einlagerung von Calcium in di Knochensubstanz.

Der Vorgang der **Verknöcherung** (Ossifika tion) kann über zwei verschiedene Mecha nismen ablaufen. Einige Knochen, z. B. di Gesichtsknochen des Schädels und das Schlüs selbein, verknöchern auf direktem Weg durc **dermale Ossifikation**. Hier akkumulieren viel Osteoblasten im embryonalen Bindegeweb und bilden durch fortwährende Verkalkun die Knochenmatrix in Form der Knochenbäl chen. Sie bilden die netzartige Struktur de **Deckknochen** und werden auch als Bindege websknochen bezeichnet. Die **chondrale Os sifikation** verläuft dagegen über knorpelig Zwischenstufen, die erst in einem zweite Schritt verknöchern. In den Enden der Röhren knochen (Epiphyse) befindet sich eine knorpe lige **Wachstumszone** (Epiphysenfuge), die fü das Längenwachstum sorgt.

Die Geschwindigkeit des Knochenwachstum wird durch das in der Hypophyse gebildet **Growth Hormone** (somatotropes Hormon STH) bestimmt. Es fördert neben dem Kno chenwachstum auch das Wachstum aller an deren Körperzellen. Im Entwicklungsalter wir es vermehrt gebildet und beim Menschen bi zum Ende der Pubertät ausgeschüttet. I der Pubertät kommt es durch die Sexualhor mone **Östrogen** bzw. **Testosteron** zu einem beschleunigten Wachstum. Am Ende diese **pubertären Wachstumsphase** führen die Sexu alhormone zu einer verringerten Konzentrati on an Wachstumshormonen, sodass die Knor pelzellen in der **Epiphysenfuge** ihr Wachstum einstellen und ebenfalls verknöchern. Auf die se Weise wird die Epiphysenfuge geschlosse und bleibt als **Epiphysenlinie** zurück. Damit is das Längenwachstum des Knochens vollstän dig und irreversibel abgeschlossen.

Störungen der hormonellen Regulation, z. B durch gutartige Hypophysentumore, könne zu Zwerg-, Minder- oder Riesenwuchs (**Akro megalie**) führen.

—A. Exoskelett vs. Endoskelett —

a Exoskelett bei Trilobiten   **b** Endoskelett beim Menschen

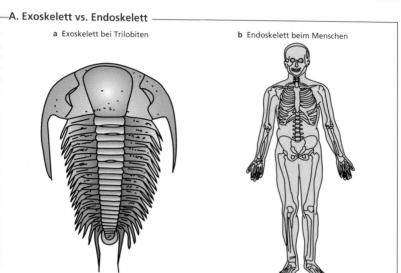

— Abb. 10.7 —

—B. Hormonelle Regulation des Knochenstoffwechsels —

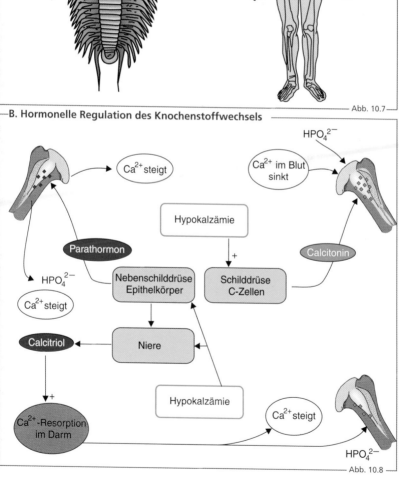

HPO_4^{2-}

Ca^{2+} steigt

Ca^{2+} im Blut sinkt

Hypokalzämie

Parathormon

Calcitonin

HPO_4^{2-}

Nebenschilddrüse Epithelkörper

Schilddrüse C-Zellen

Ca^{2+} steigt

Calcitriol

Niere

Ca^{2+}-Resorption im Darm

Hypokalzämie

Ca^{2+} steigt

HPO_4^{2-}

— Abb. 10.8 —

10.3 Schädel

Alle Wirbeltiere sind **Cranioten**, d.h., sie entwickeln am vorderen Pol der Wirbelsäule ein Cranium (Kopf). Dieses wird unterteilt in Neurocranium und Viscerocranium.

Das **Neurocranium** ist die schützende Kapsel für Sinnesorgane (Augen, Nase, Labyrinth) und Gehirn. Das **Viscerocranium** differenziert sich aus den hintereinanderliegenden Kiemenbögen und umfasst die vorderen Atemwege und die Nahrungsaufnahmeorgane. Die knorpelig angelegten Teile des Neuro- und Viscerocraniums werden als **Endocranium** bezeichnet. Es entsteht durch **chondrale Ossifikation**. Das **Dermatocranium**, eine subepidermale Struktur aus Deckknochen, entsteht dagegen durch **desmale Ossifikation**. Bei den niederen Wirbeltieren sind Neurocranium, Viscerocranium und Dermatocranium noch weitgehend getrennt. Bei den Tetrapoden kommt es im Verlauf der Schädelentwicklung zu einer Rückbildung, Verlagerung und zum Verschmelzen einzelner Schädelknochen, sodass eine neue Struktur, das **Syncranium**, entsteht. In der frühen Schädelbildung der Wirbeltiere entsteht der Kieferapparat, indem sich ein vorderer Kiemenbogen zum Kieferbogen umdifferenziert. Der ventrale Teil (Mandibulare) bildet zusammen mit dem dorsalen Teil (Palatoquadratum) das **primäre Kiefergelenk**. Der nächste Kiemenbogen wird zum Hyoidbogen, das Zungenbein bildet. Die ursprünglich zwischen diesen beiden Kiemenbögen liegende Kiemenspalte bleibt bei den Knorpelfischen (Haie und Rochen) offen und bildet das Spritzloch. Bei den höheren Wirbeltieren wird dieser Gang zum Mittelohr und zur eustachischen Röhre umdifferenziert. Insgesammt werden im Verlauf der Schädelentwicklung in vielfältiger Weise **Ersatzknochen** und **Deckknochen** verschmolzen und umdifferenziert. Aus diesen Knochen wird beim Säugetier der Schädels gebildet, der beim Menschen nur noch 27 Einzelknochen umfasst.

Für den **Säugetierschädel** ist das sekundäre **Kiefergelenk** charakteristisch, welches das ursprüngliche primäre Kiefergelenk ablöst. Da ursprüngliche Knochen (Quadratum und Articulare) aus dem Kieferapparat herausgerückt sind und in die Paukenhöhle als Hammer und Amboss aufgenommen werden, wird das sekundäre Kiefergelenk zwischen den Deckknochen Squamosum und Dentale gebildet (→ **A**).

Die Abbildung zeigt ein Schema des Säugetierschädels mit den wichtigsten Einzelknochen.

Der gelenkig auf der Wirbelsäule sitzende menschliche Schädel (→ **B, C**) unterteilt sich in zwei Knochengruppen: Der **Hirnschädel** (Neurocranium) besteht aus dem Stirnbein, den seitlichen Scheitelbeinen und den paarigen Schläfenbeinen. In ihnen befinden sich die Gänge des Hör- und Gleichgewichtsorgans. Den hinteren Teil bildet das Hinterhauptbein mit dem Hinterhauptsloch. Durch diese Öffnung führen das verlängerte Mark, die Vertebralnerven und Arterien in die Wirbelsäule. In der Schädelmitte liegt das Keilbein und zwischen den Augenhöhlen das Siebbein. Beim Fötus und Säugling sind die Schädelknochen nicht fest verwachsen, sondern durch bindegewebige Schädelnähte verbunden.

Zum **Gesichtsschädel** (Viscerocranium) gehören die paarigen Tränenbeine. Seine Mitte wird durch den Oberkieferknochen gebildet, der die paarigen Kieferhöhlen umschließt. Der Nasenrücken wird durch das paarige Nasenbein gebildet, die Nasenscheidewand besteht hauptsächlich aus Knorpel unter Beteiligung des Pflugscharbeins. Der Unterkieferknochen ist der einzige frei bewegliche Knochen des Gesichtsschädels. Er ist beiseitig über das Kiefergelenk mit der Gelenkpfanne des Schläfenbeins verbunden. Im Halsbereich zwischen dem Unterkiefer und dem Kehlkopf befindet sich das Zungenbein. Es ist über verschiedene Muskeln mit dem Kehlkopf, dem Brustbein und dem Mundboden verbunden und ist eine bewegliche Struktur zur Unterstützung der Mundbewegungen und des Kauens.

Gelenke sind bindegewebsartige Verbindungen zwischen den Knochen. Sie ermöglichen die **Beweglichkeit**.

Sie werden in drei Gruppen eingeteilt. Die meisten sind **Diarthrosen** mit großer Beweglichkeit. **Amphiarthrosen** sind straffe Gelenke, wie z. B. das Iliosakralgelenk. Unbewegliche Gelenke ohne Gelenkspalt werden als **Synarthrosen** bezeichnet. Ein bewegliches Gelenk (→ **D**) ist von einer **Gelenkkapsel** umgeben. Sie enthält elastische Fasern und Gefäße und sondert die **Gelenkflüssigkeit** in den Gelenkspalt ab. Die Gelenkflächen sind mit glattem **hyalinem Knorpel** überzogen. Am Rand der Gelenkhöhle befinden sich oft **Schleimbeutel** als Polster an besonders druckbelasteten Stellen. Oft haben Gelenke auch Zwischenknorpel, wie die ringförmigen **Menisken** im Knie.

A. Säugetierschädel

Deckknochen
Ersatzknochen

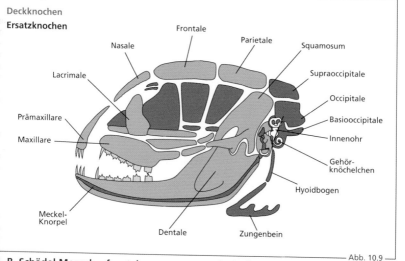

Frontale
Nasale
Parietale
Squamosum
Lacrimale
Supraoccipitale
Occipitale
Prämaxillare
Basiooccipitale
Maxillare
Innenohr
Gehör-
knöchelchen
Hyoidbogen
Meckel-
Knorpel
Dentale
Zungenbein

Abb. 10.9

B. Schädel Mensch – frontal

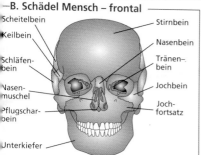

Scheitelbein
Stirnbein
Keilbein
Nasenbein
Schläfen-
bein
Tränen-
bein
Nasen-
muschel
Jochbein
Pflugschar-
bein
Joch-
fortsatz
Unterkiefer

Abb. 10.10

C. Schädel Mensch – sagittal

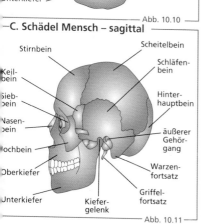

Stirnbein
Scheitelbein
Schläfen-
bein
Keil-
bein
Sieb-
bein
Hinter-
hauptbein
Nasen-
bein
äußerer
Gehör-
gang
Jochbein
Oberkiefer
Warzen-
fortsatz
Unterkiefer
Kiefer-
gelenk
Griffel-
fortsatz

Abb. 10.11

D. Aufbau eines Gelenks

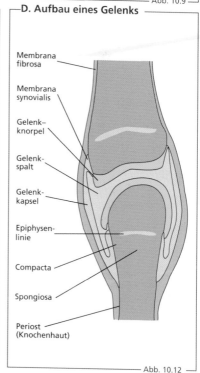

Membrana
fibrosa
Membrana
synovialis
Gelenk-
knorpel
Gelenk-
spalt
Gelenk-
kapsel
Epiphysen-
linie
Compacta
Spongiosa
Periost
(Knochenhaut)

Abb. 10.12

10.4 Aufbau der Knochen

Die Knochen eines Organismus unterscheiden sich in Form, Aufbau und Funktion und verändern sich während des Wachstums und Alterns.

An manchen Knochen finden sich spezielle Strukturen, in denen Muskel oder Sehnen verlaufen können. Sie werden als **Einsenkungen (Incisura)** bezeichnet. Die Durchtrittsstellen von Leitungsbahnen (Nerven, Blutgefäße) im Knochen werden als Löcher (Foramen) bezeichnet. Knochen sind oft pneumatisiert und enthalten luftgefüllte Hohlräume, um ihr Gewicht zu reduzieren.

Beim Röhrenknochen (→ Aa) wird der Schaft als **Diaphyse** bezeichnet, die Enden als **Epiphysen**. Dazwischen befindet sich die Längenwachstumszone, die **Metaphyse**. Während beide Epiphysen als Kontaktstellen zu benachbarten Knochen fungieren und deshalb auf ihrer Oberfläche von einer dünnen Schicht aus Knorpelgewebe bedeckt sind, ist der Rest des Knochens von einer sehr schmerzempfindlichen **Knochenhaut (Periost)** überzogen. Sie enthält Nerven und Blutgefäße, die für die Ernährung des Knochens zuständig sind. Außerdem setzen am Periost die Bänder und Sehnen über dichte, belastbare Verwachsungen an.

Die Außenschicht des Knochens (**Corticalis**) wird im Bereich der Diaphyse auch als **Compacta** bezeichnet (→ Ab) und besitzt eine sehr dichte Knochenstruktur. Dagegen besteht der größte Anteil des Knochens im Inneren der **Spongiosa** aus feinen **Knochenbälkchen (Trabekel)**, die entsprechend der Belastung des Knochens angeordnet sind, sodass sie stets längs zu den einwirkenden Kräften verlaufen (→ Ac). Sie sind miteinander verstrebt und weisen daher eine hohe Biegesteifigkeit auf. Die funktionellen Anforderungen beeinflussen auch die Anzahl der Trabekel, sodass die Knochen trotz ihrer **hohen Festigkeit** ein möglichst geringes Gewicht haben.

Durch die Hohlraumstruktur entsteht im Innenraum der Knochen Platz für das **rote Knochenmark**. Es fungiert als blutbildendes Organ und ist in den meisten Knochen vorhanden. Ab dem Erwachsenenalter wird es in vielen Knochen mit fortschreitendem Alter in **Fettmark** umgewandelt. Die Ernährung des Knochens wird durch winzige Blutgefäße gewährleistet, die aus dem Periost in den Knochen einsprossen. Außerdem durchqueren auch größere Arterien die Corticalis und führen in den Knochenmarksraum, wo sie sich zu einem feine Gefäßnetz erweitern. Auch in die Compact reichen die Versorgungsgefäße.

Die Längsachse des Skeletts wird durc die **Wirbelsäule** gebildet (→ B). Sie be steht beim Menschen aus 24 **Wirbel (Vertebrae)** sowie dem Kreuzbein un dem Steißbein. Zwischen den Wirbel liegen die bindegewebigen **Bandsche ben**, die die Wirbelsäule zusammen m vielen Bändern beweglich stabilisieren.

Die Wirbelsäule besteht aus fünf Abschnitte mit einer unterschiedlichen Anzahl von Wi beln (→ Ba). Alle Wirbel, vom dritten Hal wirbel bis zum letzten Lendenwirbel, habe einen einheitlichen Aufbau. Vorne befinde sich der **Wirbelkörper**, dessen dicke, rund Knochenscheibe die eigentlich tragend Struktur ist. An der hinteren Fläche steht de **Wirbelbogen**, der das Wirbelloch umgibt. Di Wirbellöcher aller Wirbel bilden zusamme den **Wirbelkanal (Spinalkanal)**, in dem das Rü ckenmark liegt. Der Wirbelbogen enthält dre Knochenfortsätze, an denen die Rückenmus keln ansetzen: nach hinten den **Dornfortsat** und seitlich die beiden **Querfortsätze**. Nah diesen entspringen die oberen und untere **Gelenkfortsätze**. Durch die seitlichen **Zw schenwirbellöcher** ziehen die Spinalnerve aus dem Wirbelkanal in den Körper.

Die **Tetrapodenextremitäten** entwickel sich ursprünglich aus den Flossenstrah len (Radien) der Fische, die im Laufe de Evolution auf fünf reduziert werden Sie werden zu starken Hebelwerkzeu gen mit Gelenken für die Fortbewegun umgebildet.

Dabei ist die **Homologie** der Extremitäten be allen luftatmenden Wirbeltieren vollständi erhalten, selbst bei der extremen Umdiffe renzierung der Flugextremitäten der Vöge Bei einigen Wirbeltieren, z. B. den Schlanger sind die Extremitäten vollständig reduziert.

Besonders eindrucksvoll ist die Reduktion de pendactylen Strahlen bei den **Huftieren** (→ C) bei denen sich der **Sohlengang** der ursprüng lichen Säugetiere über den **Zehengang** (Kat zen) bis zum **Zehenspitzengang** (Pferde) um stellt. Der Bodenkontakt wird entweder übe die dritten und vierten Strahlen hergestell (**Paarhufer**, Rind und Schwein) oder über ei nen einzigen Strahl (**Zehengänger**, z. B. Pferd).

A. Aufbau eines Röhrenknochens

a Längsschnitt

b Aufbau der Knochenmarkshöhle

c Verlauf der Knochenbälkchen

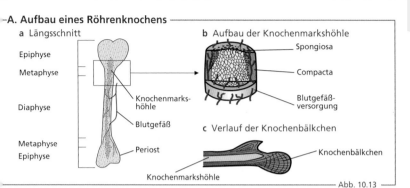

Epiphyse

Metaphyse

Diaphyse

Metaphyse
Epiphyse

Knochenmarks-
höhle

Blutgefäß

Periost

Spongiosa

Compacta

Blutgefäß-
versorgung

Knochenbälkchen

Knochenmarkshöhle

Abb. 10.13

B. Wirbelsäule des Menschen

a Wirbelsäule seitlich

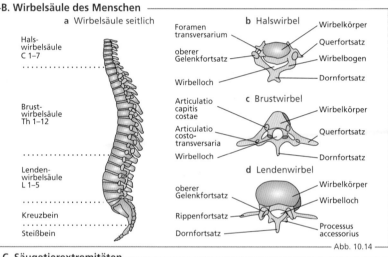

Hals-
wirbelsäule
C 1–7

Brust-
wirbelsäule
Th 1–12

Lenden-
wirbelsäule
L 1–5

Kreuzbein

Steißbein

Foramen
transversarium

oberer
Gelenkfortsatz

Wirbelloch

b Halswirbel

Wirbelkörper

Querfortsatz

Wirbelbogen

Dornfortsatz

Articulatio
capitis
costae

Articulatio
costo-
transversaria

Wirbelloch

c Brustwirbel

Wirbelkörper

Querfortsatz

Dornfortsatz

oberer
Gelenkfortsatz

Rippenfortsatz

Dornfortsatz

d Lendenwirbel

Wirbelkörper

Wirbelloch

Processus
accessorius

Abb. 10.14

C. Säugetierextremitäten

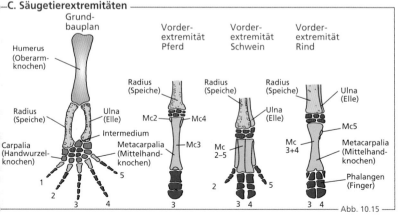

Grund-
bauplan

Vorder-
extremität
Pferd

Vorder-
extremität
Schwein

Vorder-
extremität
Rind

Humerus
(Oberarm-
knochen)

Radius
(Speiche)

Carpalia
(Handwurzel-
knochen)

Ulna
(Elle)

Intermedium

Metacarpalia
(Mittelhand-
knochen)

1
2
3   4
5

Radius
(Speiche)

Mc2   Mc4

Mc3

3

Radius
(Speiche)

Ulna
(Elle)

Mc
2–5

2   5

3   4

Radius
(Speiche)

Mc
3+4

3   4

Ulna
(Elle)

Mc5

Metacarpalia
(Mittelhand-
knochen)

Phalangen
(Finger)

Abb. 10.15

11 Bewegung und Muskulatur

11.1 Bewegungsarten

Als Bewegungen von Organismen bezeichnet man ihre passive oder aktive Orts- oder Lageveränderung. **Passive Bewegungen** können durch Wasserströmung oder Wind, also ohne Eigenleistung erfolgen. **Aktive Bewegungen** erfolgen durch Eigenleistung (**Energieaufwand**) des betreffenden Organismus.

Bewegt werden können bei **intrazellulären** Bewegungen Organellen und Teile der Zellwände, bei **extrazellulären** Bewegungen die Zellen selbst, Organe oder das ganze Individuum. Molekulare Grundlage aller aktiven Bewegungen ist die Funktion kontraktiler Proteine (Motorproteine) unter Energieverbrauch. Solche Bewegungen werden eingeteilt in intrazelluläre Bewegungen, amöboide Bewegungen, Cilien- und Geißelbewegungen und Muskelbewegungen.

Intrazelluläre Bewegungen von Organellen oder Zellbestandteilen werden durch die Motorproteine **Actin**, **Myosin** und die **Mikrotubuli** durchgeführt. Diese Proteine sind essentiell für die Zelle. Ihre Funktionen sind bereits ausführlich beschrieben (→ **Kap. 1**).

Amöboide Bewegungen werden von Einzellern der Gruppe **Rhizopoda** (→ **Kap. 21**) durchgeführt (→ **A**). Sie bilden **Pseudopodien** aus, die ohne oder aber auch mit einem stabilisierenden **Axostyl** versehen sind. Damit können sie eine kriechende, rollende oder auch schreitende Fortbewegung durchführen.

Bei **Cilien**- und **Geißelbewegungen** unterscheidet man zwischen **Eukaryoten** und Prokaryoten. Bei Eukaryoten kommen schlagende Geißelbewegungen bei **Flagellaten** und **Ciliaten** vor (→ **Kap. 21**). Aufbau und Funktion der Flagellen und Geißeln wurde bereits ausführlich beschrieben (→ **Kap. 1**). Bei **Prokaryoten** kommen nur drehende Flagellenbewegungen vor. Bei ihnen besteht das Flagellum auch aus einem anderen Protein, dem **Flagellin**. Der Basalkörper des

Flagellums ist ein komplizierter **molekularer Rotor**, der die Geißel durch einen zelleinwärts gerichteten **Protonengradienten** antreibt. Dieser wird durch aktive **Protonenpumpen** in der Bakterienmembran aufrechterhalten. Die Energie für die Bewegung wird also nicht durch die Hydrolyse von **ATP** bereitgestellt (→ **B**).

Bewegungen von mehrzelligen Tieren werden von spezialisiertem Gewebe (**Muskulatur**) durchgeführt. Das gilt sowohl für Invertebraten als auch für Vertebraten. Dabei sind die Bewegungsabläufe tierartspezifisch unterschiedlich ausgeprägt.

Ein spezielles Beispiel dafür ist die **Fortbewegung** von **Krabben** (→ **B**). Diese Unterordnung der Crustacea bewegt sich nicht vorwärts in Richtung des Kopfes, sondern **seitwärts**. Das hat mit der besonderen Anatomie des Krabbenkörpers zu tun. Sie haben nämlich einen im Verhältnis zur Körperlänge kurzen und flachen Panzer. Die darunterliegenden vier **Laufbeine** haben deshalb nur einen **geringen Abstand** zueinander und können sich besser seitwärts als vorwärts bewegen.

Bei **Raubkatzen**, z. B. beim Gepard, gibt es ebenfalls bemerkenswerte Bewegungsmuster (→ **D**). Geparde zählen zu den **schnellsten Landtieren**. Sie können im vollen Lauf Geschwindigkeiten bis ca. 112 km/h erreichen. Dabei sind besonders ihr **Beschleunigungsvermögen** und ihr abruptes **Abbremsen** wichtig für den Beutefang. So können sie in 4 s auf 100 km/h beschleunigen, halten diese Geschwindigkeit aber nur für Strecken bis ca. 500 m. Danach brechen sie die Verfolgung ihrer Beute ab und benötigen eine **Erholungszeit** von etwa 15 min. Durch ihren schlanken Körperbau mit einer flexiblen Wirbelsäule und langen, sehnigen Beinen erreichen sie **Schrittlängen** bis zu 7 m. Durch ihre Bremsfähigkeit können sie ihre Beute mit abrupten Richtungs- und Geschwindigkeitswechseln ausmanövrieren.

© Springer-Verlag GmbH Deutschland, ein Teil von Springer Nature 2021
W. Clauss und C. Clauss, *Taschenatlas Zoologie*,
https://doi.org/10.1007/978-3-662-61593-5_11

A. Bewegungsmuster bei Amöben

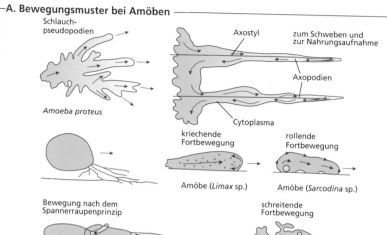

Schlauch-pseudopodien

Amoeba proteus

Axostyl

zum Schweben und zur Nahrungsaufnahme

Axopodien

Cytoplasma

kriechende Fortbewegung

rollende Fortbewegung

Amöbe (*Limax* sp.)

Amöbe (*Sarcodina* sp.)

Bewegung nach dem Spannerraupenprinzip

schreitende Fortbewegung

Difflugia

Abb. 11.1

B. Bakterien – Flagellum

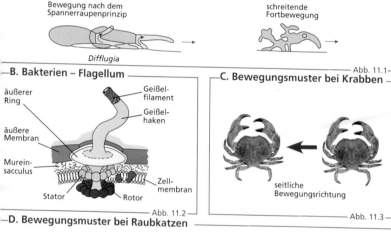

äußerer Ring

Geißelfilament

Geißelhaken

äußere Membran

Mureinsacculus

Stator

Rotor

Zellmembran

Abb. 11.2

C. Bewegungsmuster bei Krabben

seitliche Bewegungsrichtung

Abb. 11.3

D. Bewegungsmuster bei Raubkatzen

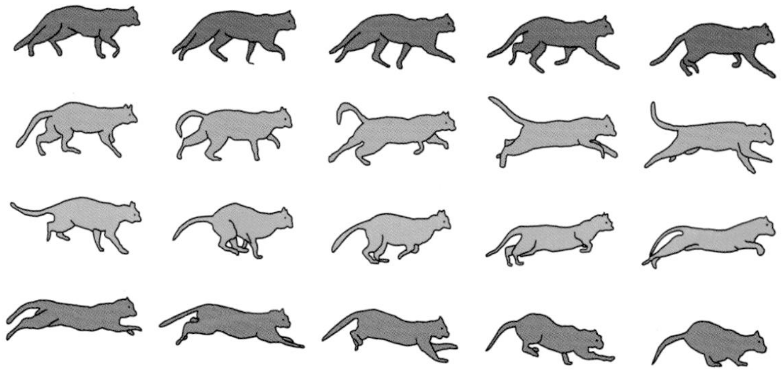

Abb. 11.4

11.2 Muskelaufbau

Alle Organismen müssen zur Fortbewegung chemische Energie in **mechanische Energie** umwandeln. Diese wirkt auf spezielle Proteine, die zum **Cytoskelett** und zu den **Motorproteinen** der Zelle gehören. Neben den intrazellulären Bewegungen werden damit auch alle extrazellulären **Bewegungen** wie die Muskelkontraktionen oder der Herzschlag ermöglicht. Besonders die Proteine **Actin** und **Myosin** spielen dabei in den spezialisierten Muskelzellen eine zentrale Rolle. Hier werden der Aufbau und die Funktion verschiedener Muskeltypen und ihre neuronale Steuerung behandelt.

Bei höheren Tieren teilt man die Muskulatur in drei Typen ein: die quergestreifte Muskulatur, auch als Skelettmuskulatur bezeichnet, die glatte Muskulatur oder auch Eingeweidemuskulatur und die Herzmuskulatur, die eine abgewandelte Spezialform der quergestreiften Muskulatur darstellt (→ A).

Die **quergestreifte Muskulatur** wird nach ihrem mikroskopischen Bild bezeichnet, in dem die **Muskelfasern** ein Bandenmuster zeigen. Dieses wird durch den **kontraktilen Apparat** erzeugt, der aus **Actin-** und **Myosinfilamenten** besteht, die in Sarkomeren jeweils parallel angeordnet sind (→ B, D). Sie bilden die Grundlage der Muskelbewegungen.

Sind viele Hundert der etwa 2 µm langen Sarkomere nacheinander angeordnet, spricht man von **Myofibrillen**. Mehrere Myofibrillen sind parallel zu den etwa bis 80 µm dicken **Muskelfasern** zusammengefasst. Diese bilden die eigentlichen vielkernigen **Muskelzellen**, die durch Fusion von einkernigen Vorläuferzellen, den **Myoblasten**, entstanden sind. Skelettmuskelfasern sind nicht mehr teilungsfähig. Sie gruppieren sich zu **Muskelfaserbündeln**, von denen viele parallel angeordnet sind und schließlich den **Skelettmuskel** bilden (→ C). Die einzelnen Muskelfasern werden von einer feinen Bindegewebshülle (**Endomysium**) umschlossen. Mehrere Muskelfasern werden als Muskelfaserbünde bezeichnet und sind durch ausgeprägt Bindegewebssepten (**Perimysium**) getrennt, die tief in den Skelettmuskel reichen. Die äußere Bindegewebshülle des Muskels wird als **Epimysium** bezeichnet. Ihm liegt weiter außen die Muskelhülle (**Muskelfaszie**) auf, die schließlich die Außenhülle des Muskels bildet. Am Ende des Muskels setzt sich die Muskelfaszie als **Sehne** aus zugfestem, kollagenem Bindegewebe fort und setzt dann meist an einem Knochen an.

Die Skelettmuskeln sind sehr gut mit **Nerven** und **Blutgefäßen** versorgt (→ C). Die Nerven verlaufen durch das Bindegewebe in den Muskel und verzweigen sich dann. Sie werden im Allgemeinen von parallelen Arterien und Venen begleitet, die sich im **Endomysium** in ein **Kapillarnetz** verzweigen und jede einzelne Muskelfaser umgeben.

Ein **Actinfilament** besteht aus einem schraubenartig verdrillten Doppelstrang des F-Actins (→ B), in dessen Furche ein weiterer Proteinstrang, das **Tropomyosin**, liegt. In regelmäßigen Abständen von 6 nm ist ein kugelförmiges Protein, das **Troponin**, angelagert. Die Myosinfilamente bestehen aus einem Myosinstab, mit dessen Ende der **Myosinkopf** gelenkig verbunden ist. Actin- und Myosinfilamente sind so angeordnet, dass die **bündelförmig** zusammengelagerten Myosinfilamente mit den nach außen gerichteten Myosinköpfen zwischen die Actinfilamente gleiten können (→ B). Dadurch verkürzt sich das kontraktile Element (**Gleitfilamentmechanismus**).

Unter dem Mikroskop zeigt eine Skelettmuskelfibrille die charakteristische **Querstreifung** der Myofibrillen (→ D). Die einzelnen Sarkomere sind durch die Z-Streifen getrennt. Der Überlappungsbereich von Actin und Myosin erscheint am dunkelsten. Bei einer Kontraktion gleiten die Filamente ineinander.

A. Muskeltypen

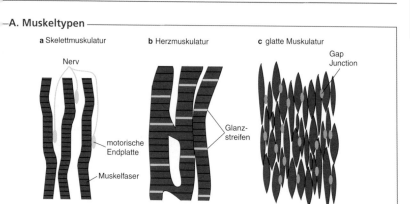

a Skelettmuskulatur   **b** Herzmuskulatur   **c** glatte Muskulatur

Nerv

Gap Junction

motorische Endplatte

Muskelfaser

Glanzstreifen

Abb. 11.5

B. Sarkomer

a kontraktiles Element

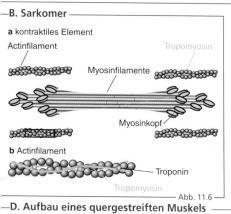

Actinfilament   Tropomyosin

Myosinfilamente

Myosinkopf

b Actinfilament

Troponin

Tropomyosin

Abb. 11.6

C. Querschnitt

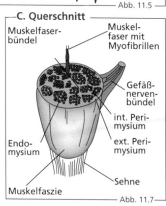

Muskelfaserbündel

Muskelfaser mit Myofibrillen

Gefäßnervenbündel

int. Perimysium

ext. Perimysium

Endomysium

Sehne

Muskelfaszie

Abb. 11.7

D. Aufbau eines quergestreiften Muskels

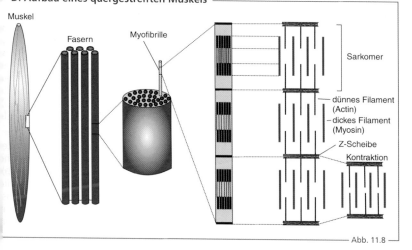

Muskel

Fasern

Myofibrille

Sarkomer

dünnes Filament (Actin)

dickes Filament (Myosin)

Z-Scheibe

Kontraktion

Abb. 11.8

11.3 Elektromechanische Kopplung

Im polarisierten Licht erscheinen die dicken Myosinfilamente als doppelbrechende (anisotrope) **A-Banden** (→ **A**). Die myosinfreien Zonen eines Sarkomers erscheinen hell (isotrop) und werden als **I-Bande** bezeichnet. Während der Überlappungsbereich von Actin und Myosin am dunkelsten erscheint, ist die actinfreie Mittelzone etwas heller (**H-Bande**). In der Mitte liegt die **M-Linie**, die ebenso wie die **Z-Scheiben** ein Proteingerüst ist und der Stabilisierung der parallelen Anordnung dient. Im Sarkomer befindet sich noch ein weiteres Protein, das **Titin**. Es verbindet die Myosinfilamente mit den Z–Scheiben und sorgt durch seinen kontraktilen Bereich dafür, dass die Myosinfilamente stets in der Mitte des Sarkomers ausgerichtet bleiben.

Nach der **Gleitfilamenttheorie** ergibt sich die Verkürzung des Muskels durch eine **Verkürzung** der einzelnen **Sarkomere**. Dabei schieben sich die Actinfilamente, befördert durch die Interaktion mit den Myosinköpfen, über die Myosinfilamente, und die Z-Scheiben rücken näher zusammen.

Die **Nervenfasern** der Motoneurone ziehen an die einzelnen Muskelfasern und enden dort in der **motorischen Endplatte** (→ **B**). Die ankommenden Aktionspotenziale führen an dieser Synapse, die tief in das **Sarkolemm** (Faserhülle) eingelagert ist, zur Ausschüttung von **Acetylcholin (ACh)**. Dieser Transmitter wirkt auf die nicotinergen Rezeptoren der postsynaptischen Membran, die ein **exzitatorisches postsynaptisches Potenzial (EPSP)** bilden, das, nachdem die Schwelle des Ruhepotenzials erreicht ist, zu einer Folge von **Muskelaktionspotenzialen** führt. Diese verlaufen entlang des Sarkolemms, werden tief in die **transversalen Tubuli (T-Tubuli)** weitergeleitet (→ **Ca**) und erregen dort die **Dihydropyridinrezeptoren (DHPR)**, die in der Wand der tiefen T-Tubuli lokalisiert sind.

Die **DHPR** sind spannungssensitiv und bestehen aus modifizierten **Ca^{2+}-Kanal Proteinen** mit einem langsamen Öffnungsverhalten (L-Typ). Außer in Skelettmuskelzellen kommen sie auch in der Zellmembran von **Herzmuskelzellen** vor, wo sie ebenfalls einen Ca^{2+}-Einstrom generieren. Nicht nur bei Säugetieren und dem Menschen, sondern auch bei vielen weiteren **Chordatieren** kommen dieser Ca^{2+}-Kanaltyp und seine Homologe vor.

In den Skelettmuskelzellen stehen sie in direktem mechanischen Kontakt zu einem Ca^{2+}-Kanal (**Ryanodinrezeptor**), der sich in der gegenüberliegenden Membran des sarkoplasmatischen Reticulums befindet (→ **Cb**). Bei dem sarkoplasmatischen Reticulum handelt es sich um eine Spezialform des endoplasmatischen Reticulums in Muskelfasern. Seine Enden werden als **terminale Zisternen** bezeichnet und liegen unmittelbar benachbart zu den T-Tubuli. Das sarkoplasmatische Reticulum dient als Speicher für Ca^{2+}-Ionen, die jetzt durch die **Interaktion** des DHPR mit den Ryanodinrezeptoren freigesetzt werden (→ **Cb**).

Die eintreffenden **Aktionspotenziale** bewirken in der Wand des T-Tubulus eine **Konformationsänderung** des spannungssensitiven **DHPR** und dadurch eine Öffnung des **Ryanodinrezeptors**, sodass in wenigen Millisekunden Ca^{2+}-**Ionen** aus dem sarkoplasmatischen Reticulum in das Cytosol der Muskelzelle ausströmen. Dort binden die Ca^{2+}-Ionen an **Troponin C**, das an den Actinfilamenten sitzt. Dies bewirkt eine Verschiebung des Tropomyosins und nachfolgend wird in mehreren Schritten die **Interaktion** von **Actin** und **Myosin** gestartet, ein Vorgang, der auch als **Querbrückenaktivität** bezeichnet wird. Die Filamente gleiten ineinander und die Sarkomere verkürzen sich. Dieser gesamte Vorgang vom Eintreffen des (elektrischen) Aktionspotenzials bis zur (mechanischen) Bewegung wird als **elektromechanische Kopplung** bezeichnet.

A. Gleitfilamentmechanismus

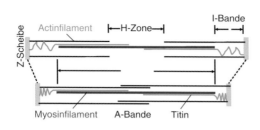

— Abb. 11.9 —

B. Motorische Endplatte

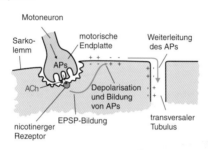

— Abb. 11.10 —

C. Elektromechanische Kopplung

a T-Tubulus-System

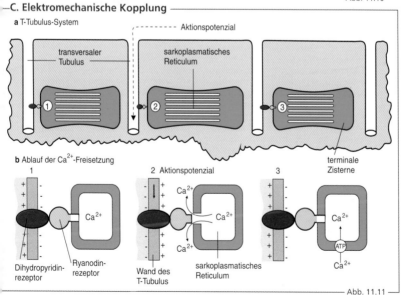

b Ablauf der Ca²⁺-Freisetzung

— Abb. 11.11 —

11.4 Biochemischer Mechanismus

Nach dem **Gleitfilamentmechanismus** schieben sich die Actinfilamente über den Myosinfilamenten in Richtung der M-Linie zusammen. Die Filamente behalten dabei ihre ursprüngliche Länge, sodass die Breite der A-Bande gleichbleibt, während I-Bande und H-Zone schmaler werden.

Damit sich die Filamente ineinanderschieben können, ist eine **zyklische Interaktion** der Myosinköpfe mit Bindungsstellen am **Actin** notwendig. In Ruhestellung sind diese Bindungsstellen durch das längs darüberliegende **Tropomyosin** blockiert. Auch ist die Ca^{2+}-Konzentration im Sarkoplasma niedrig (10^{-7} mol/l). Erst wenn Ca^{2+} aus dem sarkoplasmatischen Reticulum freigesetzt wird und auf eine Konzentration von etwa 10^{-5} mol/l ansteigt, löst sich diese Blockierung. Dazu bindet Ca^{2+} an **Troponin**, dessen drei Untereinheiten bewegen sich seitlich und ziehen das Tropomyosin mit sich, sodass es in den Spalt zwischen den beiden Actifilamenten geschoben wird. Dadurch werden die Bindungsstellen für die Myosinköpfe am Actin freigelegt, und der Querbrückenzyklus kann beginnen ($\rightarrow$ A).

In diesem Stadium ist in jedem **Myosinkopf** ein Molekül ATP als **Mg^{2+}/ATP-Komplex** gebunden. **ATP** wird als **Weichmacher** bezeichnet, weil sich der Myosinkopf von seiner Bindungsstelle löst, wenn ATP an diesen Kopf bindet. Ohne ATP löst sich die Bindung nicht und bleibt starr verbunden (**Totenstarre**). Im nächsten Schritt wird das ATP im Myosinkopf in ADP und Phosphat (P_i) gespalten. Diese bleiben zunächst noch an den Myosinkopf gebunden, der nach vorne geklappt senkrecht über den neuen Bindungsstellen des Actins steht. Erst bei Abspaltung des Phosphats setzt der **Kraftschlag** ein, bei dem sich der Myosinkopf in zwei Schritten zunächst um 45°, dann nochmal etwa bis 50° abknickt. Dabei verschiebt er das Actin in Richtung M-Linie.

Erst wenn sich das **ADP** abgelöst hat, kann die Anlagerung von ATP den Myosinkopf von der Bindungsstelle lösen und der Querbrückenzyklus kann von Neuem beginnen, solange die intrazelluläre Ca^{2+}-Konzentration hoch ist und das Tropomyosin in der Furche zwischen den Actinmolekülen gehalten wird. In diesem Zustand können bis zu 100 Querbrückenschläge pro Sekunde ablaufen, sodass die Filamente kontinuierlich ineinandergleiten.

Für den **Stoffwechsel** wird Energie in Form von **ATP** benötigt, das über den Primärstoffwechsel aus Glucose und Sauerstoff, oder anaerob gebildet wird ($\rightarrow$ B). Der vorhandene ATP-Vorrat reicht allerdings nur für eine kurzzeitige Muskelarbeit aus. Danach wird ATP aus dem Speichermolekül Kreatinphosphat gebildet, das den Muskel noch etwas länger mit Energie versorgen kann. Bei länger andauernder Muskelarbeit ist auch der Kreatinspeicher erschöpft und ATP muss aus Glucose neu synthetisiert werden. Steht ausreichend Sauerstoff zur Verfügung, wird ATP mit hoher Ausbeute in der **Glykolyse** mit anschließendem **Citratzyklus** und **Atmungskette** in den Mitochondrien gebildet (aerober Weg). Herrscht dagegen Sauerstoffmangel, dann wird ATP ausschließlich über die Glykolyse gewonnen, an die sich die **Milchsäuregärung** anschließt (anaerober Weg). Nachteil ist, dass die ATP-Ausbeute sehr gering ist und als Nebenprodukt **Milchsäure (Lactat)** entsteht. Sauerstoff wird im Muskel in **Myoglobin** gespeichert. Ist er bei einer Ausdauerleistung trotz erhöhter Durchblutung verbraucht, kommt der Muskel in eine **Sauerstoffschuld**.

Muskeln funktionieren mechanisch als kontraktiles Element, das zusätzlich ein **parallel elastisches** und ein **serienelastisches Element** besitzt ($\rightarrow$ Cb). Bei Aktivierung wird zwar das kontraktile Element verkürzt, doch muss erst das serienelastische Element (Sehnen, Bindegewebe) gedehnt werden, bevor eine Bewegung stattfindet. Diese beiden Vorgänge werden als **isometrische Kontraktion** bezeichnet, da sich noch keine Längenänderung ergibt. Erst wenn die Spannung der serienelastischen Komponente das angehängte Gewicht übertrifft, beginnt sich der Muskel zu verkürzen und geht in eine **isotonische Kontraktion** über.

So ergibt sich eine feste Beziehung zwischen Muskellänge und Muskelkraft ($\rightarrow$ Ca). Abhängig von einer unterschiedlichen Vorbelastung (**Ruhedehnungskurve**) ergeben sich maximale Zuckungen als isotonische und isometrische **Maxima**. Bei schnell aufeinanderfolgenden Aktionspotenzialen bleibt die Ca^{2+}-Konzentration erhöht, es kommt zu einer maximalen Verkürzung der kontraktilen Elemente und der Muskel befindet sich im **Tetanus**.

Bei Wirbeltieren finden sich verschiedene Typen von Muskelfasern. **Tonische Fasern** verkürzen langsam und haben Haltefunktion (Körpertonus). **Phasische Muskelfasern** (Zuckungsfasern) reagieren schnell (**rote Muskulatur**).

A. Querbrückenzyklus

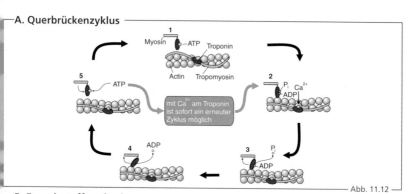

Abb. 11.12

B. Energiestoffwechsel

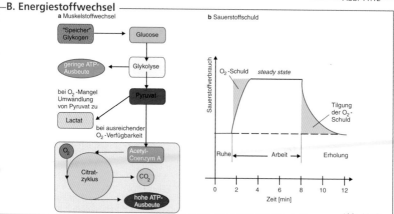

Abb. 11.13

C. Mechanik der Skelettmuskulatur

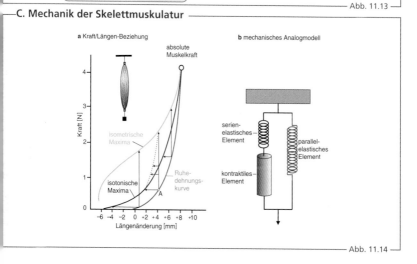

Abb. 11.14

11.5 Glatte Muskulatur

Viele innere Organe wie Magen, Darm, Bronchien, Blase und Uterus haben eine Muskulatur, die aus mehreren Lagen von **spindelförmigen, glatten Muskelzellen** aufgebaut ist (→ **A**).

Auch diese Zellen enthalten einen kontraktilen Apparat aus überlappenden Actin- und Myosinfilamenten, die allerdings nicht in den für die Skelettmuskulatur typischen Sarkomeren angeordnet sind, sondern vielfach durcheinander verlaufen. Der **kontraktile Apparat** ist dabei in etwa in Längsrichtung der **Spindelform** angeordnet. Dabei sind die Myosinfilamente mit scheibenförmigen **Anheftungsplatten** in der Zellmembran verankert (→ **Ac**). Diese verbinden auch die Zellen untereinander. Glatten Muskelzellen fehlt auch das ausgeprägte tubuläre System der Skelettmuskelzellen mit den Ca^{2+}-Speichern. Ca^{2+}-Ionen strömen deshalb überwiegend aus dem extrazellulären Raum über membranständige Ca^{2+}-Kanäle ein.

Das **Ruhepotenzial** der glatten Muskelzellen ist nicht stabil, sondern **oszilliert rhythmisch** mit einer sehr niedrigen Frequenz. Dieser Rhythmus wird z. B. beim Darm als **basaler elektrischer Rhythmus (BER)** bezeichnet. Da die Zellen mit Gap Junctions verbunden sind (→ **Aa**). können sie die elektrische Erregungen übertragen.

Glatte Muskelzellen werden funktionell in zwei Typen eingeteilt. Beim *single unit*-Typ (→ **Aa**) breitet sich eine Erregung von einer **Schrittmacherzelle** über die *Gap Junctions* über den ganzen Zellverband aus und führt zu wellenförmigen Kontraktionen. Beim *multi unit*-Typ werden die Zellen von **Neuronen** des vegetativen Nervensystems über **Varikositäten** einzeln erregt, sodass die Kontraktion lokal begrenzt bleibt (→ **Ab**).

Mit Ausnahme der Harnblase kann die glatte Muskulatur nicht willkürlich bewegt werden, sondern wird über das **vegetative Nervensystem** gesteuert. Neben den **Transmittern** Noradrenalin und Acetylcholin spielen auch **Hormone** eine wichtige Rolle. So löst Oxytocin Wehen aus und Progesteron und Östrogen wirken auf die Uterusmuskulatur. Auf die Gefäßmuskulatur wirken Histamin, Angiotensin II, Bradykinin und Serotonin. Alle diese Substanzen steigern den **Tonus** der glatten Muskulatur, indem sie die intrazelluläre Ca^{2+}-Konzentration erhöhen und damit Aktionspotenziale auslösen.

Da sich in glatten Muskelzellen kein Troponin befindet, bindet das intrazelluläre Ca^{2+} an **Calmodulin** (→ **B**). Der entstandene Ca^{2+}-Calmodulin-Komplex bindet an ein weiteres Regulatorprotein, das **Caldesmon**. Es reguliert die Kontraktion durch Bindung an Actin. Der Ca^{2+}/Calmodulin-Komplex aktiviert aber auch die Myosinleichtkettenkinase (**MLKK**), die einen Teil des Myosinkopfs phosphoryliert und damit zur Bindung an Actin aktiviert. Das führt zur Kontraktion der spindelförmigen, glatten Muskelzelle (→ **Ad**).

Die glatte Muskulatur ist aber auch sehr mechanosensitiv. Die **Dehnung** eines glatten Muskels führt zur Depolarisation mit anschließender Kontraktion. Dies dient z. B. der **Autoregulation** der Nierendurchblutung. Wird ein glatter Muskel langsam gedehnt, so nimmt seine Kraft ab und er passt sich an. Diese **Plastizität** ist wichtig, z. B. bei der Geburt.

In den **elektrischen Organen** einiger Fische (Knorpelfische und Knochenfische) sind Muskelzellen zu **Elektroplaques** umgebildet (→ **C**), die erhebliche Spannungen bilden können. Diese Organe dienen dem Beutefang, der Orientierung, Kommunikation und der Vereidigung.

Die elektrischen Organe bestehen aus Tausenden von parallel und seriell in **Säulen** verschalteten Zellen (Elektroplaques oder **Elektrocyten**), die durch Nerven mit dem zentralen Nervensystem verbunden sind. Sie können einen myogenen oder einen neuralen Ursprung haben und ihre Spannungen synchron und synaptisch gesteuert entladen.

Durch die **serielle Anordnung** der Elektroplaques addieren sich die Einzelspannungen zu einer Gesamtspannung und die parallele Anordnung erhöht die Stromstärke. Der Strom breitet sich vom einen Ende des elektrischen Organs über die Haut ins Wasser aus und kehrt nach einem Bogen durch die Haut ins andere Ende des Organs zurück.

Man unterscheidet zwischen **starken** (5–800 V) und **schwachen** (1–5 V) elektrischen Organen. Bei gleichzeitiger Entladung aller Einzelzellen können Stromstärken bis zu mehreren Ampere erzeugt werden. Schwache elektrische Entladungen werden in artspezifisch typischen **Entladungsmustern** abgegeben und das durch die Umwelt veränderte elektrische Feld über **Elektrorezeptoren** perzipiert.

A. Glatte Muskulatur

a *single unit*-Typ   **b** *multi unit*-Typ   **c** nichtkontrahierte glatte Muskelzelle   **d** kontrahierte glatte Muskelzelle

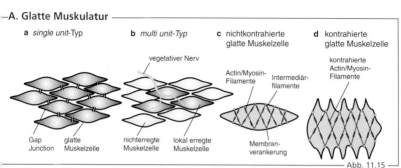

vegetativer Nerv

Actin/Myosin-Filamente   Intermediär-filamente

kontrahierte Actin/Myosin-Filamente

Gap Junction   glatte Muskelzelle   nichterregte Muskelzelle   lokal erregte Muskelzelle   Membran-verankerung

— Abb. 11.15 —

B. Kontraktiler Apparat – glatte Muskulatur

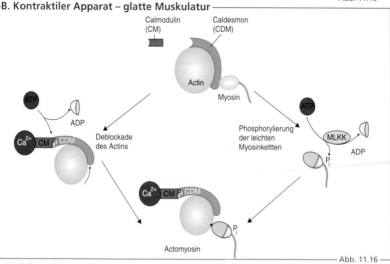

Calmodulin (CM)   Caldesmon (CDM)

Actin   Myosin

ATP   ADP

Ca^{2+} CM   P   CDM

Deblockade des Actins

Phosphorylierung der leichten Myosinkettten

ATP   MLKK   ADP

P_i

Ca^{2+} CM   P   CDM

P_i

Actomyosin

— Abb. 11.16 —

C. Elektroplaques beim Rochen

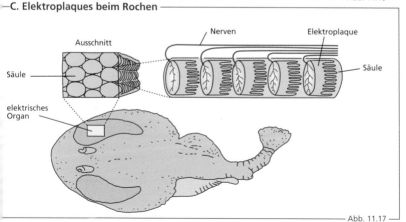

Ausschnitt   Nerven   Elektroplaque

Säule   Säule

elektrisches Organ

— Abb. 11.17 —

12 Ernährung und Verdauung

12.1 Energiequellen

Jeder Organismus braucht für seine Existenz Energie und Baustoffe, die er in Form der Nahrung aufnimmt. Sie lassen sich in drei Stoffklassen einteilen.

Proteine (Eiweiße) dienen als Baustoffe (Membranproteine) der Zellen, aber auch als Funktionsstoffe (Hormone, Enzyme, Abwehrstoffe). Sie sind die häufigsten Makromoleküle in einer Zelle.

Proteine bestehen aus einer Kette einzelner Aminosäuren, die über eine Peptidbindung miteinander verknüpft werden (→ A). Die in Eukaryoten vorkommenden 20 Aminosäuren können beliebig miteinander kombiniert werden, sodass sich eine große Variationsmöglichkeit ergibt. So erhalten unterschiedlich große Peptidketten durch ihre räumliche Anordnung ihre charakteristische Form, z. B. als α-Helix oder als ß-Faltblattstruktur. Durch Hitze denaturieren Proteine, sie verändern ihre räumliche Struktur und werden funktionslos. Veränderte Proteine verursachen im Organismus krankhafte Veränderungen (Alzheimer-Demenz, Creuzfeld-Jacob-Erkrankung).

Aminosäuren bestehen aus einem zentralen Kohlenstoffatom, an dem eine Aminogruppe und eine Carboxylgruppe hängen (→ A). Eine weitere Seitengruppe, der variable Rest, bestimmt die Spezifität der Aminosäure. Bei ihrer Verbindung über die Peptidbindung wird die Aminogruppe (–NH$_2$) unter Wasserabspaltung mit der Carboxylgruppe (–COOH) verknüpft. Durch Aneinanderreihung entstehen Di-, Tri-, Oligo- und Polypeptide, deren lineare Primärstruktur durch Wasserstoff– und Disulfidbrücken über eine zweidimensionale Sekundärstruktur letztlich in eine dreidimensionale Tertiärstruktur übergeht. Dabei sind Chaperone als Faltungsproteine beteiligt. Quartärstrukturen bilden sich durch Zusammenlagerung mehrerer Tertiärstrukturen.

Die meisten höheren Organismen nehmen vollständige Proteine mit der Nahrung auf, die dann durch die Verdauung in resorbierbare Dipeptide oder Aminosäuren zerlegt werden.

Einige Lipide (Fette) dienen als Energieträger und -speicher sowie als Membranbaustoffe. Sie sind auch wichtige Signalstoffe und Hormone.

Fette bestehen aus Alkohol (Glycerin) und Fettsäuren (FS), die sich über eine Veresterung unter Wasserabspaltung verbinden. In der Natur liegen sie meist als Triacylglycerine vor, bei denen alle drei OH-Gruppen des Glycerins mit jeweils einer FS verestert sind (→ B). Gesättigte FS enthalten zwischen den C-Atomen nur einfache Bindungen und sind deshalb gestreckt, ungesättigte FS enthalten Doppelbindungen und sind an diesen Stellen räumlich abgeknickt. Nichtessenzielle FS können vom Organismus selbst synthetisiert werden, während essenzielle FS mit der Nahrung aufgenommen werden müssen.

Lipide sind hydrophob und können in großen Vakuolen der Fettzellen (Adipocyten) gespeichert werden. Sie sind hocheffiziente Energielieferanten, da bei ihrer Verbrennung etwa die doppelte Menge an Energie anfällt als bei der Nutzung von Proteinen oder Kohlenhydraten. Werden die Fettsäuren im Lipidmolekül teilweise durch andere Verbindungen ersetzt, bilden sich lipidähnliche Substanzen (Lipoide), zu denen wichtige Funktionsstoffe wie Vitamine, Carotinoide, Steroidhormone und Gallensäuren gehören.

Kohlenhydrate (Zucker) kommen in Pflanzen als Stärke und Cellulose vor und sind die häufigste tierische Nahrungsquelle. Dazu müssen sie jedoch enzymatisch in Mono- oder Disaccharide gespalten werden.

Monosaccharide sind die einfachsten Zuckerverbindungen. Sie bestehen aus einer Kohlenstoffkette mit der Formel $(CH_2O)_n$ und kommen in Organismen hauptsächlich als Pentosen (fünf C-Atome) oder Hexosen (sechs C-Atome) vor. In wässriger Lösung bilden Monosaccharide stabile, ringförmige Verbindungen. Sie können sich mit anderen Monosacchariden über eine O-glykosidische Verbindung zu Di-, Oligo- oder Polysacchariden verbinden (→ C). Solche hochmolekularen Ketten können verzweigt sein und kommen in der Natur als pflanzliche Reservestoffe (Stärke) oder pflanzliche Baustoffe (Cellulose) vor.

Während die α-glykosidische Bindung der Stärke (Amylose) durch das Verdauungsenzym Amylase gespalten werden kann, benörigt man zur Spaltung der ß-glykosidischen Bindung der Cellulose das mikrobielle Enzym Cellulase. Es kommt nur bei wenigen Tieren (z. B. dem Schiffsbohrwurm) vor und wird bei Pflanzenfressern, z. B. bei Wiederkäuern, vor allem durch Symbionten im Verdauungstrakt bereitgestellt.

© Springer-Verlag GmbH Deutschland, ein Teil von Springer Nature 2021
W. Clauss und C. Clauss, *Taschenatlas Zoologie*,
https://doi.org/10.1007/978-3-662-61593-5_12

A. Proteine

a Aminosäurestruktur

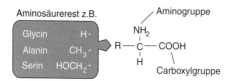

Aminosäurerest z.B.
Glycin H-
Alanin CH_3-
Serin $HOCH_2$-
Aminogruppe
NH_2
R — C — COOH
H
Carboxylgruppe

b Peptidbindung

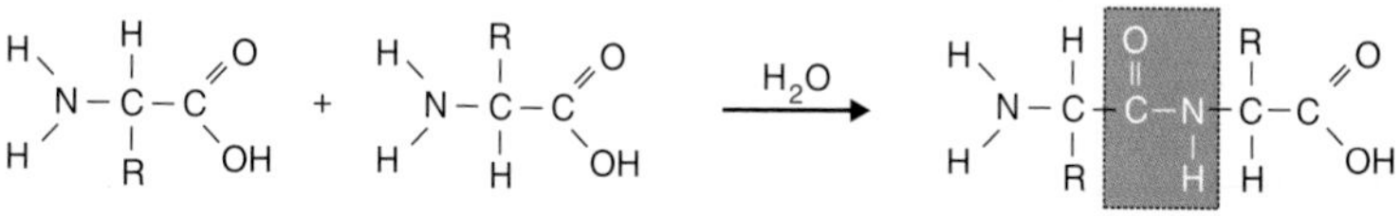

H_2O

Abb. 12.1

B. Lipide

HOOC–R_1
HOOC–R_2
HOOC–R_3
3 H_2O

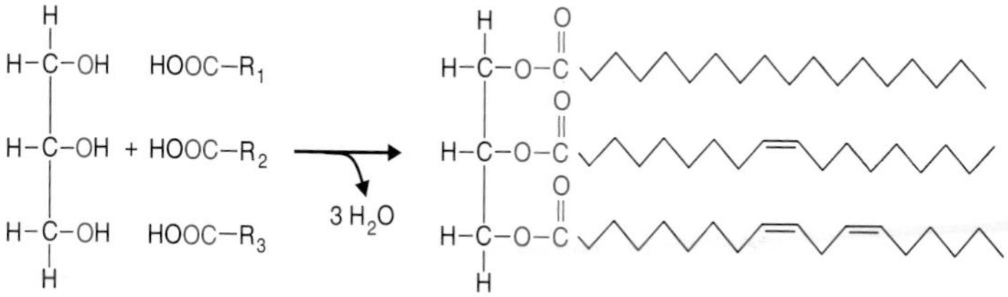

Glycerin + Fettsäuren

Triacylglycerin (Lipid)

Abb. 12.2

C. Kohlenhydrate

a Stärke (Amylose)

CH_2OH
α

b Cellulose

CH_2OH
β

Abb. 12.3

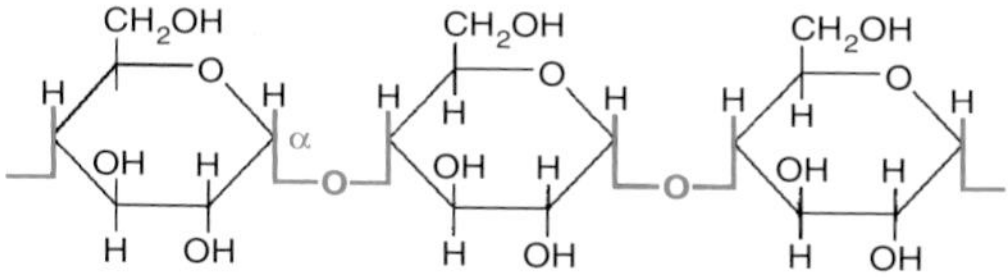

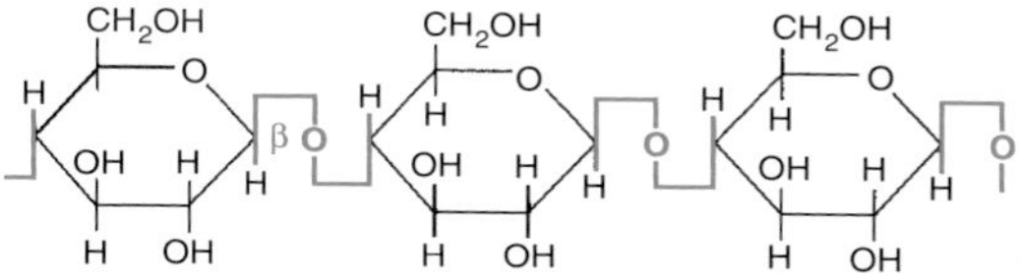

12.2 Nahrungsstoffgruppen

Als Energiequelle und für den Aufbau der Körpersubstanz nutzen Tiere pflanzliches und tierisches Material sowie anorganische Stoffe. Abgesehen von photoautotrophen und chemoautotrophen Algen und Einzellern sind die meisten tierischen Organismen heterotroph, d. h., sie nehmen energiereiche Kohlenstoffverbindungen auf, die von Pflanzen und anderen Organismen unter Nutzung des Sonnenlichts aus den anorganischen Grundstoffen CO_2 und H_2O gebildet wurden. Diese Kohlenstoffverbindungen bilden den Beginn einer Nahrungskette, in der eine Organismengruppe der anderen bis letzlich zum Menschen folgt und aus der sich eine Nahrungspyramide ergibt.

Um die in der Nahrung enthaltene chemische Energie aufzunehmen, muss die Nahrung durch hydrolytische Verdauungsenzyme in kleinere, resorbierbare Moleküle zerlegt werden. Diese Enzyme werden entsprechend der Nährstoffklasse bezeichnet.

Proteasen lösen die Peptidbindungen von Proteinen auf. Dabei zerschneiden Endopeptidasen die Moleküle in mehrere kurze Peptidstücke. Exopeptidasen setzen daraus dann im Darm einzelne Aminosäuren frei (→ A). Lipasen aus Pankreas und Darm bauen die bereits durch die Gallensäuren emulgierten Lipide zu Fettsäuren, Mono- und Diacylglycerinen wie auch Glycerin, ab. Hydrolasen werden in Glykosidasen und Polysaccharidasen eingeteilt. Sie bauen im Darm die bereits durch Polysaccharidasen (Amylase, Cellulase) zerkleinerten, langkettigen Kohlenhydrate in resorbierbare Monosaccharide ab.

Die Nahrungsaufnahme und Verdauung von Invertebraten hat sich im Laufe der Evolution in den verschiedenen Gruppen so spezialisiert, dass sie hier nicht umfassend dargestellt werden kann. Es werden deshalb nur exemplarisch drei Beispiele vorgestellt. Bei den Plathelminthes folgt auf den Mund ein verzweigter, blind endender Verdauungstrakt. Bei den Annelida findet sich ein durchgehender Verdauungskanal mit Mund und After und seitlichen Verdauungsdrüsen und Divertikeln. Bei Insekten findet man einen stark gegliederten Verdauungskanal mit Kropf, Magenblindsäcken, Darmanhängen und Malpighi-Gefäßen.

Am Beginn des Verdauungskanals liegt der Kopfdarm, mit der Mundhöhle und den verschiedenen Organen zur Nahrungsaufnahme (Zähne, Schnabel, Kauleisten, Zunge, Speicheldrüsen, Gaumen und Pharynx). Hier wird die Nahrung durch den Kauvorgang (Mastikation) zerkleinert und durch den Speichel vorverdaut.

Säugetiere besitzen drei paarige Speicheldrüsen: die Ohrspeicheldrüsen (Glandula parotis), die Unterkieferdrüsen (Gl. mandibularis und die Unterzungendrüsen (Gl. sublingualis). Während die Ohrspeicheldrüse einen rein wässrigen (serösen) Speichel absondert, sezernieren die anderen Drüsen einen seromucösen Speichel, der viel Mucin enthält, ein Mucopolysaccharid als Gleitmittel zum Schlucken. Speicheldrüsen bilden ein weit verzweigtes Gangsystem, das aus blind endenden Endstücken (Acini) besteht, die über Ausführungsgänge in einen gemeinsamen Porus münden (→ Ba). Acinus und Ausführungsgang bilden dabei eine funktionelle Einheit. Um sie windet sich ein dichtes Kapillarnetz. Die Innervierung erfolgt durch Sympathikus und Parasympathikus.

Der Speichel bildet eine wässrige Flüssigkeit mit vielen Elektrolyten (Na+, K+, Cl−) und HCO_3 als Puffer, um den pH-Wert im neutralen bis leicht alkalischen Bereich (7,2–8,4) zu halten Im Speichel finden sich auch Proteine, z. B. Immunglobuline und andere Plasmaproteine Beim Mensch, Schwein und Nagetieren enthält der Speichel auch α-Amylase zur Kohlenhydratverdauung. Bei einigen Tieren finden sich Gifte (Schlangen, Kegelschnecken) oder Hemmstoffe der Blutgerinnung (Blutegel, Stechmücken) sowie Harnstoff (Wiederkäuer). Die Speichelbildung erfolgt in zwei Schritten Zunächst wird von den Transportsystemen der Acinusepithelzellen ein isotoner Primärspeichel gebildet (→ Bb), der zum Blutplasma isoton ist. Er wird in den Ausführungsgängen sekundär zu einem hypotonen Sekundärspeichel modifiziert (→ Ba).

Menge und Zusammensetzung des Speichelflusses wird durch die antagonistische Regulation des vegetativen Nervensystems geregelt (→ Bc). Dabei bildet der Parasympathikus über Acetylcholin vermehrt einen dünnflüssigen, serösen Speichel, während eine Reizung des Sympathikus über Noradrenalin einen wasserarmen, enzym- und mucinreichen mucösen Speichel bildet.

A. Nahrungsstoffgruppen

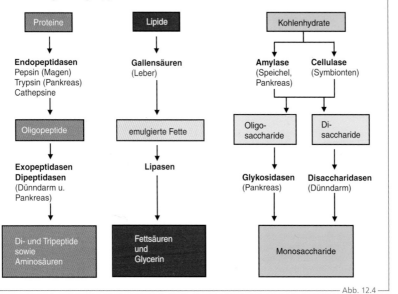

Proteine	Lipide	Kohlenhydrate	
↓	↓	↓	↓
Endopeptidasen Pepsin (Magen) Trypsin (Pankreas) Cathepsine	**Gallensäuren** (Leber)	**Amylase** (Speichel, Pankreas)	**Cellulase** (Symbionten)
↓	↓	↓	↓
Oligopeptide	emulgierte Fette	Oligo- saccharide	Di- saccharide
↓	↓	↓	↓
Exopeptidasen **Dipeptidasen** (Dünndarm u. Pankreas)	**Lipasen**	**Glykosidasen** (Pankreas)	**Disaccharidasen** (Dünndarm)
↓	↓	↓	↓
Di- und Tripeptide sowie Aminosäuren	Fettsäuren und Glycerin	Monosaccharide	

Abb. 12.4

B. Speichelsekretion

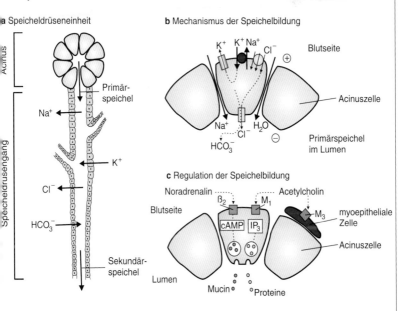

a Speicheldrüseneinheit

Acinus

Primär-
speichel

Na⁺

Speicheldrüsengang

K⁺

Cl⁻

HCO₃⁻

Sekundär-
speichel

b Mechanismus der Speichelbildung

K^+ K^+ Na^+ Cl^- Blutseite

⊕

Acinuszelle

Na^+ Cl^- H_2O
HCO_3^-

⊖   Primärspeichel
im Lumen

c Regulation der Speichelbildung

Noradrenalin ······ ······ Acetylcholin

β_2 M_1

Blutseite

cAMP IP_3

M_3 myoepitheliale
Zelle

Acinuszelle

Lumen

Mucin   Proteine

Abb. 12.5

12.3 Magen und Magensaftsekretion

Der einhöhlige (monogastrische) Magen ermöglicht durch seine Speicherfunktion eine unregelmäßige Nahrungsaufnahme bei Mensch und Tier. Hier wird zur Vorbereitung der Verdauung der Mageninhalt mit Speichel und Magensaft durchmischt und durch eine regulierte Entleerung in den Dünndarm eingeleitet.

Der monogastrische Magen wird funktionell in einen proximalen Magen (Speicherung) und einen distalen Magen (Durchmischung und Aufbereitung) unterschieden. Anatomisch wird er in fünf Abschnitte unterteilt: Cardia, Fundus, Corpus, Antrum und Pylorus. Sie sind mit unterschiedlichen Epithelien (Magenschleimhaut) ausgekleidet. Diese können je nach Tierart unterschiedlich angeordnet sein und in ihrer Ausdehnung variieren. Generell unterteilt man die Magenschleimhaut in die Cardia-, Fundus- und Pylorusdrüsenzone ($\rightarrow$ A). Die Speiseröhre mündet in die Cardiazone, die überwiegend drüsenlos und mit cutaner Schleimhaut ausgekleidet ist. Bei den meisten monogastrischen Tieren ist die Fundusdrüsenzone besonders stark ausgeprägt. Hier sitzen die hauptsächlichen Drüsen zur Magensaftsekretion. Die Pylorusdrüsenzone ist tierartlich stark unterschiedlich und enthält hauptsächlich Drüsen zur Sekretion von Schleimsubstanzen (Mucine) und HCO_3^-.

Vögel besitzen einen besonderen Verdauungstrakt ($\rightarrow$ B). Bereits vor dem Magen liegt der Kropf, ein Organ zur Zwischenspeicherung und Vorverdauung. In ihm wird auch Kropfmilch (Immunglobuline) bei der Fütterung des Nachwuchses abgegeben. Der zweigeteilte Magen besteht aus einem normalen Drüsenmagen, auf den ein muskulärer Kaumagen mit Grit folgt. Vögel haben zwei Blinddärme, die retrograd mit Harnsäure gefüllt werden, und einen kurzen Dickdarm, der in eine Kloake mündet. Diese besteht aus dem darmartigen Coprodeum, dem mittleren Urodeum, in das auch Harnleiter und Eileiter münden, und dem Proctodeum. Der Vogelkot ist oft mit weißlicher Harnsäure überzogen und wird als stickstoffhaltiger Dünger (Guano) verwendet.

Die Magensaftsekretion variiert zwischen 1–2 l/Tag (Mensch) und bis zu 8 l/Tag bei monogastrischen Tieren. Das Epithel im Fundusbereich ist von zahl-reichen Mündungen der schlauchartige Fundusdrüsen unterbrochen ($\rightarrow$ Ca). I einschichtiges Epithel differenziert sic in vier Zellarten:

Die Nebenzellen sezernieren Mucine, um d Magenepithel vor Eigenverdauung zu schü zen. Die Hauptzellen sezernieren Enzyme (E dopeptidasen), besonders das inaktive Pe sinogen als Vorstufe des zum Proteinabba notwendigen Pepsins. Die Belegzellen seze nieren Salzsäure (HCl), die zur Aktivierur des Pepsins durch Abspaltung von 45 Am nosäuren vom N-Terminus des Pepsinogei notwendig ist.

Die Belegzellen ($\rightarrow$ Cb) besitzen in der ap kalen Fläche eine Oberflächenvergrößerur durch Canaliculi, die bei Stimulation der Zel große Mengen HCl über eine apikale H^+/K ATPase ins Lumen sezernieren. Die Belegze len setzen auch den Intrinsic-Factor für Vita min-B_{12}-Resorption im Dünndarm frei.

Endokrine Zellen bilden Gastrin (ein gastroir testinales Hormon) und Histamin.

Die Magensaftsekretion wird durch ne vale Regulationsvorgänge, lokale ga trische Reflexe und intestinale Einfluss reguliert.

Ähnlich wie bei der Speichelsekretion wir auch die Magensaftsekretion durch die Nah rungsaufnahme über bedingte Reflexe un den N. vagus ausgelöst. In der Magenwan treffen diese auf das Netzwerk der lokale gastrischen Reflexe. Die Pepsinogensekretio der Hauptzellen wird durch Noradrenalin un Acetylcholin (Überträgerstoffe aus dem en terischen Nervensystem) wie auch durch Se kretin und Cholecystokinin (gastrointestinal Hormone) stimuliert.

Die HCl-Sekretion der Belegzellen wird eber falls durch gastrointestinale Hormone ur Überträgerstoffe reguliert ($\rightarrow$ E). Acetylcholi wird dabei unter dem Einfluss des N. vagus au intramuralen Ganglien freigesetzt und wirk auf die enterochromaffinähnlichen Zelle (ECL) der Magenwand, die ihrerseits Histami ausschütten. Dieses wirkt auf H_2-Rezeptore der Belegzellen und stimuliert diese zur HC Sekretion. Parallel werden die G-Zellen in de Magenwand durch Gastrin-Releasing-Pepti (GRP) zur Ausschüttung von Gastrin stimulier In einer negativen Rückkopplung stimulier von den Belegzellen freigesetztes HCl die Zellen zur Freisetzung von Somatostatin, da sich hemmend auf die Gastrinsekretion de G-Zellen auswirkt.

A. Monogastrischer Magen

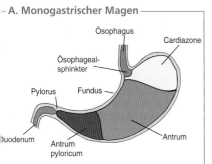

Ösophagus
Cardiazone
Ösophageal-sphinkter
Pylorus   Fundus
Duodenum
Antrum pyloricum
Antrum

— Abb. 12.6 —

B. Vogelmagen – Verdauungstrakt

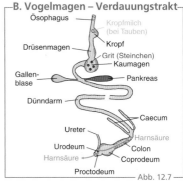

Ösophagus
Kropfmilch (bei Tauben)
Drüsenmagen
Kropf
Grit (Steinchen)
Kaumagen
Gallen-blase
Pankreas
Dünndarm
Caecum
Ureter
Harnsäure
Urodeum
Colon
Harnsäure
Coprodeum
Proctodeum

— Abb. 12.7 —

C. Magendrüsen

a Fundusdrüse

b Belegzelle

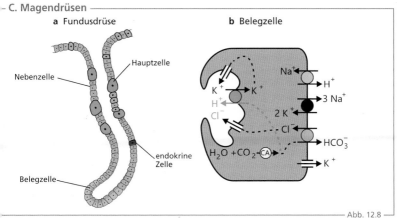

Hauptzelle
Nebenzelle
endokrine Zelle
Belegzelle

Na^+
H^+
$K^+ \rightarrow K^+$
H^+
Cl^-
$3\,Na^+$
$2\,K^+$
Cl^-
HCO_3^-
$H_2O + CO_2$ —CA
K^+

— Abb. 12.8 —

E. Regulation der Magensaftsekretion

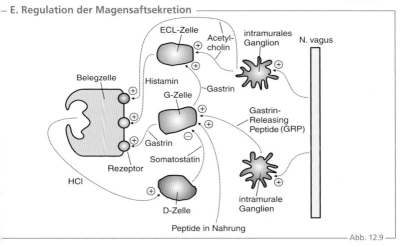

ECL-Zelle
Acetyl-cholin
intramurales Ganglion
N. vagus
Belegzelle
Histamin
Gastrin
G-Zelle
Gastrin-Releasing Peptide (GRP)
Rezeptor
Gastrin
Somatostatin
HCl
D-Zelle
intramurale Ganglien
Peptide in Nahrung

— Abb. 12.9 —

12.4 Motorik und mehrhöhliger Magen

In den Wänden der gastrointestinalen Organe (Magen, Dünndarm, Dickdarm) und in den anhängenden Organen (Leber, Gallenblase, Pankreas) werden verschiedene Hormone gebildet und abgegeben (→ A). Sie regulieren die Motorik und die Verdauungsvorgänge in den verschiedenen Abschnitten des Verdauungskanals.

Funktionell unterscheiden sich die Magenbewegungen zwischen dem proximalen und dem distalen Magen beträchtlich. Die Muskulatur des proximalen Magens steht unter einer gleichmäßigen Spannung, die von den Reflexen des N. vagus und durch Gastrin gesteuert wird. Sie relaxiert nach dem Schlucken, um die Nahrung in den Magen aufzunehmen, und akkommodiert das veränderte Volumen. Dadurch hält der proximale Magen einen konstant geringeren Druck für die Speicherfunktion.

Im Gegensatz dazu werden im distalen Magen von einem Schrittmacherzentrum regelmäßige Oszillationen erzeugt, die zu periodischen peristaltischen Kontraktionen (ca. 3/min) führen. Diese breiten sich über den Magencorpus und das Atrium aus, durchmischen und homogenisieren den Inhalt und befördern ihn in Richtung Pylorus. Der Pylorus ist ein kräftiger Ringmuskel, der den Magenausgang tonisch verschließt.

Die Bauchspeicheldüse (Pankreas) hat einen Ausführungsgang in das Duodenum. Sie besteht aus einem endokrinen Teil (Langerhans-Inseln) zur Produktion von Insulin und Glukagon, und einem exokrinen Teil zur Produktion von enzymhaltigen Verdauungssäften (→ A).

Die Galle ist ein Sekretionsprodukt der Leber und enthält Gallensalze. Sie wird in der Gallenblase eingedickt und bewirkt die Emulgation der Lipide.

Das mehrhöhlige Magensystem der Wiederkäuer wird auch als digastrischer Magen bezeichnet. Er besteht aus drei Vormagenabschnitten und dem eigentlichen Magen. Alle Abschnitte entwickeln sich aus dem fetalen Darm und nehmen beim ausgewachsenen Tier fast die gesamte linke Hälfte der Bauchhöhle ein.

Die drei Abschnitte der Vormägen werden als Netzmagen, Pansen und Blättermagen bezeichnet. Ihnen folgt der eigentliche Magen, der als Labmagen in seiner Funktion dem einhöhligen Magen der monogastrischen Tiere entspricht (→ B). Der Verlauf des Nahrungstransports ist in (→ Ba) dargestellt. Die aufgenommenen Nahrungsportionen gelangen über die Cardia zunächst in den Pansen und werden von der Motorik durch die verschiedenen, durch große Schleimhautfalten abgegrenzten Abteilungen bewegt. Dabei gelangen sie auch in den Netzmagen. Die Nahrung gelangt dann im Vorgang des Wiederkauens durch eine Retroperistaltik wieder in die Mundhöhle und dann wieder in den Pansen, wo sie von den Mikroorganismen weiter verdaut wird. Dieser Zyklus kann sich mehrmals wiederholen. Erst wenn der Inhalt flüssig ist, wird er weiter in den Blättermagen transportiert, wo ihm Wasser entzogen wird, damit er in komprimierter Form in den Labmagen transportiert werden kann.

Die Verdauung der pflanzlichen Nahrung erfolgt im Vormagensystem durch symbiotische Mikroorganismen (Bakterien, Protozoen, Pilze). Diese schließen die Zellwandbestandteile durch ihre Enzyme auf und wandeln Pektin, Cellulose und Lignin in die kurzkettigen Fettsäuren Acetat, Propionat und Butyrat um (→ Bb). Die dabei entstehenden Gase Methan, Ammoniak und CO_2 werden durch den Ructus über die Speiseröhre abgegeben. Mikrobielles Protein gelangt über den Blätter- und Labmagen in den Darm, wo es zu Aminosäure abgebaut und resorbiert wird. Zwischen Leber und Pansen besteht ein ruminohepatischer Kreislauf, in dem stickstoffhaltige Nichtproteinverbindungen rezirkulieren und in proteinhaltige N-Verbindungen überführt werden.

Pflanzenfresser ohne Vormagensystem wie Kaninchen haben großlumige Blinddärme mit symbiotischen Mikroorganismen und werden als Dickdarmfermentierer bezeichnet (→ C).

Kaninchen produzieren in einem circadianen Rhythmus zwei Kotarten. Während der normale Kot ausgeschieden wird, nehmen die Tiere den nährstoffreichen Blinddarmkot (Caecotrophe) zu bestimmten Tageszeiten oral wieder auf. Er ist von einer Schleimhülle umgeben und gelangt unzerkaut in den Magen, wo die Caecotrophie Pellets als Mikrofermentatoren unabhängig vom sauren pH-Wert im Magen weiter kurzkettige Fettsäuren produzieren können. Diese werden dann in einer zweiten Passage durch den Darm resorbiert.

A. Regulation durch gastrointestinale Hormone

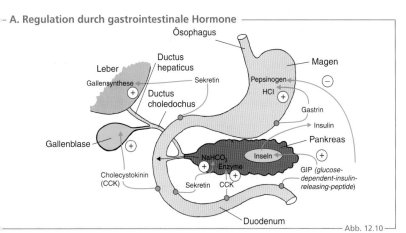

Abb. 12.10

B. Digastrischer Magen beim Wiederkäuer

a Vormagensystem **b** Stoffwechselvorgänge

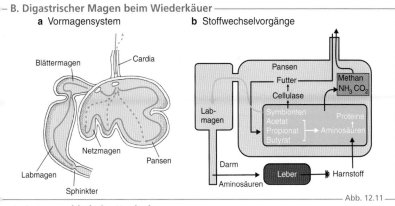

Abb. 12.11

C. Caecotrophie beim Kaninchen

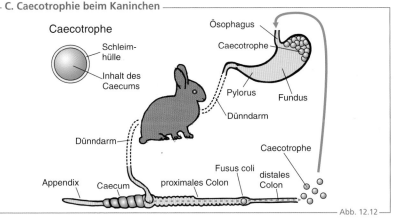

Abb. 12.12

12.5 Darm

Der Dünndarm ist der hauptsächliche Ort für die Verdauung und die Resorption von Nahrungsstoffen, Vitaminen, Elektrolyten und Flüssigkeit. Er wird in drei Abschnitte unterteilt: das Duodenum (Zwölffingerdarm), das Jejunum (Krummdarm) und das Ileum (Beckendarm).

Die Oberfläche des Dünndarms ist durch Ringfalten (Kerkring-Falten), Darmzotten und Mikrovilli enorm vergrößert (→ Aa). Da in der Mucosa (Bürstensaum) viele Verdauungsenzyme vorhanden sind, ergibt sich eine riesige funktionelle Fläche für die enzymatische Verdauung und die Resorptions- und Sekretionsvorgänge. Beim Menschen werden so täglich 8–9 l Flüssigkeit zusammen mit Elektrolyten resorbiert. Diese Vorgänge werden neuronal und hormonell reguliert.

Im Epithel des Dünndarms liegen am Fuß der Zotten die Lieberkühn-Krypten (→ Ac), durch die Wasser und Elektrolyte ins Lumen sezerniert werden. Die Oberfläche des Epithels ist, ähnlich wie die des Magens, von einer gelartigen Schleimschicht bedeckt, die von den Becherzellen in Zotten und Krypten produziert wird. Schleimsubstanzen werden auch durch die Brunner-Drüsen sezerniert. Die Bürstensaumenzyme (Exopeptidasen, Lactasen, Saccharasen) werden von den Hauptzellen des Epithels luminal sezerniert und präsentiert. Intrazelluläre Enzyme (Endopeptidasen) werden durch Absterben der Epitelzellen ins Lumen freigesetzt. Das Epithel hat eine hohe Wachstumsrate und wird im Verlauf von 6–10 d vollständig erneuert.

Zwischen der äußeren Längs- und der inneren Ringmuskulatur befindet sich ein dichtes Netz von Nervenzellen mit regelmäßigen Ganglien (Plexus myentericus) (→ Aa, b). Weiter innen befindet sich ein zweites Nervengeflecht mit Ganglien (Plexus submucosus). Dieses enterische Nervensystem reguliert die Darmmotorik (Pl. myentericus) und die Resorption (Pl. submucosus). Die Darmmotorik wird durch endogene Reflexe gesteuert, die Kontraktion und Erschlaffung koordinieren und so verschiedene Bewegungstypen (Peristaltik, Segmentation, Pendelbewegung) erzeugen. Diese zerkleinern und mischen den Inhalt und bewegen ihn aboral weiter. Äußere, extramurale Reflexe koordinieren die Motorik zwischen den einzelnen Abschnitten des Magen-Darm-Kanals, angefangen beim Kau-, Schluck- un Brechreflex bis hin zum Defäkationsreflex. Si steuern auch die Füllung und Entleerung de einzelnen Abschnitte.

Das Darmepithel ist als Barriere aufge baut, die einen gerichteten Transpor vom Darmlumen ins Blut oder umge kehrt gewährleistet. Die transportierte Substanzen können dabei den Weg que durch die Epithelzellen (transzelluläre Transport) oder zwischen den Epithelze len hindurch (parazellulärer Transport nehmen. Zur Überwindung von Konzen trationsgradienten und Zellmembrane sind spezielle Transportmechanisme und -proteine notwendig. Sie sind als in tegrale Proteine in der Zellmembran ver ankert (Kanäle, Transporter, Pumpen).

Der Dünndarm hat ein sehr durchlässiges Epi thel, sodass, je nach osmotischer Druckdiffe renz, ein großes Flüssigkeitsvolumen den pa razellulären Weg nimmt. Generell resorbier der Dünndarm große Mengen an Kochsal (NaCl) und sezerniert Anionen (Cl⁻, HCO₃⁻. Na⁺ strömt dabei über einen Symport mi Glucose in die Zellen und wird durch eine Na⁻ K⁺-ATPase über die basolaterale Membran in Blut transportiert (→ Ba). In der apikale Membran existieren ähnliche Symporter fü den Na⁺-gekoppelten Aminosäuretransport Auch Dipeptide und Fructose werden durc eigene Transporter aufgenommen. Die Anio nensekretion kann durch Toxine (Choleratox xin) stimuliert werden (→ Bb).

Im Dickdarm (Colon) wird der Darminhal durch die fast vollständige Resorption vo NaCl und Wasser weiter eingedickt und durc die Colonmotorik zu Faeces geformt. Nebe der Resorption von Na⁺ und Cl⁻ werden in Colon K⁺ und HCO₃⁻ sezerniert (→ Ca). Na wird dabei, ähnlich wie im Sammelrohr de Niere, durch apikale Na⁺-Kanäle (ENaC) auf genommen und durch eine basolaterale Na⁺ K⁺-ATPase weiter ins Blut befördert. Gesteuer werden diese Vorgänge durch das Neber nierenrindenhormon Aldosteron, das übe Rezeptoren im Cytoplasma auf die Genexpres sion wirkt. Unter dem Einfluss von bakterielle Toxinen oder Entzündungsstoffen kann, ähr lich wie im Dünndarm, auch im Colon eine se kretorische Diarrhö ausgelöst werden (→ Cb Dabei spielen die Bakterien der natürliche Darmflora (Mikrobiom) eine große Rolle.

A. Darm

a Querschnitt

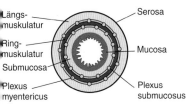

Längs-
muskulatur
Ring-
muskulatur
Submucosa
Plexus
myentericus

Serosa

Mucosa

Plexus
submucosus

b Längsschnitt

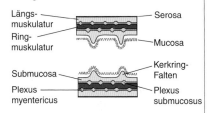

Längs-
muskulatur
Ring-
muskulatur

Submucosa

Plexus
myentericus

Serosa

Mucosa

Kerkring-
Falten

Plexus
submucosus

c Zotten

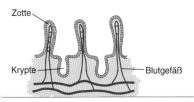

Zotte

Krypte

Blutgefäß

d Epithelzellen

apikale Seite

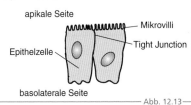

Epithelzelle

Mikrovilli

Tight Junction

basolaterale Seite

Abb. 12.13

B. Dünndarm

a Resorption

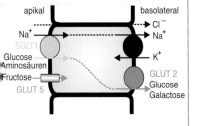

apikal

Na⁺
SGLT1
Glucose
Aminosäuren
Fructose
GLUT 5

basolateral
Cl⁻
Na⁺
K⁺
GLUT 2
Glucose
Galactose

b Sekretion

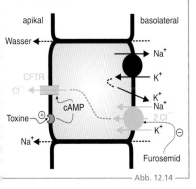

apikal

Wasser

CFTR
Cl⁻
cAMP
Toxine
Na⁺

basolateral

Na⁺
K⁺
K⁺
Na⁺
2 Cl⁻
K⁺
Furosemid

Abb. 12.14

C. Dickdarm

a Resorption

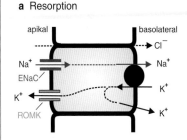

apikal

Na⁺
ENaC
K⁺
ROMK

basolateral
Cl⁻
Na⁺
K⁺
K⁺

b Sekretion

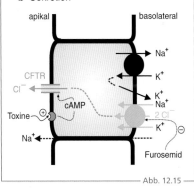

apikal

CFTR
Cl⁻
cAMP
Toxine
Na⁺

basolateral

Na⁺
K⁺
K⁺
Na⁺
2 Cl⁻
K⁺
Furosemid

Abb. 12.15

13 Atmung und Gaswechsel

13.1 Gasaustausch

Der Begriff Atmung bezieht sich einerseits auf die Zellatmung (→ Kap. 2) und andererseits auf den externen und internen Gasaustausch, der die Aufnahme und Abgabe der Atemgase und ihren Transport zu den Zellen im Organismus bezeichnet.

Der Gasaustausch findet bei Einzellern durch die Zellmembran, bei einfachen Organismen, z. B. Porifera (→ Kap. 22), durch die Körperoberfläche statt. Höhere Organismen haben spezielle Atmungsorgane wie Kiemen oder Lungen entwickelt. Der Transport der Atemgase erfolgt überwiegend durch das Blut und die Hämolymphe und nur bei Insekten über ein eigenes Transportsystem (Tracheen). Um die Atemgase im Blut zu befördern, sind spezielle Atmungspigmente notwendig, z. B. Hämoglobin.

Als Atemgase bezeichnet man Sauerstoff und Kohlendioxid. Sie sind in den Umgebungsmedien (Luft, Wasser) in unterschiedlichen Konzentrationen enthalten (→ A) und machen nur einen kleinen Teil der Atemluft aus. Sauerstoff (O_2) wird vom Organismus aufgenommen und zusammen mit energiehaltigen Substraten umgesetzt. Dabei entsteht Kohlendioxid (CO_2), das vom Körper wieder abgegeben werden muss.

Da bei der Lungenatmung das eingeatmete Volumen auch aus einem nicht nutzbaren, hohen Anteil an Stickstoff besteht, muss z. B. ein Mensch etwa 26 l Luft einatmen, um daraus 1 l Sauerstoff zu extrahieren. In körperlicher Ruhe braucht der menschliche Organismus etwa 0,3 l Sauerstoff pro Minute und muss ca. 0,25 l Kohlendioxid pro Minute abgeben. Daraus folgt, dass der Mensch in Ruhe ca. 8 l Luft pro Minute ventilieren muss, um seinen Sauerstoffbedarf zu decken. Dieser Wert wird als Atemminutenvolumen bezeichnet und setzt sich aus Atemfrequenz und Atemzugtiefe zusammen.

Der externe Gasaustausch sorgt für die Aufnahme und Abgabe der Atemgase in den Organismus. Die Atemgase diffundieren durch zwei Barrieren (Außenmedium/Blut und Blut/Gewebe) und das Kreislaufsystem transportiert sie zu den Geweben und Zellen bzw. von ihnen weg zum Atmungsorgan (→ B).

Ist das Gas am Atmungsepithel (Alveolargewebe) angelangt, so erfolgt sein Übertritt durch einfache Diffusion über zwei Gewebeschichten (→ C).

Das Kapillarendothel und das Alveolarepithel bestehen jeweils nur aus einer dünnen, einschichtigen Zellformation. Durch sie und den dazwischenliegenden, interstitiellen Raum treten die Atemgase. Bei einer Gasdiffusion sind nicht die Konzentrations-, sondern die Partialdruckdifferenzen, z. B. von Sauerstoff (pO_2) und Kohlendioxid (pCO_2), die Triebkräfte.

Die Diffusion erfolgt nach dem Diffusionsgesetz. Hierbei spielen Druckdifferenz, Epithelfläche und Epitheldicke eine Rolle. Aufgrund des viel höheren Diffusionskoeffizienten diffundiert CO_2 viel rascher als O_2 durch das Gewebe. Deshalb genügt für die CO_2-Diffusion ein geringerer Druckunterschied als für die O_2-Diffusion.

Die Oberflächenspannung zwischen Luft und Alveolarepithel wird durch eine spezielle Substanz (Surfactant) vermindert, die von Pneumocyten sezerniert wird.

Störungen des Gasaustauschs können sich durch eine verminderte Durchblutung der Lungenkapillaren (Lungeninfarkt) oder durch Membran- und Wandverdickungen bei COPD (chronisch obstruktive Lungenerkrankung) und Lungenödemen ergeben.

Ein akutes Lungenversagen (Schocklunge) kann sich durch die Einatmung toxischer Gase (Inhalationstrauma beim Einatmen von Rauchgasen), durch Infektionen (Lungenentzündung) oder durch systemische Erkrankungen des Organismus, z. B. Sepsis, entwickeln.

Die Alveolardurchblutung kann durch einen Mechanismus (hypoxische Vasokonstriktion) reguliert werden. Dabei messen Sensoren in der Alveolarwand den pO_2 und lösen bei stark erniedrigten Werten eine Konstriktion der zuführenden Blutgefäße aus.

© Springer-Verlag GmbH Deutschland, ein Teil von Springer Nature 2021
W. Clauss und C. Clauss, *Taschenatlas Zoologie*,
https://doi.org/10.1007/978-3-662-61593-5_13

A. Atemgase und Stickstoff in den Umgebungsmedien

		Gase	
Medium	O₂ (Sauerstoff)	CO₂ (Kohlendioxid)	N₂ (Stickstoff)
Luft (Pa)	21,17 kPa	0,03 kPa	80,10 kPa
Wasser (°C)	6,52 ml O₂/l	0,26 ml CO₂/l	13,22 ml N₂/l

Tab. 13.1

B. Atemsystem

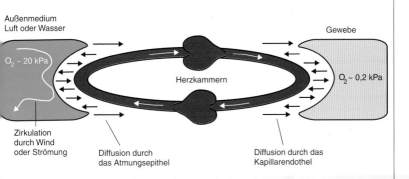

Außenmedium
Luft oder Wasser

Gewebe

$O_2 \sim 20$ kPa

Herzkammern

$O_2 \sim 0,2$ kPa

Zirkulation
durch Wind
oder Strömung

Diffusion durch
das Atmungsepithel

Diffusion durch das
Kapillarendothel

Abb. 13.2

C. Diffusionsbarriere zwischen Alveolarraum und Blut

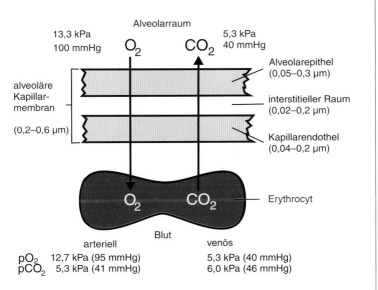

Alveolarraum

13,3 kPa
100 mmHg

O_2 CO_2 5,3 kPa
40 mmHg

alveoläre
Kapillar-
membran

Alveolarepithel
(0,05–0,3 µm)

interstitieller Raum
(0,02–0,2 µm)

(0,2–0,6 µm)

Kapillarendothel
(0,04–0,2 µm)

O_2 CO_2

Erythrocyt

Blut
arteriell   venös

pO₂   12,7 kPa (95 mmHg)   5,3 kPa (40 mmHg)
pCO₂   5,3 kPa (41 mmHg)   6,0 kPa (46 mmHg)

Abb. 13.3

13.2 Wasseratmung und Kiemen

Wasseratmung tritt bereits bei Invertebraten auf, die dazu spezielle Hautlappen oder bereits hochentwickelte Kiemen ausgebildet haben. Schwimmkäfer und Wasserwanzen atmen aus Luftblasen, die durch die feinen Haare in der Nähe der Tracheenöffnungen festgehalten werden (physikalische Kiemen). Stechmückenlarven sind hemipneustische Wasserinsekten und können mithilfe von Atemrohren wie mit einem Schnorchel Luft über der Wasseroberfläche atmen. Branchiopneustische Wasserinsekten atmen Sauerstoff direkt aus dem Wasser mithilfe von speziellen Tracheenkiemen. Viele andere Invertebraten, z. B. wasserlebende Mollusca, haben Reusensysteme zur Filtration von Nahrungspartikeln mit hochentwickelten Kiemen kombiniert. Auch Chordata, z. B. Tunicata, Acrania und Agnatha, atmen mithilfe von Kiemen.

Echte Kiemen treten bei den Fischen auf. Sie befinden sich hinter der Mundhöhle im Kiemendarm und sitzen bei Knochenfischen auf je vier Kiemenbögen (→ A). Von diesen gehen parallel die Kiemenfilamente ab, auf denen wieder unzählige Kiemelamellen lokalisiert sind (→ B).

Kiemen entziehen dem Wasser, das durch die Mundhöhle in den Kiemendarm strömt, Sauerstoff. Der Kiemenraum ist nach außen durch einen Kiemendeckel (Operculum) abgedeckt. Die Strömung des Wassers wird durch Pumpvorgänge des Munds und des Kiemenraums ermöglicht (Saug-Druck-Pumpe). Bei den Elasmobranchiern (z. B. Hai) fehlt zwar der Kiemendeckel, die fünf Kiemenspalten haben allerdings verlängerte Kiemensepten, sodass ein ähnlicher Saug-Druck-Mechanismus abläuft. Außerdem schwimmen Elasmobranchier ständig mit geöffnetem Mund, wodurch ein Wasserstrom in den Kiemendarm erzeugt wird.

Der Gasaustausch über die Kiemen findet im spezialisierten Epithel- und Endothelgewebe der vielen Kiemenlamellen statt. In den Lamellen verlaufen viele feine Kapillaren, in denen die Strömungsrichtung des Bluts entgegengesetzt zu der des zwischen den Lamellen durchströmenden Wassers ist (Gegenstromprinzip). Durch diese funktionelle Anordnung ist der O_2/CO_2-Austausch zwischen Wasser und Blut optimiert. – Abb. C zeigt die vom Partialdruckgefälle abhängigen Gasaustauschmöglichkeiten zwischen zwei konvektiv aneinander vorbeiströmenden Flüssigkeiten.

Strömen beide Flüssigkeiten nach dem Gleichstromprinzip in dieselbe Richtung (→ Ca), steht das in dem angenommenen Beispiel zu 100% gesättigte Wasser dem Blut (0% Sättigung) zunächst mit einem großen Druckgradienten gegenüber. Diese Druckdifferenz verringert sich aber recht schnell, bis am Ende der Austauschstrecke kein Gradient mehr besteht. Das Blut kann also nur bis maximal 50% gesättigt werden.

Beim Gegenstromprinzip (→ Cb) ist zunächst nur ein kleiner Druckgradient vorhanden (100% zu 90%). Dieser bleibt aber über die ganze Austauschstrecke erhalten, sodass der Sauerstoff effektiver ins Blut gebracht werden und dieses bis zu 90% gesättigt werden kann. Dieses effektive Gegenstromprinzip, das im Organismus auch bei anderen Austauschvorgängen angewendet wird, ermöglicht eine bessere O_2-Nutzung aus dem atemtechnisch ungünstigen Medium Wasser.

Die Regulation der Kiemenatmung geschieht über eine Messung des O_2-Gehalts und eine Steigerung der Ventilation (Atemfrequenz und Volumen des die Kiemenbögen durchströmenden Wassers. Dabei tritt diese Regulation öfter bei den im O_2-armen Süßwasser schwimmenden Fischen auf, als bei den Meeresfischen, deren umgebendes Wasser meist einen ausreichenden O_2-Gehalt aufweist.

A. Wasserströmung in der Kiemenhöhle bei Knochenfischen

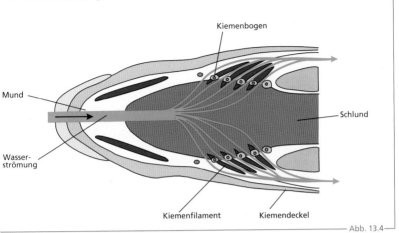

Kiemenbogen

Mund

Schlund

Wasser-
strömung

Kiemenfilament

Kiemendeckel

Abb. 13.4

B. Kiemenfilamente und -lamellen

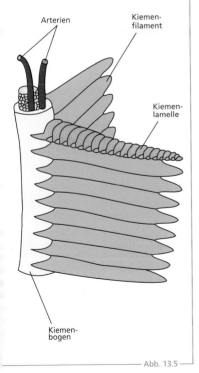

Arterien

Kiemen-
filament

Kiemen-
lamelle

Kiemen-
bogen

Abb. 13.5

C. Kieme – Gasaustausch

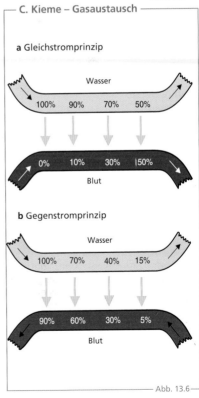

a Gleichstromprinzip

Wasser

100%   90%   70%   50%

0%   10%   30%   50%

Blut

b Gegenstromprinzip

Wasser

100%   70%   40%   15%

90%   60%   30%   5%

Blut

Abb. 13.6

13.3 Lungen

Zur Atmung im Medium Luft haben Wirbeltiere Lungen ausgebildet. Die Lungen von Amphibien und Reptilien sind sackartige Strukturen. Zu den funktionell und anatomisch herausragenden Atmungsorganen gehören ohne Zweifel die hochentwickelten Lungen der Vögel (→ A).

Vögel sind sehr stoffwechselaktive Tiere, die durch ihre Homöothermie einen hohen Sauerstoffverbrauch haben. Ihre Lunge ist nicht wie bei anderen Vertebraten sackartig angelegt, sondern funktioniert als permanent durchströmtes Organ nach dem Dudelsackprinzip. Vögel können ihren Brustkorb nicht erweitern, sondern führen zum Atmen schaukelartige Bewegungen ihres Sternums durch.   Dadurch quetschen sie abwechselnd den vorderen und den hinteren Luftsack, sodass die eingeatmete Luft durch die Lungenpfeifen in den Parabronchien bewegt wird. Vögel besitzen sowohl beim Einatmen als auch beim Ausatmen einen sehr effektiven Gasaustausch in den Lungenpfeifen. Mit einer Syrinx an der Gabelung ihrer Trachea können Vögel Laute erzeugen.

Dagegen ist die Lunge von Säugetieren sackartig aufgebaut (→ B, C). Ein- und Ausatemluft werden durch dieselben zu- und abführenden Luftwege geleitet. Im Gegensatz zu früheren Lungenentwicklungen z. B. bei den Amphibien, ist bei der Säugetierlunge die respiratorische Austauschfläche durch Millionen von Alveolen auf viele Quadratmeter erweitert. Dadurch ist kein zentraler Luftraum mehr vorhanden, sondern die Atemwege spalten sich über unzählige Verästelungen der Bronchien auf.

Die menschliche Lunge (→ B) besteht aus zwei Lungenlappen, die rechts und links vom Herzen innerhalb des abgeschlossenen Thorakalraumes liegen. Die Luft gelangt über den Mund-Rachen-Raum in die Luftröhre (Trachea) und von dort aus

in die beiden Hauptbronchien, die sich in jedem Lungenlappen weiter baumartig verzweigen und schließlich nach ca. 16 Verästelungen in den Terminalbronchien münden. Alle diese Gänge haben eine vorwiegende Leitungsfunktion der Atemgase und nehmen nicht am Gasaustausch teil. Sie werden deshalb auch als Totraum bezeichnet. Die daran anschließenden respiratorischen Bronchiolen (17.–19. Verzweigung) können durch seitliche alveolare Aussackungen bereits am Gasaustausch beteiligt sein, der allerdings hauptsächlich über die Wand der Alveolen erfolgt, von denen der Mensch ca. 300 Mio. besitzt.

Die Atemwege (Trachea, Bronchien und Bronchiolen) haben in ihrem Epithel schleimsezernierende Zellen mit Cilien, die eingedrungenen Staub und Fremdkörper verkleben und wieder nach außen befördern. Neben dieser Reinigungsfunktion wird die Luft auch auf Körpertemperatur aufgewärmt und angefeuchtet.

Die Alveolen haben eine besonders dünne Wand, die aus einem Epithel von Typ-I - und Typ-II-Zellen besteht. Während Typ-I-Zellen durch ihre flache Form hauptsächlich für den Gasaustausch (→ C) zuständig sind, sezernieren die Typ-II-Zellen das Surfactant. Es besteht aus einer Flüssigkeit mit oberflächenaktiven Substanzen (Proteine und Lipide), die sich wie ein Film über die innere Oberfläche der Alveolen legt und deren Oberflächenspannung vermindert, die sonst die Alveolen kollabieren ließe.

Typ-I-Zellen enthalten zahlreiche epitheliale Transportsysteme für Ionen und Wasser, die für eine konstante Dicke und Konsistenz dieses Flüssigkeitsfilms sorgen. Sie entwässern auch die bei der Geburt noch flüssigkeitsgefüllte Lunge des Fötus und sorgen beim Erwachsenen ständig für eine angepasste Flüssigkeits-Clearance aus der Lunge, damit keine Flüssigkeitsansammlungen (Ödeme) entstehen.

A. Vogellunge

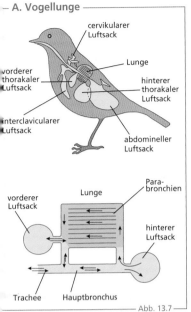

cervikularer Luftsack

Lunge

vorderer thorakaler Luftsack

hinterer thorakaler Luftsack

interclavicularer Luftsack

abdomineller Luftsack

vorderer Luftsack

Lunge

Para-bronchien

hinterer Luftsack

Trachee   Hauptbronchus

Abb. 13.7

B. Lunge – Mensch

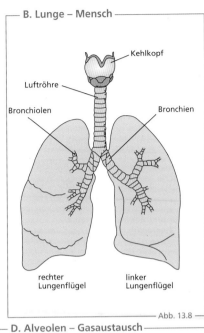

Kehlkopf

Luftröhre

Bronchiolen

Bronchien

rechter Lungenflügel

linker Lungenflügel

Abb. 13.8

C. Lunge – Schema

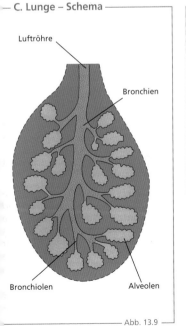

Luftröhre

Bronchien

Bronchiolen   Alveolen

Abb. 13.9

D. Alveolen – Gasaustausch

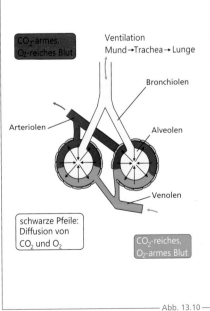

CO_2-armes, O_2-reiches Blut

Ventilation Mund→Trachea→Lunge

Bronchiolen

Arteriolen

Alveolen

Venolen

schwarze Pfeile: Diffusion von CO_2 und O_2

CO_2-reiches, O_2-armes Blut

Abb. 13.10

13.4 Gastransport im Blut

Ist der Sauerstoff in das Kapillarblut der Lunge eingetreten, wird er über das Blutgefäßsystem in alle Körperregionen und -gewebe transportiert. Im Blut wird der Sauerstoff an spezielle Atmungspigmente gebunden, beim Menschen an Hämoglobin, bei verschiedenen Tieren an andere Pigmente (Hämerythrin, Chlorocruorin, Hämocyanin). Atmungspigmente sind Verbindungen aus Proteinen und Metallionen, die ihre charakteristische Farbe nach der O_2-Sättigung ändern.

Am bekanntesten ist das beim Menschen, Vertebraten und einigen Invertebraten vorkommende Hämoglobin (→ Aa), ein Tetrameres Protein, dessen vier Untereinheiten aus einer Polypeptidkette (Globin) und einer prosthetischen Gruppe (Häm) bestehen. Jeweils zwei der vier Globinketten sind identisch, sodass im Hämoglobin zwei α-Ketten und zwei ß-Ketten vorhanden sind. Das Häm ist aus vier Pyrolringen aufgebaut, deren Stickstoffatome in der Mitte ein zweiwertiges Eisenatom komplex binden. An dieses Fe²⁺-Zentralatom lagert sich bei der Oxygenierung ein Molekül O_2 an, das aber nicht bindet, also nicht zu einer Oxidation des Fe²⁺ führt. Die Oxygenierung ändert aber die Konformation im Häm und sogar im Globin und erleichtert so eine weitere Oxygenierung der benachbarten Hämmoleküle. Diese werden mit einer zunehmenden Affinität gebunden (positive Kooperativität). Durch diesen allosterischen Effekt bekommt die O_2-Bindungskurve des Hämoglobins eine sigmoidale Form (→ Ab). Jedes Hämoglobinmolekül kann also vier O_2-Moleküle binden.

Hämoglobin ist der im Tierreich am weitesten verbreitete Blutfarbstoff. Er kommt bei fast allen Vertebraten und auch bei vielen Invertebraten ab den Plathelminthes (*Ascaris*) vor. Während Hämoglobin bei allen Vertebraten ausschließlich in den Erythrocyten vorliegt, ist es bei Invertebraten meist frei im Plasma gelöst, besitzt dann allerdings eine höhere Molekülmasse.

Weitere Atmungspigmente sind das grüne Chlorocruorin, das ebenfalls ein zentrales Fe²⁺-Atom enthält und bei Wirbellosen (einige Polychaeta) vorkommt. Es besitzt eine im Vergleich zu Hämoglobin weitaus größere Affinität zu CO_2. Der im oxygenierten Zustand violette Farbstoff Hämerythrin enthält ebenfalls Eisen und wird im desoxygenierten Zustand farblos. Er kommt bei einigen Polychaeta und bei Brachiopoda vor. Die im oxygenierten Zustand blauen Hämocyanine enthalten Kupfer und sind im desoxygenierten Zustand farblos. Sie sind im Tierreich weit verbreitet, unter anderem bei Crustacea, Arthropoda und Mollusca.

Aufgabe des Hämoglobins ist der O_2-Transport im Blut. Dazu lagert sich O_2 in den Lungenkapillaren an das Hämoglobin in den Erythrocyten an (→ B) und löst sich in den Gewebekapillaren wieder von ihm.

Mit O_2 beladenes Hämoglobin wird als Oxyhämoglobin bezeichnet, wird O_2 wieder abgegeben, bezeichnet man es als Desoxyhämoglobin. Kohlenmonoxid (CO) hat zu Hämoglobin eine größere Affinität als O_2. deshalb bindet Hämoglobin bevorzugt CO, sofern es im Blut vorhanden ist. Hämoglobin wird dann oxidiert und Methämoglobin genannt. Methämoglobin kann keinen Sauerstoff mehr transportieren und führt zur Vergiftung. Durch das Enzym Methämoglobin-Reduktase kann es wieder in die normale Form überführt werden.

Der Großteil des CO_2-Transports verläuft im Blut als Hydrogencarbonat und benötigt dazu ebenfalls Hämoglobin (→ B).

CO_2 diffundiert vom Gewebe über das Blutplasma in die Erythrocyten und wird dort mithilfe des Enzyms Carboanhydrase (CA) schnell in Kohlensäure (H_2CO_3) umgesetzt. Diese dissoziiert im intrazellulären pH-Milieu der Erythrocyten zu Protonen (H⁺) und Hydrogencarbonat (HCO₃⁻). Die überschüssigen Hydrogencarbonationen diffundieren über ein Anionentransportsystem im Austausch mit Chloridionen (Cl⁻) ins Blutplasma (Chloridverschiebung). Dabei werden die anfallenden Protonen durch Hämoglobin abgepuffert (HHb). In den Alveolarkapillaren laufen diese Vorgänge in umgekehrter Richtung ab. Hydrogencarbonat diffundiert aus dem Plasma in die Erythrocyten zurück und wird durch die Carboanhydrase (CA) in H_2O und CO_2 zerlegt. CO_2 diffundiert dann entlang des Druckgradienten durch das Kapillar- und das Alveolarepithel in die Lunge und wird von dort in die Umgebung abgegeben.

A. Priapulida-Hämoglobin und Sauerstoffbindungskurve

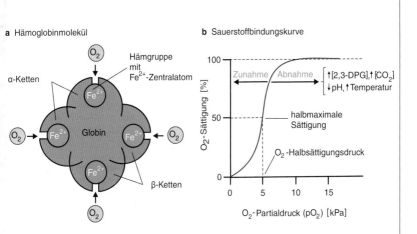

a Hämoglobinmolekül

b Sauerstoffbindungskurve

Abb. 13.11

B. Gasaustausch im Organismus

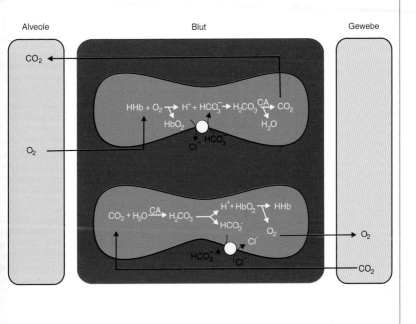

Abb. 13.12

13.5 Tracheen und Schwimmblase

Invertebraten haben viele verschiedene Formen von Atmungsorganen entwickelt. Diese reichen von kiemenartigen Körperanhängen bei den wasserlebenden Polychaeta über die schon kompliziert ausgebildeten Kiemen der höheren Krebse (Malacostraca), bis zu lungenähnlichen Atmungsorganen mancher Arthropoda (→ Kap. 36). So hat z.B der Palmendieb (*Birgus latro*) seine Kiemen und die Atemhöhle vollständig zu einem luftatmenden Organ umgebildet und würde nach ca. 15 min im Wasser ertrinken.

Besonders spektakulär ist bei Insekten die Entwicklung eines vollständig anderen Atmungssystems (Tracheen), bei dem die Atemgase nicht mit dem Blut oder Hämolymphe zu den Zellen hin oder von ihnen weg transportiert werden. Dieses Tracheensystem (→ A) besteht aus einem sich immer feiner verzweigenden Röhrensystem (→ B). Dessen Öffnungen in der Körperwand (Stigmen) können teilweise durch Deckel verschlossen werden. Die Wände der Tracheen bestehen aus ektodermalem Gewebe, das innen mit einer Chitinschicht ausgekleidet ist und zur Strukturgebung oft eine Spirale aus Chitin enthält (→ C). Die Tracheen münden über viele Verzweigungen in die Tracheolen, die nur noch einen Durchmesser von ~1 µm haben und zu den Körperzellen führen, wo sie blind enden (→ B). In diesen feinen, strahlenförmigen Endzellen ist eine Regulation der Luftzufuhr möglich, indem ein Flüssigkeitstropfen, dessen Größe durch Resorption und Sekretion verändert werden kann, das Lumen der feinen Gänge teilweise verlegt.

Der Gastransport im Tracheensystem erfolgt durch Diffusion und Pumpen mithilfe unterstützender Atembewegungen des Körpers. Die Regulation erfolgt neben dem Flüssigkeitstropfen auch durch Öffnen oder Verschließen der Stigmen durch Deckel oder Ventile.

Da das Tracheensystem also nicht nur den Gasaustausch zum Gewebe, sondern auch den Gastransport im Körper übernimmt, haben manche Insekten oft nur wenig oder gar keine Atmungspigment in ihrer Hämolymphe.

Die Schwimmblase ist beim Knochenfisch ein großes, ein- oder mehrkammriges, sackartiges Gebilde. Es ermöglicht den Fischen einen Ausgleich, um ihr spezifisches Gewicht dem des Wasser anzupassen und damit ohne besondere Kraftaufwand zu schweben.

Die Schwimmblase entwickelt sich wie die Lunge aus einer embryonalen Ausstülpung der Vorderdarms und stellt eine Weiterentwicklung der Fischlunge zu einem hydrostatischen Organ dar. Bei den ursprünglichen Knochenfischen (Lachs, Forelle, Wels) ist sie zeitlebens durch einen Gang (Ductus pneumaticus) mit dem Darm verbunden (→ D). Diese Tiere werden funktionell als Physostomen bezeichnet.

Bei den höher entwickelten Fischen (Dorsch, Barsch, Stichling) wird der Verbindungsgang nach dem Larvenstadium reduziert (→ E). Sie werden Physoklisten genannt. Den Druckausgleich in verschiedenen Tauchtiefen regulieren Physostomen durch Schlucken oder Abgabe von Gas über den Verbindungsgang (Gasspucken), während Physoklisten die Gasmenge durch Resorption oder Sekretion mithilfe einer gut durchbluteten Wandstruktur der Gasdrüse (Rete mirabile) regulieren. Sie funktioniert nach dem Gegenstromprinzip, um einen optimalen Austausch zu gewährleisten. In Dürreperioden oder bei niedrigem Sauerstoffgehalt des Wassers können manche Fische die Schwimmblase auch als Atmungsorgan nutzen, z. B. bei südamerikanischen Knochenfischen oder beim Knochenhecht. Die Schwimmblase kann zusätzliche Funktionen bei der Übertragung von Schallreizen zu der Gehörknöchelchen oder bei der Lauterzeugung durch Trommelmuskeln in der Schwimmblasenwand haben.

A. Tracheensystem

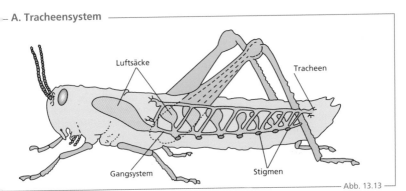

Luftsäcke

Tracheen

Gangsystem

Stigmen

Abb. 13.13

B. Regulation in Tracheolen

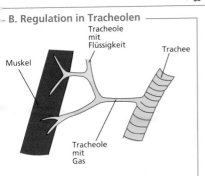

Tracheole mit Flüssigkeit

Trachee

Muskel

Tracheole mit Gas

Abb. 13.14

C. Regulation durch Atemöffnung

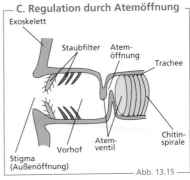

Exoskelett

Staubfilter

Atemöffnung

Trachee

Chitinspirale

Atemventil

Vorhof

Stigma (Außenöffnung)

Abb. 13.15

D. Schwimmblase – offen

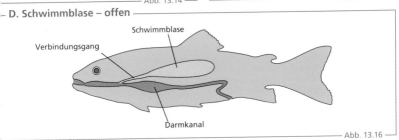

Schwimmblase

Verbindungsgang

Darmkanal

Abb. 13.16

E. Schwimmblase – geschlossen

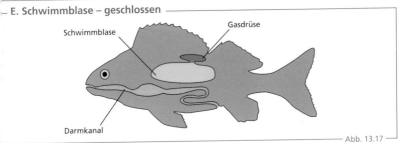

Gasdrüse

Schwimmblase

Darmkanal

Abb. 13.17

14 Blut und Immunsystem

14.1 Blutzellen

Ab einem bestimmten Organisationsgrad (Annelida) benötigen mehrzellige Organismen ein System zum Transport der Nahrungs- und Exkretionsstoffe. Dazu ist ein Transportmedium im offenen (Hämolymphe) oder im geschlossenes Kreislaufsystem (Blut) vorhanden.

Blut durchströmt in Kapillaren alle Organe und Gewebe und transportiert zusätzlich auch die Atemgase (O_2 und CO_2) und Signalstoffe (Hormone). Es hat durch die zum Immunsystem gehörenden Zellen und Moleküle auch Abwehrfunktionen. Bei Verletzungen versiegelt das Blutgerinnungssystem die Gefäßwand. Blut besteht etwa zur Hälfte aus der wässrigen Phase (Blutplasma) mit darin gelösten Stoffen und zur anderen Hälfte aus den Blutzellen.

Den überwiegenden Anteil (ca. 99%) dieser Blutzellen stellen die Erythrocyten dar. Ihre Zahl und Größe variiert je nach Tierart beträchtlich ($\to$ A). Es gibt runde, kernlose (1, 2), ovale kernhaltige (3, 4, 5, 6) und ovale, kernlose (7) Erythrocyten. Die nun folgenden Angaben beziehen sich auf das Blutsystem des Menschen.

Menschliche Erythrocyten haben eine flache, bikonkave Diskusform, ohne Kern und mit einem Durchmesser von ca. 6 μm. Das Blutvolumen beträgt etwa 4,5 l (Männer) bzw. 3,6 l (Frauen). Der Volumenanteil der Blutzellen (Hämatokrit) beträgt etwa knapp die Hälfte 0,37–0,47 bei Frauen und 0,4–0,64 bei Männern. Dieser Normbereich ist für eine störungsfreie Zirkulation des Bluts unbedingt notwendig, da eine davon abweichende Blut-Viskosität die Strömungseigenschaften verändern und den Strömumgswiderstand des Bluts deutlich erhöhen.

Der Hämatokrit wird nach Zentrifugation von ungerinnbar gemachtem Blut bestimmt ($\to$ B). Durch eine Elektrophorese der Grenzschicht zwischen Blutplasma und geformten Bestandteilen können die Blutproteine aufgetrennt und dargestellt werden. Es handelt sich um die Albumine und Globuline mit ihren Untergruppen.

Alle Blutzellen werden im hämapo[...] tischen Gewebe (Knochenmark) a[...] pluripotenten Stammzellen gebilde[...] ($\to$ C). Diese entwickeln sich über meh[...] rereDifferenzierungsschritte zu häm[...] poetischen Vorläuferzellen, aus dene[...] sich unter dem Einfluss von Differenzi[...] rungsfaktoren die entsprechend ausdi[...] ferenzierten Blutzellen bilden.

Im Falle der Erythrocyten geht dieser We[...] über erythroide Vorläuferzellen, die auch a[...] Reticuloblasten bezeichnet werden. Diese er[...] wickeln sich unter dem Einfluss des aus de[...] Leber stammenden Hormons Erythropoeti[...] Dabei sind Vitamin B_{12} (Cobalamin), Folsäur[...] und eine gute Verfügbarkeit von Eisen wich[...] tig. Stehen diese Faktoren nicht ausreichen[...] zur Verfügung, entwickelt sich eine Bluta[...] mut (Anämie). Die Ursachen dafür könne[...] in anderen Organsystemen liegen, z. B. i[...] Magen-Darm-Trakt. Dort ist ein in der Mager[...] schleimhaut gebildeter Intrinsic Factor für di[...] Resorption von Vitamin B_{12} zuständig. Feh[...] dieser Faktor kommt es zur Anämie.

Erythrocyten haben im Blut eine Lebensdaue[...] von ca. 120 d und legen in dieser Zeit ein[...] Strecke von etwa 200 km zurück. Dabei sin[...] sie ständig starken mechanischen Belastunge[...] durch Reibung an den Kapillarwänden aus[...] gesetzt. Die Zellen werden deshalb bei jede[...] Durchgang durch die Milz auf ihre funktio[...] nelle Integrität geprüft. Schadhafte Erythro[...] cyten werden ausgesondert und gelange[...] über die Milz und das Blut in das reticuloendo[...] theliale System (RES), das aus Leber, Milz un[...] Knochenmark besteht, wo sie abgebaut wer[...] den. Ungefähr 1% der Erythrocyten werde[...] pro Tag aussortiert bzw. neu gebildet. Die[...] entspricht einer Neubildung von ca. 3 Mio[...] Erythrocyten pro Sekunde beim Erwachsene[...]

Die Erythrocytenzahl wird neben Ge[...] schlecht, Alter und Ernährung auch[...] durch den O_2-Gehalt der Atemluft be[...] einflusst. Ein Aufenthalt in großer Höhe[...] bewirkt eine langfristige Adaptatio[...] und Erhöhung der Erythrocytenzah[...] (Erythrocytose). Dieser Effekt wird im[...] Sport oft in Form eines Höhentraining[...] verwendet. Die Erniedrigung der Ery[...] throcytenzahl wird als Erythrocytopeni[...] bezeichnet.

© Springer-Verlag GmbH Deutschland, ein Teil von Springer Nature 2021
W. Clauss und C. Clauss, *Taschenatlas Zoologie*,
https://doi.org/10.1007/978-3-662-61593-5_14

A. Erythrocyten – Vergleich

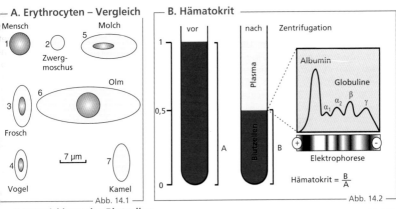

Mensch
1
2 Zwerg-moschus
Molch
5
3
Frosch
6 Olm
4
Vogel
7 Kamel
7 µm

— Abb. 14.1 —

B. Hämatokrit

vor   nach   Zentrifugation

1

Plasma

0,5

Albumin
Globuline
α_1 α_2 β γ

Blutzellen

A   B

(+)   Elektrophorese   (–)

0

$$\text{Hämatokrit} = \frac{B}{A}$$

— Abb. 14.2 —

C. Entwicklung der Blutzellen

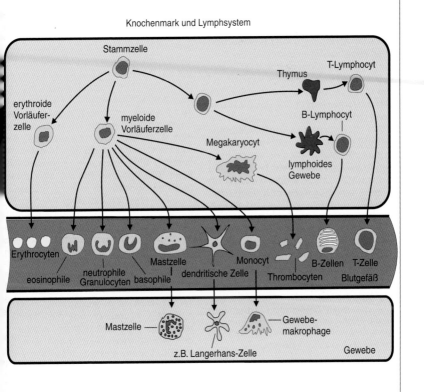

Knochenmark und Lymphsystem

Stammzelle

T-Lymphocyt

Thymus

erythroide Vorläufer-zelle

myeloide Vorläuferzelle

B-Lymphocyt

Megakaryocyt

lymphoides Gewebe

Erythrocyten

eosinophile   neutrophile Granulocyten   basophile

Mastzelle

dendritische Zelle

Monocyt

Thrombocyten

B-Zellen   T-Zelle

Blutgefäß

Mastzelle

z.B. Langerhans-Zelle

Gewebe-makrophage

Gewebe

— Abb. 14.3 —

14.2 Blutplasma

Wird ungerinnbar gemachtes Blut zentrifugiert, befindet sich im Überstand das Blutplasma, eine wässrige Lösung, in der die niedermolekularen Ionen (hauptsächlich Na^+, Cl^- und HCO_3^-), die hochmolekularen Plasmaproteine (Albumine, Globuline u. a.) ($\rightarrow$ A) und die Blutgerinnungsfaktoren und Proteine (Prothrombin, Fibrinogen u. a.) enthalten sind. Wird dagegen in der Blutprobe die Blutgerinnungskaskade z. B. durch Umrühren ausgelöst, so entsteht Fibrin, das beim Zentrifugieren mit den Blutzellen abgetrennt wird. Die wässrige Lösung wird in diesem Fall als Blutserum bezeichnet und enthält neben den oben genannten Stoffen kein Fibrin mehr, sondern nur noch lösliche Gerinnungsfaktoren.

Die Plasmaproteine ($\rightarrow$ A) bleiben normalerweise im Blut und können die Blutgefäße nur in geringer Menge verlassen. Ca. 60% der Plasmaproteine werden von Albuminen gestellt. Sie verursachen den kolloidosmotischen Druck des Bluts und haben eine Vehikelfunktion für viele der im Blut transportierten Stoffe. Albumine sind außerdem eine Proteinreserve des Körpers. Globuline dienen neben ihrer Rolle in der Immunabwehr (γ-Globuline) hauptsächlich als Transportvehikel für Lipide, Eisen, Hormone und Spurenelemente (α- und ß-Globuline). Solche speziellen Globuline werden als Transcortin (Cortisoltransport), Transcobalamin (Vitamin-B_{12}-Transport), Apolipoprotein (Lipidtransport) und Haptoglobulin (Hämoglobintransport) bezeichnet.

Albumine und Globuline lassen sich durch eine Elektrophorese auftrennen. Dazu wird eine Probe auf einen Objektträger aufgetragen und die Blutproteine werden in einem elektrischen Feld entsprechend ihrer Ladung und ihrer Molekülmasse aufgetrennt.

Die Bestimmung der Blutproteine spielt für die Gesundheitsvorsorge eine wichtige Rolle. So werden z. B. die speziellen Lipidtransportproteine in zwei wichtige Klassen unterteilt. LDL (*low-density lipoproteins*) transportieren Cholesterin von der Leber zu den Körpergeweben. Sie geben das Cholesterin aber auch an das Blut ab, wo es sich an den Gefäßwänden ablagert. Der LDL-Wert zeigt also einen hohen Blutfettgehalt an. HDL (*high-density lipoproteins*) nehmen dagegen Cholesterin aus dem Blut und den Gefäßwänden auf und transportieren es zur Leber. Sie sind sozusagen die guten Lipoproteine des Bluts, d. h., eine hohe Menge an HDL ist vorteilhaft. Entscheidend sind jedoch nicht die absoluten Werte, sondern das Verhältnis von LDL zu HDL. Medizinisch gesehen ist ein niedriger LDL/HDL-Quotient erstrebenswert, der normalerweise unter 3 liegen sollte. Dies senkt das Risiko für Herz-Kreislauf-Erkrankungen erheblich.

Im Blutplasma entspricht die Zusammensetzung der niedermolekularen Ionen im Wesentlichen der interstitiellen Flüssigkeit. Das Ionogramm ($\rightarrow$ B) bilanziert die positiv und negativ geladenen Ionen, die sich in ihrer elektrischen Ladung jeweils entsprechen müssen. Der überwiegende Anteil der Kationen im Blut wird durch Na^+ gestellt, bei den Anionen spielen auch die negativ geladenen Blutproteine eine wesentliche Rolle. Die Konzentrationen aller dieser gelösten Substanzen führen insgesamt zu einer Plasmaosmolalität von ca. 290 mosmol pro kg H_2O. Die Osmolalität des Bluts spielt eine große Rolle bei der Austauschvorgängen durch die Kapillarendothelien und auch bei der glomerulären Filtration in der Niere.

Bei plötzlichem Blutdruckabfall oder einer Verletzung mit erheblichem Blutverlust wird eine blutisotone Elektrolytlösung infundiert, um die Plasmaelektrolyte möglichst schnell wieder in den Normbereich zu bringen. Die Osmolalität dieser Lösung entspricht einer 0,9%igen Kochsalzlösung. Blutübertragungen erfolgen erst anschließend, um die entsprechenden Blutzellen wieder zu ergänzen.

A. Blutproteine – relative Molekülmasse

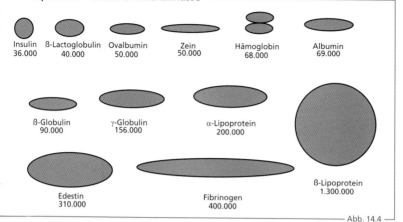

Insulin
36.000

ß-Lactoglobulin
40.000

Ovalbumin
50.000

Zein
50.000

Hämoglobin
68.000

Albumin
69.000

ß-Globulin
90.000

γ-Globulin
156.000

α-Lipoprotein
200.000

ß-Lipoprotein
1.300.000

Edestin
310.000

Fibrinogen
400.000

Abb. 14.4

B. Ionenkonzentrationen in den Flüssigkeitsräumen des Menschen

	Ionen	Blutplasma	interstitielle Flüssigkeit	Cytosol
Kationen	Na^+	142	145	12
(mmol/l bzw. mval/l)	K^+	4,3	4,4	140
	Ca^{2+}	2,6	2,5	< 0,001
	Mg^{2+}	1,4	1,4	1,6
	gesamt	**150**	**153**	**154**
Anionen	Cl^-	104	117	4
(mmol/l bzw. mval/l)	HCO_3^-	24	27	12
	$HPO_4^{2-}/H_2PO_4^-$	24	24	24
	Proteine	2	2,3	29
	organische Phosphate u. a.	5,9	~5	54
	gesamt	**150**	**153**	**154**

Abb. 14.5

14.3 Blutgruppensysteme

Auf der Oberfläche der Erythrocyten bilden die Proteine ein speziellen **Antigenmuster**, das von den im Plasma vorkommenden **Antikörpern** erkannt wird. Folge ist eine Verklumpung (**Agglutination**) der Erythrocyten mit dramatischen, letalen Folgen. Normalerweise sind im Blut eines Individuums die spezifisch gegen die eigenen Oberflächenantigene gerichteten Antikörper nicht vorhanden.

Man bezeichnet diese Kombination der Antigene und Antikörper beim Menschen als **AB0-Blutgruppensystem** ($\rightarrow$ A). Seine Benennung erfolgt nach den gruppenspezifischen Oberflächenantigenen A und B. Menschen der Blutgruppe A tragen auf ihren Erythrocyten das Antigen A, während sich im Plasma die Antikörper (Anti-B) gegen das in diesem Individuum nicht vorhandene Antigen B befinden. Umgekehrt tragen Menschen der Blutgruppe B auf ihren Erythrocyten das Antigen B und besitzen im Plasma die Antikörper gegen A. Bei der Blutgruppe AB sind beide Antigene vorhanden, im Plasma befinden sich aber keine Antikörper. Die Blutgruppe 0 weist keine Antigene auf den Erythrocyten auf, dafür aber im Plasma beide Antikörper, Anti-A und Anti-B. Die Blutgruppeneigenschaften (Antigene) werden nach den **Mendel'schen Gesetzen** vererbt, wobei die Antigene A und B dominant sind. Der Genotyp des Trägers der Blutgruppe A kann deshalb homozygot (AA) oder heterozygot (A0) sein.

Die Antigene des AB0-Systems findet man auch auf Leukocyten und Körperzellen. Deshalb ist bei Bluttransfusionen nicht nur auf die **Blutgruppenverträglichkeit**, sondern auch auf die **Gewebeverträglichkeit** zu achten, z. B. bei Organtransplantationen. Es wird stets nur Blut der gleichen Gruppe übertragen. Dabei spielen vor allem die im Spenderplasma vorhandenen Antikörper eine Rolle, da sie in größerer Menge als die Antigene vorkommen. Antikörper der gleichen Tierart werden als Isoagglutinine bezeichnet, Antikörper vo verschiedenen Tierarten als Heteroagglutinine. So agglutinieren Antikörp aus Kaninchenserum auch mit den Er throcyten aus menschlichem Blut. In de Humanmedizin hat das AB0-System eir große klinische und praktische Bede tung, z. B. bei Blutübertragungen un in der Transplantationsmedizin. Nebe den Agglutinationsreaktionen komm es durch die an falsche Erythrocyte bindende Antikörper auch zu ein starken Hämolyse. Das AB0-System ha aber auch eine enorme Bedeutung fü die Genetik und Forensik, weil es i der Abstammungsforschung und bei de Aufklärung von Kriminalfällen hilfreic sein kann.

Die **Blutgruppenbestimmung** erfolgt auf Ob jektträgern, indem man zu unbekannten Blu proben bekannte Testseren der Antikörpe hinzufügt ($\rightarrow$ A). Nach wenigen Minuten i eine eindeutige Agglutinationsreaktion zu e kennen, mit deren Hilfe man die Blutgrupp bestimmen kann.

Beim Menschen gibt es noch weiter Blutgruppensysteme, bei denen die Ar tikörper jedoch nicht präformiert sind Das bekannteste ist das **Rhesus-Syster** (CDE-System). Manche Menschen habe die zusätzlichen Oberflächenantigene C D und E, gegen die sich im Plasma befind liche Antikörper richten können. Das An tigen D hat dabei die stärkste Wirkun und Menschen mit diesem Antigen wer den als rhesuspositiv (Rh$^+$) bezeichnet Sie besitzen keine Anti-Rh-Antikörpe im Blut. Rhesusnegative Menschen be sitzen bei Geburt weder Rh-Antigen noch Rh-Antikörper. Sie können nach Kontakt mit Rh-Antigenen, z. B. durch Transfusionen oder Geburten, aber Anti Rh-Antikörper bilden ($\rightarrow$ B). Da das Rh Antigen dominant vererbt wird, sind be sonders Schwangerschaften gefährdet bei denen ein Rh-positiver Mann ein Rh-negative Partnerin hat. Für weitere Schwangerschaften wird deshalb ein **Immunsuppression** durchgeführt.

A. Blutgruppensystem

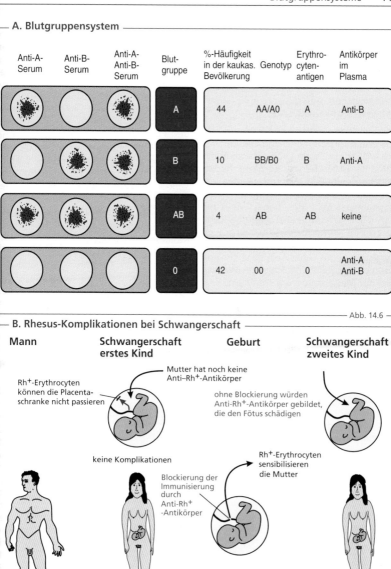

Anti-A-Serum	Anti-B-Serum	Anti-A-Anti-B-Serum	Blut-gruppe	%-Häufigkeit in der kaukas. Bevölkerung	Genotyp	Erythro-cyten-antigen	Antikörper im Plasma
			A	44	AA/A0	A	Anti-B
			B	10	BB/B0	B	Anti-A
			AB	4	AB	AB	keine
			0	42	00	0	Anti-A Anti-B

Abb. 14.6

B. Rhesus-Komplikationen bei Schwangerschaft

Mann **Schwangerschaft erstes Kind** **Geburt** **Schwangerschaft zweites Kind**

Mutter hat noch keine Anti–Rh⁺-Antikörper

Rh⁺-Erythrocyten können die Placenta-schranke nicht passieren

ohne Blockierung würden Anti-Rh⁺-Antikörper gebildet, die den Fötus schädigen

keine Komplikationen

Blockierung der Immunisierung durch Anti-Rh⁺-Antikörper

Rh⁺-Erythrocyten sensibilisieren die Mutter

Rh⁺ auf Erythrocyten keine Anti-Rh-AK

Rh⁻ auf Erythrocyten keine Anti-Rh-AK

Rh⁻ auf Erythrocyten Anti-Rh-AK bei Kontakt mit dem Blut des Kindes unter der Geburt

Rh⁻ auf Erythrocyten Anti-Rh-AK gebildet

Abb. 14.7

14.4 Blutgerinnung

Durch die Blutgerinnung (Hämostase) werden Verletzungen des Blutgefäßsystems innerhalb weniger Minuten geschlossen. Dafür sind die **Thrombocyten** (Blutplättchen) und die von ihnen abgegebenen Stoffe zuständig.

Thrombocyten entstehen aus Stammzellen des Knochenmarks und bilden sich aus Abschnürungen von **Megakaryocyten** (→ 14.1). Sie sind kernlose, flache und unregelmäßig geformte Blutzellen mit einem Durchmesser von 1–4 μm. Im menschlichen Blut haben sie eine Verweildauer von 5–11 d und eine Konzentration von 150.000–200.000 pro μl Blut. Ihre Bildung (**Thrombopoiese**) wird durch das in der Leber gebildete **Thrombopoietin** reguliert, welches das Wachstum der Megakaryocyten stimuliert.

Thrombocyten schwimmen bevorzugt in der Randströmung des Bluts nahe der Endothelwand und werden in Milz, Leber und Lunge abgebaut. Sie enthalten in ihrem Randbereich ein unstrukturiertes Plasma (**Hyalomer**) und im Innenbereich das strukturierte **Granulomer**, einen Cytoplasmabereich mit vielen Granula. Sie enthalten neben Enzymen wie Thromboxan-Synthetase auch ATP, Glykogen und verschiedene vasoaktive Substanzen wie Adrenalin und Serotonin. Daneben enthalten Thrombocyten auch die eigenen (autochthonen) **Gerinnungsfaktoren**, die bei der Blutgerinnungskaskade eine Rolle spielen.

Sinkt die Anzahl der Thrombocyten im Blut unter 50.000 pro μl, besteht eine erhöhte Blutungsneigung und es kommt durch unzählige kleine, punktförmige Blutungen zu einer roten Färbung der Haut (**thrombocytopenische Purpura**).

Nach einer **Verletzung** heften sich die Thrombocyten an die subendothelialen Kollagenfasern an. Diese **Adhäsion** wird durch den im Plasma vorhandenen von-Willebrand-Faktor vermittelt und läuft über einen rezeptorvermittelten Prozess ab, der gleichzeitig auch die Thrombocyten aktiviert. Diese gehen von der scheibenförmigen Zirkulationsform in die sternförmige dendritische Form über, verhaken ihre Pseudopodien (**Aggregation** → A) und bilden durch Verklumpung eine netzartige Struktur über der Verletzungsstelle. Gefäßverengende Substanzen (Serotonin, Thromboxan A und PDGF [*platelet-derived growth factor*]) verengen das verletzte Gefäß und durch PAF (*platelet-activating factor*) werden noch weitere Thrombocyten aktiviert, die sich versammeln und einen Propf (Thrombus) bilden (**Blutstillung**).

Im nachfolgenden Vorgang der **Blutgerinnung** (→ B) entsteht durch eine Kaskade verschiedener Faktoren eine faserartige, **vernetzte Fibrinstruktur**, die sich über den Thrombus legt und die verletzte Stelle vollkommen abdichtet.

An diesen Vorgängen sind viele **Gerinnungsfaktoren** beteiligt, die vorwiegend in der Leber gebildet werden und für deren Synthese und Funktion Vitamin K und Ca^{2+}-Ionen wichtig sind. Die Gerinnungsaktivierung erfolgt bei kleinere Verletzungen durch ein langsames **endogenes System** unter Mitwirkung von Kallikrein und bei größeren Verletzungen durch ein **schnelles exogenes System** mithilfe der Gewebsthrombokinase. Beide Systeme führen zur Bildung des Prothrombinaktivators, mit dem die **Kaskade** beginnt, die Kaskade läuft dann über **drei Phasen** (Aktivierung, Koagulation, Retraktion).

Der Blutgerinnungsstatus wird ständig durch eine **Gerinnungshemmung** kontrolliert, die hauptsächlich von Plasmin vermittelt wird. **Plasmin** entsteht aus Plasminogen, das ständig im Blut zirkuliert und durch eine Kaskade von Aktivatoren gebildet wird. Plasmin sorgt für einen Abbau des vernetzten Fibrins (**Fibrinolyse**) und kann somit Thromben beseitigen. Zwischen Blutgerinnungssystem und diesem thrombolytischen System besteht ein **ständiges Gleichgewicht**.

A. Blutstillung

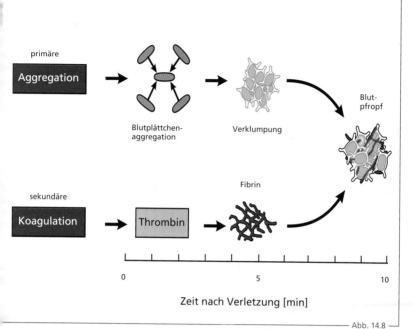

primäre
Aggregation

Blutplättchen-
aggregation

Verklumpung

Blut-
pfropf

Fibrin

sekundäre
Koagulation

Thrombin

0   5   10

Zeit nach Verletzung [min]

Abb. 14.8

B. Blutgerinnung

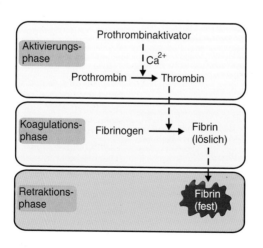

Aktivierungs-
phase

Prothrombinaktivator

Ca^{2+}

Prothrombin → Thrombin

Koagulations-
phase

Fibrinogen → Fibrin
(löslich)

Retraktions-
phase

Fibrin
(fest)

Abb. 14.9

14.5 Unspezifische Abwehr

Der Körper kann eingedrungene Fremd-körper oder Krankheitserreger durch das angeborene (innate) und unspezi-fische Immunsystem und das erworbene (spezifische) Immunsystem bekämpfen (→ A). Das angeborene Immunsystem ist bereits bei der Geburt etabliert, kann aber zwischen einzelnen Erregern (An-tigenen) nur sehr eingeschränkt unter-scheiden.

Zu den Zellen des angeborenen Immun-systems gehören die verschiedenen Gruppen der weißen Blutkörperchen (neutrophile, eosinophile und basophile Granulocyten), die Monocyten (Makro-phagen), die dendritischen Zellen sowie die Mastzellen (→ Abschn. 14.1). Diese Zellen tragen Mustererkennungsrezep-toren (pattern-recognition receptors, PRRs) wie die Toll-ähnlichen Rezeptoren (TLRs) auf ihrer Oberfläche und die Struk-turen (Muster) auf der Oberfläche von Mikroben erkennen und in den Zellen spezifische Abwehrmechanismen auslö-sen. Solche Abwehrreaktionen sind ne-ben der Phagocytose auch die Sekretion von Cytokinen wie Interferon-α und -β, Histamin, Prostaglandinen, Leukotrie-nen und Interleukinen. Diese Stoffe aktivieren Entzündungszellen und mo-dellieren durch die Expression von Zel-ladhäsionsmolekülen die Entzündungs-reaktionen. Makrophagen bilden einen Tumornekrosefaktor (TNF), der die Cyto-kinausschüttung anderer Zellen aktiviert und vielfältige Entzündungsreaktionen aktiviert. Zum angeborenen Immuns-ystem gehört auch das Komplementsy-stem, das Entzündungszellen aktiviert und Krankheitserreger zerstört.

Das angeborene Immunsystem reagiert zwar sofort und verhindert die Ausbrei-tung von Infektionen. Es bildet aber kein Gedächtnis, sodass die Abwehrreaktion stets ähnlich schnell abläuft und nicht mit der Zeit optimiert wird.

Das immunologische Gedächtnis wird vom erworbenen (spezifischen) Im-munsystem gebildet, das zunächst vor angeborenen Immunsystem aktivier werden muss. Es besteht aus B- und T Lymphocyten, die sich in den primäre lymphatischen Organen (Thymus un Knochenmark) aus Vorläuferzellen bil den und im peripheren lymphatische Gewebe ausdifferenzieren (→ B).

Während beim angeborenen Immunsy stem viele Zellen mit gleicher Ausstat tung schnell reagieren können, werde beim spezifischen Immunsystem nu wenige Lymphocyten einer bestimmte Spezifität zufällig und völlig unabhän gig von eventuell vorhandenen Mikr organismen gebildet. Dafür sind abe ca. 100 Mio. Spezifitäten möglich. Di wenigen, für die laufende Abwehrre aktion brauchbaren antigenspezifische Lymphocyten müssen erst durch Proli feration klonal expandieren, d. h. sic vermehren, und sich zu Effektorlympho cyten ausdifferenzieren, bevor sie de laufenden Abwehrkampf unterstütze und sich auch zu Gedächtniszellen ent wickeln können. Dagegen sterben di Zellen des angeborenen Immunsystem während oder nach dem Abwehrkamp ab und tragen somit nicht zum immuno logischen Gedächtnis bei.

Die B- und T-Lymphocyten werden ers durch die Antigene der Krankheitser reger aktiviert. Zur Erkennung diese spezifischen Antigenstruktur dient ei Rezptor, der sich entweder direkt au den Lymphocyten befindet, in den mei sten Fällen aber eine Antigenbindungs stelle von speziellen Antikörpern dar stellt. Diese Antikörper werden von de B-Lymphocyten nach Bedarf hergestell (spezifische Immunantwort). Sie könne mit den gebundenen Antigenen übe einen zweiten Rezeptor (Fc-Rezeptor an T-Lymphocyten binden und dere spezifische Abwehrreaktion auslösen. T Lymphocyten verursachen also eine zell vermittelte Immunantwort, während B Lymphocyten eine antikörpervermittelt Immunantwort auslösen.

A. Angeborenes Immunsystem

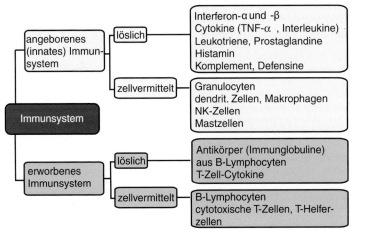

angeborenes (innates) Immunsystem

— löslich —
Interferon-α und -β
Cytokine (TNF-α , Interleukine)
Leukotriene, Prostaglandine
Histamin
Komplement, Defensine

— zellvermittelt —
Granulocyten
dendrit. Zellen, Makrophagen
NK-Zellen
Mastzellen

Immunsystem

erworbenes Immunsystem

— löslich —
Antikörper (Immunglobuline)
aus B-Lymphocyten
T-Zell-Cytokine

— zellvermittelt —
B-Lymphocyten
cytotoxische T-Zellen, T-Helferzellen

Abb. 14.10

B. Spezifisches Immunsystem

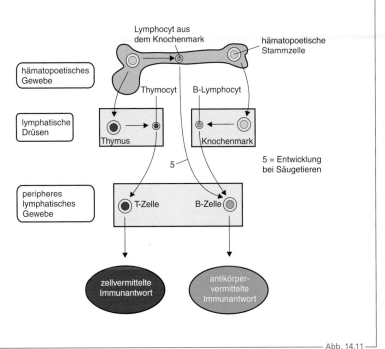

Lymphocyt aus dem Knochenmark

hämatopoetische Stammzelle

hämatopoetisches Gewebe

Thymocyt   B-Lymphocyt

lymphatische Drüsen

Thymus   Knochenmark

5 = Entwicklung bei Säugetieren

5

peripheres lymphatisches Gewebe

T-Zelle   B-Zelle

zellvermittelte Immunantwort

antikörpervermittelte Immunantwort

Abb. 14.11

14.6 Spezifische Abwehr

Beim Menschen gibt es fünf Klassen von Antikörpern (Immunglobuline; Ig), die als IgA, IgD, IgE, IgG und IgM bezeichnet werden. Sie sind alle ähnlich aufgebaut und bestehen aus einer y-förmigen Struktur, die aus vier Proteinketten gebildet wird. Ein Teil dieser Polypeptide (Fc-Fragment) ist bei allen Antikörperklassen strukturell ähnlich, ein zweiter Teil (Fab-Fragment) ist dagegen variabel. Am variablen Ende, den beiden Armen des Y, befinden sich zwei Antigenbindungsstellen (→ A), während am anderen, konstanten Ende, die Fc-Bindungsstelle liegt, mit dem Antikörper an phagocytierende Immunzellen binden können. Das Komplementsystem kann durch eine an der Seite liegende Bindungsstelle aktiviert werden.

Antikörper werden von B-Lymphocyten gebildet, nachdem diese durch Bindung von Antigenen aktiviert wurden (→ B). Dabei kommt es zu einer Proliferation und Reifung der B-Lymphocyten. Die Vielfalt der Antikörper entsteht durch variable Genkombinationen und eine klonale Selektion der B-Lymphocyten. Nicht für jeden potenziellen Antikörper ist ein Gen vorhanden, sondern es gibt im Genom der B-Lymphocyten variable-, diversity- und joining-Gene, die auf DNA-Ebene jeweils somatisch rekombiniert werden. Durch die Kombination von nur etwa 1000 variablen Genen entsteht eine fast unbegrenzte Zahl an Antikörpervariationen.

Im Verlauf der Antikörperbildung nach einer Infektion werden zunächst IgM-Antikörper hergestellt, später dann IgG-Moleküle. Die IgM-Antikörper bilden also die Primärantwort des Immunsystems bei beginnenden Infektionen, es folgt die Sekundärantwort durch IgG.

Aus Stammzellen des Knochenmarks bilden sich auch die T-Lymphocyten (→ 14.1) über lymphoide Vorläuferzellen. Im Thymus differenzieren sie sich zu reifen T-Lymphocyten. Alle T-Lymphocyten besitzen auf ihrer Zelloberfläche einen T-Zell-Rezeptor und zusätzlich CD4- oder CD8-Molekül-Komplexe (→ A). CD4-positive Zellen werden auch als T-Helferzellen bezeichnet. Sie produzieren bei viralen und bakteriellen Infektionen Cytokine, die wiederum andere Immunzellen aktivieren. CD8-positive Zellen werden auch als cytotoxische Zellen (Killerzellen) bezeichnet, da sie virusinfizierte körpereigene Zellen eliminieren.

Die Aktivierung von T-Zellen durch fremde Antigene (→ A) geschieht nicht direkt, da die T-Zellen dafür keine passenden Rezeptoren besitzen. Den T-Zellen wird deshalb das fremde Antigen in einer aufbereiteten Form von Makrophagen präsentiert. Dazu internalisieren die Makrophagen die Krankheitserreger, spalten sie in kleine Bruchstücke (Peptide), die an MHC-(major histocompatibility complex-) Moleküle binden. Der Makrophage exprimiert den Komplex aus Antigen und MHC-Molekül auf seiner Oberfläche, der nun vom T-Zell-Rezeptor erkannt und gebunden werden kann. CD4- und CD8-Moleküle begünstigen diese Bindung. CD8-Zellen erkennen die intrazellulären MHC-Klasse-I-Komplexe, während CD4-Zellen für die extrazellulären MHC-Klasse-II-Komplexe zuständig sind.

B-Lymphocyten werden aktiviert, wenn an ihre Rezeptoren passende Antigene binden. Daraufhin bilden die B-Zellen lösliche Antikörper gegen diese Antigene und neutralisieren sie. Diese neu gebildeten Antikörper sind sofort wirksam und bilden auch das immunologische Gedächtnis. B-Zellen, die körpereigene Antigene erkennen, werden aussortiert, um Autoimmunreaktionen (z. B. rheumatische Erkrankungen) zu vermeiden. Reife B-Zellen wandern in periphere lymphatische Gewebe (Milz und Lymphknoten).

Es gibt auch eine T-Zell-abhängige Aktivierung von B-Lymphocyten (→ B). Nach einer Bindung können die B-Lymphocyten das Antigen internalisieren und in einzelne Peptidfragmente zerlegen. Diese werden intrazellulär an MHC-Klasse-II-Moleküle gebunden und an der Oberfläche präsentiert. Erkennt eine auf dieses Antigen spezialisierte T-Zelle vom CD4-Typ diesen Komplex, dann sezerniert sie Cytokine, die über die Bindung an spezialisierte Rezeptoren der B-Zelle deren Antikörperproduktion (IgM und IgG) stimulieren.

A. T-Zell-Aktivierung

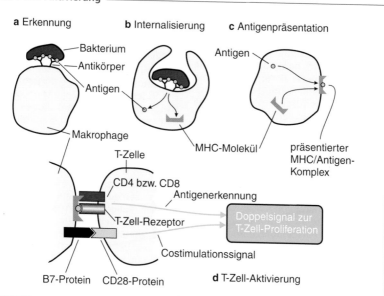

a Erkennung   **b** Internalisierung   **c** Antigenpräsentation

- Bakterium
- Antikörper
- Antigen
- Makrophage
- MHC-Molekül
- Antigen
- präsentierter MHC/Antigen-Komplex

T-Zelle
CD4 bzw. CD8
Antigenerkennung
T-Zell-Rezeptor
Costimulationssignal
B7-Protein   CD28-Protein

Doppelsignal zur T-Zell-Proliferation

d T-Zell-Aktivierung

Abb. 14.12

B. B-Zell-Aktivierung

a Erkennung   **b** Internalisierung   **c** Antigenpräsentation

- Antigen
- B-Zell-Rezeptor
- B-Lymphocyt
- MHC-Molekül
- Antigen
- präsentierter MHC/Antigen-Komplex

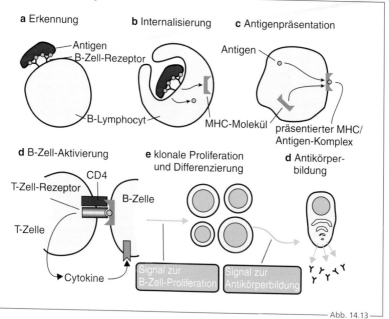

d B-Zell-Aktivierung   **e** klonale Proliferation und Differenzierung   **d** Antikörperbildung

CD4
T-Zell-Rezeptor
B-Zelle
T-Zelle
Cytokine

Signal zur B-Zell-Proliferation   Signal zur Antikörperbildung

Abb. 14.13

15 Kreislauf und Stofftransport

15.1 Kanalsysteme und offener Kreislauf

Organismen müssen die für Stoffwechselvorgänge benötigten Nährstoffe und den Sauerstoff nach der Aufnahme mithilfe geeigneter Resorptionssysteme im Körper verteilen, um jede Zelle ausreichend zu versorgen. Dies erreichen Mehrzeller durch verschiedene Kanal- und Transportsysteme, die bei komplex entwickelten Tieren ein Kreislaufsystem bilden.

Bei kleineren Tieren, z. B. Protozoen, werden die Stoffe durch einfache Diffusion aufgenommen und verteilt. Da dies aber entscheidend von der zu überwindenden Strecke abhängt, ist die Distanz in Mehrzellern oft unüberwindbar.

Während die Diffusion von Sauerstoff in wässriger Lösung für den Durchmesser einer Protozoenzelle von 80 μm bereits 1,6 s beträgt, benötigt sie für eine Distanz von 8 mm bereits 4,5 h, und wird die zu überwindende Entfernung gar 8 cm, so würde die Diffusionszeit für Sauerstoff 18,7 d betragen. Das Beispiel veranschaulicht, dass die einfachen Diffusionsvorgänge für die Versorgung von mehrzelligen Organismen nicht ausreichen, sondern nur bei Einzellern für die Sauerstoffversorgung der Zelle.

Da Diffusion und Osmose bei einfachen Mehrzellern also nicht mehr jede einzelne Zelle versorgen können, haben diese Organismen ein verzweigtes Kanalsystem entwickelt.

Dies ist bei Porifera (Schwämme), Coelenterata (Hohltiere) und Plathelminthen (Plattwürmer) zu finden und wird als Gastrovaskularsystem bezeichnet (→ A, B). Bei den Porifera wird das Wasser durch die Poren in den Gastrovaskularraum gesogen. Die dazu notwendige Strömung wird durch die Flagellenbewegungen der Choanocyten (Kragengeißelzellen) erzeugt (→ A). Da die Porifera nur aus zwei Zelllagen bestehen, kann der Sauerstoff, der in das Spongocoel diffundiert, jede einzelne Zelle durch Diffusion erreichen. Verbrauchte Flüssigkeit kann den Gastrovaskularraum durch geringen Überdruck über das Osculum wieder verlassen.

Bei Plattwürmern findet die Diffusion von Sauerstoff durch die Körperoberfläche in jede einzelne Zelle statt. Nur die Bandwürmer (Cestoden) haben dafür eine spezielle Oberfläche ausgebildet, die anderen Plathelminthes optimieren die Diffusionsstrecke meist durch ihre flache, abgeplattete Form. Nährstoffe erreichen die Zellen über ein verzweigtes Verdauungssystem (→ B), indem die Substanzen durch das mesodermale Parenchym (Füllgewebe) zu jeder einzelnen Zelle diffundieren. Nur bei Bandwürmern ist das Darmsystem völlig rückgebildet, bei ihnen passieren die Nährstoffe durch die Körperoberfläche.

Höhere Invertebraten haben entweder offene oder geschlossene Kreislaufsysteme entwickelt. Diese Systeme unterscheiden sich in Aufbau und Funktion deutlich voneinander.

Offene Kreislaufsysteme kommen z. B. bei Insekten vor (→ Ca). Sie sind meist durch ein kontraktiles Rückengefäß gekennzeichnet, in das die Hämolymphe durch seitliche Ostien einströmt (→ Cb). Dabei bilden die seitlich am Gefäß ansetzenden Fasern des Diaphragmas (→ Cc) ein funktionelles Kompartiment, das eine Art Vorhof darstellt. Es sammelt die Hämolymphe, bevor sie durch Dilatation des Gefäßherzens durch die Ostien eingesaugt wird.

Die Ostien selbst werden bei erhöhtem Innendruck durch einen ventilklappenartigen Mechanismus verschlossen, sodass die Hämolymphe bei Kontraktion des Gefäßherzens vorwärts zur Kopfregion ausgetrieben wird. Einige Insekten haben pulsatile Zusatzherzen an der Flügelbasis. Bei Insekten findet die Sauerstoffversorgung nicht über die Hämolymphe statt, sondern durch ein separates Tracheensystem.

© Springer-Verlag GmbH Deutschland, ein Teil von Springer Nature 2021
W. Clauss und C. Clauss, *Taschenatlas Zoologie*,
https://doi.org/10.1007/978-3-662-61593-5_15

A. Kanalsystem – Porifera

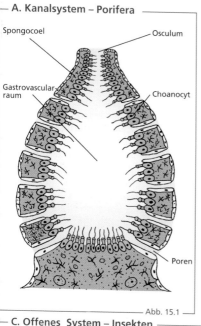

Spongocoel

Osculum

Gastrovascular-
raum

Choanocyt

Poren

Abb. 15.1

B. Kanalsystem – Plathelminthes

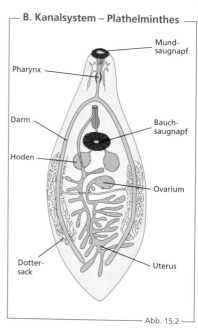

Mund-
saugnapf

Pharynx

Darm

Bauch-
saugnapf

Hoden

Ovarium

Dotter-
sack

Uterus

Abb. 15.2

C. Offenes System – Insekten

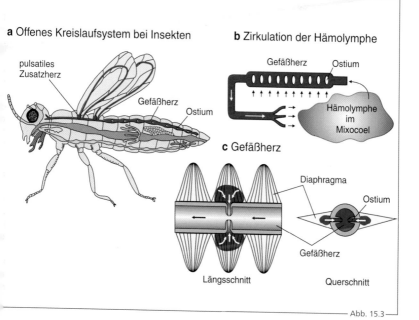

a Offenes Kreislaufsystem bei Insekten

pulsatiles
Zusatzherz

Gefäßherz

Ostium

b Zirkulation der Hämolymphe

Gefäßherz   Ostium

Hämolymphe
im
Mixocoel

c Gefäßherz

Diaphragma

Ostium

Gefäßherz

Längsschnitt   Querschnitt

Abb. 15.3

15.2 Offene und geschlossene Kreislaufsysteme

Auch Crustacea haben ein offenes Kreislaufsystem, bei dem das kompakte Herz allerdings schon einzelne Kompartimente und ein echtes Perikard (Herzbeutel) aufweist. Das Blut strömt aus dem Dorsalgefäß und durch seitliche Ostien ins Herz und wird dann über ableitende Gefäße in die Gewebespalten befördert. Bei den Crustacea dient die Hämolymphe auch dem Transport von Sauerstoff, der in den Kiemen aufgenommen wird (→ A).

Ein geschlossenes Kreislaufsystem ist im Tierreich erstmals bei den Annelida ausgebildet (→ B). Das hämoglobinhaltige Blut fließt durch ein kontraktiles, dorsales Rückengefäß nach vorne und durch seitliche Ringgefäße nach unten in das Ventralgefäß, in dem es dann nach aboral transportiert wird. In den vorderen Segmente sind die Ringgefäße zu fünf paarigen Lateralherzen umgebildet.

Unter den Invertebraten treten geschlossene Kreislaufsysteme noch bei den Kopffüßern (Cephalopoda), also bei Octopussen, Kalmaren und Sepien auf. Auch alle Vertebraten haben geschlossene Kreislaufsysteme.

Zwischen offenen und geschlossenen Kreislaufsystemen gibt es wesentliche funktionelle Unterschiede (→ C). Bei offenen Kreislaufsystemen besteht keine Trennung zwischen den Kompartimenten des Gefäßsystems und dem interstitiellen Raum. Die transportierte Flüssigkeit wird deshalb nicht als Blut, sondern als Hämolymphe bezeichnet. Sie wird vom dorsalen Herz nach vorne in Arterien gepumpt und gelangt von dort in die Leibeshöhle, die man Hämocoel oder Mixocoel nennt. Dort umströmt sie die Gewebe und Zellen, bevor sie durch aufnehmende Gefäße wieder dem Herzen zugeleitet wird. Dazwischen passiert die Hämolymphe meist noch eine sauerstoffaufnehmende Gewebestruktur, z. B.

eine Kieme. Da das Hämocoel ein großes Volumen hat und bei manchen Tieren bis zu 40% des Körpervolumens einnimmt, ist auch das Hämolymphvolumen sehr groß und kann bis zu 80% des Gesamtkörperwassers betragen. Dadurch haben offene Kreislaufsysteme einen niedrigen Innendruck, meist nicht mehr als 10 mmHg (1,3 kPa). Entsprechend groß ist der Pumpaufwand des Herzens, um dieses strömungstechnisch sehr ineffektive Niederdrucksystem umzuwälzen.

Bei geschlossenen Kreislaufsystemen sind die Kompartimente des eigentlichen Systems und des interstitiellen Raums völlig voneinander getrennt (→ C). Die Flüssigkeit im Kreislaufsystem wird als Blut bezeichnet und macht nur etwa 10% des Gesamtkörperwassers aus. Dadurch muss ein kleineres Flüssigkeitsvolumen umgewälzt werden und der Pumpaufwand ist entsprechend geringer als beim offenen System. Das Blut wird vom Herzen mit hohem Druck in das arterielle System gepresst, bevor es dann in die unzähligen dünnwandigen Kapillaren strömt, die dem Stoffaustausch mit dem Gewebe dienen. Dieser geschieht durch Diffusion und Filtration. Durch den hohen Blutdruck wird es auch möglich, spezielle Austauschvorgänge in spezialisierten Organen, wie die Ultrafiltration in den Glomeruli der Nieren zu realisieren. Das geschlossene Kreislaufsystem ist also ein effektives Hochdrucksystem.

Höhere Vertebraten (ab den Lungenfischen) haben neben dem Kreislaufsystem auch ein Lymphgefäßsystem, das einen Teil der interstitiellen Flüssigkeit wieder aufnimmt und dem Kreislaufsystem über spezielle Reinigungsorgane (Lymphknoten) und beim Menschen der Lymphbrustgang (Ductus thoracicus) über den linken Venenwinkel wieder zuführt. Die Lymphe ist durch ihren Lipidgehalt weißlich gefärbt. Störungen ihres Abflusses führen zu Schwellungen des Gewebes (Ödeme).

A. Offenes System – Crustacea

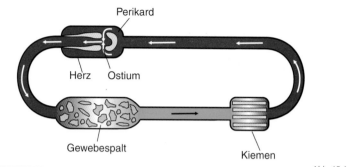

Perikard

Herz   Ostium

Gewebespalt

Kiemen

— Abb. 15.4 —

B. Geschlossenes System – Annelida

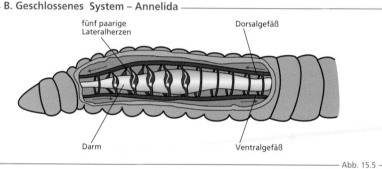

fünf paarige
Lateralherzen

Dorsalgefäß

Darm

Ventralgefäß

— Abb. 15.5 —

C. Vergleich der Kreislaufsysteme

offenes Kreislaufsystem

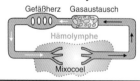

Gefäßherz   Gasaustausch

Hämolymphe

Mixocoel

geschlossenes Kreislaufsystem

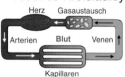

Herz   Gasaustausch

Arterien   **Blut**   Venen

Kapillaren

- keine Trennung von Kompartimenten

- Niederdrucksystem

- großes Volumen (bis 80 % des Gesamtkörperwassers)

- großer Pumpaufwand

- Trennung von Kompartimenten

- Hochdrucksystem

- kleines Volumen (bis 10 % des Gesamtkörperwassers)

- geringerer Pumpaufwand

— Abb. 15.6 —

15.3 Kreislauf und Hämodynamik

Von den Fischen bis zu den Säugetieren erfährt das Herz und das geschlossene Kreislaufsystem eine zunehmende Spezialisierung. Bei Fischen, Amphibien und Reptilien sind zusätzlich zum Herzen noch kontraktile Abschnitte des Lymphgefäßsystems, die **Lymphherzen**, vorhanden, die das Blutvolumen zusätzlich umwälzen.

Bei den Fischen ist das Herz bereits vierkammrig angelegt. Diese vier Herzabschnitte werden embryonal in einer Reihe angelegt, bilden aber später eine s-förmige Schleife. In das Herz strömt O_2-armes Blut aus dem Körper, sodass alle vier Herzkammern venöses Blut enthalten, das erst anschließend in den Kiemen mit O_2 beladen wird. Fische haben eine Reihenschaltung der Kapillargebiete von Kiemen und Körper. Dies führt durch den hohen Strömungswiderstand der englumigen Kapillaren zu einem zweimaligen Druckabfall im Kreislaufsystem. Fische haben deshalb oft noch **Kiemenherzen** als zusätzliche Pumpen.

Bei **Amphibien** und **Reptilien** tritt eine zusätzliche Kompartimentierung durch zwei parallele Vorhöfe auf. Sie trennen zwischen arteriellem und venösem Blut. Von diesen Vorhöfen wird das Blut allerdings in eine gemeinsame Kammer getrieben, sodass sich das Blut dort vermischt. Durch anatomische Besonderheiten in der Kammer wird die Blutströmung jedoch bereits funktionell getrennt. Amphibien haben dazu eine **Spiralfalte**, Reptilien eine noch unvollständige **Herzscheidewand (Septum)**.

Erst bei **Vögeln** und **Säugetieren** werden die arteriellen und venösen Anteile des Kreislaufsystems durch ein Septum vollständig getrennt. Dadurch entstehen die beiden Abschnitte des Kreislaufsystems, der Lungenkreislauf und der Körperkreislauf ($\rightarrow$ A). Das Blut fließt vom linken Ventrikel über die Aorta in den Körper und zurück über die Hohlvene und den rechten Vorhof in die rechte Kammer. Von dort fließt es über die Lungenarterie, Lunge und Lungenvene in den linken Vorhof und schließlich wieder in die linke Kammer. Auf diese Weise führt der Blutkreislauf zweimal durch das Herz, erst durch die linke und dann durch die rechte Herzhälfte.

Das Kreislaufsystem der Vertebraten entwckelt sich also von einer **Reihenschaltung** bei den Fischen zu einer **Parallelschaltung** bei de Säugetieren.

Zum Verständnis der Kreislauffunktionen sind die grundlegenden Eigenschaften von Flüssigkeiten in geschlossenen Systemen wichtig. Insbesonder der Zusammenhang zwischen Druck Widerstand und Strömung (**Hämodynamik**).

Flüssigkeiten sind nicht kompressibel. Da bedeutet, dass in jedem Gefäßabschnitt pr Zeiteinheit dasselbe Volumen fließt. Die Fließ geschwindigkeit des Bluts ist abhängig vo Querschnitt der Gefäße im betreffenden Ab schnitt ($\rightarrow$ B). Dabei zählt bei parallel ange ordneten Gefäßen, z. B. im Kapillarbereich der **Gesamtquerschnitt**. Die Strömungsge schwindigkeit ist dort am größten, wo de Gesamtquerschnitt am geringsten ist, also i der Aorta, und sie ist dort am geringsten, w der Gesamtquerschnitt am größten ist, also i Kapillarbett.

Entsprechend dem Querschnitt verhält sic auch der Druckverlauf entlang des Kreislau systems. Der Flüssigkeitsdruck nimmt in eine System mit fortschreitender Entfernung kon tinuierlich ab, solange der Gefäßquerschni gleich bleibt. Verringert sich der Querschni an einer Stelle, dann fällt der Druck hier ab. I Kreislaufsystem findet der größte Druckabfa in den allmählich enger werdenden Arterie Arteriolen und Kapillaren statt. Dazu komm im arteriellen Bereich eine rhythmische Druck veränderung, die **Pulswelle**. Sie wird durc den Auswurf der linken Herzkammer un die elastische Verformung des arteriellen Ab schnitts erzeugt. Im venösen Abschnitt (**Nie derdrucksystem**) ist der Blutdruck so weit a gefallen, dass er gerade noch ausreicht, u das Blut in den rechten Vorhof zu befördern.

Da die Gefäßwände durch ihre elastische Fasern dehnbar sind, entsteht im arterielle Teil (**Hochdrucksystem**) die Pulswelle. Diese Abschnitt dient deshalb als **Druckreservoi** während der venöse Abschnitt ein **Volume reservoir** darstellt. Seine Wände dehnen sic sogar noch weiter, sodass es große Volumen mengen aufnehmen kann. Allerdings wirke sich im venösen Abschnitt selbst große Volu menveränderungen nicht stark auf den ve nösen Druck aus. Die Beziehung zwische Druck und Volumenänderung im Gefäßsystem wird auch als **Compliance** bezeichnet.

A. Kreislaufsystem – Säugetier (Mensch)

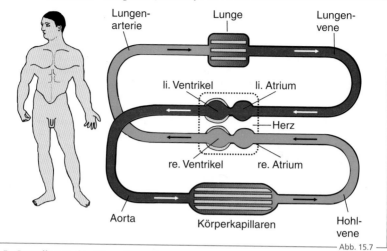

Lungen-arterie
Lunge
Lungen-vene

li. Ventrikel   li. Atrium

Herz

re. Ventrikel   re. Atrium

Aorta
Körperkapillaren
Hohl-vene

Abb. 15.7

B. Grundlagen der Hämodynamik

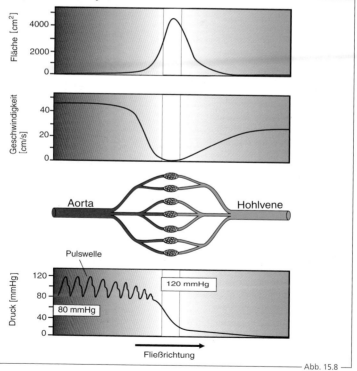

Fläche [cm²]
4000
2000
0

Geschwindigkeit [cm/s]
40
20
0

Aorta
Hohlvene

Pulswelle

Druck [mmHg]
120
80
40
0

120 mmHg

80 mmHg

Fließrichtung

Abb. 15.8

15.4 Bioelektrik des Herzens

Das Herz ist eine mehrkammrige, mit Ventilen versehene **Pumpe**, die das Blut durch die mechanische Arbeit des Herzmuskels im Kreislauf umwälzt. Dazu wird der Herzmuskel rhythmisch kontrahiert (**Systole**) und entspannt (**Diastole**). Die einzelnen Zellen des Herzmuskels arbeiten koordiniert zusammen, indem sie ihre elektrische Aktivität über Gap Junctions synchronisieren. Dabei funktioniert das Herz autorhythmisch, d. h., es generiert seinen Takt durch die Bildung von Aktionspotenzialen (APs) in eigenen **Schrittmacherzentren**.

Solche Schrittmacherzellen können spezialisierte Nervenzellen (neurogene Schrittmacher) oder umgewandelte Muskelzellen (myogene Schrittmacher) sein. Neurogene Schrittmacher findet man bei vielen Invertebraten, z. B. als Herzganglien bei decapoden Krebsen, oder auch bei Anneliden, z. B. dem Blutegel. Herzganglien bestehen aus hemmenden und stimulierenden Nervenzellen, die in einem oszillierenden Netzwerk verschaltet sind und ihren Rhythmus auf die Herzmuskelzellen übertragen.

Myogene Schrittmacher kommen bei Vertebraten, aber auch bei einigen Invertebraten, z. B. bei Mollusken, vor. Es handelt sich dabei um spezialisierte Muskelzellen mit instabilem Ruhepotenzial (RP), die ständig neue APs generieren.

Beim Säugerherz (→ A) liegen diese Schrittmacherzentren am rechten Vorhof als Sinusknoten und am Übergang der Vorhöfe zu den Kammern als Atrioventrikularknoten (AV-Knoten). Generell dominiert der Schrittmacher mit der höchsten AP-Frequenz die anderen Schrittmacher und die Herzmuskelzellen. Normalerweise ist der Sinusknoten die dominierende Schrittmacherregion. Fällt er aus, können die untergeordneten Schrittmacherzellen des AV-Knotens eine neue, langsamere Schrittmacherfrequenz generieren.

Werden die Schrittmacheraktivitäten und die Erregungsausbreitung im Herzmuskel desynchronisiert, können einzelne, isolierte Bereiche des Herzmuskels ihre eigenen lokalen Schrittmacher bilden, was zu einer Desynchronisierung und zum Kammerflimmern führt.

Das Herz besteht aus zwei Hälften, die jeweils einen Vorhof (Atrium) und eine Kammer (Ventrikel) besitzen (→ A). Diese werden durch das Vorhof- und das Kammerseptum getrennt. Der linke Vorhof empfängt das Blut aus der Lunge und drückt es durch eine Segelklappe (Mitralklappe) in die linke Kammer. Von dort aus wird es durch die Ventrikelkontraktion durch eine Taschenklappe (Aortenklappe) in die Aorta und weiter in den Körper transportiert. Da dafür ein hoher Druck notwendig ist, besteht der linke Ventrikel aus einem dicken, schlauchartigen Muskel. Die rechte Herzhälfte hat eine dünnere Muskulatur, die im Querschnitt halbmondförmig aufgesetzt ist (→ Ca). Das Blut strömt aus der Hohlvene in den rechten Vorhof und wird durch die Trikuspidalklappe in den rechten Ventrikel gedrückt. Von dort aus gelangt es unter geringem Druck durch die Pulmonalklappe zurLunge.

Wird eine Herzmuskelzelle über die Gap Junctions einer Nachbarzelle elektrisch erregt, dann bildet sich ein Aktionspotenzial (AP), das ein langes Plateau von bis zu 300 ms hat (→ B, unten). In dieser Zeit ist die Zelle in der Refraktärphase, sodass auch bei hoher Herzfrequenz kein Tetanus ausgelöst werden kann. Die APs aller Zellen bilden Oberflächenladungen aus, deren zeitliche Veränderungen im diagnostischen Verfahren des Elektrokardiogramms (EKG) an der Körperoberfläche abgeleitet werden können (→ B, Mitte). Das EKG gibt Aufschluss über die Qualität der Erregungsbildung und Weiterleitung im Herzmuskel. Bei Vollerregung aller Herzmuskelzellen in der Plateauphase ist der Kammerdruck am größten (→ B, oben).

Während der Entwicklung des Menschen wächst die Herzmasse von etwa 20 g beim Neugeborenen auf ca. 300 g beim Erwachsenen und kann sich durch Training bis auf ca. 500 g vergrößern (→ Ca). Durch die abwechselnde Kontraktion und Entspannung wirkt die Herzmechanik wie eine Saug-Druck-Pumpe, indem sich die Ventilebene der Segelklappen ständig auf- und abbewegt (→ Cb).

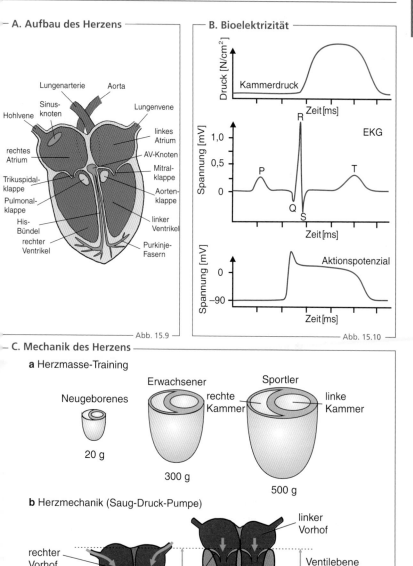

A. Aufbau des Herzens

Lungenarterie
Aorta
Sinus-knoten
Lungenvene
Hohlvene
linkes Atrium
rechtes Atrium
AV-Knoten
Trikuspidal-klappe
Mitral-klappe
Pulmonal-klappe
Aorten-klappe
His-Bündel
linker Ventrikel
rechter Ventrikel
Purkinje-Fasern

— Abb. 15.9

B. Bioelektrizität

Druck [N/cm²]
Kammerdruck
Zeit [ms]

Spannung [mV]
R
EKG
1,0
0,5
P
T
0
Q
S
Zeit [ms]

Spannung [mV]
Aktionspotenzial
0
−90
Zeit [ms]

— Abb. 15.10

C. Mechanik des Herzens

a Herzmasse-Training

Erwachsener
Sportler
Neugeborenes
rechte Kammer
linke Kammer
20 g
300 g
500 g

b Herzmechanik (Saug-Druck-Pumpe)

linker Vorhof
rechter Vorhof
Ventilebene
rechte Kammer
Segel-klappen
linke Kammer
Systole
Diastole

— Abb. 15.11

15.5 Aufbau der Gefäße

Die **Gefäßwand** besteht aus verschiedenen Schichten. Arterien, Kapillaren und Venen sind sehr unterschiedlich aufgebaut (→ **A**).

Alle Gefäße werden von einer inneren Schicht, dem **Endothel**, ausgekleidet. Bei Kapillaren besteht es aus einer einlagigen Zellschicht, bei größeren Gefäßen wird das Endothel von einer hoch elastischen Schicht aus kollagenhaltigen Bindegewebsfasern umgeben. Zwischen ihnen oder um sie herum sind glatte Muskelzellen in Längs- oder Querrichtung angeordnet. Bei größeren Gefäßen besteht die Wand aus drei Schichten, die von außen nach innen als **Tunica externa** (fibrinöse Mantelschicht), **Tunica media** (muskuläre Mittelschicht) und **Tunica intima** (innere Schicht der Endothelzellen mit elastischem Bindegewebe) bezeichnet werden. Arterien haben eine dickere, muskulösere Tunica media als Venen, denen in manchen Abschnitten das Muskelgewebe völlig fehlt. Generell haben die herznahen Arterien eine dickere Tunica intima als die herzfernen und sind daher elastischer.

Das Blut wird durch das arterielle Hochdrucksystem in die Kapillaren transportiert. Seine hoch elastischen Gefäßwände dämpfen die vom Herz erzeugten Druckschwankungen, sodass das System als **Druckreservoir** dient. Dabei dehnt sich die Arterienwand unter dem Druck des ausgeworfenen Bluts zunächst aus und schwingt dann in der Diastole zurück. Dadurch wird ein Absinken des arteriellen Drucks auf zu geringe Werte vermieden und die Strömungsschwankungen werden abgemildert. Der erzeugte Druckpuls läuft als **Pulswelle** entlang des arteriellen Systems. Auf diese Weise entsteht der systolische und diastolische Wert des Blutdrucks, der beim gesunden Menschen in Ruhe etwa 120/80 mmHg beträgt.

Das **Venensystem** führt aus dem Körper zum Herzen zurück und dient aufgrund seiner Elastizität als **Volumenreservoir**. Es kann bis zu 70% des Blutvolumens enthalten, bei niedrigem Blutdruck und geringer Strömungsgeschwindigkeit. Venen können sich zwar stark weiten, aber nicht wie die hoch elastischen Arterien zurückschnellen. Deshalb enthalten sie auch **Venenklappen**, die einen Rückfluss des Bluts verhindern. Kleinere Venen werden als Venolen bezeichnet.

Das arterielle und venöse System sind nicht nur durch Kapillaren verbunden, sondern auch durch **Anastomosen**, die das Kapillarbett umgehen und das Blut durch Sphinkter reguliert von den Arteriolen in die Venolen leiten (→ B). So bleibt die Kreislaufumwälzung erhalten, wenn die Kapillardurchblutung, z. B. bei der Thermoregulation, heruntergeregelt wird.

In der **terminalen Strombahn**, die aus präkapillaren Arteriolen, Metarteriolen, Kapillaren und postkapillaren Venolen besteht, sorgt die Mikrozirkulation zwischen Blut und Interstitium für den Austausch von Nährstoffen und Atemgasen. Die Wand der Arteriolen enthält glatte Muskelzellen und **präkapillare Sphinkter** als kontraktile Muskelringe. Diese werden durch das **sympathische Nervensystem** reguliert und können die Strombahn vollkommen verschließen. Die Wand der Kapillaren besteht nur aus einer einlagigen Schicht von Endothelzellen mit verschiedenen intra- und extrazellulären Verbindungen.

Durch diese Fenestrationen und Tight Junctions erfolgt der Stoffaustausch vorwiegend durch **Filtration** (→ C). Dabei hängt die Fließrichtung von den Druckverhältnissen im Gefäß und im umgebenden Gewebe ab. Der effektive Filtrationsdruck ergibt sich aus Blutdruck und kolloidosmotischem Druck und erzeugt im Anfangsbereich der Kapillare eine Filtration ins Gewebe und im Endbereich einen Rückfluss vom Gewebe in die Kapillare. Bei **Hunger** (Proteinmangel) ergibt sich durch den erniedrigten kolloidosmotischen Druck eine übermäßige Filtration bei geringem Rückfluss, was zur Bildung von **Hungerödeme** (Kwashiorkor) führt.

Das **Lymphgefäßsystem** (→ D) führt einen Teil der Gewebeflüssigkeit in den Kreislauf zurück. Die Lymphflüssigkeit enthält keine Erythrocyten, sondern nur weiße Blutkörperchen, und hat deshalb eine gelblich trübe Farbe. Das Lymphsystem beginnt mit den im Gewebe blind endenden Lymphkapillaren, die zunehmend in größere Gefäße übergehen und schließlich im **Lymphbrustgang** in die untere Hohlvene münden. In verschiedenen Abständen wird die Lymphe durch Lymphknoten filtriert. Dies ist wichtig für die Entwässerung der Gewebe und spielt eine wichtige Rolle bei der Immunabwehr.

A . Gefäßquerschnitt

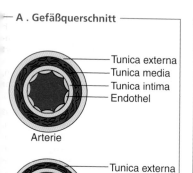

Arterie — Tunica externa, Tunica media, Tunica intima, Endothel

Vene — Tunica externa, Tunica media, Tunica intima, Endothel

Abb. 15.12

B. Terminale Strombahn

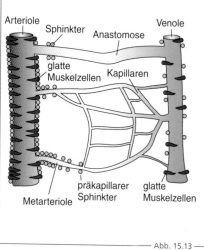

Arteriole, Sphinkter, Anastomose, Venole, glatte Muskelzellen, Kapillaren, Metarteriole, präkapillarer Sphinkter, glatte Muskelzellen

Abb. 15.13

C. Filtration

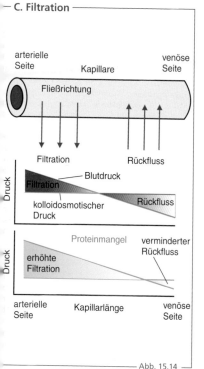

arterielle Seite, venöse Seite, Kapillare, Fließrichtung, Filtration, Rückfluss

Druck: Blutdruck, Filtration, kolloidosmotischer Druck, Rückfluss

Druck: Proteinmangel, verminderter Rückfluss, erhöhte Filtration

arterielle Seite, Kapillarlänge, venöse Seite

Abb. 15.14

D. Lymphgefäßsystem

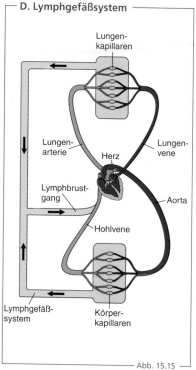

Lungenkapillaren, Lungenarterie, Lungenvene, Herz, Lymphbrustgang, Aorta, Hohlvene, Lymphgefäßsystem, Körperkapillaren

Abb. 15.15

15.6 Regulation der Durchblutung

Die Durchblutung der Gewebe eines Organismus wird organspezifisch und gewebetypisch reguliert. Sowohl in Ruhe als auch unter Belastung müssen einzelne Organe unterschiedlich mit Blut versorgt werden.

Während das Gehirn und die Nieren ständig, auch unter Belastung, eine gleichbleibende Blutversorgung benötigen, werden andere Gewebe die Muskulatur oder auch der Magen-Darm-Trakt, abhängig von ihrer Funktion und Aktivität, stärker oder schwächer durchblutet. Deshalb muss die Durchblutung im Körper einerseits lokal durch den Tonus einzelner Gefäßabschnitte reguliert, andererseits aber auch zentral und systemisch an die Erfordernisse des Organismus angepasst werden.

Die lokale Durchblutungsregulation erfolgt durch die glatte Muskulatur in der Gefäßwand. Sie steht ständig unter einer isometrisch gehaltenen Spannung (Tonus), die im Gleichgewicht zur Gegenkraft des Blutdrucks steht. Diese Grundspannung wird als Ruhetonus bezeichnet. Er wird durch lokale Stoffwechselvorgänge und die ansetzenden Nervenfasern des vegetativen Nervensystems (N. sympathikus) hervorgerufen.

Eine Druckerhöhung löst in der Gefäßwand eine dehnungsinduzierte myogene Kontraktion aus. Dabei handelt es sich um eine Autoregulation, die die Organdurchblutung bei plötzlichen Druckveränderungen konstanthält.

Eine metabolische Vasodilatation kann durch lokal gebildete Metaboliten wie Adenosin oder durch Gewebshormone (Autakoide) wie Histamin, das zur Freisetzung von Stickstoffmonoxid (NO) führen kann.

Durch die Überträgerstoffe Noradrenalin und Adrenalin wird eine sympathisch vermittelte Vasokonstriktion bewirkt. Diese Catecholamine werden vom Nebennierenmark produziert und ins Blut ausgeschüttet. Außerden wird Noradrenalin von den Synapsen (Varikositäten) des Sympathikus an den glatten Muskelzellen freigesetzt. Es bewirkt durch Erre-

gung der α-Rezeptoren eine lokale Vasokonstriktion. Bei Reizung der ß-Rezeptoren wird dagegen eine Vasodilatation ausgelöst. Da die Dichte der Rezeptoren und ihre Empfindlichkeit stark variieren, verengen sich die Gefäße bei hohen Catecholaminkonzentrationen im Blut durch die α-Aktivierung, während bei niedrigen Catecholaminkonzentrationen hauptsächlich die ß-Rezeptoren erregt werden, was zu einer Vasodilatation führt. Die Catecholaminwirkung wird durch Hypoxie, Adenosin und Neuropeptid Y moduliert. Prostaglandine, Acetylcholin und Histamin hemmen die Freisetzung von Noradrenalin.

Die cholinergen parasympathischen Nervenfasern in der Gefäßwand haben keinen Einfluss auf den basalen Gefäßtonus. Lokale Ausnahmen bilden die Koronararterien und die Genitalarterien, bei denen eine NO-vermittelte Gefäßdilatation ausgelöst wird.

Die Regulation der individuellen Organdurchblutung in Ruhe und Belastung wird durch eine übergeordnete systemische Kreislaufregulation kontrolliert ($\rightarrow$ A). Sie misst den Blutdruck über Presso- und Barorezeptoren im Aortenbogen und im Sinus caroticus der Halsschlagader. Außerdem finden sich in der Wand der Herzvorhöfe Dehnungsrezeptoren. Zusätzlich messen arterielle Chemorezeptoren im Glomus aorticum und Gl. caroticum den pH-Wert und die Atemgase. Diese Signale werden im Kreislaufzentrum der Medulla oblongata des Gehirns verarbeitet. Es regelt den basalen Gefäßtonus über den N. Sympathikus.

In die Regulation des Kreislaufsystems sind auch verschiedene hormonelle Regelkreise eingebunden ($\rightarrow$ B). Zum einen wirkt das vom Hypothalamus-Hypophysen-System freigesetzte antidiuretische Hormon (ADH) auf das Blutvolumen und die Blutosmolarität ($\rightarrow$ Kap. 9, 16). Das durch den juxtaglomerulären Apparat der Niere angesteuerte Renin-Angiotensin-Aldosteron-System ist für die langfristige Blutdruckregulation von zentraler Bedeutung. Zusätzlich fördert das atriale natriuretische Peptid (ANP), das bei Dehnung aus den Wänden der Herzvorhöfe freigesetzt wird, die Ausscheidung von Na$^+$ und Wasser im Urin. Somit verringert dieses Hormon das Blutvolumen und den Blutdruck.

A. Regulation durch das vegetative Nervensystem

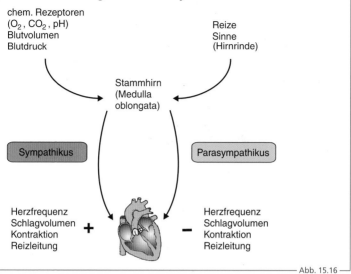

chem. Rezeptoren
(O_2, CO_2, pH)
Blutvolumen
Blutdruck

Reize
Sinne
(Hirnrinde)

Stammhirn
(Medulla
oblongata)

Sympathikus

Parasympathikus

Herzfrequenz
Schlagvolumen
Kontraktion
Reizleitung

+

−

Herzfrequenz
Schlagvolumen
Kontraktion
Reizleitung

Abb. 15.16

B. Regulation durch Hormone

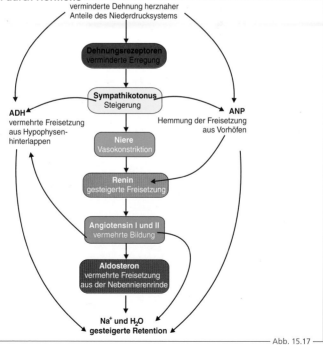

verminderte Dehnung herznaher
Anteile des Niederdrucksystems

Dehnungsrezeptoren
verminderte Erregung

Sympathikotonus
Steigerung

ADH
vermehrte Freisetzung
aus Hypophysen-
hinterlappen

ANP
Hemmung der Freisetzung
aus Vorhöfen

Niere
Vasokonstriktion

Renin
gesteigerte Freisetzung

Angiotensin I und II
vermehrte Bildung

Aldosteron
vermehrte Freisetzung
aus der Nebennierenrinde

Na^+ und H_2O
gesteigerte Retention

Abb. 15.17

16 Homöostase, Osmoregulation und Exkretion

16.1 Homöostase

Biologische Vorgänge spielen sich im wässrigen Milieu ab. Es bietet die grundlegenden Voraussetzungen für alle extra- und intrazellulären Prozesse. Mit dem urzeitlichen, salzhaltigen Meer waren die osmotischen und ionalen Bedingungen für die ersten primitiven Zellen und Organismen vorgegeben. Sie mussten ihre Lebensvorgänge an diese Umweltbedingungen anpassen und **Mechanismen** entwickeln, die das innere Milieu ihrer Zellen stabil hielten (Homöostase; → A). Dies war Grundvoraussetzung für die Entwicklung verschiedener Lebensformen und die Besiedlung unterschiedlicher Lebensräume.

Für die Homöostase des Extra- und Intrazellularraums haben die Organismen in den jeweiligen Membranen spezielle **Transportsysteme** entwickelt. Entsprechend dem Vorkommen dieser Transportsysteme sind die osmoregulatorischen Fähigkeiten der Organismen mehr oder weniger ausgeprägt. Man unterscheidet Organismen, die keine aktive Osmoregulation betreiben können und deren inneres Milieu sich der Außenwelt anpasst (**Osmokonformer**) von den **Osmoregulierern** (→ B). Können Letztere ihre Homöostase nicht über die gesamte Breite der Umgebungsosmolalität konstanthalten, bezeichnet man sie als **partielle Osmoregulierer**.

Osmoregulierer haben im Allgemeinen eine recht **geringe Toleranzbreite** ihrer intrazellulären Osmolalität. Ihre Zellen sind kaum in der Lage, auf stärkere Schwankungen der extrazellulären Osmolalität zu reagieren, und laufen bei stärkeren Konzentrationsunterschieden Gefahr, durch Schrumpfen oder Schwellen beschädigt oder zerstört zu werden. Dagegen weisen die Zellen von **Osmokonformern** eine **hohe osmotische Toleranz** auf, da sie den osmotischen Druck intrazellulär verändern können. Dies erreichen sie durch den Einsatz von nichtionischen, intrazellulären organischen Molekülen (z. B. Glycerin, Harnstoff und spezi-

elle Aminosäuren wie Taurin), die stark osmotisch wirksam sind. Diese Moleküle werden a **Osmolyte** bezeichnet.

Die **Osmolalität** eines Flüssigkeitsraums wir durch den Anteil der gelösten osmotisch wirksamen Teilchen bestimmt. Dies sind i Allgemeinen die anorganischen Alkali- ur Erdalkalisalze, die in die entsprechenden I nen (z. B. Na^+ und Cl^-) dissoziieren. Allerding sind auch organische Verbindungen osmotisc wirksam, z. B. Harnstoff oder die im Blu und Hämolymphe zirkulierenden Aminosäu ren und Proteine. Letztere verursachen de **kolloidosmotischen Druck**, der ähnlich de osmotische Druck der anorganischen Substan zen wirkt.

Fische osmoregulieren überwiegen mithilfe von Transportmechanismen ih rer **Kiemenepithelien**. **Meeresfische** (– Ca) sind stark **hypoosmotisch** zu ihre Umgebung. Da sie aufgrund ihrer Kie menatmung vielfach Meerwasser trin ken, enthalten ihre Kiemen Mechanis men zur **Salzausscheidung**.

Sie sind in spezialisierten Kiemenepithelzellen den **Chloridzellen**, lokalisiert. Diese diene nicht dem Gasaustausch, sondern ausschließ lich der Osmoregulation. Dabei werden übe ein basolaterales Cotransportsystem zwei Cl^- zusammen mit je einem Na^+ und K^+ aus der Blut in die Zelle gebracht. Über apikale Cl^- Kanäle diffundiert Cl^- dann aus der Zelle in di Umgebung. Ca^{2+}, Mg^{2+} und NH_4^+ werden übe die **Niere** ausgeschieden.

Süßwasserfische sind dagegen **hyperos motisch**, absorbieren deshalb Ionen und Flüssigkeit über Kiemen und Darm und geben einen **hypoosmotischen Harn ab** (→ **Cb**).

Na^+ wird dabei apikal über Na^+-Kanäle un Na^+/H^+-Antiporter in die Zelle aufgenomme und durch eine basolaterale Na^+/K^+-ATPase in Blut befördert. Cl^- folgt über einen apikale Cl^-/HCO_3^--Austauscher und basolaterale Cl^- Kanäle. Zusätzlich werden apikal Protone aktiv durch eine **V-Typ-ATPase** sezerniert.

Über ähnliche Mechanismen in ihre Haut regulieren **wasserlebende Amphi bien** ihre Körperosmolarität.

© Springer-Verlag GmbH Deutschland, ein Teil von Springer Nature 2021
W. Clauss und C. Clauss, *Taschenatlas Zoologie*,
https://doi.org/10.1007/978-3-662-61593-5_16

A. Homöostase

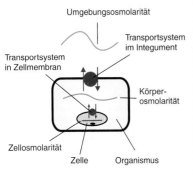

Umgebungsosmolarität

Transportsystem
im Integument

Transportsystem
in Zellmembran

Körper-
osmolarität

Zellosmolarität

Zelle   Organismus

Abb. 16.1

B. Osmoregulation

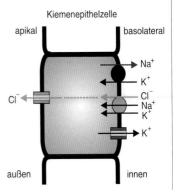

Osmokonformer

Körperosmolarität

partieller
Osmoregulierer

Osmoregulierer

Umgebungsosmolarität

Abb. 16.2

C. Osmoregulation – Fische

a Meeresfisch (Meeräsche)

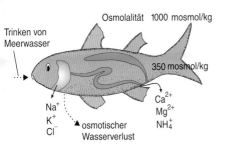

Osmolalität   1000 mosmol/kg

Trinken von
Meerwasser

350 mosmol/kg

Na⁺
K⁺
Cl⁻   osmotischer
Wasserverlust

Ca^{2+}
Mg^{2+}
NH_4^+

Kiemenepithelzelle

apikal   basolateral

Na^+
K^+
Cl^-
Cl^-
Na^+
K^+
K^+

außen   innen

b Süßwasserfisch (Forelle)

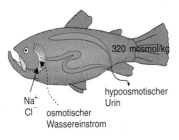

Osmolalität   15 mosmol/kg

320 mosmol/kg

Na⁺
Cl⁻   osmotischer
Wassereinstrom

hypoosmotischer
Urin

Kiemenepithelzelle

apikal   basolateral

Na^+ Na^+
Na^+
H^+ K^+
Cl^- Cl^-
HCO_3^-
H^+ K^+

außen   innen

Abb. 16.3

16.2 Osmoregulation

Marine Elasmobranchier (Haie und Rochen) besitzen eine noch niedrigere Osmolarität des Extrazellularraums (~ 260 mOsmol/kg) und kompensieren das osmotische Ungleichgewicht zur Umgebung durch einen **hohen Harnstoffgehalt** im Blut und in den Zellen. Da sie große Salzmengen aufnehmen, besitzen sie ein spezielles Organ zur Salzabgabe, die **Rektaldrüse** (→ Aa).

Die Drüse befindet sich als blind endender Anhang iam Ende des Dickdarms und besitzt spezialisierte Epithelien, deren Zellen nach demselben Prinzip wie die **Chloridzellen** der Meeresfische arbeiten. Ihre transzelluläre Chloridsekretion wird also ebenfalls durch einen basolateralen Na$^+$/K$^+$/Cl$^-$-Cotransporter und einen apikalen Cl$^-$-Kanal ermöglicht. Das ausgeschiedene Sekret enthält große Mengen an NaCl, die über den Enddarm und das Rektum in die Umgebung abgegeben werden.

Meeresvögel wie Möwen, Pelikane und Pinguine trinken oft Meerwasser und benötigen deshab ebenfalls spezielle Organe zur Salzabgabe. Diese befinden sich als paarige **Salzdrüsen** oberhalb der Augen (→ Ab). Die Vögel können sich an die Salzbelastung adaptieren und sezernieren durch die Nasenhöhle und die Nasenlöcher ein wässriges, **NaCl-reiches Sekret**. Die Transportmechanismen der Epithelzellen sind dabei ähnlich denen der Rektaldrüsen.

Auch **Meeresreptilien** besitzen spezielle **Salzdrüsen**. Bei den Schildkröten (Chelonidae) sind es die Orbitaldrüsen, bei den Seeschlangen die Prämaxillardrüsen und bei den Krokodilen die Zungendrüsen. Auch einige marine Echsen weisen Nasendrüsen auf (→ **Kap. 42**).

Bereits bei **Einzellern** und **Invertebraten** gibt es spezielle osmoregulatorische Mechanismen und Organe. Bei Einzellern finden sich osmoregulatorische Organellen in Form von pulsierenden Vakuolen. Einfache Invertebraten wie die Coelenteraten besorgen die Osmoregulation mithilfe ihres Gastralraums. Bei

Plattwürmern (Plathelminthes) werden neben diesem Raum bereits spezielle Organe (**Protonephridien**) ausgebildet (→ Ba), die der Osmoregulation und Exkretion von Abfallstoffen dienen. Protonephridien bestehen aus einer geschlossenen **Terminalzelle**, welche die Exkrete, vorgetrieben durch die Bewegungen eines **Cilienbündels**, in einen Ausführungsgang sezernieren.

Im Laufe der Evolution wurden diese meist noch primitiven Exkretionsorgane zu **Metanephridien** weiterentwickelt (→ Bb). Sie finden sich im Tierreich ab den Ringelwürmern (Annelida). Bei diesen Organen befindet sich am Beginn des Gangs ein offener **Wimperntrichter**, der das Exkret aus dem Coelom aufnimmt und in den Ausführungsgang strudelt. Dabei dient die Wandung des Coeloms bereits als selektive Barriere und die Transportsysteme in diesem **Coelomwandepithel** entsprechen in ihrer Funktion der Terminalzelle des Protonephridiums. Metanephridien sind oft segmental und paarig angelegt (z. B. bei Regenwürmern) und besitzen vor dem Exkretionsporus bereits eine **Harnblase** als Speicherorgan.

Insekten haben zusätzlich ein weiteres Exkretionssystem, die **Malpighi-Gefäße**, entwickelt (→ Bc). Sie bestehen aus blind endenden Schläuchen, die im Bereich des Enddarms münden. Ihre Funktion ist an die Resorptionsvorgänge des Enddarmepithels gekoppelt, indem sie dort resorbierte Ionen und Flüssigkeit aus dem Interstitium aufnehmen, in ihr Lumen sezernieren und dem Enddarm wieder zuführen. Es besteht somit ein geregelter Kreislauf vor Substanzen, die durch mehrfache Passage von Epithelien in ihrer Konzentration und Menge modifiziert werden können.

Wasserlebende Insekten besitzen ebenfalls **Chloridzellen** an den unterschiedlichsten Organen, z. B. in **Tracheenkiemen** oder im **Rektalepithel**. Über sie wird ein großer Teil der extrazellulären NaCl-Konzentration moduliert.

A. Exkretion – Elasmobranchier (Hai) und Vögel (Möwe)

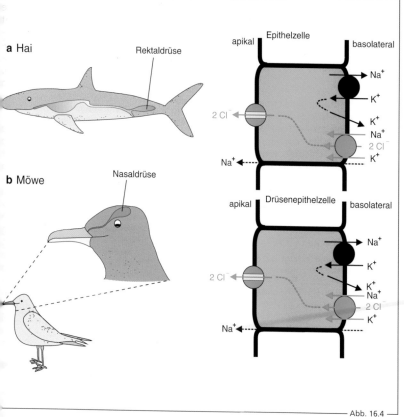

a Hai

Rektaldrüse

apikal   Epithelzelle   basolateral

Na⁺
K⁺
2 Cl⁻
K⁺
Na⁺
2 Cl⁻
K⁺
Na⁺

b Möwe

Nasaldrüse

apikal   Drüsenepithelzelle   basolateral

Na⁺
K⁺
2 Cl⁻
K⁺
Na⁺
2 Cl⁻
K⁺
Na⁺

Abb. 16.4

B. Exkretionsorgane – Invertebraten

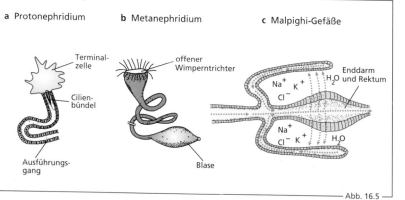

a Protonephridium

Terminal-
zelle

Cilien-
bündel

Ausführungs-
gang

b Metanephridium

offener
Wimperntrichter

Blase

c Malpighi-Gefäße

Enddarm
und Rektum

Na^+ K^+ H_2O
Cl^-

Na^+
Cl^- K^+ H_2O

Abb. 16.5

16.3 Exkretion

Die Mechanismen der Exkretion und Osmoregulation bei terrestrischen Wirbeltieren werden am Beispiel der **menschlichen Niere** besprochen, da ihre Funktion durch intensive Forschung am besten verstanden ist.

Die Nieren sind im Beckenbereich beidseits der Wirbelsäule paarig angeordnet. Sie haben eine bohnenförmige Form und bestehen von außen nach innen aus den verschiedenen Schichten: **Rinde** (Cortex), **Mark** (Medulla) und **Nierenbecken** mit ableitendem **Harnleiter** (Ureter). Außen ist die Niere von einer bindegewebigen **Kapsel** umgeben. Aus dem Nierenmark ragen **Nierenpapillen** mit den darin vorhandenen Endstücken, den **Nephronen**, in das Nierenbecken (→ **A**).

Die **Blutversorgung** erfolgt an der Einbuchtung (**Hilus**) über die zuführende Nierenarterie in die Bogenarterien und das Kapillargebiet und abführend entsprechend über die Nierenvene. Die Nieren gehören zu den am stärksten durchbluteten Organen des Körpers. Ca. 25% des Schlagvolumens des Herzens passieren die Niere pro Systole.

Die **Nephrone** bilden die funktionelle Einheit der Niere und unterscheiden sich in zwei Typen. **Cortikale Nephrone** liegen weiter außen in der Rindenschicht, **juxtamedulläre Nephrone** reichen von der Rinde bis tief ins Nierenmark.

Ein Nephron besteht aus einer charakteristischen Anordnung und Abfolge von Blutgefäßen und tubulusartigen Gängen (→ **B**). Es beginnt mit einer blind endenden Struktur, die als **Bowman-Kapsel** bezeichnet wird. Sie umschließt ein Kapillarknäuel, den **Glomerulus**, der von einer zuführenden Arteriole (**Vas afferens**) gespeist wird und in eine abführende Arteriole (**Vas efferens**) mündet. Von der Bowman-Kapsel aus führt ein Röhrensystem (Tubulus) zum Sammelrohr, das ins Nierenbecken mündet (→ **C**).

Dieses Röhrensystem wird in verschiedene Segmente eingeteilt, die sowohl anatomisch als auch funktionell unterschiedlich sind (→ **C**). Es beginnt mit dem **proximalen Tubulus**, der unmittelbar an die Bowman-Kapsel anschließt

und eine geknäuelte, vielfach gewundene Form (**Pars convoluta**) hat. Er mündet in einen proximal gestreckten Teil (**Pars recta**), der in eine haarnadelförmige Schleife (**Henle-Schleife**) übergeht. Sie besteht aus einem absteigenden und einem aufsteigenden Ast, die im unteren Teil englumiger sind. Deshalb spricht man auch vom dünnen und dicken aufsteigenden Ast. Dieser geht in den ebenfalls geknäuelten **distalen Tubulus** über, der schließlich ins **Sammelrohr** mündet. Dieses zieht wieder parallel zur Henle-Schleife nach unten und mündet ins Nierenbecken.

Während die Wand der **Bowman-Kapsel** aus einem Zellverband mit speziellen Filtrationseigenschaften besteht, sind die Innenfläche der **Tubulussegmente** mit Epithelzellen verschiedener Morphologie bedeckt. Durch ihre ausgeprägten Mikrovilli vergrößert sich die innere Oberfläche der Tubuli um ein Vielfaches und stellt segmental unterschiedliche Austauschflächen dar, die zur gezielten Resorption oder Sekretion von Wasser und darin gelösten Stoffen führen.

Die Zahl der Nephrone ist bei Wirbeltieren recht unterschiedlich und kann zwischen einigen Hundert bei niederen Vertebraten bis zu einer Million bei Säugetieren betragen. Bei Fischen kommen **aglomeruläre Nephrone** vor, die keine Bowman-Kapsel besitzen. Die Henle-Schleife tritt erst ab den Vögeln auf. Sie ist von entscheidender Bedeutung für die **Harnkonzentrierung** und ist umso länger, je höher konzentriert der abgegebene Urin ist.

Im **Glomerulus** werden Wasser und gelöste Substanzen bis zu einer Molekülmasse von 70 kDa durch hydrostatischen Druck passiv in den proximalen Tubulus abgegeben (**Ultrafiltration**). Die glomeruläre Filtrationsrate wird durch eine Rückkopplung im **juxtaglomerulären Apparat** (→ **B**) geregelt, indem die NaCl-Konzentration im distalen Tubulus gemessen wird und die **Macula densa** ein vasokonstriktorisches Hormon (**Renin**) abgibt (→ **Kap. 9**).

Die **Henle-Schleife** ist für die **Wasserrückresorption** zuständig und funktioniert im Zusammenspiel mit dem Sammelrohr und speziellen Kapillaren (Vasa recta).

Nach der Bildung des Ultrafiltrats (**Primärharn**) sorgen die segmental unterschiedlichen epithelialen Transporteigenschaften in der verschiedenen Tubulusabschnitten für eine regulierte Resorption und Sekretion der Substanzen (→ **C**).

A. Niere des Menschen

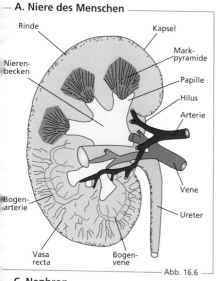

Rinde
Kapsel
Mark-pyramide
Nieren-becken
Papille
Hilus
Arterie
Bogen-arterie
Vene
Ureter
Vasa recta
Bogen-vene

Abb. 16.6

B. Juxtaglomerulärer Apparat

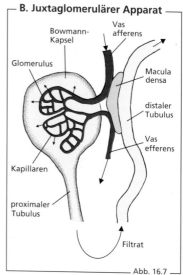

Bowmann-Kapsel
Vas afferens
Glomerulus
Macula densa
distaler Tubulus
Vas efferens
Kapillaren
proximaler Tubulus
Filtrat

Abb. 16.7

C. Nephron

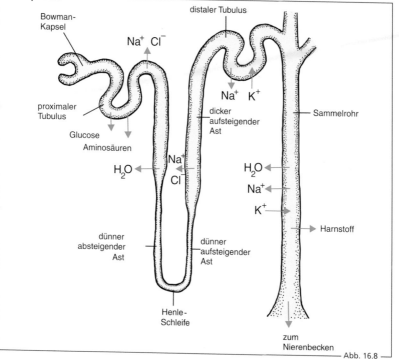

Bowman-Kapsel
distaler Tubulus
Na^+ Cl^-
proximaler Tubulus
Na^+ K^+
dicker aufsteigender Ast
Sammelrohr
Glucose
Aminosäuren
H_2O Na^+ Cl^-
H_2O
Na^+
K^+
dünner absteigender Ast
dünner aufsteigender Ast
Harnstoff
Henle-Schleife
zum Nierenbecken

Abb. 16.8

17 Thermobiologie

Der Stoffwechsel aller Organismen ist temperaturabhängig. Dementsprechend ist die Abhängigkeit der **Körpertemperatur** eines Organismus von seiner **Umgebungstemperatur** ein entscheidendes Kriterium für seine Leistungs- und Überlebensfähigkeit.

Schwankt die Körpertemperatur mit der Umgebungstemperatur, ändert sich entsprechend auch die Stoffwechselrate bei **poikilothermen Tieren** (→ **Ab**). Wird die Körpertemperatur bei **homoiotherem Tieren** jedoch unabhängig von der Umgebungstemperatur immer konstantgehalten, muss dafür zusätzliche Stoffwechselenergie aufgebracht werden (→ **Aa**).

Nach diesen Kriterien erfolgt die allgemeine **thermobiologische Zuordnung** von Tieren in diese zwei Gruppen. Diese zunächst etwas grobe Einteilung wird im Folgenden noch weiter verfeinert, da sie so allgemein nicht auf alle Tiere zutrifft.

Zu den **homoiothermen** (gleichwarmen) Tieren gehören im zoologischen System die **Vögel** und die **Säugetiere**. Die Körpertemperatur aller anderen Tiere wird durch die Umgebungstemperatur stark beeinflusst, sodass sich beide Temperaturen häufig nicht stark voneinander unterscheiden. Unter den vielen **poikilothermen** (wechselwarmen) Tieren gibt es jedoch noch verschiedene Untergruppierungen (→ **B**). Einige poikilotherme Tiere sind **Konformatoren**, d. h., sie passen sich voll an die Umgebungstemperatur an und versuchen so, in ihrem oft gleichförmig temperierten Habitat zu überleben. Konformatoren kommen in fast allen Invertebraten- und niederen Vertebratengruppen vor und zeichnen sich oft durch eine sehr geringe Mobilität aus. Sie wechseln selten in ein anderes **Temperaturhabitat** und müssen sich deshalb nicht akklimatisieren. Beispiele für poikilotherme Konformatoren sind Tiefseefische oder Insekten.

In all diesen Gruppen gibt es jedoch auch poikilothere **Regulatoren**, d. h. Tiere, die zwar grundsätzlich poikilotherm sind, aber ihre Körpertemperatur zeitweise in beschränktem Maß regulieren können (→ **Bb**). Die Regulationsmechanismen sind im Vergleich zu denen echter homoiothermer Tiere weniger präzise und effizient. Poikilotherme Regulatoren werden in zwei Untergruppen unterteilt. Ekto-therme Regulatoren regulieren ihre Körpertemperatur durch **Verhaltensanpassung**, d. h. sie suchen bei Hitze einen schattigen Platz auf oder nutzen bei Kälte die direkte Sonneneinstrahlung zum Aufwärmen ihres Körpers. Solche Verhaltensanpassungen beobachtet man bei vielen Insekten (z. B. Schmetterlingen) aber auch bei Amphibien und Reptilien.

Endotherme Regulatoren können dagegen durch endogene Stoffwechselwärme ihre Körpertemperatur erheblich regulieren, so z. B. Bienen durch **Kältezittern** der Flugmuskulatur vor dem Ausflug oder Fische wie Elasmobranchier durch besondere Stoffwechselleistungen.

Die enzymatisch regulierten Stoffwechselreaktionen im Körper sind alle stark temperaturabhängig. Deshalb ist für Vergleiche von **Stoffwechselraten** eine standardisierte Beziehung notwendig.

Zu diesem Zweck wurde der Q_{10}-Wert eingeführt. Der Wert gibt an, um welchen Faktor sich die Stoffwechselaktivität oder Reaktionsgeschwindigkeit bei einer Steigerung der Temperatur um 10 °C erhöht. Für biologische Systeme (Organismen) im normalen physiologischen Bereich beträgt der Q_{10}-Wert 2–3, während er für physikalische Prozesse wie die Diffusion von Ionen in wässriger Lösung etwa bei 1 liegt. Diffundieren die Ionen dagegen durch einen Ionenkanal einer Zellmembran, kann der Q_{10}-Wert für diesen Vorgang höher liegen, da die Ionen während der Passage des Kanals an verschiedene Stellen binden und sich wieder lösen.

Daraus folgt, dass die **Stoffwechselrate** der meisten poikilothermen Tiere bei einer Erhöhung der Umgebungstemperatur um 10 °C um den **Faktor 2–3** zunimmt. Dies gilt jedoch nicht für alle wechselwarmen Tiere. Invertebraten aus der Gezeitenzone mit ständig wechselnden Umgebungsbedingungen haben besondere **Enzymsysteme** mit breitem Temperaturoptimum entwickelt. Diese Systeme haben sich im Verlauf der Evolution durch Selektion an die besonderen Stoffwechselbedürfnisse von Organismen angepasst (**Akklimatisierung**), um extreme Hitze oder Kälte zu bewältigen. Auch die Stoffwechselreaktionen von biologischen **Schrittmacherzellen** oder **inneren Uhren** dürfen möglichst wenig Temperaturabhängigkeit zeigen, d. h.. für sie gilt im Allgemeinen ein Q_{10}-Wert von annähernd 1.

© Springer-Verlag GmbH Deutschland, ein Teil von Springer Nature 2021
W. Clauss und C. Clauss, *Taschenatlas Zoologie*,
https://doi.org/10.1007/978-3-662-61593-5_17

A. Körpertemperatur und Wärmeproduktion

a homoiotherme Tiere

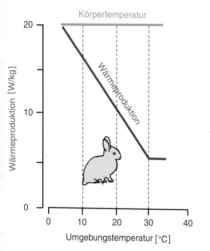

b poikilotherme Regulatoren

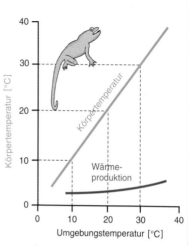

Abb. 17.1

B. Taxonomie der Thermobiologie

a Thermobiologie und Taxonomie

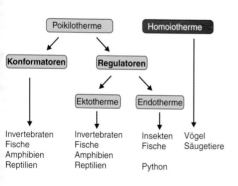

b Temperaturabhängigkeit

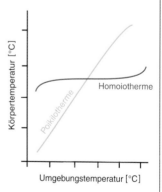

Abb. 17.2

17.1 Wärmebildung und Wärmeabgabe

Die Wärmebildung eines homoiothermen Organismus erfolgt in den im **Körperkern** vorhandenen **stoffwechselaktiven Organen**, z. B. in der Leber oder im Fettgewebe. Je nach Aktivitätszustand des Körpers weitet sich die funktionelle Zone des Körperkerns erheblich aus und umfasst auch die **Muskulatur** der Extremitäten. Grundsätzlich wird die Wärme des Körpers durch zwei unterschiedliche Mechanismen gebildet: die zitterfreie Thermogenese des Stoffwechsels und das Kältezittern der Muskulatur.

Die **zitterfreie Thermogenese** findet vorwiegend im **braunen Fettgewebe** statt (→ **A**). Es befindet sich in mehreren Regionen des Cervicothorakalbereichs, vorwiegend zwischen den Schulterblättern, am Hals, im Nierebereich und im Mediastinum. Braunes Fettgewebe erscheint im Gegensatz zum weißlichen Depotfettgewebe durch seine hohe Anzahl an **Mitochondrien** unter einem Durchlichtmikroskop bräunlich. In ihrer inneren Membran findet sich UCP-1 (Entkopplungsprotein, Thermogenin), das die Atmungskette von der ATP-Produktion entkoppelt (→ **Ab**).

Normalerweise wird in Mitochondrien durch einen Protonentransport über die **innere Membran** in den Intermediärraum ein **Protonengradient** geschaffen. Der Rückstrom von Protonen durch den in der inneren Membran gelegenen ATP-Synthetase-Komplex treibt schließlich die ATP-Bildung an. Durch die Aktivierung von UCP-1, das als **Protonenkanal** wirkt, wird der treibende Protonengradient zerstört, sodass die aus der Atmungskette stammende Oxidationsenergie nicht in ATP umgesetzt, sondern vollständig als Wärme freigesetzt wird. So kann die Temperatur des braunen Fettgewebes auf bis zu 46 °C ansteigen und durch das Blut rasch im Körper verteilt werden. UCP-1 wird innerhalb von Sekunden durch das **sympathische Nervensystem** aktiviert.

Bei **Kälte** werden zusätzliche Wärmebildungsmechanismen in Gang gesetzt. Der **Muskeltonus** wird durch eine Änderung der neuronalen Verschaltung erhöht. Dann werden Beuger und Strecker gleichzeitig aktiviert. Bei großer Kälte führt dies zu einem deutlich sichtbaren **Kältezittern**, beginnend von der Kaumuskulatur über den Schulterbereich bis in die Extremitäten.

Bei erhöher Umgebungstemperatur setze Regulationsmechanismen zur **Wärmeabgabe** ein. Dazu wird die Wärme vom Blutgefäßsystem durch Konvektion aus dem Körperkern in die Peripherie geleitet. Dort steigert sie die **Hautdurchblutung** durch eine Erweiterung der Blutgefäße. Außerdem wird der venöse Blutfluss von zentralen Venen in **Oberflächenvenen** verlagert. Im Gefäßbett unter der Haut befinden sich auch **arterio-venöse Anastomosen**. Sie stellen mit Sphinkteren versehene Kurzschlussgefäße dar und können eine große Blutmenge bei geringem peripheren Widerstand unmittelbar unter die Körperfläche bringen. Bei manchen Tieren ermögliche arterielle Gefäßnetze (**Rete mirabile**) durch großflächigen Kontakt zu Venen eine Gegenstromkühlung.

Wärme kann von der Körperoberfläche über vier Mechanismen an die Umgebung abgegeben werden (→ **B**).

Durch **Konvektion** und Bewegungen des Außenmediums (Luft oder Wasser) wird Wärme von der Körperoberfläche abgeleitet. Die Windgeschwindigkeit hat dabei eine erhebliche Auswirkung (**wind-chill-factor**).

Konduktion bedeutet direkte **Wärmeleitung** durch Kontakt der Körperoberfläche mit einer kalten Fläche, z. B. einem schlecht isolierten Stallboden bei Nutztieren. Sie kann durch geeignete Isolationsschichten (Haare, Federn) verringert werden.

Eine **Wärmestrahlung** von der Körperoberfläche kann nur erfolgen, wenn zwischen ihr und der Umgebung eine **Temperaturdifferenz** besteht. Durch Sonneneinstrahlung kann sie auch in umgekehrter Richtung erfolgen. Sie ist unabhängig von Körperfarbe und Pigmentierung, da sie im Infrarotbereich erfolgt.

An der Körperoberfläche vieler Tiere findet ständig eine Wärmeabgabe durch **Verdunstung** (Evaporation) statt. Wasserdampf wird aber auch über die Ausatemluft und das Sekret der **Schweißdrüsen** abgegeben. Die ständige Verdunstung (insensible Perspiration) steht im Gegensatz zur regulierten (sensiblen) Perspiration über die Schweißdrüsen. Tiere ohne Schweißdrüsen benutzen das **Hecheln** (Hunde und Carnivoren) oder das **Kehlgangflattern** (Vögel), um Körperwärme abzuführen. Auch die **Verhaltensweisen** der Tiere (Aufsuchen von Schatten oder Zusammenkauern bei Kälte) können die Wärmeaufnahme oder Wärmeabgabe entscheidend beeinflussen.

A. Wärmebildung

a Regulation im Fettgewebe

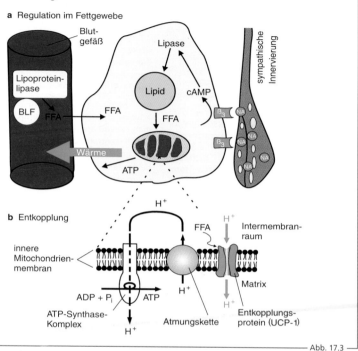

b Entkopplung

Abb. 17.3

B. Wärmeaustausch mit der Umgebung

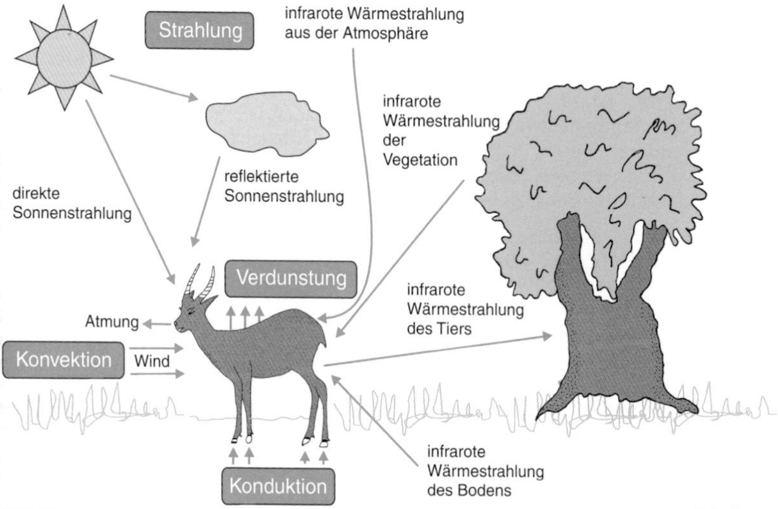

Abb. 17.4

17.2 Thermoregulation

Die Mechanismen der Temperaturregulation von homoiothermen Tieren sind bisher noch nicht vollständig aufgeklärt. Man nimmt mehrere vernetzte Regelkreise an, deren Zentrum im **Hypothalamus** liegt. Dazu kommen zentrale und periphere **Thermorezeptoren** und spezielle neuronale Verschaltungen.

Thermorezeptoren sind Neurone, die ihre Aktionspotenzialfrequenz bei Temperaturveränderung entweder steigern oder verringern. Sie werden in **Warmrezeptoren** und **Kaltrezeptoren** unterteilt. **Zentrale Thermorezeptoren** erfassen die Temperatur im Körperkern (→ **A**). Sie liegen im Rezeptorfeldern des Hypothalamus und im Wirbelkanal des **Rückenmarks**. Weitere, mit geringerer Bedeutung, befinden sich vermutlich im Magenbereich und in der Bauchhöhle. **Periphere Thermorezeptoren** liegen in der **Haut**, besonders in Körperregionen, die exponierte Areale für die Wärmeabgabe darstellen. Es handelt sich dabei um Nase und Mund und im Bereich der Hoden. Auch in allen anderen mit Haaren oder Federn isolierten Körperoberflächen finden sich Thermorezeptoren, wobei die Kaltrezeptoren überwiegen.

Die Aktionspotenzialfrequenz der Rezeptoren ändert sich **proportional** zur Temperaturveränderung. Die Signale werden über afferente Bahnen zum Hypothalamus geleitet, wo sie in einem Regelzentrum verglichen werden.

Bei Säugetieren ist der Hypothalamus das wichtigste **Temperaturregelzentrum** (→ **B**). Bei anderen Tieren, z. B. bei den Vögeln, werden weitere, hierarchisch untergeordnete Regelzentren vermutet.

Um die komplexen **Regelmechanismen** im Hypothalamus zu verstehen, geht man von einem einfachen **Proportional-Differenzial-Regelschema** aus. Dabei wird der von den Messfühlern im Körperkern und in der Haut zum Hypothalamus geleitete **Istwert** mit einem **Sollwert** verglichen, der von bestimmten Neuronengruppen im Hypothalamus selbst gebildet wird. Differieren diese beiden Werte, wird die Körpertemperatur durch Wärmebildung oder Wärmeabgabe proportional nachgeregelt. Die bei einer Veränderung des Istwerts

aktivierten Mechanismen wie die Änderung des Verhaltens, der Hautdurchblutung, der Schweißbildung und auch Kältezittern oder zitterfreie Wärmebildung werden als **Stellglieder** bezeichnet. Die **Regelstrecke** stellt die neuronalen Verbindungen zwischen dem Hypothalamus (Regler) und den Stellgliedern her (→ **A**).

Bei Säugetieren ist die Regulation durch das Schema besonders gut untersucht. So kann man im vorderen Hypothalamus ein **Wärmeabgabezentrum** und im hinteren Hypothalamus ein **Wärmebildungszentrum** lokalisieren. Beide Zentren hemmen sich jeweils in ihrer neuronalen Aktivität (→ **B**). Das Wärmeabgabezentrum wird durch Warmrezeptoren des Rückenmarkkanals und des Hypothalamus angesteuert. Überschreitet der Istwert den Sollwert, werden die jeweils tierartspezifischen Wärmeabgabemechanismen aktiviert. Umgekehrt wird das Wärmebildungszentrum im hinteren Hypothalamus hauptsächlich von den Kälterezeptoren der Haut angesteuert. Kühlt sich die Haut bei niedriger Umgebungstemperatur zu stark ab, wird zunächst der Muskeltonus gesteigert, später folgt das Kältezittern.

Überschreitet oder unterschreitet die Körpertemperatur der homoiothermen Organismen den normalen, physiologischen Regulationsbereich, bezeichnet man dies als **Hyperthermie** oder **Hypothermie**. Diese Zustände können bei besonderen Umständen eintreten und erfordern **spezielle Regelprogramme**.

Bei körperlicher **Arbeit** entsteht neben der mechanischen Bewegung etwa 75 % Wärme. Bei Arbeit in hoher Umgebungstemperatur kann die Kerntemperatur um bis zu 5 °C steigen. Dann droht durch eine Vasodilatation ein **Hitzekollaps**. Bei **Infektionen** wird durch fiebererzeugende Substanzen (**Pyrogene**) der Sollwert nach oben gestellt und es beginnt ein **Fieberanfall** mit intensiver Wärmebildung (**Schüttelfrost**). Bei der Gesundung wird durch den normalisierten Sollwert überschüssige Wärme abgegeben (**Schwitzen**).

Weitere besondere Temperaturregulationen erfolgen in den **Schlafphasen**, bei **Wärme** oder **Kälteakklimatisierung** und bei verschiedenen Tieren im **Winterschlaf (Topor)** oder in der **Winterruhe**.

A. Regelkreis der Thermoregulation

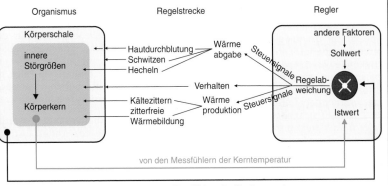

Organismus Regelstrecke Regler

Körperschale

innere Störgrößen

Körperkern

Hautdurchblutung
Schwitzen
Hecheln

Wärme abgabe

Steuersignale

Verhalten

Kältezittern
zitterfreie
Wärmebildung

Wärme produktion

Steuersignale

andere Faktoren

Sollwert

Regelabweichung

Istwert

von den Messfühlern der Kerntemperatur

von den Messfühlern der Hauttemperatur

Abb. 17.5

B. Regelzentrum der Thermoregulation

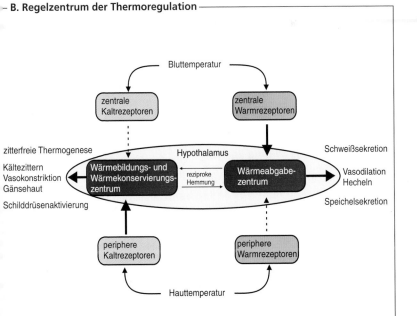

Bluttemperatur

zentrale
Kaltrezeptoren

zentrale
Warmrezeptoren

zitterfreie Thermogenese

Kältezittern
Vasokonstriktion
Gänsehaut

Schilddrüsenaktivierung

Hypothalamus

Wärmebildungs- und
Wärmekonservierungs-
zentrum

reziproke
Hemmung

Wärmeabgabe-
zentrum

Schweißsekretion

Vasodilation
Hecheln

Speichelsekretion

periphere
Kaltrezeptoren

periphere
Warmrezeptoren

Hauttemperatur

Abb. 17.6

18 Verhalten

Die Verhaltensforschung (Ethologie) beschäftigt sich mit der Erforschung des angeborenen und des erlernten Verhaltens von Tieren in ihrer natürlichen Umgebung. Zur grundlegenden Methodik dieser Forschungsrichtung gehört das Erstellen eines Ethogramms. Darunter versteht man eine möglichst genaue Protokollierung aller Verhaltensweisen einer bestimmten Tierart. Dazu müssen zuerst alle Möglichkeiten des Verhaltens dieser Tierart exakt definiert und voneinander abgegrenzt werden (→ A).

18.1 Verhaltensevolution

Dazu gehört z. B. das Nahrungsverhalten mit den Komponenten Kauen, Trinken, Säugen, Nagen, Jagen. Beim Orientierungsverhalten werden folgende Komponenten berücksichtigt: Fixieren, Wittern, Umdrehen, Berühren, Tasten. Die Fortbewegung wird unterteilt in Laufen, Springen, Hüpfen, Rennen, Aufrichten, Klettern, Kriechen. Komfortverhalten besteht aus Gähnen, Strecken, Blinzeln, Strecken, Putzen. Zum Revierverhalten zählen Knurren, Zähnefletschen, Urinieren (als Reviermarkierung), Haareaufstellen, Lauern, Ohrenaufstellen und zum Sexualverhalten Imponiergehabe, Füttern, Balzen, Schnäbeln und Reiben. Vorkommen und Dauer der einzelnen Verhaltenskomponenten werden dokumentiert, damit ihre Häufigkeit bestimmt werden kann. Wichtig ist, während der Erfassung nicht zu bewerten oder Schlussfolgerungen zu ziehen, damit die Erfassung nicht fälschlicherweise gewichtet wird. Diese grundlegende Forschungsrichtung wird als Verhaltensmorphologie bezeichnet. Sie bietet eine Basis für tierartliche Vergleiche und die Definition eines Verhaltensrepertoirs einer Tierart. Für ein solches Verhaltensprogramm sind verschiedene endogene und exogene Einflüsse verantwortlich (→ B). Zunächst erfolgt im Verlauf der Evolution eine Selektion derjenigen Tiere, die durch ihre Verhaltensweisen besonders gut mit den Lebensbedingungen in der jeweiligen Umwelt (Biotop) zurechtkommen. Dadurch ergeben sich genetische Konstellationen, die ein bestimmtes angeborenes Verhalten schon bei Geburt ermöglichen, z. B. Saug- und Schluckreflex. Dazu kommen das im Laufe des Lebens erlernte Verhalten und die exogenen und endogenen Reize, die dieses Verhaltensprogramm auslösen oder in einem Lernprozess modifizieren.

Angeborene Verhaltensmuster werden auch als Instinkte bezeichnet. Instinkte sind genetisch festgelegte Handlungen, die in jeder Situation in der gleichen Weise durchgeführt werden. Sie lassen sich im Verlauf eines Lebens nicht durch Lernprozesse verändern. In der ethologischen Terminologie werden sie auch als fixierte Handlungsmuster bezeichnet. Instinkte werden durch Schlüsselreize ausgelöst, die aber eine innere Handlungsbereitschaft erfordern. Sie wird durch endogene und exogene Faktoren bestimmt, welche die Motivation erhöhen oder erniedrigen können und somit entscheidend für die Auslösung der Instinkthandlung sind (→ C).

Endogene Faktoren sind das Alter und Geschlecht des Tiers, Erfahrung, der Hormonstatus, innere Uhr und Ernährungszustand. Exogene Faktoren sind Tageszeit, Wetter, Nahrungsverfügbarkeit, Populationsdichte und Anwesenheit von Feinden. Nach der Instinkthandlung beeinflusst das Ergebnis durch Rückkopplung die Bereitschaft, die Handlung in einer ähnlichen Situation zu wiederholen bzw. wird die Bereitschaft verstärkt oder verringert.

Beispiele sind die erneute Jagd nach einen erfolgreichen Beutefang oder auch der Verzicht auf eine Jagd nach Konfrontation mit einem wehrhaften Beutetier. Die Ethophylogenie vergleicht solche angeborenen Instinkte und erforscht die stammesgeschichtliche Entstehung und Entwicklung von Verhaltensweisen.

© Springer-Verlag GmbH Deutschland, ein Teil von Springer Nature 2021
W. Clauss und C. Clauss, *Taschenatlas Zoologie*,
https://doi.org/10.1007/978-3-662-61593-5_18

A. Körperhaltungen einer Katze

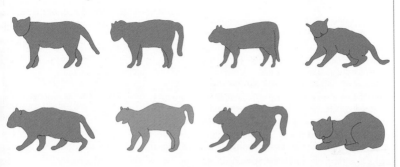

Abb. 18.1

B. Verhaltensprogramm

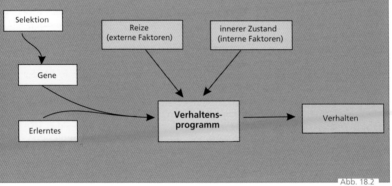

Abb. 18.2

C. Instinkthandlung

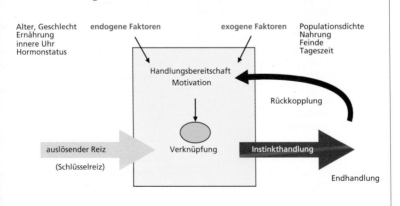

Abb. 18.3

18.2 Behaviorismus

Ein wegweisendes Ereignis zur Begründung dieser Forschungsrichtung war der klassische Versuch der Konditionierung (erlerntes Verhalten) von I. P. Pawlow. Er erforschte die neuronale Kontrolle der Speichelsekretion und führte dazu Versuche mit Hunden durch (→ A). In der Kontrollsituation, ohne Konditionierung, begann der Hund zu speicheln (unbedingte Reaktion), sobald er das Futter roch. Ein neutraler Stimulus (Glocke) löste dagegen keinen Speichelfluss aus. Zur Konditionierung wurde in der folgenden Versuchsreihe immer Futter und Glocke gleichzeitig präsentiert, was immer Speichelfluss auslöste. Nach mehreren Versuchen dieser Art wurde dem Hund nur der akkustische Reiz der Glocke ohne Futter präsentiert. Das Ertönen der Glocke löste ebenfalls eine Speichelsekretion aus (bedingte Reaktion). Durch die Kopplung des Tons mit der Erfahrung, dabei gefüttert zu werden, wurde ein einfaches, unkonditioniertes Verhalten (Nahrungsaufnahme) durch Lernen modifiziert. Man bezeichnete dies als konditionierten Reflex.

Dieser Reflex kann sich auch wieder abschwächen und schließlich ganz ausbleiben, wenn dem Hund mehrfach nur der Glockenton ohne Futter präsentiert wird (Extinktion). Ein einmal erlernter Reflex bleibt offenbar dennoch erhalten, wenn auch in abgeschwächter Form: Auch nachdem einige Zeit verstrichen war, löste der Glockenton einen (schwachen) Speichelfluss aus.. Ganz gelöscht werden kann eine erlernte Kopplung (Assoziation) nur durch eine Gegenkonditionierung mit einem anderen Reiz.

Weiterführende Versuche zu der Beziehung von unkonditionierten und konditionierten Reizen führte B. F. Skinner durch. Seine Versuchsanordnung (Skinner-Box) diente dazu, jede Zufallshandlung eines Tieres durch eine Belohnung zu einer konditionierten Handlung (Operation) werden zu lassen. Man bezeichnet deshalb diese Methodik als operante Konditionierung (→ B).

Eine Skinner-Box (→ C) besteht aus einer reizarmen Umgebung (Laborkäfig), in der ein Versuchstier, z. B. eine Ratte, unter standardisierten Bedingungen und weitgehend automatisiert ein neues Verhalten erlernen kann. Dies wird durch Belohnung für ein erwünschtes Verhalten erreicht. In einem leeren Käfig mit glatten Wänden ist ein automatischer Futterspender vorhanden, der mit einem Reaktionshebel ausgelöst werden kann. Außerdem sind, je nach Art des zu untersuchenden Tieres, verschiedene Stimulatoren vorhanden. Dies können Signallichter in verschiedenen Farben für optische Stimuli sein oder auch Lautsprecher für akkustische Stimuli. Am Reaktionshebel werden die Anzahl und die zeitliche Abfolge der Bedienung registriert. Für den Versuch wird ein hungriges Tier, das nicht mit der Apparatur vertraut ist, in die Box gesetzt. Solange z. B. die Lichtquelle aufleuchtet, hat eine Bedienung des Reaktionshebels eine Futterausgabe zur Folge. Leuchtet die Lichtquelle nicht, wird kein Futter ausgegeben. Auf diese Weise lernen Versuchstiere sehr rasch an Futter zu kommen.

Neueste Forschungen beschäftigen sich mit der operanten Konditionierung von Bienen. Insekten haben ein außergewöhnlich gutes Riechvermögen. Sie perzipieren Geruchsstoffe mit ihren Antennen und nutzen ihr Riechvermögen zur internen Kommunikation und zur Futtersuche. Dabei können sie zwischen Kommunikations- und Umweltgerüchen unterscheiden.

In Versuchsreihen werden sie auf spezielle Gerüche, z. B. von erkrankten Personen,, Drogen oder auch von Sprengstoffen konditioniert, um sie als hoch sensitive Biodetektoren einsetzen zu können.

A. Pawlow-Versuch

1. vor der Konditionierung

Futter → Reaktion →

unkonditionierter Reiz   unkonditionierte Reaktion

2. vor der Konditionierung
Glocke

→ Reaktion →

neutraler Reiz   keine Reaktion

3. Konditionierung

Futter
+
Glocke

→ Reaktion →

unkonditionierte Reaktion

4. nach der Konditionierung
Glocke

→ Reaktion →

konditionierter Reiz   konditionierte Reaktion

— Abb. 18.4 —

B. Ablauf der operanten Konditionierung

Verhalten wird häufiger gezeigt

Verstärkung

positive Verstärkung (positive Konsequenz)

negative Verstärkung (unangenehme Konsequenz bleibt aus)

operantes Verhalten → **Reaktion der Umwelt auf dieses Verhalten**

Bestrafung

positive Bestrafung (unangenehme Konsequenz)

negative Bestrafung (angenehme Konsequenz bleibt aus)

Verhalten tritt nicht mehr auf oder wird seltener gezeigt

— Abb. 18.5 —

C. Skinner-Box

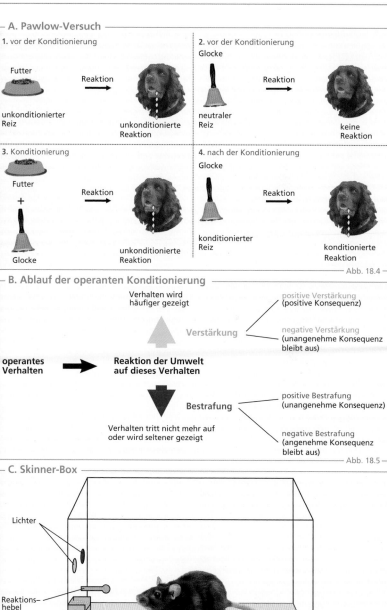

Lichter

Reaktions–hebel

Futterspender

— Abb. 18.6 —

18.3 Verhaltensökologie

Tiere müssen in der Lage sein, sich in ihrer Umwelt zu orientieren. Dies ist für die Nahrungssuche, dem Finden von Geschlechtspartnern und dem Vermeiden von Fressfeinden von essenzieller Bedeutung. Haben Tiere einen geeigneten Lebensraum gefunden und besetzt, so können sie sich in ihrer lokalen Umgebung schnell orientieren.

Einige Tiere legen aber weite Entfernungen zurück, um zu Brutplätzen oder zu Jagdrevieren und Weiden zu gelangen. Beispiele sind der Vogelzug (→ Kap. 4) oder auch die Wanderung der Gnus. schon gesehen. Für die Navigation benutzen Tiere einen Kompasssinn, der es ihnen ermöglicht, aus markanten Umwelthinweisen eine Flugrichtung zu ermitteln. Offensichtlich benutzen Seevögel auch eine Navigationsmethode, mit deren Hilfe sie ihre Position aus der Stellung von Himmelskörpern, z. B. der Sonne, der Tageszeit und ihrer eigenen circadianen Uhr bestimmen (astronomische Navigation).

Wale orientieren sich auf ihren jährlichen Zügen zwischen der Beringsee und der Baja california in Mexiko nach Landmarken. Dies nennt man pilotieren. Schwangere See-Elefanten unternehmen von ihrem festen Brutplatz (Ano Nuevo in Kalifornien) ausgedehnte Züge über acht Monate zu ihren bevorzugten Futterplätzen vor Alaska und den Aleuten, bevor sie im Herbst an denselben Platz zurückkehren, um ihre Jungtiere zu gebären (→ A). Ihre individuellen Routen wurden durch einen am Fell aufgeklebten Sender und das ARGOS-Satellitensystem den NASA verfolgt. In der Zwischenzeit kämpfen männliche See–Elefanten miteinander (→ B), um bis zur Rückkehr der Weibchen, einen genügend großen Strandbereich für die Geburt zu sichern (Revierverhalten).

Ein weiteres Element aus dem breiten Spektrum des Sozialverhaltens ist das Paarungsverhalten. Es ist sehr spezifisc in den unterschiedlichen Tierarten. Ei berühmtes Beispiel ist das Balzverhalte des dreizackigen Stichlings (→ C). E läuft nach einer festen Handlungskett ab. Erscheint im Revier eines männliche Stichlings ein Weibchen, so führt er ei nen Zick-Zack-Tanz durch. Wenn da Weibchen bereit zur Fortpflanzung ist präsentiert es dem Männchen darau seinen mit Eiern aufgetriebenen Bauch Daraufhin schwimmt das Männchen, ge folgt von dem Weibchen, zum vorbe reiteten Nest und zeigt den Eingang Ist das Weibchen zur Eiablage berei bohrt es sich in den Tunnel des Nestes Das Männchen trommelt mit seine Schnauze wiederholt auf die Schwanz wurzel des Weibchens (Schnauzentre molo) und löst damit beim Weibchen di Eiablage aus. Das Weibchen wird dann vom Männchen vertrieben und diese schlüpft in das Nest, besamt die Eier und übernimmt danach auch die Brutpflege

Ein weiterer wichtiger Aspekt des Sozi alverhaltens dient der Kommunikation Manche Tiere, die in Populationen mi engem Kontakt leben, benutzen dazu mechanosensorische Signale, die sie durch taktile Reize vermitteln. Ein be rühmtes Beispiel ist der Tanz der Honig bienen (→ D). Bienen verfügen über ein ausgezeichnetes Navigationssystem und können ihren Artgenossen im Bienen stock den Standort einer über mehrere Kilometer entfernten Nahrungsquelle mitteilen. Dazu kehrt eine Sammelbiene zum Stock zurück und gibt die Informa tion über einen Rund- und Schwänzel tanz weiter, den sie im dunklen Stock an einer senkrechten Honigwabe durch führt. Ist die Nahrungsquelle weniger als 100 m entfernt, so führt sie den Rundtanz auf und kehrt nach jedem Umlauf ihre die Bewegungsrichtung um. Bei größeren Entfernungen zeigt sie den Schwänzeltanz dessen Form einer Acht gleicht und dessen Abweichung von der Vertikalen die Winkelabweichung vom Sonnenstand anzeigt.

A. See-Elefanten – Futterzüge

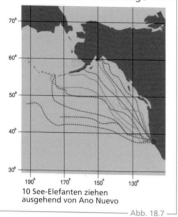

10 See-Elefanten ziehen
ausgehend von Ano Nuevo

— Abb. 18.7 —

B. See-Elefanten – Revierverhalten

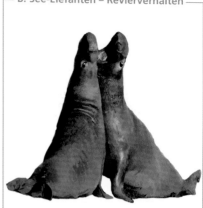

— Abb. 18.8 —

C. Stichling – Balzverhalten

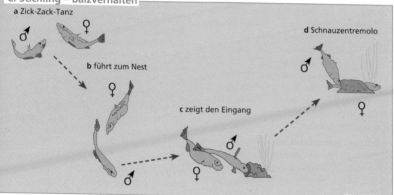

a Zick-Zack-Tanz

d Schnauzentremolo

b führt zum Nest

c zeigt den Eingang

— Abb. 18.9 —

D. Bienentanz

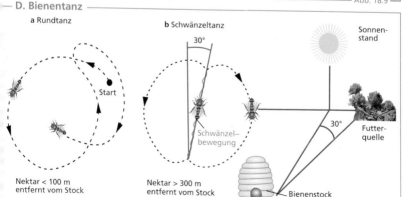

a Rundtanz

Start

Nektar < 100 m
entfernt vom Stock

b Schwänzeltanz

30°

Schwänzel–
bewegung

Nektar > 300 m
entfernt vom Stock

Sonnen-
stand

30°

Futter-
quelle

Bienenstock

— Abb. 18.10 —

18.4 Genetik und Physiologie

Viele Verhaltenseigenschaften haben genetische Grundlagen, die unter Berücksichtigung von epigenetischen Einflüssen für die Entstehung von Verhaltensweisen verantwortlich sind. Inzwischen ist bekannt, dass selbst einfachste Verhaltensweisen polygenetischen Ursprungs sind. Sie sind jedoch vererbbar und ihre Entwicklung folgt den gleichen Regeln wie die Vererbung von morphologischen und funktionellen Eigenschaften. Dies zeigt sich in der Tierzucht, in der bei Haus- und Nutztieren besonders erwünschte Verhaltenseigenschaften wie erhöhte Agressivität oder besonders gute Lerneigenschaften herausgezüchtet werden können.

Die Bedeutung einzelner Gene für Verhaltensstörungen versucht man heutzutage durch molekulargenetische Methoden, z. B. durch Knock-out-Experimente an transgenen Mäusen zu erforschen. Auch in der Humangenetik spielen solche Überlegungen bei der Erforschung der Ursachen von psychischen Krankheiten wie Schizophrenie, Depression und Autismus eine wichtige Rolle.

Besonders intensiv wurde die genetische Grundlage des angeborenen Verhaltens beim Hygieneverhalten der Honigbiene untersucht. Bienen sind besonders empfindlich für bakterielle Infektionen, welche eine Brutfäule hervorrufen, die Bienenlarven töten und damit die Entwicklung des gesamten Bienenvolkes gefährden. Deshalb öffnen manche adulte Bienen die Deckel der Wabenzellen mit infizierten Larven und entfernen diese aus dem Bienenstock. Durch Kreuzungsversuche von hygienischen Bienen mit unhygienischen Bienen wurde nachgewiesen, dass für diese zwei Verhaltensweisen „Öffnen" (uncap) und „Entfernen" (remove) zwei unterschiedliche Gene verantwortlich sind, die unabhängig voneinander vererbt werden (→ A).

Alle Verhaltenweisen eines Organismus gehen auf physiologische Vorgänge der Nerven-, Hormon- und der muskuläre Bewegungssysteme zurück. Diese sin oft im Laufe der Entwicklung für spe zielle Verhaltensabläufe optimiert wor den. Mit diesen funktionellen Aspekte beschäftigt sich die Verhaltensphysio logie.

Die Verhaltensphysiologie überlappt mi den soeben beschriebenen genetische Gundlagen. Ein Beispiel für genetisc gesteuerte physiologische Verhaltensab läufe sind die biologischen Rhythmen Sie koordinieren das Verhalten der Or ganismus mit den Umweltzyklen wi dem Tag-Nacht-Rhythmus (circadian Rhythmik) oder den Jahreszeiten (cir cannuale Rhythmik).

Alle Tiere besitzen eine innere Uhr, di eine eigene, meist längere Periodik ha aber von Zeitgebern, z. B. dem Licht Dunkel-Wechsel, auf die Tagesperiodi von 24h synchronisiert wird. Diese inner Uhr ist vermutlich in vielen Zellen un Geweben durch molekulargenetisch Abläufe vorhanden (Nebenuhren), di aber von einer Hauptuhr dominiert un gesteuert werden. Bei Säugetieren is die Hauptuhr in zwei Zellgruppen (su prachiasmatische Nuclei) im zentrale Nervensystem lokalisiert (→ B). In diese SCN-Zellen läuft der molekulare Mecha nismus der inneren Uhr durch die Ex pression der Uhrgene per (period) un tim (timeless) und ihrer während de Tages im Cytoplasma produzierten Pro teine in einer Rückkopplungsschleife ab (→ C). In der Dunkelheit dimerisieren die beiden Proteine im Cytoplasma un kehren als Transkriptionsfaktoren in der Zellkern zurück, wo sie die Expressio der Uhrgene hemmen.

So werden die molekularen Abläufe durch den Licht-Dunkel-Wechsel (Zeit geber) auf die Tageslänge von 24 h syn chronisiert. Experimente mit Versuchs tieren unter Dauerbeleuchtung zeigen, dass der Wegfall des Zeitgebers dazu führt, dass der Rhythmus in einen Frei lauf mit der eigenen Periode der innere Uhr fällt (→ D).

A. Genetik der Bienenhygiene

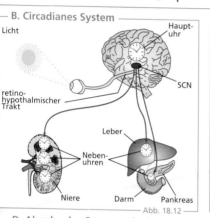

homozygot
unhygienisch
U/U R/R

♂

homozygot
hygienisch
u/u r/r

♀

unhygienische
Hybride
U/u R/r

×

×

Rückkreuzung mit
hygienischen Bienen

U/u R/r
unhygienisch
öffnet Waben nicht
noch entfernt tote Larven

u/u R/r
unhygienisch
öffnet Waben
entfernt tote Larven nicht

U/u r/r
unhygienisch
öffnet Waben nicht
entfernt tote Larven

u/u r/r
öffnet Waben
entfernt tote Larven

U Gen für Öffnen der Waben
R Gen für Entfernen der Larven

Abb. 18.11

B. Circadianes System

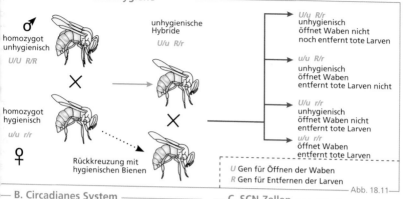

Licht

Haupt-
uhr

SCN

retino-
hypothalmischer
Trakt

Leber

Neben-
uhren

Niere

Darm

Pankreas

Abb. 18.12

C. SCN-Zellen

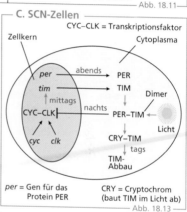

CYC–CLK = Transkriptionsfaktor

Zellkern

Cytoplasma

per abends → PER

tim → TIM

mittags ↑

CYC-CLK ⊣ nachts PER–TIM ← Dimer

cyc *clk* Licht

CRY–TIM

↓ tags

TIM-
Abbau

per = Gen für das
Protein PER

CRY = Cryptochrom
(baut TIM im Licht ab)

Abb. 18.13

D. Abgabe der Caecotrophe beim Kaninchen

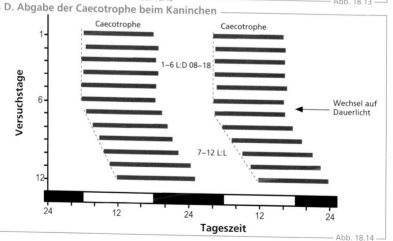

Versuchstage

Caecotrophe

Caecotrophe

1–6 L:D 08–18

7–12 L:L

Wechsel auf
Dauerlicht

24   12   24   12   24

Tageszeit

Abb. 18.14

19 Lebensräume der Tiere

19.1 Organismus und Umwelt

Die Existenzbedingungen von Organismen und ihre Wechselbeziehungen untereinander und zur Umwelt wird durch die Ökologie, Teilgebiet der Biologie, untersucht.

Grundfragen der Ökologie sind: Was bestimmt die Verteilung der Organismen? Was bestimmt ihre Individuenzahl? Welchen Einfluss haben die Organismen auf den Haushalt der Natur?

Ein Ökosystem besteht aus einem Biotop, einem Lebensraum für Organismen, der durch seine Umweltbedingungen (Sauerstoff, Kohlendioxid, Licht, Temperatur, Salz- und Wasserhaushalt) charakterisiert ist.

Innerhalb dieses Biotops bildet sich eine Lebensgemeinschaft aus Mikroorganismen, Pflanzen und Tieren, die als Biozönose bezeichnet wird (→ A). Die Organismen einer solchen Lebensgemeinschaft konsumieren und produzieren und beeinflussen so selbst Umweltfaktoren und Biomasse. So schaffen sich z. B. Bienen durch Wärmeproduktion ein eigenes Klima im Stock und werden damit von der Umgebungstemperatur unabhängiger.

Tiere können durch ihre Fähigkeit zur Eigenbewegung auch die für sie optimale Umweltbedingungen aufsuchen und so im Rahmen ihrer physiologischen Möglichkeiten einer Konkurrenz durch andere Individuen ausweichen. So wandern manche Zugvögel jährlich viele Tausend Kilometer, um für die Fortpflanzung klimatisch günstige Brutgebiete aufzusuchen (→ B).

Eine Reihe von abiotischen Umweltfaktoren wie Licht, Temperatur, Feuchtigkeit, Sauerstoff- und Kohlendioxidgehalt und Salz- und Wasservorkommen bestimmen die Lebensbedingungen in einem Biotop. Licht wirkt auf Tiere über verschiedene Wellenlängen ein, die durch spezialisierte Organe (Augen, Pinealorgan), aber auch undifferenziert über die Haut einwirken können. So kann Licht einerseits wichtig für verschiedene Körperfunktionen sein, z. B. als Zeitgeber für die Tagesrhythmik, als Startsignal für hormoninduzierte Differenzierungsvorgänge bei der Entwicklung oder für das Ausschlüpfen aus dem Ei. Andererseits kann Licht durch kritische Wellenlängen, etwa im UV-Bereich, auch schädlich sein und zu Verbrennungen und Hautkrebs führen. Tiere müssen sich deshalb an die Lichtverhältnisse anpassen, entweder durch ihr Verhalten oder durch entsprechende Adaptationen, etwa die Pigmentierung der Haut, Hornschichten oder Schalen. Viele Tiere leben auch ohne Licht in Höhlen oder in der Tiefsee.

Auch die Umgebungstemperatur ist ein wichtiger ökologischer Faktor. Die Temperatur beschleunigt chemische Reaktionen des Stoffwechsels (RGT-Regel). Die Hitzeresistenz liegt bei der Denaturierung der Proteine bei ca. 41 °C. Eine höhere Hitzeresistenz von ca. 120 °C haben nur thermophile Bakterien in heißen Quellen. Umgekehrt ist der Stoffwechsel bei tiefen Temperaturen verlangsamt ggf. bis zu Kältetod. Dabei ist die Kälteresistenz von Tieren vom Wassergehalt ihres Cytoplasmas abhängig. Insekten und Meeresbewohner verhindern so durch Einlagerung von Gefrierschutzproteinen eine letale Eiskristallbildung.

Nur homoiotherme Tiere können ihre Körpertemperatur über einen weiten Bereich unabhängig von der Umgebungstemperatur halten (→ Kap. 17). Poikilotherme (wechselwarme) Tiere passen ihre Körpertemperatur an die Umgebungstemperatur an und können ihre Körpertemperatur nur in begrenztem Maß, etwa durch bestimmte Verhaltensweisen regulieren. Besondere Anpassungen sind bei Winterschläfern (Igel, Murmeltiere, Siebenschläfer) vorhanden (→ C), die ihre Körpertemperatur durch hormonelle Regulation während des Winterschlafs auf unter 10 °C absenken können.

© Springer-Verlag GmbH Deutschland, ein Teil von Springer Nature 2021
W. Clauss und C. Clauss, *Taschenatlas Zoologie*,
https://doi.org/10.1007/978-3-662-61593-5_19

A. Biozönose

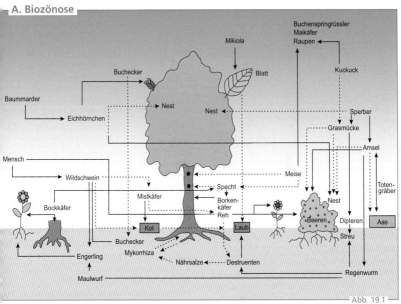

Abb. 19.1

B. Vogelzug – Mittelstreckenzieher

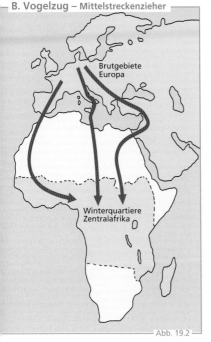

Brutgebiete
Europa

Winterquartiere
Zentralafrika

Abb. 19.2

C. Winterschläfer

Igel

Murmeltier

Siebenschläfer

Abb. 19.3

19.2 Umweltfaktoren und Biotope

Viele Tiere können nur bei einer bestimmten Luftfeuchtigkeit existieren, da alle landlebenden Tiere durch Verdunstung und Exkretion fortwährend Wasser verlieren und so in Gefahr sind auszutrocknen. Dies hängt hauptsächlich von der Beschaffenheit des Integuments ab. Arthropoden und Reptilien, die durch eine Cuticula oder durch Hornschuppen besonders gut vor Austrocknung geschützt sind, können durch diese Strukturen sogar extreme Trockengebiete besiedeln. Dagegen können Schnecken und Amphibien nur in Biotopen mit höherer Luftfeuchtigkeit existieren. Extreme Adaptationen an Wasserverluste sind bei einigen Insektenlarven bekannt, die in Trockenstarre mehrere Jahre überleben können. Auch bei Parasiten gibt es sehr widerstandsfähige Entwicklungsstadien, so z. B. Coccidien, die ausgetrocknet im Staub von Käfigen überdauern können und sich beim Anstieg der Luftfeuchtigkeit zu infektiösen Stadien entwickeln.

Die Konzentrationen der Atemgase Sauerstoff und Kohlendioxid wirken sich bei Tieren ebenfalls auf Stoffwechselraten und Lebensbedingungen aus. Fällt z. B. der Sauerstoffgehalt von Gewässern in Folge von Erhöhung der Wassertemperatu, so können Fische mit ihren Kiemen dem Wasser nicht genügend Sauerstoff entziehen.

Auch der Wasser- und Salzgehalt der Umgebung spielt für die Lebensbedingungen der Tiere eine entscheidende Rolle. Homoiosmotische Tiere sind Osmoregulatoren (→ Kap. 16) und haben Mechanismen entwickelt, um ihren inneren Salzgehalt unabhängig von der Umgebung auf einem gewissen Niveau zu stabilisieren, sodass sie sowohl hyper- als auch hypotonisch sein können. Solche Mechanismen sind nicht nur bei den Wirbeltieren ab den Fischen vorhanden, sondern auch schon bei Invertebraten, z. B. den Crustacea. Im Gegensatz dazu gleichen die poikilosmotischen Tiere (Osmokonformer) ihren inneren Salzgehalt der Umgebung an. Der Salzgehalt der Gewässer kann zwischen Meeren und Süßwasser in einem weiten Bereich (0–30 %) variieren und auch Übergangsbereiche (Brackwasser) haben, die ihren Salzgehalt periodisch mit Ebbe und Flut verändern. Tiere sind diesen Umweltveränderungen aber nicht passiv ausgeliefert, sondern können sich durch ihr Verhalten anpassen. Demnach ergeben sich für viele Arten höchst unterschiedliche Biotope (→ A, B), in denen sie sich spezialisieren können um nicht in Konkurrenz zueinander zu stehen.

Biologische Rhythmen sind entscheidend für die Anpassung in einem Biotop. Tiere passen sich an Gezeiten, Tag-Nacht-Wechsel, Pflanzenwuchs an, indem sie z. B. ihre Fortpflanzungsperiode und die Aufzucht der Jungen in eine klimatisch günstige Jahreszeit legen. Auch ihr Verhalten kann tagaktiv, nachtaktiv oder dämmerungsaktiv sein.

Bestimmte Organismen reagieren auf Umweltfaktoren in einer charakteristischen, gleichbleibenden Weise, sodass man aus ihrem Verhalten unmittelbare Schlussfolgerungen auf zunächst nicht offensichtliche Veränderungen der Umwelt ziehen kann. Man benutzt sozusagen biologische Organismen als Messfühler, um Umweltveränderungen festzustellen. Dieses als Biomonitoring bezeichnete Verfahren wird vielfach im Gewässerschutz und im Zusammenhang mit möglichen toxischen Gefahrenquellen für Mensch und Tier eingesetzt. Voraussetzung dafür ist ein spezieller, für den jeweiliger Umweltfaktor sensibler Organismus, der in einer reproduzierbaren Weise immer gleich auf die jeweilige Umweltveränderung reagiert. So werden Fische und Krebse für die Beurteilung der Reinheit von Gewässern eingesetzt und in Freilandversuchen die Vielzahl und Diversität von Arten gemessen, um Risikoabschätzungen durchzuführen und Klimawandel zu beurteilen.

A. Lebensraum Ozean

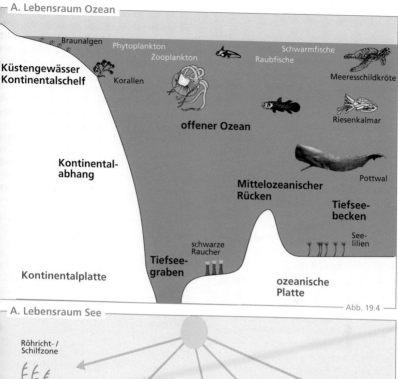

Braunalgen Phytoplankton Zooplankton Schwarmfische Raubfische Meeresschildkröte

Küstengewässer Kontinentalschelf Korallen

Riesenkalmar

offener Ozean

Kontinental- abhang

Pottwal

Mittelozeanischer Rücken

Tiefsee- becken

See- lilien

Kontinentalplatte **Tiefsee- graben** schwarze Raucher

ozeanische **Platte**

Abb. 19.4

A. Lebensraum See

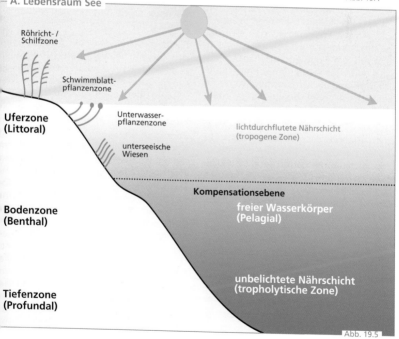

Röhricht- / Schilfzone

Schwimmblatt- pflanzenzone

Uferzone (Littoral) Unterwasser- pflanzenzone

lichtdurchflutete Nährschicht (tropogene Zone)

unterseeische Wiesen

Kompensationsebene

Bodenzone (Benthal) freier Wasserkörper (Pelagial)

unbelichtete Nährschicht (tropholytische Zone)

Tiefenzone (Profundal)

Abb. 19.5

19.3 Populationsökologie

Populationen sind Mengen von Individuen der gleichen Art, die in zeitlicher Veränderung einer Populationsdynamik unterliegen. Die Populationsdynamik ist vom Altersaufbau, von der Anzahl der Individuen pro Flächeneinheit (Populationsdichte), der Fortpflanzungshäufigkeit (Natalität), der Zu- und Abwanderung (Immigration und Emigration) und der Sterberate (Mortalität) abhängig. Alle diese Faktoren stehen in dynamischen Wechselwirkungen und bewirken in Abhängigkeit von den Umweltbedingungen Oszillationen und Fluktuationen der Population. Dies kann zu vorübergehender Massenvermehrung von Organismen führen, aber auch zum Absinken der Populationsdichte und zum Aussterben (Extinktion) einer Population.

Tiere gehen vielfach zwischenartliche Beziehungen ein. So können Tiere andere Tiere kurzfristig als Transportmittel benutzen (Phoresie), wie Nematoden, die sich von Insekten verbreiten lassen. Solche Interaktionen zwischen zwei Arten (Bisysteme) haben einen starken Einfluss auf die Populationsdynamik. Jegliche Aktivität eines Organismus kann sich auf andere Organismen fördernd (probiotisch) oder hemmend (antibiotisch) auswirken.

Als ökologische Nische bezeichnet man einen theoretischen Raum, in dem alle Umweltfaktoren so sind, dass eine Population sich darin erhalten kann (→ A). Alle realen Räume, für die das gilt, können zum Habitat werden. Arten bevorzugen Habitate, deren klimatische oder ernährungsbiologische Besonderheiten ihnen Vorteile innerhalb der Artenkonkurrenz, d. h. der gemeinsamen Beanspruchung begrenzter Ressourcen, verschaffen. Vielfach haben sich die Tiere im Laufe ihrer Evolution an die optimale Nutzung ihres Lebensraums angepasst und ihre Organe besonders entwickelt, z. B. die verschiedenen Schnabelformen der Vögel (→ Kap. 4).

Getrennt lebende Tiere können durch ihr Verhalten die Existenz anderer Organismen positiv beeinflussen (Mutualismus). So transportieren Vögel die Pollen von Pflanzen und tragen so zur Bestäubung und Fortpflanzung bei. Tiere gehen auch enge Ernährungsgemeinschaften ein. Beim Kommensalismus beteiligen sich z. B. Hyänen an den Mahlzeiten der Raubtiere, ohne die Beute selbst erlegt zu haben. Eine Symbiose ist eine enge Lebensgemeinschaft zum wechselseitigen Nutzen von Tieren, die ohne ihre Symbionten oft nicht lebensfähig wären (Endosymbiose bei der Celluloseverdauung im Wiederkäuermagen).

Parasiten sind artfremde Organismen, die sich auf ihren Wirten ständig oder zeitweilig zur Ernährung und Fortpflanzung aufhalten. Endoparasiten halten sich dabei in Körpergeweben oder Körperflüssigkeiten auf, wie Nematoden und Cestoden (→ Kap. 26, 34). Ektoparasiten setzen sich an der Körperoberfläche fest, wie Blutegel und Milben (→ Kap. 31, 36).

Für den Wirtwechsel der Parasiten sind oft spezifische Vektoren (Überträger) zuständig. Häufig handelt es sich dabei um blutsaugende Arthropoden (→ Kap. 36). Die Übertragung erfolgt dann durch den Speichel im Stichkanal oder durch Schmierinfektion an der Wunde.

Zoonosen sind durch Parasiten bedingte Krankheiten, die in normalen Lebensgemeinschaften zwischen Mensch und Tier übertragen werden können (→ B). Die Übertragung kann dabei in beide Richtungen verlaufen, also auch vom Menschen auf Tiere. Zoonosen können durch unkontrollierte Verbreitung einen immensen wirtschaftlichen Schaden in der Tierhaltung und Tierzucht verursachen und stellen für die Bevölkerung ein erhebliches gesundheitliches Risiko dar. Sie sind deshalb nach dem Tierseuchen- und Bundesseuchengesetz in Deutschland meldepflichtig und in vielen anderen Ländern zumindest anzeigepflichtig.

A. Ökologische Niche

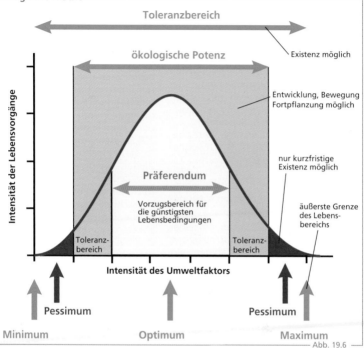

Toleranzbereich

ökologische Potenz

Existenz möglich

Entwicklung, Bewegung
Fortpflanzung möglich

Präferendum

nur kurzfristige
Existenz möglich

Vorzugsbereich für
die günstigsten
Lebensbedingungen

äußerste Grenze
des Lebens-
bereichs

Toleranz-
bereich

Toleranz-
bereich

Intensität der Lebensvorgänge

Intensität des Umweltfaktors

Pessimum

Pessimum

Minimum

Optimum

Maximum

Abb. 19.6

C. Ausgewählte Beispiele von parasitären Zoonosen

Parasit bzw. Krankheit	Übertragungsweg auf den Menschen	parasitärer Wirt
Lungenegel	Verzehr von Krebsfleisch	Crustacea
Bandwurmbefall	Verzehr von rohem Fisch (Sushi)	Fische
Bandwurmbefall	orale Aufnahme der Eier durch Berühren des Fells	Hunde
Toxoplasmose	orale Aufnahme der Cysten durch Berühren des Fells	Katzen
Trichinellose	Verzehr von rohem Schweinefleisch	Schweine
Babesiose (Texasfieber)	Kontakt mit Zecken	Rinder
Räude (Milben)	Kontakt mit Geflügel	Vögel

Tab. 19.7

19.4 Synökologie

Die Synökologie erforscht die Lebensgemeinschaften der Organismen eines Lebensraumes, die untereinander durch verschiedene Abhängigkeiten geprägt sind. Sie geht damit über die einfachen Biosysteme der Populationsökologie hinaus und beschäftigt sich mit Artenvielfalt, Nahrungsnetzen und synökologischen Prozessen (z. B. Sukzession). Ein praktisches Problem ist die Anreicherung von Schadstoffen (z. B. Schwermetalle, Pestizide) in Nahrungsketten ($\rightarrow$ A). Auch die Erhaltung von Lebensräumen (Naturschutz) oder der darin lebenden Arten (Artenschutz) ist ein wichtiges Arbeitsgebiet der Synökologie.

Wachstum und Vermehrung einzelner Arten, die sich in ihrem Biotop aufgrund spezieller Anpassungsmaßnahmen gut durchgesetzt und vermehrt haben, führen oft zu negativen Wirkungen auf andere Arten und durch den Verbrauch von Ressourcen (z. B. Nahrung) auch zu dramatischen Veränderungen des Biotops und damit der Umwelt. Ein besonders drastisches Beispiel ist die Menschheit, deren ungeheures Wachstum nur auf Kosten der Zerstörung von Lebensräumen und damit der Ausrottung von Organismen möglich war und ist. Diese negativen Auswirkungen auf die Lebensgemeinschaften haben besonders in den letzten Jahrhunderten deutlich zugenommen und zu einer massiven Vernichtung von Organismen geführt. So sind innerhalb der letzten drei Jahrhunderte ca. 150 Säugetierarten und ca. 120 Vogelarten unwiederbringlich ausgerottet worden. Dabei spielten sowohl direkte wirtschaftliche Gründe wie Robbenjagd, Walfang oder Konkurrenz im Biotop eine Rolle als auch die indirekte Schädigung eines Biotops durch z. B. industrielle Verunreinigung mit Umweltgiften.

Nachdem diese Fragen zunehmend in der Öffentlichkeit als auch für den Menschen bedrohliches Existenzproblem wahrgenommen wurde, wurde verschiedene Gesetze zum Natur- und Artenschutz verabschiedet und auch Nicht-Regierungs-Organisationen gegründet. International wurde 1973 das Washingtoner Artenschutzabkommen beschlossen und von mehr als 100 Staaten unterzeichnet. Es dient dem Schutz gefährdeter Tierarten durch eine strenge Regulierung des Handels und der Export- und Importgenehmigungen. Von 168 Staaten wurde 1992 in Rio de Janeiro die Konvention über die biologische Vielfalt (Biodiversitätsabkommen) verabschiedet.

Nachdem die Bedeutung der menschengemachten Klimaerwärmung erkannt wurde, wurde 2015 das Pariser Klimaabkommen unterzeichnet, mit dem Ziel, die globale Erwärmung deutlich zu begrenzen, um den sonst irreversiblen Schaden für die Lebewesen der Erde einzudämmen und zu verhindern. Die skeptische Haltung einiger Staaten und die zunehmenden politischen Streitigkeiten in dieser Frage machen biologisch informierte und verantwortlich denkende Menschen zunehmend fassungslos.

Alle diese Abkommen und Verträge haben das Ziel, eine gesetzlich bindende Vereinbarung über den Schutz der biologischen Vielfalt (Artenreichtum, genetische Vielfalt, Vielfalt der Lebensräume), ihre nachhaltige Bewirtschaftung und eine gerechte Verteilung der Einkommen aus ihrem Nutzen zu erreichen. Zur Umsetzung dieser Vorschriften bedarf es der fachkundlichen Beratung und Mitarbeit von Biologen, aber auch eines breiten gesellschaftlichen Engagements.

Deshalb wurden inzwischen in vielen Ländern Nationalparks eingerichtet, in denen artgerechter Lebensraum für viele Tierarten erhalten werden soll. Außerdem wurden Rote Listen erstellt, in denen die vom Aussterben bedrohten Arten aufgeführt sind und besondere regionale Artenschutzmaßnahmen eingeleitet ($\rightarrow$ B).

A. Nahrungspyramide

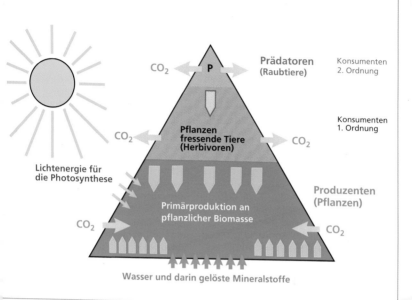

CO₂ ↔ **P** — Prädatoren (Raubtiere)   Konsumenten 2. Ordnung

CO₂ ↔ **Pflanzen fressende Tiere (Herbivoren)** → CO₂   Konsumenten 1. Ordnung

Lichtenergie für die Photosynthese

Primärproduktion an pflanzlicher Biomasse   Produzenten (Pflanzen)

CO₂ →   ← CO₂

Wasser und darin gelöste Mineralstoffe

Abb. 19.8

B. Artensterben

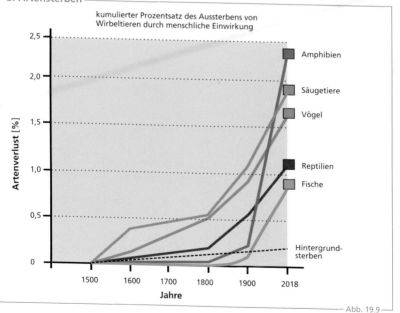

kumulierter Prozentsatz des Aussterbens von Wirbeltieren durch menschliche Einwirkung

Amphibien
Säugetiere
Vögel
Reptilien
Fische
Hintergrundsterben

Artenverlust [%]

Jahre

Abb. 19.9

20 Baupläne, Stammesgeschichte

20.1 Phylogenetische Systematik

Die systematische Zoologie befasst sich mit der Biodiversität der Tiere, definiert Arten, vergleicht ihre Entwicklung und Abstammung und ordnet sie dann entsprechend in einem hierarchischen System (Systematik) ein.

Diese Einordnung erfolgt mit einer vergleichenden Methodik, der Taxonomie. Sie kommt durch Vergleich von Merkmalen und Gensequenzen zur Definition eines Taxons (Tierstamm), das sich dann in das Gesamtsystem der hierarchisch organisierten Taxa einordnen lässt. Die Benennung der Taxa erfolgt nach einer verbindlich festgelegten Nomenklatur. in ihr wird berücksichtigt, dass die hierarchische Anordnung möglichst der aktuell gültigen Hypothese zur Stammesentwicklung entspricht. Man bezeichnet diese Klassifikation dann als Phylogenese. Entsprechend den sich ständig erweiternden Erkenntnissen der zoologischen Forschung hat sich die Systematik der Tiere in den letzten Jahren immer wieder stark verändert. Konträre Auffassungen existieren und nicht alle Taxa konnten bisher zweifelsfrei in das System eingeordnet werden.

Grundlage dieses Systems sind die Arten, als die kleinste taxonomische Grundeinheit. Eine biologische Art ist per Definition eine Populationsgruppe, deren Mitglieder sich untereinander sexuell fortpflanzen können und fruchtbare Nachkommen erzeugen. Ein Taxon ist dann natürlich, wenn es nur Arten enthält, die einen gemeinsamen Vorfahren haben. Damit ist ein Taxon monophyletisch und umfasst nur die Stammart und ihre Nachkommen (→ A). Solche Gruppierungen kommen im zoologischen System aber nicht immer vor. Wenn eine Gruppe zwar den gemeinsamen Vorfahren und einige, aber nicht alle seiner Nachfahren enthält, wird sie als eine paraphyletische Gruppe bezeichnet. Schließlich gibt es im zoologischen System auch Gruppen, deren Mitglieder keinen gemeinsame[n] Vorfahren haben. Sie werden dann a[ls] polyphyletische Gruppe bezeichnet. D[a] diese Gruppe auf mehrere Stammarte[n] zurückgeht, wird sie in der zoologische[n] Systematik kritisch gesehen und oft ab[ge]lehnt.

Molekulargenetische Analysen der wen[i]gen vollständig sequenzierten Genom[e] verschiedener Tiere lassen den Schluss z[u,] dass alle Tiere monophyletisch sind, als[o] einen gemeinsamen Urvorfahren habe[n.] Diese Sichtweise wird auch unterstütz[t] durch die genetische Analyse vieler ein[-] zelner Genabschnitte, die von Tiere[n] gewonnen wurden, deren gesamtes Ge[-] nom noch nicht vollständig sequenzier[t] wurde.

Darauf deuteten schon vorher gemein[-] sam abgeleitete Merkmale (Synapo[-] morphien) hin. Zu diesen gehören di[e] verschiedenen Zell-Zell-Verbindunge[n] (Desmosomen, Gap Junctions und Tigh[t] Junctions), gemeinsame Makromole[-] küle (Proteoglykane, Kollagene) sowi[e] die gemeinsame Entwicklung über ein[e] Blastula und eine Gastrula. Ein weitere[r] Hinweis auf die Monophylie der Tier[e] sind das Alter und die Ähnlichkeiten i[n] Struktur und Funktion der Hox-Gene (→ Kap. 5), die für den Körperbauplan un[d] die Achsenbildung verantwortlich sind.

Als Kladistik bezeichnet man eine Me[-] thode der Evolutionsbiologie, die zu[m] Ziel hat, eine phylogenetische Systema[-] tik zu erstellen, welche ausschließli[ch] auf Verwandtschaftsbeziehungen ba[-] siert. Mit dieser Methode werden Kla[-] dogramme erstellt (→ B), in dene[n] die Eigenschaften der betrachteten Tier[e] (Morphologie, Stoffwechsel, Genetik[)] verglichen werden. In einem Klado[-] gramm hat eine Verzweigung immer nu[r] zwei Äste, ist nicht gewichtet und es gib[t] auch keine Zeitachse. Jeder Ast ist durc[h] ein abgeleitetes Merkmal begründe[t.] Außerdem enthält ein Kladogramm nu[r] terminale Taxa. Eine rezente Art kan[n] also nicht die Stammart einer andere[n] rezenten Art sein.

© Springer-Verlag GmbH Deutschland, ein Teil von Springer Nature 2021
W. Clauss und C. Clauss, *Taschenatlas Zoologie*,
https://doi.org/10.1007/978-3-662-61593-5_20

A. Phyletische Gruppen

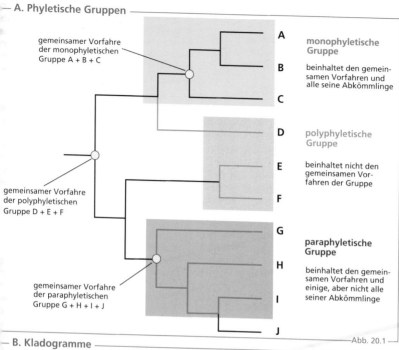

gemeinsamer Vorfahre
der monophyletischen
Gruppe A + B + C

monophyletische Gruppe

beinhaltet den gemeinsamen Vorfahren und alle seine Abkömmlinge

polyphyletische Gruppe

beinhaltet nicht den gemeinsamen Vorfahren der Gruppe

gemeinsamer Vorfahre
der polyphyletischen
Gruppe D + E + F

paraphyletische Gruppe

beinhaltet den gemeinsamen Vorfahren und einige, aber nicht alle seiner Abkömmlinge

gemeinsamer Vorfahre
der paraphyletischen
Gruppe G + H + I + J

— Abb. 20.1 —

B. Kladogramme

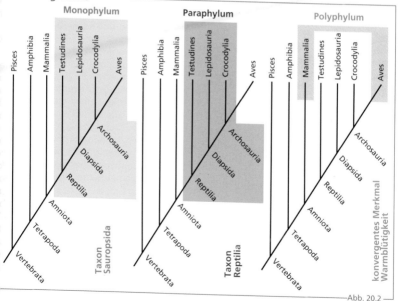

— Abb. 20.2 —

20.2 Evolution der Metazoa

Zur Entstehung der vielzelligen Tiere (Metazoa) gibt es verschiedene Hypothesen. Aktuell werden mehrere phylogenetische Modelle diskutiert, von denen hier drei dargestellt werden.

Die Gastrea-Hypothese ist die heute am besten belegte Theorie. Sie geht von einem hypothetischen Urdarmtier (Gastrea) aus, von dem alle Metazoen abstammen, die in ihrer Entwicklung ein Gastrula-Stadium durchlaufen. Dieses Urdarmtier besteht aus zwei primären Keimblättern, einem Urmund und einem Urdarm. Ausgangsform der Gastrea ist eine flüssigkeitsgefüllte, einschichtige Blastea (Flagellatenkolonie), aus der sich durch Einstülpung und Differenzierung die zweischichtige Gastrea mit ihrem Gastrovaskularraum als primitiver Darm entwickelt (→ A).

Die Placula-Hypothese geht von einer einschichtigen Flagellatenkolonie aus, die sich durch Delamination zu einer dorsoventral zweischichtigen Platte (Placula) entwickelte, welche auf dem Boden als nährendes Substrat kroch (→ B). Durch den Bodenkontakt wurde eine Differenzierung in ein ventrales Nährepithel und ein dorsales Schutzepithel induziert. Diese Hypothese wird durch die Wiederentdeckung von *Trichoplax adhaerens* (→ Kap. 23) wieder diskutiert.

Die Planula-Hypothese geht davon aus, dass das Ektoderm phylogenetisch durch gleichzeitige Delamination aller Zellen einer Blastea entsteht. Dieser Entwicklungsgang ist ontogenetisch bei den Hydrozoa und Scyphozoa vorhanden (→ Kap. 24) und führt zu einer Planula-Larve (→ C). Weitere Entstehungshypothesen sind die Phagocytella-Theorie (Parenchymula-Theorie) die hier nicht dargestellt sind.

Das gemeinsame Merkmal der Metazoa ist ihr vielzelliger Körper, der aus differenzierten und vielfältig spezialisierten Zellen besteht. Funktionell ähnliche Zellen, die einen gemeinsamen Differenzierungsweg haben, bilden Gewebe, in denen die Zellen untereinander kommunizieren und sich gegenseitig in ihrer Funktion unterstützen und beeinflussen.

Nach heutigem Wissen waren die ersten Tiere vermutlich marine Bodenbewohner, entweder festsitzend oder auch frei beweglich (→ A–C). Sie entstanden vermutlich in der Kambrischen Explosion vor etwa 540 Mio. Jahren. Fossilien belegen, dass zu dieser Zeit viele der heute bekannten Baupläne fast synchron auftauchten. Präkambrische Fossilien sind zwar vorhanden, weisen aber große Unterschiede zur heutige Fauna auf und lassen sich schwer einordnen. Diese Frage sind aber bis heute nicht geklärt.

Eine Darstellung der Entstehung der Tiere und die Evolution ihrer Körperbaupläne (→ D) geht von einem gemeinsamen Vorfahren aus, ist also monophyletisch. Diese Annahme wird durch den Vergleich von Gensequenzen vieler Tiere und ihre phylogenetische Analyse unterstützt.

Für Vergleiche des Körperbauplans sind neben dem allgemeinen Bau eines Tieres auch die Anordnung der Organe, das eventuelle Vorhandensein einer Körperhöhle, eine eventuelle Segmentierung und Symmetrie sowie eventuelle Körperanhänge wichtig. Ferner die Anzahl der Keimblätter, aus denen sich der Organismus entwickelt hat (→ Kap. 6). Diese vorliegenden Synapomorphien (Gemeinsamkeiten) unterstützen die Annahme eines monophyletischen Stammbaum aus einem gemeinsamen Vorfahren.

Den größten Teil der Tierarten machen die bilateralsymmetrisch gebauten Tiere (Bilateria) aus, die als solche ein Monophylum darstellen, sich dann aber noch in die Gruppen der Protostomia und Deuterostomia aufteilen, die jeweils selbst eigene monophyletische Gruppen sind.

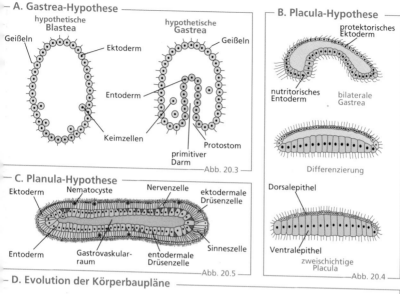

A. Gastrea-Hypothese

hypothetische **Blastea**

Geißeln

Ektoderm

Entoderm

Keimzellen

hypothetische **Gastrea**

Geißeln

Entoderm

Keimzellen

Protostom

primitiver Darm

—Abb. 20.3—

B. Placula-Hypothese

protektorisches Ektoderm

nutritorisches Entoderm

bilaterale Gastrea

Differenzierung

Dorsalepithel

Ventralepithel

zweischichtige Placula

—Abb. 20.4—

C. Planula-Hypothese

Ektoderm

Nematocyste

Nervenzelle

ektodermale Drüsenzelle

Sinneszelle

Entoderm

Gastrovaskular-raum

entodermale Drüsenzelle

—Abb. 20.5—

D. Evolution der Körperbaupläne

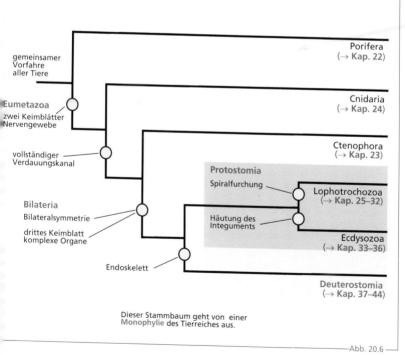

gemeinsamer Vorfahre aller Tiere

Porifera (→ Kap. 22)

Eumetazoa zwei Keimblätter Nervengewebe

Cnidaria (→ Kap. 24)

vollständiger Verdauungskanal

Ctenophora (→ Kap. 23)

Protostomia

Spiralfurchung

Lophotrochozoa (→ Kap. 25–32)

Bilateria Bilateralsymmetrie

drittes Keimblatt komplexe Organe

Häutung des Integuments

Ecdysozoa (→ Kap. 33–36)

Endoskelett

Deuterostomia (→ Kap. 37–44)

Dieser Stammbaum geht von einer Monophylie des Tierreiches aus.

—Abb. 20.6—

20.3 Protostomia

Die überwiegende Zahl aller Tierarten gehört zu den Protostomia (Urmünder) (→ A). Wie schon berichtet hat diese Tiergruppe drei Keimblätter. Ihre bisher angenommene Monophylie ist nach neueren molekularen Untersuchungen wieder strittig geworden; sie könnten auch eine paraphyletische Gruppe ohne gemeinsamen Vorfahren sein, denn von einigen Gruppen, z. B. den Pfeilwürmern (Chaetognatha; → Kap. 25), ist die Zugehörigkeit nicht endgültig geklärt. Sie werden hier als basale Gruppe mit aufgeführt.

Wie schon berichtet (→ Kap. 6) deutet die Bezeichnung Urmünder auf die Entwicklung des Verdauungskanals bei diesen Tieren hin: Der Urmund (Blastoporus) als in der Entwicklung ursprünglich angelegte Öffung des Urdarms (Archenteron) wird später zum Mund, während der Anus sekundär als neue Öffnung durchbricht.

Die Protostomia sind aufgrund von sekundären Rückentwicklungen zu einer Gruppe mit vielen unterschiedlichen Körperbauplänen geworden. Alle Protostomia weisen jedoch einen bilateralsymmetrischen Bauplan auf und haben zwei gemeinsame Merkmale: erstens ein ventrales Nervensystem (Bauchmark), das aus längs verlaufenden paarigen Nervensträngen besteht, die von Ganglien segmentiert werden und auch teilweise verschmolzen sind, zweitens eine Ansammlung von Ganglien am Vorderende, die den vorderen Verdauungstrakt ringförmig umgeben (Gehirn) und mit dem Bauchmark in Verbindung stehen.

Durch die in sekundären Entwicklungsschritten erfolgten Veränderungen wurde das ursprünglich vorhandene Coelom (sekundäre Leibeshöhle) bei einigen Untergruppen mehrfach abgewandelt. Dadurch fehlt das Coelom z.B. bei den Plattwürmern, die deshalb auch als Acoelomaten bezeichnet werden. Sie besitzen stattdessen ein Schizocoel m flüssigkeitsgefüllten Mesenchymspalter Andere Protostomia wie die Nematod (Fadenwürmer) haben dagegen ei Pseudocoel entwickelt, eine mit Mese derm ausgekleidete Leibeshöhle, in de die inneren Organe liegen. Auch b den Arthropoda (Gliederfüßer) ist d ursprüngliche Coelom durch sekundär Weiterentwicklungen verloren gegar gen. In dieser Tiergruppe ist die inner Leibeshöhle durch Verschmelzung m der primären Leibeshöhle (Blastocoel) z einem einheitlichen Raum entwickelt, i dem sich Blut und Hämolymphe mische (Mixocoel). Auch viele Weichtiere (Mo lusca) haben ein offenes Kreislaufsytse mit Hämolymphe. Die Reste des Coelom in ihren Körpern umhüllen als Perikar das Herz (→ Kap. 36).

Mit den Möglichkeiten der phylogene tischen Analyse wurde deutlich, das sich die Protostomia in zwei monophy letische Untergruppen aufteilen, die Lo photrochozoa und die Ecdysozoa.

Lophotrochozoa haben zwei hauptsäch liche Merkmale, erstens einen Tentake kranz (Lophophor), welcher der Nah rungsaufnahme dient, und zweitens di Entwicklung über eine bewegliche, be wimperte Trochophora-Larve (→ Abschn 31.1), die bei den Mollusca als Velige Larve (→ Abschn. 32.1) bezeichnet wird Einige Lophotrochozoa (Plathelminthe Nemertini, Annelida und Mollusca) ze gen in ihrer Frühentwicklung eine Spira furchung (→ Abschn. 5.7).

Für die Ecdysozoa (Häutungstiere) is charakteristisch, dass sie ihre Körperhül (Cuticula) in einem hormongesteuerte Prozess (Ecdysis) abstoßen und mit der Wachstum neu bilden (→ Abschn. 9.3 Bei vielen Tieren dieser Gruppe (Arthro poda) fungiert die Cuticula zudem a starres Exoskelett. Andere Ecdysozo sind wurmförmig, haben nur eine dünn flexible Cuticula (Annelida) und leben i feuchten Lebensräumen.

A. Phylogenie der Protostomia

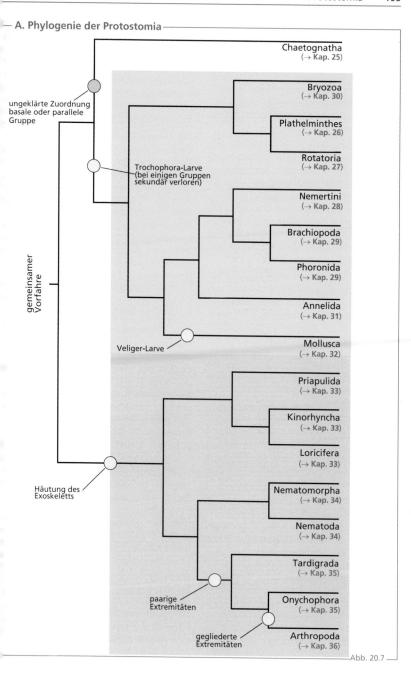

Chaetognatha
(→ Kap. 25)

Bryozoa
(→ Kap. 30)

Plathelminthes
(→ Kap. 26)

Rotatoria
(→ Kap. 27)

Nemertini
(→ Kap. 28)

Brachiopoda
(→ Kap. 29)

Phoronida
(→ Kap. 29)

Annelida
(→ Kap. 31)

Mollusca
(→ Kap. 32)

Priapulida
(→ Kap. 33)

Kinorhyncha
(→ Kap. 33)

Loricifera
(→ Kap. 33)

Nematomorpha
(→ Kap. 34)

Nematoda
(→ Kap. 34)

Tardigrada
(→ Kap. 35)

Onychophora
(→ Kap. 35)

Arthropoda
(→ Kap. 36)

ungeklärte Zuordnung
basale oder parallele
Gruppe

Trochophora-Larve
(bei einigen Gruppen
sekundär verloren)

gemeinsamer
Vorfahre

Veliger-Larve

Häutung des
Exoskeletts

paarige
Extremitäten

gegliederte
Extremitäten

Abb. 20.7

20.4 Deuterostomia

Zu den Deuterostomiern zählen so unterschiedliche Organismen wie Seeigel oder auch Menschen. Trotz der scheinbaren Unterschiede haben alle Deuterostomier einen gemeinsamen Vorfahren, den sie nicht mit den Protostomiern gemein haben.

Die frühen Entwicklungsschritte der Deuterostomier und ihre Unterschiede zu der Entwicklung der Protostomier wurden bereits behandelt (→ Kap. 6). Zu ihnen gehört eine Radiärfurchung, die Ausbildung eines neuen Mundes am entgegengesetzten Ende des Urdarms und die Entwicklung eines Coeloms aus den mesodermalen Aussackungen des Urdarms (Bildung eines Enterocoels).

Erst durch die Möglichkeiten der Molekulargenetik wurde bei einer Vielzahl von Tieren ein phylogenetischer Vergleich der DNA-Sequenzen möglich. Die Ergebnisse führten zur Korrektur der usprünglich vorgenommenen Zuordnung einiger Tiergruppen. So werden einige Gruppen, die früher zu den Deuterostomiern gerechnet wurden, jetzt eindeutig den Protostomiern zugeordnet.

Die Deuterostomier umfassen wesentlich weniger Tiergruppen als die Protostomier. Zu den rezenten Formen zählen die Echinodermata (Stachelhäuter) mit den Seeigeln, Seesternen und Seelilien, die Hemichordata (Kiemenlochtiere) mit den Eichelwürmern und den Flügelkiemern und die Chordata (Chordatiere) mit den Schädellosen, Manteltieren und den Wirbeltieren (→ A).

Fossile Funde in China belegen, dass die frühesten Deuterostomier ursprünglich viele Gruppen und Arten umfassten. Sie waren bilateralsymmetrische und segmentierte Tiere und ihr Körperbauplan zeigte Kiemenspalten. Außer den Echinodermata haben alle anderen rezenten Deuterostomier diese usprüngliche Bilateralsymmetrie beibehalten. Die davon stark abweichende fünfstahlige Radiär-

symmetrie der Echinodermen muss sic deshalb erst später im Laufe der Evolu tion entwickelt haben. Die Echinode men entwickeln sich ja über eine bilatera gebaute, bewimperte Dipleurula-Larv (→ Abschn. 37.1) und wandeln sich ers im Laufe ihrer Entwicklung zur adulter fünfstrahligen Radiärsymmetrie.

Die Bezeichnung Vertebrata (Wirbel tiere) rührt von der gelenkigen dorsaler Wirbelsäule, die allen Vertretern diese Tiergruppe eigen ist. Dieses Stützele ment ersetzt die ursprüngliche Chord. dorsalis, von der bei Wirbeltieren nu noch Reste vorhanden sind. Die Entwick lung und Untergliederung der Chordat. (→ Abschn. 39.1) zeigt, dass zu den heut lebenden Wirbeltieren auch die Grup pen der Myxinoida (Schleimaale) und de Neunaugen gehören (→ B). Sie werde auch als Agnatha (Kieferlose) bezeichne und werden im Kapitel über die Fische (→ Abschn. 40) behandelt.

Alle Wirbeltiere sind durch folgende Merkmale gekennzeichnet: Sie habe ein dorsal vom Darm gelegenes Endo skelett, das in der Wirbelsäule veranker ist. Ihre inneren Organe befinden sich i einem Coelom. Sie haben ein hoch entwi ckeltes, geschlossenes Kreislaufsysten mit einem zentralen Herz als Pumpe Außerdem weisen sie eine Cephalisatio auf, mit einem Kopf mit Schädelkap sel und einem innenliegenden, in Ab schnitte gegliederten Gehirn.

Mit der Entwicklung des amniotischer Eies (→ Kap. 43.1) war es einer mono phyletischen Gruppe möglich, neue ter restrische Lebensräume zu erschließer und in trockenen Gebieten zu existieren Diese Amniota können dadurch ihre Em bryonalentwicklung in einer geschützter wässrigen Umgebung vollziehen.

Bei den Säugetieren (→ Kap. 44) erfolg die Embryonalentwicklung in einem spe ziellen Organ des Weibchens, der Ge bärmutter (Uterus). Sie haben sich durch eine rasche adaptive Radiation im Perm vor ca. 270 Mio. Jahren entwickelt.

A. Phylogenie der Deuterostomia

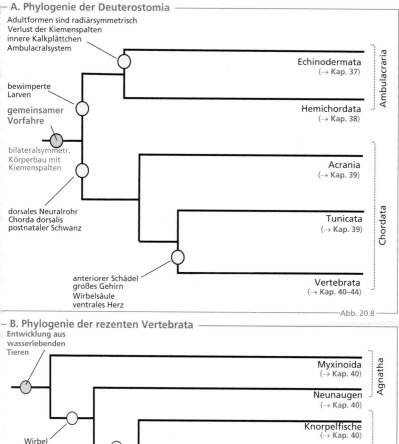

Adultformen sind radiärsymmetrisch
Verlust der Kiemenspalten
innere Kalkplättchen
Ambulacralsystem

Echinodermata
(→ Kap. 37)

Ambulacraria

bewimperte
Larven

gemeinsamer
Vorfahre

Hemichordata
(→ Kap. 38)

bilateralsymmetr.
Körperbau mit
Kiemenspalten

Acrania
(→ Kap. 39)

dorsales Neuralrohr
Chorda dorsalis
postnataler Schwanz

Tunicata
(→ Kap. 39)

Chordata

anteriorer Schädel
großes Gehirn
Wirbelsäule
ventrales Herz

Vertebrata
(→ Kap. 40–44)

Abb. 20.8

B. Phylogenie der rezenten Vertebrata

Entwicklung aus
wasserlebenden
Tieren

Myxinoida
(→ Kap. 40)

Agnatha

Neunaugen
(→ Kap. 40)

Knorpelfische
(→ Kap. 40)

Wirbel

Strahlenflosser
(→ Kap. 40)

Kiefer, Zähne,
paarige Flossen

Fleischflosser
(→ Kap. 40)

Knochenskelett
Schwimmblase
Lunge

Lungenfische
(→ Kap. 40)

Fleischflossen

Gnathostomata

Amphibia
(→ Kap. 41)

Choanen

Extremitäten

Amniota
(→ Kap. 43)

amniotisches Ei

Abb. 20.9

21 Protozoa

21.1 Flagellata (Geißeltiere)

Entsprechend der durch die neuere Datenlage erfolgten Umstellung der phylogenetischen Systematik der Protozoa, sind die Flagellata keine monophyletische Gruppe, sondern die Organismen werden, wie in zahlreichen Lehrbüchern üblich, nach ihrer charakteristischen Bewegungsorganisation in dieser Gruppe zusammengefasst.

Grundsätzlich unterteilt man Flagellata (Geißeltiere) in Phyto- und Zooflagellata. Charakteristisch ist mindestens eine Geißel mit einem radiärsymmetrischen Aufbau (9+2-Formel) aus Mikrotubuli und Motorproteinen. Mit deren Hilfe können sie sich Nahrung zustrudeln oder sich fortbewegen. Geißeln können zu Cirren verschmolzen sein oder in einigen Entwicklungsstadien fehlen.

Der Phytoflagellat Euglena (→ A) besitzt lichtempfindliche Strukturen (Stigmata), die eine Phototaxis ermöglichen. Die Plastiden im Cytoplasma enthalten Chlorophyll zur autotrophen Ernährung. Zooflagellata ernähren sich heterotroph, z. B. durch parasitäre Aufnahme von Körperflüssigkeiten eines Wirtes. Ein Beispiel sind die mehrgeißligen Trichomonaden (→ A), die über formgebende Elemente des Cytoskeletts (Axostyl und Costa) verfügen, in Körperhöhlen (z. B. Vagina) leben und beim Geschlechtsverkehr übertragen werden.

Leishmanien (→ A) besitzen einen DNA-haltigen Kinetoplasten und werden deshalb wie die Trypanosomen als Kinetoplastida bezeichnet. Ihre begeißelten und unbegeißelten Stadien vermehren sich in Wirtszellen, werden durch den Stich der Sandfliege (Phlebotomus) übertragen und verbreiten sich von der Haut ausgehend in innere Organe. Die von der Art Leishmania tropica ausgelöste Hautleishmaniose (Orientbeule) unterscheidet sich von der durch Leishmania donovanii ausgelösten viszeralen Leishmaniose (Kala Azar, Dum-Dum-Fieber). Die im Darm parasitierenden Diplomonadidae Giardia intestinalis sind stets begeißelt. Oft unterbleibt nach der Reduplikation die Teilung, sodass die Organellen doppelt vorhanden sind (→ A). Die Übertragung auf andere Wirte erfolgt über Cysten im Kot.

Zu den Kinetoplastida gehören die Trypanosomen, von denen es verschiedene parasitäre Arten gibt. Ihre Entwicklungsstadien weisen begeißelte und unbegeißelte Formen (Polymorphismus) auf (→ C). Die amastigote Leishmania-Form hat keine Geißel, während diese bei der länglichen promastigoten Leptomonas-Form am Vorderende entspringt. Bei der epimastigoten Crithidia-Form entspringt die Geißel in der Zellmitte und bei der trypomastigoten Trypanosoma-Form am Hinterende. Der Erreger der Schlafkrankheit (→ B) kommt als Trypanosoma brucei gambiense in Westafrika und als Trypanosoma brucei rhodesiense in Ostafrika vor, wird durch die Tsetsefliege (Glossina) übertragen und besiedelt das Blut oder verschiedene Zellen des Wirtes. Durch die Freisetzung von toxischen Substanzen werden Fieber, Ödeme und Meningoencephalitis hervorgerufen. Die Blutstadien besitzen eine variable Oberflächenschicht (glycoprotein surface coat), die ihre Antigeneigenschaften genetisch gesteuert ständig ändert, sodass die Parasiten kein immunologisches Gedächtnis hervorrufen und eine vorbeugende Immunisierung nicht möglich ist. Eine weitere Trypanosoma-Art, ist Trypanosoma cruzi. Die Art kommt in Südamerika vor und wird durch eine Raubwanze (Triatoma) übertragen.

Von den Dinoflagellaten gibt es etwa 2500 rezente und 4000 fossile Arten. Sie weisen eine große Formenvielfalt (rund, zylindrisch, stab- oder sternförmig) auf, sind oft durch Celluloseplatten gepanzert (→ D) und leben meist phototroph. Ihre Chloroplasten enthalten neben Chlorophyll auch Carotine und Xanthophylle, denen sie ihre braunrote Färbung verdanken. Neben der Schleppgeißel verläuft eine zweite, transversale Geißel in einer Äquatorialrinne (Cingulum). Große Invaginationen (Pusulen) haben vermutlich eine osmoregulatorische Funktion. Trichocysten schleudern zur Abwehr oder zum Beutefang einen klebrigen, giftigen Faden aus.

Dinoflagellaten leben im Süßwasser oder Meer und gehören zu den häufigsten Phytoplanktonorganismen. Einige Arten produzieren letale Gifte (Saxitoxin, Brevetoxin). Da sie am Anfang der Nahrungskette stehen, führt ihre häufig vorkommende Massenvermehrungen (rote Tide) zu Kontaminationen von Fressfeinden (Muscheln, Crustaceen) und dann schließlich auch zu Vergiftungen beim Menschen. Einige Arten bilden Dauercysten (Hypnozygoten) und können damit ungünstige Umweltbedingungen überdauern.

© Springer-Verlag GmbH Deutschland, ein Teil von Springer Nature 2021
W. Clauss und C. Clauss, *Taschenatlas Zoologie*,
https://doi.org/10.1007/978-3-662-61593-5_21

A. Einteilung der Flagellata

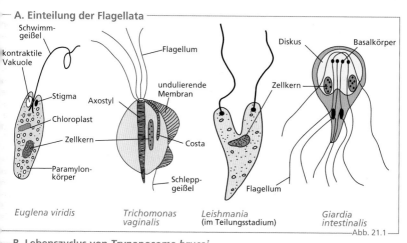

Schwimm-
geißel

kontraktile
Vakuole

Flagellum

undulierende
Membran

Diskus   Basalkörper

Stigma   Axostyl

Chloroplast

Zellkern

Paramylon-
körper

Zellkern

Costa

Schlepp-
geißel

Flagellum

Euglena viridis   *Trichomonas
vaginalis*   *Leishmania*
(im Teilungsstadium)   *Giardia
intestinalis*

Abb. 21.1

B. Lebenszyclus von *Trypanosoma brucei*

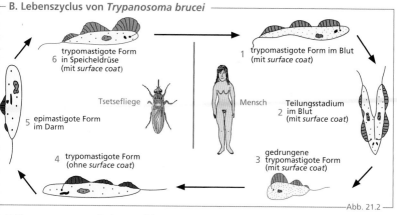

6 trypomastigote Form
in Speicheldrüse
(mit *surface coat*)

1 trypomastigote Form im Blut
(mit *surface coat*)

Tsetsefliege   Mensch   Teilungsstadium
2 im Blut
(mit *surface coat*)

5 epimastigote Form
im Darm

4 trypomastigote Form
(ohne *surface coat*)

gedrungene
3 trypomastigote Form
(mit *surface coat*)

Abb. 21.2

C. Trypanosomen – Polymorphismus

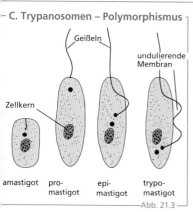

Geißeln

undulierende
Membran

Zellkern

amastigot   pro-
mastigot   epi-
mastigot   trypo-
mastigot

Abb. 21.3

D. Dinoflagellata

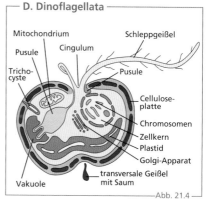

Mitochondrium   Schleppgeißel

Pusule   Cingulum

Tricho-
cyste   Pusule

Cellulose-
platte

Chromosomen

Zellkern

Plastid

Golgi-Apparat

transversale Geißel
mit Saum

Vakuole

Abb. 21.4

21.2 Rhizopoda (Wurzelfüßer)

Diese Gruppe ist durch ihr bewegliches Protoplasma charakterisiert, das Ausstülpungen (Pseudopodien) bildet, die Fortbewegung und Nahrungsaufnahme ermöglichen. Usprünglich als eigenständiges Taxon charakterisiert, wird diese polyphyletische Gruppe heutzutage phylogenetisch nicht mehr definiert. Zu den Rhizopoda gehören die Amöba, Foraminifera, Radiolaria und Heliozoa.

Amöba werden auch als Wechseltierchen bezeichnet, da die große, vielgestaltige Gruppe keine feste Körperform besitzt. Amöben sind eine Lebensform, keine Verwandtschaftsgruppe (Taxon). Die meisten Amöben sind nackt, es gibt aber auch beschalte Amöben (Thecamöben). Die Tiere sind überall zu finden: in feuchter Erde, aber auch im Meerwasser und Süßwasser und einige auch als Parasiten auf Wirtstieren. Fehlt die feuchte Umgebung, bilden sie Dauerstadien (Cysten).

Amöben sind bis zu 1 mm große, durchsichtige Zellen, die ihre Form durch Ausbildung von Pseudopodien ständig verändern (→ A). Die Nahrungsaufnahme erfolgt durch Phagocytose, d. h., die Beute wird zunächst umflossen wird und dann in Nahrungsvakuolen gespeichert.

Einige Amöben sind pathogen und verursachen auch beim Menschen schwere Krankheiten. Entamoeba histolytica, deren Cysten im Kot ausgeschieden werden und mit dem verunreinigtes Wasser oral aufgenommen werden können, besiedeln den Darm (→ E). Die harmlosere Minuta-Form kann sich in die hochgefährliche Magna-Form umwandeln, welche die Darmwand auflöst und ins Blut übertritt. Neben blutigem Durchfall (Amöbenruhr) kann sich die Magna-Form in verschiedenen Organen, z. B. im Gehirn, festsetzen und Cysten bilden. Daraus können sich gefährliche Abzesse bilden.

Naegleria fowleri kommt in warmen Süßwasserseen vor und führt beim Menschen zu einer meist tödlichen, eitrigen Entzündung des Gehirns. Die Amöbe wird dabei meist beim Schwimmen durch die Nasenschleimhaut aufgenommen, dringt über den Riechnerv ins Gehirn und löst eine eitrige Primäre Amöbe Meningoencephalitis (PAME) aus (→ F).

Einige Arten der Gattung Acanthamoeba können bei Kontaktlinsenträgern eine Keratitis auslösen und ebenfalls über das Nasenepith das Gehirn befallen. Desweiteren finden sie opportunistische Amöben auch in der Mundhöhle (Entamoeba gingivalis).

Foraminifera werden auch Kammerling genannt. Die einzelligen Organismen besitzen in der Regel ein mehrkammriges Gehäuse, durch dessen Öffnungen filamentöse Plasmafäden (Reticulopodien) austreten (→ B). Es gibt 10.000 rezente und 40.000 fossile Arten, die wenigsten sind Süßwasserformen, meis leben sie benthisch am Meeresboden Die Tiere gelten als Leitfossilien ab der Kreidezeit.

Radiolarien werden auch als Strahlen tierchen bezeichnet. Diese Einzelle leben in einer durchlöcherten Kapsel aus der radial abstehende, starre Cyto plasmafortsätze (Axopodien) ragen (→ C). Diese dienen der Nahrungsaufnahme und dem Schweben im Wasser. Radiolarien kommen als Plankton im Oberflächenwasser wärmerer Meere vor. Die Kugeln werden bis zu 0,5 mm groß Radiolarien besitzen ein Skelett aus Sili ciumdioxid (Opalskelett). Fossile Forme sind aus dem Kambrium bekannt. Nach dem Absterben sinken die Radiolarie zum Meeresboden, bilden unter Druc Mikroquarz (Kieselschiefer) und sind s an der Gesteinsbildung (Diagenese) be teiligt.

Heliozoa werden auch als Sonnentier chen bezeichnet. Die kugelförmigen Ein zeller besitzen ebenfalls strahlenförmig Axopodien, die klebrig sind und der Beutefang dienen (→ D). Dazu geber Extrusomen, die sich in einer Protoplas maströmung der Axopodien bewegen klebrige und toxische Substanzen at Die eingefangene Beute wird in Nah rungsvakuolen umschlossen und axona zur Verdauung in die Zellmitte trans portiert. Heliozoa ernähren sich haupt sächlich von anderen Einzellern. Sie sin überwiegend Süßwasserbewohner, ei nige leben auch marin. Da sie polyphy letisch sind, stellen sie im Gegensat zu früheren Annahmen keine eigen natürliche Gruppe in der Systematik dar

A. Amöba

Phagocytose

Nahrungs-vakuole

Pseudopodium

Zellkern

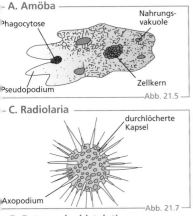

Abb. 21.5

B. Foraminifera

Öffnung

Kammer aus Kalk

Reticulo-podien

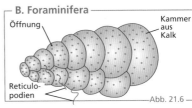

Abb. 21.6

C. Radiolaria

durchlöcherte Kapsel

Axopodium

Abb. 21.7

D. Heliozoa

Axopodium

Zellkern

Nahrungs-vakuole

Plasma

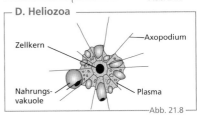

Abb. 21.8

E. *Entamoeba histolytica*

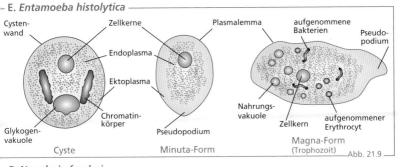

Cysten-wand

Zellkerne

Plasmalemma

aufgenommene Bakterien

Pseudo-podium

Endoplasma

Ektoplasma

Chromatin-körper

Glykogen-vakuole

Pseudopodium

Nahrungs-vakuole

Zellkern

aufgenommener Erythrocyt

Cyste

Minuta-Form

Magna-Form (Trophozoit)

Abb. 21.9

F. *Naegleria fowleri*

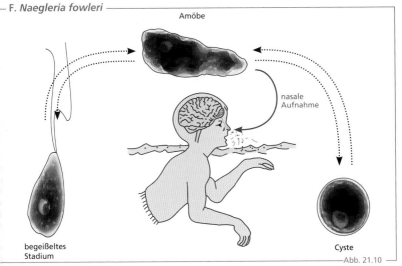

Amöbe

nasale Aufnahme

begeißeltes Stadium

Cyste

Abb. 21.10

21.3 Sporozoa (Apicomplexa)

Die in der herkömmlichen Systematik gebräuchliche Bezeichnung „Sporozoa" (Sporenbildner) stand für eine Klasse der Einzeller, die als Endoparasiten einen charakteristischen, dreiphasischen Generationswechsel mit geschlechtlicher und ungeschlechtlicher Vermehrung durchliefen. Inzwischen wurde dieses Taxon aufgelöst, wobei die systematische Stellung der ehemaligen Teilgruppen (Apikomplexa, Gergarinida, Haemosporidia, Coccidia, Piroplasmida, Myxozoa) zum Teil noch nicht abschließend geklärt ist.

Im Verlauf des Fortpflanzungszyklus bilden sich zunächst in einer ungeschlechtlichen Fortpflanzung die sichelförmigen Sporozoiten, die sich zu mehreren in dickschaligen Sporen (infektiöses Stadium) zusammenlagern. Diese Sporen werden auf einen Wirt übertragen und durchlaufen dort eine ungeschlechtliche Vielfachteilung (Schizogonie). Es bilden sich Schizonten oder Merozoiten. Nach mehreren Schizogonien entstehen aus einigen Schizonten Gamonten und es erfolgt eine geschlechtliche Fortpflanzung (Gamogonie) mit anschließender Bildung von Sporen (Sporogonie). Dann beginnt der Zyklus von Neuem.

Die Gregarinidae gehören zu den Apicomplexa und leben endoparasitär in Darm und Körperhöhlen von Invertebraten. Sie werden hier nicht näher behandelt.

Die Hämosporidia sind im Blut von Primaten zirkulierende Parasiten, zu denen auch die Plasmodien gehören, die Malaria verursachen.

Die Sporozoiten der Plasmodien (→ A) werden von Stechmücken (Anopheles) auf den Wirt übertragen (1) und siedeln sich zunächst in der Leber an (2). Dort beginnt die Schizogonie. Die Merozoiten zirkulieren im Blut und befallen Erythrocyten (3). In diesen entwickeln sie sich (4) und teilen sich vielfach bis zum Platzen der Erythrocyten (5). Einige Merozoiten bilden Makro- und Mikrogamonten, die beim Stich wieder von Anopheles aufgenommen werden (6). In der Mücke differenzieren sie sich zu Makro- (7) und Mikrogameten (7a), die sich befruchten und eine bewegliche Eizelle (Oo-

kinet) bilden (8). Diese lagert sich in die Zelle der Speicheldüse ein (9) wo die Sporogonie erfolgt (10).

Zu den Coccidia gehört Toxoplasma gondii (B), ein im Menschen häufig anzutreffend Parasit. Er wird über Schmierinfektion m Katzenkot oder über den Genuss von rohe Fleisch übertragen. Der Mensch ist dabei Fel wirt: Bei ihm endet der Zyklus im Stadium d Gewebecysten. Vollständig läuft der Zyklus i echten Wirt, der Katze, ab.

Ebenfalls zu den Coccidia gehören Sarcocyst hominis oder S. suihominis (→ C). Diese Par siten werden zwischen Mensch und Rind, od Mensch und Schwein übertragen. Die Me schen nehmen dabei die Sarcocysten durc den Verzehr von rohem Muskelfleisch au In ihrem Darm läuft der Zyklus vollständig a und die Sporozoiten befallen ständig neu Darmzellen. Nach Encystierung werden sie i Sporocysten über den Kot abgegeben. Da Krankheitsbild manifestiert sich in blutige Diarrhoen.

Piroplasmen sind Blutparasiten, d in Leukocyten und Erythrocyten ihre Wirtstiere vorkommen. Im Gegensatz z den Plasmodien, die nur bei Primater Reptilien und Vögel zu finden sind, ha ben sich Piroplasmen auf alle Säugetier und Vögel spezialisiert. Überträger sin Zecken, in denen die Gamogonie un die Sporogonie stattfindet. Mit dem Ze ckenspeichel gelangen die Sporozoite in den Wirt. Dort zerstört die Schizo gonie die Blutzellen, wodurch es zu Hämaturie (Blutharnen) kommt. In de klassischen Systematik werden Piropla men in die beiden Familien Babesida und Theileridae eingeteilt. Neuere mo lekulare Untersuchungen gehen jedoc von acht verschiedenen Gruppen aus.

Bekannte Vertreter der Piroplasmen sind Ba besia canis (bei Hunden) und Theileria parv und T. annulata (bei Wiederkäuern). Der Le benszyklus läuft analog zu dem der Hämospo ridia ab (→ D). Die beiden Theileria-Arten sin wichtige Blutparasiten bei Rindern und rufe das Ostküstenfieber und die tropische Thei leriose hervor. Beim Menschen ruft T. microt die humane Theileriose hervor, die sich durc Fieber, Hämolyse und Hämaturie manifestiert

A. Plasmodium

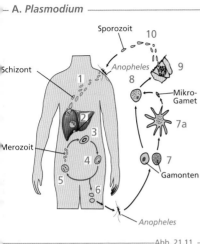

Sporozoit 10

Schizont 1

2

3

Merozoit 4

5

6

Anopheles 8

9

Mikro-Gamet

7a

7

Gamonten

Anopheles

— Abb. 21.11 —

B. Toxoplasma

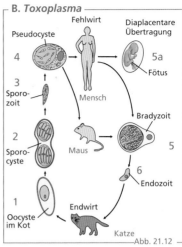

Fehlwirt

Diaplacentare Übertragung

Pseudocyste 4

5a

Fötus

3 Sporo-zoit

Mensch

Bradyzoit

2 Sporo-cyste

Maus

5

6 Endozoit

1 Oocyste im Kot

Endwirt

Katze

— Abb. 21.12 —

C. Sarcocystis

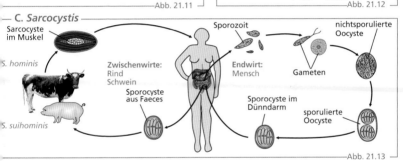

Sarcocyste im Muskel

Sporozoit

nichtsporulierte Oocyste

S. hominis

Zwischenwirte: Rind Schwein

Endwirt: Mensch

Gameten

Sporocyste aus Faeces

Sporocyste im Dünndarm

sporulierte Oocyste

S. suihominis

— Abb. 21.13 —

D. Theileria

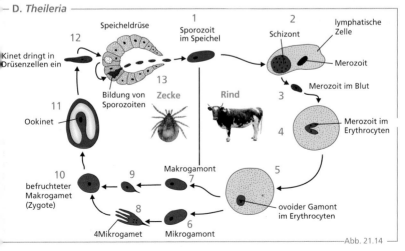

Speicheldrüse

1 Sporozoit im Speichel

2 Schizont

lymphatische Zelle

12

Kinet dringt in Drüsenzellen ein

Merozoit

13

Bildung von Sporozoiten

Zecke

Rind

3 Merozoit im Blut

11 Ookinet

4 Merozoit im Erythrocyten

10 befruchteter Makrogamet (Zygote)

9

Makrogamont 7

5 ovoider Gamont im Erythrocyten

8

4 Mikrogamet

6 Mikrogamont

— Abb. 21.14 —

21.4 Ciliophora (Wimperntierchen; Ciliata)

Die Ciliophora sind mit etwa 7500 Arten die am höchsten organisierten Einzeller. Ihre Oberfläche ist mit Wimpern (Cilien) bedeckt, die der Fortbewegung oder dem Herbeistrudeln von Nahrung dient. Typischerweise sind sie bis etwa 300 μm groß. Sie kommen als freischwimmende oder festsitzende Formen in Meeren, im Süßwasser und in feuchter Erde vor.

Am Beispiel des Pantoffeltierchens (*Paramecium*; → A) wird der generelle Aufbau dieser Einzeller beschrieben. Ihre Nahrung (Bakterien, Einzeller, Algen und Pilze) wird durch eine Einbuchtung in der Zellmembran (Buccalhöhle) zur mundähnlichen Öffnung in der Zellmembran (Cytostom) gebracht. Dort wird sie aufgenommen und in eine Nahrungsvakuole verpackt. Während diese im Zellkörper zirkuliert, wird der Inhalt durch Verdauungsenzyme (saure Hydrolasen) abgebaut und verwertet. Abfallprodukte werden über den Zellafter (Cytopyge) ausgeschieden.

Zur Osmoregulation besitzen im Süßwasser lebende Ciliaten eine oder mehrere kontraktile Vakuolen. Dieses System sammelt die Zellflüssigkeit mithilfe von Sammelkanälchen in einer zentralen Vakuole, die sich unter pulsierenden Kontraktionen durch einen Exkretionsporus nach außen entleert. Die Kontraktionen werden dabei durch Mikrotubulifilamente bewirkt.

Ciliaten besitzen mehrere Zellkerne (→ A, B). Ein großer Makronucleus ist für die vegetativen Funktionen zuständig. Ein oder mehrere Mikronuclei tragen die Erbinformationen. Ciliaten können sich ungeschlechtlich durch Quer- oder Längsteilung (bei Peritricha) fortpflanzen. Eine geschlechtliche Fortpflanzung erfolgt durch die Konjugation (→ G). Dieser Sexualvorgang dient nur dem Austausch von Genmaterial und führt nicht der Vermehrung. Hierzu legen sich zwei Ciliaten eines Paarungstyps eng aneinander und bilden eine Plasmabrücke. Der Paarungstyp wird dabei durch die Glykoproteine der Oberfläche definiert. Während sich der Makronucleus allmählich auflöst bilden sich aus dem Mikronucleus durch zwei meiotische Teilungsvorgänge in jedem Individuum vier haploide Tochterkerne. Jeweils drei lösen sich wieder auf und der

verbleibende Micronucleus teilt sich in ein[e] Mitose in einen stationären Kern und ein[e] Wanderkern. Letztere wandern jeweils üb[er] die Plasmabrücke in das andere Individuu[m.] In jeder Zelle verschmilzt der Wanderkern m[it] dem stationären Kern zu einem diploiden Sy[n]karyon. Anschließend trennen sich die beide[n] Geschlechtspartner und das Synkaryon ve[r]doppelt sich durch eine weitere Mitose. A[us] einem der beiden Tochterkerne wird dur[ch] Polyploidisierung der neue Makronucleus g[e]bildet, aus dem anderen Tochterkern bild[et] sich der neue Mikronucleus.

In der klassischen Systematik wurden die Ci[li]aten in fünf Ordnungen aufgeteilt. Die Hol[o]tricha zeichnen sich durch ein vollständige B[e]wimperung des Körpers aus. Zu ihnen gehöre[n] *Paramecium* (→ A), *Tetrahymena* (→ B) un[d] *Balantidium coli* als einziger parasitärer Cilia[t,] der im Colon von Säugetieren Diarrhöen au[s]lösen kann. Die Spirotricha haben ein recht[s]drehendes Membranlamellenband vor de[m] Cytostom. Zu ihnen gehört *Stylonychia* (→ C, D), das im Süßwasser vorkommt, und auc[h] *Entodinium* (→ E), dessen Bewimperung sta[rk] reduziert ist und das als Symbiont im Pa[n]sen von Wiederkäuern vorkommt. Auch d[ie] Trompetentierchen *Stentor* gehören in die[ser] Ordnung. Es kann frei schwimmen oder sich a[m] Substrat festsetzen. Zu den Peritricha gehö[ren] *Carchesium* (→ F), dessen glockenförmig[er] Körper an einem kontraktilen Stiel festsitz[t.] Es kann Kolonien bilden. Sein scheibenfö[r]miges Vorderende (Peristom) enthält zw[ei] linksdrehende Wimpernkränze. Mit ihn[en] werden die Nahrungspartikel zum Cytosto[m] gestrudelt. Zu dieser Ordnung der Strudle[r] gehört auch das Glockentierchen (*Vorticella*[).] Die Chonotricha sind sessil und haben eine unbewimperten Körper. Nur ihr Vorderen[d] ist zu einem trichterförmigen Strudelappara[t] umgestaltet. Sie leben bevorzugt auf marine[n] Crustaceen. Zu ihnen gehören *Chilodona* un[d] *Spirodona*. Die Suctoria leben ebenfalls sessi[l] sowohl limnisch als auch marin. Ausgewach[se]ne Tiere haben keine Cilien und nehmen di[e] Nahrung mit Tentakeln auf. Zu ihnen gehör[t] *Ephelota*.

Der gefährlichste Parasit unter den Ciliaten is[t] der weltweit vorkommende *Ichtyophthiriu[s] multifiliis*. Er besiedelt die Kiemen von Fische[n] und ruft die Weißpünktchenkrankheit (Ichty[o]ophthiriose) hervor, die in Fischzuchten groß[e] wirtschaftliche Schäden verursacht. Seine ge[is]geißelten Stadien leben im Süßwasser.

A. Paramecium

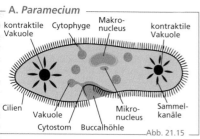

kontraktile Vakuole · Cytophyge · Makro-nucleus · kontraktile Vakuole

Cilien · Vakuole · Cytostom · Buccalhöhle · Mikro-nucleus · Sammel-kanäle

Abb. 21.15

B. Tetrahymena

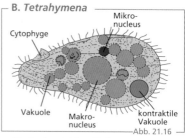

Cytophyge · Mikro-nucleus

Vakuole · Makro-nucleus · kontraktile Vakuole

Abb. 21.16

C. Stylonychia

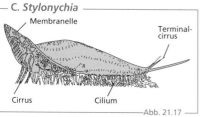

Membranelle · Terminal-cirrus

Cirrus · Cilium

Abb. 21.17

D. Stylonychia – Teilung

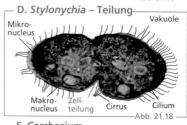

Mikro-nucleus · Vakuole

Makro-nucleus · Zell-teilung · Cirrus · Cilium

Abb. 21.18

E. Entodinium

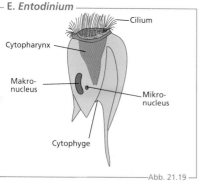

Cilium · Cytopharynx · Makro-nucleus · Mikro-nucleus · Cytophyge

Abb. 21.19

F. Carchesium

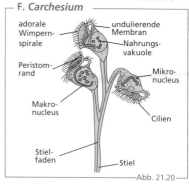

adorale Wimpern-spirale · undulierende Membran · Nahrungs-vakuole · Peristom-rand · Mikro-nucleus · Makro-nucleus · Cilien · Stiel-faden · Stiel

Abb. 21.20

G. Konjugation

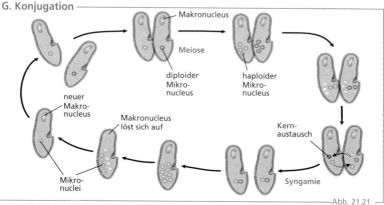

Makronucleus · Meiose · diploider Mikro-nucleus · haploider Mikro-nucleus

neuer Makro-nucleus · Makronucleus löst sich auf · Kern-austausch

Mikro-nuclei · Syngamie

Abb. 21.21

22 Porifera

22.1 Bauplan

Porifera (Schwämme) finden sich weltweit marin, wenige Arten auch limnisch. Ursprünglich als Parazoa (Nebentiere) den Metazoa vorangestellt, ist ihre Zugehörigkeit zu den Metazoa heute unbestritten. Bisher sind mehr als 1100 Arten beschrieben, die nach ihren mineralischen Skelettelementen (Spicula) in vier Taxa eingeteilt werden. Hexactinellida (Glasschwämme) besitzen dreiachsige und sechsstrahlige Silikatspicula. Demospongiae (Horn- und Kieselschwämme) haben ein- oder vierachsige Silikatspicula. Calcarea (Kalkschwämme) besitzen kalkhaltige Skelettelemente und Homoscleromorpha haben kleine, einheitliche Spicula.

Adulte Schwämme sind sessil und saugen Wasser durch Poren (Ostien) und ein komplexes, hierarchisch verzweigtes Kanalsystem aus Subdermalräumen, Kanälen und Kragengeißelkammern in eine zentrale Kammer (Spongocoel). Von dort wird das Wasser durch eine größere Öffnung (Osculum) wieder in die Umgebung abgegeben. Die Strömung wird durch begeißelte Zellen (Choanocyten) erzeugt. Entsprechend der Komplexität der Kanalsysteme werden die Schwämme als Ascon-, Sycon- und Leucon-Typen bezeichnet (→ A). Der Ascon-Typ ist nur von zwei Kalkschwämmen (Leucosolenia und Clathrina) bekannt und wurde zunächst als ursprünglicher Bautyp angesehen. Tatsächlich ist er sekundär vereinfacht und besteht aus einem durch Poren durchbrochenen Schlauch mit Osculum. Beim Sycon-Typ hat das Spongocoel radiale Ausbuchtungen (Geißelkammern). Die meisten Arten sind nach dem Leucon-Typ aufgebaut. Hier münden die Geißelkammern über ein verzweigtes Kanalsystem in das Spongocoel. Das Außenepithel wird als Pinacoderm bezeichnet, das Innenepithel als Choanoderm. Dazwischen liegt das Mesohyl, eine extrazelluläre Matrix aus Kollagen, in die verschiedene Zelltypen eingelagert sind. Aus den Archaeocyten entstehen neue Zellen, die Spongocyten produzieren Kollagen, die Sclerocyten bilden die anorganischen Skelettnadeln (Spicula). Die Keimzellen werden als Oogonien und Spermatogonien bezeichnet, Letztere entstehen aus umgewandelten Choanocyten. Einige Arten enthalten symbiotische Bakterien in Bakteriocyten.

Obwohl einige Arten hermaphroditisch sind, zeigen Schwämme eine überwiegend sexuelle Fortpflanzung. Süßwasserschwämme sind meist getrenntgeschlechtlich. Die Keimzellen geben ihre Gameten nach außen ab, oft werden die Spermien synchron ausgestoßen, was als Rauchen bezeichnet wird. Die Befruchtung erfolgt entweder durch Aufnahme der Spermien durch ein anderes Individuum (innere Befruchtung) oder im Wasser (äußere Befruchtung). Bei der inneren Befruchtung verbleibt die Zygote im Elternkörper, wird mit Nährstoffen versorgt und schließlich nach der Oogenese als bewimperte Larve (Parenchymula) abgegeben (vivipar). Bei der äußeren Befruchtung bilden sich freischwimmende Larven, die sich meist am Grund absetzen und weiterentwickeln (ovipar ; → B).

Einige Demospongiae und die Calcarea haben eine spezielle Entwicklung (→ C). Es entwickelt sich eine hohle Blastula (Amphiblastula), die sich umstülpt (Inversion), sodass die flagellierten Zellen (Mikromere) zunächst nach außen zeigen. Die Zellen ohne Flagelle (Makromere) befinden sich am anderen Ende. Die Mikromere invaginieren anschließend, werden von den Makromeren überwachsen und bilden die Gastrula.

Die Nahrungsaufnahme der Schwämme geschieht über ihr komplexes Kanalsystem. Die Kragengeißelkammern (→ D) erzeugen die Strömung. Zuführende Kanäle münden über die Prosopyle in die Kammer, die durch ein prismatisches Epithel mit vielen länglichen Kragengeißelzellen (Choanocyten) ausgekleidet ist. Das Flagellum der Choanocyten ist an der Basis von einem Mikrovillikragen umgeben (→ E), der mit feinen Mikrofibrillen vernetzt ist. Dieser Filterapparat fängt Nahrungspartikel aus dem Wasser ein. Sie werden von der Zelle phagocytiert. Größere Partikel binden an sezerniertem Schleim und werden vom Exopinacoderm aufgenommen. Von den Choanocyten internalisierte Nahrung wird zur Verdauung an die benachbarten Archaeocyten weitergegeben. Durch die Geißeln wird ein Überdruck erzeugt, der das Wasser durch die Apopyle in den Ausströmkanal drückt.

Obwohl Schwämme langsame Bewegungen, z. B. das Verschließen des Osculums, durchführen können, besitzen sie keine Nervenzellen. Vermutlich breiten sich Signale von Zelle zu Zelle direkt aus.

© Springer-Verlag GmbH Deutschland, ein Teil von Springer Nature 2021
W. Clauss und C. Clauss, *Taschenatlas Zoologie*,
https://doi.org/10.1007/978-3-662-61593-5_22

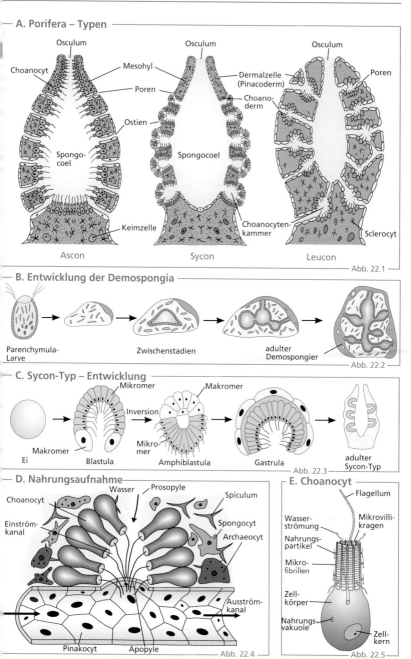

A. Porifera – Typen

Osculum
Choanocyt
Mesohyl
Poren
Ostien
Spongo-coel
Keimzelle

Osculum
Spongocoel

Osculum
Dermalzelle (Pinacoderm)
Choano-derm
Poren
Choanocyten-kammer
Sclerocyt

Ascon — Sycon — Leucon

Abb. 22.1

B. Entwicklung der Demospongia

Parenchymula-Larve — Zwischenstadien — adulter Demospongier

Abb. 22.2

C. Sycon-Typ – Entwicklung

Mikromer
Makromer
Inversion
Makromer
Mikro-mer
adulter Sycon-Typ
Ei — Blastula — Amphiblastula — Gastrula

Abb. 22.3

D. Nahrungsaufnahme

Wasser
Prosopyle
Choanocyt
Spiculum
Einström-kanal
Spongocyt
Archaeocyt
Ausström-kanal
Pinakocyt
Apopyle

Abb. 22.4

E. Choanocyt

Flagellum
Wasser-strömung
Mikrovilli-kragen
Nahrungs-partikel
Mikro-fibrillen
Zell-körper
Nahrungs-vakuole
Zell-kern

Abb. 22.5

22.2 Systematik, Ökologie

Neuere phylogenomische Untersuchungen zeigen, dass die klassische Einteilung der Porifera in drei Gruppen nicht ausreicht. So wird neuerdings die relativ kleine Gruppe der Homoscleromorpha, die früher den Demospongia zugeordnet war, als vierte Schwammgruppe geführt.

Hexactinellida (Glasschwämme) haben etwa 700 Arten, die fast ausschließlich in der Tiefsee vorkommen. Sie sind meist um 30 cm groß, einige Arten erreichen bis zu 1,3 m. Oft sind sie mit einem Basalstiel im Schlamm verankert. Der Gießkannenschwamm *Euplectella* gehört zu dieser Gruppe (→ C).

Porifera besitzen dreiachsige und sechsstrahlige Silikatspicula, die intrazellulär in Sclerocyten entstehen (→ F). Sie haben kein Pinacoderm, sondern ein syncytiales Gewebe (nicht in Einzelzellen unterteilt). Es wird als trabekuläres Retikulum bezeichnet und ist das größte Syncytium der Metazoen. Nach der frühen Ontogenese bildet es sich durch sekundäre Verschmelzung. Auch die Larven haben bereits ein Syncytium. Glasschwämme besitzen kugelförmige Choanoblasten, die mit Flagellenkammern assoziiert sind. Die gitterartige Struktur der Spicula schimmert mehrfarbig (biogener Opal), dass diese Schwämme als Zimmerschmuck oder Haarnadeln benutzt wurden. Glasschwämme sind ein bedeutender ökologischer Faktor in der Antarktis.

Demospongiae (Horn- und Kieselschwämme) stellen mit mehr als 7000 Arten etwa 95 % der Schwämme dar. Zu ihnen gehören *Callyspongia* und *Poterion* (→ B, D). Ihre ein- oder vierachsigen Silikatspicula werden in Sclerocyten gebildet und sind mit dem speziellen Kollagen Spongin verbunden (→ G), das nur von dieser Schwammgruppe gebildet wird. Demospongiae leben marin oder limnisch.

Sie werden in vier Gruppen unterteilt: die Keratosa, Verongimorpha, Haplosclerida und die Heteroscleromorpha. Zu den Keratosa, den echten Hornschwämmen, bei denen die Silikatspicula vollständig fehlen, gehört auch der Badeschwamm (*Spongia officinalis*). Sie gelten heute als fast ausgestorben. Süßwasserschwämme zerfallen im Herbst und bilden Dauerstadien (Gemmulen). Sie enthalten

Archaeocyten, die von einer Umhüllung aus Spongin und Spicula umgeben sind. Aus ihnen entwickeln sich neue Populationen (→ E).

Zu den Demospongia gehören auch die Bohrschwämme, z. B. *Cliona*, die Höhlen und Gänge in kalkhaltige Substrate bohren können (→ J). Dazu sezernieren ihre Ätzzellen eine Säure, die kleine Teile (Chips) aus dem Substrat herauslöst. Die Fragmente werden dann durch das Kanalsystem nach außen abgegeben. Ein ökologisch wichtiger Vorgang in Korallenriffen.

Calcarea (Kalkschwämme) sind meist kleiner (bis 10 cm) und von vasen- oder röhrenförmiger Gestalt. Ein typischer Vertreter ist *Leucosolenia* (→ A). Ihre Spicula sind aus Kalk und haben drei oder vier Strahlen (→ H). Etwa 700 Arten sind bekannt, die vorwiegend in marinen Flachwasser leben. Die beiden Untergruppen Calcinea und Calcaronea sind durch cytologische und molekulare genetische Methoden bestätigt.

Homoscleromorpha bilden eine eher kleine Gruppe mit etwa 100 Arten, die neuerdings als 4. Schwammgruppe geführt wird. Man unterscheidet sie in Placinidae und Oscarellidae.

Ihre kleinen, einheitlichen Spicula werden in Pinacocyten gebildet. Als einzige Schwammgruppe sind ihre adulten Zellen von einer Basallamina mit Typ-IV-Kollagen unterlegt und sie besitzen eine Zonula adhaerens.

Archaeocyatha sind nur durch Fossilien aus dem Kambrium erhalten (→ I). Sie haben eine becherförmige Gestalt mit einer Doppelwand und Septen. Wegen der Kalkwände mit Poren werden sie von einigen Fachleuten zu den Porifera gestellt. Ihre endgültige Zuordnung steht allerdings noch aus.

Schwämme haben in Küstenregionen und im Uferbereichen von Flüssen große ökologische Bedeutung.

Ihre Filtrationssysteme sind auf winzige Partikel und bestimmte Bakterien spezialisiert. Daher beeinflussen sie die Wasserqualität entscheidend. Schwämme können ein sehr hohes Alter erreichen, von einem Riesenschwamm in der Antarktis (*Anoxycalix joubini*) wird ein Alter von 10.000 Jahren vermutet.

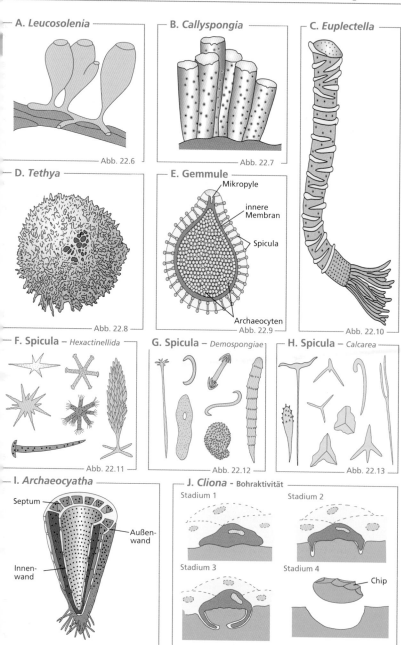

A. *Leucosolenia* — Abb. 22.6

B. *Callyspongia* — Abb. 22.7

C. *Euplectella* — Abb. 22.10

D. *Tethya* — Abb. 22.8

E. Gemmule — Abb. 22.9
- Mikropyle
- innere Membran
- Spicula
- Archaeocyten

F. Spicula – *Hexactinellida* — Abb. 22.11

G. Spicula – *Demospongiae* — Abb. 22.12

H. Spicula – *Calcarea* — Abb. 22.13

I. *Archaeocyatha* — Abb. 22.14
- Septum
- Außenwand
- Innenwand

J. *Cliona* - Bohraktivität — Abb. 22.15
- Stadium 1
- Stadium 2
- Stadium 3
- Stadium 4
- Chip

23 Placozoa, Ctenophora

23.1 Placozoa (Plattentiere)

Placozoa finden sich marin im Litoral der Ozeane. Obwohl mit *Trichoplax adhaerens* nur eine einzige gesicherte Art bekannt ist, weisen molekulargenetische Untersuchungen auf ein kompliziertes Taxon mit mindestens 18 Entwicklungslinien hin. Der Name entstand in Bezug auf die Placula-Hypothese zum Ursprung der Metazoa. Phylogenomische Analysen deuten auf eine basale Stellung im Metazoenstammbaum hin.

Der flache (2–3 mm), plattenförmige Organismus (→ A) hat Cilien und besteht aus einem dorsalen Ektoderm und einem ventralen Resorptionsepithel (Entoderm; → B). In der flüssigkeitsgefüllten Zwischenschicht befindet sich ein mesenchymartiges Netzwerk von Faserzellen, oft mit endosymbiotischen Bakterien (→ C). An der Oberseite finden sich zwischen abgeflachten Deckzellen lipidhaltige Reste degenerierter Faserzellen (Glanzkörper). Die Unterseite dient der Nahrungsaufnahme. Dazu bildet sich durch Wölbung eine Verdauungshöhle (temporäre Gastrulation), in die Drüsenzellen Verdauungsenzyme abgegeben. Epithelzellen resorbieren die aufgelöste Nahrung (Protozoen und Algen). Placozoen besitzen nur fünf somatische Zelltypen.

Die Fortpflanzung erfolgt meist ungeschlechtlich durch einfache Zweiteilung oder durch Bildung von kugeligen Schwärmern. Diese treiben zunächst frei im Wasser (Verbreitung) bevor sie sich abgeplattet ausdifferenzieren. Bei hoher Populationsdichte erfolgt auch eine geschlechtliche Fortpflanzung. Dazu können sich in jedem Individuum unbegeißelte Spermien und Oocyten entwickeln.

Placozoa haben das kleinste bisher bekannte Kerngenom sowie das größte mitochondriale Genom im Tierreich. Sie werden deshalb als basalste Metazoengruppe, als Schwestergruppe der Planulozoa oder als Schwestergruppe der Bilateria gesehen. Ihre Ausstattung mit Hox-Genen lässt vermuten, dass ihr Körperbau ursprünglich komplexer war und vielleicht sekundär reduziert wurde.

23.2 Ctenophora (Rippenquallen)

Sie findet man weltweit marin, pelagisch oder auch benthisch. Auch parasitische Formen existieren. Formen mit zwei Tentakeln fasst man in die artenreiche Gruppe der Tentaculata zusammen, die Gruppe der tentakellosen Ctenophora bezeichnet man als Nuda. Neuere molekulare Analysen sehen sie als eine Schwestergruppe der Cnidaria.

Der komplizierte Körperbau (→ D) entsteht durch zwei Symmetrieebenen, die Schlundebene und die Tentakelebene, die senkrecht zueinander stehen. Sie trennen jeweils spiegelbildliche Körperhälften, die um die Körperachse (Mund-Anal-Kanal) angeordnet sind. Bekannt ist die nur einige Zentimeter große Seestachelbeere *Pleurobrachia* (→ E). Der Fortbewegung dienen die rippenartig angeordneten, mit Cilien besetzten Wimpernplatte (Ctenen). Am Sinnespol befindet sich eine Statocyste zur Wahrnehmung der Schwerkraft und Steuerung der Körperlage. Das Nervensystem besteht aus einem diffusen Plexus. Ein komlexes Gastrovaskularsystem mit verschiedenen Gängen dient der Nahrungsaufnahme, Verdauung und Exkretion. Für den Beutefang gibt es zwei lange, klebrige Schlepptentakel die in einer Tasche versenkt werden können. An ihren Seitenästen (Tentillen) befinden sich die Klebezellen (Colloblasten), komplexe Zellen mit einem halbkugeligen Klebekopf und einem kontraktilen Spiralfaden (→ F). Die Beute wird von Klebekörnchen festgehalten und dann vom Tentakel zum Mund geführt.

Ctenophora sind überwiegend Zwitter, eine Selbstbefruchtung ist möglich. Die Keimzellen werden in der Wand der Meridionalkanäle gebildet, wobei die Kanäle entweder männliche oder weibliche Gameten enthalten. Diese gelangen meist ohne Ausführungsgänge über die Gastrodermis nach außen. Manche Ctenophora werden im Laufe ihres Lebens zweimal geschlechtsreif (Dissogonie). Eine vegetative Vermehrung durch Ablösung und Teilung basaler Körperregionen ist selten.

Die besondere Embryogenese zeigt eine hochdeterminative, dissymetrische Furchung. Dabei bildet sich ein Acht-Zell-Stadium, das sich über eine Sterroblastula und eine epibolische Gastrula ohne typisches Larvenstadium und Metamorphose weiterentwickelt.

© Springer-Verlag GmbH Deutschland, ein Teil von Springer Nature 2021
W. Clauss und C. Clauss, *Taschenatlas Zoologie*,
https://doi.org/10.1007/978-3-662-61593-5_23

A. *Trichoplax* – Aufsicht

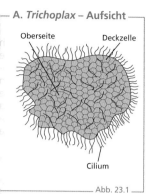

Oberseite
Deckzelle
Cilium

Abb. 23.1

B. *Trichoplax* – Querschnitt

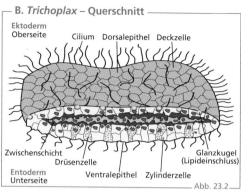

Ektoderm
Oberseite
Cilium Dorsalepithel Deckzelle
Zwischenschicht
Entoderm
Unterseite
Drüsenzelle
Ventralepithel Zylinderzelle
Glanzkugel (Lipideinschluss)

Abb. 23.2

C. *Trichoplax* – Histologie

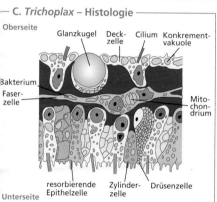

Oberseite
Glanzkugel Deck- Cilium Konkrement-
zelle vakuole
Bakterium
Faser-
zelle
Mito-
chon-
drium
resorbierende Zylinder- Drüsenzelle
Epithelzelle zelle
Unterseite

Abb. 23.3

D. Ctenophora – Symmetrie

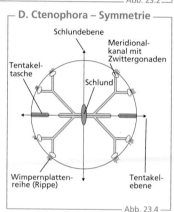

Schlundebene
Meridional-
kanal mit
Zwittergonaden
Tentakel-
tasche
Schlund
Wimpernplatten-
reihe (Rippe)
Tentakel-
ebene

Abb. 23.4

E. Ctenophora – Schema

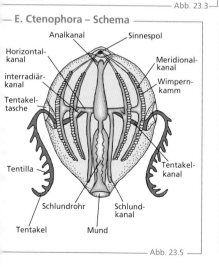

Analkanal Sinnespol
Horizontal-
kanal
interradiär-
kanal
Tentakel-
tasche
Meridional-
kanal
Wimpern-
kamm
Tentilla
Tentakel-
kanal
Schlundrohr Schlund-
kanal
Tentakel Mund

Abb. 23.5

F. Colloblasten

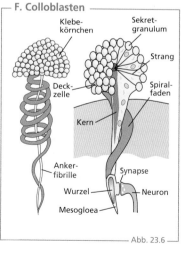

Klebe-
körnchen
Sekret-
granulum
Strang
Deck-
zelle
Spiral-
faden
Kern
Anker-
fibrille
Synapse
Wurzel Neuron
Mesogloea

Abb. 23.6

24 Cnidaria

24.1 Aufbau, Fortpflanzung und Entwicklung

Cnidaria kommen weltweit marin vor, selten auch limnisch. Etwa 11.000 Arten sind bekannt. Ihre Größe variiert zwischen einigen Millimetern bis über 2 m. Die Tentakel werden bei manchen Formen bis zu 50 m lang. Nesseltiere sind radiärsymmetrisch gebaut und bestehen aus zwei Zellschichten, dem äußeren Ektoderm und dem inneren Entoderm. Dazwischen liegt die Mesogloea (→ A), nach neueren Forschungsergebnissen wird auch ein Mesoderm nicht mehr ausgeschlossen.

Es gibt ungeschlechtliche und geschlechtliche Fortpflanzung. Bei der geschlechtlichen Fortpflanzung bilden die Nesseltiere männliche und weibliche Gameten, die sich zur Zygote vereinigen und über eine Blastula zu einer Planula-Larve entwickeln (→ A). Diese begeißelte Larve schwimmt zunächst, verankert sich auf einem geeigneten Substrat und durchläuft eine Metamorphose zum sessilen Polypenstadium. Polypen bilden durch ungeschlechtliche Fortpflanzung (Knospung, Strobilation) frei schwimmende männliche oder weibliche Quallen (Medusen). Dieser Wechsel von geschlechtlicher und ungeschlechtlicher Fortpflanzung wird als Generationswechsel oder Metagenese bezeichnet. Polypen und Quallen sind also unterschiedliche Lebensstadien derselben Art und haben keine systematische Bedeutung.

Nesseltiere wurden traditionell in vier Gruppen unterteilt: Anthozoa, Cubozoa, Scyphozoa und Hydrozoa (→ B). Neuerdings wird aufgrund von molekulargenetischen Untersuchungen diskutiert, ob die Stauromedusen aus der Gruppe der Scyphozoa herausgenommen und den anderen Taxons als fünfte Gruppe (Staurozoa) gleichgestellt werden sollen.

Im Querschnitt durch den Polypenkörper wird die unterschiedliche Komplexität des Entoderms (Gastrodermis) sichtbar. Sie umfasst den Gastralraum (Gastrovaskularraum),

der als zentraler Hohlraum den Magen d Polypen darstellt. Der Gastralraum hat n eine Öffnung, durch die sowohl die Nahrun aufgenommen wird als auch die Exkretion produkte ausgeschieden werden. Die Gastr dermis dient zusammen mit der Mesogloe als hydrostatisches Stützskelett. Feste Skele telemente kommen nur bei den Hexacorall und auch einigen Hydrokorallen vor, die daz Kalk einlagern. Ein Blutgefäßsystem ist nic vorhanden, der Stoffaustausch im Geweb erfolgt durch Diffusion.

Die beiden Gewebeschichten enthalten ein Vielzahl von unterschiedlichen Zellen (→ C Die Nesselzelle (Nematocyte oder auch Cn docyte) ist die namensgebende Struktur de Tiergruppe. Dieser Zelltyp ist besonders häufi um die Mundöffnung und an den Tentakel anzutreffen. In seiner inneren Nesselkapse (→ D) liegt ein aufgerollter Faden (Nesse schlauch) mit einem Stilett an der Spitze. B Berührung der machanosensitiven Cilien (Cn docilien) öffnet sich die Nesselkapsel und de Nesselschlauch wird explosionsartig herausge schleudert. Er kann sich in Beuteorganisme bohren, die er mit einem hochtoxischen Gi lähmt. Alle Cnidaria besitzen diese Zellen, m denen sie sich gegen Fressfeinde verteidigen

Die interstitiellen Zellen sind pluripoten sie können sich in andere Zelltypen wie Ge schlechtszellen, Nervenzellen oder Drüsenze len umwandeln. Sie kommen nur bei den Hy drozoa vor. Epithelmuskelzellen können sic nur durch Zellteilung vermehren und sind a der Epidermis von der Glykokalyx überdeck Durch seine Regenerationsfähigkeit wird de Süßwasserpolyp Hydra als Modellorganismu zur Untersuchung der Gewebedifferenzierun (Musterbildungsprozesse) verwendet.

Cnidaria besitzen ein diffuses Netz von Ner venzellen, das besonders im Bereich de Mundes, der Tentakel und am Fußstiel (Pedur culus) sehr dicht ist. Quallen besitzen meis einen Ring von Nervenzellen am Rand ihre Schirms. Die Nervenzellen sind durch elek trische Synapsen (Gap Junctions) verbunde wodurch eine schnelle Impulsweiterleitun möglich ist. Mehrere Neuropeptide sind nach gewiesen, die die Erregungsweiterleitung mo dulieren können.

© Springer-Verlag GmbH Deutschland, ein Teil von Springer Nature 2021
W. Clauss und C. Clauss, *Taschenatlas Zoologie*,
https://doi.org/10.1007/978-3-662-61593-5_24

— A. Entwicklungsstadien —

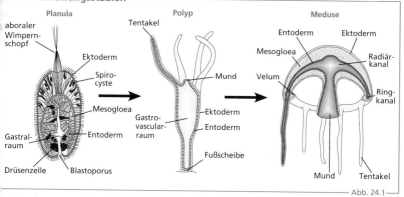

Planula

aboraler
Wimpern-
schopf

Ektoderm

Spiro-
cyste

Mesogloea

Gastral-
raum

Entoderm

Drüsenzelle   Blastoporus

Polyp

Tentakel

Mund

Ektoderm

Gastro-
vascular-
raum

Entoderm

Fußscheibe

Meduse

Entoderm   Ektoderm

Mesogloea

Velum

Radiär-
kanal

Ring-
kanal

Mund   Tentakel

— Abb. 24.1 —

— B. Polypengruppen – Querschnitte —

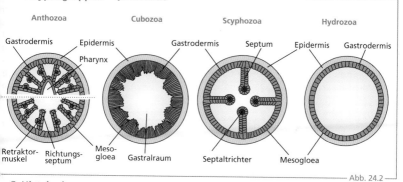

Anthozoa

Gastrodermis   Epidermis

Pharynx

Retraktor-   Richtungs-
muskel   septum

Meso-
gloea

Cubozoa

Gastrodermis

Gastralraum

Scyphozoa

Septum

Septaltrichter

Hydrozoa

Epidermis   Gastrodermis

Mesogloea

— Abb. 24.2 —

— C. Histologie —

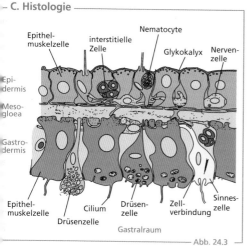

Epithel-
muskelzelle   interstitielle
Zelle

Nematocyte

Glykokalyx   Nerven-
zelle

Epi-
dermis

Meso-
gloea

Gastro-
dermis

Epithel-
muskelzelle   Cilium   Drüsenzelle   Zell-
verbindung   Sinnes-
zelle

Drüsenzelle

Gastralraum

— Abb. 24.3 —

— D. Nesselkapsel —

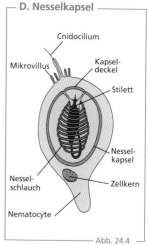

Cnidocilium

Mikrovillus

Kapsel-
deckel

Stilett

Nessel-
kapsel

Nessel-
schlauch

Zellkern

Nematocyte

— Abb. 24.4 —

24.2 Systematik und Ökologie

Mit etwa 3500 Arten sind die Hydrozoa eine der art- und gestaltreichsten Gruppen der Cnidaria. Sie sind meist getrenntgeschlechtlich und zeigen häufig einen Generationswechsel zwischen Medusen und Polypenform (→ A). Oft bilden sie Kolonien, in denen Polypen mit verschiedenen Differenzierungen (Fresspolypen, Geschlechtspolypen), an einem gemeinsamen Gastralraum zusammenhängend, organisiert sind. Diese Kolonien können fest verankert sein oder auch frei schwimmen, wie bei der Staatsqualle (*Physalia physalis*), die auch als Portugiesische Galeere bezeichnet wird (→ E). Die Geschlechtspolypen bilden durch Knospung frei schwimmende Medusen, die später aus ihren Gonaden Ei- und Samenzellen freisetzen (→ A). Nach der Befruchtung kommt es zur Entwicklung einer Planula-Larve, die sich festsetzt und durch Frustulation (asexuelle Knotenbildung) neue Polypen bildet. Zu den Hydrozoa gehören neben den Süßwasserpolypen *Hydra* auch die tropischen Feuerquallen, die sessilen Nesselfarne und auch die Korallenpolypen, die einzeln in kleinen Höhlen eines Kalkskeletts sitzen.

Von den Cubozoa (Würfelquallen) sind 50 meist marine Arten bekannt, die weltweit in tropischen Meeren vorkommen. Sie leben einzeln als festsitzender Polyp oder durch Metamorphose umgewandelt als frei schwimmende Meduse. Die Meduse hat einen würfelförmigen Schirm (→ B) mit langen Tentakeln und einem aktiv räuberischen Bewegungs- und Wanderungsverhalten. Sie ist hochgiftig. Zu ihnen gehört die Seewespe (*Chironex fleckeri*), deren Gift einen Menschen innerhalb weniger Minuten töten kann. Die vier langen Tentakel entspringen Pedalien, die an den unteren Ecken des würfelförmigen Körpers ansetzen. Die Tentakel sind mit Tausenden Nesselzellen besetzt. Ihr Giftcocktail gehört zu den stärksten Toxinen im Tier-

reich. An der Körperbasis befinden sic auch vier kolbenförmige Sinnesorgane die Rhopalien.

Die Anthozoa (Blumentiere) sind m etwa 7200 Arten die größte Klasse de Cnidaria. Sie kommen vorwiegend mari vor, selten auch im Brackwasser. Sie we den in Octocorallia (acht gefiederte Ten takel) und Hexacorallia (sechs oder ei Vielfaches davon) eingeteilt. Als einzig Gruppe bilden die Anthozoa keine Me dusenform, sondern der Polyp bildet di Keimzellen (→ C). Die Tiere leben mari einzeln oder in Kolonien und kommen bis in große Tiefen vor. Sie können auc formenreiche Skelette bilden (Koraller riffe). Zu ihnen gehören die Seeanemo nen, die Seefedern, die Stein- und d Octocorallia. Phylogenetisch bilden si die Basis der Cnidaria.

Die Scyphozoa (Schirmquallen) umfas sen 200 Arten die, wie der Name sag meist als Medusen vorkommen (→ D F). Sie werden auch als echte Qualle bezeichnet. Scyphozoa haben eine gallertartigen, vielfach durchsichtige Körper, der meist nur einige Millimete misst, aber bei einigen Arten bis zu m lang werden kann. Sie pflanzen sic abwechselnd geschlechtlich und unge schlechtlich durch Strobilation von i Küstennähe festsitzenden Polypen fort

Die sessilen Staurozoa (Stielqualler haben einen polypenartige Stiel. Etw 50 weltweit verbreitete Arten sind be kannt. Sie werden auch als Becherqua len bezeichnet, weil sie einen kelchar tigen, medusoiden Körper und eine polypenartigen Stiel haben. Die sessile Tiere werden etwa 5 cm groß und habe am Kelch einen vierstrahligen Körpe bau mit Gruppen von Tentakelbüscheln Sie sind getrenntgeschlechtlich und bi den keine Planula-Larve, sondern ein wurmförmige Larve, die Kriechbewe gungen ausführen kann. Die Kriech larven vermehren sich asexuell durc Knospung. Staurozoa werden erst se 2004 als eigenständige Klasse der Cnida ria geführt.

A. *Hydra* – Entwicklungsstadien

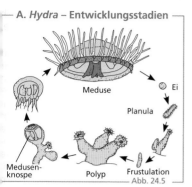

- Meduse
- Ei
- Planula
- Medusenknospe
- Polyp
- Frustulation

Abb. 24.5

B. Cubozoa – Cubomeduse

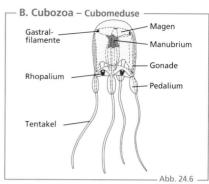

- Gastralfilamente
- Magen
- Manubrium
- Gonade
- Rhopalium
- Pedalium
- Tentakel

Abb. 24.6

C. Anthozoa

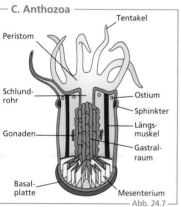

- Tentakel
- Peristom
- Schlundrohr
- Ostium
- Sphinkter
- Längsmuskel
- Gonaden
- Gastralraum
- Basalplatte
- Mesenterium

Abb. 24.7

D. Scyphomeduse – Schema

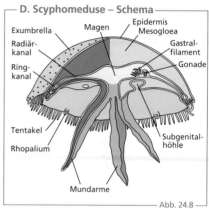

- Exumbrella
- Magen
- Epidermis
- Mesogloea
- Radiärkanal
- Gastralfilament
- Ringkanal
- Gonade
- Tentakel
- Rhopalium
- Subgenitalhöhle
- Mundarme

Abb. 24.8

E. Portugiesische Galeere

Abb. 24.9

F. Scyphomeduse – *Aurelia aurita*

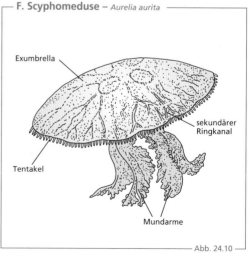

- Exumbrella
- sekundärer Ringkanal
- Tentakel
- Mundarme

Abb. 24.10

25 Chaetognatha

Chaetognatha (Pfeilwürmer) finden sich marin im Plankton aller Ozeane. Ihre etwa 130 Arten leben räuberisch und stellen etwa 5–10 % der Biomasse des Planktons. Neuere molekulargenetische Analysen sehen sie als eine basale, aber isolierte Gruppe der **Protostomia**.

Chaetognatha haben einen lang estreckten Körperbau (2–12 cm), sind bilateralsymmetrisch und in Kopf, Rumpf und Schwanz unterteilt (→ A). Ein oder zwei Paar Seitenflossen und eine Schwanzflosse ermöglichen rasche Bewegungen, aber auch senkrechtes Verharren im Wasser. Durch ihren schlanken Körperbau und ihr rasches Vorschnellen beim Beutefang werden sie auch als **Pfeilwürmer** bezeichnet. Ihr lateinischer Name leitet sich von ihren **Greifhaken** am Kopf (lat. *chaete*, Borste; *gnathos*, Kiefer). Der Rumpf wird durch ein quer liegendes **Septum** unterteilt, wobei der vordere Teil den Darm und die weiblichen Geschlechtsorgane und der hintere die männlichen Geschlechtsorgane enthält.

Mit Ausnahme der einschichtigen **Epidermis** um Kopf und Mund ist die restliche Epidermis mehrschichtig und sezerniert einen Schutz- und Gleitfilm. Beidseits des Kopfes befinden sich **Greifhaken**, die eine gefasste Beute in das Mundfeld befördern. Hier befinden sich Chitinzähne und Haken, die die Beute mit Gift (**Tetrodotoxin** aus symbiontischen Bakterien) töten. An der Oberseite des Kopfes befindet sich eine bewegliche **Kopfkappe**, die beim Schwimmen weit nach vorne gezogen wird und Haken und Zähne vollständig verhüllt. Beim Beutefang wird sie schnell zurückgezogen, um die Greifhaken freizulegen.

Das voluminöse **Coelom** wird von einer dünnen Epithelschicht (**Coelothel**) ausgekleidet (→ B). Es umfasst ein schmales Kopfcoelom und längliche Coelomhöhlen im Rumpf, die durch den **Darm** und das Querseptum unterteilt werden. Der **Verdauungstrakt** ist histologisch und funktionell in Abschnitte untergliedert und wird dorsal und ventral von **Mesenterien** gehalten. Im vorderen, bulbusförmigen Teil (**Ösophagus**) finden sich sekretproduzierende Zellen, wohingegen sich im hinteren Teil des Darms absorbierende Epithelzellen befinden. Zur Verdauung werden die aufgenommenen Nahrungspartikel in einer **peritrophischen** Membran eingeschlossen. Dorsal und ventr[al] ziehen zwei Stränge Längsmuskulatur. Zw[i]schen ihnen liegt ein Lateralfeld mit eine[m] einschichtigen Epithel. **Exkretions-** und **Resp**[i]**rationsorgane** sind nicht vorhanden, jedoch i[st] ein Gefäßsystem ausgebildet.

Chaetognatha sind **protandrische Zwitter**. Di[e] **Hoden** liegen im Schwanz und geben Spe[r]matogonien ab, die sich in der Schwanzhöhl[e] zu **Spermien** entwickeln. Diese werden dur[ch] Samengänge in die Samenblasen transpo[r]tiert, die aufreißen und die Samen nach auße[n] abgeben. Sie können noch einige Zeit zu Spe[r]mienballen agglomeriert sein. Die **weiblich**[en] **Geschlechtsorgane** (→ D) sind paarig ausge[bildet und liegen im hinteren Rumpfteil. A[n] der zum Darm liegenden Seite enthalten si[e] Geschlechtszellen in verschiedenen Entwick[lungsstadien. Die andere, der Körperwan[d] zugewandten Seite besitzt ein **Receptaculu**[m] **seminis**, das die Spermien aufnimmt, spe[i]chert und dann als **Ovidukt** dient. Die beide[n] Ovidukte münden vor dem Septum in eine[r] dorsolateralen Papille nach außen.

Chaetognatha zeigen sowohl Selbst- als auc[h] wechselseitige **Befruchtung**. Die befruchtete[n] Eier sind von einer Gallerte umgeben un[d] werden durch die Ovidukte nach außen abge[geben. Sie heften sich entweder an Pflanze[n] und Steine an oder werden bis zum Schlup[f] am Körper getragen. Die **Embryogenese** (→ C) verläuft direkt, d. h. **ohne Larvenstadium**[.] Sie beginnt mit einer total äqualen Radiä[r]furchung, einer **Blastula**, aus der durch In[vagination die **Gastrula** entsteht. Aus de[n] **Urgeschlechtszellen** entwickeln sich später di[e] männlichen und die weiblichen **Geschlechts**[organe. Das Urdarmdach wird eingefaltet un[d] wächst auf den Urmund zu. Aus den Falte[n] entstehen die Darmanlage und die viszerale[n] Coelomwände. Der Urmund schließt sich un[d] ihm gegenüber senkt sich ein entodermale[s] Stomodaeum ab. Die Coelomepithelien schnü[ren sich ein und die paarige **Kopfcoelomanl**[age und die **Rumpfcoelomanlage** werde[n] gebildet.

Das **Nervensystem** (→ E) besteht aus eine[m] dorsalen Cerebralganglion und einem Ven[t]ralganglion. Diese sind durch Konnektiv[e] verbunden. Im Mundbereich befinden sic[h] weitere Ganglien. Als **Sinnesorgane** besitze[n] Pfeilwürmer Augen, Sinnesborsten und dors[al] eine u-förmige Wimpernschlinge (**Corona cili**[ata), die vermutlich chemo- oder mechanosen[sorisch (Wasserströmung) ist.

© Springer-Verlag GmbH Deutschland, ein Teil von Springer Nature 2021
W. Clauss und C. Clauss, *Taschenatlas Zoologie*,
https://doi.org/10.1007/978-3-662-61593-5_25

A. Morphologie

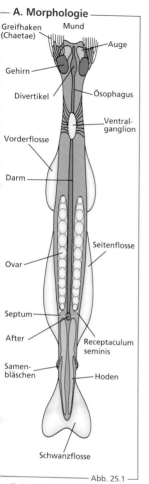

Greifhaken (Chaetae)
Mund
Auge
Gehirn
Divertikel
Ösophagus
Ventralganglion
Vorderflosse
Darm
Seitenflosse
Ovar
Septum
After
Receptaculum seminis
Samenbläschen
Hoden
Schwanzflosse

Abb. 25.1

B. Rumpf – quer

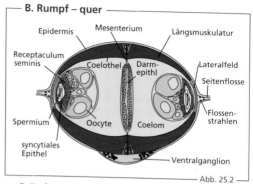

Epidermis
Mesenterium
Längsmuskulatur
Receptaculum seminis
Coelothel
Darmepithl
Lateralfeld
Seitenflosse
Spermium
Oocyte
Coelom
Flossenstrahlen
syncytiales Epithel
Ventralganglion

Abb. 25.2

C. Embryogenese

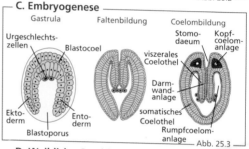

Gastrula
Faltenbildung
Coelombildung
Urgeschlechtszellen
Blastocoel
Stomodaeum
Kopfcoelomanlage
viszerales Coelothel
Darmwandanlage
Ektoderm
Entoderm
somatisches Coelothel
Blastoporus
Rumpfcoelomanlage

Abb. 25.3

D. Weibliche Geschlechtsorgane

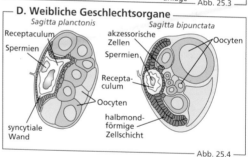

Sagitta planctonis
Sagitta bipunctata
Receptaculum
akzessorische Zellen
Oocyten
Spermien
Spermien
Receptaculum
Oocyten
syncytiale Wand
halbmondförmige Zellschicht

Abb. 25.4

E. Nervensystem

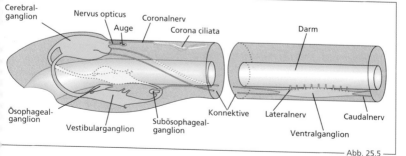

Cerebralganglion
Nervus opticus
Coronalnerv
Auge
Corona ciliata
Darm
Ösophagealganglion
Vestibularganglion
Subösophagealganglion
Konnektive
Lateralnerv
Ventralganglion
Caudalnerv

Abb. 25.5

26 Plathelminthes, Gastrotricha

Von den etwa 36.000 beschriebenen Arten der **Plathelminthes** (Plattwürmer) leben ca. 90 % parasitisch. Sie werden nach morphologischen und molekularbiologischen Kriterien in die beiden monophyletischen Taxa der **Rhabditophora** und der **Catenulida** eingeordnet. Als **Neodermata** wird eine Teilgruppe innerhalb der Rhabditophora bezeichnet, die als **Endoparasiten** im Wirt eine neue Haut (**Neodermis**) bilden.

Plattwürmer sind **bilateralsymmetrisch**, wobei die Symmetrieebene zwischen dem Vorderpol und dem Hinterpol liegt. Sie sind meist **zwittrig** und besitzen komplizierte Fortpflanzungsorgane. Die **Eier** werden in einem Ovar (**Germarium**) gebildet und gelangen über den Eileiter in die **Schalendrüse**. Dort werden sie mit Dotterzellen aus den Dotterstöcken (**Vittelaria**) zu Bündeln verpackt und gelangen über den **Uterus** und den **Genitalporus** nach außen. Die Samenzellen werden durch einen **Penis** in die Vagina oder direkt in den Uterus eingeführt oder, bei einigen marinen Arten, sogar in die Haut injiziert.

Plattwürmer haben komplizierte Entwicklungsgänge, die **mehrere Larvenstadien** und **Wirtswechsel** einschließen können. Dabei können sexuelle und asexuelle Fortpflanzung aufeinander folgen (**Metagenese**) oder unisexuelle mit bisexuellen (**Zwitter**) Stadien abwechseln.

26.1 Turbellaria (Strudelwürmer)

Alle frei lebenden Plathelminthes werden als **Turbellarien** (Strudelwürmer) bezeichnet. Etwa 5000 Arten sind bekannt. Sie kommen weltweit in terrestrischen und aquatischen Habitaten vor.

Turbellarien bewegen sich mithilfe von Cilien und einem Schleimfilm auf ihrer Unterseite. Ihr Bauplan ist typisch für Plathelminthes (→ **A**). Sie haben einen dorsoventral **abgeflachten** Körperbau und besitzen ein drittes Keimblatt (**Mesoderm**). Aus dem Mesoderm entwickelt sich ein lockeres Füllgewebe, das **Parenchym**. Es füllt den Raum zwischen der äußeren Epidermis und dem inneren Entoderm, das ein weit verästeltes **Gastrovaskularsystem** umschließt. Es mündet vorne über einen Schlund (**Pharynx**) in den Mund und hinten blind

ohne After. Als Exkretionsorgane dienen **Protonephridien**. Ein ausdifferenziertes System von Längs- und Ringmuskulatur ermöglicht eine fließende Bewegung des **Hautmuskelschlauchs**.

Das **Nervensystem** erfährt im Vorderpol durch Ganglien eine Cephalisation und hat hier chemosensorische Rezeptoren. Im Parenchym ziehen sich zwei longitudinale Nervenstränge. Plathelminthes besitzen kein Blutgefäßsystem. Die Nahrungsstoffe erreichen durch eine ausgeprägte **Vaskularisierung** jede einzelne Zelle. Der Gasaustausch (**Atmung**)erfolgt über die Körperoberfläche.

Bei den **Rhabditophora** haben sich im syncytialen Integument spezielle Strukturen (**Zwei-Drüsen-Klebeorgan**) und stäbchenförmige Drüsen (**Rhabditen**) entwickelt (→ **B**), die der Anheftung und Abwehr dienen. In diese Gruppe gehören auch die parasitischen Saug- und Bandwürmer.

26.2 Catenulida

Sie umfassen etwa 100 Arten der frei lebenden Plathelminthes. Sie sind nur spärlich bewimpert und haben im Kopf ein spezielles Exkretionsorgan (**Protonephridium**; → **B**).

Die meisten Arten vermehren sich asexuell durch **Paratomie**. Hierbei teilt sich das Tier in einer Ebene quer zur Körperachse. Zwei Tiere (**Zooide**) können dann zusammengewachsen existieren. Einige Arten vermehren sich auch sexuell durch **Parthenogenese**.

Als **Neodermata** werden alle parasitisch lebenden Plathelminthes bezeichnet, die nach dem Eindringen in den Wirt ihre Epidermis verlieren und eine neue **syncytiale Körperoberfläche** bilden. Nach neuerer Klassifikation gehören zu ihnen die **Aspidobothrii**, **Digenea**, **Monogenea**, die früher als **Trematoda** zusammengefasst wurden, sowie die **Cestoda**.

Die ursprünglich ektodermalen **Epidermis** wird zu einer mesodermalen, syncytialen **Neodermis** umgebildet (→ **D rechts**). Bei parasitischen Trematodes und Cestodes geschieht diese Umbildung bereits im **Larvenstadium**. Frei lebende Turbellarien bilden eine neue bewimperte Epidermiszelle (→ **D links**).

© Springer-Verlag GmbH Deutschland, ein Teil von Springer Nature 2021
W. Clauss und C. Clauss, *Taschenatlas Zoologie*,
https://doi.org/10.1007/978-3-662-61593-5_26

A. Turbellaria – quer

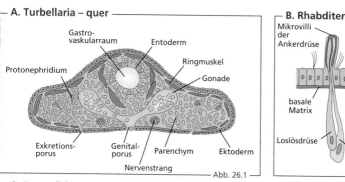

Gastro-
vaskularraum
Entoderm
Ringmuskel
Gonade
Protonephridium
Exkretions-
porus
Genital-
porus
Pharynx
Ektoderm
Parenchym
Nervenstrang
Ektoderm

Abb. 26.1

B. Rhabditen

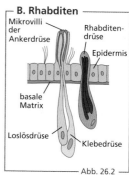

Mikrovilli
der
Ankerdrüse
Rhabditen-
drüse
Epidermis
basale
Matrix
Loslösdrüse
Klebedrüse

Abb. 26.2

C. Catenulida – *Dasyhormus*

Mund   **1. Zooid**   Darm 1   Pharynx 2

Proto-
nephridium
Pharynx 1
Darm 2   **2. Zooid**

Abb. 26.3

D. Epidermis – Bildung

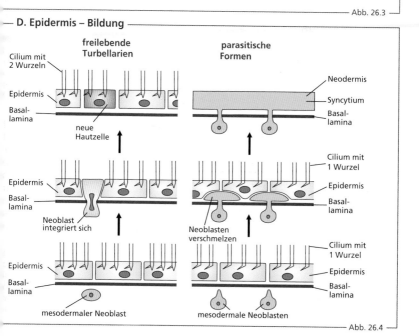

freilebende
Turbellarien
parasitische
Formen

Cilium mit
2 Wurzeln
Epidermis
Basal-
lamina
neue
Hautzelle
Neodermis
Syncytium
Basal-
lamina

Epidermis
Basal-
lamina
Neoblast
integriert sich
Cilium mit
1 Wurzel
Epidermis
Basal-
lamina
Neoblasten
verschmelzen

Epidermis
Basal-
lamina
mesodermaler Neoblast
Cilium mit
1 Wurzel
Epidermis
Basal-
lamina
mesodermale Neoblasten

Abb. 26.4

26.3 Trematoda (Saugwürmer)

Trematoda leben als Ekto- oder Endoparasiten. Ihr **Körper** ist meist flach und blattförmig, bei einigen Arten auch walzenförmig mit rundem Querschnitt. Zur Verankerungen in Geweben besitzen sie einen **Halteapparat** (Mund- und Bauchsaugnapf), mit dem sie sich an wirtspezifische Gewebe anheften. Sie haben einen komplizierten Wirts- und Generationswechsel und sind von 0,2–160 mm lang. Etwa 6000 Arten sind bekannt, darunter viele human- und veterinärmedizinisch bedeutsame Parasiten.

Der Verdauungstrakt (**Darm**) der Trematoda besitzt eine Gabelform und endet blind (→ **A**). Die Nahrung wird durch den Mundsaugnapf über den Mund aufgenommen. Die meisten Trematoden sind **Zwitter** und **hermaphroditisch**, d. h., sie können sich bei Fehlen eines Geschlechtspartners auch selbst befruchten. Alle Arten entwickeln sich über **frei lebende Larvenstadien**. Es gibt zwei unterschiedliche Entwicklungszyklen. Die **Monogenea** (ein Wirt, eine Entwicklungsphase) leben als zwittrige **Ektoparasiten** auf poikilothermen Wassertieren (Fische, Amphibien, Reptilien). Sie entwickeln sich über eine bewimperte Larve (**Oncomiracidium**), die sich am Wirt anheftet oder über Körperöffnungen eindringt, direkt aus dem befruchteten Ei. Die Larven saugen Blut und ihre Entwicklung zum adulten, geschlechtsreifen Parasiten dauert mehrere Jahre. Im Gegensatz dazu sind die **Digenea** (zwei Wirte, zwei Entwicklungsphasen) **Endoparasiten** und durchlaufen obligat sowohl einen **Wirtswechsel** als auch einen **Generationswechsel**.

Zu den Digenea gehört der **Große Leberegel** (*Fasciola hepatica*), ein medizinisch relevanter Parasit (→ **A**). Er zählt zu einer Familie von blattförmigen Trematodes, die in den Gallengängen von Wiederkäuern, Pferden, Raubtieren, Hunden und Nagetieren parasitieren können. Beim Menschen ist er eher selten.

Seine Endwirte nehmen die **Metacercarien** oral mit dem Futter auf (→ **C**) wenn diese an Gräsern haften. Bereits nach einem Tag haben diese die Darmwand durchbohrt und sind über die Bauchhöhle in die Leber eingedrungen.

Nach mehreren Wochen besiedeln sie die Gallengänge und werden geschlechtsreif. Durch Verkalkung und Blockade der Gallengänge treten Entzündungen, Fieber und Gelbsucht auf. Die **Eier** werden mit dem Kot abgesetzt. Aus ihnen schlüpfen bewimperte Larven (**Miracidien**), die in **Wasserschnecken** eindringen und sich dort über **Sporocysten** und **Redien** zu **Cercarien** entwickeln. Diese sind durch einen Schwanz sehr beweglich, verlassen die Schnecken und heften sich als **Metacercarien** an Pflanzen an.

Der **Kleine Leberegel** (*Dicrocoelium dentriticum*; → **B**) parasitiert in den Gallengängen von Wiederkäuern. Ameisen sind seine zweiten Zwischenwirte.

Die aus Eiern geschlüpften **Miracidien** dringen in **Landschnecken** ein und entwickeln sich zu **Cercarien**. Diese werden von den Schnecke über **Schleimballen** ausgeschieden, die wiederum von **Ameisen** gefressen werden. Nach Reifung zu **Metacercarien** befällt eine das Unterschlundganglion, worauf die Ameise sich an einem Grashalm festbeißt und die erneute Infektion eines Weidetieres ermöglicht.

Beim **Pärchenegel** (*Schistosoma mansoni*) lebt das kleinere Weibchen in der Bauchfalte des Männchens (→ **D**). Diese Parasiten setzen sich im **Pfortadersystem** der Endwirte (Mensch, Wiederkäuer, Hunde, Nagetiere) fest und ernähren sich von derem Blut. Das Krankheitsbild wird als **Schistosomiasis** oder **Bilharziose** bezeichnet.

Der Entwicklungszyklus verläuft über die **Süßwasserschnecke** *Biomphalaria* als Zwischenwirt. Die Endwirte scheiden mit dem Kot oder Urin Eier aus, aus denen **Miracidien** schlüpfen. Diese dringen in Schnecken ein und entwickeln sich binnen einiger Wochen über **Sporocysten** zu **Cercarien**. Diese verlassen die Schnecken und infizieren ohne die Bildung von Metacercarien direkt den Endwirt, z. B. im Wasser befindliche Menschen oder Tiere.

Weit verbreitet sind **Asiatische Leberegel** (**Opisthorchiidae**), die ebenfalls in Gallengängen von Mensch und Tier parasitieren und Risikofaktoren für die Entstehung von Tumoren des Gallengangs (**Cholangiokarzinom**) darstellen. Zwischenwirte sind Schnecken und Fische.

A. Großer Leberegel

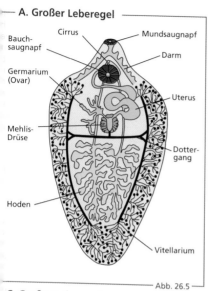

Cirrus — Mundsaugnapf

Bauch-
saugnapf

Darm

Germarium
(Ovar)

Uterus

Mehlis-
Drüse

Dotter-
gang

Hoden

Vitellarium

Abb. 26.5

B. Kleiner Leberegel

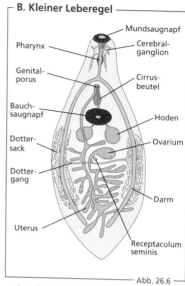

Mundsaugnapf

Pharynx — Cerebral-
ganglion

Genital-
porus — Cirrus-
beutel

Bauch-
saugnapf

Hoden

Dotter-
sack — Ovarium

Dotter-
gang

Darm

Uterus

Receptaculum
seminis

Abb. 26.6

C. Großer Leberegel – Entwicklungszyklus

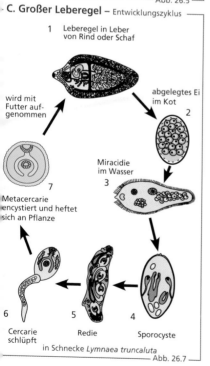

1   Leberegel in Leber
    von Rind oder Schaf

wird mit
Futter auf-
genommen

abgelegtes Ei
im Kot
2

Miracidie
im Wasser
3

7

Metacercarie
encystiert und heftet
sich an Pflanze

6
Cercarie
schlüpft

5
Redie

4
Sporocyste

in Schnecke *Lymnaea truncaluta*

Abb. 26.7

D. Pärchenegel

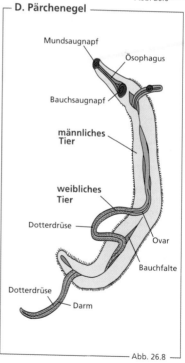

Mundsaugnapf

Ösophagus

Bauchsaugnapf

**männliches
Tier**

**weibliches
Tier**

Dotterdrüse

Ovar

Bauchfalte

Dotterdrüse

Darm

Abb. 26.8

26.4 Cestoda (Bandwürmer)

Cestoda sind endoparasitische Plathelminthes, deren Endwirte stets Wirbeltiere sind. Etwa 3500 Arten sind weltweit verbreitet. Sie unterteilen sich in die **Monozoischen Bandwürmer (Cestodaria)**, deren Larven decathant sind, also zehn Haken besitzen, und die **Echten Bandwürmer (Eucestoda)**, deren Larven mit sechs Haken hexacanth sind.

Ihre Entwicklung verläuft über einen oder mehrere **Zwischenwirte** und selten mit Generationswechsel. Die aus der **Larve** (Oncosphaera genannt) hervorgehende **Finne** wächst im Darm des Endwirtes zur Adultform. Sie hat am **Kopf (Scolex) Saugnäpfe** und Haken, mit denen sie sich in der Darmwand verankert. Dort können sie nur einige Monate (*Echinococcus*) oder auch Jahre (*Taenia solium*) parasitieren. Die Nahrungsaufnahme erfolgt über das syncytiale **Tegument** (Neodermis) auf, das typische Oberflächenvergrößerungen (**Mikrotrichen**) aufweist. Eine Schicht aus Mucopolysacchariden (*surface coat*) schützt sie vor den Verdauungsenzymen des Wirtes.

An den Scolex schließen sich wenige bis viele Glieder (Proglottiden) an, sodass ein Bandwurm sehr kurz sein kann, wie der 0,1–4 mm lange Fuchsbandwurm (*Echinococcus multilocularis*; → A). Ein mit 15 m sehr langer Bandwurm ist der **Schweinebandwurm** (*Taenia solium*; → B). Die Proglottiden werden vom Scolex fortwährend gebildet und enthalten einen zwittrigen Geschlechtsapparat sowie ein gemeinsames Nerven-, Muskel- und Exkretionssystem.

Bandwürmer sind **protandrische Zwitter**, d. h., in der Proglottiden reifen zunächst die männlichen Gonaden und erst später die weiblichen. Deshalb erfolgt normalerweise eine **Fremdbegattung**. Eine Eigenbegattung ist ebenfalls möglich, wenn sich nur ein Bandwurm im Darm des Wirtes befindet. Als Exkretionssystem sind **Protonephridien** ausgebildet, die über Exkretionskanäle miteinander in Verbindung stehen. Das **Nervensystem** besteht im Scolex aus mehreren Ganglien mit Kommissuren. Zu den Proglottiden ziehen longitudinale Nervenstränge, die beim Wachstum neuer Proglottiden verlängert werden.

Die Proglottiden werden von einer Wachstumszone (Strobila) gebildet, haben jedoch keine eigentliche Trennwand, sondern erscheinen nur an der Oberfläche durch eine Faltung als einzelne Glieder. In Wirklichkeit sind sie jedoch innerlich verbunden und werden nur beim Abschnüren vollständig getrennt.

Echinococcus Die verschiedenen Arten dieser Bandwurmgattung verursachen die **Echinococcose**, eine medizinisch wichtige Erkrankung.

Im adulten Stadium im Darm der Endwirte (Fleischfresser) sind sie nur wenige Millimeter lang und besitzen wenige Proglottiden. Die **gravide Proglottide** wird mit den Faeces ausgeschieden und von den Zwischenwirten (Säugetiere, Mensch) oral aufgenommen. Im Darm der Zwischenwirte schlüpft die Oncosphaera-Larve, bohrt sich durch die Darmwand und wandert in verschiedene Organe (Leber, Lunge, Gehirn), wo sie Finnen unterschiedlicher Gestalt bildet. Im Lebenszyklus des Fuchsbandwurms (→ A) entstehen multiloculäre Cysten mit einem schlauchartigen Gangsystem, die praktisch inoperabel sind. Beim **Hundebandwurm** (*E. granulosus*) bilden sich eine uniloculäre, flüssigkeitsgefüllte Cyste (Hyatide), die aufplatzt und die gebildeten **Protoscolices** in den Organismus entlässt.

Taeniidae Diese Familie umfasst wirtsspezifische **Darmparasiten** von höheren Wirbeltieren, inklusive des Menschen. Die Arten können mehrere Meter lang werden und haben vier **Saugnäpfe**.

Die **Eier** werden in den abgeschnürten Proglottiden mit dem Kot abgegeben (→ B). Die in ihnen enthaltene Oncosphaera-Larve wird von den Zwischenwirten oral aufgenommen. Charakteristisch ist die Ausbildung einer Larve (**Cysticercus**), die sich durch **Metamorphose** zum adulten Bandwurm entwickelt. Der **Schweinebandwurm** (*Taenia solium*) befällt als Zwischenwirt hauptsächlich Schweine, aber auch Hunde, Katzen und Widerkäuer. Endwirt ist der Mensch. Die Cysticerci bilden sich zu großen Blasen (**Finnen**), die jahrelang in Organen (Auge, Gehirn) lebensfähig bleiben. Der Mensch infiziert sich durch rohes Schweinefleisch. Der **Rinderbandwurm** (*T. saginata*) hat Widerkäuer als Zwischenwirte und ebenfalls den Menschen als Endwirt.

Fischbandwürmer (*Diphylobotrium latum*) kommen weltweit vor. Zwischenwirte sind Fische und Krebse. Endwirte sind Carnivore und auch der Mensch (durch den Genuss von Sushi).

A. Fuchsbandwurm – *Echinococcus multilocularis*

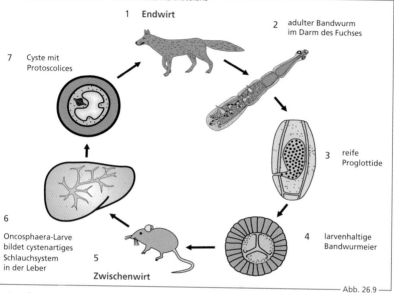

1 **Endwirt**

2 adulter Bandwurm im Darm des Fuchses

7 Cyste mit Protoscolices

3 reife Proglottide

4 larvenhaltige Bandwurmeier

6 Oncosphaera-Larve bildet cystenartiges Schlauchsystem in der Leber

5 **Zwischenwirt**

Abb. 26.9

B. Schweinebandwurm – *Taenia solium*

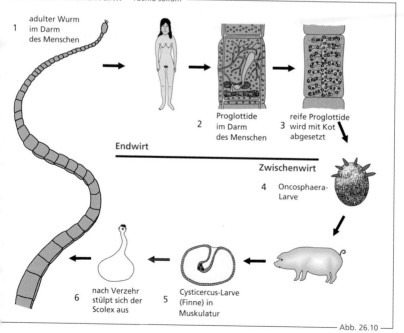

1 adulter Wurm im Darm des Menschen

2 Proglottide im Darm des Menschen

3 reife Proglottide wird mit Kot abgesetzt

Endwirt

Zwischenwirt

4 Oncosphaera-Larve

6 nach Verzehr stülpt sich der Scolex aus

5 Cysticercus-Larve (Finne) in Muskulatur

Abb. 26.10

26.5 Gastrotricha

Gastrotricha (Bauchhärlinge) leben marin und limnisch und sind 0,1–1 mm lang. Ihre ca. 760 Arten unterteilen sich in die **Macrodasyida** und die **Chaetonotida**. Die schlanken, dorsoventral abgeplatteten Metazoen haben eine ventrale **Wimpernsohle**, mit der sie sich auf ihrem Substrat bewegen (→ **A**). Früher wurden die Gastrotricha zu der Gruppe der Nemathelminthes gestellt. Neuere molekulare Analysen sehen sie nahe verwandt zu den **Gnathostomulidae**, den Rotifera und den Nematoda. Es gibt auch Anhaltspunkte dafür, dass sie eine Schwestergruppe der Plathelminthes sein könnten. Sie werden deshalb hier vor den Gnathifera besprochen

Der schlanke Körper der Gastrotricha kann sich durch **Haftröhrchen** an Substrate heften. Wimpern dienen der Bewegung und dem Herbeistrudeln von Nahrung. Der gesamte Körper, auch die Cilien, ist von einer **Cuticula** bedeckt, die nicht gehäutet wird, sondern mitwächst. In den **Klebedrüsen** werden Sekrete produziert, mit deren Hilfe sich die Haftröhrchen an das Substrat heften oder sich von ihm lösen. Die äußere Ring- und die innere Längsmuskulatur sind nicht in Schichten, sondern in **Muskelsträngen** angeordnet, die kraftvolle Krümmungen des wurmartigen Körpers ermöglichen. Die schmalen Dorsoventralmuskeln trennen den zentralen **Darm** von den seitlich liegenden **Gonaden** (→ **B**). Gastrotricha reagieren mit ciliären **Sensillen** auf optische, mechanische und chemische Reize. Das **Nervensystem** besteht aus einer dorsalen Kommissur über dem Pharynx von deren seitlichen Enden die paarigen, ventrolateralen Markstränge beginnen. Am Anfang des **Verdauungstrakts** befindet sich ein frontaler Mund, an den sich ein muskulöser y-förmiger **Pharynx**, der Darm und das mit Cuticula ausgekleidete Rektum anschließen. Durch den bei den Macrodasyida vorhandenen **Pharyngealporus** können die Tiere überschüssiges Wasser abgeben, das mit der Nahrungsaufnahme in den Pharynx gelangt ist. Gastrotricha haben weder ein Coelom noch eine flüssigkeitsgefüllte Leibeshöhle. Auch sind keine Blutgefäße vorhanden. Der Exkretion dienen **Protonephridien**, die paarweise angelegt sind und getrennt münden. Gastrotricha sind **Zwitter**. Das

Hodenpaar liegt weiter vorne im Körper a das Ovarienpaar. Macrodasyida sind me **protandrisch**, d. h., sie werden erst als Män chen geschlechtsreif und anschließend a Weibchen. Die Abgabe und Übertragung d Spermien ist vielfältig. Sie kann durch **Kopul tionsorgane** erfolgen oder durch Aufnahm von Spermien, die an an der Körperoberfläch abgelegt wurden. Das reife Ei liegt direkt üb der dorsalen Darmwand (→ **B**) und wird s mit Nährstoffen zur Dotterbildung versorg Die **Oogenese** erfolgt über eine total bilat rale Furchung. Die **Embryogenese** verläuft b Macrodasyida langsamer (1–2 Wochen) als b den Chaetonotida (1–2 d). Es werden kein Larven gebildet, sondern es erfolgt ein Gr ßenwachstum der schon fertig ausgebildete Juvenilform.

Neben zwei limnischen Arten leben all anderen **Macrodasyida** ausschließlic **marin**. Sie ernähren sich von Kleinsto ganismen, Protozoa, Bakterien und Dia tomeen. Sie pflanzen sich ausschließlic **zweigeschlechtlich** fort.

Ihre vielen Haftröhrchen sind gleichmäß über den ganzen Körper verteilt. Der **Phary** ist umgekehrt y-förmig. **Pharyngealporen** sin vorhanden.

Chaetonotida leben größtenteils im **Süß wasser**, einige Arten auch marin ode terrestrisch. Sie haben am flaschenfö migen Körper keine **Haftröhrchen**. Dies sind nur paarig am Ende ausgebildet (→ **D**). Ihr Pharynx ist y-förmig und besitz keine Poren. Sie sind **Hermaphrodite** und verfügen also über männliche un weibliche Geschlechtsorgane. Marin Arten pflanzen sich zweigeschlechtlic fort, alle anderen auch durch **Heter gonie** oder die landlebenden Forme ausschließlich durch **Parthenogenes** Die Spermien werden entweder in de Partner injiziert oder außen an ihn a geheftet.

Ihre verklebten Cilien (**Cirren**) ermögliche ein ruckartiges Laufen an Sandstränden. Lin nische Arten wie *Stylochaeta fusiformis* (→ C) haben lange aktive, bewegliche Stachel und leben zwischen Wasserpflanzen und moosen. Gastrotricha sind weltweit verbreite können eine Austrocknung im Ei überdauer und **Dauerstadien** in Form von **Cysten** bilden

A. Macrodasyida – lateral und dorsal

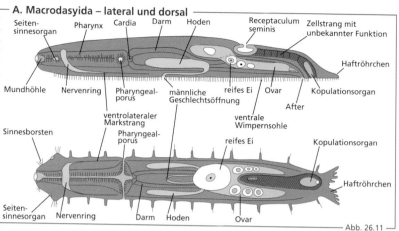

Seiten-sinnesorgan
Pharynx
Cardia
Darm
Hoden
Receptaculum seminis
Zellstrang mit unbekannter Funktion
Haftröhrchen
Mundhöhle
Nervenring
Pharyngeal-porus
männliche Geschlechtsöffnung
reifes Ei
Ovar
Kopulationsorgan
After
ventrale Wimpernsohle

Sinnesborsten
ventrolateraler Markstrang
Pharyngeal-porus
reifes Ei
Kopulationsorgan
Haftröhrchen
Seiten-sinnesorgan
Nervenring
Darm
Hoden
Ovar

— Abb. 26.11 —

B. Macrodasyida – quer

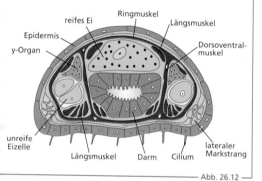

reifes Ei
Ringmuskel
Längsmuskel
Epidermis
Dorsoventral-muskel
y-Organ
unreife Eizelle
Längsmuskel
Darm
Cilium
lateraler Markstrang

— Abb. 26.12 —

C. *Stylochaeta*

Mund
muskulöser Teil des Pharynx
muskelarmer Teil des Pharynx
abspreizbare Stacheln
laterales Wimpern-büschel
ventrales Wimpern-büschel
Ei
Mittel-darm

— Abb. 26.13 —

D. Chaetonotida – dorsal

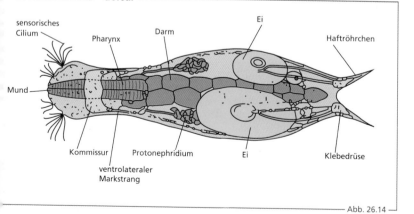

sensorisches Cilium
Pharynx
Darm
Ei
Haftröhrchen
Mund
Kommissur
Protonephridium
Ei
Klebedrüse
ventrolateraler Markstrang

— Abb. 26.14 —

27 Rotatoria, Gnathostomulida, Acanthocephala

Rotatoria (Rädertiere) werden auch als **Rotifera** bezeichnet. Sie leben überwiegend limnisch, aber auch marin oder in feuchten Habitaten, und sind 0,5–3 mm lang. Sie wurden nach dem charakteristischen Wimpernfeld (**Räderorgan**) am Vorderende benannt (→ **A**). Die Rotatoria bilden eine paraphyletische Gruppe mit drei Subtaxa (**Monogonta, Bdelloida und Seisonida**) und etwa 2000 Arten.

Rotatoria haben einen Überschuss an Weibchen, deren **Parthenogenese** zu einer schnellen Vermehrung führt. Charakteristisch ist eine Zellkonstanz (**Eutelie**) von etwa 1000 Zellen, die meist **syncytial** organisiert sind. Ihr Körper gliedert sich in Vorderende, Rumpf und Fuß. Ihre primäre Leibeshöhle ist flüssigkeitsgefüllt und enthält die Organe. Der bewegliche Fuß mit zwei Zehen hat **Klebedrüsen** zur Festheftung. Die Nahrung gelangt durch das Räderorgan und den **Mastax** in den gegliederten **Darm**, der innen bewimpert ist. Er mündet gemeinsam mit den **Protonephridien** und den **Gonaden** in eine Kloake. Das **Nervensystem** besteht aus einem dorsalen Cerebralganglion und zwei ventrolateralen Hauptsträngen, die zu kleineren Ganglien im Rumpf und Fuß ziehen. Rotatorien sind **getrenntgeschlechtlich** mit paarigen Gonaden (außer den Monogonata, die nur eine unpaare Gonade besitzen). Bdelloida pflanzen sich ausschließlich durch **Parthenogenese** fort, Monogonta zeigen **Heterogenie** und Seisonida vermehren sich rein bisexuell über Spermatophoren. Seisonida leben als **Ektoparasiten** oder -kommensalen auf marinen Krebsen.

Gnathostomulida (Kiefermündchen) leben marin in Sandschichten mit hohem Anteil an organischen Stoffen (Sulfide). Ihre 91 Arten untergliedern sich in zwei Ordnungen (**Bursovaginoidea** und **Filospermoidea**). Sie werden mit den Rotatoria, Acanthocephala und Micrognathozoa als **Gnathifera** gruppiert. Ihr faden- bis bandförmiger Körper erreicht eine Länge von 0,5–4 mm (→ **B–D**). Charakteristisch ist ihr bezahnter oder unbezahnter Kieferapparat (→ **E**), der ihnen eine räuberische Lebensweise ermöglicht. Alle Arten sind **Zwitter** und habe[n] eine direkte Entwicklung ohne Larve.

Die schlauchförmigen **Hoden** liegen cauda[l] das **Ovar** dorsal. Die Fortpflanzung erfolg[t] durch Kopulation, wobei die Spermien m[it] einem **Penisstilett** in den Körper injiziert we[r]den (bei Filospermoida). Bursovaginoide[a] besitzen dagegen eine dorsale **Vagina**, d[ie] in eine beutelartige **Bursa** mündet. Der cut[i]culäre **Kieferapparat** führt in einen schlauch[]förmigen **Darm** ohne dauerhaften After. Di[e] Exkretion erfolgt durch paarige **Protonephr**[i]**dien**. Das **Nervensystem** hat unpaare Fronta[l] und Buccalganglien sowie paarige Längsne[r]venstränge und ein caudales Konnektiv.

Acanthocephala (Kratzer) sind weltwei[t] verbreitete **Darmparasiten** mit obligato[ri]schem Wirtswechsel. Ihr wurmförmige[r] Körper wird 2 mm bis 70 cm lang. Si[e] bilden eine monophyletische Grupp[e] mit 1100 Arten und drei Subtaxa (**Eoa**[]**canthocephala, Palaeacanthocephala**[,] **Archiacanthocephala**). Als nächste Ver[]wandte gelten die Bdelloida der Rota[]toria.

Charakteristisch ist der ausgeprägte **Sexuald**[i]**morphismus**: Die Weibchen sind größer als d[ie] Männchen (→ **F**). Am Vorderende tragen di[e] Acanthocephala einen ausstülpbaren **Rüsse**[l] mit **Widerhaken**. Die Zellen fast aller Geweb[e] sind **syncytial** verschmolzen. Die Leibeshöhl[e] bildet ein **Hydroskelett** und unterteilt sich i[n] das Rüsselcoelom und das Pseudocoelom de[s] Rumpfes, in dem die **Ligamentsäcke** geräu[]mige Höhlen bilden. Sie resorbieren über di[e] Epidermis und haben kein Verdauungssyste[m.] Einige Arten besitzen **Protonephridien**. Da[s] **Nervensystem** ist einfach gebaut, mit wenige[n] Ganglien und Nervenzellen. Die **Fortpflanzun**[g] erfolgt durch Kopulation. Während der Ent[]wicklung entsteht in dem befruchteten Ei ein[e] schlüpffähige **Acanthor**-Larve. Diese schlüp[ft] erst im Zwischenwirt (ein Arthropode) un[d] entwickelt sich in dessen Leibeshöhle zur a[ls] **Acanthella** bezeichneten Form. Sie verbleib[t] als infektiöses Stadium in einer Cyste (**Cysta**[]**canthus** genannt) und entwickelt sich nu[r] weiter, nachdem der Zwischenwirt von eine[m] Endwirt (ein Wirbeltier) gefressen wurde. I[n] diesem schlüpft Cystacanthus und heftet sic[h] an die Darmwand. Typische **Endwirte** sin[d] Fische, Amphibien, Vögel und Säugetiere. A[ls] Humanparasiten treten sie selten auf.

© Springer-Verlag GmbH Deutschland, ein Teil von Springer Nature 2021
W. Clauss und C. Clauss, *Taschenatlas Zoologie*,
https://doi.org/10.1007/978-3-662-61593-5_27

– A. Rotatoria

Rückenansicht

Räderorgan

Epidermis-
wulst

Retro-
cerebral-
sack

Proto-
nephridial-
system

Magen

Darm

Gehirn

Sub-
cerebral-
drüse

Magen-
drüse

Ovar

Seiten-
taster

Harnblase

Fußdrüse

Zehe

Kloake

Seitenansicht

Räderorgan

Gehirn

Rücken-
taster

Mund

Mastax
mit
Kauer

Ösophagus

Mastax-
ganglion

Retro-
cerebral-
sack

Magen

Ovar
mit
Keim-
lager

Ei-
zelle

Ganglion

Haupt-
nerven-
strang

Harnblase

Fußdrüse

Zehe

Darm

Kloake

After

Fußganglion

Fußtaster

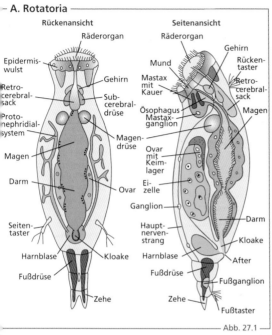

— Abb. 27.1 —

– B. Gnathostomulida –

Filospermoida

Rostrum

Mund

Kieferapparat

Darm

Hoden

Ovar

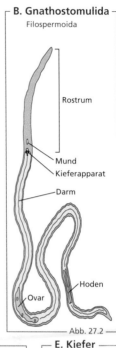

— Abb. 27.2 —

C. Gnathostomulida

Bursovaginoida

Rostrum

Kiefer-
apparat

Ovar

Bursa

Hoden

Stilett

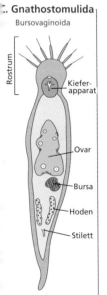

— Abb. 27.3 —

– D. Bauplan –

Buccalganglion

Längsnervenstrang

caudales
Konnektiv

Nerv

Gehirn

Ovar

Bursa

Hodenfollikel

Kiefer

Basal-
platte

Darm

Hodenfollikel

Penisstilett

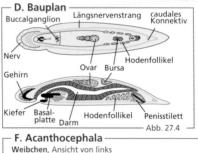

— Abb. 27.4 —

– E. Kiefer –

Basalplatte

Zahn-
reihen

Sym-
physe

— Abb. 27.5 —

– F. Acanthocephala –

Weibchen, Ansicht von links

Rüsselhaken

Rumpfhaken

Ovarialballen

ausdifferenziertes
Ei

Rüssel

Ligamentsäcke

Protonephridien

Uterusglocke

Uterus

Epidermis

Männchen, Ansicht von ventral

Rüsselscheide

Halsretraktor

Ligamentstrang

Genitalganglion

Cerebralganglion

Rüsselscheidenretraktor

Hoden

Zementdrüsen

Samenblase

Bursa

Penispapille

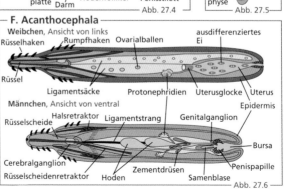

— Abb. 27.6 —

28 Nemertini

Nemertini (Schnurwürmer) leben meist marin, einige auch limnisch und terrestrisch. Es sind schnur- oder bandförmige Würmer ohne Segmentierung, die meist nur einige Millimeter bis Zentimeter lang sind, allerdings erreicht die längste Art (*Lineus longissimus*) eine Länge von 30 m. Die Tiere sind meist auffallend gemustert. Die etwa 1300 Arten sind räuberisch und haben einen **ausstülpbaren Rüssel** mit Kalkstachel und Giftdrüsen (→ A). Das hoch potente **Nervengift** lähmt selbst größere Beutetiere und so erlegen die Schnurwürmer andere Würmer, Krebse und auch kleinere Fische. Nemertini werden in die Nähe der Plathelminthes gestellt, durch ihre gemeinsamen **apomorphen Merkmale** (Spiralfurchung, Coelomräume, gliointerstitielles System) mit den coelomaten Spiralia (Annelida, Mollusca, Sipunculida) könnten sie auch deren Schwester- oder Teilgruppe sein. Vergleichende DNA-Analysen unterstützen diese Annahme.

Nemertini sind meist getrenntgeschlechtlich, mit äußerer oder auch innerer Befruchtung. Nur einige Arten sind Zwitter. Die Tiere legen die Eier in Gallertmassen ab. Sie können sich nach dem Schlüpfen direkt zu Würmern entwickeln. Einige Arten der Heteronemertini entwickeln sich über eine planktonische **Wimpernlarve (Pilidium; → B)**, die einige Zeit frei im Wasser schwimmt und sich erst nach einer komplizierten **Metamorphose** zum Wurm entwickelt. Einige Arten können sich auch ungeschlechtlich durch mehrfache **Querteilung** vermehren. Das Coelom liegt dorsal des Darms (→ C) und wird als **Rhynchocoel** bezeichnet. In ihm liegt der **Rüssel (→ D)**. Er kann länger als der Körper des Wurmes sein. Das Ausstülpen des Rüssels erfolgt durch eine Druckzunahme im Rhynchocoel. Mit dem Rüssel, bei einigen Arten zusätzlich mit den Stiletten, können sich die Tiere in ihre Beute bohren und sie aussaugen. Zurückgezogen wird der Rüssel durch einen Retraktormuskel. Die Würmer besitzen eine kräftige, ausgeprägte Längs- und Quermuskulatur und ein **Blutgefäßsystem** mit Lateralgefäßen (→ D). Die **Geschlechtsorgan**e liegen in Reihe an der Körperseite. Für die Ausscheidung der Exkrete sind **Protonephridie**n vorhanden, die meist im vorderen Bereich nahe des Gehirns, sitzen (→ E). Dies besteht aus einem **Cerebralganglion**, das mit Kommissuren und seitlich verlaufenden Längssträngen verbunden ist. Im Kopfbereich liegen Augen, die als **Pigmentbecherocellen** ausgebildet sind. Weitere Sinnesorgane sind **Statocyste**n und das **Frontalorgan**. Dieses grubenförmige Organ hat auch Kopfdrüsen und kann ausgestülpt werden. Es dient vermutlich der **Chemo**rezeption. Die Epidermis ist bewimpert und die **Fortbewegung** erfolgt auf einer Schleimspur durch **Peristaltik** der Körpermuskulatur und durch **Cilienschlag**.

Traditionell unterscheidet man die **Anopla** mit den Palaeonemertini und Heteronemertini von den **Enopla** mit den Hoplo- und Bdellonemertini. Modernere molekulare Stammbäume zeigen eine **Monophylie** der Hetero-, Hoplo- und Bdellonemertini und eine **Paraphylie** der Palaeonemertini und Anopla.

Bei den **Anopla** sind Rüssel und Mund getrennt angelegt. Der Rüssel hat kein Stilett. Die Mundöffnung ist meist ventral hinter dem Cerebralganglion gelegen (→ A). Die Körpermuskulatur ist meist dreilagig, mit einer zusätzlichen Diagonalmuskulatur. Palaeo- und Heteronemertini kommen meist nur marin oder benthisch vor.

Bei den **Enopla** münden Mund und Rüssel gemeinsam (→ C). Die Mundöffnung ist vor dem Cerebralganglion gelegen (→ F). Die Körpermuskulatur besteht meist nur aus zwei Lagen. Die Tiere leben marin, benthisch, pelagisch oder auch im Süßwasser oder terrestrisch. Bei den Hoplonemertini ist der Rüssel mit einem oder mehreren Stiletten bewaffnet (→ F). Der Rüssel der Bdellonemertini hat keine Stilette. Sie haben einen egelförmigen Körper mit einem hinteren Saugnapf.

© Springer-Verlag GmbH Deutschland, ein Teil von Springer Nature 2021
W. Clauss und C. Clauss, *Taschenatlas Zoologie*,
https://doi.org/10.1007/978-3-662-61593-5_28

A. Anopla – Rüsselpositionen

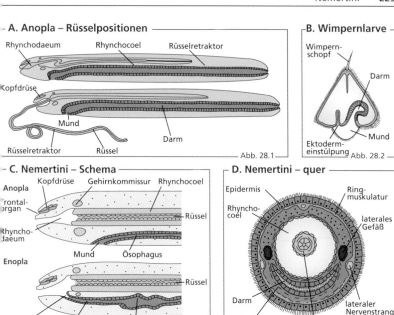

Rhynchodaeum Rhynchocoel Rüsselretraktor

Kopfdrüse

Mund

Darm

Rüsselretraktor Rüssel

Abb. 28.1

B. Wimpernlarve

Wimpern-schopf

Darm

Mund

Ektoderm-einstülpung

Abb. 28.2

C. Nemertini – Schema

Anopla

Kopfdrüse Gehirnkommissur Rhynchocoel

Frontal-organ

Rhyncho-daeum

Rüssel

Mund Ösophagus

Enopla

Rüssel

Mund Ösophagus Magen

Abb. 28.3

D. Nemertini – quer

Epidermis

Ring-muskulatur

Rhyncho-coel

laterales Gefäß

Darm

laterales Nervenstrang

Längs-muskulatur Rüssel

Abb. 28.4

E. Nemertini – Bauplan

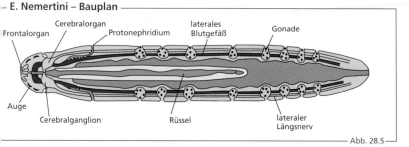

Cerebralorgan laterales Blutgefäß Gonade

Frontalorgan Protonephridium

Auge

Cerebralganglion Rüssel lateraler Längsnerv

Abb. 28.5

F. Hoplonemertini – *Tetrastemma sp.*

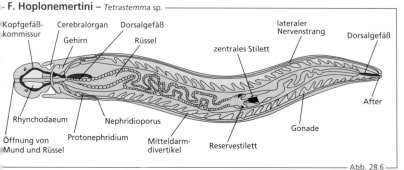

Kopfgefäß-kommissur Cerebralorgan Dorsalgefäß lateraler Nervenstrang Dorsalgefäß

Gehirn Rüssel

zentrales Stilett

After

Rhynchodaeum Nephridioporus

Öffnung von Protonephridium Mitteldarm-divertikel Reservestilett Gonade
Mund und Rüssel

Abb. 28.6

29 Brachiopoda, Phoronida

Brachiopoda und **Phoronida** wurden früher zusammen mit den Bryozoa zur Gruppe der **Lophophorata** zusammengefasst. Dies sind sessile Wassertiere mit dreigliedrigem Körper (Proto-, Meso-, Metastoma). Wegen ihres bewimperten Tentakelkranzes, der auf paarigen Fortsätzen (**Lophophoren**) rund um die Mundöffnung sitzt, wurden sie auch als **Tentaculata** bezeichnet.

Diese systematische Gruppierung ist heute umstritten, da sie Merkmale sowohl der **Protostomia** als auch der **Deuterostomia** zeigen. Auch aufgrund molekularer Analysen gelten die Lophohorata heute nicht mehr als eigener Tierstamm.

Brachiopoda (Armfüßer) Neben den seit dem frühen Kambrium bekannten, einst 30.000 fossilen Arten sind noch 300 rezente Arten erhalten. Diese leben marin und ähneln äußerlich Muscheln, wobei ihre Schalenklappen allerdings auf Rücken- und Bauchfläche liegen und das Schalenschloss am Hinterende ($\rightarrow$ A, B). Die ursprünglichen Arten besaßen kein Schalenschloss. Die meisten Arten sind über einen kurzen Stiel am Boden festgewachsen. Ihr Strudelapparat wird von den **Lophophoren** mit ihren Tentakeln gebildet. Die dreiteiligen Coelomräume (Proto-, Meso-, Metacoel) haben sich vom Urdarm abgefaltet und sind vollständig erhalten. Das geschlossene Gefäßsystem mit einem kontraktilen Herz enthält hämoglobinhaltiges Blut. Die Exkretion erfolgt über paarige Metanephridien, die auch Keimzellen zur sexuellen Fortpflanzung freisetzen. Am Darm ist eine paarige Mitteldarmdrüse vorhanden. Die Systematik ist nicht vollständig geklärt. Obwohl man von einer monophyletischen Entwicklung ausgeht, ist dies nicht durch Fossilfunde belegt. Molekulare Daten belegen eine enge Verwandtschaft zu den Phoronida, die **Lophotrochozoa-Hypothese** geht von einer Abstammung von ringelwurmartigen Vorfahren aus. Die rezenten Arten werden in die **Inarticulata** (Ecardines) ohne Schalenschloss, und die **Articulata** (Testicardines), mit Schalenschloss, unterteilt. Zu den ursprünglichen Arten gehört *Lingula*, die als Fossil schon im Silur vorhanden war.

Phoronida (Hufeisenwürmer) Alle 1[...] rezenten Arten leben in Sedimenten de[...] tropischen und subtropischen Meeren b[...] in 400 m Tiefe und bilden Chitinröhren. Ihr Name stammt von dem u-förmi[...] gekrümmten Darm ($\rightarrow$ C), dem Träge[...] des Tentakelapparats (**Lophophor**). Da[...] geschlossene Blutgefäßsystem enthä[...] Hämoglobin, zur Exkretion besitzen di[...] Tiere Metanephridien.

Phoronida sind **getrenntgeschlechtlich**[...] Nach dem Reifen der Geschlechtszelle[...] in den Gonaden werden die Zellen übe[...] die Metanephridien ins Wasser freige[...] setzt, wo auch die Befruchtung erfolg[...] Nur wenige Arten haben eine inner[...] Befruchtung. Die Zygote entwickel[...] sich über eine total äquale Furchun[...] zur Blastula und durch Invagination[...] zur Gastrula. Bei den meisten Arte[...] entwickelt sich dann eine 1–2 mm[...] große, pelagische **Actinotrocha-Larv**[...] ($\rightarrow$ D), die einen Tentakelappara[...] um die Mundöffnung, einen stiel[...] förmigen Körper und eine ektoder[...] male Invagination, den **Metasoma**[...] **Schlauch** besitzt. Bei der nun folgende[...] **Metamorphose** wird der Metasoma[...] Schlauch ausgestülpt, sodass sich de[...] Darmkanal u-förmig krümmt. Durc[...] Verkürzen der Dorsalseite liegen Mund[...] und After dicht nebeneinander.

Danach setzt sich die bisher frei schwim[...] mende Larve im Sediment ab und bildet ein[...] Chitinröhre, in der das Jungtier sessil leb[...] ($\rightarrow$ D). An diesem Ort bleibt es lebenslang[...] Bei *Phoronis ovalis* kommt auch asexuelle[...] Vermehrung durch **Knospung** vor, durch di[...] viele Individuen entstehen. Diese leben zu[...] nächst in einem Netzwerk von Röhren, tren[...] nen sich jedoch später zu Einzeltieren. Al[...] einzige Art bilden sie Larven mit bewimperte[...] Kriechsohlen aus.

© Springer-Verlag GmbH Deutschland, ein Teil von Springer Nature 2021
W. Clauss und C. Clauss, *Taschenatlas Zoologie*,
https://doi.org/10.1007/978-3-662-61593-5_29

A. Brachiopoda – lateral

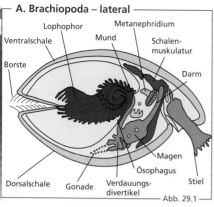

Lophophor
Metanephridium
Ventralschale
Mund
Schalen-muskulatur
Borste
Darm
Mund
Magen
Ösophagus
Dorsalschale
Gonade
Verdauungs-divertikel
Stiel

Abb. 29.1

B. Brachiopoda – dorsal

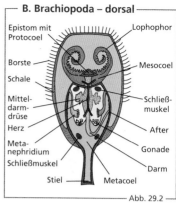

Epistom mit Protocoel
Lophophor
Borste
Mesocoel
Schale
Mittel-darm-drüse
Schließ-muskel
Herz
After
Meta-nephridium
Gonade
Schließmuskel
Darm
Stiel
Metacoel

Abb. 29.2

C. Phoronida

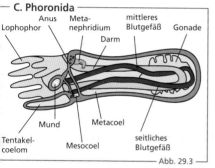

Anus
Meta-nephridium
mittleres Blutgefäß
Gonade
Lophophor
Darm
Mund
Metacoel
seitliches Blutgefäß
Tentakel-coelom
Mesocoel

Abb. 29.3

D. Actinotrocha-Larve

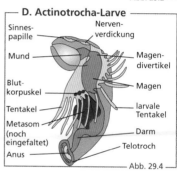

Sinnes-papille
Nerven-verdickung
Mund
Magen-divertikel
Blut-korpuskel
Magen
Tentakel
larvale Tentakel
Metasom (noch eingefaltet)
Darm
Telotroch
Anus

Abb. 29.4

E. Actinotrocha-Larve – Metamorphose

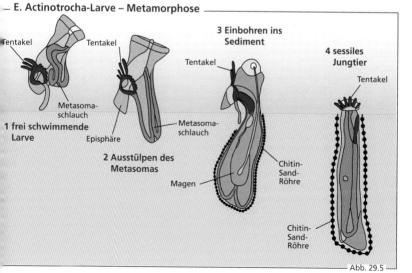

Tentakel
Tentakel
3 Einbohren ins Sediment
4 sessiles Jungtier
Tentakel
Metasoma-schlauch
1 frei schwimmende Larve
Episphäre
Metasoma-schlauch
Chitin-Sand-Röhre
2 Ausstülpen des Metasomas
Magen
Chitin-Sand-Röhre

Abb. 29.5

30 Bryozoa, Kamptozoa

Bryozoa (Moostierchen, Ectoprocta). Sie umfassen etwa 6500 rezente und 16.000 fossile Arten, leben in Süß- oder Salzwasser und bilden ausgedehnte Kolonien (→ **A**). in ihnen liegen die Einzeltiere (**Zooiden**) in einem schützenden Exoskelett (**Zooecium**). Der frei bewegliche Vorderkörper (**Polypid**) mit dem Lophophor kann mit einem Rückziehmuskel vollständig in die Kapsel (**Cystid**) eingezogen werden. Innerhalb einer Kolonie kommt es zu einer Differenzierung und Arbeitsteilung (Rankentiere, Ammentiere, Geschlechtstiere). Zwischen den Tieren erfolgt ein Nährstoffaustausch durch Poren. Bryozoa können sich ungeschlechtlich durch Knospung oder geschlechtlich über zwei Larventypen (planktotroph, lecithotroph) fortpflanzen. Die **Cyphonautes-Larve** (→ **B**) ist die planktotrophe Larve. Sie hat Ähnlichkeiten mit der Trochophora-Larve (Wimpernring, Scheitelplatte) und besitzt ein birnenförmiges Sinnesorgan neben dem Mund. Die Larve lebt über Wochen im Plankton. Die lecitotrophe **Corona-Larve** setzt sich dagegen mit der Ventralfläche fest und ein Teil der Organe geht durch Metamorphose in das erste Tier der Kolonie (**Ancestrula**) über.

Die Bryozoa werden als **Ectoprocta** bezeichnet, weil bei ihnen der Anus des u-förmigen Verdauungskanals außerhalb des Tentakelkranzes nach außen mündet.

In der älteren Systematik wurden die Bryozoa zusammen mit den Brachiopoda und den Phoronida in einer Gruppe zusammengefasst und als **Tentakulata** bezeichnet. Molekulargenetische Untersuchungen konnten das aber nicht bestätigen. Genausowenig zeigen die Bryozoa eine genetische Verwandtschaft zu den Kamptozoa. Trotz der ungeklärten Verwandtschaftsverhältnisse ordnet man sie heute in die Großgruppe der Lophotrochozoa, die zu den Protostomi gehört. Sie haben in der Geologie ein große Bedeutung als **Leitfossilien**.

Kamptozoa (Kelchwürmer, Entoproct. sind im Meer lebende, **sessile Filtriere** von denen es 250 Arten gibt, die in vie Familien eingeteilt werden. Sie werde bis 5 mm groß und alle Arten habe einen gleichen Bauplan. Ihr Körper be steht aus einem Kelch mit Tentakeln un einem Stiel mit Fuß, der sich mit eine Klebedrüse am Substrat anheftet (→ **C** Sie werden deshalb auch als **Kelchwü mer** bezeichnet. Der wissenschaftlich Name **Entoprocta** leitet sich davon ab dass in den Kelch sowohl Mund als auc der Anus des u-förmigen Darmkana münden. Kelchwürmer leben solitä oder in Kolonien, meist kommensal au Wirten (z. B. Schwämmen). Ihre Tentake können nur eingerollt, nicht eingezoge werden. Im Kelch befinden sich nebe dem Darm auch **Protonephridien**, ei einfaches Nervensystem und sackartig **Gonaden**. Die einschichtige Epiderm ist außen von einer Gallertschicht be deckt, innen schließt sich die Muskulatu an. Die Tiere haben keine eigentlich Leibeshöhle, sondern ein flüssigkeitsge fülltes **Pseudocoel**.

Kelchwürmer können sich asexuell durc **Knospung** der Kelchwand und auch se xuell fortpflanzen. Dabei nehmen di Weibchen die Spermien aus dem Was ser auf und die befruchteten Zygote entwickeln sich in Bruttaschen übe **Spiralfurchung** zu einer Trochophora ähnlichen Larve, die als **Tolophora** be zeichnet wird. Die Larve wird von einer Wimperkranz in zwei Hälften unterteilt Sie bewegt sich zunächst durch Wim pernschlag schwimmend fort, bildet sich dann aber zu einer terrestrisch lebende **Kriechlarve** (→ **D**) um, wobei die unter Hälfte ausgestülpt und als Kriechsohle eingesetzt wird.

Die frühesten Kamptozoa sind aus dem Jur bekannt. Ihre genaue Verwandtschaft ist un geklärt, eine Beziehung zu ringelwurmartige Vorfahren wird diskutiert.

© Springer-Verlag GmbH Deutschland, ein Teil von Springer Nature 2021
W. Clauss und C. Clauss, *Taschenatlas Zoologie*,
https://doi.org/10.1007/978-3-662-61593-5_30

A. Bryozoa

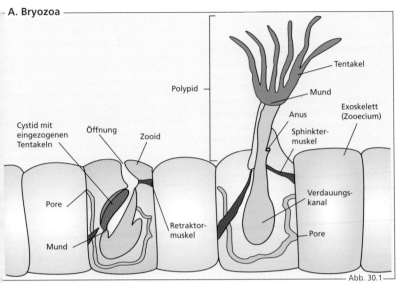

- Polypid
- Tentakel
- Mund
- Anus
- Exoskelett (Zooecium)
- Sphinktermuskel
- Cystid mit eingezogenen Tentakeln
- Öffnung
- Zooid
- Pore
- Mund
- Retraktormuskel
- Verdauungskanal
- Pore

Abb. 30.1

B. Cyphonautes-Larve

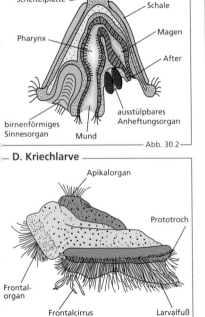

- Scheitelplatte
- Schale
- Pharynx
- Magen
- After
- birnenförmiges Sinnesorgan
- ausstülpbares Anheftungsorgan
- Mund

Abb. 30.2

D. Kriechlarve

- Apikalorgan
- Prototroch
- Frontalorgan
- Frontalcirrus
- Larvalfuß

Abb. 30.4

C. Solitäres Kamptozoon

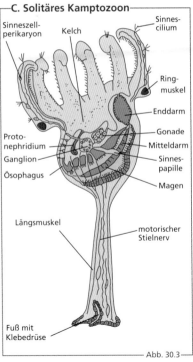

- Sinneszellperikaryon
- Kelch
- Sinnescilium
- Ringmuskel
- Enddarm
- Gonade
- Protonephridium
- Mitteldarm
- Ganglion
- Sinnespapille
- Ösophagus
- Magen
- Längsmuskel
- motorischer Stielnerv
- Fuß mit Klebedrüse

Abb. 30.3

31 Annelida

31.1 Bauplan und Entwicklung

Die **Annelida** (Ringelwürmer) besiedeln sowohl marine als auch terrestrische Lebensräume. Sie sind mariner Herkunft und viele marine Arten entwickeln sich über eine **Trochophora-Larve** (→ **A**). Ihr charakteristischer Körperbau besteht aus homonomen, gleichwertigen Abschnitten (**Segmente** oder **Metamere**) die sich in einer Wachstumszone vor dem After von hinten nach vorne bilden (→ **B**). Mit etwa 18.000 rezenten Arten bilden sie eine bedeutende Gruppe im Tierreich. Sie leben meist räuberisch und sind **Feinpartikelfresser**. Unter ihnen befinden sich zahlreiche obligatorische Kommensalen, Endo- und Ektoparasiten.

Alle Segmente bis auf das **Prostomium** (vorne) und das **Pygidium** (hinten), haben einen im Wesentlichen gleichen Aufbau. Sie enthalten Ganglien, Gonaden und paarige Proto- oder bei einigen Stämmen Metanephridien, deren Ausführungsgänge in das Nachbarsegment münden (→ **C, E**). Annelida besitzen ein vom Mund bis zum After durchgehendes Darmsystem (→ **C, F**), das in einigen Abschnitten durch **Divertikel** weit verzweigt sein kann. Ebenso haben sie ein **geschlossenes Kreislaufsystem**, das aus einem Dorsal- und einem Ventralgefäß besteht, die in jedem Segment durch Ringgefäße verbunden sind (→ **C, F**). Im Blut befinden sich **Farbstoffe zur Sauerstoffbindung** (Chlorocruorin, Hämerythrin oder Hämoglobin). Landlebende Annelida atmen über die Hautoberfläche, wasserlebende über **Kiemen**. Das Gehirn wird durch paarige Oberschlundganglien mit Kommissuren gebildet. Ein **Strickleiternervensystem** mit paarigen Ganglien durchzieht von dort ausgehend den Körper (→ **E**). Jedes Segment hat ein paariges **Coelom**, das vom nächsten Segment durch ein **Dissepiment** abgegrenzt wird. Einzelne benachbarte Segmente haben sich morphologisch und funktionell zu Bereichen mit besonderen Aufgaben entwickelt. So z. B. das **Clitellum**, ein schleimproduzierender Drüsengürtel, der bei der Kopulation der getrenntgeschlechtlichen Annelida für die Verbindung der beiden Individuen benötigt wird (→ **D**).

Die **Systematik** der Annelida hat sich in letzt Zeit durch molekulare Genomanalysen se verändert. Bis vor wenigen Jahren wurde die Annelida funktionell-morphologisch **Polychaeta** (Vielborster), **Oligochaeta** (Weni borster) und **Hirudinea** (Blutegel) eingetei Dabei wurden die Oligochaeta und Hiruc nea auch als **Clitellata** (Gürtelwürmer) zusar mengefasst. Neuerdings betrachtet man d Annelida aufgrund eindeutiger apomorph Merkmale wie die zweiästigen, borstentra genden Parapodien, die paarig an jedem Se ment angeordnet sind, als **monophyletisch Gruppe** mit etwa 80 Familientaxa. Sie teile sich in die zwei Schwestercladen **Errantia** un **Sedentaria**, die zusammen auch als **Pleistoan nelida** bezeichnet werden, auf. Daneben we den mehrere polyphyletische, basale Gruppe gestellt, zu denen die **Oweniida**, **Magelonid Amphinomida**, **Chaetopterida** und auch die S punculidae (Spritzwürmer) gehören, die ma früher zu den Nemertini stellte.

Annelida haben eine hohe Fähigkeit zu **reparativen Regeneration**. Dies bewirkt dass sich die eigentlich getrenntge schlechtlichen Tiere neben der **sexuel len Fortpflanzung** auch asexuell durc Fragmentierung in Körperabschnitt oder Segmente, die sich dann zu voll ständigen Individuen regenerieren (**A chitomie**), vermehren können. Auc **Paratomie** kommt vor, bei der sich an Hinterende knospenartig Individue entwickeln (**Stolone, Zooide**), die sich als reife fertigen Individuen abschnüren Die geschlechtliche Fortpflanzung ist sehr di vers, es können auch **Zwitter** und **Hermaphro dismus** auftreten. Dabei befinden sich di männlichen Kopulationsorgane und Spermie im vorderen Körperabschnitt und die weib lichen Gameten und Receptacula im hintere Körperbereich. Manche Arten werden nu einmal zu einem bestimmten Zeitpunkt ihre Lebenszyklus geschlechtsreif (*Nereis*), ander produzieren ständig Gameten. **Gonatotroph Hormone** aus dem Gehirn steuern die Ge schlechtszyklen. Die Gameten werden meist ir das freie Wasser abgegeben und dort besamt Einige Arten übertragen auch direkt.

© Springer-Verlag GmbH Deutschland, ein Teil von Springer Nature 2021
W. Clauss und C. Clauss, *Taschenatlas Zoologie*,
https://doi.org/10.1007/978-3-662-61593-5_31

A. Trochophora-Larve

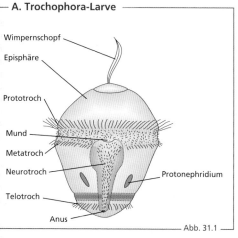

Wimpernschopf
Episphäre
Prototroch
Mund
Metatroch
Neurotroch
Telotroch
Anus
Protonephridium

Abb. 31.1

B. Adultus

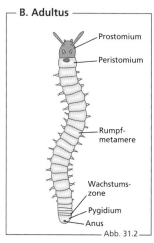

Prostomium
Peristomium
Rumpf-
metamere
Wachstums-
zone
Pygidium
Anus

Abb. 31.2

C. Querschnitt

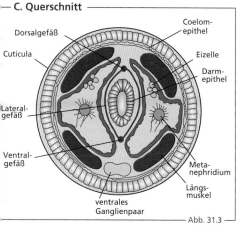

Dorsalgefäß
Cuticula
Lateral-
gefäß
Ventral-
gefäß
Coelom-
epithel
Eizelle
Darm-
epithel
Meta-
nephridium
Längs-
muskel
ventrales
Ganglienpaar

Abb. 31.3

D. Clitellum

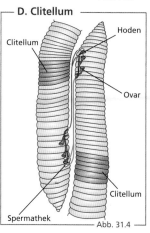

Clitellum
Hoden
Ovar
Clitellum
Spermathek

Abb. 31.4

E. Nervensystem und Exkretion

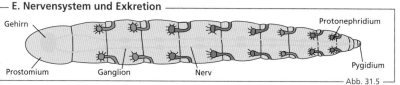

Gehirn
Prostomium
Ganglion
Nerv
Protonephridium
Pygidium

Abb. 31.5

F. Blutkreislauf und Verdauung

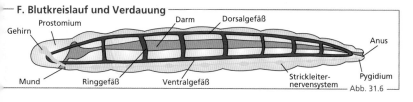

Gehirn
Prostomium
Mund
Darm
Dorsalgefäß
Anus
Ringgefäß
Ventralgefäß
Strickleiter-
nervensystem
Pygidium

Abb. 31.6

31.2 Basale Annelida

Aus den basalen Gruppen der Annelida werden hier nur einige charakteristische Vertreter vorgestellt. Von den Chaetopteridae ist es *Chaetopterus* (→ A), ein ca. 25 cm langer Annelide, der unter Wasser (im Littoral) in einer u-förmigen Röhre lebt. Sein charakteristischer Körperbau besteht aus drei funktionell verschiedenen Abschnitten (**Tagmata**), die unterschiedliche Parapodien und Borsten enthalten. In der mit einem keratinartigen Protein ausgekleideten Röhre erzeugen sie mit speziellen Parapodien einen **Wasserstrom**. Alle 15 min bilden sie einen **Schleimbeutel** aus, mit dem sie Dentritus und Plankton filtrieren und mitsamt dem Beutel verdauen.

Die etwa 150 Arten der **Sipunculidae** (Spritzwürmer; → B) leben ausschließlich marin und besiedeln alle Bereiche der Weltmeere von der Arktis bis in die Tropen. Bis vor Kurzem wurden sie als separater Tierstamm im zoologischen System geführt, aber nach neueren molekularen Untersuchungen eindeutig den Annelia zugerechnet.

Sie haben einen länglichen, glatten Körper, der arttypisch von 3 mm bis 50 cm lang sein kann. Die annelidentypische Segmentierung und die Chitinborsten sind verloren gegangen (→ B). Der vordere Teil (**Introvert**) trägt **Tentakel** und kann vollständig in den Körper eingezogen werden. Die Tentakel besitzen Cilien und dienen der Nahrungsaufnahme. Der zylindrische Körper hat ein einheitliches **Coelom** und wird von der Retraktor- sowie der Längs- und der Quermuskulatur durchzogen. Charakteristisch ist ihr **spiralförmiger Darm**. Das **Nervensystem** besteht aus einem zweiteiligen Gehirnganglion und einem unpaaren, ventralen Nervenstrang. Segmentale Ganglien gibt es nicht. Das **Nuchalorgan** ist ein bewimpertes Sinnesorgan zwischen den Tentakeln, das direkt vom Gehirnganglion innerviert ist. Im **Kreislaufsystem** befindet sich Hämerythrin als Blutfarbstoff.

Die Tiere graben sich mit peristaltischen Wellen ihres Hautmuskelschlauches und durch

Ausstülpung des Introverts ihre **Wohngäng** in das Sediment ein. Sie ernähren sich vo Feinpartikeln und **Detritus**. Im Körper flotti ren frei bewegliche Zellkonglomerate (**Win pernurnen**), die der Speicherung von Nal rungsstoffen und Konkrementen dienen (C). Sie werden vermutlich über die sackartige **Metanephridien** abgegeben (→ D). Bekannt Vertreter dieses Tierstamms sind *Phascolops gouldii* (→ E) und *Sipunculus nudus*.

Zu den **Errantia** gehören viele bekannt frei bewegliche Polychaeta.

Besonders berühmt ist *Eunice viridis*, der i Pazifik vorkommende **Palolowurm** (→ F). E wird ca. 50 cm lang und weist eine lunare **Ep** **tokie** auf, d. h., er löst bei der Fortpflanzun sein hinteres, geschlechtsreifes Körperend mit ca. 700 Segmenten ab, die sich vereinzelr abhängig von der Mondphase (**Lunarperiodik** zur Meeresoberfläche schwimmen und do befruchtet werden. In hellen Mondnächte rufen Millionen von Wurmsegmenten ei phosphoreszierendes **Meeresleuchten** hervor. Der Wattwurm *Nereis diversicolor* (→ G) wir mit seinen weitgehend gleichartigen (homo nomen) Segmenten bis zu 80 cm lang und leb in schleimigen Gängen im Wattboden. Mi ihrem gut ausgebildeten und mit Antenne und Kieferzangen ausgestatteten Prostomiun verschlingen die Würmer kleine Invertebrate und Algen oder weiden die Substratobe fläche ab. Parapodiale Drüsen bilden eine **Schleimtrichter**, der das Meerwasser durc Schlängelbewegungen filtriert und der an schließend gemeinsam mit den anhaftende Partikeln verzehrt wird.

Die festsitzenden Polychaeta werden al **Sedentaria** bezeichnet. Ihr Körper is meist in **Tagmata** gegliedert und ihr Parapodien sind heteronom.

Zu ihnen gehören die Familien der **Serpulidae** oder **Sabellidae** (→ H), mit einer auffallende **Tentakelkrone**. Diese wird zum Beutefanc trichterförmig aus der Röhre herausgestreckt An den zwei muskulösen Operculum-Lappe befinden sich Mundfilamente zum Beutefanc und dichte Borstenkränze (**Paleen**), mit dene die Trichteröffnung zum Schutz gegen Feinde und Austrocknung verschlossen werden kann.

A. *Chaetopterus*

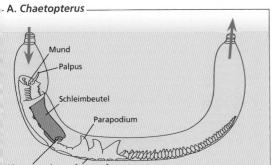

Mund
Palpus
Schleimbeutel
Parapodium
Wimperngrube   Saugnapf

Abb. 31.7

B. *Sipunculus* – Bauplan

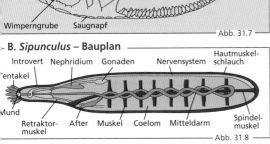

Introvert   Nephridium   Gonaden   Nervensystem   Hautmuskelschlauch

Tentakel

Mund

Retraktor-   After   Muskel   Coelom   Mitteldarm   Spindelmuskel   muskel

Abb. 31.8

C. Wimpernurne

Material aus   Cilium
Coelom

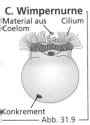

Konkrement

Abb. 31.9

D. Nephridium

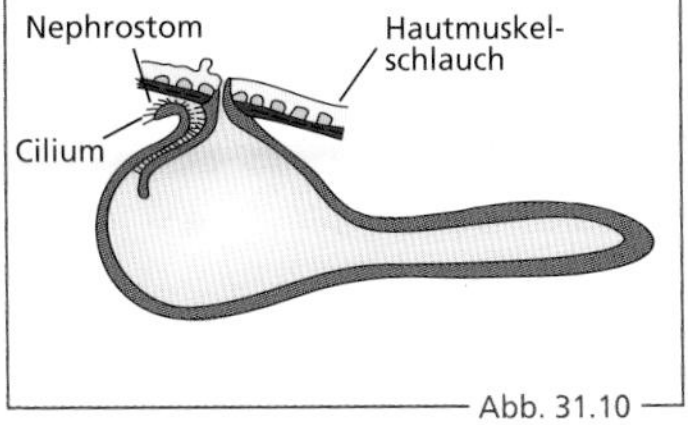

Nephrostom   Hautmuskel-
schlauch

Cilium

Abb. 31.10

E. *Phascolopsis*

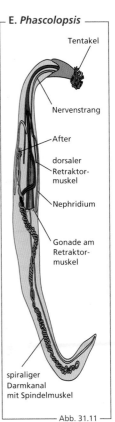

Tentakel

Nervenstrang

After

dorsaler
Retraktor-
muskel

Nephridium

Gonade am
Retraktor-
muskel

spiraliger
Darmkanal
mit Spindelmuskel

Abb. 31.11

F. *Eunice viridis*

atokes
Vorderende   Borste

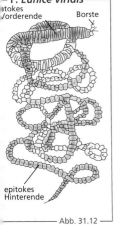

epitokes
Hinterende

Abb. 31.12

G. *Nereis diversicolor*

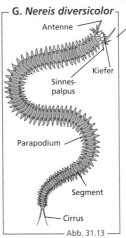

Antenne

Kiefer

Sinnes-
palpus

Parapodium

Segment

Cirrus

Abb. 31.13

H. *Sabellaria*

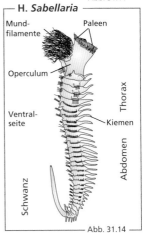

Mund-
filamente   Paleen

Operculum

Ventral-
seite

Kiemen

Thorax

Abdomen

Schwanz

Abb. 31.14

Viele der tentakeltragenden **Polychaeta** leben sessil in Röhren, erzeugen in ihnen eine Wasserstrom, den sie filtrieren. Zu diesen Gruppen gehören die **Cirratulida**, die **Siboglinida** (Bartwürmer), die **Terebellida**, **Opheliida**, **Capitellida** und die **Arenicolidae**.

Arenicolidae leben im Wattenmeer und ernähren sich vom Substrat (Mikrofauna, Bakterien, Detritus) des Sediments. Ihr schlauchförmiger, segmentierter Körper lässt sich in drei Regionen (Tagmata) einteilen. Die vorderen sechs Semente sind ohne Kiemen und werden als **Thorax** bezeichnet. Die nächsten 13 Segmente haben paarige, verästelte Kiemen und werden als Abdomen bezeichnet. Der lange, schlanke Schwanzabschnitt trägt weder Podien noch Borsten. Bekanntester Vertreter ist der **Wattwurm** *Arenicola marina* (→ A). Er haust in einem bogenförmigen Bau in ca. 30 cm Tiefe, den er mit seinem ausgestülpten Rüssel und Vorderdarm gräbt. Durch Kontraktionen erzeugt er eine Peristaltik, die Wasser durch den Gang pumpt. Der Wurm frisst kontinuierlich Substrat, das von oben nachrutscht, wodurch auf der Wattoberfläche ein Trichter entsteht. Etwa alle 40 min steigt der Wurm an die Oberfläche und gibt den unverdauten Sand als Kot ab.

Igelwürmer (Echiura) sind hemisessile Organismen, die bis 2 m lang werden können. Ihre ca. 150 Arten kommen weltweit marin vor – vom Gezeitenbereich bis in die Tiefsee. Sie leben in Wohnhöhlen im weichen Substrat. Molekulare Untersuchungen bestätigen ihre Zuordnung zu den Anneliden, obwohl sie ihre ursprüngliche Segmentierung sekundär wieder verloren haben.

Der sackförmige Rumpf unterteilt sich in das Prostomium mit eingestülptem **Rüssel** und in den eigentlichen Rumpf (→ B). Das Prostomium verfügt über eine komplexe Muskulatur und ist deshalb sehr beweglich, kann aber nicht in den Rumpf eingezogen werden. Die **Epidermis** ist von einer **Cuticula** bedeckt und bis auf ein Paar bewegliche, ventrale Borsten vorne und einen Ring von Analborsten unbewimpert. In der Rumpfregion befinden sich zirkuläre Reihen von Papillen, die den Anschein vermitteln, das Tier sei geringe[Über die gesammte Oberfläche verteilen si[seröse **Drüsen**. Unter der Epidermis liegt ein dicke, **extrazelluläre Matrix** und darunt[die aus acht Schichten bestehende **Muskul**- tur. Der Körper enthält ein durchgehend[**Coelom**, das von einem Peritoneum umgeb[ist. Es wird durch Mesenterialfalten und ei[unvollständiges Diaphragma unterteilt. In de[Coelomflüssigkeit finden sich Coelomocyte[Das einfache **Blutgefäßsystem** ist geschlo[sen (→ C) und hat ein vorderes Dorsal- un[ein durchgehendes Ventralgefäß, außerde[einen Darmblutsinus und drei prostomial[Gefäße. Das Blut ist farblos. Der Sauerstof[austausch erfolgt über die Körperoberfläche.

Für die **Exkretion** münden Analschläuche i[Bereich des Enddarms nach außen. Außerde[befinden sich im vorderen Körperabschnitt ei[bis zwei Paar **Metanephridien**. Diese speicher[in ihrem sackförmigen Lumen auch reife Ga[**meten**, die sie aus dem Coelom aufnehme[wo die **Gametogenese** stattfindet. Echiur[sind getrenntgeschlechtlich und pflanzen si[nur sexuell fort. Die **Gonaden** sind unpaar un[liegen mittig am Mesenterium im hinter[Rumpf. Nach Abgabe der Gameten erfolgt di[Befruchtung im Wasser. Die weitere Entwick[lung führt über eine Spiralfurchung und ein[frei schwimmende **Trochophora-Larve**.

An der Basis des Prostomiums liegt der Mun[an den sich der Pharynx, der Ösophagus un[der stark gewundene **Darm** anschließen (→ D[Der Darm hat im Mittelteil eine Wimpernrinn[und einen Nebendarm. Zur **Nahrungsauf**[**nahme** strecken die Tiere das sehr beweglich[Prostomium aus der Wohnhöhle und führe[die bewimperte Dorsalseite über das Substra[So nehmen sie kleine Nahrungspartikel auf[die mit Cilien und Muskelbewegungen a[die Ventralseite transportiert werden. Dor[werden die Partikel über die mediane Wim[pernrinne zum Mund geführt.

Das **Nervensystem** besteht aus eine[Schlundring, der bis zur Spitze des Prostom[ums reicht, und einem unpaaren Bauchmark[(→ C). Die Sinnesorgane sind nicht komplex[sondern beschränken sich auf **epidermale Sin**[**nespapillen**, die eine besonders hohe Dicht[im Prostomium aufweisen.

A. *Arenicola*

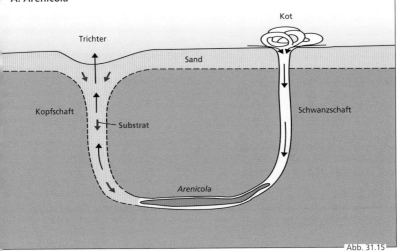

Kot

Trichter

Sand

Kopfschaft

Substrat

Schwanzschaft

Arenicola

Abb. 31.15

B. Igelwurm

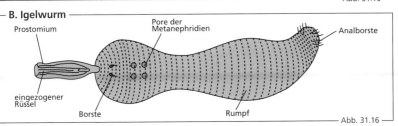

Prostomium

Pore der
Metanephridien

Analborste

eingezogener
Rüssel

Borste

Rumpf

Abb. 31.16

C. Igelwurm – dorsal

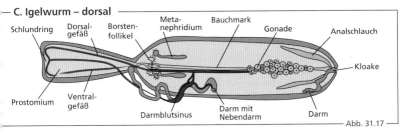

Schlundring

Dorsal-
gefäß

Borsten-
follikel

Meta-
nephridium

Bauchmark

Gonade

Analschlauch

Kloake

Prostomium

Ventral-
gefäß

Darmblutsinus

Darm mit
Nebendarm

Darm

Abb. 31.17

D. Igelwurm – lateral

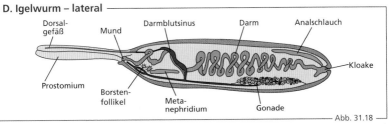

Dorsal-
gefäß

Mund

Darmblutsinus

Darm

Analschlauch

Prostomium

Borsten-
follikel

Meta-
nephridium

Gonade

Kloake

Abb. 31.18

31.4 Oligochaeta und Hirudinea

Die **Oligochaeta** (Wenigborster) und die **Hirudinea** (Blutegel) werden auch als **Clitellata** (Gürtelwürmer) zusammengefasst, da sie etwa in der Körpermitte einen **Drüsengürtel (Clitellum)** tragen, der eine Schleimhülle produziert (→ **A**). Diese wird bei der Kopulation der getrenntgeschlechtlichen Würmer für die Verbindung der beiden Individuen benötigt, die sich gegensinnig nebeneinander legen. Dabei bildet die Schleimhülle auch einen Kokon für die befruchteten Eier. Die ca. 7000 Arten leben überwiegend terrestrisch oder limnisch, nur wenige Arten kommen marin im Littoral vor. Neben den nur wenige Millimeter großen aquatischen Arten gibt es tropische Arten, die meist terrestrisch leben und über 2 m lang werden.

Charakteristisch für die Clitellata ist die Gliederung in homonome **Segmente (Metamerie)**. Diese ist bereits äußerlich sichtbar, setzt sich aber im Inneren fort, sodass jedes Segment, bis auf das **Prostomium** (vorne) und das **Pygidium** (hinten), im Wesentlichen gleich aufgebaut ist (→ **A**). Sie besitzen keine Parapodien, nur einfache, kurze Borsten. Die Clitellata sind eine gut begründete, **monophyletische Gruppe**. Alle Vertreter sind simultane **Zwitter**. Die Anordnung der Geschlechtsorgane ist am Beispiel des **Regenwurms** (*Lumbricus terrestris*) dargestellt (→ **B**).

Lumbricus terrestris gehört zu den **Oligochaeta**. Diese Gruppe umfasst ca. 6700 Arten von denen die meisten terrestrisch oder limnisch leben. Oligochaeta sind innerhalb ihrer Gruppe nicht monophyletisch. Ihr Körper besteht aus einem langen, segmentierten und muskulösen **Hautmuskelschlauch**. Die Fortbewegung erfolgt über peristaltische Kontraktionen unter zuhilfenahme der seitlichen Borsten. Die bodenbewohnenden Arten haben sich durch Verschleppung weit verbreitet und besitzen eine ökologisch wichtige Funktion als **Bioindikatoren**. Außerdem bauen sie organische Substanz ab und durchlüften den Boden.

Für ihre Fortpflanzung (→ **Abb. 31.4**) legen sich die Tiere eng nebeneinander, sodass d[as] **Clitellum** des einen Individuums gegenüb[er] der **Samentasche** (Spermathek) des ander[en] liegt. Die beiden Samentaschen werden dan[n] wechselseitig mit dem Sperma des jewe[ils] anderen Tieres gefüllt. Die Würmer ziehe[n] sich mit dem Vorderende aus dem sich e[r]härtenden Sekret des Clitellums zurück und geben ihre Eier in diese Masse. Diese bildet e[i]nen **Kokon**, in dem die Eier befruchtet werde[n] (**äußere Befruchtung**). Einige wenige Arte[n] (Tubificidae) pflanzen sich ungeschlechtlic[h] durch Bildung von Tierketten und **vegetativ[e] Abschnürung** fort. Bei den Oligochaeta gib[t] ca. 20 taxonomisch definierte Familien. Die be[-] kanntesten sind die **Lumbricidae** (Regenwü[r]mer), die **Lubriculidae** (im Süßwasser lebend[e] egelähnliche Formen) und die in Australien le[-] benden **Megascolicidae** (Riesenregenwürme[r] mit bis zu 3 m Länge).

Die **Hirudinea** (Egel) bilden eine mo[-] nophyletische Gruppe, die hauptsäch[-] lich als **Ektoparasiten** auf Wirtstieren in[n] Süßwasser lebt. Es gibt ca. 300 Arte[n] von denen nur einige marin leben. Ma[n] unterteilt sie in die **Rüssellosen Ege[l]** (Gnathobdelliformes) und die **Rüssele[-] gel** (Rhynchobdelliformes).

Zu den Rüssellosen Egeln gehört der **Borste[n]egel** (*Acanthobella*; → **C**), dessen einzige Ar[t] nur ca. 3 mm lang wird, 30 Segmente hat und als **Fischparasit** Lachse befällt.

Am bekanntesten ist der **Medizinische Blu[t]egel** (*Hirudo medicinalis*; → **D**), ebenfalls ei[n] Kieferegel, der bis 15 cm lang wird, sich mi[t] seinem dreifachen **Kiefer** in die Haut vo[n] Säugetieren gräbt und Blut saugt. Er besitz[t] ein gerinnungshemmendes Protein (**Hirudin**[,] das inzwischen auch gentechnisch herstell[t] wird und in der Tier- und Humanmedizin Ve[r]wendung findet.

Als Vetreter der Rüsselegel werden hier di[e] **Glossiphonidae** dargestellt (→ **E**). Sie sauge[n] sich mit einem ausstülpbaren Rüssel an de[r] Beute fest. Zu ihnen gehört *Theromyzo[n] tessalum*, der Entenegel, der im Mund und[m] Rachenraum von Wasservögeln lebt. Auc[h] *Haementeria ghilianii*, der mit 50 cm Läng[e] der größte bekannte Blutegel ist und im Ama[-] zonasgebiet lebt, gehört in diese Gruppe.

A. *Lumbricus*

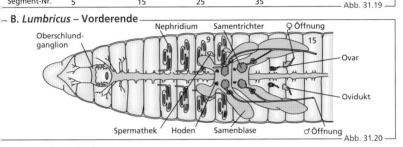

- Prostomium
- Peristomium
- Segment-Nr. 5 15 25 35
- Clitellum

Abb. 31.19

B. *Lumbricus* – Vorderende

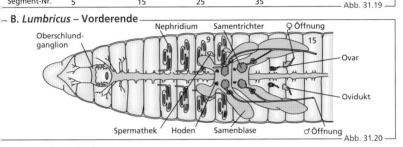

- Oberschlund-ganglion
- Nephridium
- Samentrichter
- ♀ Öffnung
- 9
- 15
- Ovar
- Ovidukt
- Spermathek
- Hoden
- Samenblase
- ♂ Öffnung

Abb. 31.20

C. *Acanthobella*

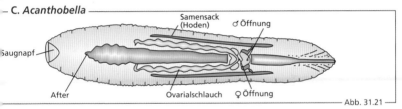

- Saugnapf
- Samensack (Hoden)
- ♂ Öffnung
- After
- Ovarialschlauch
- ♀ Öffnung

Abb. 31.21

D. *Hirudo medicinalis*

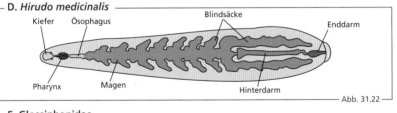

- Kiefer
- Ösophagus
- Blindsäcke
- Enddarm
- Pharynx
- Magen
- Hinterdarm

Abb. 31.22

E. Glossiphonidae

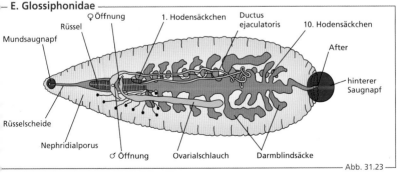

- ♀ Öffnung
- Rüssel
- 1. Hodensäckchen
- Ductus ejaculatoris
- 10. Hodensäckchen
- Mundsaugnapf
- After
- hinterer Saugnapf
- Rüsselscheide
- Nephridialporus
- ♂ Öffnung
- Ovarialschlauch
- Darmblindsäcke

Abb. 31.23

32 Mollusca

32.1 Körperbau, Solenogastres

Die **Mollusca** (Weichtiere) bilden mit etwa 80.000 rezenten und ca. 70.000 fossilen Arten die zweitgrößte Gruppe im Tierreich. Die **Malako(zoo)logie** unterteilt diese Vielfalt in acht rezente Gruppen, wobei die **Gastropoda (Schnecken)** mit 80 % und die **Bivalvia (Muscheln)** mit 15 % den Hauptteil der Arten stellen. Mollusca leben vorwiegend marin, auch bis in große Tiefen. Muscheln und Schnecken kommen aber auch im Süßwasser vor und Letztere auch terrestrisch. Die Körperlänge der Mollusca variiert zwischen 0,5 mm (kleine Schnecken) und 18 m bei den **Cephalopoda** (Kopffüßer).

Die ursprünglichen Mollusca waren vermutlich wurmförmig. Aus einer kleinen **Stammform** (vermutlich 1–5 mm; → A) mit einer beschuppten, dorsalen Chitincuticula (**Mantel**) und einer bewimperten, ventralen Gleitsohle (**Fuß**) mit Schleimdrüse entwickelten sich die sehr unterschiedlichen Formen. Der Bereich zwischen Mantel und Fuß (**Mantelraum**) enthält Atemorgane (Kiemen oder Lungen), chemorezeptive Sinnesorgane (**Osphradialorgan**), den Darm und das Gonoperikardsystem, das tetraneurale Nervensystem sowie ausführende Körperöffnungen. Der Körperaufbau ist primär bilateralsymmetrisch.

Systematisch werden die rezenten Arten in die folgenden acht Gruppen unterteilt: **Solenogastres** (Furchenfüßer), **Caudofoveata** (Schildfüßer), **Polyplacophora** (Käferschnecken, Chitonen), **Tryblidia** (Napfschaler), **Bivalvia** (Muscheln), **Scaphopoda** (Kahnfüßer, Grabfüßer), **Gastropoda** (Schnecken) und **Cephalopoda** (Kopffüßer, Trichterfüßer).

Mollusca sind **Hermaphroditen** oder **Gonochoristen**. Ihre Entwicklung erfolgt über eine Spiralfurchung aus einer lecithotrophen Wimpernlarve (**Trochus-Larve**), wodurch die Zugehörigkeit zu den **Spiralia** und **Trochozoa** unbestritten ist (→ B). Molekulargenetische Daten sind zurzeit innerhalb der acht Gruppen allerdings noch widersprüchlich.

Der Körperbau der bekanntesten Mollusca (Schnecken und Kopffüßer) gliedert sich in Kopf, Fuß und Eingeweidesack. Im Kopf befinden sich Sinnesorgane und Nervenzentrum sowie die ventrale Mundöffnung. Der flache, bewimperte Fuß wird durch kräftige Retraktormuskeln bewegt. Er dient der Lokomotion, die bei den Arten unterschiedlich durch Kriechen, Gleiten, Graben oder Schwimmen erfolgt. Dorsal liegt der Eingeweidesack, der vom Mantel bedeckt wird. Der Verdauungskanal besteht aus dem Vorderdarm mit dem Buccalapparat, dem Mitteldarm mit der Mitteldarmdrüse und dem Enddarm. Eine Raspelzunge (Radula), die im Vorderdarm liegt (→ C) und mit einem Muskel bewegt wird (→ E) dient der Aufnahme und Zerkleinerung der Nahrung. Das Nervensystem besteht ursprünglich aus einem paarigen Cerebralganglion, das sich mit vier Nervensträngen in den Körper fortsetzt. In der weiteren Entwicklung der Mollusken treten dann komplexe artspezifische Nervensysteme auf.

Solenogastres (Furchenfüßer) sind wurmförmige marine Mollusca und umfassen etwa 275 Arten. Sie leben auf Korallen oder gleiten im Sediment und ernähren sich vorwiegend von Nesseltieren. Ihr länglicher Körper (→ C) kann bis zu 30 cm lang sein, meist jedoch zwischen 3–30 mm. Der **Mantel** hat eine chitinöse **Cuticula**, ventral hinter der Mundöffnung liegt eine **bewimperte Längsfalte** mit einem schmalen **Fuß**. Vorne liegen ein **atriales Sinnesorgan** und das Cerebralganglion, das sich in einem paarigen **Nervensystem** mit ventralen und lateralen Marksträngen fortsetzt, die durch Kommissuren verbunden sind. Der Mundöffnung schließen sich ein muskulöser Pharynx, die Radula und der lange einheitliche **Darmkanal** an, der mit dem Anus in den **Mantelraum** mündet. Der Raum enthält respiratorische Lamellen und die Mündung der Laichgänge. Die europäische *Neomania* wird bis 4 cm groß (→ D).

© Springer-Verlag GmbH Deutschland, ein Teil von Springer Nature 2021
W. Clauss und C. Clauss, *Taschenatlas Zoologie*,
https://doi.org/10.1007/978-3-662-61593-5_32

A. Mollusca – Grundbauplan

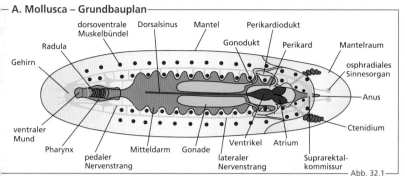

Radula — Gehirn — ventraler Mund — Pharynx — pedaler Nervenstrang — Mitteldarm — Gonade — dorsoventrale Muskelbündel — Dorsalsinus — Mantel — Gonodukt — Perikardiodukt — Perikard — Mantelraum — osphradiales Sinnesorgan — Anus — Ctenidium — Ventrikel — Atrium — lateraler Nervenstrang — Suprarektalkommissur — Abb. 32.1

B. Larventypen

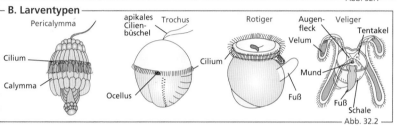

Pericalymma — Cilium — Calymma — apikales Cilienbüschel — Trochus — Ocellus — Cilium — Rotiger — Augenfleck — Veliger — Velum — Tentakel — Mund — Fuß — Fuß — Schale — Abb. 32.2

C. Solenogastres – Bauplan

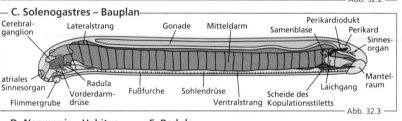

Cerebralganglion — Lateralstrang — Gonade — Mitteldarm — Samenblase — Perikardiodukt — Perikard — Sinnesorgan — atriales Sinnesorgan — Flimmergrube — Radula — Vorderdarmdrüse — Fußfurche — Sohlendrüse — Ventralstrang — Scheide des Kopulationsstiletts — Laichgang — Mantelraum — Abb. 32.3

D. *Neomania* – Habitus

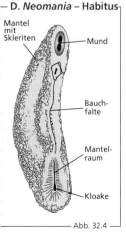

Mantel mit Skleriten — Mund — Bauchfalte — Mantelraum — Kloake — Abb. 32.4

E. Radula

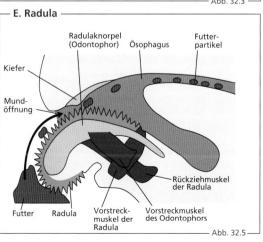

Kiefer — Mundöffnung — Radulaknorpel (Odontophor) — Ösophagus — Futterpartikel — Futter — Radula — Vorstreckmuskel der Radula — Vorstreckmuskel des Odontophors — Rückziehmuskel der Radula — Abb. 32.5

32.2 Caudofoveata, Polyplacophora, Tryblidia

Caudofoveata (Schildfüßer) haben einen bis zu 3 cm langen Körper mit einem **Fußschild** am Mund (→ **A**), mit dem sie sich mit dem Kopf voran in die oberste Schicht des Meeresbodens eingraben. Nur das Hinterende mit den durch Aragonitnadeln geschützten Kiemen ragt in das Meerwasser (→ **B**). Sie kommen in allen Weltmeeren vor, vom flachen Wasser bis in große Tiefen. Etwa 130 Arten sind bekannt, die sich in drei Familien aufteilen: **Chaetodermatidae, Limifossoridae, Prochaetodermatidae.**

Der Körper ist von einem **Mantel** umgeben, den eine chitinhaltige **Cuticula** mit ziegelartig angeordneten Aragonitschuppen begrenzt (→ **C**). Die Körperwand bildet einen dreischichtigen **Hautmuskelschlauch**. Das Gefäßsystem ist offen und der Druck der Hämolymphe bewirkt ein **hydrostatisches Skelett**, das die Fortbewegung und das Graben ermöglicht. Der terminale Mantelraum enthält paarige **Ctenidien** (Kiemen) deren Lamellen rhythmisch bewegt werden. Im proximalen Verdauungstrakt befindet sich die **Radula**. Der **Mitteldarm** hat einen ausgeprägten ventralen Sack. Das **Nervensystem** besteht aus dem paarigen verschmolzenen Cerebralganglion und zwei paarigen Nervensträngen, die sich durch den Körper nach hinten ziehen. Der Ventrikel des **Herzens** liegt in einem **Perikard**, in das auch die Exkretion durch Ultrafiltration erfolgt.

Schildfüßer sind **getrenntgeschlechtlich**. Die Gameten gelangen aus der dorsalen Gonade durch **Gonoperikardialgänge** zunächst ins Perikard und von dort durch die **Perikardiodukte** und die Schleimgänge zur Befruchtung ins Wasser. Die **Nahrung** besteht aus Dentritus, Foraminifera und Kieselalgen.

Polyplacophora (Käferschnecken, Chitonen) umfassen ca. 900 rezente Arten, die sich im Flachwasser der Küsten, besonders vor Australien, von Pflanzen ernähren. Einige Arten sind Tiefseebewohner. Die bis zu 40 cm langen, dämmerungsaktiven Schnecken bewegen sich dann durch Kontraktionen ihres Fußes (→ **E**).

Ihr abgeflachter, ovaler Körper ist dorsal mi acht **Schalenplatten** bedeckt (→ **D**) und wi durch seitliche Schuppen geschützt. Der Ma tel bedeckt den gesamten Körper. Ventral i die **Kopfscheibe** mit dem Mund durch ei Furche vom Fuß abgesetzt und eine tie Rinne (**Pallialrinne**) umzieht Kopfscheibe ur Fuß. In der von Wasser durchströmten Rinn liegen die bewimperten **Ctenidien** (Kiemer Hier befinden sich auch die Genital- und Ana öffnungen sowie ein chemorezeptives Orga (**Osphradium**).

Polyplacophora sind **getrenntgeschlechtli** und setzen die Eier über die Genitalöffnun (→ **E**) und den Mantelraum ins Wasser fre wo auch die Befruchtung erfolgt. Die Eier en wickeln sich über eine Spiralfurchung zu Tr chus-Larven. Bei wenigen Arten erfolgt ein Brutpflege im Mantelraum. Etwa 100 fossi **Polyplacophora**-Arten sind aus dem späte Kambrium bekannt. Die rezenten Arten ur terteilen sich in **Lepidopleurida** und **Chitonid**

Tryblidia (Napfschaler) leben marin au dem Grund von allen Weltmeeren bis i ca. 7000 m Tiefe. Sie ernähren sich vo Detritus. Etwa 30 rezente Arten sin bekannt. Ihr bis zu 4 cm langer Körpe wird dorsal vollständig von einer napt förmigen Schale bedeckt (→ **G**).

Der Körper ist ventral in Kopf und Fuß gegli dert, die von einem **Mantelraum** umgebe sind. Das **Nervensystem** besteht aus Cerebra ganglien und paarigen Lateral- und Peda strängen. Das offene **Kreislaufsystem** hat ein dorsomediane Aorta. Die Exkretion erfolg über paarige **Nephridialorgane** (Nieren), d an der Basis der Kiemen zum Mantelraum hi geöffnet sind

Tryblidia sind **getrenntgeschlechtlich**. Die Ga meten werden aus den ventral gelegene Gonaden über die mittleren Nephridialorgan ins Wasser abgegeben, wo auch die Befruch tung erfolgt. Napfschaler wurden erst vo ca. 60 Jahren entdeckt und ihre Larven sin nicht bekannt. Auch molekulare Befunde zu Systematik fehlen bisher. Zurzeit werden si morphologisch in zwei Familien unterteil Etwa 50 **fossile Arten** sind aus dem Kambrium bekannt.

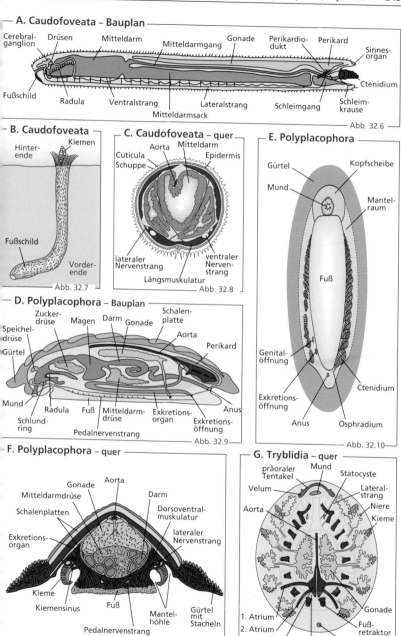

A. Caudofoveata – Bauplan

Cerebral-ganglion · Drüsen · Mitteldarm · Mitteldarmgang · Gonade · Perikardio-dukt · Perikard · Sinnes-organ

Fußschild · Radula · Ventralstrang · Lateralstrang · Schleimgang · Schleim-krause · Ctenidium · Mitteldarmsack

Abb. 32.6

B. Caudofoveata

Hinter-ende · Kiemen · Fußschild · Vorder-ende

Abb. 32.7

C. Caudofoveata – quer

Aorta · Mitteldarm · Cuticula · Epidermis · Schuppe · lateraler Nervenstrang · ventraler Nerven-strang · Längsmuskulatur

Abb. 32.8

E. Polyplacophora

Gürtel · Kopfscheibe · Mund · Mantel-raum · Fuß · Genital-öffnung · Exkretions-öffnung · Ctenidium · Anus · Osphradium

Abb. 32.10

D. Polyplacophora – Bauplan

Zucker-drüse · Magen · Darm · Gonade · Schalen-platte · Speichel-drüse · Aorta · Gürtel · Perikard · Mund · Radula · Fuß · Mitteldarm-drüse · Exkretions-organ · Anus · Schlund-ring · Pedalnervenstrang · Exkretions-öffnung

Abb. 32.9

F. Polyplacophora – quer

Gonade · Aorta · Mitteldarmdrüse · Darm · Schalenplatten · Dorsoventral-muskulatur · Exkretions-organ · lateraler Nervenstrang · Kieme · Kiemensinus · Fuß · Mantel-höhle · Gürtel mit Stacheln · Pedalnervenstrang

Abb. 32.11

G. Tryblidia – quer

präoraler Tentakel · Mund · Statocyste · Velum · Lateral-strang · Aorta · Niere · Kieme · 1. Atrium · 2. Atrium · Ventrikel · Pedal-strang · Anus · Gonade · Fuß-retraktor

Abb. 32.12

32.3 Bivalvia und Scaphopoda

Bivalvia (Muscheln) leben marin und limnisch und ernähren sich von **Plankton**, das sie mit ihren **Kiemen** aus dem Wasser **filtrieren**. Es gibt ca. 10.000 rezente und ca. 20.000 fossile Arten. Mit dem **Fuß** (→ A) können sie sich am Substrat festheften, sie leben aber auch frei am Meeresgrund.

Der Körper ist vom **Mantel** und zwei **Kalkschalen** umgeben (→ B) und der Kopf und die Mundregion sind weitgehend reduziert. Zwischen den Mantellappen liegen die meist getrenntgeschlechtlichen **Gonaden**, die Exkretionsorgane (**Nephridien**), die Kiemen und der bewegliche, **muskulöse Fuß**. Der Fuß ist mit Schleimdrüsen versehen. Die Schalenhälften werden von zwei **Schließmuskeln** zusammengehalten. Das Nervensystem besteht aus zwei Ganglien (**Pedal-** und **Viszeralganglion**). Der Blutkreislauf ist offen und besitzt ein dreikammeriges **Herz** in einem Perikard (→ B). Die Hauptkammer wird vom **Enddarm** durchzogen. In der äußersten Falte des Mantelrandes sitzen lichtempfindliche Ocellen. Ein schlauchförmiger Fortsatz (**Siphon**) dient als Atemorgan.

Die **Schale** besteht aus zwei Klappen und wird durch den äußeren Mantelrand gebildet. Die Klappen werden auf dem Rücken durch ein **Schloss** mit einem **Ligament** zusammengehalten (→ C) und können durch die zwei inneren **Schließmuskeln** zusammengezogen werden. Die Schale besitzt leistenförmige Erhebungen und Einbuchtungen (**Zähne**), die ineinandergreifen und ein seitliches Verrutschen verhindern. Die Schalenform ist an die Lebensweise angepasst. Der **Wirbel** ist der ursprünglichste Teil des Schalengehäuses. Vor ihm befindet sich ein herzförmiger, ornamentierter Bereich, der als **Lunula** (→ D) bezeichnet wird. Der hintere Bereich der Schale wird als **Area** bezeichnet (→ D). Aufbau und Form der Schalen sind wichtige Kriterien für die Bestimmung der Arten.

Die Schale besteht aus drei Schichten: der äußeren, farbigen Schalenhaut (**Periostracum**), der mittleren Prismenschicht (**Ostracum**) und der inneren Kalkschicht (**Hypostracum**). Typisch für die Muschelschalen ist die Bildung von perlmuttartigem **Aragonit**.

Adulte Muscheln leben überwiegend sessil. Die **Byssusdrüsen** des Fußes produzieren Haftfäden. Im Meer sind sie von der Gezeitenzo[ne] bis in die Tiefsee verbreitet. Sie können si[ch] aber auch mit ihrem Fuß, der dann unte[r]schiedliche Formen annimmt, kriechend fo[rt]bewegen oder eingraben. Die aus dem Ate[m]wasser filtrierten Nahrungspartikel werden [in] Schleimpaketen zum Mund geführt und [in] einem kompexen Magen (→ E) verdaut. Dab[ei] setzt ein langsam rotierender **Kristallstiel** Ve[r]dauungsenzyme aus einem Sack frei.

Die meisten Muscheln bis auf Süßwasserm[u]scheln sind **getrenntgeschlechtlich**. Die B[e]fruchtung und die Entwicklung der Larve[n] (**Trochophora**, **Veliger**) erfolgen extern i[m] Wasser. Süßwassermuscheln sind dagegen o[ft] **Zwitter** oder haben ein parasitisches Larve[n]stadium (**Glochidien**), das sich vorübergehen[d] an Fische anheftet.

Fossile Funde belegen die Existenz der erste[n] Muscheln im **Kambrium** vor ca. 500 Mio. Ja[h]ren. Heutzutage sind Muscheln **Nahrungsmit**[t]el (Austern, Miesmuscheln) oder ihr **Perlmu**[tt] findet als Schmuck Verwendung. Da Muschel[n] viele Schadstoffe und Toxine in ihren Kieme[n]lamellen anreichern, werden sie auch als **Bio**[in]dikatoren für die Wasserqualität genutzt.

Scaphopoda (Kahn-, Grabfüßer) habe[n] etwa 500 Arten, die eingegraben i[m] Meeresboden leben, (→ F, G). Sie habe[n] ein lang gezogenes röhrenförmiges G[e]häuse, das an beiden Enden offen i[st] und an den Stoßzahn eines Elefante[n] erinnert. Das Gehäuse besteht aus dr[ei] Schichten und der Kalkmodifikatio[n] **Aragonit**. Aus der größeren Öffnun[g] ragen der muskulöse **Grabfuß** und au[s]streckbare **Fangfäden** (**Captacula**). M[it] ihnen wird die Beute (Kleinorganismen[)] im Sediment aufgespürt. Die Beute wir[d] festgeklebt, in die Mantelhöhle und zu[m] Mund gezogen und mit der **Radula** ze[r]kleinert.

Die kleinere Öffnung liegt befindet sich üb[er] dem Sediment. Durch sie wird Wasser i[ns] Gehäuse gesogen. Neben Atmung und Au[s]scheidung werden durch ein Zusammenziehe[n] des Weichkörpers auch die **Gameten** (Same[n] und Eier) der getrenntgeschlechtlichen Tie[re] ins Wasser abgegeben. Befruchtung und M[e]tamorphose der **Larven** erfolgen im Wasse[r]. Scaphopoda gelten als Schwestergruppe d[er] Muscheln. Die ältesten Fossilien stammen a[us] dem **Devon**.

A. Bivalvia – Bauplan

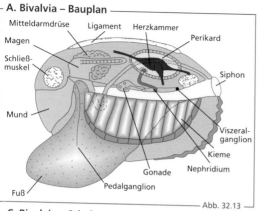

- Mitteldarmdrüse
- Ligament
- Herzkammer
- Perikard
- Magen
- Schließmuskel
- Mund
- Siphon
- Viszeralganglion
- Kieme
- Nephridium
- Gonade
- Pedalganglion
- Fuß

Abb. 32.13

B. Bivalvia – quer

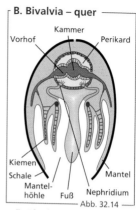

- Kammer
- Vorhof
- Perikard
- Kiemen
- Schale
- Mantel
- Mantelhöhle
- Fuß
- Nephridium

Abb. 32.14

C. Bivalvia – Schale

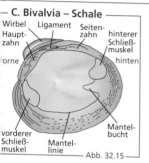

- Wirbel
- Ligament
- Seitenzahn
- Hauptzahn
- hinterer Schließmuskel
- vorne
- hinten
- vorderer Schließmuskel
- Mantellinie
- Mantelbucht

Abb. 32.15

D. Bivalvia – Schale

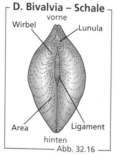

- vorne
- Wirbel
- Lunula
- Area
- Ligament
- hinten

Abb. 32.16

E. Bivalvia – Magen

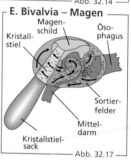

- Magenschild
- Ösophagus
- Kristallstiel
- Sortierfelder
- Mitteldarm
- Kristallstielsack

Abb. 32.17

F. Scaphopoda

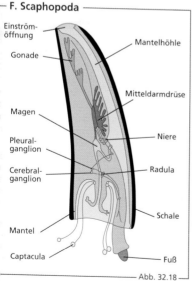

- Einströmöffnung
- Mantelhöhle
- Gonade
- Mitteldarmdrüse
- Magen
- Niere
- Pleuralganglion
- Radula
- Cerebralganglion
- Mantel
- Schale
- Captacula
- Fuß

Abb. 32.18

G. Scaphopoda – Habitus

- Einströmöffnung
- Captacula
- Fuß

Abb. 32.19

32.4 Gastropoda (Schnecken)

Schnecken sind mit vermutlich über 100.000 Arten die artenreichste Gruppe innerhalb der Weichtiere. Ihr Körper besteht aus Kopf und Fuß und einem dorsal liegenden **Eingeweidesack**, der von einem **Mantel** geschützt wird. Dessen Zellen bilden mit einer harten Schale das typische asymetrische **Schneckenhaus**, das zur einen Körperseite gewunden ist. Ihre Größe variiert zwischen wenigen Millimetern bis zu 75 cm.

Nach der traditionellen Systematik wurden Schnecken in die drei Hauptgruppen **Prosobranchia** (Vorderkiemerschnecken), **Opistobranchia** (Hinterkiemerschnecken) und **Pulmonata** (Lungenschnecken) untergliedert. Diese veraltete Einteilung wird heute noch vielfach verwendet, da trotz neuerer molekulargenetischer Untersuchungen die Systematik der Schnecken noch nicht endgültig geklärt ist.

Prosobranchia (Vorderkiemenschnecke)

Bei ihnen wandert der Eingeweidesack durch den entwicklungsbiologischen Vorgang der **Torsion** mit der ursprünglich hinten liegenden Mantelhöhle (→ A) und den Atmungsorganen (**Kiemen**) durch eine **Rechtsdrehung** nach vorne (→ C). Eingeweidesack, Mantel und Schale winden sich so zu einer **Spirale**.

Bei den Prosobranchia überkreuzen sich die ursprünglich paarigen Konnektive des **Nervensystems** zwischen Pleural- und Abdominalganglion (→ A). Dies wird als **Streptoneurie** bezeichnet.

Opistobranchia (Hinterkiemenschnecke)

Sie sind **Wasserbewohner**. Sie leben überwiegend im Meer, es gibt aber auch einige Süßwasserformen. Während ihrer Entwicklung bewirkt eine weitere Drehung, dass die Mantelhöhle mit den Kiemen wieder hinten liegt (→ A).

Die **Nervenstränge** des Konnektivs überkreuzen sich nicht. In die Mantelhöhle münden Darm, Nephridien und Gonaden. Der Vorderdarm enthält ein Raspelorgan (**Radula**) und das über weite Strecken offene Blutgefäßsystem besitzt ein **Herz** in einem **Perikard**. Die Atmung erfolgt über Kammkiemen (**Ctenidien**). Diese sind bei einigen Arten zurückgebildet und besitzen dorsal stark verästelte

Hautfortsätze (**Cerata**), die man als **Federkiemen** bezeichnet. Hinterkiemer sind **Zwitter** befruchten sich aber nicht selbst. Zur Fortpflanzung benötigen sie einen Partner. Die befruchteten Eizellen werden als **Laichschnüre** am Boden abgelegt. Aus ihnen schlüpfen entweder voll entwickelte Jungschnecken oder **Veliger-Larven**, die sich in einer **Metamorphose** zu Schnecken entwickeln. Die meisten ernähren sich von Aas und Pflanzenresten.

Pulmonata (Lungenschnecken)

Obwohl traditionell als Ordnung bezeichnet, zeigen molekulare Untersuchungen, dass die Pulmonata kein Taxon sind, sondern eine **paraphyletische Gruppe**.

Durch Umbildung der Kiemen zu Lungen (→ D) konnten sie das **Land** besiedeln. Es gibt aber auch wasserlebende Arten mit sekundär gebildeten Kiemen. Zu den grundlegenden Merkmalen gehört ein **Gehäuse**, das bei den **Nacktschnecken** fast vollständig, bis auf ein Kalkplättchen (Speicher) im Mantel, abgebaut ist. Das Gehäuse besteht aus drei Schichten und ist spiralig gewunden. Unter den ca. 30.000 Arten der Lungenschnecken gibt es viele **Krankheitsüberträger**, die als **Zwischenwirte** fungieren, z. B. für den Pärchenegel (*Schistosoma mansonii*) oder für den Großen Leberegel (*Fasciola hepatica*). Sie können aber auch **Pflanzenkrankheiten** wie das Tabakmosaikvirus übertragen. Generell spielen die Pulmonata eine wichtige Rolle im **Ökosystem**. Lungenschnecken sind **Zwitter**. Gelegentlich kommt Selbstbefruchtung vor. Die befruchteten, dotterreichen Eier werden in großer Zahl abgelegt. Nach einigen Wochen entwickeln sich aus ihnen junge Schnecken, ohne Larvenstadium. Allein in Deutschland leben ca. 260 Arten. Bekannte Vertreter sind die Weinbergschnecke (*Helix pomatia*), die vom Menschen als Nahrung genutzt wird und als Delikatesse gilt.

Kaurischnecken (Cypraeidae) werden durch die besonders farbenprächtige, mit einer Schmelzschicht überzogene Schale auch als **Porzellanschnecken** bezeichnet (→ E). Ihre ca. 200 Arten leben im tropischen Flachwasser, meist auf Korallenriffen. Die fälschlicherweise oft als Muschel bezeichnete Schale wurde als **Kulturgegenstand** (Geld, Schmuck, Grabbeigaben) benutzt.

A. Opistobranchia

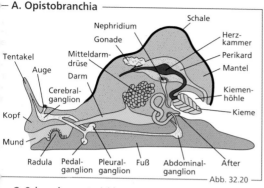

Tentakel
Auge
Kopf
Mund
Radula   Pedal-   Pleural-   Fuß   Abdominal-   After
         ganglion ganglion   ganglion
Cerebral-
ganglion
Darm
Mitteldarm-
drüse
Gonade
Nephridium
Schale
Herz-
kammer
Perikard
Mantel
Kiemen-
höhle
Kieme

Abb. 32.20

B. Blasenauge

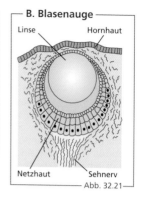

Linse   Hornhaut
Netzhaut   Sehnerv

Abb. 32.21

C. Schneckenentwicklung – Torsion

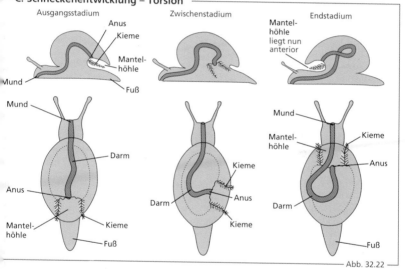

Ausgangsstadium

Anus
Kieme
Mantel-
höhle
Mund
Fuß

Darm
Anus
Mantel-
höhle
Kieme
Fuß

Zwischenstadium

Mund
Darm
Kieme
Anus
Kieme

Endstadium

Mantel-
höhle
liegt nun
anterior

Mund
Mantel-
höhle
Darm
Kieme
Anus
Fuß

Abb. 32.22

D. Pulmonata

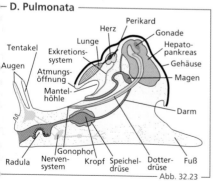

Tentakel
Augen
Radula   Nerven-   Kropf   Speichel-   Dotter-   Fuß
         system   drüse   drüse
Gonophor
Mantel-
höhle
Atmungs-
öffnung
Exkretions-
system
Lunge
Herz
Perikard
Gonade
Hepato-
pankreas
Gehäuse
Magen
Darm

Abb. 32.23

E. Kaurischnecke

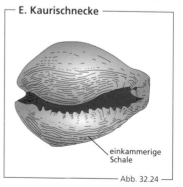

einkammerige
Schale

Abb. 32.24

32.5 Cephalopoda (Kopffüßer)

Die Tiere leben ausschließlich im Meer. Es gibt frei schwimmende und benthische (am Boden lebende) Formen. Etwa 1000 rezente und 30.000 ausgestorbene Arten sind bekannt. Sie beinhalten die **größten Weichtiere**: Riesenkalmare können bis zu 13 m lang werden. Zu den ursprünglichen Arten gehören die ausgestorbenen **Ammoniten** und die **Nautilotidea** (→ A). Sie sind **Außenschaler**, die in einem kalkhaltigen Gehäuse aus **Aragonit** leben. Dieses hat wie bei den Schnecken drei Wandschichten.

In den Gehäusen der Nautilotiden gibt es die eigentliche **Wohnkammer** und einen mit Gas gefüllten Abschnitt (**Phragmokon**), der in Septen unterteilt ist und als **Auftriebskörper** dem Nivellieren der Tauchtiefe dient. Die einzelnen Kammern sind durch den **Siphunculus** miteinander verbunden. Sie haben keinen Tintenbeutel. Nautilotiden werden auch **Perlboote** genannt. Von der einst formenreichen Gruppe gibt es nur noch fünf rezente Arten, die im Indopazifik vorkommen.

Etwa 800 rezente Arten der **Tintenfische** (**Coleoidea**), sowie die ausgestorbenen **Belemniten** sind bekannt. Die ältesten Funde stammen aus dem unteren Karbon in Nordamerika.

Man teilt die Coleoidea in zwei Überordnungen ein: die **zehnarmigen Tintenfische** (**Decabrachia**) und die **achtarmigen Tintenfische** (**Vampyropoda**). Zu den Decabrachia gehören die bekannten vier Ordnungen: die **Sepien** (**Sepiida**), die **Kalmare** (**Teuthida**), die **Zwergtintenfische** (**Sepiolida**) und die **Posthörnchen** (**Spirulida**). Zu den Vampyropoda gehören den zwei Ordnungen: die **Vampirtintenfischähnlichen** (**Vampyromorpha**), die **Cirrentragenden Kraken** (**Cirroctopoda**) und die **Kraken** (**Octopoda**).

Die innenliegenden Reste des Skeletts (**Schulp**) und der **Tintenbeutel** sind die Hauptmerkmale der Tintenfische (→ B) und unterscheiden sie von den Nautilotiden.

Der Ausstoß von **Tintensekret** dient der Abwehr. Die schnelle Fortbewegung erfolgt durch **Rückstoß** eines Wasserstrahls aus dem Trichter. Ihr hochleistungsfähiges **Nervensystem** ist mit Oberschlund- und Unterschlundganglion im hinteren Kopfbereich zentralisiert. Zehnarmige Tintenfische besitzen **Riesenaxone** mit hoher Übertragungsgeschwindigkeit in den Fangarmen. Tintenfische sind die **intelligentesten Weichtiere**. Ihr **Blutgefäßsystem** ist geschlossen und hat neben dem Herzen auch zwei **Kiemenherzen**. Sie sind aktive Räuber und haben ein ausgeprägtes **Sexualverhalten**. Hierbei gibt das Männchen mit einem Arm (**Hectocotylus**) die Spermien als Pakete (**Spermatophoren**) in die Mantelhöhle des Weibchens. Über spezielle Hautzellen (**Chromatophoren**) können sie **Biolumineszenz** erzeugen.

Die **Posthörnchen** (Spirulidae) leben, oft in großen Schwärmen, mesopelagisch in tropischen und subtropischen Meeren.

Sie werden bis 6 cm groß. Ihr inneres, spiraliges Gehäuse im hinteren Körperteil umfasst nur den Mitteldarm. Sie haben hoch entwickelte **Linsenaugen** und hinten ein **Leuchtorgan**.

Papierboote (Argonauta) gehören zu den **Kraken** und sind die einzige rezente Gattung der Familie der Argonautidae.

Sie haben acht kräftige Arme mit je zwei Reihen von Saugnäpfen (→ D). Ihr spiraliges, einkammeriges Gehäuse ist eine **sekundäre Neubildung**, also kein echtes Außenskelett wie bei den Nautilotiden. Dieses Pseudogehäuse ist nicht fest mit dem Körper verbunden, sondern wird an seiner Innenseite mit den Saugnäpfen des Armkranzes gehalten. Es besteht nicht aus Aragonit, sondern aus **Calcit**, wird nur von den Weibchen ausgebildet und dient als Ablage für das **Gelege**. Papierboote sind getrenntgeschlechtlich und weisen einen erheblichen **Geschlechtsdimorphismus** auf. Weibchen sind um ein Vielfaches größer als Männchen. Die Befruchtung erfolgt mit einem speziell umgebildeten Arm des Männchens (**Hectocotylus**), der danach abgeworfen wird.

Papierboote ernähren sich von planktonischen Kleintieren, vergesellschaften sich aber auch mit Quallen, die sie ventral bis zum Gastralraum anfressen und anschließend deren Fangarme zum **Nahrungserwerb** nutzen. Papierboote leben **epilagisch** und kommen in allen tropischen und subtropischen Meeren vor. In der **Antike** waren sie ein beliebtes Schmuckmotiv auf Keramikgefäßen.

A. Nautiloides

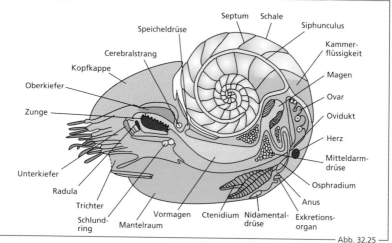

Speicheldrüse
Septum
Schale
Siphunculus
Cerebralstrang
Kammer-
flüssigkeit
Kopfkappe
Magen
Oberkiefer
Ovar
Zunge
Ovidukt
Herz
Mitteldarm-
drüse
Unterkiefer
Osphradium
Radula
Anus
Trichter
Exkretions-
organ
Schlund-
ring
Vormagen
Ctenidium
Nidamental-
drüse
Mantelraum

— Abb. 32.25 —

B. Coleoidea

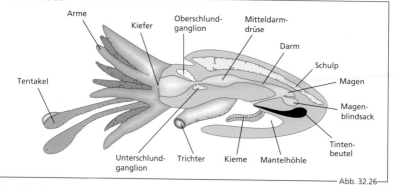

Arme
Kiefer
Oberschlund-
ganglion
Mitteldarm-
drüse
Darm
Schulp
Tentakel
Magen
Magen-
blindsack
Tinten-
beutel
Unterschlund-
ganglion
Trichter
Kieme
Mantelhöhle

— Abb. 32.26 —

C. *Spirula*

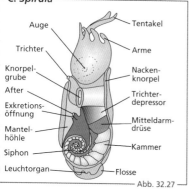

Auge
Tentakel
Trichter
Arme
Knorpel-
grube
Nacken-
knorpel
After
Trichter-
depressor
Exkretions-
öffnung
Mitteldarm-
drüse
Mantel-
höhle
Kammer
Siphon
Leuchtorgan
Flosse

— Abb. 32.27 —

D. *Argonauta*

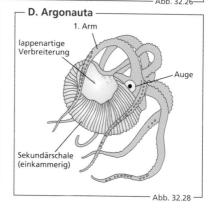

1. Arm
lappenartige
Verbreiterung
Auge
Sekundärschale
(einkammerig)

— Abb. 32.28 —

33 Scalidophora

Als Scalidophora werden die drei marin lebenden Taxa Priapulida (Priapswürmer), Kinorhyncha (Hakenrüssler) und Loricifera (Korsetttierchen) zusammengefasst. Gemeinsam ist allen das Introvert (ein einstülpbarer Vorderkörper) mit mehreren Reihen von Scaliden (Haken), mit denen sie sich ausgestülpt im Sediment verankern.

33.1 Priapulida (Priapswürmer)

Die nur etwa 20 rezenten Arten leben in Korallensanden oder Schlickböden, die meiobenthischen Arten als Partikelfresser, die makrobenthischen Arten räuberisch. Sie repräsentieren den überlebenden Rest einer einst im Kambrium dominanten, artenreichen Gruppe der weichhäutigen Wirbellosen.

Der walzenförmige Körper (Länge 0,2–40 cm) gliedert sich in das einstülpbare Introvert und den längeren Rumpf (→ A, D). Durch peristaltische Fortbewegung graben sich die Tiere richtungslos durch das Sediment. Die Körperwand besteht aus einem Hautmuskelschlauch mit Cuticula und darunterliegender Epidermis (→ B). Innen folgen Ring- und Längsmuskulatur. Manche Arten haben einen lappenartigen Schwanz, durch dessen dünnes Epithel Gasaustausch und Ammoniakabgabe erfolgen. Das Pseudocoel enthält Flüssigkeit und spezialisierte Coelomocyten, einige mit Hämerythrin. An den Mund schließt sich ein bezahnter, muskulöser Pharynx an. Es folgen ein lang gestreckter Darm mit kurzem Rektum. Das paarige Urogenitalsystem mündet in einem Porus, durch den auch die Gameten abgegeben werden. Die Priapulida sind getrenntgeschlechtlich. Die Zygote entwickelt sich meist über eine Radiärfurchung zu einer Larve mit Brustpanzer (Lorica). Diese leben mehrere Jahre lang als Dentritusfresser im Schlamm, bevor sie sich über mehrere Häutungen zu adulten Würmern entwickeln. Fossile Formen (*Ottoia*) sind aus dem Burgess-Schiefer des Kambriums bekannt (→ C). Sie gelten als Stammgruppe der Priapulida.

33.2 Kinorhyncha (Hakenrüssler)

Die etwa 150 Arten leben marin im Schlick und im Sand. Der maximal 1 mm lange Körper gliedert sich in Mundkegel, Introvert und Rumpf mit äußerer Gliederung von elf Segmenten (Zoniten; → E).

Das kleine Pseudocoel enthält Amöbocyten. Die quergestreifte Rumpfmuskulatur (→ - H) macht den Körper flexibel. Dem muskulösen Pharynx folgt ein frei beweglicher Darm. Das ringförmige Gehirn innerviert die Organe über einem ventralen Nervenstrang mit Ganglien. Gonaden und Protonephridien sind separat. Kinorhyncha sind getrenntgeschlechtlich, die Eier werden im Sediment abgelegt und entwickeln sich über mehrere Postembryonalstadien. Die monophyletische Gruppe unterteilt sich in Cyclorhagida und Homalorhagida.

33.3 Loricifera (Korsetttierchen)

Sie wurden nach ihrem Brustpanzer (Lorica) benannt und erst 1983 beschrieben. Die etwa 30 Arten sind sehr klein (ca. 0,3 mm lang) und finden sich weltweit in grobkörnigen Meeressedimenten in unterschiedlichen Tiefen, bis hin zur Tiefsee. In Süßwasser oder im Boden kommen sie nicht vor.

Ihr Körper ist in Mundkegel, Introvert (hinterer Teil des Thorax) und Abdomen unterteilt (→ I, K). Das Introvert kann in das durch die Lorica geschützte Abdomen gestülpt werden. Der Panzer besteht aus sechs Cuticula-Platten und hat am Vorderrand Loricalstacheln. Das Nervensystem besteht aus dem großen Gehirn, das im Introvert liegt, und aus nach hinten verlaufenden Nervensträngen mit Ganglien. Der Verdauungstrakt beginnt mit dem Mundkegel, an dem vier oder sechs Stilette sitzen. Das flexible Schlundrohr führt zum harten Pharynx. Der sackartige Mitteldarm führt über den kurzen Enddarm und die Kloake zum Anus. Die voluminösen Gonaden (Testis oder Ovar) liegen beidseits des Darmes. Die Protonephridien liegen in den Gonaden und haben gemeinsame Ausführungsgänge zur Kloake. Loricifera sind getrenntgeschlechtlich und pflanzen sich vermutlich durch direkte Spermenübertragung und innere Befruchtung fort. Die Entwicklung ist komplex und von Art zu Art verschieden. Sie kann auch weitere Larvenstadien enthalten. Es treten auch cystenartige Dauerstadien auf, aus denen sich Larven durch Parthenogenese entwickeln. Loricifera sind monophyletisch. Die bisher entdeckten Arten werden in Nanaloricidae, Pliciloricidae und Urnaloricidae gruppiert.

© Springer-Verlag GmbH Deutschland, ein Teil von Springer Nature 2021
W. Clauss und C. Clauss, *Taschenatlas Zoologie*,
https://doi.org/10.1007/978-3-662-61593-5_33

A. Priapulida

Mund

Scalide

ausgestülptes Introvert

Rumpf

Schwanz-anhang mit Divertikeln

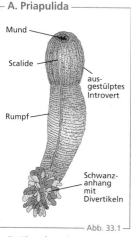

— Abb. 33.1 —

B. Bauplan

Cerebral-ganglion

Radiär-muskeln

Retrak-tor

Darm

Gonade

Proto-nephri-dium

Rektum

Mund

Scalide

Zahn

Cuticula

Epi-dermis

Urogenital-gang

Urogenital-porus

After

Schwanz

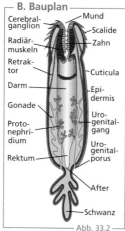

— Abb. 33.2 —

C. *Ottoia*

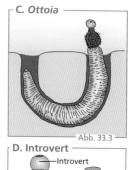

— Abb. 33.3 —

D. Introvert

Introvert

Ausstülpung

Einstülpung

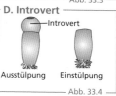

— Abb. 33.4 —

E. Kinorhyncha

Kopf

Placid

seitlicher Stachel

Terminal-stachel

Mundkegel

Scalide

Zonit

Darm

Anus

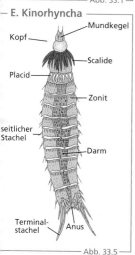

— Abb. 33.5 —

F. Bauplan

Gehirn

Pharynx

Dorso-ventral-muskeln

Mittel-darm

Ovar

End-darm

Terminal-stachel

Pharynx-krone

Scalide

Retraktor-muskeln

Protone-phridium

Recepta-culum seminis

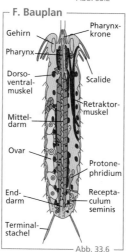

— Abb. 33.6 —

G. vorne quer

Pharynx

Ovar

Markstrang

Längs-muskel

Ei-zelle

Dorso-ventral-muskel

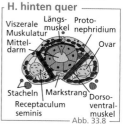

— Abb. 33.7 —

H. hinten quer

Viszerale Muskulatur

Mittel-darm

Stacheln

Receptaculum seminis

Längs-muskel

Proto-nephridium

Ovar

Markstrang

Dorso-ventral-muskel

— Abb. 33.8 —

I. Loricifera — Aufsicht

Mund-kegel Introvert Thorax

Abdomen (Lorica) End-kegel

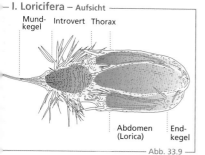

— Abb. 33.9 —

K. Bauplan

Mund-kegel

Gehirn

Scalide

Schlund-rohr

Pharynx

Lorical-stachel

Drüsen

Testis

Mittel-darm

After

Lorica

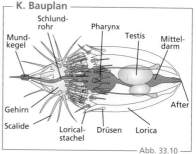

— Abb. 33.10 —

34 Nematodia

Als Nematoida werden die zwei Taxa Nematoda (Fadenwürmer) und Nematomorpha (Saitenwürmer) zusammengefasst. Gemeinsam ist allen ein langer, dünner Körper mit einer ventralen und einer dorsalen Epidermisleiste und darin liegendem Nervenstrang. Die Ringmuskulatur ist vollständig reduziert und es sind keine Protonephridien vorhanden. Der Raum zwischen Darm und Längsmuskulatur (Pseudocoel) ist flüssigkeitsgefüllt, hat eine hohe Turgeszenz und wirkt als Hydroskelett. Typisch sind auch syncytiale Zellverbände und eine Zellkonstanz (Eutelie).

34.1 Nematoda (Fadenwürmer)

Mit mehr als 20.000 frei lebenden Arten stellen die Nematoda eine der größten Tierklassen dar. Es handelt sich um kleine, weiße oder farblose, fadenförmige Würmer, unter denen einige Gruppen mit Parasiten, darunter auch humanpathogene Arten, vorhanden sind. Die Tiere häuten sich und werden deshalb innerhalb der Protostomia zu den Häutungstieren (Ecdysozoa) gezählt. Nematoden sind weltweit in allen Biotopen verbreitet. Sie kommen im Meer, im Süßwasser und auch terrestrisch im Boden vor. Sie können sowohl auf Pflanzen (Rübenwurm) als auch auf Tieren oder Menschen parasitieren.

Ein typisches Beispiel ist der Spulwurm (*Ascaris lumbricoides*; → A). Die Tiere sind getrenntgeschlechtlich. Das Männchen (→ B) ist meist etwas kleiner als das Weibchen und hat einen charakteristisch gebogenen Schwanz. Der Köperquerschnitt ist rund (→ C). Die Epidermis ist ein syncytialer Zellverband und von einer dicken, mehrschichtigen Cuticula bedeckt. Durch den hohen Druck wirkt das Pseudocoel als Hydroskelett und ermöglicht im Zusammenspiel mit der Muskulatur eine schlängelnde Fortbewegung. Die Nerv-Muskel-Kontakte sind einzigartig im Tierreich, da sich hier die Muskelzellen zu den Nerven ausbreiten (→ D).

Frei lebende Nematoden ernähren sich von Bakterien, Pilzen, Algen und kleinen Beuteorganismen. Sie gehören zur Meiofauna und sind Schädlinge in Landwirtschaft und Gartenbau, da sie die Wurzelsysteme von Pflanzen befallen und schädigen.

Zu den bekannten parasitären Nematoden gehören die Mikrofilarien (*Wucheria bancrofti*), die Wanderfilarie (*Loa loa*), der Madenwurm (*Enterobius vermicularis*), der Zwergfadenwurm (*Strongyloides stercoralis*) und die Trichine (*Trichinella spiralis*). Die Infektion mit *Trichinella spiralis* (→ E) erfolgt über den Verzehr von rohem Fleisch, in dem sich bereits Larven (Trichinen) befinden. Es können aber auch Wurmeier durch mit fäkaler Düngung verunreinigte Lebensmittel, z. B. ungewaschenen Salat aufgenommen werden.

Die Entwicklung der Parasiten ist artspezifisch sehr unterschiedlich und läuft meist über einen mehrphasigen Zyklus mit Organwechsel oder sogar Wirtswechsel ab. Bei *Trichinella spiralis* setzen die Weibchen im Darm des Wirtes Larven ab, die durch die Darmwand und über das Blutgefäßsystem in die Muskulatur gelangen. Dort verkapseln sich und können bis zu 30 Jahre lang infektiös sein. Bei der in Afrika endemisch vorkommenden Wanderfilarie (*Loa loa*) erfolgt die Übertragung über einen Zwischenwirt (Bremsen), welche die Larven die beim Stich in die Haut übertragen. Innerhalb von drei Monaten entwickeln sich die Larven im Unterhautfettgewebe zu Makrofilarien, die sich über das Blutgefäßsystem weiter im Körper ausbreiten. Typischerweise findet man sie dann im Augenhintergrund oder als wandernde Hautschwellungen.

Die Evolution der Nematoden erfolgt im Präkambrium. Dies zeigen Funde von fossilen Formen im Schiefer und im kreidezeitlichen Bernstein.

© Springer-Verlag GmbH Deutschland, ein Teil von Springer Nature 2021
W. Clauss und C. Clauss, *Taschenatlas Zoologie*,
https://doi.org/10.1007/978-3-662-61593-5_34

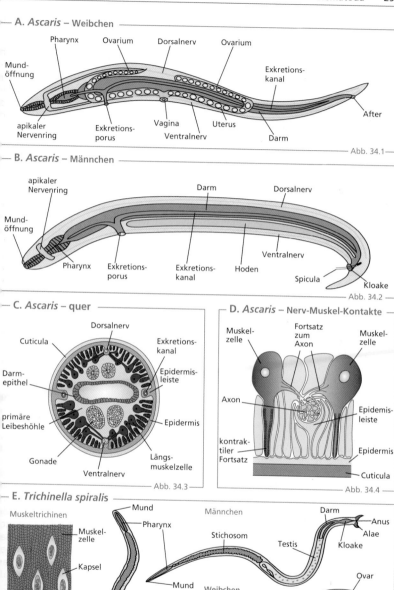

A. *Ascaris* – Weibchen

Pharynx · Ovarium · Dorsalnerv · Ovarium

Mund-öffnung

Exkretions-kanal

After

apikaler Nervenring · Exkretions-porus · Vagina · Uterus · Darm

Ventralnerv

Abb. 34.1

B. *Ascaris* – Männchen

apikaler Nervenring

Darm · Dorsalnerv

Mund-öffnung

Ventralnerv

Pharynx · Exkretions-porus · Exkretions-kanal · Hoden · Spicula

Kloake

Abb. 34.2

C. *Ascaris* – quer

Dorsalnerv

Cuticula · Exkretions-kanal

Epidermis-leiste

Darm-epithel

primäre Leibeshöhle · Epidermis

Gonade · Längs-muskelzelle

Ventralnerv

Abb. 34.3

D. *Ascaris* – Nerv-Muskel-Kontakte

Muskel-zelle · Fortsatz zum Axon · Muskel-zelle

Axon · Epidermis-leiste

kontrak-tiler Fortsatz · Epidermis

Cuticula

Abb. 34.4

E. *Trichinella spiralis*

Muskeltrichinen

Mund · Männchen · Darm

Pharynx · Anus · Alae

Muskel-zelle · Stichosom · Kloake

Testis

Kapsel

Mund · Weibchen

Ovar

Stichosom

Trichinella · Vulva · Vagina · Uterus

Receptaculum seminis

Embryo · Anus

Abb. 34.5

Ein weiterer wichtiger Parasit innerhalb der Nematoda ist der Hakenwurm (*Ancylostoma duodenale*). Der bis zu 1,8 cm lange Wurm ist am Vorderende hakenförmig gebogen. Er kommt hauptsächlich in den Tropen vor. Die blutsaugenden Adulten siedeln sich im Dünndarm an, wobei sie sich in die Schleimhaut einhaken (Name!) und ohne pharmakologische Therapie über viele Jahre verbleiben können (→ A). Das Weibchen produziert pro Tag 20.000 Eier, die mit dem Kot abgegeben werden und sich über zwei Larvenformen weiterentwickeln. Die Infektion erfolgt beim Barfußgehen durch Eindringen der Larven über die Haut der Fußsohlen. Im Wirt wandern die Larven über die Blutbahn und das Lymphsystem in die Lunge, wo sie sich weiter differenzieren und durch Aufhusten über die Bronchien in den Kehlkopf gelangen. Von dort werden sie abgeschluckt und gelangen über den Magen in den Dünndarm. Erst dort werden sie geschlechtsreif. Von der Infektion bis zur Geschlechtsreife der Larven vergehen etwa fünf Wochen.

Weitere bekannte Nematoden sind der Medinawurm (*Dracunculus medinensis*), ein Parasit bei Mensch und Hund. Er ist in Feuchtgebieten Afrikas verbreitet und verursacht die Krankheit Dracontiasis. Als Überträger und Zwischenwirte fungieren Ruderfußkrebse, die die Wurmlarven in sich tragen. Der Mensch nimmt die Krebse mit verunreinigtem Trinkwasser auf. Die Larven werden durch die Verdauung im Magen freigesetzt und gelangen in den Dünndarm. Dort durchdringen sie die Schleimhaut und die Darmwand, entwickeln sich im Peritoneum und paaren sich. Das Männchen stirbt ab und wird eingekapselt. Das Weibchen wächst dagegen auf eine Länge von bis zu 1 m und wandert in das Unterhautgewebe der Beine. Dort bildet das Kopfende Geschwüre an den Unterschenkeln, die beim Kontakt mit Wasser aufplatzen. Der Wurm entlässt aus seinem Uterus Tausende von Larven in die Umgebung. Der Vorgang kann sich bei Wasserkontakt des Menschen mehrfach wiederholen, bis der Wurm schließlich abstirbt. Bei der klassischen Behandlung dieses Parasiten wird das Vorder-ende des Wurmes , das aus dem Geschwür ragt, auf ein Holzstäbchen gewickelt, das dann im Verlauf von Tagen oder Wochen immer mehr gedreht wird, um den Wurm schließlich komplett aus dem Körper zu ziehen.

Ein weiterer Parasit des Menschen ist der Peitschenwurm (*Trichuris trichiura*), der ebenfalls in den Tropen und Subtropen lebt. Der adulte Wurm wird bis zu 5C cm lang und setzt sich im Dünndarm fest, wo er von Darmzellen lebt und Eier produziert. Sie werden mit den Faeces ausgeschieden. Menschen infizieren sich oral durch verunreinigte Nahrung.

34.2 Nematomorpha (Saitenwürmer)

Die etwa 320 Arten der Nematomorpha stellen die Schwestergruppe der Nematoda dar. Sie leben vorwiegend im Süßwasser, einige auch marin. Die bis zu 2 m langen, blässlich grauen oder braunrötlichen Würmer haben einen 1–3 mm großen, runden Querschnitt (→ B). Die Art *Gordius fulgur* wurde durch ihre extrem geknäuelte Form nach dem Gordischen Knoten bezeichnet.

Die adulten Würmer weisen einen ausgeprägten Sexualdimorphismus auf wobei die Weibchen bedeutend länger sind als die Männchen. Die Leibeshöhle (Pseudocoel) steht unter Druck und bildet ein hydrostatisches Skelett. Die Geschlechtsöffnungen liegen terminal, oder beim Männchen, artspezifisch auch am Bauch. Männchen haben zwei terminale Schwanzloben, die für die Artbestimmung benutzt werden. Die Jugendformen der Saitenwürmer leben parasitisch in Insekten und verlassen ihren Wirt nur zur Eiablage. Davor häuten sie ihre Cuticula. Dann findet man sie als Wurmknäuel in Bachläufen. Saitenwürmer sind außer in Polargebieten weltweit verbreitet.

Die Larven (→ B) besitzen einen ausstülpbaren Mundkegel mit einem Stilett und haben in hinteren Körperabschnitt den Verdauungstrakt und eine Speicheldrüse, deren Ausführungsgang in den Mundkegel mündet.

A. *Ancylostoma* - Lebenszyklus

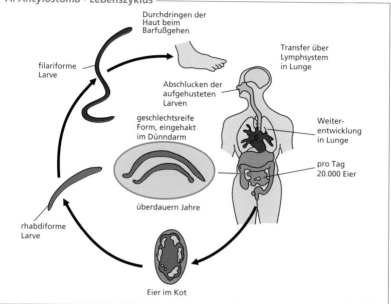

Durchdringen der
Haut beim
Barfußgehen

filariforme
Larve

Transfer über
Lymphsystem
in Lunge

Abschlucken der
aufgehusteten
Larven

geschlechtsreife
Form, eingehakt
im Dünndarm

Weiter-
entwicklung
in Lunge

pro Tag
20.000 Eier

überdauern Jahre

rhabdiforme
Larve

Eier im Kot

— Abb. 34.6 —

B. Nematomorpha

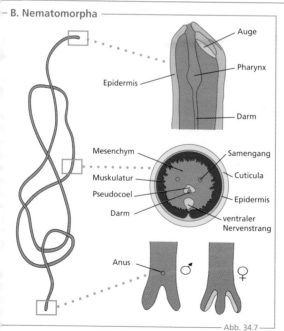

Auge

Pharynx

Epidermis

Darm

Mesenchym
Samengang

Muskulatur
Cuticula

Pseudocoel
Epidermis

Darm
ventraler
Nervenstrang

Anus ♂   ♀

Abb. 34.7 —

C. Larve

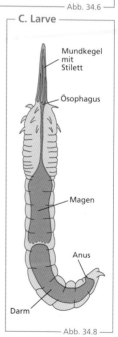

Mundkegel
mit
Stilett

Ösophagus

Magen

Anus

Darm

Abb. 34.8 —

35 Panarthropoda

Unter den Panarthropoda werden die drei rezenten Gruppen Tardigrada (Bärtierchen), Onychophora (Stummelfüßer) und Arthropoda (Gliederfüßer) zusammengefasst. Die Trilobita (Dreilapper) waren marine Arthropoden, von denen nur Fossilien erhalten sind. Sie werden in diesem Kapitel ebenfalls dargestellt.

Die Stellung der Panarthropoda ist umstritten, da sie durch ihre für die Articulata typischen Merkmale (Körpersegmentierung, metameres Nervensystem, teloblastische Wachstumszone) sowohl Verwandte der Annelida sein könnten, durch ihre für Ecdysozoa typischen Merkmale (Cuticula mit Chitin, ecdysteroide Hormone und Häutung) aber auch als Verwandte der Priapulida infrage kommen.

35.1 Tardigrada (Bärtierchen)

Ihre Zugehörigkeit zu den Panarthropoda ist unsicher. Molekulare Analysen deuten eher auf eine Schwestergruppe der Nematoda hin. Die etwa 1000 Arten kommen weltweit marin, limnisch oder terrestrisch vor.

Ihr gedrungener Körper (0,05–1,5 mm) besteht aus einem nicht deutlich abgesetzten Kopf und vier Rumpfsegmenten. Er hat dorsal eine plattenartige Cuticula und vier Stummelbeinpaare mit Krallen (→ A). Die Morphologie ist ungewöhnlich, Coelom, Gefäßsystem und Nephridien fehlen (→ B). Die Muskulatur setzt innen an der Cuticula an und besteht aus längs und schräg verspannten Muskelzellen, die das Hämocoel kontrahieren (Hydroskelett). Pflanzliche oder tierische Nahrung wird mit dem Stilett angestochen und der Inhalt durch den Pharynx in den Darm gesogen. Malpighi-Schläuche dienen der Osmoregulation und Exkretion. Das Nervensystem besteht aus dem Gehirn, paarigen Schlundganglien und einem strickleiterförmigen Bauchstrang mit vier Ganglienpaaren. Die dorsalen Gonaden münden vor dem After in den Darm oder als Gonoporus nach außen. Die Eier werden meist während der Häutung abgelegt. Tardigrada sind getrenntgeschlechtlich, Hermaphrodismus und Parthenogenese kommen vor. Unter ungünstigen Bedingungen können sich Tardigrada zu Tönnchen kontrahieren (Anhydrobiose) und so einige Zeit unter „Weltraumbedingungen" überleben. Sie gliedern sich Hetero-, Meso- und Eutardigrada.

35.2 Onychophora (Stummelfüßer)

Die 200 Arten leben terrestrisch un[d] nachtaktiv in tropischen Bodenhab[i]taten. Der bis zu 15 cm lange, raupe[n]artige Körper ist segmentiert und träg[t] 13–43 Laufbeine (Oncopodien; → C).

Die Körperoberfläche ist geringelt und d[ie] wasserabweisende Cuticula wird alle zw[ei] bis drei Wochen gehäutet. Der Hautmuske[l]schlauch besteht aus Ring-, Diagonal- un[d] Längsmuskeln. Das Hämocoel wird durch d[ie] Nephridien an der Basis der Oncopodien ge[-] klärt (→ D). Die ventrale Mundhöhle hat s[…] chelförmige Kiefer, hier münden auch paarig[e] Speicheldrüsen. Neben den Antennen mün[-] den die Schleimdrüsen über Oralpapillen. Da[s] bis zu 50 cm weit verspritzte Sekret fixiert Beu[te]tetiere. Der Darm verläuft geradlinig, das Ne[r-] vensystem besteht aus dem Gehirn und zwe[i] ventralen Marksträngen mit Kommissuren[.] Das offene Blutgefäßsystem hat ein dorsa[-] les, herzartiges Gefäß mit seitlichen Ostie[n.] Die Hämolymphe enthält verschiedene Hämo[-] cytentypen und durchströmt die Leibeshöhle[.] Die Organe werden durch Tracheen mit Sau[-] erstoff versorgt. Onychophora sind getrennt[-] geschlechtlich, die Gonaden liegen dorsal. E[s] gibt ovipare und vivipare Arten. Männche[n] besitzen akzessorische Geschlechtsdrüsen, di[e] vermutlich Pheromone abgeben. Die Repr[o]duktionsabläufe sind artenunterschiedlich, di[e] Embryogenese dauert 6–12 Monate. Es gib[t] zwei Familien, die Peripatidae und Peripa[-] topsidae.

35.3 Trilobita (Dreilapper)

Sie lebten in den Meeren des Paläo[-] zoikums und starben vor ca. 250 Mio[.] Jahren aus. Mehrere Tausend Arten sin[d] beschrieben, einige dienen als Leitfos[-] silien.

Ihr Körper ist 3–6 cm lang und in Kopf (Cepha[-] lon), Rumpf (Thorax) und Schwanz (Pygidium[)] gegliedert (→ E–H). Sie haben eine Cuticula[,] Komplexaugen, einen Schild (Glabella) un[d] Häutungsnähte (Suturen). Ventral tragen si[e] segmentale Beinpaare. Die Entwicklung ver[-] lief über Larven. Bisher gibt es keine phyloge[-] netische Systematik der Trilobiten.

A. Tardigrada – Seitenansicht

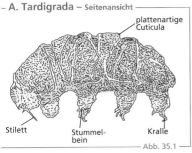

plattenartige Cuticula

Stilett

Stummelbein

Kralle

Abb. 35.1

B. Tardigrada – Bauplan

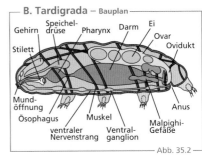

Gehirn

Speicheldrüse

Pharynx

Darm

Ei

Ovar

Ovidukt

Stilett

Mundöffnung

Ösophagus

ventraler Nervenstrang

Muskel

Ventralganglion

Anus

Malpighi-Gefäße

Abb. 35.2

C. Onychophora – Seitenansicht

Antenne

Oralpapille

Laufbeine (Oncopodien)

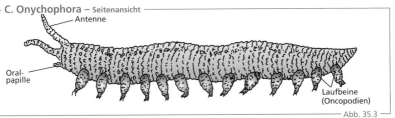

Abb. 35.3

D. Onychophora – Bauplan

Oberschlundganglion

Schleimdrüse

Speicheldrüse

Darm

Kommissur

Rektum

Schleimgang

Antenne

Pharynx

Oralpapille

Oncopodium

Markstrang

Nephridium

Ovar

Uterus

After

Coxalbläschen (bei Männchen)

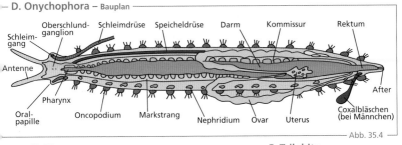

Abb. 35.4

E. Trilobita – Seitenansicht

Cephalon

Thorax

Pygidium

Facettenauge

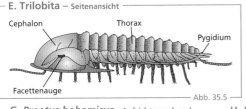

Abb. 35.5

F. Trilobita

Komplexauge

Axialbereich

Pleuralbereich

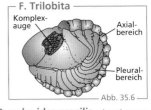

Abb. 35.6

G. *Proetus bohemicus* – Aufsicht von dorsal

Glabella

Sutur

Axialbereich

Pygidium

Axialring

Pleuralfurche

Wange

Facettenauge

Lateralbereich

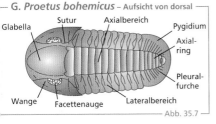

Abb. 35.7

H. *Paradoxides gracilis* – dorsal

Cephalon

Thorax

Pygidium

Schwanzstachel

Wangenstachel

Pleuralstachel

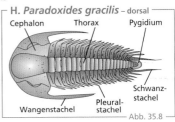

Abb. 35.8

36 Arthropoda (Euarthropoda)

Als Arthropoda (Gliederfüßer) im eigentlichen Sinne werden hier die Euarthropoda behandelt, die Panarthropoda wurden im vorigen Kapitel dargestellt.

Gliederfüßer haben sich im Laufe der Kambrischen Explosion vor 540 Mio. Jahren gebildet und sind ein äußerst erfolgreicher Tierstamm. Etwa 80 % der bekannten rezenten Tierarten gehören zu ihm. In der traditionellen Systematik wurden die Arthropoden zusammen mit den Ringelwürmern als Articulata zusammengefasst. Neuere molekulare Befunde sehen sie dagegen enger mit den Nematoda und den Cycloneuralia verwandt. Diese gemeinsame Gruppe wird als Häutungstiere (Ecdysozoa) bezeichnet.

Allen Arthropoden ist ein Außenskelett gemeinsam. Es wird von den äußeren Epidermiszellen nach außen gebildet und als Cuticula bezeichnet. Seine Substanz besteht aus Chitin und Proteinen. Desweiteren ist der Körper aller Arthropoden in Segmente gegliedert. An ihnen können Gliedmaßen (Beine, Antennen, Mundwerkzeuge) sitzen, die ebenfalls gegliedert sind (→ A, B, C).

Auch das Nervensystem ist segmental angelegt, verläuft als Bauchmark und besteht aus zwei Nervensträngen mit Ganglien und seitlichen Verbindungen (Kommissuren). Es wird als Strickleiternervensystem bezeichnet. Arthropoden besitzen ein offenes Gefäßsystem, das dorsal verläuft und ein dorsales Herz (→ B) mit seitlichen Öffnungen (Ostien). Die Hämolymphe wird auch zum Sauerstofftransport verwendet. Die Exkretion erfolgt primär über Nephridien, bei Insekten kommen auch Labial-, Maxilliardrüsen und Malpighi-Gefäße vor. Die Atmung erfolgt artspezifisch über Lungen, Kiemen oder Tracheen. Als Sinnesorgane gibt es Einzelaugen (Ommatidien) oder Komplexaugen (Facettenaugen). Spezielle Sensillen ermöglichen Chemo-, Thermo-, Hygro- und Mechanorezeption.

Arthropoda sind in der Regel getrenntgeschlechtlich. Die Fortpflanzung erfolgt mithilfe spezialisierter Geschlechtsorgane (Schlüssel-Schloss-Prinzip), meist findet eine innere Befruchtung statt. Es gibt aber auch äußere Befruchtung (Pantopoda, Xiphosura, einige Crustacea). Die Entwicklung verläuft über Larvenstadien und Metamorphose. Wachstum bei adulten Formen erfordert eine hormongesteuerte Häutung.

Arthropoden werden in der klassische Systematik in Amandibulata (Kieferlose und Mandibulata (Kieferträger) unteteilt. Zu den Amandibulata gehören di Chelicerata, zu den Mandibulata die My riapoda, Crustacea und Insecta.

36.1 Chelicerata (Spinnenartige)

In der klassischen Systematik werden si in die landlebenden Arachnida (Spir nentiere), die wasserlebenden Meros tomata (Hüftmünder) und die marine Asselspinnen (Pantopoda) eingeteil Diese Unterteilung ist heute umstritten

Charakteristisch für Chelicerata ist die Au bildung der Cheliceren (Kieferklauen; → A Dies sind speziell umgewandelte Extremität des ersten Kopfsegments. Antennen fehle Die Pedipalpen dienen als Tastorgane. Darau folgen vier segmentierte Laufbeinpaare (→ C Weltweit sind etwa 100.000 Arten bekannt. Ih Körper ist meist in zwei Abschnitte (Tagmat unterteilt: den Vorderkörper (Prosoma) un den Hinterleib (Opisthosoma).

Die Arachnida (Spinnentiere) untertei len sich in die Aranea (Webspinnen), di Opiliones (Weberknechte), die Skorpi one und die Acari (Milben und Zecken).

Die Webspinnen (→ A, B) haben als Atmung organe Buchlungen. Sie liegen ebenso wie di Geschlechtsorgane, das dorsale Herz und di Spinndrüsen im Opisthosoma (→ B). Zu ihne gehören u. a. die Kreuzspinnen (z. B. Araneu diodematus), die Tarantel (Lycosa tarentula und die Vogelspinnen (Theraphosidae; → D Letztere umfassen etwa 1000 Arten, die in tro pischen und subtropischen Lebensräumen vor kommen. Sie können bis 12 cm Körperläng erreichen und leben von Insekten, kleine Echsen und Nagetieren. Ihr Biss ist nicht seh giftig, führt aber meist zu Infektionen.

Die Weberknechte (Opiliones; → E) gehöre auch zu den Arachnida. Im Unterschied zu de Webspinnen grenzt bei ihnen das Prosoma i voller Breite an das Opisthosoma. Charakte ristisch ist ihr kleiner Körper im Verhältnis z überlangen Extremitäten. Weltweit sind übe 6000 Arten bekannt.

Von den Skorpionen (Scorpiones; → F) sin weltweit etwa 2400 Arten bekannt. Ihre Pedi palpen sind mit Scheren besetzt. Sie haben an Hinterende einen Giftstachel zum Beutefang.

© Springer-Verlag GmbH Deutschland, ein Teil von Springer Nature 2021
W. Clauss und C. Clauss, *Taschenatlas Zoologie*,
https://doi.org/10.1007/978-3-662-61593-5_36

A. Spinne – Aufsicht

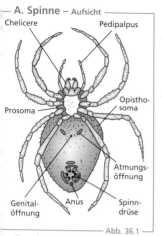

Chelicere
Pedipalpus
Opistho-soma
Prosoma
Atmungs-öffnung
Genital-öffnung
Anus
Spinn-drüse

Abb. 36.1

B. Webspinne – Bauplan

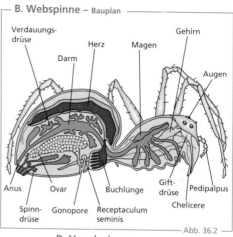

Verdauungs-drüse
Herz
Magen
Gehirn
Darm
Augen
Anus
Ovar
Buchlunge
Gift-drüse
Pedipalpus
Spinn-drüse
Gonopore
Receptaculum seminis
Chelicere

Abb. 36.2

C. Spinne – Bein

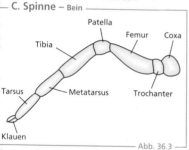

Patella
Femur
Coxa
Tibia
Tarsus
Metatarsus
Trochanter
Klauen

Abb. 36.3

D. Vogelspinne

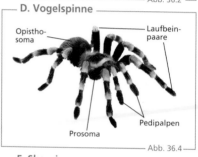

Opistho-soma
Laufbein-paare
Pedipalpen
Prosoma

Abb. 36.4

E. Weberknecht

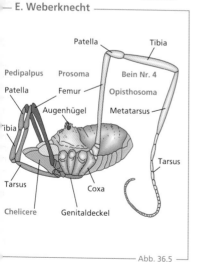

Patella
Tibia
Pedipalpus
Prosoma
Bein Nr. 4
Patella
Femur
Opisthosoma
Augenhügel
Metatarsus
Tibia
Tarsus
Tarsus
Coxa
Chelicere
Genitaldeckel

Abb. 36.5

F. Skorpion

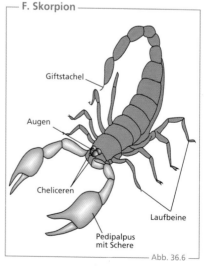

Giftstachel
Augen
Cheliceren
Laufbeine
Pedipalpus mit Schere

Abb. 36.6

Milben (Acari)

Sie sind mit 50.000 Arten die größte und am weitesten verbreitete Gruppe der Arachnida. Milben haben sich an sämtliche Lebensräume und Lebensbedingungen angepasst.

Bei ihnen sind Körperteile und Segmente zu einem einheitlichen Körper verschmolzen (→ A). Milben sind meist kleiner als 1 mm und haben ein stark behaartes Exoskelett. Sie entwickeln sich über drei Stadien. Im Larvenstadium tragen sie nur drei Beinpaare. Über das Nymphenstadium, das bereits vier Beinpaare besitzt, entwickeln sie sich zum Adultstadium. Während dieses Wachstums und der Metamorphose häuten sie sich mehrmals. Am Vorderende tragen sie stilettartige Cheliceren und Pedipalpen als Tastorgane. Milben leben meist von abgeschilferten Hautzellen und Talgdrüsensekreten ihrer Wirte. Sie verursachen oft allergische Hautreaktionen und Asthmaanfälle.

Bekannte Arten sind die Hausstaubmilbe (*Dermatophagoides pteronyssinus*), die Krätz- oder Räudemilbe (*Sarcoptes scabiei*), die Haarbalgmilben (*Demodex*) und die Vogelmilben (*Dermanyssus gallinae*). Sie sind auch Krankheitsüberträger von Rickettsien und Pasteurellen und verursachen das Fleckfieber. Die Milbe *Varroa jacobsonii* verursacht bei Bienen eine meldepflichtige Krankheit, die Bienenruhr.

Zecken (Ixodida) sind Ektoparasiten, die mit den Pedipalpen eine geeignete Einstichstelle am Wirt suchen, die stilettartigen Cheliceren in den Wirt eingraben und sein Blut aufsaugen (→ B).

Damit werden häufig Krankheitserreger (Viren, Bakterien, Protozoen) übertragen. Deshalb sind Zecken Vektoren (Zwischenwirte) für bei Tier und Mensch vorkommende Krankheiten wie Babesiose, Borreliose und Frühsommer-Meningoencephalitis (FSME).

Zecken sind getrenntgeschlechtlich und entwickeln sich ebenfalls über Larven- und Nymphenstadien. Es gibt zwei Gruppen von Zecken: Schildzecken (Ixodidae) besitzen ein Rückenschild aus Chitin und sind wie der Holzbock (*Ixodes ricinus*) in Europa weit verbreitet. Lederzecken (Argasidae) haben kein Rückenschild, sondern eine weiche, ledrige Oberfläche. Sie leben hauptsächlich in tropischen, feuchtheißen Gebieten und befallen vorwiegend Vögel, aber auch den Menschen und Säugetiere.

Asselspinnen (Pantopoda)

Die etwa 1300 Arten der Pantopoda kommen weltweit marin vor. Sie werden von 1 mm bis 90 cm groß. Trotz ihres Namens werden sie nicht zu den Spinnen gerechnet, sondern bilden eine eigene Klasse innerhalb der Chelicerata.

Sie haben überlange Extremitäten wie auch einen kleinen stabförmigen Körper mit einem zweigliedrigen Prosoma und einem stark rückgebildeten Opisthosoma (→ B). Außerdem verfügen Sie über einen Saugrüssel (Proboscis), Cheliceren und Pedipalpen. Auch sie haben ein Exoskelett aus Chitin, allerdings ohne Kalk, sodass ihre Haut ledrig ist. Auf einem Augenhügel sitzen vier kleine Linsenaugen (Medianaugen). Die Eier werden aus den Laufbeinen der Weibchen abgegeben und von Eiträgern (Oviger) der Männchen (3. Beinpaar) in Form von Eipaketen mit bis zu 1000 Eiern übernommen. Die Entwicklung verläuft über Protonymphon-Larven. Sie ernähren sich räuberisch von weichhäutigen Tieren (Schnecken), Schwämme und Polypen). Pantopoda gelten heute als basalste Gruppe der Arthropoda und sind somit eng mit den Xiphosura verwandt.

Schwertschwanzkrebse (Xiphosura)

Sie gehören zu den wasserlebenden Merostomata. Ihr Vorderkörper ist stark gepanzert (Cephalothorax) und am Hinterkörper sitzt ein beweglicher Schwanzstachel (Telson). Die einzige rezente Gruppe sind die vier Arten der Pfeilschwanzkrebse (*Limulus*), die an der nordamerikanischen Atlantikküste vorkommen (→ E).

Ihr Körper ist segmentiert und trägt sechs Beinpaare, von denen das vorderste als Cheliceren ausgebildet ist. Auf dem Cephalothorax sitzen Facettenaugen und Ocellen. Die Atmung erfolgt mithilfe plattenartiger Kiemen.

Eine zweite Gruppe der Merostomata umfasst die ausgestorbenen Eurypterida zu denen die Seeskorpione (Gigantostraca) gehören.

Ihre Fossilien haben eine Körperlänge von bis zu 1,5 m (→ E). Sie lebten vermutlich ebenfalls aquatisch und räuberisch.

A. Milbe (Acari)

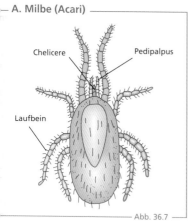

Chelicere

Pedipalpus

Laufbein

Abb. 36.7

B. Zecke (Ixodida)

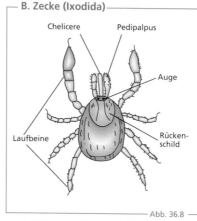

Chelicere

Pedipalpus

Auge

Laufbeine

Rücken-
schild

Abb. 36.8

C. Asselspinne (Pantopoda)

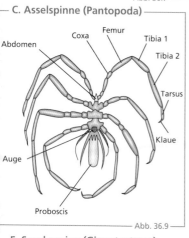

Abdomen

Coxa

Femur

Tibia 1

Tibia 2

Tarsus

Klaue

Auge

Proboscis

Abb. 36.9

D. Schwertschwanz (Xiphosura)

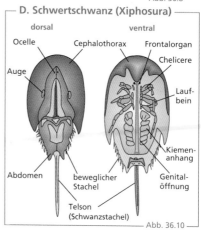

dorsal

ventral

Ocelle

Cephalothorax

Frontalorgan

Auge

Chelicere

Lauf-
bein

Abdomen

beweglicher
Stachel

Kiemen-
anhang

Genital-
öffnung

Telson
(Schwanzstachel)

Abb. 36.10

E. Seeskorpion (Gigantostraca)

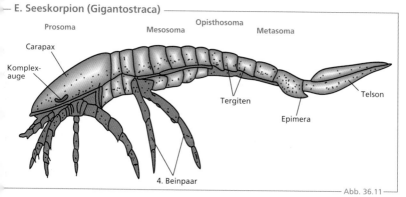

Prosoma

Opisthosoma

Mesosoma

Metasoma

Carapax

Komplex-
auge

Tergiten

Telson

Epimera

4. Beinpaar

Abb. 36.11

36.2 Myriapoda (Tausendfüßer)

Die Myriapoda werden in vier Gruppen eingeteilt: Chilopoda (Hundertfüßer), Symphyla (Zwergfüßer), Pauropoda (Wenigfüßer) und Diplopoda (Doppelfüßer). Alle sind landlebend und lang gestreckte, vielbeinige Tiere, die eine monophyletische Gruppe bilden.

Die drei letzten Gruppen werden als Progoneata zusammengefasst. Traditionell wurden die Myriapoda mit den Insecta als Antennata bezeichnet. Neuere molekukare Analysen zeigen jedoch eine enge Verwandtschaft mit den Chelicerata, sodass sie jetzt systematisch hinter diesen eingeordnet werden. Myriapoda sind wichtig für die Bodenbiologie und sorgen für die Zerkleinerung von pflanzlicher Substanz und für die Auflockerung des Bodens.

Chilopoda (Hundertfüßer)

Die etwa 3000 Arten können bis zu 25 cm lang werden und maximal 191 Beinpaare haben. Sie leben räuberisch und können ihre Beute mit Maxillipeden (Klauen) fassen und durch Gift betäuben (→ A). Sie haben Pseudofacettenaugen oder Ocellen und Postantennalorgane, die vermutlich als Schall- oder Feuchtigkeitsrezeptoren dienen. Die Atmung erfolgt mithilfe von Tracheen. Sie haben ein komplexes, offenes Blutgefäßsystem. Die Fortpflanzung erfolgt durch Übertragung von Spermatophoren. Die Eier werden bei der Ablage von der Gonopodenzange gehalten.

Symphyla (Zwergfüßer)

Die etwa 195 Arten sind blind und pigmentlos und leben im Dung und unter Steinen.

Der Körper ist ca. 9 mm lang und besteht aus zwölf Segmenten mit je einem Laufbeinpaar (→ B) und bis zu fünfzehn dorsalen Tergitplatten. Am Hinterende befinden sich zwei Spinngriffel (Cerci) mit großen Spinndrüsen. Vorne befinden sich zwei gegliederte Antennen. Die Tiere haben einen schlauchförmigen Darmtrakt mit zwei seitlichen Malpighi-Schläuchen. Das offene, mit Hämolymphe gefüllte Gefäßsystem hat ein dorsales Herz mit seitlichen Ostien und wie die Höheren Krebse Maxillar-

nephridien am Kopf. Ovarien und Hoden sin paarig. Die Spermaübertragung erfolgt dur einen ausstülpbaren Sekretstiel in eine Tasch im Mundvorraum des Weibchens.

Pauropoda (Wenigfüßer)

Die Pauropoda sind nur 2 mm groß un leben im Boden von den Hyphen vo Schimmelpilzen, die sie aussaugen. Etw 780 Arten sind bekannt.

Die blinden Tiere haben am kleinen Ko einen Pseudoculus, der einem Postantenn lorgan entspricht (→ C). Die neun oder zeh Segmente sind am Rücken mit Tergitplatte bedeckt und Trichobothrienhaare dienen a Tastsinnesorgane. Je nach Art haben sie neu bis elf Laufbeinpaare.

Diplopoda (Doppelfüßer)

Diplopoda werden bis zu 32 cm lang un aufgrund ihrer hohen Segmentzahl a Tausendfüßer bezeichnet (→ D). Ihre ca 13.000 Arten haben am Zersetzer vo Laub und Holz im Bodenbereich wel weit große biologische Bedeutung.

Am Kopf befinden sich geknickte Antenne mit denen der Boden abgetastet wird. Au jeder Kopfseite gibt es ein Ocellenfeld un ein Schläfenorgan (Postantennalorgan). M den kräftigen Mandibeln können auch klein Holzstücke zerkleinert werden. Wehrdrüse (→ E) enthalten giftige Sekrete aus Alkaloide und Blausäure, die verspritzt werden könne

36.3 Crustacea (Krebstiere)

Etwa 68.000 Arten sind von diese vielgestaltigen Tiergruppe bekannt. Di größten Arten haben eine Körperläng bis zu 50 cm und eine Spannweit der Beine bis zu 4 m. Die kleinste parasitischen Formen sind nur 100 μ groß.

Die Fortpflanzung ist gruppenspezifisc unterschiedlich. Die meisten Crustacee entwickeln sich über eine Naupilus-Larv (→ F). Ihre Systematik wird gegenwärti noch sehr kontrovers diskutiert. Neuerding unterscheidet man fünf höhere Teilgruppe deren Verwandtschaftsbeziehungen entwede nach dem traditionellen Entomostraca Konzept, oder nach dem Thoracopoda Konzept betrachtet werden.

A. *Scolopendra*

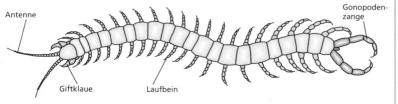

Antenne

Gonopoden-
zange

Giftklaue Laufbein

Abb. 36.12

B. Symphyla

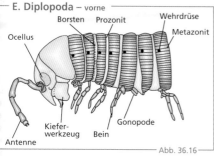

Laufbein

Antennen

Spinngriffel

Abb. 36.13

C. Pauropoda

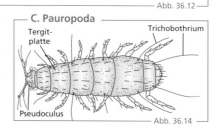

Tergit-
platte

Trichobothrium

Pseudoculus

Abb. 36.14

D. Diplopoda

Ocellenfeld

geknickte Antenne

Abb. 36.15

E. Diplopoda – vorne

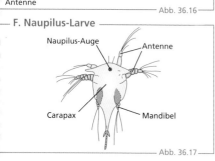

Borsten Prozonit Wehrdrüse

Ocellus

Metazonit

Kiefer-
werkzeug Bein

Gonopode

Antenne

Abb. 36.16

F. Naupilus-Larve

Naupilus-Auge

Antenne

Carapax Mandibel

Abb. 36.17

G. Cephalocarida

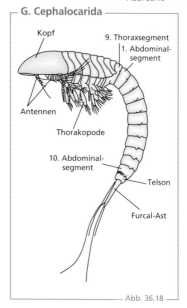

Kopf

9. Thoraxsegment
1. Abdominal-
segment

Antennen

Thorakopode

10. Abdominal-
segment

Telson

Furcal-Ast

Abb. 36.18

Wahrscheinlich stellen die Crustacea ein Paraphylum dar, in dem bis auf die Maxillipoda alle anderen vier Gruppen monophyletisch sind. Für diese Monophylie wurden zwei für Crustaceen charakteristische Kriterien herangezogen: das Naupilus-Auge und die zwei paarigen Nephridien in den Antennen und den Maxillen. Demnach sind die fünf höheren Teilgruppen der Crustacea die Cephalocarida (Hufeisengarnelen), die Branchiopoda (Kiemenfüßer), die Maxillopoda (Kinnbackenkrebse), die Malacostraca (Höhere Krebse) und die Remipedia.

Cephalocarida (Hufeisengarnelen) Die elf Arten leben marin und haben einen bis 3 mm lang gestreckten Körper. Der Körper gliedert sich in den hufeisenförmigen Kopf, Thorax (neun Segmente), Abdomen (zehn Segmente) ,Telson und Furka-Gabel. Die Antennen und Mundwerkzeuge entspringen unter dem Kopfschild. Die Thorakopoden sind kurze Blattbeine. Ihr synchronisierter kräftiger Schlag dient der Fortbewegung und dem Nahrungserwerb. Die Tiere sind augenlos und haben ein Strickleiternervensystem. Dorsal im Rumpf liegt ein schlauchförmiges Herz. Die Ovarien der simultanen Zwitter liegen im Kopf, die Hoden im Rumpf. Maximal werden zwei große Eier hervorgebracht, die in Eisäckchen am Körper des Weibchens getragen werden.

Branchiopoda (Kiemenfüßer) sind Süßwasserbewohner, von denen einige sekundär ins Meer zurückgekehrt sind. Sie können auch in extremen Biotopen mit hohem Salzgehalt leben. Zu dieser monophyletischen Gruppe gehören die Anostraca (Feenkrebse), die Notostraca (Rückenschaler), die Laevicaudata (Glattschwänze) und die Spinicaudata (Dornschwänze) und die Cladocera (Wasserflöhe).

Zu den Wasserflöhen gehört Daphnia (→ A, B). Ihr kurzer Körper trägt am Thorax fünf Beinpaare, ein anhangloses Abdomen und ein nach vorne gebogenes Telson mit zwei Grabklauen. Den gesamten Körper umhüllt ein zweischaliger Carapax. Der Kopf hat einen Schild und zwei Antennen, von denen die zweite groß und zweiästig ist. Die Nahrungspartikel werden aus dem Wasser durch einen komplizierten Filtriermechanismus ge-

wonnen, bei dem die Bewegungen der b borsteten Blattbeine eine entscheidende Ro spielen (Pumpmechanismus). Über eine m diane Futterrinne gelangen die Partikel z Mundöffnung.

Daphnien haben ein Komplexauge und e Naupilus-Auge, einen Darm mit Blindsäcke (Caecum) und ein tonnenförmiges Herz. G fäße sind nicht vorhanden. Die Fortpflanzu ist bisexuell, eine diploide Parthenogene kann vorkommen und die dotterreichen Ei werden im dorsalen Brutraum abgelegt. Da ereier mit Hülle werden im Wasser abgelegt

Maxillopoda (Kinnbackenkrebse) Z ihnen gehören die Mystocarida, d Copepoda (Ruderfußkrebse), Cirriped (Rankenfüßer), Pentastomida (Zunge würmer), Branchiura (Karpfenläuse) un die Ostracoda (Muschelkrebse).

Die Mystocarida sind miroskopisch klein Krebse (0,5–1 mm), die im Sandlückensyste der Strände leben. Weltweit sind 13 Arten ve breitet. Pro Kubikmeter Sand können bis zu 1 Mio. Tiere leben. Am Thorax haben sie kurz Stummelfüße zum Abstützen. Die Eier werde einzeln und frei abgelegt. Es erfolgen ein äußere Besamung und Befruchtung. Die En wicklung verläuft über eine Naupilus-Larve.

Copepoda (Ruderfußkrebse) sind mit 14.00 bekannten Arten eine besonders große Grup pe. Vermutlich gibt es aber noch viel meh bisher noch unbekannte Arten. Sie lebe weltweit ubiquitär aquatisch, von der Tiefse bis zum Gletschersee. Die Copepoda habe eine wichtige ökologische Bedeutung im Nah rungskreislauf, da sie im Meer die größt Quelle tierischen Eiweißes darstellen und a Nahrung für viele marine Tiere (Wale, Haie Fische) dienen. Sie selbst sind Mikroherbivo ren (ernähren sich von Plankton) einige Arte leben auch parasitär.

Ihr Körperbau ist entsprechend der viele Arten und Lebensräume sehr unterschiedlich Die Tiere sind überwiegend klein (0,5–5 mm) Der Cephalothorax ist mit dem Thorakome verschmolzen und trägt die Maxillipeden (→ C). Sie sind getrenntgeschlechtlich und kopu lieren. Die Eier werden in Säckchen getrager aus ihnen schlüpfen Naupilus-Larven.

Adulte Cirripedia (Rankenfüßer) leben marir entweder sessil als Filtrierer oder als Parasiten Charakteristisch sind ihre paarigen Rankenfü ße am gedrungenen Körper (→ D). Diese Cir ren schlagen rhythmisch zum Nahrungsfang.

A. *Daphnia* – Seitenansicht

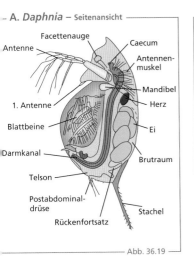

Antenne
Facettenauge
Caecum
Antennen-
muskel
Mandibel
1. Antenne
Herz
Blattbeine
Ei
Darmkanal
Brutraum
Telson
Postabdominal-
drüse
Stachel
Rückenfortsatz

— Abb. 36.19 —

B. *Daphnia* – Aufsicht von ventral

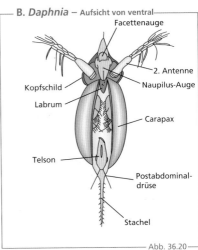

Facettenauge
2. Antenne
Kopfschild
Naupilus-Auge
Labrum
Carapax
Telson
Postabdominal-
drüse
Stachel

— Abb. 36.20 —

C. Copepoda

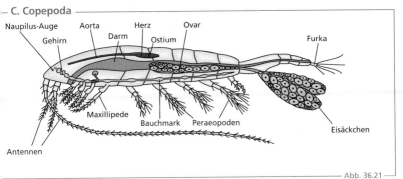

Naupilus-Auge
Aorta
Herz
Ovar
Gehirn
Darm
Ostium
Furka
Maxillipede
Bauchmark
Peraeopoden
Eisäckchen
Antennen

— Abb. 36.21 —

D. Cirripedia – Bauplan

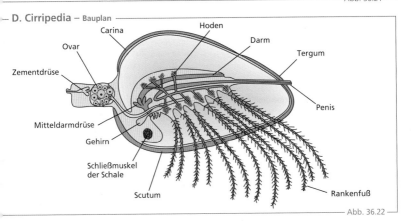

Carina
Hoden
Ovar
Darm
Zementdrüse
Tergum
Penis
Mitteldarmdrüse
Gehirn
Schließmuskel
der Schale
Scutum
Rankenfuß

— Abb. 36.22 —

Cirripedia unterteilen sich in drei Gruppen: Die etwa 40 Arten der Acrothoracia leben eingebohrt in Höhlen und Kalkschalen von Schnecken und Muscheln. Sie haben meist kurze Cirren, mit denen sie Nahrungspartikel zum Mund hin transportieren. Die 1100 Arten der Thoracia haben zwei Bauformen. Die gestielten Formen werden als Entenmuscheln bezeichnet (→ A), die ungestielten Formen als Seepocken (→ B).

Dosima (*Dosima fascicularis*) wird auch als Bojenbildende Entenmuschel bezeichnet. Sie treibt mithilfe eines schaumigen, gasgefüllten Gebilde (Schaumfloß) an der Meeresoberfläche (→ A). Die Muschel hängt an einem biegsamen Stiel und bildet durch Kalkeinlagerungen im Mantel eine Schale aus unterschiedlichen geformten Kalkplatten (Scutum, Tergum, Carina). Durch Entfalten und Einrollen der Cirren wird das Plankton aus dem Wasser filtriert. Die Muschel ist weltweit verbreitet und entwickelt sich über Naupilus- und Cypris-Larven.

Balanus (Seepocken) Diese ungestielte Form der Thoracia lebt im Atlantik und nördlichen Meeren sessil, angeheftet an Felsen, in Tiefen bis zu 60 m. Ihre Zementdrüse an der Antennenbasis bewikt eine feste Anhaftung (→ B). Der Carapax hat eine konische, kreisförmige Form, einen Durchmesser von mehreren Zentimetern und ist nach oben offen. Die Nahrungspartikel werden aus dem Plankton filtriert.

Die dritte Druppe der Cirripeda umfasst die etwa 230 Arten der Rhizocephala (Wurzelkrebse), die endoparasitisch auf anderen Krebsen leben.

Pentastomidae (Zungenwürmer) sind parasitische Arthropoden, die Atmungsorgane (Lungen, Nasennebenhöhlen, Luftsäcke) von Reptilien, Vögeln, Säugetieren und Mensch befallen. Deshalb wurden sie früher auch Lungenwürmer genannt. Ihre systematische Zuordnung war lange umstritten. Nach neuen molekulare Befunden gehören sie zu den Crustacea. Ihre 130 Arten leben vorwiegend in den Tropen.

Der wurmartige Körper ist äußerlich in Ringe (Hautfalten) gegliedert und hat die Form einer Zunge und eine artspezifische Länge von wenigen Millimetern bis ca. 15 cm. Neben der Mundöffnung haben die Tiere zwei Paar hakenförmige Fortsätze, mit denen sie sich im Wirt verankern. Der Körper wird von

einem schlauchförmigen Darm durchzog… Atmungsorgane, Gefäßsystem und Exkre… onsorgane sind nicht vorhanden. Im Körp… befinden sich großvolumige Keimdrüsen (… C, D), die bei den Weibchen bis 500.000 E… enthalten können. Pentastomidae sind g… trenntgeschlechtlich, das Männchen ist erhe… lich kleiner und stirbt nach der Befruchtu… im Endwirt ab. Im Uterus finden die E… wicklungsschritte bis zur infektiösen, primär… Larve statt.

Die weitere Entwicklung verläuft über Zw… schenwirte (Insekten, Amphibien, Reptilie… welche die vom Weibchen ausgeschieden… Eier aufnehmen. In ihnen verbreiten sich d… Larven in alle Körperhöhlen und entwicke… sich über vier bis acht Häutungen zur zu… für den Endwirt infektiösen, terminalen St… dium. Der Endwirt nimmt die Larven mit d… Nahrung auf. Sie wandern in die Lunge, vera… kern sich mit den Kopfhaken im Gewebe u… saugen Blut. Bis zur Geschlechtsreife könn… dann mehrere Monate vergehen. Durch Au… husten oder Niesen gelangen die infektiöse… Eier wieder in die Umwelt.

Branchiura (Karpfenläuse) sind Ektoparasite… von Süßwasser- und selten auch von Meere… fischen. Ihre 210 Arten kommen weltweit vo…

Der Körper ist dorsoventral abgeflacht un… bis zu zwei Zentimeter lang. Die Tiere habe… Komplexaugen (→ E) und ihre ersten Maxi… len sind zu Haken oder Saugnäpfen umge… wandelt. Über ihren Stachel saugen sie Bl… und Mucus. Am Thorax tragen sie vier Paa… Schwimmbeine. Felder mit dünner Cuticu… dienen der Atmung und der Osmoregulatio… Die getrenntgeschlechtlichen Tiere kopulier… auf dem Wirt. Die Weibchen verlassen diese… und legen die in Gelege mit bis zu 1000 Eie… am Grund auf Wasserpflanzen und Steinen a… Es schlüpfen Nauplien oder Jungstadien.

Ostracoda (Muschelkrebse) sind winzige (0,… mm) große Kleinkrebse, deren ungegliederte… Körper äußerlich einer Muschel ähnelt. Si… leben weltweit marin, auch im Süß- und Brack… wasser und in feuchtem Laub und Moos.

Etwa 13.000 rezente Arten sind bekannt. De… Körper ist von einem zweiklappigen Carapa… umschlossen und hat ein Naupilus-Auge (→ F… ausgeprägte Antennen und lange Schwimm… borsten. Die getrenntgeschlechtlichen Tier… entwickeln sich über Naupilus-Larven.

— A. *Dosima* —

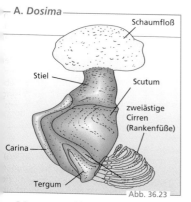

Schaumfloß

Stiel

Scutum

zweiästige
Cirren
(Rankenfüße)

Carina

Tergum

Abb. 36.23

B. *Balanus* —

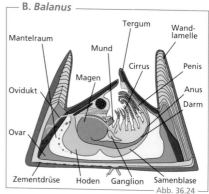

Mantelraum

Tergum

Wand-
lamelle

Mund

Cirrus

Penis

Magen

Anus

Ovidukt

Darm

Ovar

Zementdrüse   Hoden   Ganglion   Samenblase

Abb. 36.24

— C Pentastomida – männlich —

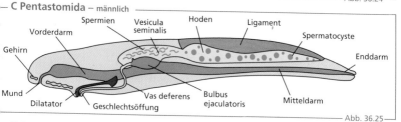

Spermien   Vesicula   Hoden   Ligament
            seminalis

Vorderdarm

Spermatocyste

Gehirn

Enddarm

Mund

Vas deferens   Bulbus
                ejaculatoris

Mitteldarm

Dilatator   Geschlechtsöffnung

Abb. 36.25

— D Pentastomida – weiblich —

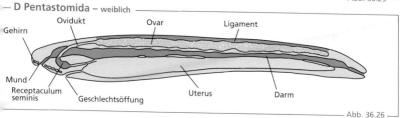

Ovidukt   Ovar   Ligament

Gehirn

Mund

Receptaculum
seminis

Geschlechtsöffnung   Uterus   Darm

Abb. 36.26

— E. Branchiura – Aufsicht von ventral —

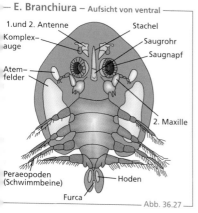

1.und 2. Antenne   Stachel

Komplex–
auge

Saugrohr

Saugnapf

Atem–
felder

2. Maxille

Peraeopoden
(Schwimmbeine)   Hoden

Furca

Abb. 36.27

— F. Ostracoda —

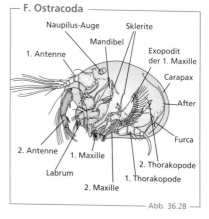

Naupilus-Auge   Sklerite

Mandibel

Exopodit
der 1. Maxille

1. Antenne

Carapax

After

Furca

2. Antenne   1. Maxille   2. Thorakopode

Labrum   1. Thorakopode

2. Maxille

Abb. 36.28

Malacostraca

Mit etwa 28.000 Arten sind die Höheren Krebse (Malacostraca) die artenreichste Gruppe der Crustacea. Zu ihnen gehören die Hummer, Krabben, Flusskrebse, Garnelen, Langusten, aber auch die Flohkrebse und die Asseln.

Leptostraca leben marin im Faulschlamm der Böden bis in große Tiefen. Etwa 30 rezente Arten sind bekannt, die sich über Filtration von Detritus ernähren. Sie gehören zur Unterklasse der Phyllocarida, deren andere Ordnungen ausgestorben sind.

Der Körper besteht aus acht Thorakomeren und sieben Pleomeren (→ A). Ein großer Carapax mit einem beweglichen Scharnier bedeckt den Thorax und Teile des Pleomers und ist nach vorne durch ein Rostrum verlängert. Der Kopf besteht aus sechs teilweise verschmolzenen Segmenten und trägt die Mundwerkzeuge, zwei Antennenpaare und gestielte Facettenaugen. Die Pleopoden sind reich beborstete Schwimmbeine und das Telson trägt ein Paar bewegliche Furcal-Äste.

Stomatopoda (Fangschreckenkrebse) leben marin in Spalten oder Höhlen. Sie fangen Beute mit ihren Raubbeinen (→ B). Etwa 350 Arten sind bekannt, die bis 30 cm groß werden.

Sie haben ein langes Pleon aus sechs Pleomeren. Das Telson ist mit den Uropoden nach unten gebogen und bildet einen breiten Schwanzfächer, der auch als Verschluss des Höhleneingangs dient. Die zweite Antenne ist wie ein Spaltbein aufgebaut, mit dem Endopodit als Geißel und dem Exopodit als blattförmige Schuppe. Er wird auch als Scaphocerit (→ A, B) bezeichnet. Die Epipoditen der Thorakopoden fungieren als Kiemen. Die Raubbeine können mit großer Geschwindigkeit zupacken und mit ihren spitzen Dornen und Zähnen neben Fischen auch hartschalige Tiere (Schnecken, Muscheln) ergreifen und zerstückeln.

Decapoda (Zehnfußkrebse) sind mit etwa 18.000 Arten in allen Weltmeeren verbreitet. Sie sind überwiegend Bodenbewohner, vom Strand bis in die Tiefsee, haben sich aber auch ins Süßwasser ausgebreitet (Flusskrebs) und auch den Übergang zum Landleben (Einsiedlerkrebs) vollzogen. Ihre Fortpflanzung erfolgt allerdings stets im Wasser.

Die Körperform zeigt entweder den garnelenartigen (caridoiden) oder den krabbenartigen (cancroiden) Habitus. Der Körper gliedert sich nur in zwei Tagmata, den Cephalothorax und das Pleon. Der Cephalothorax umfasst auch alle acht Thorakomeren, über denen dorsal ein Carapax liegt. Dorsal im Körper liegt das offene Rückengefäß mit dem Herz (→ C). Das Nervensystem besteht aus Gehirn, Unterschlundganglion und einem durch Ganglien segmentierten Bauchmark. Alle Thorakopoden sind Spaltbeine und tragen Kiemen (→ D). Diese können bei Decapoden aber auch an unterschiedlichen Stellen liegen und tragen dann verschiedene Bezeichnungen (→ F). Decapoden sind getrenntgeschlechtlich nur bei Garnelen kommt Hermaphroditismus vor.

Flusskrebse (→ E)   Sie zeichnen sich durch einen dicken Panzer über dem Cephalothorax und dem Pleon aus. Sie leben weltweit und erbeuten ihre Nahrung mit ihren großen Scheren.

Einsiedlerkrebse (→ G)   Sie haben einen speziellen Habitus mit einem weichen gebogenen Pleon, das sie zu Schutz in rechtsgewundenen Schneckenschalen unterbringen.

Im Laufe des Wachstums ziehen sie in immer größere Schalen um. Sie haben unterschiedlich große Scherenbeine und werden als linke bzw. rechtshändige Einsiedlerkrebse bezeichnet. Zu den Landeinsiedlerkrebsen (Coenobita) gehört der Palmendieb (Birgus latro), der auf Bäume klettert und nur sein Larvalstadium im Wasser verbringt.

Brachyura (Krabben) werden auch Kurzschwanzkrebse genannt. Etwa 6800 Arten sind bekannt, die überwiegend im Meer leben, einige auch im Süßwasser oder an Land.

Ihr Cephalothorax ist stark verbreitert und abgeflacht. Der Carapax ist breiter als lang. Der Hinterleib (Pleon) ist meist verkürzt und liegt umgeklappt unter dem Kopf-Brust-Teil (Cephalothorax). Die Facettenaugen sitzen auf Stielen. Krabben laufen seitwärts. Sie entwickeln sich über mehrere Stadien von Zoea-Larven, die sich deutlich von der adulten Form unterscheiden.

A. Leptostraca

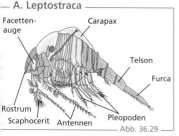

Facetten-auge
Carapax
Telson
Furca
Rostrum
Scaphocerit
Antennen
Pleopoden

Abb. 36.29

B. Stomatopoda

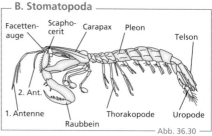

Facetten-auge
Scapho-cerit
Carapax
Pleon
Telson
2. Ant.
1. Antenne
Raubbein
Thorakopode
Uropode

Abb. 36.30

C. Decapoda – Bauplan

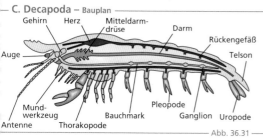

Gehirn
Herz
Mitteldarm-drüse
Darm
Rückengefäß
Auge
Telson
Mund-werkzeug
Bauchmark
Pleopode
Ganglion
Uropode
Antenne
Thorakopode

Abb. 36.31

D. Spaltbein

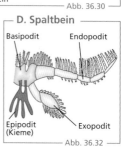

Basipodit
Endopodit
Epipodit (Kieme)
Exopodit

Abb. 36.32

E. *Orconectes* – Aufsicht von dorsal

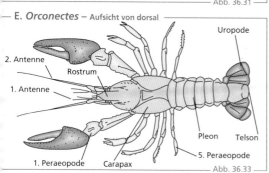

Uropode
2. Antenne
Rostrum
1. Antenne
Pleon
Telson
5. Peraeopode
1. Peraeopode
Carapax

Abb. 36.33

F. Kiemen

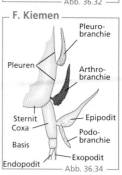

Pleuro-branchie
Pleuren
Arthro-branchie
Sternit
Coxa
Epipodit
Podo-branchie
Basis
Exopodit
Endopodit

Abb. 36.34

G. Einsiedlerkrebs – Aufsicht von dorsal

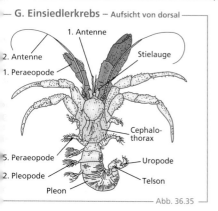

1. Antenne
2. Antenne
Stielauge
1. Peraeopode
Cephalo-thorax
5. Peraeopode
Uropode
2. Pleopode
Telson
Pleon

Abb. 36.35

H. Brachyura – Zoea-Larve

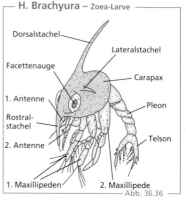

Dorsalstachel
Lateralstachel
Facettenauge
Carapax
1. Antenne
Pleon
Rostral-stachel
2. Antenne
Telson
1. Maxillipeden
2. Maxillipede

Abb. 36.36

Isopoda (Asseln) gehören zu den Höheren Krebsen (Malacostraca) und haben mit ca. 10.000 Arten eine große ökologische Diversität entwickelt. Sie leben weltweit vorwiegend marin, es gibt aber auch Formen im Süßwasser und an Land. Ihre Körpergröße kann artspezifisch 1–30 cm betragen, meist sind sie aber 1–5 cm lang.

Sie haben eine vom Rücken zum Bauch abgeplattete, ovale Form (→ A, B) und können sich mit sieben Laufbeinen (Peraeopoden) gut fortbewegen. Das erste Thorakomer ist mit dem Kopf zu einem Cephalothorax verschmolzen. Anschließend folgen die sieben Peraeomere, die jeweils ein Laufbeinpaar tragen und die fünf kürzeren Pleomere und das Pleotelson. Die Pleomere können verschmelzen und so ein starres Pleon bilden. An ihnen sitzen die Pleomere, deren zwei Äste scheibenartig übereinander liegen. Sie dienen dem Schwimmen und der Osmoregulation, tragen aber auch die Kiemen. Die dahinterliegenden Uropoden bilden zusammen mit dem Pleotelson einen Schwanzfächer. Er dient als Steuer, Schutzschild und Graborgan.

Das Nervensystem besteht aus einem verschmolzenen Unterschlundganglion mit anschließendem Strickleiternervensystem. Asseln besitzen am Cephalothorax ungestielte Facettenaugen und im Pleotelson Statocysten. Der Darmtrakt besteht aus einem komplexen Magen, einer Mitteldarmdrüse mit vier Drüsenschläuchen und einem Rektum mit Blindsäcken. Die Exkretion erfolgt über Maxillardrüsen. Das Kreislaufsystem hat ein dorsales, weit hinten liegendes Herz mit seitlichen Ostien und davor eine Kopfaorta. Seitliche Arterien leiten die Hämolymphe in den Körper und in die Thorakopoden. Bei Landasseln sind die Kiemen an den Pleopoden in Lungen umgewandelt worden.

Asseln sind meist getrenntgeschlechtlich, bei einigen Arten kommen protandrische und protogyne Zwitter vor. Bei Landasseln gibt es auch Parthenogenese. Die Begattung erfolgt meist nur während einer Häutungspause nach der Reifehäutung (Parturialhäutung). Die befruchteten Eier werden im Brutraum (Marsupium) des Weibchens abgelegt. Sie entwickeln sich über drei Manca-Stadien teils noch im Marsupium, teils schon im Freien. Danach folgt eine Jugendphase, die mit der Reifehäutung endet. Asseln häuten sich in zwei Abschnitten. Zuerst wird der hintere Körperabschnitt gehäutet, danach der vordere. Meist wird die alte Cuticula anschließend gefressen. Es gibt zahlreiche parasitisch lebende Arten, die in ihrem Körperbau so unterschiedlich sind, dass sie oft nur über die Entwicklung ihrer Larvenstadien identifiziert werden können. Sie haben einen unterschiedlichen Entwicklungsverlauf, doch leben alle parasitischen Arten als Ektoparasiten auf Fischen und Crustaceen.

Folgende Subtaxa sind bekannt: Asselota umfassen etwa 200 Arten, die marin oder im Süßwasser leben. Einige Arten kommen im Philippinen-Graben bis in 10.000 m Tiefe vor. Zu den Oniscidea (Landasseln) zählen etwa 3500 Arten. Durch ein spezielles Wasserleitungssystem an den Tergiten schützen sie sich vor Austrocknung und kommen deshalb auch in extremen Trockengebieten und Wüsten vor. Die ca. 500 Arten der Valvifera leben in der Ostsee und stellen die größten einheimischen Asseln dar. Anthurida mit etwa 110 Arten leben ebenfalls marin. Sphaeromatidea lebt an norddeutschen Küsten und kann mithilfe von symbiotischen Mikroorganismen und Cellulase im Darm Gänge in Holzkonstruktionen bohren. Die Gruppe der Cymothoida umfasst alle parasitischen Asseln. Einzelne Arten können bis zu 27 cm lang werden.

Remipedia

Sie wurden erst 1980 im Meerwasser vor Kalksteinhöhlen der Subtropen (Karibik, Yucatan) entdeckt. Bisher sind 24 Arten bekannt.

Ihr Körper ist 9–45 mm lang und in Kopf und Rumpf gegliedert (→ C). Der Rumpf besteht je nach Art aus bis zu 42 Segmenten mit Schwimmbeinen. Als Höhlenbewohner haben sie keine Augen und kein Körperpigment. Sie besitzen zwei Antennenpaare und können mit ihren Greifextremitäten (Maxillen und Maxillipedien) Beute fangen und Verdauungssäfte in diese injizieren. Remipedia schwimmen mit gleichmäßig koordiniertem Beinschlag und mit dem Rücken nach unten. Sie besitzen ein komplexes Gehirn und ein Strickleiternervensystem, die lange Zeit vermuten ließen, dass die Remipedia eine Schwestergruppe der Insecta sind, was sich aber nicht bestätigt hat. Die Exkretion erfolgt mithilfe von Maxillardrüsen im Kopf. Remipedia sind simultane Zwitter und entwickeln sich über lecitotrophe Nauplien.

A. Isopoda – Seitenansicht

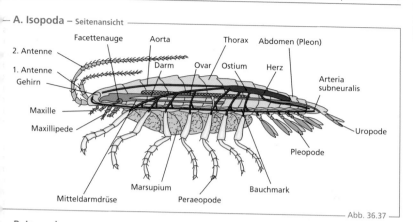

2. Antenne
Facettenauge
Aorta
Thorax
Abdomen (Pleon)
1. Antenne
Darm
Ovar
Ostium
Herz
Gehirn
Arteria subneuralis
Maxille
Maxillipede
Uropode
Pleopode
Marsupium
Bauchmark
Mitteldarmdrüse
Peraeopode

— Abb. 36.37 —

B. Isopoda – Dorsalansicht

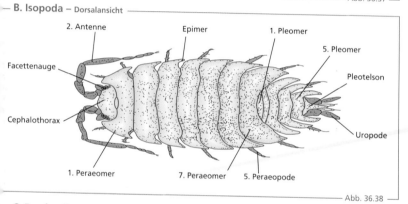

2. Antenne
Epimer
1. Pleomer
5. Pleomer
Facettenauge
Pleotelson
Cephalothorax
Uropode
1. Peraeomer
7. Peraeomer
5. Peraeopode

— Abb. 36.38 —

C. Remipedia

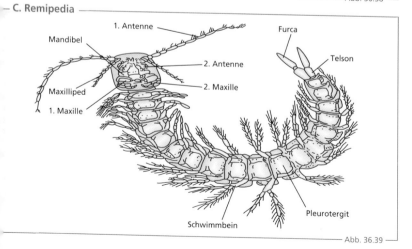

1. Antenne
Mandibel
Furca
Telson
2. Antenne
2. Maxille
Maxilliped
1. Maxille
Pleurotergit
Schwimmbein

— Abb. 36.39 —

36.5 Insecta (Hexapoda)

Die Insekten kann man zusammen mit den Myriapoden als landlebende Arthropoden bezeichnen. Mit über 1 Mio. bekannten Arten stellen sie mehr als die Hälfte der heute bekannten Arten dar. Viele Insektenarten, vor allem im tropischen Regenwald, sind noch unbekannt. Schätzungen der tatsächlichen Artenzahl gehen deshalb bis 30 Mio. Der Ursprung der Insekten liegt vermutlich im späten Kambrium. Charakteristisch für die Insecta sind die artspezifisch unterschiedlich ausgeprägten Mundwekzeuge (→ A).

Der Begriff Apterygota (Flügellose) war eine traditionelle Bezeichnung für die morphologisch ähnlichen Gruppen der Fischchen, Felsenspringer, Springschwänze, Beintastler und Doppelschwänze, die damit alle als Urinsekten gruppiert wurden. „Apterygota" wird in der heutigen Systematik nicht mehr verwendet, da inzwischen belegt ist, dass diese Gruppen paraphyletisch sind.

Collembola (Springschwänze) tragen ihren Namen, weil sie mit ihrer Sprunggabel (Furca) weit springen können (→ B).

Collembola leben vorwiegend in Humus und verrottetem Pflanzenmaterial und kommen weltweit in verschiedensten Habitaten (von Wüsten bis Regenwälder) vor. Mit ihren Mundwerkzeugen weiden sie Oberflächenbeläge von Pilzen, Algen und Bakterien ab und sind deshalb von großer ökologischer Bedeutung. Derzeit sind etwa 9000 Arten bekannt.

Traditionell wurden die Collembola zusammen mit den Protura und den Diplura als Entognatha (Sackkiefler) zusammengefasst. Begründung dafür ist, dass nur bei diesen drei Gruppen die Mundwerkzeuge in einer Mundtasche liegen, die von einer Falte der Kopfkapsel gebildet wird. Das Taxon wird den übrigen Insecta mit offen liegenden Mundwerkzeugen (Ectognatha) gegenübergestellt. Neuerdings ist das Taxon „Entognatha" aber umstritten und wird möglicherweise wieder aufgelöst, da die Diplura auch eine Schwestergruppe der Insecta sein könnten.

Drei ungewöhnliche Autoapomorphien begründen die Monophylie der Collembola. Das Abdomen hat nur sechs Segmente, einen außergewöhnlichen Sprungapparat (Furca) und einen röhrenförmigen Ventraltubus. Letzterer wird als Haft- und Putzapparat und zur Wasseraufnahme verwendet.

Als Sinnesorgane dienen Komplexauge, Ocellen und das chemorezeptive Postantennalorgan (→ B). Malpighi-Gefäße fehlen, das Tracheensystem fehlt ebenfalls oder ist nur schwach ausgeprägt. Äußere Genitalien sind nicht vorhanden, die Befruchtung ist extern. Die Eier werden in Ballen abgelegt und die Entwicklung verläuft über zahlreiche (bis zu 50) Häutungen.

Protura (Beintastler) sind mit etwa 700 weltweit verbreiteten Arten eine monophyletische Gruppe, deren Antennen völlig reduziert sind (→ C). Sie leben in feuchten Mikrohabitaten im Boden und saugen mit ihren stilettartigen Mandibeln Pilzhyphen aus.

Die Tiere haben einen schlanken, unpigmentierten Körper von bis zu 3 mm Länge. Mandibeln und Maxillen liegen in getrennten Mundtaschen. Komplexaugen und Ocellen fehlen. Am Thorax sitzen bewegliche Tastbeine. Das Abdomen hat 12 Segmente mit Extremitätenresten (Abdominalextremitäten). Cerci fehlen, der Genitalapparat liegt in einer Genitalkammer und ist durch einen Genitalporus ausstülpbar. Äußerlich ist der Genitalapparat bei beiden Geschlechtern ähnlich. Malpighi-Gefäße sind als kurze Papillen angelegt.

Diplura (Doppelschwänze) umfassen derzeit etwa 1000 bekannte Arten, die weltweit in Bodenspalten mit konstantem Mikroklima leben. Nur in Gebieten mit extremem Klima (Arktis, Antarktis) fehlen sie.

Ihr langgestreckter, schlanker Körper hat ein aus zehn Segmenten bestehendes Abdomen und eine ausgeprägte prognathe Kopfform, die Kiefer ragen deutlich vor. Diese beiden Apomorphien begründen die Monophylie dieser Gruppe.

Augen und Temporalorgane fehlen, die langen Antennen haben artspezifisch bis zu 70 Glieder (→ D). Am Ende befinden sich zwei zangenförmige Cerci. Diplura haben papillenförmige Malpighi-Gefäße und ein gut entwickeltes Tracheensystem. Die Männchen setzen gestielte Spermatophoren ab, die Befruchtung erfolgt im Atrium der weiblichen Geschlechtspapille ohne direkten Kontakt mit den Männchen.

A. Mundwerkzeuge

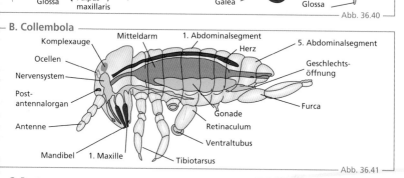

beißend-kauend **stechend-saugend** **saugend** **leckend-saugend**

Komplexauge

Antenne

Labrum

Mandibel

Palpus labialis

Glossa Palpus maxillaris

Antenne

Komplexauge

Labrum

Mandibel

Palpus labialis

Galea

Palpus labialis

Glossa

— Abb. 36.40 —

B. Collembola

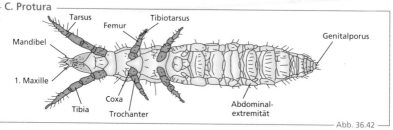

Komplexauge Mitteldarm 1. Abdominalsegment 5. Abdominalsegment

Ocellen Herz

Nervensystem Geschlechtsöffnung

Postantennalorgan Furca

Antenne Gonade

Mandibel 1. Maxille Retinaculum Ventraltubus

Tibiotarsus

— Abb. 36.41 —

C. Protura

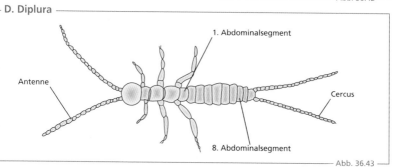

Tarsus Tibiotarsus

Mandibel Femur Genitalporus

1. Maxille

Tibia Coxa Abdominalextremität

Trochanter

— Abb. 36.42 —

D. Diplura

1. Abdominalsegment

Antenne

Cercus

8. Abdominalsegment

— Abb. 36.43 —

Insekten haben eine enorme ökologische Bedeutung als schädliche Pflanzenfresser, als Überträger von Parasiten und als Ekto- und Endoparasiten und im positiven Sinn als Bestäuber, Vertilger von Schädlingen und als Beseitiger von Dung und Kadavern. Die nun folgenden Ectognatha (Insekten im eigentlichen Sinn) haben alle offenliegende Mundwerkzeuge.

Archaeognatha (Felsenspringer) sind weltweit in vielen verschiedenen Lebensräumen verbreitet, vom Hochgebirge bis in Polarregionen und Regenwälder. Etwa 500 Arten sind bekannt. Diese leben meist auf feuchten Böden und ernähren sich von Algen, Flechten und Moosen.
Der schlanke, tropfenförmige Körper ist dorsal gewölbt und wird bis zu 25 cm lang (→ A). Sie haben lange, gegliederte Antennen und extrem lange, siebengliedrige Maxillarpalpen. Charakteristisch sind die Fluchtsprünge bis etwa 20 cm. Am Kopf befinden sich große Komplexaugen und drei Ocellen. Am Thorax befinden sich drei paarige Laufbeine, an deren Coxa Styli ansetzen. Am Abdomen (elf Segmente) befinden sich basale Coxalbläschen zur Wasseraufnahme und ebenfalls behaarte Styli (→ A, B) sowie die Geschlechtsapparate (Gonapophyse). Die Tiere haben ein Tracheensystem, ein dorsales Herz mit Ostien und viele Malpighi-Gefäße. Die Spermien werden in Tropfen auf Trägerfäden übertragen. Weibchen legen mehrere Eier in Bodenhöhlen ab. Die postembryonale Entwicklung dauert bis zu zwölf Monate und umfasst mehrere Häutungen.

Zygentoma (Silberfischchen) sind ebenfalls weltweit verbreitet und kommen besonders häufig in den Tropen und Subtropen vor. Etwa 500 Arten sind bekannt. Diese benötigen die feuchte, dunklen Lebensräume und meiden Sonneneinstrahlung. Sie leben in Höhlen und Spalten, manchmal auch in Ameisen- und Termitennestern. Als Allesfresser haben sie ein breites Nahrungsspektrum.

Ihr Körper ist ebenfalls tropfenförmig und wenige Millimeter bis 20 mm groß (→ C). Ihre cuticulären Schuppen glänzen silbrig und a Hinterende haben sie ein langes Terminalfil ment und zwei Cerci. Ihre Lichtsinnesorga sind reduziert, neben Arten mit Komplexa gen kommen in Höhlen auch augenlose Arte vor. Die Antennen sind lang, der Maxillarpa pus ist nicht verlängert. Am Thorax inserierе drei paarige Laufbeine. Die Segmente habe eine charakteristische Vorwölbung (Parane tum). Das elfgliedrige Abdomen trägt an ma chen Segmenten Styli. Manche Arten habe auch Coxalbläschen. Die zweigeschlechtliche Tiere haben eine externe Befruchtung übe abgesetzte Spermatophoren.

Pterygota (Fluginsekten)

Eine der wichtigsten evolutiven Weiterent wicklungen der Insekten ist die Bildung vo Flügeln. Diese sind vermutlich am Ende de Devons entstanden und ermöglichten den In sekten durch die Flugfähigkeit eine weite Ve breitung und Fluchtfähigkeit vor Fressfeinde

Die Flügel entwickeln sich aus den kiemena tigen Anhängen der Extremitätenbasen. S bestehen aus einer Doppelschicht der Cuticul mit zweilagiger Epidermis und haben speziel Gelenkstrukturen. Ihre Geäder (→ D) diene der Versteifung und deren hohle Längsachse enthalten Nerven, Tracheen und Hämolym phe. Es gibt Vorder- und Hinterflügel, di unabhängig voneinander schlagen könne bei manchen Arten aber auch gekoppelt sin Bei manchen Insekten ist ein Flügelpaar z Schwingkölbchen umgebildet.

Das Gefäßsystem der Insekten ist offe und besteht aus einem dorsalen Längs gefäß mit seitlichen Ostien (→ D). E ist mit seitlichen Flügelmuskeln aufge hängt und fungiert als Herz.

Vom Rückengefäß zweigen Seitenäste ab, di bis in die Flügel und Extremitäten reichen (→ E). An den Basen von Antennen und Flügel be finden sich kontraktile Ampullen. Die Hämo lymphe besteht aus Plasma und verschiedenеn Hämocyten mit endokinen Funktionen.

Das Strickleiternervensystem hat cranial ei dreiteiliges Gehirn und anschließend dreite lige Ganglien (→ D). Im Thorax sitzen weiter drei paarige Ganglien, im Abdomen acht paa rige Ganglien. Sie sind über Konnektive mit miteinander verbunden. Das viszerale Nerven system besteht aus dem caudalen, stomato gastrischen Teil und dem distalen unpaare Nerv (Leydig-Nerv).

A. Archaeognatha

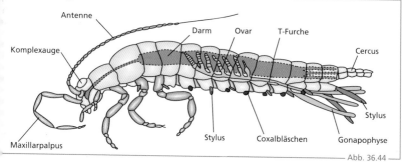

Antenne
Darm
Ovar
T-Furche
Komplexauge
Cercus
Stylus
Maxillarpalpus
Stylus
Coxalbläschen
Gonapophyse

— Abb. 36.44 —

B. Sternalregion

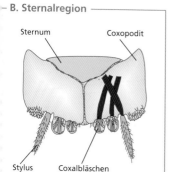

Sternum
Coxopodit
Stylus
Coxalbläschen

— Abb. 36.45 —

C. *Lepisma saccharina*

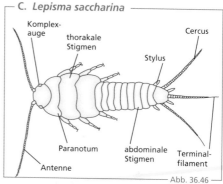

Komplex-auge
thorakale Stigmen
Cercus
Stylus
Paranotum
abdominale Stigmen
Terminal-filament
Antenne

— Abb. 36.46 —

D. Fluginsekt – Bauplan

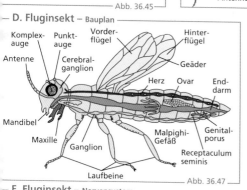

Komplex-auge
Punkt-auge
Vorder-flügel
Hinter-flügel
Antenne
Cerebral-ganglion
Geäder
Herz
Ovar
End-darm
Mandibel
Maxille
Ganglion
Malpighi-Gefäß
Genital-porus
Receptaculum seminis
Laufbeine

— Abb. 36.47 —

E. Fluginsekt – Kreislauf

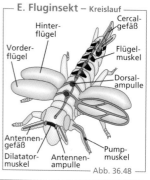

Hinter-flügel
Cercal-gefäß
Vorder-flügel
Flügel-muskel
Dorsal-ampulle
Antennen-gefäß
Dilatator-muskel
Antennen-ampulle
Pump-muskel

— Abb. 36.48 —

F. Fluginsekt – Nervensystem

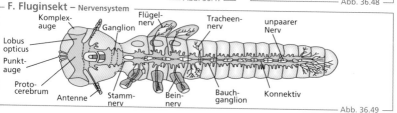

Komplex-auge
Ganglion
Flügel-nerv
Tracheen-nerv
unpaarer Nerv
Lobus opticus
Punkt-auge
Proto-cerebrum
Antenne
Stamm-nerv
Bein-nerv
Bauch-ganglion
Konnektiv

— Abb. 36.49 —

Postembryonale Entwicklung

Ectognatha bilden Larven als Wachstums- und Ernährungsstadien und Imagines zur Vermehrung und Verbreitung. Während der postembryonalen Entwicklung werden mehrere Larvenstadien durchlaufen, die in ihren Wachstums und Differenzierungsvorgängen (Metamorphose) durch Hormone gesteuert werden.

Diese Hormone werden von neurosekretorischen Organen abgegeben, zu denen Zellen der Gehirnganglien, das Neurohämorgan (Corpora cardiaca), die Corpora allata, die Prothoraxdrüse und die Ventraldrüse gehören. Letztere produziert das Häutungshormon Ecdyson, ein Steroid. Die Corpora allata produziert das Juvenilhormon. Beide Hormone bestimmen im Wechsel die Larvalhäutung und das Wachstum. Die Metamorphose wird durch Neuropeptide (Allatostatine) eingeleitet, welche das Juvenilhormon hemmen.

Nach den unterschiedlichen Entwicklungsvorgängen teilt man die Ectognatha in der klassischen Systematik in zwei Gruppen ein: die hemimetabolen- und die holometabolen Insekten (→ A).

Die hemimetabolen Insekten durchlaufen eine unvollständige Metamorphose. Ihre flügellosen Larven ähneln den Imagines und entwickeln sich über mehrere Häutungen mit allmählicher Entwicklung der Organe und Körperform. Sie bilden kein Puppenstadium.

Die holometabolen Insekten entwickeln sich dagegen über eine hormongesteuerte, vollständige Metamorphose vom Larvenstadium über ein Puppenstadium zur Imago. Dabei kommt es zu einer mehrfachen radikalen Umstrukturierung des Körperbaus.

Hemimetabole Insekten

Ephemeroptera (Eintagsfliegen) kommen weltweit mit Ausnahme der polaren Gebiete vor, die meisten der ca. 3100 Arten in den Tropen.

Charakteristische Merkmale sind die großen Komplexaugen der Männchen und die kleineren Hinterflügel (→ B). Imagines haben kurze Antennen, lange Cerci, werden 2–5 mm lang und haben eine kurze Lebensdauer von ein bis vier Tagen. Auch die Mundwerkzeuge sind stark reduziert. Das Abdomen hat zehn deutlich gegliederte Segmente, der Mitteldarm i luftgefüllt, Malpighi-Gefäße sind vorhande Die Larven leben in aquatischen Lebensrä men und sie bilden ein geflügeltes Stadiu (Subimago), das sich mehrfach häutet. Ihr Entwicklung kann artspezifisch mehrere Jahr dauern. Die Paarung geschieht im Flug, d bei hält das Männchen seine Partnerin i Klammergriff. Unmittelbar danach erfolgt di Eiablage auf die Wasseroberfläche.

Plecoptera (Steinfliegen) kommen wel weit mit Ausnahme der arktischen Ge biete vor. Die ca. 3500 Arten leben bis ir Hochgebirge.

Die Imagines werden 3–4 mm groß, habe ausgeprägte Cerci, gut entwickelte Komple augen und vielgliedrige Antennen (→ C). Di Flügelpaare sind reich geädert, der Vorde flügel ist schmal, der Hinterflügel breit m einem umklappbaren, hinteren Analfeld. Da Abdomen ist elfgliedrig. Die Eiablage erfolg ins Wasser, die aquatisch lebenden Larve reagieren sehr empfindlich auf eine Wasse verschmutzung. Ihre Entwicklung beinhalte bis zu 25 Häutungen und kann sich über für Jahre erstrecken.

Odonata (Libellen) sind mit ca. 5600 A ten weltweit verbreitet. Man untersche det zwischen Zygoptera (Kleinlibeller und Anisoptera (Großlibellen).

Die Körpergröße variiert artspezifisch zw schen 3 und maximal 15 cm. Charakteristisc sind der große Kopf mit riesigen Komplexau gen sowie das lange, stabförmige Abdome (→ D). Die Antennen sind kurz, die bedornte Beine am Thorax sind nach vorne gestellt un bilden im Flug einen Fangkorb. Die transpa renten Flügel sind stark abgespreizt und reic geädert. Vorder- und Hinterflügel können un abhängig voneinander bewegt werden. Da Abdomen hat elf Segmente und meist kurz Cerci.

Libellen sind räuberische Tiere. Sie haben ei spezielles Paarungsverhalten, bei dem da Weibchen vom Männchen umklammert wir und beide durch Einkrümmen des Abdomen das Paarungsrad bilden. Die Eier werden i Uferbereich auf Pflanzen oder auf der Was seroberfläche abgelegt. Die aquatischen Lar ven leben räuberisch und entwickeln sich übe bis zu 14 Häutungen innerhalb von zwei Tage zur Imago.

A. Klassische Ordnungen der pterigoten Insekten

| Ordnungen mit hemimetaboler Entwicklung | Ordnungen mit holometaboler Entwicklung |

Ephemoptera (Eintagsfliegen)
Plecoptera (Steinfliegen)   mit wasser-
Odonata (Libellen)   lebenden
                                   Larven

Zoraptera (Bodenläuse)
Dermaptera (Ohrwürmer)
Notoptera (Grillenschaben)
Mantophasmatodea (Fersenläufer)
Embioptera (Tarsenspinner)
Phasmatodea (Gespenstheuschrecken)
Mantodea (Fangschrecken)   mit land-
Blattodea (Schaben u. Termiten)   lebenden
Orthoptera (Heuschrecken)   Larven
Psocoptera (Staubläuse)
Phthiraptera (Tierläuse)
Thysanoptera (Fransenflügler)
Auchenorrhyncha (Zikaden)
Sternorrhyncha (Pflanzenläuse)
Heteroptera (Wanzen)
Colorhyncha (Mooswanzen)

Hymenoptera (Hautflügler)
Strepsiptera (Fächerflügler)
Coleoptera (Käfer)
Rhaphidioptera (Kamelhalsfliegen)
Megaloptera (Schlammfliegen)
Neuroptera (Netzflügler)
Trichoptera (Köcherfliegen)
Lepidoptera (Schmetterlinge)
Mecoptera (Schnabelfliegen)
Siphonaptera (Flöhe)
Diptera (Zweiflügler)

— Abb. 36.50 —

B. Ephemeroptera – Eintagsfliegen

C. Plecoptera – Steinfliegen

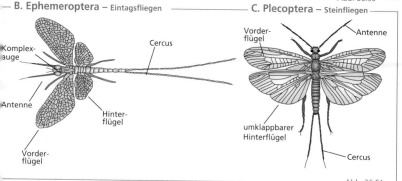

Komplex-auge

Antenne

Cercus

Hinter-flügel

Vorder-flügel

Vorder-flügel

Antenne

umklappbarer Hinterflügel

Cercus

— Abb. 36.51 —

D. Odonata – Libellen

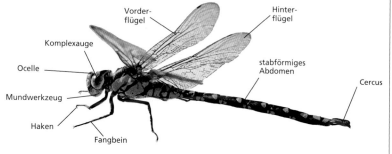

Vorder-flügel

Hinter-flügel

Komplexauge

Ocelle

Mundwerkzeug

Haken

Fangbein

stabförmiges Abdomen

Cercus

— Abb. 36.52 —

Zoraptera (Bodenläuse) kommen in den Tropen und Subtropen vor. Die 34 rezenten Arten sind bodenorientiert, leben meist in verottetem Holz und ernähren sich von Pilzhyphen.

Sie werden bis ca. 2 cm groß (→ A) und sind artspezifisch sehr unterschiedlich, manche Imagines sind augenlos, ohne Flügel und unpigmentiert weiß. Die Entwicklung erfolgt über Nymphenstadien mit bis zu fünf Häutungen.

Dermaptera (Ohrwürmer) sind weltweit verbreitet mit Schwerpunkt in den Tropen und Subtropen. Ca. 2000 rezente, meist nachtaktive Arten sind bekannt. Sie leben in Bodenspalten und unter Steinen und ernähren sich unterschiedlich, auch räuberisch.

Ihr langgestreckter, abgeflachter, Körper (0,3–8 cm) ist bräunlich und hat zangenartige Cerci (→ B). Viele Arten haben rückgebildete Flügel und sind flugunfähig. Die Entwicklung verläuft über Nymphenstadien und bis zu sechs Häutungen.

Notoptera (Grillenschaben) sind kälteadaptierte Insekten, die in Bergregionen Asiens und in Nordamerika vorkommen. Es sind 29 rezente Arten bekannt.

Ihr schlanker Körper hat eine Länge von bis zu 24 mm. Die Flügel sind reduziert (→ C).

Mantophasmatodea (Fersenläufer) sind mit 19 rezenten Arten ein kleines Taxon. Die räuberischen, nachtaktiven Insekten sind im südlichen Afrika verbreitet und leben auf Sträuchern in ariden Gebieten.

Ihr schlanker, grünlicher oder bräunlicher Körper wird bis zu 2,3 mm lang und hat keine Flügel. Vorhanden sind Komplexaugen, lange Antennen und ein Abdomen mit zehn Segmenten (→ D). Die Tiere kommunizieren durch Vibrationen.

Embioptera (Tarsenspinner) leben in feuchten tropischen und subtropischen Regionen im Laubstreu und unter Holz und Steinen. Hier bauen sie sich mit Gespinsten ein Gangsystem. Ca. 360 Arten sind bekannt.

Sie werden bis 2,3 mm lang und haben einen kurzen, zylindrischen, dunkelbraunen Körper (→ E). Die Weibchen sind flügellos. Die Tiere sind zweigeschlechtlich, betreiben Brutpflege

der Nymphen, doch auch Parthenogenes kommt vor.

Phasmatodea (Gespenstschrecken) komme weltweit in warmen Regionen, vor allem den Tropen vor. Ca. 3000 rezente Arten sin bekannt. Die nachtaktiven Tiere sind Pflan zenfresser und können sich durch einen Far wechsel tarnen.

Die größern Männchen können bis 32 c lang werden (→ F). Es gibt flügellose Arte Manche leben in Bäumen und tarnen sic durch ihre grüne Körperfarbe als Blätter. gibt auch braune Färbungen und flügellos Arten. Spezielle Drüsen dienen der Abwe von Fressfeinden (Vögel).

Mantodea (Fangschrecken) werden wegen i rer typischen Körperhaltung auch Gottesanb terinnen genannt. Ca. 2300 rezente Arten sin bekannt, davon leben 23 in Europa. Schwe punkt ihres Vorkommens ist das tropisch Afrika. Berühmt sind sie auch wegen ihr Sexualkannibalismus.

Diese großen Insekten können artspezifisc bis 17 cm lang werden. Markant ist ihr verlän gerter Prothorax mit den Fangbeinen. Durc Farbgebung und Form können sich viele Arte gut als Blatt oder Zweig tarnen. Der Kop ist dreieckig mit Frontalschild, Komplexauge und drei Ocellen. Die Flügel sind oft reduzier das Abdomen umfasst zehn Segmente (→ G). Mantiden sind carnivor und Lauerjäge Mit ihren klauenartigen, bedornten Fang beinen können sie mit einem blitzschne len Fangschlag neben anderen Arthropode auch kleinere Wirbeltiere erlegen. Sie sin zweigeschlechtlich und die Eiablage erfolgt i schaumigen Paketen, die an Äste fest gekleb werden.

Blattodea (Schaben und Termiten) liebe Wärme und sind deshalb in den Tropen ve breitet. Es gibt ca. 4600 Schaben- und 300 Termitenarten. Schaben sind Kulturfolger un Schädlinge, Termiten verarbeiten Holz un sind Bodenbildner.

Schaben haben einen dorsoventral abgeflach ten Körper von artspezifisch bis 10 cm Länge Sie leben solitär und sind nachtaktiv. Term ten sind staatenbildende Insekten, die sic in Nymphen, Arbeiter und Soldaten organ sieren. Nymphen haben rückgebildete Flüge Imagines sind geflügelt. Pheromone spiele eine wichtige Rolle bei Fortpflanzung, Kom munikation und Orientierung. Trotz erheb licher Unterschiede im Körperbau haben beid Gruppen gemeinsame Merkmale (→ H, I).

A. Zoraptera - Bodenläuse

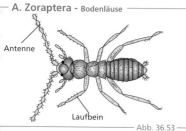

Antenne

Laufbein

Abb. 36.53

B. Dermaptera – Ohrwürmer

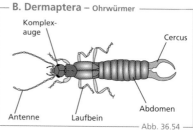

Komplex-
auge

Cercus

Antenne   Laufbein

Abdomen

Abb. 36.54

C. Notoptera – Grillenschaben

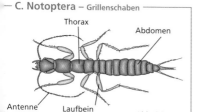

Thorax

Abdomen

Antenne   Laufbein

Abb. 36.55

D. Mantophasmatodea – Fersenläufer

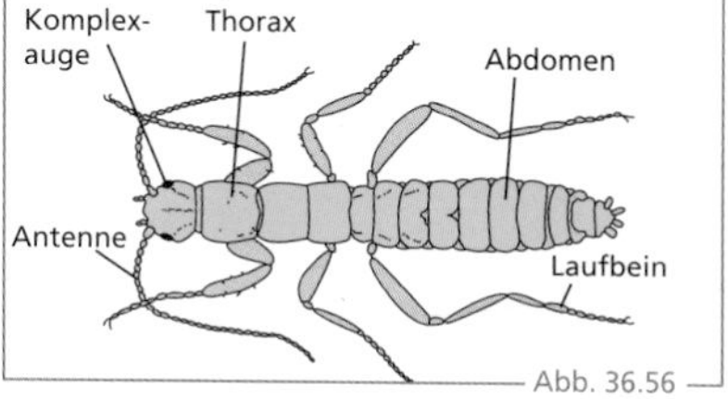

Komplex-   Thorax
auge

Abdomen

Antenne

Laufbein

Abb. 36.56

E. Embioptera – Tarsenspinner

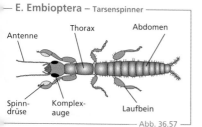

Antenne

Thorax   Abdomen

Spinn-   Komplex-
drüse   auge   Laufbein

Abb. 36.57

F. Phasmatodea – Gespenstschrecken

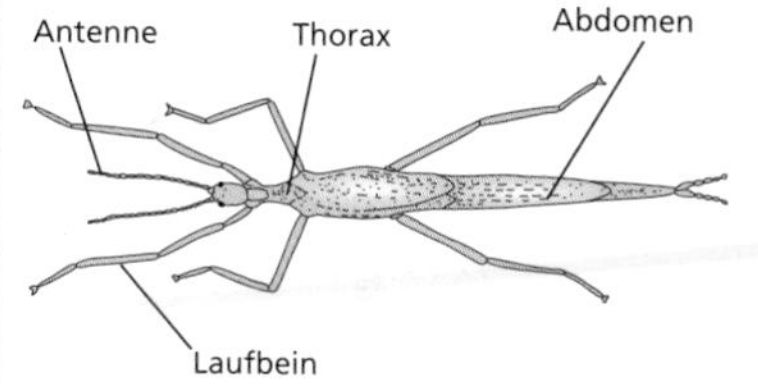

Antenne   Thorax   Abdomen

Laufbein

Abb. 36.58

G. Mantodea – Fangschrecken

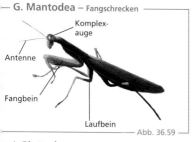

Komplex-
auge

Antenne

Fangbein

Laufbein

Abb. 36.59

H. Blattodea – Schaben

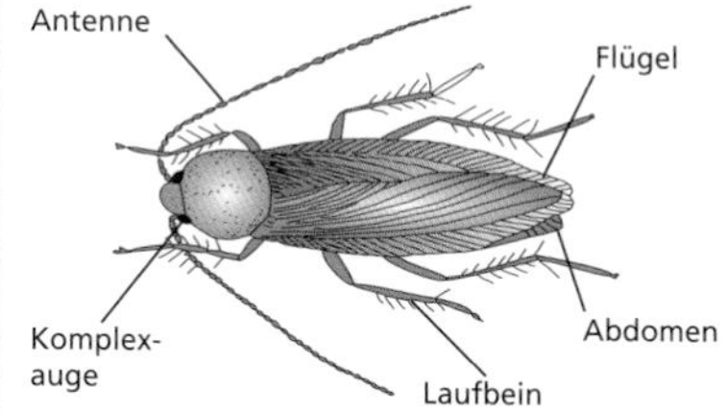

Antenne

Flügel

Komplex-
auge

Abdomen

Laufbein

Abb. 36.60

I. Blattodea – Termiten

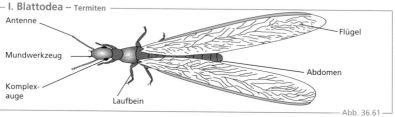

Antenne

Mundwerkzeug

Komplex-
auge

Laufbein

Flügel

Abdomen

Abb. 36.61

Orthoptera (Heuschrecken) sind mit ca. 22.500 rezenten Arten eine der artenreichsten Gruppen. Sie sind weltweit verbreitet, mit der größten Diversität in den Tropen. Sie unterteilen sich in die Ensifera (Langfühlerschrecken) und die Caelifera (Kurzfühlerschrecken).

Die Körperform ist lang gestreckt und mittelgroß, extreme Arten können bis zu 20 cm lang werden. Sie tragen meist ausgeprägte Farbmuster und zusätzliche Oberflächenstrukturen (Leisten, Dornen, Höcker) am Körper. Am Kopf sind Komplexaugen und meist drei Ocellen vorhanden. Antennen sind filiform, die Hinterbeine stark verlängert (→ A). Den Prothorax überdeckt ein sattelförmiges Pronotum (Schild).

Psocoptera (Staubläuse) bevorzugen eine warme Umgebung und sind besonders in den Tropen verbreitet, leben aber weltweit auf Blättern, in Nestern, oder in Gängen, die sie in Rinden bohren. Etwa 5500 Arten sind derzeit bekannt.

Die meist kleinen Formen werden bis 1 cm lang und haben eine gräulich-braune Cuticula (→ B), es gibt flügellose und flugfähige Arten. Ihr Kopf ist groß, abgesetzt und sehr beweglich. Sie haben meist gut entwickelte Komplexaugen und lange, filiforme Antennen. Die Mundwerkzeuge sind beißend. Die Hinterbeine sind oft als Sprungbeine verlängert. Die Flügelpaare werden als Schutz über dem Abdomen aus elf Segmenten getragen und beim Flug gekoppelt. Die Eier werden auf Blättern abgelegt, Lebensdauer und Generationszyklus sind kurz.

Phthiraptera (Tierläuse) sind mit etwa 5000 Arten weltweit verbreitet. Sie sind flügellose Ektoparasiten und artspezifisch auf bestimmte Wirtstiere spezialisiert. Sie ernähren sich als Blutsauger oder leben von Haut- und Federpartikeln. Häufig übertragen sie dabei Krankheiten.

Ihr Körper ist dorsoventral abgeflacht und maximal ca. 12 cm lang, meist jedoch 2–4 mm. Meist sind sie bräunlich-gelblich gefärbt (→ C). Am Kopf befinden sich Haken- oder Hornstrukturen zur Verankerung am Wirt sowie kurze Antennen. Ein gut entwickeltes Pronotum überdeckt meist den Prothorax, wobei die Thoraxsegmente meist verschmolzen sind.

Das Abdomen hat neun bis zehn Segmente, seine Ovidukte produzieren die Eier (Nissen). Tierläuse sind meist zweigeschlechtlich, es tritt aber auch Parthenogenese auf. Die Nymphen entwickeln sich über drei Häutungen und die Lebensdauer beträgt ca. 100 Tage.

Thysanoptera (Fransenflügler) werden auch Thripse oder Blasenfüße genannt. Ca. 5500 Arten sind bekannt. Sie leben auf Blüten oder Blattscheiden und ernähren sich von Pflanzensäften.

Ihr schlanker, abgeflachter Körper wird meist 1–3 mm lang, bei einigen Arten in Australien sind es bis 14 mm (→ D). Sie haben stark asymmetrische Mundwerkzeuge, mit Borsten besetzte Flügel (Fransen) und ein blasenartig ausstülpbares Arolium (lappenförmiger Fortsatz) am letzten Fußglied.

Auchenorrhyncha (Zikaden) gehören zu den Hemiptera, eine Gruppe, die eine stechend-saugende Ernährung aufweist. Mit 42.000 Arten sind Zikaden weltweit verbreitet. Sie kommen bis ins Hochgebirge und in die Polargebiete vor. Es handelt sich um Pflanzensaftsauger.

Ihr Körper ist lang gestreckt und bis 1 cm lang. Die Flügelspannweite kann bis 13 cm reichen. Am Kopf und Pronotum können auffällige Auswüchse vorhanden sein (→ E). Sie haben Komplexaugen und stark verkürzte Antennen. Die Flügel werden im Flug durch Häkchen gekoppelt. Sie haben Organe zur Schallwahrnehmung (Tympanal-, Chordontonalorgane) und produzieren auch Schall (Singzikaden).

Sternorrhyncha (Pflanzenläuse) sind mit 165.000 Arten weltweit verbreitet und können durch Übertragung von Viren oder Honigtau immense ökonomische Schäden verursachen.

Sie werden in die Blattflöhe (Psyloidea), Mottenschildläuse (Aleyrodoidea), Blattläuse (Aphidina; → F) und Schildläuse (Coccina) unterteilt.

Heteroptera (Wanzen) sind mit ca. 39.000 Arten weltweit verbreitet. Einige Arten übertragen Krankheiten.

Meist sind sie bis 6 mm lang, große Arten bis 11 cm (→ G). Ihr Körper ist meist dorsoventral abgeflacht, die Flügel sind meist reduziert.

Coleorrhyncha (Mooswanzen) sind eine Schwestergruppe und ernähren sich von Moosen und Flechten (→ H).

A. Orthoptera – Heuschrecken

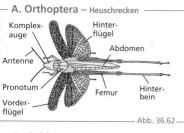

Komplexauge
Hinterflügel
Abdomen
Antenne
Pronotum
Femur
Hinterbein
Vorderflügel

Abb. 36.62

B. Psocoptera – Staubläuse

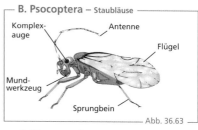

Komplexauge
Antenne
Flügel
Mundwerkzeug
Sprungbein

Abb. 36.63

C. Phthiraptera – Tierläuse

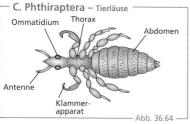

Ommatidium
Thorax
Abdomen
Antenne
Klammerapparat

Abb. 36.64

D. Thysanoptera – Fransenflügler

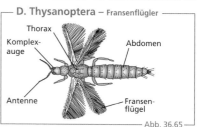

Thorax
Komplexauge
Abdomen
Antenne
Fransenflügel

Abb. 36.65

E. Auchenorhyncha – Zikaden

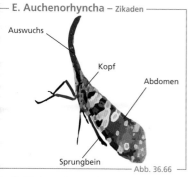

Auswuchs
Kopf
Abdomen
Sprungbein

Abb. 36.66

F. Stenorhyncha – Pflanzenläuse

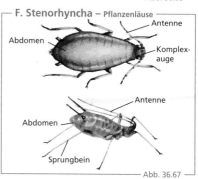

Antenne
Abdomen
Komplexauge
Antenne
Abdomen
Sprungbein

Abb. 36.67

G. Heteroptera – Wanzen

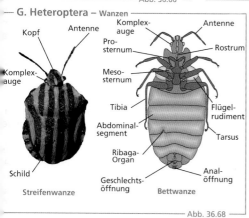

Kopf
Antenne
Komplexauge
Antenne
Prosternum
Rostrum
Komplexauge
Mesosternum
Tibia
Flügelrudiment
Abdominalsegment
Tarsus
Ribaga-Organ
Geschlechtsöffnung
Analöffnung
Schild
Streifenwanze
Bettwanze

Abb. 36.68

H. Colorhyncha – Mooswanzen

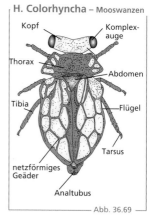

Kopf
Komplexauge
Thorax
Abdomen
Tibia
Flügel
netzförmiges Geäder
Tarsus
Analtubus

Abb. 36.69

Holometabole Insekten

Sie entwickeln sich über eine hormongesteuerte vollständige Metamorphose über Larven-, Puppenstadien zum Imago.

Hymenoptera (Hautflügler) gelten mit über 150.000 Arten aus 126 Familien und ihrer Funktion als Pflanzenbestäuber als eine ökologische Schlüsselgruppe für terrestrische Ökosysteme. Sie unterteilen sich in die Unterordnungen Symphyten (Pflanzenwespen) und Apocrita (Taillenwespen).

Die Symphyten haben keine ausgeprägte „Wespentaille", die Apocrita hingegen zeichnen sich durch eine tiefe Einschnürung zwischen dem ersten und dem zweiten Abdominalsegment aus. Zu den meist kleinen bis mittelgroßen Hymenoptera gehören unter anderem die Bienen (→ A, B) und die Wespen. Diese haben oft auffallende metallische Färbungen oder gelb-schwarze Muster. Die Flügelpaare sind transparent und werden beim Flug durch Häkchen gekoppelt.

Strepsiptera (Fächerflügler) leben als Endoparasiten in anderen Insekten. Die 500 bekannten Arten sind weltweit verbreitet; ihr Schwerpunkt liegt in den Tropen und Subtropen. Die Gruppe ist durch mehrere Apomorphien monophyletisch gut begründet und zeigen einen extremen Sexualdimorphismus.

Während die Weibchen klein (bis 3 cm) und flügellos sind und meist zeitlebens im Wirt leben, werden Männchen bis 6 cm groß, sind geflügelt und freilebend (→ C). Beide Imagines nehmen keine Nahrung auf.

Weibchen haben kleine Komplexaugen, einen Cephalothorax und ein Abdomen aus zehn Segmenten. Beine fehlen. Die Brutspalte für die Primärlarven liegt ventral zwischen Kopf und Prosternum. Die Weibchen bohren sich zur Abgabe der Primärlarven mit dem Vorderende durch die Cuticula des Wirtes. Ein Weibchen kann bis zu 700.000 Primärlarven freisetzen, die in neue Wirte eindringen und sich zu Sekundärlarven häuten. Die Männchen leben nur wenige Stunden und begatten die Weibchen durch die Brutspalte oder in die Mundöffnung.

Coleoptera (Käfer) sind mit ca. 350.000 beschriebenen Arten die größte Ordnung der Holometabola. Mit Ausnahme

der Antarktis kommen sie weltweit vo[r]. Ihre charakteristischen Merkmale sin[d] die sklerotisierten Vorderflügel (Elytre[n]) und die starke Sklerotisierung der g[e]samten Körperoberfläche.

Artspezifisch können sie wenige Millimete[r] bis ca. 16 cm Körperlänge erreichen. Dors[al] sind der hintere Thorax und das Abdomen fa[st] immer von den Elytren bedeckt (→ D, G). Di[e] Körperoberfläche ist bräunlich bis schwar[z], kann aber auch ausgeprägte, teilweise meta[l]lische Farbmuster aufweisen (→ F). Ihr Kop[f] ist keilförmig, mit gut entwickelten Komple[x]augen (→ D, E). Ocellen sind nur bei wenige[n] Arten vorhanden. Die filiformen Antenne[n] sind keulenartig verdickt (→ H).

Die Mundwerkzeuge sind vom beißende[n]kauenden Typ. Der Prothorax bildet mit de[m] Kopf eine funktionelle Einheit, das Prono[]tum darüber ist als Halsschild ausgeprägt. Da[s] Scutellum liegt frei als Schildchen zwisch[en] den Flügelbasen. Die Hinterflügel sind häut[ig] und in Ruhestellung unter den Elytren gefa[l]tet. Die Beine sind artspezifisch divers mod[i]fiziert (Lauf-, Grab-, Sprung-, Schwimmbein[e]). Im Grundbauplan sind fünf Tarsomere ange[]legt. Ihre Zahl dient als Bestimmungsmerkma[l]. Das Abdomen hat zehn (Männchen) ode[r] neun (Weibchen) Segmente, wobei die hin[]teren Segmente eingezogen sind und Cerc[i] fehlen. Es ist mit dem Metathorax unbeweg[]lich verbunden. Seitlich liegen Stigmen. De[r] Kopulationsapparat ist sehr variabel. Die Eie[r] werden im Boden abgelegt.

Es werden meist drei Larvenstadien durch[]laufen, bis 14 Stadien sind aber möglich. Di[e] Larven werden bis zu 6 cm lang und sin[d] artspezifisch unterschiedlich in Morpholog[ie] und Lebensweise. Ihre Kopfkapsel ist imme[r] sklerotisiert, die Beine können auch verkür[zt] (Stummelbeine) oder, bei Rüsselkäfern völl[ig] reduziert sein. Die Larven (Engerlinge) lebe[n] zwei bis vier Jahre in der Erde und verpuppe[n] sich dann. Die Puppen entwickeln sich an[]schließend innerhalb von mehreren Woche[n] zum adulten Käfer. Sie können in einer Erd[]höhle überwintern und sich erst im nächste[n] Jahr an die Oberfläche graben (Maikäfer).

Die Coleoptera werden in vier Unterord[]nungen eingeteilt: die Archostemata, My[]xophaga, Adephaga und Polyphaga. Käfe[r] leben in diversen Lebensräumen und Mikro[]habitaten und haben sich auf vielfältige Nah[]rungssubstrate spezialisiert, meist in Zusam[]menhang mit Holz.

A. Biene – Bauplan

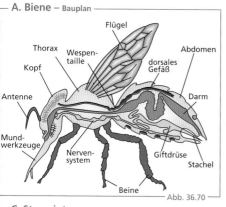

- Flügel
- Thorax
- Wespen-taille
- Kopf
- Antenne
- Mund-werkzeuge
- Nerven-system
- Beine
- Abdomen
- dorsales Gefäß
- Darm
- Giftdrüse
- Stachel

Abb. 36.70

B. Biene – Mundwerkzeuge

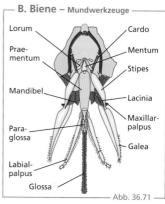

- Lorum
- Prae-mentum
- Mandibel
- Para-glossa
- Labial-palpus
- Glossa
- Cardo
- Mentum
- Stipes
- Lacinia
- Maxillar-palpus
- Galea

Abb. 36.71

C. Strepsiptera

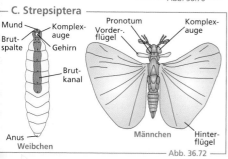

- Mund
- Brut-spalte
- Komplex-auge
- Gehirn
- Brut-kanal
- Anus
- Weibchen
- Pronotum
- Vorder-flügel
- Komplex-auge
- Männchen
- Hinter-flügel

Abb. 36.72

D. Coleoptera – Bauplan

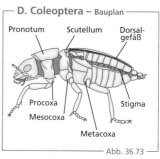

- Pronotum
- Scutellum
- Dorsal-gefäß
- Procoxa
- Mesocoxa
- Metacoxa
- Stigma

Abb. 36.73

E. Coleoptera – Aufsicht von ventral

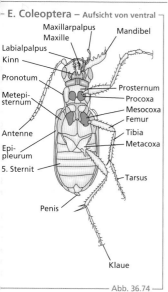

- Maxillarpalpus
- Maxille
- Labialpalpus
- Kinn
- Pronotum
- Metepi-sternum
- Antenne
- Epi-pleurum
- 5. Sternit
- Penis
- Klaue
- Mandibel
- Prosternum
- Procoxa
- Mesocoxa
- Femur
- Tibia
- Metacoxa
- Tarsus

Abb. 36.74

F. Laufkäfer

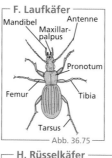

- Mandibel
- Maxillar-palpus
- Antenne
- Pronotum
- Femur
- Tibia
- Tarsus

Abb. 36.75

G. Mistkäfer

- Antenne
- Pronotum
- Elytre
- Tarsus

Abb. 36.76

H. Rüsselkäfer

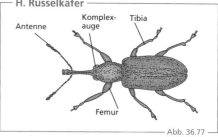

- Antenne
- Komplex-auge
- Tibia
- Femur

Abb. 36.77

Rhaphidioptera (Kamelhalsfliegen) leben räuberisch in der nördlichen Hemisphäre in Buschwerk und Blättern. Etwa 200 Arten sind bekannt.

Sie haben einen dunkelbraunen, oft metallisch glänzenden, lang gestreckten Körper, der maximal 45 mm lang werden kann. Der Prothorax ist stark verlängert (→ A), der ebenfalls längliche Kopf ist abgeflacht, mit schwarzen Komplexaugen und filiformen Antennen. Sie haben schlanke, häutige Flügel, ein Abdomen mit zehn Segmenten. Die ebenfalls räuberischen Larven entwicklen sich über zwei Jahre und zwölf Stadien.

Megaloptera (Schlammfliegen) können bis zu 7 cm groß werden. Etwa 330 Arten sind bekannt. Sie leben in Gewässernähe, vor allem in tropischen Regionen.

Am Kopf befinden sich Komplexaugen und teilweise auch Ocellen. Die Antennen sind lang und filiform (→ B). Die Flügel sind groß und teilweise gefleckt und werden in Ruhestellung als Dach über dem Körper getragen. Im Flug werden sie nicht gekoppelt. Das Abdomen hat zehn Segmente. Die Eier werden in großen Gelegen in Wassernähe abgelegt. Die Larven leben aquatisch und räuberisch.

Neuroptera (Netzflügler) leben weltweit in gemäßigten, subtropischen und tropischen Gebieten. Etwa 6000 Arten sind bekannt. Ihre Körpergröße variiert artspezifisch zwischen 1,8 mm und 8 cm.

Ihre Larven leben räuberisch, sind hochgradig spezialisiert und entwickeln sich über drei Stadien. Sie haben Saugzangen und Giftdrüsen. Die Imagines haben Komplexaugen und frontale, filiforme Antennen (→ C). Das Abdomen hat zehn Segmente. Mit dem Tympanalorgan an der Basis der Vorderflügel können manche Arten die Ortungslaute von Fledermäusen wahrnehmen. Zu dieser Gruppe gehören die Fanghafte (*Mantispa styriaca*) und die Ameisenlöwen (*Euroleon nostras*).

Trichoptera (Köcherfliegen) sind weltweit in Gewässernähe verbreitet. Ihre Larven leben aquatisch und bilden Köcher aus Pflanzenteilen, in denen sie leben. Etwa 12.000 Arten sind bekannt.

Sie werden bis 43 mm groß und haben dicht behaarte Flügel, die sie dachartig über dem Körper tragen (→ D). Das Abdomen hat zehn Segmente.

Lepidoptera (Schmetterlinge) sind außer in der Antarktis weltweit verbreitet. Diese diverse Gruppe zählt etwa 175.000 bekannte Arten. Kleine Arten haben b... 3 mm Flügelspannweite, große Arten b... 32 cm. Charakteristisch für diese Grupp... sind die Raupen. Diese Fressstadien sin... phytophag und akkumulieren Pflanzen... gifte zu ihrer Abwehr.

Der Körper der Imagines ist oft beschupp... Die Mundwerkzeuge sind vom saugenden Ty... (→ Abb. 36.40) und haben eine einrollbar... Galea (Saugrüssel; → E, F). Der Prothorax i... meist sehr klein, die Beine sind gut entwicke... und haben an den Vordertibien einen Ante... nenputzdorn. Die Flügel werden dachart... über dem Körper getragen, sind beschupp... und haben artspezifisch meist auffällige sch... lernde Farbmuster oder auch ausgepräg... Tarn- und Warnmuster. Das Abdomen ha... bei Männchen elf und bei Weibchen zeh... Segmente mit abdominalen Duftdrüsen. Di... Genital- und Progenitalsegmente sind bei be... den Geschlechtern hochgradig variabel. Di... Imagines haben ein offenes Gefäßsystem un... ein Strickleiternervensystem (→ F).

Die Raupen sind die eigentlichen Fressstadie... und vergrößern ihr Körpervolumen im Verlau... um ein Mehrfaches. Dazu häuten sie sich vie... bis fünf Mal. Ihr meist grüner oder bräunliche... Körper besteht aus 14 Segmenten, wobe... die drei letzten meist zu einem Analsegmen... verwachsen sind. An ihrer Unterseite habe... sie meist sechs Punktaugen (Stemmata). Ihr... Mundwerkzeuge wie auch die am Thora... inserierenden Beine sind sehr gut entwickel... am Abdomen inserieren Stummelbeine. Di... meisten Raupen sind phytophag. Sie akkumu... lieren mit ihrer Nahrung Abwehrsubstanze... aus Pflanzen und haben oft giftige Borsten.

Die innere Systematik der Schmetterlinge is... noch sehr uneinheitlich. Unstrittig sind di... zwei Unterordnungen der Zeugloptera mi... kauenden Mundwerkzeugen und der Glos... sata mit Saugrüsseln. Zwei Beispiele für di... Glossata sind das Tagpfauenauge (*Aglais io...* → G) aus der Familie der Edelfalter (Nympha... lidae) mit Flügelspannweiten bis 5,5 cm. Sei... Flügelmuster hat Augenflecken auf rostrote... Untergrund. Er kommt in Europa und Asie... vor, ist langlebig, überwintert und fliegt i... zwei Generationen pro Jahr. Der Distelfalte... (*Vanessa cadui*; → H) gehört ebenfalls zu de... Edelfaltern und kommt vorwiegend in subtro... pischen Gebieten vor.

A. Rhaphidioptera – Kamelhalsfliegen

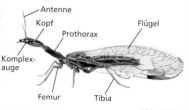

Antenne
Kopf
Prothorax
Flügel
Komplex-auge
Femur
Tibia

Abb. 36.78

B. Megaloptera – Schlammfliegen

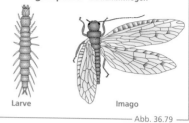

Larve
Imago

Abb. 36.79

C. Neuroptera – Netzflügler

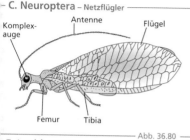

Komplex-auge
Antenne
Flügel
Femur
Tibia

Abb. 36.80

D. Trichoptera – Köcherfliegen

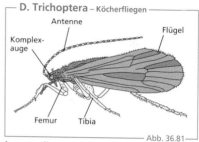

Antenne
Komplex-auge
Flügel
Femur
Tibia

Abb. 36.81

E. Lepidoptera – Schmetterlinge

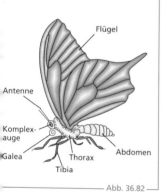

Flügel
Antenne
Komplex-auge
Galea
Thorax
Tibia
Abdomen

Abb. 36.82

F. Schmetterlinge – Bauplan

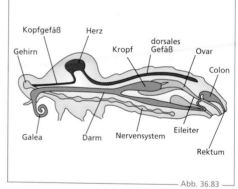

Kopfgefäß
Herz
dorsales Gefäß
Kropf
Ovar
Colon
Gehirn
Galea
Darm
Nervensystem
Eileiter
Rektum

Abb. 36.83

G. Tagpfauenauge

Abb. 36.84

H. Distelfalter

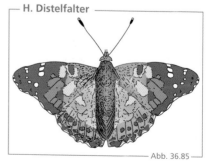

Abb. 36.85

Mecoptera (Schnabelfliegen) umfassen ca. 600 Arten und werden bis 2 cm lang. Sie gehören zu den Neoptera (Neuflügler) und kommen auch in Europa vor.

Besonders auffällig sind ihre verlängerten Mundwerkzeuge, die an ihrem Kopf wie ein Schnabel wirken (→ A). Sie werden aus der Verlängerung und Verwachsung der Oberlippe (Labrum) mit der Stirn und der gleichzeitigen Verlängerung der Maxillen und des Labiums gebildet. Mecoptera haben zwei großflächige Flügelpaare mit Spannweiten bis 4 cm. Ihre terrestrischen, raupenähnlichen Larven (→ B) werden auch als Afterraupen bezeichnet, da sich am letzten Hinterleibssegment, zusätzlich zu den drei Beinpaaren, eine Haftgabel befindet, die auch zur Fortbewegung benutzt wird. Sie besitzen auch vereinfachte Komplexaugen.

Siphonaptera (Flöhe) sind blutsaugende Parasiten an Warmblütern. Etwa 2500 Arten sind bekannt. Ihre Larven halten sich nicht auf den Wirten auf, die Imagines sind nur temporär dort zu finden. Die meisten Arten sind nicht wirtsspezifisch, oft kommen mehrere Arten auf einem Wirt vor.

Ihr Körper wird bis 8 mm lang, ist flügellos und seitlich abgeflacht (→ C). Typisch sind Dornen (Ctenidien), die kammartig angeordnet sind und der Verankerung im Fell des Wirtes dienen. Komplexaugen fehlen, die Antennen sind stark verkürzt. Die Mundwerkzeuge bilden einen Stechapparat, das Blut wird durch einen pharyngealen Pumpmechanismus eingesogen. Die Hinterbeine sind als Sprungbeine stark vergrößert. Thorax und Abdomen bilden eine strukturelle Einheit.

Die Fortpflanzung findet meist auf dem Wirt statt und wird oft durch eine Blutmahlzeit und die Hormone (Corticosteroide) des Wirtes ausgelöst. Die Eier sind klebrig und werden im Fell des Wirtes oder im Nest abgelegt. Die Larven sind schlank und beinlos und entwickeln sich im Verlauf von bis zu 200 Tagen über drei Stadien. Die Verpuppung erstreckt sich anschließend etwa über den gleichen Zeitraum.

Diptera (Zweiflügler) sind mit ca. 155.000 Arten weltweit auf allen Kontinenten und in allen Regionen verbreitet. Da ihre hinteren Flügel zu Schwingkölbchen (Halteren) umgewandelt sind (→ G), bezeichnet man sie als Zweiflügler.

Der Körper ist artspezifisch klein (0,5 mm) bis mittelgroß (6 cm) und trägt meist ein auffällige Färbung (gelb, braun, schwarz), treten aber auch metallische Farbmuster au. Sie haben einen beweglichen Kopf mit o stark vergrößerten Komplexaugen, filiform Antennen und meist drei Ocellen. Die Mun werkzeuge sind, je nach Lebensraum, artspezifisch divers, von stechend-saugend (Stechm cken) bis leckend-saugend. Der Mesothora ist als Flügelbasis stark vergrößert. Die umg bildeten Hinterflügel (Halteren) fungieren a gyroskopische Sinnesorgane. Verschließba Öffnungen (Stigmen) dienen der Luftverso gung des Tracheensystems.

Die Larven (Maden) sind meist beinlos un bewegen sich peristaltisch fort. Mückenla ven haben kurze Stummelbeine am Prothora und am Hinterende. Die Stigmen können b Maden nicht verschlossen werden. Maden ha ben keine Kopfkapsel und nur hakenartig Mundwerkzeuge im Schlund. Sie können i Schlamm und Wasser vorkommen, oft abe auf Substrat oder als Parasiten in entzünde ten Hautarealen (Dasselfliegen). Sie weise artspezifisch Verpuppungen auf. So entstehe aus Fliegenlarven Tönnchenpuppen im Bode Die Systematik dieser megadiversen Grupp ist noch umstritten. Grundsätzlich werden D ptera eingeteilt in die Nematocera (Niede Diptera) und die Brachycera (Fliegen). Zu de Niederen Diptera gehören die Stechmücke (Culicidae), deren Larven sich in stehende Gewässern entwickeln. Ihre Weibchen gebe beim Stich Proteine ab, welche die Blutge rinnung hemmen und zu starkem Juckrei führen. Zu Ihnen gehören auch wichtig Krankheitsüberträger wie Anopheles (Mala ria), Aedes (Gelbfieber; → H) und Kriebelmü cken (Flussblindheit). Auch die Zuckmücke (Chironomus) mit ihren Riesenchromosome sind Brachycera. Zu den Haarmücken gehöre wichtige Pflanzenschädlinge (Gallmücken).

Die Brachycera (Fliegen) haben einen gedrun genen Körper. Zu ihnen gehören die Bremse (Tabanidae), mit 3 cm Körperlänge die größt Fliegenart in Deutschland.

Fledermausfliegen (Nycteribiidae) zähle ebenfalls zu den Diptera. Ihr spinnenförmige Körper ist nur wenige Millimeter lang. Sie sin meist flügellos (→ I). In Ruhelage liegt de Kopf zurückgelegt in einer Thoraxrinne. Di Augen sind meist rückgebildet. Am Körpe befinden sich Borstenkämme, mit denen si am Wirt festhalten. Sie parasitieren auf Fle dermäusen und ernähren sich von deren Blut

A. Mecoptera – Schnabelfliege

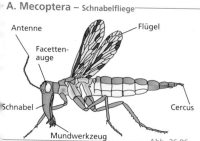

Antenne, Flügel, Facetten-auge, Schnabel, Cercus, Mundwerkzeug

Abb. 36.86

B. Mecoptera – Larve

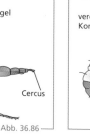

vereinfachtes Komplexauge, Haft-gabel, Beine

Abb. 36.87

C. Siphonaptera – Flöhe

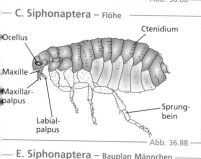

Ocellus, Ctenidium, Maxille, Maxillar-palpus, Labial-palpus, Sprung-bein

Abb. 36.88

D. Siphonaptera – Entwicklung

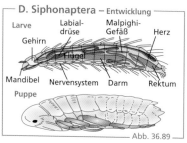

Larve, Labial-drüse, Malpighi-Gefäß, Herz, Gehirn, Flügel, Mandibel, Nervensystem, Darm, Rektum, Puppe

Abb. 36.89

E. Siphonaptera – Bauplan Männchen

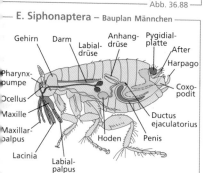

Gehirn, Darm, Labial-drüse, Anhang-drüse, Pygidial-platte, After, Harpago, Pharynx-pumpe, Coxo-podit, Ocellus, Maxille, Ductus ejaculatorius, Maxillar-palpus, Hoden, Penis, Lacinia, Labial-palpus

Abb. 36.90

F. Diptera – Bauplan

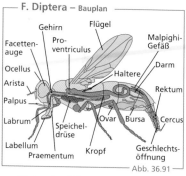

Gehirn, Flügel, Facetten-auge, Pro-ventriculus, Malpighi-Gefäß, Ocellus, Darm, Arista, Haltere, Palpus, Rektum, Labrum, Ovar, Bursa, Cercus, Speichel-drüse, Labellum, Geschlechts-öffnung, Praementum, Kropf

Abb. 36.91

G. Diptera – Drosophila melanogaster

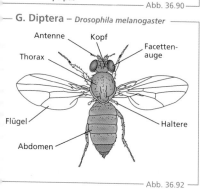

Antenne, Kopf, Facetten-auge, Thorax, Flügel, Haltere, Abdomen

Abb. 36.92

H. Stechmücken – Aedes

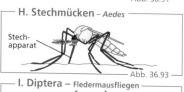

Stech-apparat

Abb. 36.93

I. Diptera – Fledermausfliegen

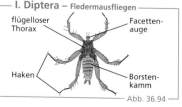

flügelloser Thorax, Facetten-auge, Haken, Borsten-kamm

Abb. 36.94

37 Echinodermata

Die Echinodermata (Stachelhäuter) umfassen etwa 7000 rezente Arten und leben ausschließlich marin, vorwiegend im Benthos. Von den ursprünglich etwa 20 Taxa mit ca. fossilen 13.000 Arten sind nur fünf rezente Taxa erhalten, die Crinoidea (Seelilien und Haarsterne), Asteroidea (Seesterne), Ophiuroidea (Schlangensterne), Echinoidea (Seeigel) und Holothuroidea (Seewalzen). Ihre bilateralsymmetrischen, planktonischen Larven verwandeln sich in radiärsymmetrische Adultformen, deren Körperform sternförmig, kugelig oder wurmförmig sein kann. Die frei beweglichen Echinodermata werden den sessilen Crinoidea als Eleutherozoa gegenübergestellt.

Als ursprüngliche Larvenform gilt die Dipleurula-Larve, von der es nur hypothetische Darstellungen gibt (→ A). Aus ihr haben sich vermutlich die spezifischen Larven der einzelnen Taxons entwickelt: Doliolaria = Vittelaria (bei Crinoidea), Brachiolaria (bei Asteroidea), Ophiopluteus (bei Ophiuroidea), Echinopluteus (bei Echinoidea) und Auricularia (bei Holothuroidea).

Adulte Echinodermata weisen eine fünfstrahlige (pentamere) Symmetrie ihres Körperbaus auf. Die Hauptachse verläuft dabei vom Mund (Oralseite, meist unten) zum After (Aboralseite, oben). Nur bei den Holothurien ist die Oralseite der vordere Körperpol und die Aboralseite der hintere Pol. Bei den Asteroidea und Crinoidea wird die primäre Fünfstrahligkeit vervielfacht, sodass diese Gruppen bis zu 50 bzw. 200 Arme besitzen können. Das Coelom ist dreiteilig. In der Metamorphose entwickelt sich aus einem Coelomraum das mit Flüssigkeit gefüllte Ambulacralsystem (Hydrocoel) mit einem Ringkanal und fünf Radiärkanälen (→ B). Unter der Epidermis liegen Skelettplatten und Stacheln aus Calcit ($CaCO_3$). Das offene Hämolymphsystem hat kein Herz und enthält Coelomocyten, die als Atempigmente Hämoglobin und Hämerythrin enthalten. Der Gasaustausch erfolgt über Tentakelflächen und ausstülpbare Anhän[ge] (Papulae). Holothurien besitzen Wasserlung[en] (s.u.). Echinodermata sind isoosmotisch z[ur] Umgebung und betreiben deshalb kaum O[s]moregulation. Ihr Nervensystem ist rad[iär] angeordnet, ein Nervenzentrum fehlt.

37.1 Crinoidea (Seelilien und Haarstern[e])

Die etwa 650 Arten untergliedern sich [in] die zeitlebens sessilen Seelilien und die juvenil sessilen und später frei b[e]weglichen Haarsterne. Beide komme[n] weltweit vor, mit Schwerpunkten i[m] Westpazifik und Westatlantik. Seelili[en] (etwa 100 Arten) können bis 1 m lan[g] werden und weisen einen trichterfö[r]migen Kelch von ca. 30 cm Durchmess[er] mit fünf Armen und einen Stiel m[it] Haftscheibe auf (→ B, C).

Die Arme der Crinoidea sind in nadelförmi[ge] Pinnulae verzweigt. Auf der Oberseite ihr[es] Körpers (Calyx) liegen Mund und After eng z[u]sammen (→ D). Statt einer Madreporenplat[te] gibt es unzählige Hydroporen. Crinoidea b[e]sitzen als einzige Echinodermata Pinnula[e,] die die aus der Strömung filtrierten Na[h]rungspartikel über eine bewimperte Futte[r]rinne prüfen, sortieren und dann zum Mu[nd] transportieren (→ G). Crinoidea sind getrenn[t]geschlechtlich und pflanzen sich trotz gut[er] Regenerationsfähigkeit nur sexuell fort. Na[ch] Abgabe der Eier und Spermien ins Meer find[et] in der Eihülle eine Frühentwicklung mit M[e]senchymbildung statt. Nach der Gastrulati[on] schließt sich der Blastoporus und es schlüp[ft] eine ovale Larve, die sich zur streifenförm[ig] bewimperten Dolaria-Larve entwickel[t.]

Haarsterne (Comatulida) sind nur im ju[ve]venilen Stadium (Pentacrinus) gestie[lt.] Die ca. 550 farbenprächtigen Arten kom[m]men hauptsächlich im tropischen, ind[o]pazifischen Seichtwasser vor (→ D).

Im späten Paläozoikum waren die Crinoide[a] mit ca. 6000 Arten sehr zahlreich vertrete[n.] Von den meist gestielten sessilen Arten (Pe[l]matozoa) sind durch die gute Erhaltung de[s] Calcitskeletts zahlreiche Fossilien bekannt. S[ie] gelten als ursprünglichste Form der Echin[o]dermata.

© Springer-Verlag GmbH Deutschland, ein Teil von Springer Nature 2021
W. Clauss und C. Clauss, *Taschenatlas Zoologie*,
https://doi.org/10.1007/978-3-662-61593-5_37

A. Dipleurula-Larve

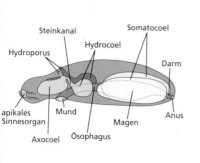

Steinkanal
Hydroporus
Hydrocoel
Somatocoel
Darm
apikales Sinnesorgan
Mund
Axocoel
Ösophagus
Magen
Anus

Abb. 37.1

B. Seelilie – Habitus

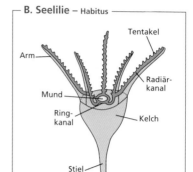

Tentakel
Arm
Radiärkanal
Mund
Ringkanal
Kelch
Stiel

Abb. 37.2

C. Seelilie

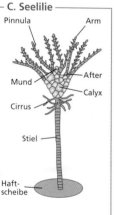

Pinnula
Arm
Mund
After
Calyx
Cirrus
Stiel
Haftscheibe

Abb. 37.3

D. Seelilie – Bauplan

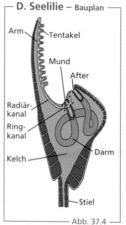

Arm
Tentakel
Mund
After
Radiärkanal
Ringkanal
Kelch
Darm
Stiel

Abb. 37.4

E. Seelilie – Dolaria-Larve

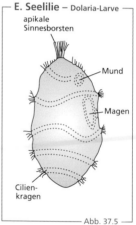

apikale Sinnesborsten
Mund
Magen
Cilienkragen

Abb. 37.5

F. Haarstern

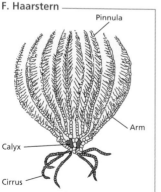

Pinnula
Arm
Calyx
Cirrus

Abb. 37.6

G. Filtersystem

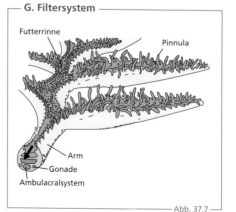

Futterrinne
Pinnula
Arm
Gonade
Ambulacralsystem

Abb. 37.7

37.2 Asteroidea (Seesterne)

Die ca. 1500 Arten der **Asteroidea** leben weltweit **benthisch**, mit Schwerpunkten im indonesisch-australischen Raum und an der nordostpazifischen Küste. Sie sind meist 1–20 cm groß, maximal bis 1 m. Ihre Gestalt ist fünfarmig (→ **A**), vereinzelt sind es bis zu 50 Arme. Sie sind frei bewegliche **Prädatoren** u.a. von Anneliden, Mollusken, Korallenpolypen, Seeanemonen. Man unterscheidet sie**ben Subtaxa**: Paxillosida, Notomyotida, Valvatida, Velatida, Spinulosida, Forcipulatida und Brisingida.

Das mit Flüssigkeit gefüllte **Ambulacralsystem** (→ **B**) hat einen Ringkanal und fünf Radiärkanäle. Der Ringkanal steht zum Steinkanal in Verbindung, der sich über die Madreporenplatte nach außen öffnet und der Exkretion dient. Unter der Epidermis befinden sich die Skelettplatten (Ambulacral- und Interambulacralplatten) und **Stachel**. Scherenartige **Pedicellarien** dienen dem Ergreifen von Beute. Die beweglichen Ambulacralfüßchen (→ **C**) ragen durch Löcher in den Ambulacralplatten nach außen. Der **Magen-Darm-Trakt** ist radiär angelegt, mit einem sackartigen, zentralen Magen und paarigen Divertikeln, die in die Arme reichen. Über ein kurzes Rektum mit Divertikeln mündet der Trakt in den After. Der Magen kann zur **extrakorporalen Verdauung** nach außen gestülpt werden. Seesterne sind überwiegend carnivor und suchen mit den Ambulacralfüßchen das Substrat nach Beute ab. Sie sind überweigend **getrenntgeschlechtlich**. Die Gonaden münden über fünf Genitalporen nach außen und laichen Millionen von Eiern ins Wasser ab. Viele Arten betreiben **Brutpflege** und sitzen gewölbt über dem Gelege. Es entsteht zunächst eine skelettfreie, bewimperte **Bipinnaria-Larve**, die sich zur **Brachiolaria-Larve** weiterentwickelt (→ **D**). Letztere besitzt Haftarme und setzt sich zur **Metamorphose** fest. Seesternlarven können sich auch durch Abschnüren von Knospen vermehren. Eine asexuelle Vermehrung (**Fissiparie**) tritt bei einigen Gruppen auf und wird durch ihr hohes **Regenerationsvermögen** ermöglicht. Dabei teilt sich der Zentralkörper ohne Verletzung von Skelettplatten oder Armen. Paläozoische Formen werden als **Somastroida** bezeichnet.

37.3 Ophiuroidea (Schlangensterne)

Sie umfassen etwa 2000 Arten, dere größte Dichte in allen Tiefen des Me resbodens zwischen den Philippine und Indonesien auftritt. Ihr zentrale **scheibenförmiger Körper** (1–3 cm) set sich in fünf langen, äußerst bewegliche Armen fort (→ **E**), deren Bewegunge chemo- und phototaktisch sind. Oft sin die Tiere im Sediment eingegrabe Diese carnivoren- oder mikrophage **Suspensionsfresser** greifen oder ve kleben ihre Beute mit ihren Verzwe gungen und winzigen Fanghaken un reichen sie mithilfe der Füßchenreih zum Mund. Die Ophiuroidea werden i **drei Subtaxa** eingeteilt: Oigophiurid Phrynophiurida und Ophiurida.

Die zentrale **Körperscheibe** enthält eine afte losen, sackartigen Darm und die Gonaden, d sich in den Bursen öffnen (→ **G**). Die fünfeckig sternförmige Mundöffnung hat Kiefer, dere Maxillarplatten vertikale Reihen von Stache (Zähnen) tragen und von kräftigen Kiefermu keln bewegt werden. In die fünf Kieferspalte ragen je zwei Mundfüßchen, die mit de Ringkanal des Ambulacralsystems verbunde sind. Die Ambulacralplatten der Arme sind z **Wirbeln** verwachsen, die durch Gelenke mit einander verbunden sind und von kräftige Längsmuskeln bewegt werden. Die Radiä kanäle des Ambulacralsystems sind in ein tiefe Rinne der Wirbel eingelassen, ebenso de Zuleitungskanal der Füßchen. Diese besitze weder Ampullen noch Saugscheiben und die nen kaum der Fortbewegung.

Die lateralen **Armplatten** tragen eine vertika Reihe von **Stacheln**, deren Form und Läng von der Lebensweise abhängig ist. Sie sin bei **Gorgonenhäuptern** zu Klammerhaken o ganisiert. Ophiuroidea bewegen sich mit de Armen. Entsprechend sind die **Radiärnerve** prominent ausgeprägt. Sie verlaufen ebe falls in einem versenkten Wirbelkanal un haben ganglienartige Verdickungen, sodas das Nervensystem segmentiert erscheint. Di Entwicklung führt über eine planktotroph **Pluteus-Larve** zu einer **Ophiopluteus-Larv** mit Armen. Danach setzt die **Metamorphos** ein. Einige Arten betreiben Brutpflege, Zwitt rigkeit und Fissiparie.

A. Seestern – Habitus

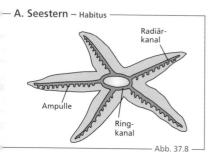

Radiär-kanal

Ampulle

Ring-kanal

Abb. 37.8

B. Seestern – Ambulacralsystem

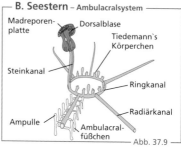

Madreporen-platte

Dorsalblase

Tiedemann`s Körperchen

Steinkanal

Ringkanal

Radiärkanal

Ampulle

Ambulacral-füßchen

Abb. 37.9

C. Seestern – Bauplan

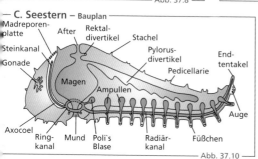

Madreporen-platte

After

Rektal-divertikel

Stachel

Pylorus-divertikel

End-tentakel

Pedicellarie

Gonade

Steinkanal

Magen

Ampullen

Axocoel

Ring-kanal

Mund

Poli`s Blase

Radiär-kanal

Füßchen

Auge

Abb. 37.10

D. Brachiolaria-Larve

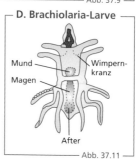

Mund

Wimpern-kranz

Magen

After

Abb. 37.11

E. Schlangenstern – Habitus

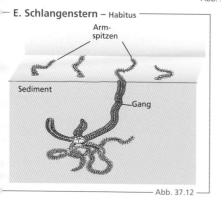

Arm-spitzen

Sediment

Gang

Abb. 37.12

F. Ophiopluteus-Larve

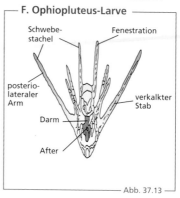

Schwebe-stachel

Fenestration

posterio-lateraler Arm

verkalkter Stab

Darm

After

Abb. 37.13

G. Schlangenstern

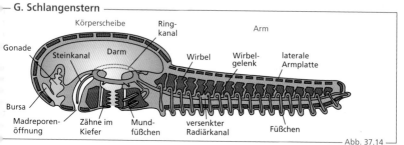

Körperscheibe

Ring-kanal

Arm

Gonade

Steinkanal

Darm

Wirbel

Wirbel-gelenk

laterale Armplatte

Bursa

Madreporen-öffnung

Zähne im Kiefer

Mund-füßchen

versenkter Radiärkanal

Füßchen

Abb. 37.14

37.4 Echinoidea (Seeigel)

Die ca. 950 Arten der Echinoidea unterteilen sich nach ihrem Aufbau in die pentameren Regularia und die sekundär abgeflachten, bilateralsymmetrischen Irregularia. Sie werden bis zu 40 cm groß und leben im Benthos der Schelfmeere mit der größte Artendichte im Indo- und Westpazifik. Echinoidea ernähren sich von Algenbewuchs und sind maßgeblich an der Bioerosion von Korallenriffen beteiligt. Man unterscheidet die basalen Cidaroida von den formenreichen Euechinoidea, zu denen mit den Echinacea die meisten Arten mit dem typischen Erscheinungsbild, einer kugeligen, pentameren Form, zählen (→ A).

Das kugelige Skelett wird bei den regulären Seeigeln durch fünf Doppelreihen Ambulacralplatten gebildet, zwischen denen sich fünf Doppelreihen Interambulacralplatten befinden (→ C). Nach Form und Anordnung dieser Platten werden die Seeigel taxonomisch eingeteilt. Auf der aboralen Seite (oben) münden die Gonaden in Genitalplatten. Hier befinden sich auch Madreporenplatte und After. Die Mundöffnung liegt auf der oralen Seite (unten; → B). Seeigel besitzen einen inneren Kieferapparat (Laterne des Aristoteles), mit ausgeprägter Muskulatur und harten Zähnen. Die Zähne bewegen sich wie ein fünfeckiger Greifapparat und ermöglichen das Abweiden von Algen auf Hartböden und Korallen. Der Darm führt in einer zweifach gegenläufigen Windung nach oben zum After. Das Nervensystem hat Radiärnerven und einen ausgeprägten motorischen Teil im Kieferbereich. Die Stacheln können massiv oder hohl sein und sind ebenfalls ein taxonomisches Kriterium. Sie bieten Schutz vor Fressfeinden und werden auch zur Fortbewegung eingesetzt. Das Ambulacralsystem hat eine typischen Anlage mit Ringkanal, Radiärkanälen, Ampullen und Zuleitungen zu den Füßchen. Diese treten durch die Platten nach außen. Die Gonaden sind interradiär in fünf Säcken angelegt. Seeigel sind getrenntgeschlechtlich. Ihre Eier entwickeln sich in einer Radiärfurchung zu einer planktotrophen Pluteus-Larve, die sich in einer raschen Metamorphose in einen benthischen, juvenilen Seeigel umwandelt. Brutpflege kommt bei einigen Tiefseearten vor.

37.5 Holothuroidea (Seewalzen)

Mit etwa 1400 Arten zeigen die Holoth rien die größte Artenvielfalt der Echin dermata. Die Körperlänge reicht von mm bis zu 2,5 m. Sie kommen in alle Meeresbereiche vor, vom Benthos d Schelfmeere bis in abyssale Tiefen vc 8500 m. Sessile, filtrierende Arten tr gen zur Sedimentumsetzung bei, inde sie Sedimentmassen durch ihre Darr passage reinigen. Sie ernähren sich vc Algen, Einzellern und Detritus. Die Hol thuroidea werden mit den Echinoidea z den Echinozoa zusammengefasst, ih systematische Beziehung zu den Echin dermata ist nicht gesichert. Nach Tent kelform, Mikroskleriten, Wasserlunge und Füßchen werden sechs Subtaxa u terschieden: Dendrochirotida, Dactyl chitotida, Aspidochirotida, Elasipodid Apodida und Molpadiida.

Der weiche, lange, zylindrische Körper h eine dicke, ledrige Hülle. Das Kalkgehäuse i zu mikroskopischen Skleriten reduziert. D Ringkanal des Ambulacralsystems liegt a proximalen Ende und reicht bis in die me zehn Mundtentakel. Bei manchen Gruppe tritt eine Pentamerie der Radiärkanäle au (→ D). Die Füßchen sind auf der ventrale Seite zwischen drei Radien verteilt. Der Stei kanal ist meist kurz und öffnet sich übe ein Madreporenköpfchen ins Somatocoel. D Darmtrakt besteht aus drei Schenkeln ur endet in einer Kloake (→ E). Dort münde bei vielen Arten auch die Wasserlungen, di durch Pumpbewegungen der Kloake ventilie werden. Viele Arten atmen auch über di Körperoberfläche. Bei einigen Arten münde in die Kloake die Cuvier`s Organe (Schläuche die durch Ruptur aus der Kloake ausgesto ßen werden können (Eviszeration) und a toxische, klebrige Masse für andere Organi men gefährlich sind. Die Eingeweide könne schnell regenerieren. Seewalzen besitzen n eine Gonade und sind überwiegend getrenn geschlechtlich. Manche Arten zeigen ein Synchronisierung des Ablaichens. Die Entwic lung verläuft zunächst über eine planktotro phe Auricularia-Larve, dann folgt oft ein Dolaria-Larve und anschließend eine rasch Metamorphose. Seewalzen sind farblich ot sehr auffällig (→ F, G) und in Asien von kulina rischer Bedeutung.

A. Seeigel

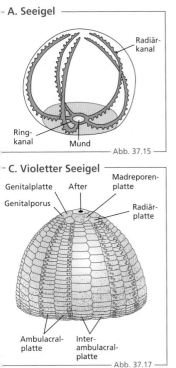

Radiär-kanal

Ring-kanal   Mund

Abb. 37.15

B. Seeigel

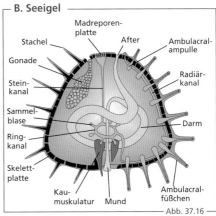

Madreporen-platte
Stachel   After   Ambulacral-ampulle
Gonade
Radiär-kanal
Stein-kanal
Sammel-blase   Darm
Ring-kanal
Skelett-platte
Kau-muskulatur   Mund   Ambulacral-füßchen

Abb. 37.16

C. Violetter Seeigel

Genitalplatte   After   Madreporen-platte
Genitalporus   Radiär-platte

Ambulacral-platte   Inter-ambulacral-platte

Abb. 37.17

D. *Holothuria*

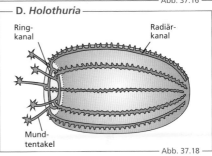

Ring-kanal   Radiär-kanal

Mund-tentakel

Abb. 37.18

E. *Holothuria*

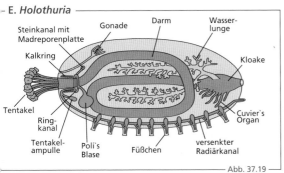

Steinkanal mit Madreporenplatte   Gonade   Darm   Wasser-lunge
Kalkring   Kloake
Tentakel
Ring-kanal   Cuvier's Organ
Tentakel-ampulle   Poli's Blase   Füßchen   versenkter Radiärkanal

Abb. 37.19

F. *Holothuria flavomaculata*

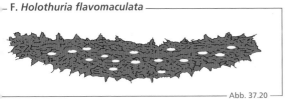

Abb. 37.20

G. *Holothuria sanctori*

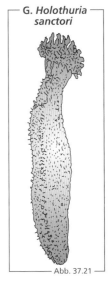

Abb. 37.21

38 Hemichordata

Die Hemichordata umfassen zwei morphologisch vollkommen unterschiedliche Tiergruppen, die **Enteropneusta** (Eichelwürmer) und die **Pterobranchia** (Flügelkiemer). Ihre **Monophylie** war ursprünglich umstritten, da sie sich nur auf wenige Merkmale wie das **Stomochord** (Stützstrang) oder die **Kiemenspalten** begründete. Inzwischen ist die Monophylie aber durch molekulare Analysen der rRNA bestätigt. Die Enteropneusta leben in Gängen im Meeresboden, die Pterobranchia leben marin in Röhren und Gehäusen. Gemeinsam mit ihrem Schwestertaxon, den **Echinodermata**, bilden sie das Taxon **Amublacraria** (**Coelomopora**).

38.1 Enteropneusta (Eichelwürmer)

Die etwa 90 Arten können wenige Zentimeter bis 2 m lang werden (→ A) und haben einen charakteristischen dreigliedrigen Körperbau aus **Prosoma**, **Mesosoma** und **Metasoma** (→ B). Sie leben in selbstgegrabenen Gangsystemen (→ C), die sie mit Schleim auskleiden und verfestigen. Der Name bezieht sich auf das eichelförmige, anschwellbare Graborgan. Sie ernähren sich von **Nahrungspartikeln** im Wasserstrom, die von der mit Cilien besetzten Epidermis der Eichelregion über den Ernährungstrichter zur Mundöffnung gelenkt werden.

Das **Prosoma** bildet den kurzen, eichelförmigen Grabapparat (→ B) und enthält das Protocoel mit dem **Stomochord**, einem Stützorgan für das pulsierende Pericard. Das kollagene Eichelskelett ragt in das **Mesosoma** und bildet das eigentliche Stützskelett im Übergangsbereich. Das einfache rostrale **Herz** pumpt das zellfreie, farblose **Blut** durch ein Ventralgefäß in den Körper und in in kapillare Lakunennetze um Darm und Kiemen. Von dort gelangt es über ein Dorsalgefäß wieder zurück in das Herz. Die in einem Knäuel gefaltete Rückwand des Protocoels bildet das Exkretionsorgan (**Glomerulus**), das Moleküle durch Ultrafiltration in das Coelom befördert. Durch den Eichelporus gelangen sie nach außen.

Die drüsenreiche **Epidermis** ist dicht bewimpert und enthält an der Basis einen Nervenplexus, darunter befindet sich die dicke, mes dermale Muskulatur (→ D, E). Das dorsale Ne ralrohr (Kragenmark) entsteht im Mesoson durch längliche Einstülpung des Ektoderm Das Darmrohr beginnt mit dem Mund, es fe gen Pharynx und Kragendarm. An Letztere schließt sich der Kiemendarm mit seitliche Kiementaschen und **Kiemenspalten** an, d durch Kiemenporen nach außen münde Der resorbierende Mitteldarm hat seitlich Divertikel und mündet über den Enddarm den After. Enteropneusta sind **getrennt**g schlechtlich. Die Gameten werden abgelaic und die Befruchtung erfolgt im Seewass Die Embryonalentwicklung erfolgt wie b den Deuterostomia über eine Radiärfurchun Blastula und Invaginationsgastrula zu ein **Tornaria-Larve**. Enteropneusta werden in d Taxa Spengeliidae, Ptychoderidae, Harriman dae und Torquaratoridae unterteilt.

38.2 Pterobranchia (Flügelkiemer)

Die einzelnen Tiere (**Zooide**) sind 1– mm groß und können **Tierstöcke** (Kol nien) bilden (→ F). Der Körper ist ebe falls dreigliedrig und in **Rostralschi** (Prosoma), **Tentakelbereich** (Mesosom und den sackartigen **Rumpf** mit Sti (Metasoma) gegliedert (→ G). Es gib etwa 25 Arten. Auch die fossile Grupp der **Graptoliten** wird inzwischen zu de Pterobranchia gestellt.

Wohnröhren werden durch Epidermisdrüse des Prosomas gebildet. Die Röhren bestehe aus Kollagen und werden bis zu 10 cm lan Neue vegetative Knospungen werden a dem horizontalen Hauptstrang (Stolo) geb det. Bewimperte Tentakel dienen dem Gre fen der Nahrungspartikel, die mithilfe v Transportschleim und einer Futterrinne zu Mund befördert werden. Der Darm ist u-fö mig mit sackförmigem Magen (→ H). Das ba siepitheliale Nervensystem hat ventrale un dorsale Stränge. Der zentrale Blutraum (Her mündet in ventrale und dorsale Blutgefäß Die Gonaden liegen retroperitoneal. Es gib geschlechtslose und getrenntgeschlechtlich Zooide, vermutlich auch Zwitter. Die Entwic lung verläuft über Larven, aus denen sic durch Metamorphose Jungtiere bilden. Auc die **vegetative Fortpflanzung** ist verbreite Die bisher entdeckten Arten werden in Atuba ridae, Rhabdopleuridae und Cephalodiscida gruppiert.

© Springer-Verlag GmbH Deutschland, ein Teil von Springer Nature 2021
W. Clauss und C. Clauss, *Taschenatlas Zoologie*,
https://doi.org/10.1007/978-3-662-61593-5_38

A. Enteropneusta

Metasoma
(Rumpf)

Mesosoma
(Kragen)

Prosoma
(Eichel)

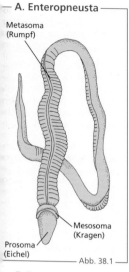

Abb. 38.1

B. Enteropneusta – längs

Kiemen-spalte
Kiemen-tasche
Dorsal-gefäß
Protocoel-porus
Perikard
Glomerulus
„Herz"

Metacoel
Mesocoel
Pharynx
Mund
Stomocord
Protocoel

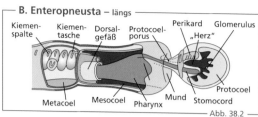

Abb. 38.2

C. Gangsystem

Kot
Trichter

Ein-bohr-gang

Balanoglossus

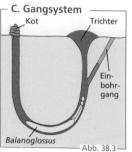

Abb. 38.3

D. Enteropn. – quer

Epidermis
Mesenterium
Kragen-mark
Dorsal-gefäß
Eichel-skelett
Längs-muskel
Kragen-darm

absteigendes Gefäß

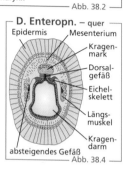

Abb. 38.4

E. Prosoma – quer

Epidermis

Nerven-plexus

Perikard

zentraler
Blutraum

Eicheldarm

Glomerulus

Protocoel

Coelothel

Muskulatur

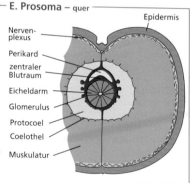

Abb. 38.5

F. Pterobranchia – Tierstock

Rhabdopleura

Wohn-röhre

Stolo
Haupt-röhre

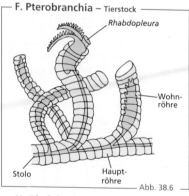

Abb. 38.6

G. Rhabdopleura

Tentakel

Proboscis

Mund

Anus

Rumpf

Zuwachs-ringe

Wohn-röhre

Stiel

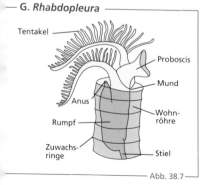

Abb. 38.7

H. Rhabdopleura – Bauplan

Proboscis
Protocoel
Stomochord
Mund
Kiemen-schlitz
Mesocoel
Darm
Metacoel
ventraler
Nervenstrang

Herz
Tentakel mit
Mesocoel
Anus
Gonade
mit Ei
dorsales
Blutgefäß
dorsaler
Nervenstrang
Stiel

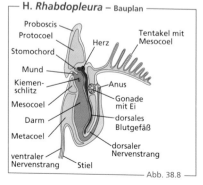

Abb. 38.8

39 Chordata

Der Stamm Chordata umfasst alle Tiere, die im embryonalen Stadium oder auch lebenslang eine Chorda doralis aufweisen, einen stabförmigen, halbelastischen, bindegewebigen Strang. Er zieht sich meist ventral vom zentralen Nervensystem längs durch den ganzen Körper. Seine Aufgabe ist die Stützfunktion des Körpers. Zu den Chordata gehört auch der Mensch.

Im Bauplan der Chordata findet man zwar viele Invertebratenmerkmale wie die Bilateralsymmetrie, die anterior-posteriore Achse, das Coelom, die Metamerie und die Cephalisation. Jedoch gibt es fünf kennzeichnende Merkmale, welche die Chordata von allen anderen Stämmen des Tierreichs abgrenzen (→ A): die Chorda dorsalis (Notochord), eine zentrale Struktur des Achsenskeletts, das Neuralrohr, ein ektodermaler Nervenstrang der dorsal von der Chorda liegt, ferner ein Kiemendarm, der aus dem von den Kiemenspalten unterbrochenen Vorderdarm besteht, das Endostyl (Hypobranchialrinne), das eine ventral im Kiemendarm gelegene Rinne mit Flimmerepithel darstellt, und der postanale Schwanz, der als ein Hauptmerkmal der Synapomorphie die Chordata von den Echinodermata, dem nächsten verwandten Stamm, abgrenzt. Diese fünf Merkmale finden sich im Embryonalstadium immer, können jedoch in späteren Lebensstadien abgewandelt oder rückgebildet sein.

Die Chordata gehören zu den Deuterostomiern. In dieser großen Abzweigung des Tierreichs finden sich auch die Echinodermata (Stachelhäuter) und die Hemichordata (Kiemenlochtiere). Da die Embryonalentwicklungen aller drei Gruppen viele gemeinsame Merkmale aufweisen, stammen die Gruppen vermutlich von einem gemeinsamen Vorfahren ab. Vor Kurzem wurden in China 535 Mio. Jahre alte Fossilien von *Saccorhytus coronarius* gefunden, die vermutlich an der Wurzel des Deuterostomia-Stammbaums stehen. Ihr Aussehen wurde rekonstruiert (→ B). Es ist aber noch umstritten, ob sich die Chordata aus solchen frei schwimmenden Urformen der Deuterostomia entwickelten, die sich modifizierten und in die Länge streckten, oder ob sie von Larven sessiler Nahrungsstrudler wie Tentaculata oder Pterobranchia abstammen. Es wird vermutet, dass aus den Larven eine Protochordata-Larve entstanden sein könnte, aus der sich schließlich die Urchordata entwickelten.

Von diesen frühen Chordata sind aus dem Kambrium vor etwa 570 Mio. Jahren Fossilien der Conodonta bekannt. Diese lang gestreckten, ca. ein Zentimeter großen Tiere lebten frei schwimmend im Wasser. Aus ihren mineralisierten Überresten und anhand von Weichteilabdrücken konnte man rekonstruieren, dass sie eine Chorda, Myomere und am Vorderende zwei große Augen hatten (→ C). Fossilien von frühen Chordata wurden auch im Burgess-Schiefer gefunden. Bei dem Schiefer handelt es sich um Sedimente, die man dem mittleren Kambrium vor ca. 505 Mio. Jahren zuordnet. Hier wurde mit *Pikaia gracilens* einer der ältesten Chordata entdeckt, der dem Acranier *Branchiostoma* (→ 39.2) ähnlich ist.

Unstrittig ist, dass sich aus diesen Urchordata die zwei rezenten Gruppen der Protochordata entwickelten: die Tunicata (Manteltiere; → Abschn. 39.1) und die Acrania (Schädellose; → Abschn. 39.2).

In → D sind mehrere mögliche Untergliederungen des Chordata-Stammes vergleichend dargestellt. Hier fällt die klare Trennung der Protochordata von den Vertebrata auf. Da den Protochordata ein entwickelter Kopf fehlt, werden sie auch als Acrania bezeichnet und den Chordata mit voll entwickeltem Kopf (Craniota) vorangestellt. Obwohl die Schleimaale keine Wirbel besitzen, werden sie in dieser Darstellung zu den Vertebrata gerechnet. Die Craniota (Schädeltiere) können entweder in Agnatha (Kieferlose) und Gnathostomata (Kiefermünder) unterteilt werden oder in Anamniota (Tiere deren Embryonen nicht von einer Hülle umgeben sind, wie Fische und Amphibien) und Amniota (einige Fische, Reptilien und Säugetiere).

© Springer-Verlag GmbH Deutschland, ein Teil von Springer Nature 2021
W. Clauss und C. Clauss, *Taschenatlas Zoologie*,
https://doi.org/10.1007/978-3-662-61593-5_39

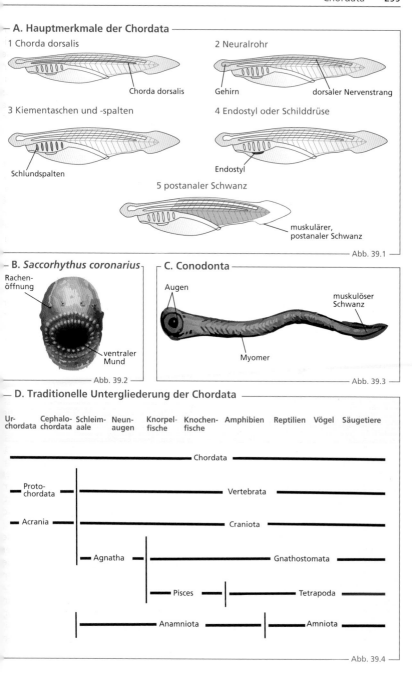

A. Hauptmerkmale der Chordata

1 Chorda dorsalis

Chorda dorsalis

2 Neuralrohr

Gehirn | dorsaler Nervenstrang

3 Kiementaschen und -spalten

Schlundspalten

4 Endostyl oder Schilddrüse

Endostyl

5 postanaler Schwanz

muskulärer, postanaler Schwanz

Abb. 39.1

B. *Saccorhythus coronarius*

Rachenöffnung

ventraler Mund

Abb. 39.2

C. Conodonta

Augen

muskulöser Schwanz

Myomer

Abb. 39.3

D. Traditionelle Untergliederung der Chordata

Urchordata | Cephalochordata | Schleimaale | Neunaugen | Knorpelfische | Knochenfische | Amphibien | Reptilien | Vögel | Säugetiere

Chordata

Protochordata | Vertebrata

Acrania | Craniota

Agnatha | Gnathostomata

Pisces | Tetrapoda

Anamniota | Amniota

Abb. 39.4

39.1 Tunicata (Manteltiere)

Der Name dieser Gruppe bezieht sich auf das Tunicin, ein celluloseähnliches Kohlenhydrat, das nur im Cuticularmantel, das nur in dieser Tiergruppe vorkommt. Tunicata sind weltweit verbreitet. Sie leben ausschließlich marin und bilden sessile und frei lebende Formen. Oft treten sie in Kolonien auf. Tunicata sind mikrophage Filterer. Sie ernähren sich von Plankton, das sie mit einem Wasserstrom durch ihren Kiemendarm befördern. Es gibt 2120 Arten, die sich in die drei Subtaxa Appendicularia, Ascidiacea und Thaliacea unterteilen.

Die Appendicularia werden auch Larvacea genannt. Es sind kleine pelagische Strudler, von denen es ca. 70 Arten gibt. Die Tiere sind mit Schwanz ca. 1,5–5 cm lang und leben in einem gallertartigen, ca. 5–10 cm langen Filtergehäuse (→ A), das sie selbst produzieren und periodisch abwerfen. Sie haben als einzige Tunicata auch im Adultstadium einen muskulösen Schwanz mit einer Chorda und einem seitlich gelegenen Neuralrohr. Der Schwanz erzeugt einen Wasserstrom durch das Gehäuse. Manche Arten besitzen innere Nahrungsfilter (*Oikopleura* sp.), andere Arten wie die Fritillariidae produzieren äußere Filternetze, die vor dem Mund entfaltet werden. Die Tiere haben einen extrem kurzen Lebenszyklus, sie leben 3–4 Tage und produzieren in diesem Zeitraum ca. 40 Filtergehäuse. Sie sind getrenntgeschlechtlich und die Eier werden aus den Gonaden durch die aufplatzende Körperwand freigesetzt. Die Spermien gelangen von den Hoden über Ausführungsgänge ins Wasser, wo die Befruchtung erfolgt. Die Entwicklung erfolgt sehr rasch: Nach zunächst radiärer und dann bilateraler Furchung entwickelt sich bereits nach 3 h eine Larve, die innerhalb von 5 h eine Metamorphose zum fertigen Adulttier durchläuft und dann sofort ein Filtergehäuse bildet.

Ascidiacea (Seescheiden) leben sessil. Ihre ca. 2000 Arten entwicklen sich über Larven (→ B), die ihren Schwanz mit Chorda in der Metamorphose zurückbilden. Durch ihren voluminösen, sackartigen Kiemendarm (→ C) sind sie ausgezeichnete benthische Filtrierer, Der Kiemendarm besitzt ein hoch entwickeltes, geschlossenes Gefäßystem (→ D), durch das ein effektiver Gasaustausch ermöglicht wird. Der Wasserstrom wird durch ein peripharyngeales Wimpernband und durch Cilien erzeugt. Die Filtration erfolgt in einem Schleimnetz aus Mucopolysacchariden, das fortlaufend vom Endostyl gebildet wird. Das Schleimnetz mit den anhaftenden Mikropartikeln wird periodisch verdrillt und für die Verdauung zum Ösophagus befördert.

Ascidiacea haben eine Statocyste (eine epidermale Rezeptorzelle für Mechano- und Chemorezeption). Eine Neuraldrüse ist mit dem Vorderdarm verbunden. Sie produziert Hormone und wird deshalb in Analogie zur Hypophyse gesehen. Die Exkretion erfolgt über den Kloakalraum, statt echter Exkretionsorgane gibt es nur Speicherzellen (Nephrocyten). Ascidiaceasind simultane Hermaphroditen. Das Ei wird bis zur Freisetzung von schwimmfähigen Larven in einem Brutraum, (oft der Peribranchialraum) deponiert. Die Tiere können sich ungeschlechtlich durch Knospung vermehren.

Die ca. 50 Arten der Thaliacea leben pelagisch. Zu ihnen gehören die die Feuerwalzen (Pyrosomida), die Doliolida (Tonnensalpen) und die Salpida. Die Salpen (→ E) leben in warmen Meeren und können in riesigen Schwärmen auftreten, die bis zu 100 km lang sind. Ihr Körper wird bis 10 cm lang und besitzt eine transparente Tunica mit seitlichen Leisten und Leuchtorganen. Es gibt ca. 40 Arten, die stenohaline, pelagische Hochseeformen sind. Sie filtrieren Partikel sehr effektiv mit einem Schleimnetz im Kiemendarm. Salpen haben einen aus zwei Generationen bestehenden metagenetischen Generationswechsel. Es treten solitäre, symmetrische Oozooide und zyklische oder lineare Ketten von Blastozooiden auf deren Tunica asymmetrisch ist. Nur Letztere bilden differenzierte Gonaden aus. Im Ovar reift nur ein Ei, das auch hier befruchtet wird. In der Embryonalentwicklung bildet sich ein Stolo, der sich zu Knospen differenziert. Diese wachsen dann aus dem Oozooid heraus und bilden in Wachstumsschüben Ketten von Geschlechtstieren die sich zur nächsten Blastozooidengeneration entwickeln.

A. Appendicularia

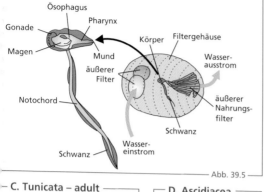

Ösophagus

Pharynx

Gonade

Magen

Mund

äußerer Filter

Notochord

Körper

Filtergehäuse

Wasser-ausstrom

äußerer Nahrungs-filter

Schwanz

Schwanz

Wasser-einstrom

Abb. 39.5

B. Ascidiacea – Larve

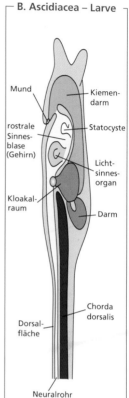

Mund

rostrale Sinnes-blase (Gehirn)

Kloakal-raum

Kiemen-darm

Statocyste

Licht-sinnes-organ

Darm

Chorda dorsalis

Dorsal-fläche

Neuralrohr

Abb. 39.6

C. Tunicata – adult

Mund

Neuraldrüse

Statocyste

Ausstrom-öffnung

Kloakal-raum

Anus

Magen   Darm   Gonade

Kiemen-darm

Endostyl

Herz

Abb. 39.7

D. Ascidiacea

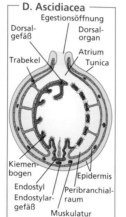

Egestionsöffnung

Dorsal-gefäß

Dorsal-organ

Trabekel

Atrium

Tunica

Kiemen-bogen

Endostyl

Endostylar-gefäß

Epidermis

Peribranchial-raum

Muskulatur

Abb. 39.8

E. Thaliacea (Salpen)

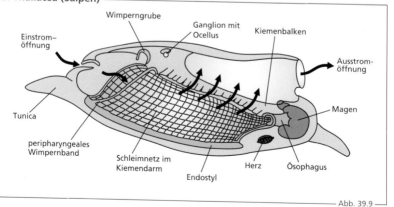

Einstrom-öffnung

Wimperngrube

Ganglion mit Ocellus

Kiemenbalken

Ausstrom-öffnung

Tunica

peripharyngeales Wimpernband

Schleimnetz im Kiemendarm

Endostyl

Herz

Magen

Ösophagus

Abb. 39.9

39.2 Acrania (Schädellose)

Die 29 Arten der Acrania (Schädellose) leben im Sediment wärmerer Meere, mit der Mundöffnung nach oben schräg im Sand eingegraben. Ihr lanzettförmiger Körper (→ A) wird in ganzer Länge von der Chorda dorsalis durchzogen. Sie werden deshalb auch als Cephalochordata bezeichnet. Im vorderen Drittel des Körpers befindet sich der Kiemendarm, der vom Peribranchialraum umgeben ist. Dieser mündet über den caudal gelegenen Atrioporus nach außen. Der große Darmblindsack entspricht funktionell einer Mitteldarmdrüse (Leber). Die getrenntgeschlechtlichen Acrania entwickeln sich über eine Metamorphose. Ein herausragendes Beispiel ist das Lanzettfischchen (*Branchiostoma lanceolatum*), das als mögliche Urform der Vertebraten gilt.

Die Zellen der Chorda liegen scheibenförmig hintereinander und sind von einer Chordascheide aus Kollagenfasern umgeben. Über der Chorda befindet sich das Neuralrohr, von dem segmental seitlich alternierend motorische und sensorische Nerven zwischen den Myomeren abgehen (→ B). Diese Anordnung ist homolog zum Rückenmark der Wirbeltiere, allerdings sind die Myomere in den Körperseiten asymmetrisch angeordnet. Ihre Myosepten stehen mit dem Bindegewebe der Körperdecke und der Chordascheide in Verbindung. Diese Verbindung ermöglicht im Zusammenspiel mit den Flossensäumen ein „Schlängelschwimmen" und ein Graben im Sand. Das Neuralrohr weitet sich vorne zu einem Stirnbläschen, das keine gehirnähnlichen Unterteilungen aufweist.

Sinneszellen finden sich in der Epidermis und im Bindegewebe und sind möglicherweise mechanosensitiv. Im vorderen und hinteren Bereich des Neuralrohrs finden sich mehr als 1000 Pigmentbecherocellen, die dem Tier eine optische Orientierung ermöglichen und Lichtreflexe auslösen können. Augen oder Gleichgewichtsorgane sind nicht vorhanden.

Vor der Mundhöhle verhindern Mundcirren das Eindringen größerer Partikel in den Kiemendarm. Die bewimperten Schleifen des Räderorgans befördern das Wasser durch e[in] verschließbare Velum in den Kiemendar[m] mit den seitlichen Kiemenbögen. Oben i[m] Kiemendarm (→ B) befindet sich unterha[lb] der Chorda die Epibranchialrinne. Durch s[ie] wird die filtrierte Nahrung weiter nach hint[en] in den resorbierenden Mitteldarm beförde[rt] (→ C). Von ihm zweigt seitlich der enzym[e] produzierende Leberblindsack ab. Das Wass[er] strömt durch die Kiemenspalten in den gro[ß]räumigen Peribranchialraum und dann dur[ch] den Atrioporus nach außen.

Das in sich geschlossene Blutgefäßsyste[m] (→ D) enthält farbloses Blut und entspric[ht] im Verlauf dem Grundschema der Cranio[ta] mit Venen und Arterien. Allerdings fehlt e[in] echtes Herz und ein Perikard, das Blut wir[d] durch pulsatile Gefäße (u. a. Bulbilli) beweg[t]. Im Sinus venosus, der funktionell dem He[rz] der Craniota entspricht, wird das aus de[n] Kapillargebieten zurückströmende Blut z[u]sammengeführt. Der Leberblindsack wir[d] von einem Pfortadersystem versorgt, das vo[m] Blut aus dem Kapillarsystem des Darms durch[-] strömt wird.

Dorsal im Kiemendarm liegen die Exkretion[s]organe. Sie bestehen aus modifizierte[n] Coelothelzellen (es handelt sich nicht u[m] Protonephridien). Diese Reusengeißelzelle[n] werden als Cyrtopodocyten bezeichne[t]. Sie ermöglichen eine starke Ultrafiltratio[n] durch feine Exkretionskanälchen in de[n] Peribranchialraum. Das Coelom besteht au[s] mehreren zusammenhängenden Räumen.

Acrania sind getrenntgeschlechtlich. Ihr[e] Gonaden sind segmental seitlich entlang de[r] Außenwand des Peribranchialraums angeleg[t] (→ E). Die Gameten werden durch Platzen de[r] über mehrere Wochen reifenden Gonade[n] freigesetzt und gelangen dann durc[h] den Atrioporus ins Freie. Die Entwicklun[g] der gefruchteten Eier beginnt mit eine[r] Radiärfurchung und führt dann über ein[e] Blastula und eine Invaginationsgastrula zu e[i]ner bewimperten Neurula-Larve. Diese entw[i]ckelt sich durch eine asymetrisch verlaufend[e] Metamorphose zum adulten Tier. Dabei ble[i]ben die linksseitigen Coelomtaschen klein un[d] die rechtsseitigen vergrößern sich. Die recht[s]seitigen Metamere verschieben sich nach hi[n]ten. Die rezenten Arten entwickeln sich eigen[-]ständig aus Stammformen und erlauben kau[m] homologe Vergleiche mit den Wirbeltieren.

A. Lanzettfischchen (*Branchiostoma lanceolatum*) – Seitenansicht

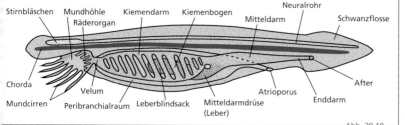

Stirnbläschen Mundhöhle Kiemendarm Kiemenbogen Mitteldarm Neuralrohr Schwanzflosse
Räderorgan

Chorda
Velum After
Mundcirren Peribranchialraum Leberblindsack Mitteldarmdrüse Atrioporus Enddarm
(Leber) Mitteldarmdrüse

After

Abb. 39.10

B. Kiemendarmregion

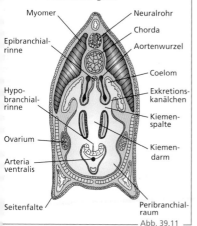

Myomer Neuralrohr
Chorda
Epibranchial-
rinne Aortenwurzel

Coelom
Hypo-
branchial- Exkretions-
rinne kanälchen
Kiemen-
spalte
Ovarium Kiemen-
darm
Arteria
ventralis
Seitenfalte Peribranchialraum
Abb. 39.11

C. Mitteldarmregion

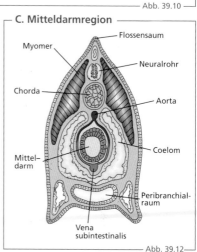

Flossensaum
Myomer
Neuralrohr
Chorda Aorta
Coelom
Mittel-
darm
Peribranchial-
raum
Vena
subintestinalis
Abb. 39.12

D. Blutgefäßsystem

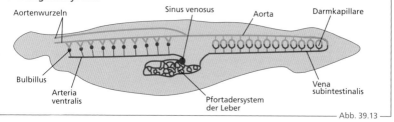

Aortenwurzeln Sinus venosus Aorta Darmkapillare

Bulbillus
Arteria Vena
ventralis subintestinalis
Pfortadersystem
der Leber
Abb. 39.13

E. Segmentierung der Muskulatur

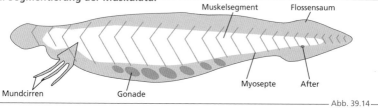

Muskelsegment Flossensaum

Mundcirren Gonade Myosepte After
Abb. 39.14

40 Pisces

40.1 Agnatha (Kieferlose)

Die Agnatha werden auch als **Cyclostomata** (Rundmäuler) bezeichnet. Die ca. 100 Arten der Agnatha sind weltweit verbreitet und leben **limnisch** oder **marin**. Sie bilden eine Restgruppe der im Paläozoikum vorkommenden **Ostracodermata**. Ihr aalähnlicher, biegsamer Körper verfügt über eine **Chorda**, ein knorpeliges Endoskelett. Die Tiere sind meist 35–60 cm, maximal 1 m lang. Die Agnatha werden in die 42 bekannten Arten der **Neunaugen** (Petromyzontida) und die **Schleimaale** (Inger, Myxinoida) unterteilt. Sie werden als Agnatha bezeichnet, weil ihnen ein Kiefer und echten Zähne fehlen.

Neunaugen (Petromyzontida) sind aalförmige Tiere, die einen bräunlichen Körper mit dorsaler Marmorierung haben. Die meisten Arten sind **anadrom** und suchen nur zum Laichen Flüsse auf. Aus den Eiern schlüpfen die bis zu 17 cm lange **Ammocoetes-Larven** (→ A, B) die auch als **Querder** (Köder) bezeichnet werden. Sie graben sich im Schlamm des Flussbettes in einer Röhre ein (→ C) und verbringen bis zu fünf Jahre in diesem Stadium. Anschließend wandeln sie sich in einer viermonatigen **Metamorphose** in die adulten Tiere um. Diese können bis zu 1 m lang werden, wie das **Meerneunauge** (*Petromyzon marinus*). Es gibt etwa 15 Arten Süßwasserneunaugen, die nicht ins Meer wandern und die adult bedeutend kleiner sind, kaum länger als ihre Larvenformen. Der bekannteste Vertreter ist das **Flussneunauge** (*Lampetra fluviatilis*), das bis 35 cm lang wird (→ D).

Neunaugen sind **getrenntgeschlechtlich** und geben ihre Eier und Spermien aus den Gonaden direkt in die Leibeshöhle ab. Von dort werden sie über die Papilla urogenitalis nach außen ins Wasser freigesetzt, wo auch die Befruchtung erfolgt. Neunaugen sind **monothel**, d. h., sie bilden nur einmal im Leben Geschlechtszellen, paaren sich und sterben wenig später. Die Ammocoetes-Larven sind **mikrophage Filtrierer**. Sie haben eine kappenartige Oberlippe (**Velum**) vor dem Mund (→ A) und einen ausgeprägten Kiemendarm (→ B). Neunaugen haben nur zwei, nicht neun Augen. Ihr Name geht auf die sieben Kiemenlöcher, das Auge und eine Nasenöffnung pro Seite zurück.

Neunaugen sind **Fischparasiten**, die sich an ihrer Beute festsaugen, Blut trinken und Gewebestücke herausraspeln. Spezielle Speichelenzyme hemmen die **Blutgerinnung**. Die Tiere besitzen eine paarige **Schilddrüse**, die sich während der Metamorphose aus dem Endostyl der Ammocoetes-Larve bildet. Sie bildet thyroxinhaltiges Kolloid. Das geschlossene Blutgefäßsystem enthält **Hämoglobin**. Neunaugen wurden auch als Speisefische verzehrt. Inzwischen stehen sie auf der Roten Liste der gefährdeten Arten.

Schleimaale (Myxinoida) leben marin bis in 2000 m Tiefe. Sie werden auch als **Inger** bezeichnet. Etwa 82 Arten sind bekannt. Molekulare Untersuchungen zeigen, dass sie gemeinsam mit den Neunaugen eine **monophyletische Gruppe** bilden, deren Vorfahren aus dem **Kambrium** vor ca. 500 Mio. Jahren stammen. Aus dieser Gruppe gingen keine weiteren rezenten Arten hervor.

Schleimaale haben eine lang gestreckten, wurmförmigen Körper, der bei großen Arten bis 1 m lang werden kann; der Körperquerschnitt ist rund. Ihre **Haut** hat keine Schuppen, sondern ist mit einer **Schleimschicht** bedeckt. Eine starke Kapillarisierung lässt sie weiß bis rötlich erscheinen und ermöglicht einen guten Gasaustausch. Schleimaale sind **carnivor** und ernähren sich von Bodenarthropoden und Aas. Am Vorderende befinden sich Tast- und Lippententakel. Sie besitzen keinen Saugnapf sondern einen **Zungenapparat**, der als Raspel funktioniert (Zungenzähne; → E) und mit dem sie in Beutetiere eindringen können. Durch ein hoch differenziertes Nasenorgan haben sie einen ausgezeichneten **Geruchssinn**. Schleimaale haben einen einphasigen Lebenszyklus ohne Larve. Ein bekannte Art ist *Myxine glutinosa* (→ E).

© Springer-Verlag GmbH Deutschland, ein Teil von Springer Nature 2021
W. Clauss und C. Clauss, *Taschenatlas Zoologie*,
https://doi.org/10.1007/978-3-662-61593-5_40

A. Ammocoetes-Larve

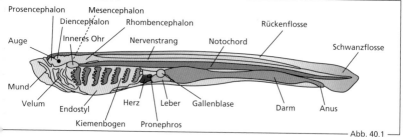

Prosencephalon Mesencephalon
Diencephalon Rhombencephalon
Rückenflosse

Auge
Inneres Ohr Nervenstrang Notochord
Schwanzflosse

Mund
Velum Herz Leber Gallenblase
Endostyl Darm Anus

Kiemenbogen Pronephros

Abb. 40.1

B. Ammocoetes – quer

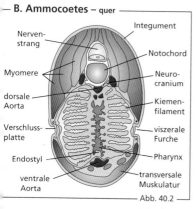

Nerven-
strang Integument

Notochord

Myomere Neuro-
cranium

dorsale
Aorta Kiemen-
filament

Verschluss-
platte viszerale
Furche

Endostyl Pharynx

ventrale
Aorta transversale
Muskulatur

Abb. 40.2

C. Ammocoetes-Larve – Lebensraum

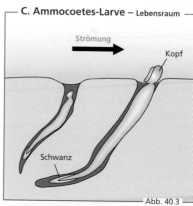

Strömung

Kopf

Schwanz

Abb. 40.3

D. Flussneunauge – *Lampetra fluviatilis*

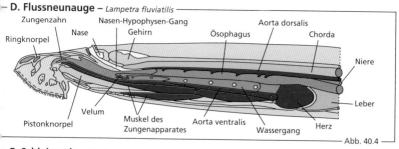

Zungenzahn Nasen-Hypophysen-Gang Aorta dorsalis
Nase Gehirn Ösophagus Chorda
Ringknorpel

Niere

Leber

Velum Muskel des Aorta ventralis
Zungenapparates
Pistonknorpel Wassergang Herz

Abb. 40.4

E. Schleimaale – *Myxine*

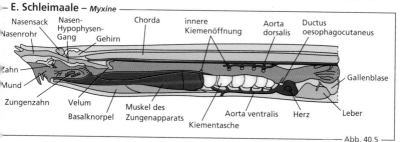

Nasensack Nasen- Chorda innere Aorta Ductus
Nasenrohr Hypophysen- Kiemenöffnung dorsalis oesophagocutaneus
Gang Gehirn

Zahn
Mund Gallenblase

Zungenzahn Velum Muskel des Aorta ventralis Herz Leber
Basalknorpel Zungenapparats
Kiementasche

Abb. 40.5

40.2 Gnathostomata (Kiefermünder)

Im Gegensatz zu den **Agnatha**, besitzen alle folgenden rezenten Arten der Craniota einen Kiefer. Er umgreift die Mundöffnung und ermöglicht das Aufeinanderbeißen der sebenfalls vorhandenen Zähne. Diese Tiere werden als **Gnathostomata** bezeichnet.

Die ursprünglichsten Gnathostomata waren die im Devon und Silur vor 350–430 Mio. Jahren vorkommenden **Plattenhäuter (Placodermi)**. Die bis zu 6 m langen, marinen Formen hatten einen Rumpfpanzer aus Knochenplatten. Fossilien belegen, dass sie am Ende des Devons ausstarben.

40.3 Knorpelfische (Chondrichthyes)

Von ihnen gibt es über 1000 Arten, die aber nur wenige Prozent der Fische ausmachen. Charakteristisch ist ihr **knorpeliges Endoskelett**, das zwar verkalken kann, aber nie Knochen bildet. Einzig das Dentin in den **Placoidschuppen** ist Knochensubstanz. Knorpelfische werden in zwei Unterklassen eingeteilt: die **Plattenkiemer (Elasmobranchii)** und die **Holocephali**. Zu den Elasmobranchii gehören die **Haie (Selachii)** mit etwa 500 Arten und die **Rochen (Batoidea)** mit ca. 630 Arten. Die **Seekatzen (Chimaeriformes)** mit ca. 56 Arten zählen zu den Holocephali. Knorpelfische sind größer als Knochenfische, der größte Knorpelfisch ist der **Walhai (Rhincodon typus)** mit einer Länge bis 14 m. Knorpelfische haben keine Schwimmblase und bei Haien und Rochen fehlt den meist fünf Kiemenspalten der Kiemendeckel.

Alle Knorpelfische sind **carnivor** und haben meist einen spiraligen Mitteldarm. Früher nahm man an, dass die Knorpelfische aus den Placodermi entstanden seien, doch ist heute strittig und ungeklärt. Für die geschlechtliche Fortpflanzung dringen die männlichen Tiere mit ihrem **Klasper (Mixopterygium)**, auf dessen dorsaler Rinne die Spermienaggregate liegen, in die Kloakalöffnung der Weibchen ein.

Haie (Selachii) sind schon aus dem Devon vor 400 Mio. Jahren bekannt. Viele Arten sind lebengebährend. Andere legen Eier, in dene sich die Embryos bis zum Schlüpfen und au kurz danach vom **Dottersack** ernähren (B). Der spindelförmige Körper (→ C) kan dorsoventral abgeflacht sein. Die ursprün lichen Haie hatten sieben Kiemenspalten, b den meisten rezenten Haien sind es fünf. D Tiere verfügen über paarige Brust- und Bauc flossen und zwei hintereinanderliegend unpaare Rückenflossen. Sie haben ein Revo vergebiss mit ständig nachwachsenden Zah reihen. Haie besitzen keine Schwimmblas Sie sind Osmokonformer und regulieren ihre Salzhaushalt über eine Rektaldrüse.

Rochen (Rajiformes) leben weltweit in alle Meeren. Sie haben einen abgeplatteten Kö per mit am Kopf verwachsenen Flossen (→ B Ihr Knorpelskelett hat einen großen, ringfö miger Schultergürtel (→ D). Die Tiere ernähre sich von hartschaligen Wirbellosen. Einige A ten wie die **Zitterrochen (Torpedinidae)** habe elektrische Organe zum Beutefang. Die me sten Rochen sind ovovivipar, d. h., die Junge schlüpfen im Muttertier oder kurz nach de Eiablage.

Seekatzen (Chimaeriformes) ordnen sich i drei Familien und sind ca. 1 m lange, marin Bodenbewohner der Kontinentalabhänge allen Weltmeeren bis in 3000 m Tiefe. Sie ha ben einen großen Kopf und Vorderkörper D Rumpf ist seitlich abgeflacht und trägt zwe Rückenflossen (→ E). Die erste hat einen be liegenden **Giftstachel**, die zweite erstreckt sic saumförmig über den ganzen Hinterleib. D Brustflossen sind breit ausgebildet und we den zur langsamen Fortbewegung wie Flüg benutzt. Die Haut ist unbeschuppt. Männlich Tiere tragen ventral zwei walzenförmige Kla per zur Fortpflanzung. Auf der Stirn befinde sich ein **Tentaculum**, das vermutlich als Reiz organ für die Paarung dient. Seekatzen sin **ovipar** und die spindelförmigen Eier sind b 20 cm lang. Der Schwanz endet in einem pei schenartigen Endfaden. Sie haben vier Kie menbögen pro Kopfseite, die von einem Kie mendeckel geschützt werden. Die Augen sin riesig, die Zähne zu **Zahnplatten** verwachse Die Tiere ernähren sich von bodenlebende Wirbellosen.

A. Hai – Embryo

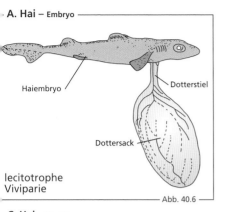

Haiembryo

Dotterstiel

Dottersack

lecitotrophe
Viviparie

Abb. 40.6

B. Rochen – männlich

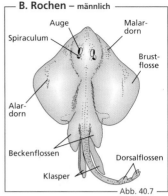

Auge

Spiraculum

Malar-
dorn

Brust-
flosse

Alar-
dorn

Beckenflossen

Klasper

Dorsalflossen

Abb. 40.7

C. Hai – Bauplan

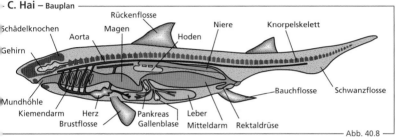

Rückenflosse

Schädelknochen

Aorta

Magen

Hoden

Niere

Knorpelskelett

Gehirn

Mundhöhle

Kiemendarm   Herz
Brustflosse   Pankreas   Leber
            Gallenblase   Mitteldarm   Rektaldrüse

Bauchflosse   Schwanzflosse

Abb. 40.8

D. Rochen – Skelett

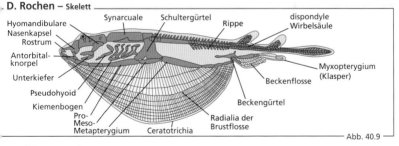

Hyomandibulare
Nasenkapsel
Rostrum

Synarcuale

Schultergürtel

Rippe

dispondyle
Wirbelsäule

Antorbital-
knorpel

Unterkiefer

Pseudohyoid

Kiemenbogen
Pro-
Meso-
Metapterygium   Ceratotrichia

Myxopterygium
(Klasper)

Beckenflosse

Beckengürtel

Radialia der
Brustflosse

Abb. 40.9

E. *Chimaera cubana*

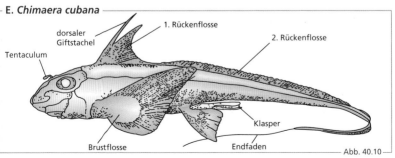

dorsaler
Giftstachel

1. Rückenflosse

2. Rückenflosse

Tentaculum

Klasper

Brustflosse   Endfaden

Abb. 40.10

40.4 Knochenfische (Osteichthyes)

Alle Fische, die ein **knöchernes Skelett** haben, werden im weiteren Sinne als Knochenfische bezeichnet. Von diesen werden die **Echten Knochenfische (Teleostei)** als Subtaxon unterschieden. Generell werden die Knochenfische in die beiden Gruppen **Actinopterygii (Strahlenflosser)** und **Sarcopterygii (Fleischflosser)** unterteilt. In der modernen Systematik werden die Landwirbeltiere (Tetrapoda) zu den Fleischflossern gezählt, während sie in der traditionellen Systematik separat geführt werden (→ **Abb. 39.4**).

Knochenfische sind die artenreichste Gruppe der Vertebrata. Während die Fleischflosser nur noch acht rezente Arten aufweisen, gibt es heute ca. 30.000 Arten von Strahlenflossern. Die beiden Gruppen sind seit dem **Silur** vor ca. 440 Mio. Jahren fossil nachweisbar.

Mit wenigen Ausnahmen haben alle Knochenfische eine **Schwimmblase** zur Regulierung ihres Auftriebs. Die frühesten Knochenfische atmeten über Lungen, während bei den höher entwickelten Formen Kiemen ausgebildet sind. Knochenfische besitzen knöcherne Hautschuppen, die von einer schmelzartigen Substanz (**Ganoin**) überzogen sind. Bei den Teleostei sind diese Schuppen rund (**Cycloidschuppen**) oder einseitig bezahnt (**Ctenoidschuppen**). Rumpf- und Flossenmuskulatur sind quergestreift und in **Myomeren** angelegt, die über Myosepten und Gräten mit den Wirbeln verbunden sind. Die Flossen der Strahlenflosser werden mit parallelen Strahlen (Radien) aus Knochen- oder Knorpelsubstanz gestützt, während die Flossen von Fleischflossern nur von einem einzelnen, basalen Knochen gestützt werden. Knochenfische haben vier **Kiemenbögen** (→ **A**), die von einem knöchernen Kiemendeckel (**Operculum**) bedeckt sind.

Das **Gehirn** folgt dem Grundbauplan des Wirbeltiergehirns (→ **B**), ist aber artspezifisch sehr unterschiedlich entwickelt. Schnell schwimmende Fische besitzen ein gut entwickeltes Kleinhirn (Cerebellum), während bei geruchsorientierten Fischen die Riechkolben (**Bulbi olfactorii**) gut entwickelt sind. Im Verdauungskanal (→ **C**) befinden sich eine Zunge und Zähne, die regelmäßig ersetzt werden. Nach dem Kiemendarm folgt ein einhöhliger Magen, der bei Raubfischen Anhänge (**Pylorusschläuche**) hat. Der Enddarm mündet bei höheren Knochenfischen getrennt vom Harnleiter nach außen, während bei Lungenfischen und Quastenflossern eine **Kloake** vorhanden ist.

Strahlenflosser (Actinopterygii) sind die am höchsten entwickelten Knochenfische. Zu ihnen gehören die Echten Knochenfische (Teleostei) und somit alle allgemein bekannten Süßwasser- und Meeresfische.

Zur fossilen Verwandtschaft der **Fleischflosser (Sarcopterygii)** zählt auch der gemeinsame Vorfahre der Tetrapoden. Zu diesen alten Arten gehören auch die **Lungenfische (Dipnoi)**, von denen es sechs rezente Arten gibt. Es sind ausschließlich limnische Formen aus Afrika, Südamerika und Australien, die eine träge Lebensweise zeigen. Sie haben eine bis zu 1 m lange, längliche Form mit einem dorsalen Flossensaum, während die fossilen Lungenfische aus dem **Devon** noch mit getrennten Rücken-, After- und Schwanzflossen ausgestattet waren (→ **D**). Neben den Kiemen besitzen die rezenten Arten **zwei Schwimmblasen**, die sie als **akzessorische Lungen** benutzen, da es in den warmen Gewässern zu Sauerstoffmangel kommen kann. Außerdem können sie sich im Schlamm ausgetrockneter Gewässer in Schleim verkapseln und lange Zeiträume überstehen. Lungenfische vermehren sich **ovipar** und legen bis 5000 Eier pro Gelege. Dazu bauen sie horizontale Gänge in die Gewässerufer. Sie ernähren sich carnivor.

Die **Quastenflosser (Crossopterygii)** sind in der Kreidezeit ursprünglich Entwicklungsformen der Knochenfische aus der Kreide und galten lange als ausgestorben. Nur zwei rezente Art existieren. Die Entdeckung von *Latimeria chalumnae* vor Ostafrika galt 1938 als wissenschaftliche Sensation, da die Quastenflosser als Vorläufer der Tetrapoden gelten. Die Form ihrer länglichen, paarigen Flossen und Knochen bildet den Übergang zu den fünfstrahligen Extremitäten der Landtiere. 1997 wurde vor Sulawesi *L. menadoensis* entdeckt.

A. Knochenfisch – Bauplan

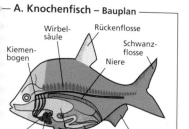

Wirbel-
säule

Rückenflosse

Schwanz-
flosse

Kiemen-
bogen

Niere

Herz

Leber

Darm

Magen

After-
flosse

Abb. 40.11

B. Knochenfisch – Gehirn

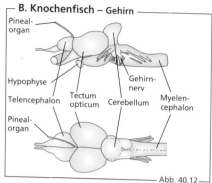

Pineal-
organ

Hypophyse

Telencephalon

Pineal-
organ

Tectum
opticum

Cerebellum

Gehirn-
nerv

Myelen-
cephalon

Abb. 40.12

C. Knochenfisch – Verdauungskanal

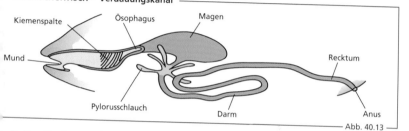

Kiemenspalte

Ösophagus

Magen

Mund

Recktum

Pylorusschlauch

Darm

Anus

Abb. 40.13

D. Fossiler Lungenfisch – Devon

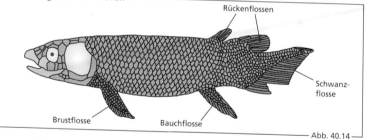

Rückenflossen

Schwanz-
flosse

Brustflosse

Bauchflosse

Abb. 40.14

E. Komoren-Quastenflosser – *Latimeria chalumnae*

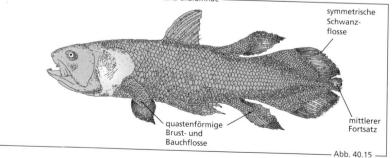

symmetrische
Schwanz-
flosse

quastenförmige
Brust- und
Bauchflosse

mittlerer
Fortsatz

Abb. 40.15

41 Amphibia

Amphibia sind die ältesten vierfüßigen Landwirbeltiere. Sie haben sich aus einem Zweig der Quastenflosser (Crossopterygia) entwickelt und im Oberdevon vor etwa 380 Mio. Jahren den Übergang vom Süßwasser zum Landleben vollzogen. Die fossilen Urformen der Amphibia besaßen an der Körperoberfläche mächtige Hautknochen und wurden deshalb **Panzerlurche (Stegocephalia)** genannt. Amphibia können sich im gegensatz zu den Nabeltieren (Amniota) nur im Wasser fortpflanzen.

Da die Bezeichnung Amphibia auch alle ausgestorbenen Formen der Landwirbeltiere einschließt, werden die rezenten Amphibienformen unter der Bezeichnung **Lissamphibia** zusammengefasst. Sie werden in die drei Gruppen unterteilt: die **Schwanzlurche (Caudata)**, die **Froschlurche (Anura)** und die **Blindwühlen (Gymnophiona)**.

Lissamphibia sind eine monophyletische Gruppe. Sie haben in ihrem **Bauplan** (→ A) und ihrer Entwicklung charakteristische Gemeinsamkeiten. Sie sind mit Ausnahme der Antarktis auf allen Kontinenten verbreitet und ernähren sich räuberisch.

Die Tiere entwickeln sich aus im Wasser abgelegten, befruchteten Eiern über eine **Metamorphose** von einer wasserlebenden **Larve (Kaulquappe)**, die mithilfe von Kiemen atmet, zu der lungenatmenden Adultform. Die Metamorphose beinhaltet neben dem Umbau und der Neuentwicklung innerer Organe auch eine umfassende Umbildung der Körperäußeren und des Skeletts. So werden Flossen und Schwanz der Larven rückgebildet und die Laufextremitäten entstehen neu. Letztere sind im Schulterblatt beweglich und über den Beckengürtel fest mit der Wirbelsäule verbunden (→ A). Die **Haut** der Amphibien ist schwach verhornt und enthält zahlreiche Schleim- und Giftdrüsen, deren Sekrete vor Austrocknung und Infektionen schützen, aber auch der Abwehr von Feinden dienen können, wie bei den **Pfeilgiftfröschen** in Südamerika. Neben den Lungen und Kiemen findet ein beträchtlicher Teil des Sauerstoffaustausches über die Haut statt. Hier finden sich auch viele Pigmentzellen (**Chromatophoren**), mit deren Hilfe manche Amphibien ihre Körperfarbe verändern können.

Das geschlossene **Blutgefäßsystem** wird ebenfalls während der Metamorphose stark umgebildet. Es enthält **Mischblut**, da das Septum des Herzens nicht ausgebildet ist. Amphibien besitzen eine sehr leistungsfähige **Niere**. Bei ammoniotelischen Tieren scheidet diese den Stickstoff als Ammoniak aus, bei ureotelischen, aquatischen Formen als Harnstoff und bei uricotelischen, landlebenden Formen als Harnsäure. Eine **Nebenniere** produziert Corticosteroidhormone und Catecholamine (Adrenalin und Noradrenalin).

Im Verlauf ihrer Entwicklung bleibt bei manchen Amphibien zeitlebens eine **bisexuelle Potenz** vorhanden. Meist entwickeln Amphibien nach der Metamorphose zunächst die Rindenschicht der **Gonaden** mit den weiblichen Anlagen. Es entstehen zunächst weibliche Tiere, von denen sich einige später durch die Entwicklung des Marks zu männlichen Tieren differenzieren. Diese **sexuelle Differenzierung** wird stark durch **Umweltgifte** wie Östrogen beeinflusst.

41.1 Schwanzlurche (Caudata)

Sie werden auch als **Urodela** bezeichnet. Zu ihren ca. 570 Arten gehören die Salamander (*Salamandra*; → B), die Molche (*Triturus*), die lungenlosen Salamander (*Plethodontidae*;→ C), die Axolotl (*Ambystoma*; → D), und die Olme (*Proteus*; → E).

Bekannte europäische Arten sind der Feuersalamander (*Salamandra salamandra*; → B), der Teichmolch (*Triturus vulgaris*) und der Kammmolch (*T. cristatus*). Sie entwickeln sich über Larven mit anschließender Metamorphose. Ohne Metamorphose entwickeln sich die ausschließlich wasserlebenden **Olme**, von denen in Europa die Gattung *Proteus* bekannt ist (→ E) und in Nordamerika der gefleckte Furchenmolch (*Necturus*), der in den Gewässern der östlichen USA lebt.

Olme besitzen externe Kiemen und gelten als die ursprünglichsten Amphibien, die vermutlich bereits in der **Kreidezeit** vorhanden waren. Sie leben in unterirdischen Flusssystemen und haben nur rudimentäre Augen.

© Springer-Verlag GmbH Deutschland, ein Teil von Springer Nature 2021
W. Clauss und C. Clauss, *Taschenatlas Zoologie*,
https://doi.org/10.1007/978-3-662-61593-5_41

A. Amphibium – Bauplan

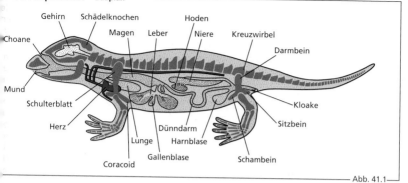

Gehirn · Schädelknochen · Hoden · Choane · Magen · Leber · Niere · Kreuzwirbel · Darmbein · Mund · Schulterblatt · Herz · Lunge · Coracoid · Dünndarm · Gallenblase · Harnblase · Schambein · Kloake · Sitzbein

Abb. 41.1

B. Feuersalamander – *Salamandra salamandra*

Abb. 41.2

C. Lungenloser Salamander – *Plethodontidae*

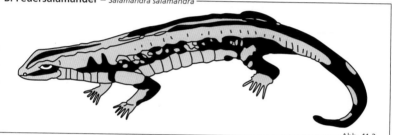

Abb. 41.3

D. Axolotl – *Ambystoma*

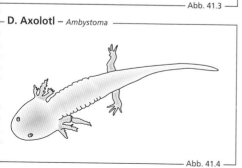

Abb. 41.4

E. Grottenolm – *P. anguinus*

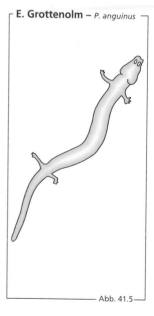

Abb. 41.5

41.2 Froschlurche (Anura)

Die Froschlurche sind mit über 5000 Arten die artenreichste und die am weitesten verbreitete Gruppe der Lissamphibia. Sie sind von aquatischen Gebieten bis in trockene Wüsten verbreitet.

Die Echten Frösche (**Ranidae**) sind mittelgroße Amphibien mit kräftigen Hinterbeinen, die sie zu weiten Spüngen befähigen. Zwischen ihren hinteren Zehen befinden sich **Schwimmhäute** und entlang der Rückens ziehen sich zwei **Drüsenleisten**. Weltweit sind ca. 270 Arten der paraphyletischen Gattung *Rana* bekannt, in Europa ca. 22 Arten, z. B. der Teichfrosch *Rana esculenta* (→ **A**). Die männlichen Tiere besitzen paarige Schallblasen.

Der Afrikanische **Krallenfrosch (*Xenopus laevis*)** und die **Große Wabenkröte (*Pipa pipa*)** gehören zu den Zungenlosen (**Pipidae**). Sie besitzen Seitenlinienorgane und haben eine aquatische Lebensweise. Krallenfrösche (→ **B**) kommen in Afrika vor und werden bis 12 cm lang, Wabenkröten (→ **C**) leben im tropischen Südamerika und sind bis 20 cm lang. Bei der Paarung legt das Männchen die besamten Eier auf den Rücken des Weibchens, wo sie anhaften und einwachsen. Die Eier entwickeln sich in den **Waben** der Haut und die Larven schlüpfen nach 80–120 Tagen.

Die **Unken** (*Bombina*; → **D**) sind auch unter dem Namen Feuerkröten bekannt. Sie gehören zu den urtümlichen Froschlurchen (**Archaeobatrachia**). Ihre sechs Arten werden in zwei Untergattungen unterschieden und sind von Europa bis Ostasien verbreitet. Es sind überwiegend kleine 4–5 cm lange Tiere mit warzenförmigen **Hautdrüsen**, die auf der Bauchseite auffällige, grelle **Warnfarben** zeigen (Gelbbauchunke, Rotbauchunke). Sie produzieren **Hautgifte** gegen Fressfeinde. Ihre Zunge ist mit dem Mundboden verwachsen (**Scheibenzüngler**) und kann nicht herausgestreckt werden. Die Männchen entwickeln in der Paarungszeit **Brunftschwielen**, die sich als dunkel gefärbte Verdickungen an Fingern und Unterarmen zeigen. Zwischen den Zehen haben sie **Schwimmhäute**. Die Männchen stoßen Paarungsrufe aus. Unken leben nachtaktiv in größeren Populationen und fallen bei kühlen Temperaturen in eine **Winterstarre**. Bei Be[drohung nehmen sie eine Schreckstellung ei[n]

Echte Kröten (Bufonidae) kommen weltwe[it] vor. Sie haben einen gedrungenen, kräftige[n] Körperbau mit einer drüsenreichen, warzige[n] Haut. Ihr Hautgift Bufotenin ist ein hallu[u]zinogenes Alkaloid auf Tryptaminbasis, da[s] beim Menschen eine LSD-ähnliche Wirkun[g] hat. Es wird aus Giftdrüsenkomplexen hinte[r] den Augen (Parotiden) abgesondert. Weltwe[it] kommen ca. 300 Arten vor, die zum Teil durc[h] den Menschen angesiedelt wurden, wie *Buf[o marinus* (→ **E**), die in Australien ursprünglic[h] zur Schädlingsbekämpfung in Zuckerroh[r]plantagen eingeführt wurde und sich in de[r] Zwischenzeit unkontrolliert vermehrt hat. S[ie] wird auch als Aga-Kröte bezeichnet und is[t] hoch toxisch. In Europa kommen die **Erdkröt[e]** (*Bufo bufo*), die **Wechselkröte (*Bufetes viridi[s*]** und die **Kreuzkröte (*Epidalea calamita*)** vo[r.] Kröten sind nachtaktiv und leben terrestrisc[h.] Sie haben keine Zähne und ernähren sich vo[n] bodenlebenden Arthropoden. Bei der Paa[a]rung besteigen die Männchen die Weibche[n] und klammern sich oft schon auf dem We[g] in die Laichgebiete fest (**Krötenwanderung**[).] Kröten sind laichplatztreu und geben bis 800[0] Eier in meterlangen Laichschnüren ins Wasse[r] ab.

Laubfrösche (Hylidae) haben über 800 A[r]ten. Es gibt bodenlebende und kletternd[e] Arten. Letztere bewegen sich mit **Haftsche[i]ben** an den Zehen fort und können mithilf[e] der Adhäsionskraft ihrer Bauchhaut auch a[n] glatten Flächen emporklettern. Sie sind wel[t]weit verbreitet und haben einen hellgrüne[n] Körper mit seitlichen Flankenstreifen (→ **F**). A[ls] einzige mitteleuropäische Art wurde bishe[r] der **Europäische Laubfrosch** (*Hyla arbore[a*)] angesehen. Er wird bis 5 cm groß und kan[n] seine Hautfärbung der Farbe des Untergrund[s] anpassen. Charakteristisch und artspezifisc[h] ist auch der männliche Paarungsruf, der i[n] den Monaten Mai bis Juli erfolgt. Inzwische[n] differenzieren neuere molekulargenetisch[e] Untersuchungen auch in Europa mehrere A[r]ten und Unterarten. Laubfrösche überwinter[n] in Erdhöhlen und in Bodenspalten im Wu[r]zelbereich.

A. Echter Frosch – *Rana esculenta*

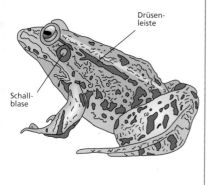

Drüsen-
leiste

Schall-
blase

Abb. 41.6

B. Krallenfrösche – *Xenopus laevis*

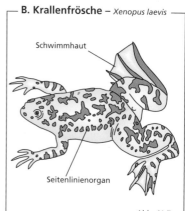

Schwimmhaut

Seitenlinienorgan

Abb. 41.7

C. Große Wabenkröte – *Pipa pipa*

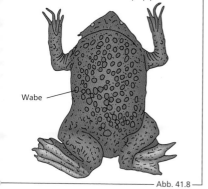

Wabe

Abb. 41.8

D. Rotbauchunke – *Bombina bombina*

Abb. 41.9

E. Aga-Kröte – *Bufo marinus*

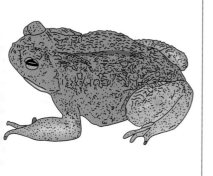

Abb. 41.10

F. Europ. Laubfrosch – *H. aborea*

Abb. 41.11

41.3 Blindwühlen (Gymnophiona)

Sie stellen mit ca. 200 Arten die kleinste Gruppe der Lissamphibia. Die Tiere sind lang gestreckt und ohne Beine und werden deshalb auch als Apoda bezeichnet. Kleine Arten sind ca. 10 cm lang und erinnern an Regenwürmer, große Arten können bis 1,6 m lang sein und werden oft mit Schlangen verwechselt. Blindwühlen kommen in tropischen Regenwäldern in Asien, Afrika, Süd- und Mittelamerika vor. Sie leben unterirdisch in den obersten Bodenschichten und ernähren sich von Kleintieren, z. B. Regenwürmern. Sie sind nachtaktiv und bohren ihre Gänge mit dem stark verknöcherten, kegelförmigen Schädel. Ihre Haut sondert Schleim ab, der die Wände des Gangsystems stabilisiert.

Fossile Blindwühlen sind aus dem **Unterjura** vor etwa 200 Mio. Jahren bekannt, sie hatten noch vier Beine (→ **A**). Rezente Arten sind beinlos (→ **B**), sie haben **rückgebildete Augen**, die immer von Haut, oft sogar von Knochen bedeckt sind. Die Tiere sind aber nicht blind, sondern zu einer Hell-Dunkel-Wahrnehmung fähig. Nur bei einigen Arten sind die Augen so weit reduziert, dass selbst der Sehnerv fehlt.

Einige Arten der Blindwühlen leben **aquatisch**, die meisten leben aber **terrestrisch** und zwar unterirdisch in der obersten Bodenschicht, graben Gänge und legen Nester zur Eiablage an (→ **C**). Es werden bis zu 100 Eier gelegt, die in einer perlschnurartigen Laichschnur verklebt und verknäuelt sind. Bei einigen Arten betreibt das Weibchen Brutpflege, indem es sich ringförmig um die Eier legt, um Eindringlinge zu vertreiben. Bei allen Blindwühlen findet eine innere Befruchtung statt. Dazu führt das Männchen sein Begattungsorgan (Phallodaeum) in die Kloake des Weibchens ein. Die Entwicklung kann über eine Larve verlaufen, wobei es frei lebende, aquatische Larven gibt, deren Larvalzeit ein Jahr dauern kann. Bei den viviparen Arten gibt es aber auch innere Larven. Dabei schlüpft die Larve aus der Eihülle

und lebt als Fetus im Eileiter. Diese ernährt ernährt sich bis zu seiner Gebur von den Zellen des Eileiterepithels. D meisten Blindwühlenarten sind vivipar.

Die **Embryonalentwicklung** (→ **E**) be ginnt mit einer holoblastischen ina qualen Furchung. Es erfolgt eine merc blastisch-diskoidale Entwicklung a animalen Pol. **Äußere Kiemen** werde gebildet, die aber schon vor dem Schlüp fen aus dem Ei reduziert werden. D **Metamorphose** kann sich über mehrer Wochen erstrecken. In dieser Zeit bilde sich Kiemenöffnung und Flossensau zurück. Die Tiere häuten sich mehrma und das **Tentakelorgan** bildet sich.

Es besteht aus einer kleinen Öffnung zwischen Augen und Nase. Aus ihr kan ein Tentakel herausgestreckt werden (→ **D**), der eine **chemosensorische Funktio** hat und mit dessen Hilfe die Blindwüh len Duftspuren im Erdreich verfolge können.

Blindwühlen haben eine kräftige Mus kulatur, die zusammen mit dem Integu ment den Hautmuskelschlauch bilde Ihre **Fortbewegung** ist einmalig im Tier reich, da sie bei scheinbar ungekrümm tem Körper erfolgt. In Wirklichkeit wir durch eine Krümmung und Streckun der Wirbelsäule und die überkreuzte An ordnung der Fasern und Muskeln sowi den hydrostatischen Druck des Peritone alraums eine Fort- und Grabbewegun ermöglicht.

Das **Blutgefäßsystem** der Tiere ist ge schlossen, mit einer unpaaren Lungen arterie, da der linke Lungenflügel rück gebildet ist. Die **Atmung** findet als vorwiegend über den rechten Lungen flügel statt. Außerdem erfolgt ein Gas austausch auch über die Haut und di Mundschleimhaut.

Blindwühlen haben eine lange Tragezei von bis zu zehn Monaten und werde bis zu 80 Jahre alt. Sie haben weni Feinde, da sie ein **giftiges Hautsekre** absondern.

A. Fossile Form

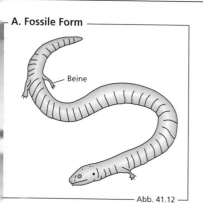

Beine

Abb. 41.12

B. Rezente Form – *Caecilia thompsoni*

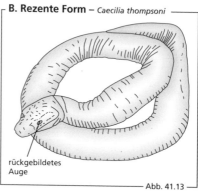

rückgebildetes
Auge

Abb. 41.13

C. Eiablage im Erdreich

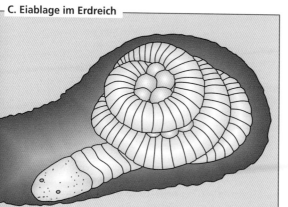

Abb. 41.14

D. Tentakelorgan

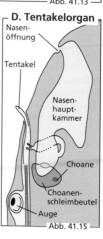

Nasen-
öffnung

Tentakel

Nasen-
haupt-
kammer

Choane

Choanen-
schleimbeutel

Auge

Abb. 41.15

E. Embryonalentwicklung

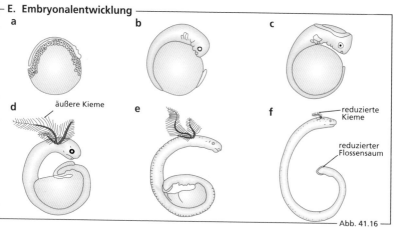

a

b

c

d   äußere Kieme

e

f   reduzierte
Kieme

reduzierter
Flossensaum

Abb. 41.16

42 Reptilia

Die traditionelle Systematik benutzte die Klasse **Reptilia (Kriechtiere)**, um den Übergang von den niederen zu den höheren Wirbeltieren (Vögel und Säugetiere) zu definieren. Unter den Reptilia wurden Landwirbeltiere mit ähnlicher Morphologie und Physiologie gruppiert. Die moderne Taxonomie verwendet diesen Begriff nicht mehr, da es sich um eine paraphyletische Gruppe ohne gemeinsamen Vorfahren handelt. Taxonomisch ist es korrekt von **Sauropsiden** (Reptilien und Vögel) zu sprechen oder das Taxon **Amniota** zu benutzen, das alle rezenten Reptilia, Vögel und Säugetiere einschließlich ihres gemeinsamen Vorfahren umfasst.

Der Begriff „Reptilia" wird hier dennoch verwendet, um die vier Taxa **Schildkröten (Testudines)**, **Brückenechsen (Sphenodontia)**, **Schuppenkriechtiere (Squamata)** und **Krokodile (Crocodylia)** zu beschreiben. Zusätzlich werden an dieser Stelle auch die **Dinosaurier (Dinosauria)** behandelt.

Um die **Entwicklung** der Amniota zu verstehen, ist es notwendig, an dieser Stelle anhand der **Schädelanatomie** die Entwicklung von drei Hauptgruppen zu besprechen, die sich im Verlauf des Karbons vor 358–296 Mio. Jahren in Divergenz gebildet haben. Die Gruppe der **Anapsiden** (→ A) hatte ein geschlossenes, solides Dermatocranium, das nur Öffnungen für Augen und Nase aufwies. Es wurde von den basalen Tetrapoda entwickelt und umfasst heute alle rezenten Schildkröten. Die **Diapsiden** (→ B) hatten neben Öffnungen für Augen und Nase noch zusätzlich zwei Paare temporaler Schädelöffnungen (**Schläfenfenster**). Zu dieser Gruppe gehören die Dinosaurier, Eidechsen, Schlangen, und Krokodile mit all ihren Vorfahren. Schließlich entwickelte die dritte divergierende Gruppe, die **Synapsiden** (→ C), nur ein Paar lateral gelegene Öffnungen, die als Ansatz der Kiefermuskulatur dienten. Die Synapsiden erfuhren eine große Radiation und verbreiteten sich in viele terrestrische Lebensräume. Zu ihnen gehörten auch die **Pelicosaurier**, als frühe Vorfahren der Säugetiere (→ **Kap. 44.1**), und alle rezenten Säugetiere entwickelten sich aus dieser Gruppe.

42.1 Schildkröten (Testudines)

Heute sind ca. rezente 340 Arten bekannt. Sie gehören zu einer sehr alten Gruppe, deren Fossilien auf das Obere Trias vor 220 Mio. Jahren datiert wurden. Schildkröten haben sich an viele Lebensräume angepasst, vom Meer über das Süßwasser bis zu ariden Wüstengebieten. Sie werden in zwei Subtaxa eingeteilt: die **Halsberger (Cryptodira)** und die **Halswender (Pleurodira)**.

Ob es sich um einen Halsberger oder -wender handelt, hängt von der Anatomie der **Halswirbelsäule (HWS)** ab. Die HWS besteht stets aus acht Wirbeln, die unterschiedliche Formen haben (→ F). Bei den **Halsbergern** stehen die Wirbelbögen weiter auseinander, wodurch die Tiere die HWS in der Vertikalebene s-förmig in den Panzerraum zurückziehen können. Bei den **Halswendern** stehen die Wirbelbögen so eng zusammen, dass die HWS nur seitlich unter den Panzerrand gelegt werden kann.

Charakteristisch für Schildkröten ist ihr Panzer (→ D), der aus einem geschlossenen **Rückenpanzer (Carapax)** und einem vorne und hinten geöffneten **Bauchpanzer (Plastron)** besteht. Der Panzer ist aus Knochenplatten aufgebaut, die mit **Hornplatten** bedeckt sind (→ F). Die Wirbelsäule ist dorsal mit dem Carapax verwachsen. Die **Lunge** ist sackartig (→ G), vergrößert aber mit vielen kammerartigen Unterteilungen die respiratorische Oberfläche. Manche Arten haben auch eine Schlundhaut- oder Kloakalatmung. Die **Nieren** scheiden Stickstoff als Harnstoff, Harnsäure oder Ammoniak aus, entsprechend der aquatischen oder terrestrischen Lebensweise. Meeresschildkröten (→ E) scheiden überschüssiges Natriumchlorid über eine **Lacrimaldrüse** aus. Ihre Extremitäten sind zu Flossen umgebildet. Alle Schildkröten legen Eier und deponieren diese an bestimmten Ablageplätzen. Die **Geschlechterdifferenzierung** erfolgt temperaturabhängig: Bei niedrigen Umgebungstemperaturen schlüpfen Männchen.

© Springer-Verlag GmbH Deutschland, ein Teil von Springer Nature 2021
W. Clauss und C. Clauss, *Taschenatlas Zoologie*,
https://doi.org/10.1007/978-3-662-61593-5_42

A. Anapsiden

Augenhöhle

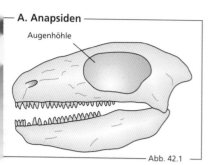

Abb. 42.1

B. Diapsiden

Augenhöhle

dorsale Schläfenöffnung

laterale Schläfenöffnung

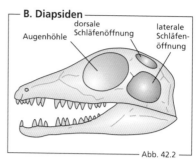

Abb. 42.2

C. Synapsiden

Augenhöhle

laterale Schläfenöffnung

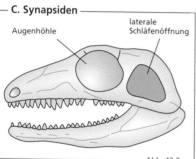

Abb. 42.3

D. Galapagos-Schildkröte

Carapax

Hornplatte

Plastron

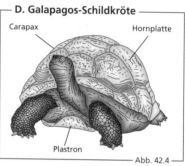

Abb. 42.4

E. Meeresschildkröte

Carapax

Flossen

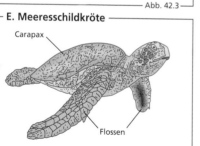

Abb. 42.5

F. Schildkröte

Hornschild

Wirbelzentrum

Knochenplatte

Scapula

Coracoid

Pubis

Ischium

Plastron

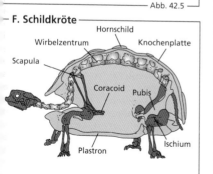

Abb. 42.6

G. Schildkröte – innere Organe

Ösophagus

Luftröhre

Herz

Lunge

Leber

Magen

Darm

Pankreas

Eierstock

Harnblase

Rektum

Anus

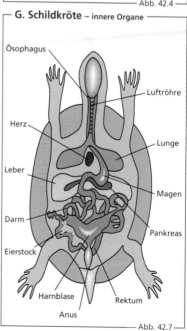

Abb. 42.7

42.2 Brückenechsen (Sphenodontia)

Namensgebend für dieses Taxon ist der untere **Schläfenbogen (Brücke)**, der bei dem diapsiden Schädel noch vollständig erhalten ist. Es gibt nur zwei rezente Arten, die auf kleineren Inseln vor Neuseeland leben. Die nachtaktiven Echsen ernähren sich von Insekten, Schnecken und Spinnen und leben tagsüber in Wohnhöhlen. Das Integument hat viele Chromatophoren, die einen charakteristischen Farbwechsel vermitteln können. Es hat seitliche Hautfalten mit Schuppen und einen charakteristischen **Hautkamm** aus Stachelschuppen, der vom Hinterhaupt mit Unterbrechungen bis zum Schwanzende verläuft (→ A). Brückenechsen häuten sich ein bis zwei Mal jährlich.

Das **Gehirn** der Brückenechsen hat besonders lange Riechbahnen, die in großen Bulbi olfactorii enden (→ B). Von der Epiphyse schnüren sich embryonal die **Parietalaugen** ab, die dorsal vom Großhirn liegen. Sie bestehen aus je einem Blasenauge, das in einer Knochenlücke (Os parietale) unter einem an dieser Stelle transparenten Integument liegt. Über Nervenbahnen sind die Augen mit dem Tectum opticum verbunden und dienen der **Hell-Dunkel-Warnehmung**. Brückenechsen haben zum Riechen ein **Jacobson´sches Organ**.

Zur **Fortpflanzung** führen die Männchen ritualisierte Kämpfe (**Kommentkämpfe**) aus, bei denen die Verletzungsgefahr zwar gering ist, es aber zur **Autotomie** des Schwanzes kommen kann. Dieser bricht dann an einer Sollbruchstelle am 5. Schwanzwirbel. Bei der Regeneration wird anstelle der Wirbelsäule nur eine Knorpelstruktur gebildet.

42.3 Schuppenkriechtiere (Squamata)

Mit über 6000 Arten sind die Squamata die formenreichste Gruppe der Reptilien. Sie wurden nach der klassischen Systematik in die beiden Unterordnungen **Sauria (Echsen)** und **Serpentes (Schlangen)** eingeteilt. Inzwischen ist diese traditionelle Aufteilung überholt. Den Echsen ist der untere **Schläfenbogen** reduziert, bei den Schlangen auch der obere. Charakteristisch für diese Gruppe ist das bewegliche **Quadratum** (→ G), das bei den Schlangen eine überweite Öffnung des Mauls ermöglicht. Die Systematik der Squamata ist noch nicht geklärt.

Alle Squamata **häuten** sich und erneuern ihre äußere Epidermis. Bei Schlangen und Chamäleons geschieht dies etwa alle acht Monate, bei vielen Echsenarten alle vier Wochen.

Zu den **Echsen** gehören die Waranartigen (**Varanoidea**; → C) mit 58 Arten, von denen der **Komodo-Waran** auf den Sunda-Inseln mit bis 3,10 m die größte Art ist. Auch die Krustenechsen Mexikos gehören in diese Gruppe. Zu den Leguanartigen (**Iguania**; → E) zählen acht Gattungen verschiedener Leguane. Zur Unterklasse der Acrodonta gehören die Agamen und Chamäleons. Darüber hinaus gibt es noch viele andere Familien (Gekkos, echte Eidechsen, Glattechsen, Gürtelechsen und viele Schleichenarten).

Die **Schlangen (Serpentes)** sind am nächsten verwandt mit den Waranen. Bei beiden Gruppen ist die linke Lunge reduziert und sie besitzen ein **Jacobson´sche Organ** (→ D). Die Schlangen unterteilt man in Blinde Schlangen (Scolecophidia), Riesenschlangen (Henophidia) und die Natter- und Otterartigen (Caenophidia). Zu diesen gehören die eigentlichen **Nattern (Colubridae)**, die mit fast 2000 Arten ca. 70 % aller Schlangenarten ausmachen. Zu den ca. 300 Arten der **Giftnattern** zählen mit den Kobras (→ F) die giftigsten Schlangen überhaupt. Ihre Gifte enthalten **Neurotoxine**, die muskelrelaxierend und kardiotoxisch wirken. Die **Vipern**, zu denen die Klapperschlange gehört, haben dagegen Gifte mit vorwiegend **hämorrhagischer Wirkung**. Schlangen können sich sehr schnell vorwärts bewegen und wenden dazu verschiedene Techniken an (→ H).

A. Brückenechse – *Sphenodon punctatus*

Abb. 42.8

B. Parietalauge

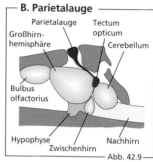

Parietalauge
Tectum opticum
Großhirn-hemisphäre
Cerebellum
Bulbus olfactorius
Hypophyse
Zwischenhirn
Nachhirn

Abb. 42.9

C. Waran

Abb. 42.10

D. Jacobson'sches Organ

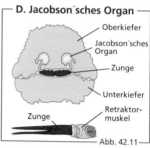

Oberkiefer
Jacobson'sches Organ
Zunge
Unterkiefer
Retraktor-muskel
Zunge

Abb. 42.11

E. Leguan

Abb. 42.12

F. Kobra

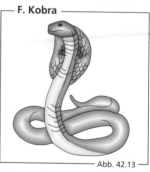

Abb. 42.13

G. Python – Schädel

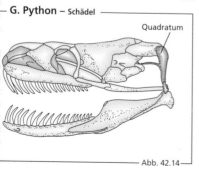

Quadratum

Abb. 42.14

H. Schlangenbewegungen

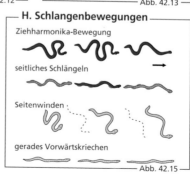

Ziehharmonika-Bewegung

seitliches Schlängeln

Seitenwinden

gerades Vorwärtskriechen

Abb. 42.15

42.4 Krokodile (Crocodylia)

Krokodile sind Panzerechsen und neben den Vögeln die einigen rezenten Vertreter der **Archosaurier**. Sie sind weltweit in tropischen Gebieten verbreitet. Bekannt sind 24 rezente Arten, die man in drei Familien unterteilt: Allogatoridae, Gavialidae und Crocodylidae.

Alligatoridae (Alligatoren und Kaimane)

In dieser Familie sind die echten Alligatoren (→ **A**) und die Kaimane zusammengefasst. Von ihnen sind acht rezente Arten bekannt, die in Flüssen, Seen, Lagunen und im Brackwasser der Küsten vorkommen. Sie haben einen sehr **langsamen Stoffwechsel** und werden mit bis 100 Jahren doppelt so alt wie die anderen Crocodylia. Der Mississippi-Alligator kann 6 m lang werden. Bei Alligatoren passen die verschiedenförmigen Zähne des Unterkiefers exakt in Gruben des Oberkiefers, sodass die Zähne des Unterkiefers bei geschlossenem Maul nicht sichtbar sind. Alligatoren können im seichten Wasser überwintern. Dabei müssen ihre Nasenlöcher zur **Luftatmung** an der Oberfläche liegen, sodass ihre Köpfe oft in der Eisfläche einfrieren. Die Muttertiere legen bis zu 70 **Eier** in einen Hügel aus Schlamm in sumpfigen Gebiet und bewachen dieses Gelege zehn Wochen lang. Nach dem Schlüpfen trägt sie die etwa 20 cm langen Jungtiere ins Wasser, wo sie einige Monate zusammen verbleiben.

Gaviale (Gavialidae)

Es sind zwei rezente Arten bekannt: der Gangesgavial (→ **B**), der in Flüssen in Indien lebt, und der in Malaysia, Sumatra und Borneo lebende Sundagavial. Beide sind molekulargenetisch eng verwandt. Gaviale leben semiaquatisch und ernähren sich vorwiegend von Fischen. Der Kiefer ist lang und schmal ausgebildet und hat bis zu 110 gleichförmige Zähne (homodontes Gebiss). Man bezeichnet dies als Fischfresser-Reusengebiss in einer longirostrinen Schädelform. Fossile Gaviale aus dem Oligozän wurden auch in der Karibik und in Südamerika gefunden. Weitere Fossilfunde aus Afrika, Nordamerika und Europa zeigen, das Gaviale urzeitlich weltweit verbreitet waren. Sie lebten vermutlich auch in Salzwasser.

Echte Krokodile (Crocodylidae)

Sie leben in den tropischen Regionen Afrika, Asiens, Ozaniens und Amerikas. Mit ca. 19 rezenten Arten sind sie die artenreichste Gruppe der Crocodylia. Charakteristisch ist ihre **Kopfform** (→ **C**) mit breiter Schnauze und dem vierten Zahn des Unterkiefers, der in eine Lücke im Oberkiefer passt und auch bei geschlossenem Maul sichtbar ist. Das **Leistenkrokodil** ist von Indien bis Australien verbreitet und mit bis zu 9 m Länge das größte Krokodil. Es kann auch im Salzwasser leben und weit ins Meer schwimmen.

Das **Kreislaufsystem** der Crocodylidae (→ **D**) ist komplex entwickelt und verfügt über ein vollständig geschlossene Herzscheidewand. Trotzdem entsteht **Mischblut**, weil das an der Aortenwurzel gelegene **Foramen panizzae** als Überdruckventil beim Tauchen funktioniert und den Blutfluss im Aortenwurzelbereich ausgleichen kann. Außerdem entspringen die beiden Aorten in getrennten Ventrikeln. Eine spezielle **aktive Klappe** kann bei längerem Tauchen die Blutverteilung zwischen Lunge und Körper regulieren.

Das **Integument** der Crocodylidae besteht aus einer dicken, dreilagigen Epidermis mit einer Beschuppung aus Knochenplatten. Die Schuppen sind auf dem Rücken in drei bis vier regelmäßige Reihen angeordnet und bilden so einen **geschlossenen Rückenpanzer**. Die **Schädelform** der Crocodylidae (→ **E**) wird von den speziellen Beuteorganismen bestimmt.

Das **Gehirn** der Crocodylidae (→ **F**) ist höher entwickelt als das der übrigen Reptilien. Besonders das Telencephalon und das Cerebellum sind dem Gehirn der Vögel sehr ähnlich. Die **Tractus olfactorii** sind entsprechend der Schnauze länglich gestreckt und verdicken sich am Ende zum Bulbus olfactorius.

A. Alligator

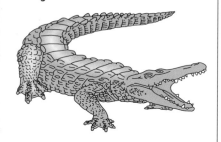

Abb. 42.16

B. Gavial

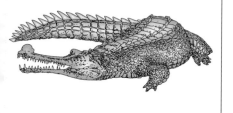

Abb. 42.17

C. Echtes Krokodil

4. Zahn

Abb. 42.18

D. Crocodylidae – Kreislauf

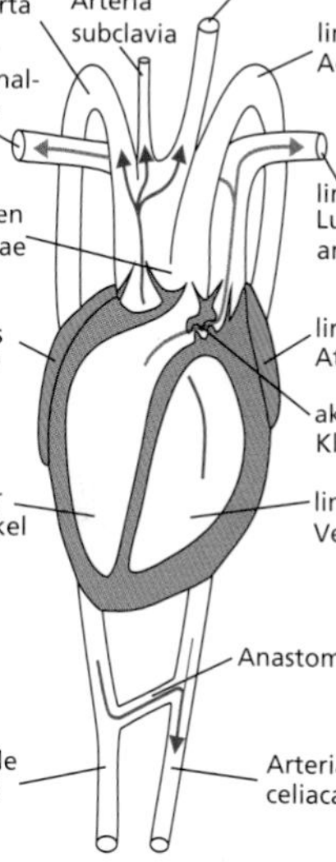

rechte Aorta

rechte Arteria subclavia

Carotis

rechte Pulmonal-arterie

linke Aorta

linke Lungen-arterie

Foramen panizzae

rechtes Atrium

linkes Atrium

aktive Klappe

rechter Ventrikel

linker Ventrikel

Anastomose

dorsale Aorta

Arteria celiaca

Abb. 42.19

E. Kopfformen – Aufsicht

Alligator

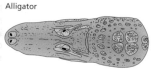

Krokodil

Abb. 42.20

F. Echtes Krokodil – Gehirn

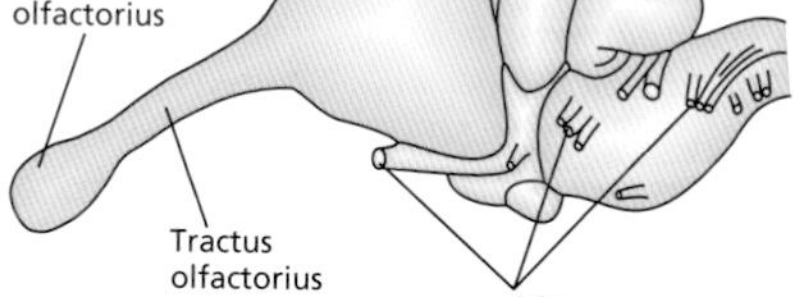

Diencephalon

Cerebellum

Telencephalon

Tectum

Bulbus olfactorius

Tractus olfactorius

Hirnnerven

Abb. 42.21

42.5 Dinosaurier (Dinosauria)

Die **Dinosauria** entstanden im Mitteltrias und dominierten die Landbiotope in Jura und Kreide über 150 Mio. Jahre. Sie waren die größten landlebenden Raubtiere und Pflanzenfresser und waren auf allen Kontinenten verbreitet. Man teilt sie in zwei Gruppen ein: die **Saurischia**, zu denen später auch die Vögel gehören, und die **Ornithischia**, von denen nur Fossilien erhalten sind.

Die **Unterscheidung** der beiden Dinosauriergruppen erfolgt anhand der **Beckenstruktur.** Die Saurischia besitzen eine echsenähnliche Beckenanatomie, mit einem schräg nach vorne unten gerichteten **Schambein** (Pubis; → A). Die Ornithischia hatten dagegen eine vogelähnliche Beckenanatomie mit einem kurzen vorderen Schambeinast und einem langen hinteren, parallel zum Ischium verlaufenden Ast (→ C).

Saurischia (Echsenbeckensaurier) unterteilen sich in herbivore Sauropodomorpha und bipede carnivore Theropoda. Saurischia waren weit verbreitet, entwickelten eine große Formenvielfalt mit Riesenformen wie die in Nordamerika und Ostasien gefundenen, fossilen **Tyrannosauridae** (→ B) aus der Oberkreide. Sie waren über 12 m lang und hatten hohe Beißkräfte, aber dünnwandige und hohle Knochen, von denen nie ein vollständiges Skelett gefunden wurde. **Sauropodomorpha** besaßen dagegen einen kleinen Kopf auf langem Hals und waren quadrupede Pflanzenfresser. Sie brachten mit den Sauropoda die größten landlebenden Tiere der Erdgeschichte hervor, die bis zu 40 m lang, 17 m hoch und vermutlich bis zu 80 t schwer waren (→ E).

Alle **Ornithischia** (Vogelbeckensaurier) waren reine **Pflanzenfresser** mit einer deutlich größeren Artenvielfalt. Einige Formen hatten einen zahnlosen, hornigen Schnabel. Charakteristisch ist ihr nach hinten gerichtetes Schambein (→ C). Ihre Blütezeit war im **Obertrias**, später, im Trias und Jura, waren sie vermutlich durch Nahrungskonkurrenz mit den Prosauropoda und den Sauropoda weniger verbreitet.

Sie unterteilen sich in vier Subtaxa, darunter die **Stegosauria** (→ D). Die **Iguanodontida** gehören zu den bekanntesten Dinosauriern, weil von ihnen weltweit Fossilien von beträchtlicher Größe gefunden wurden. Diese bipeden Formen mit Schnabel waren die dominierenden Pflanzenfresser in ihren jeweiligen Biotopen.

Die **Pterosauria** (Flugsaurier) waren die ersten flugfähigen Wirbeltiere. Sie hatten ihren Ursprung im **Obertrias** der Südalpen, ca. 60 Mio. Jahre vor den Vögeln.

Ihre größten Formen erreichten bis zu 12 m Spannweite der **Hautmembranflügel**. Diese wurden durch eine extreme Verängerung des vierten Fingers (**Flugfinger**) bis etwa an die Knie gespannt (→ F). Ihre hohlen, dünnwandigen Knochen ermöglichten ihnen eine gute Flugfähigkeit. Sie unterteilen sich in zwei Taxa, die schwanztragenden **Rhamphorhynchoidea** und die schwanzlosen **Pterodactyloidea**.

Während an Land die Dinosauria dominierten und keine aquatischen Formen hervorbrachten, kehrten die **Ichthyosauria** und die **Sauropterygia** wieder in den Lebensraum Wasser und zu einer viviparen Fortpflanzungsweise zurück. Zu den Sauropterygia gehörten die beiden Gruppen der Meeressaurier: die **Nothosauria** und die **Plesiosauria**.

Die **Plesiosauria** hatten einen ca. 5–15 m langen, länglichen Körper mit vier paddelförmigen Flossen (→ G). Sie wurden in zwei Taxa unterteilt: die kräftigen **Pliosauroidea** mit kurzem Hals und kräftigem Kopf und die langhalsigen **Plesiosauroides** mit kleinem Kopf. Mit ihren tropfenförmigen Flossen bewegten sich die Plesiosauria unter Wasser flugförmig fort. Sie waren **Fleischfresser**, jagten Fische und nahmen auch kleinere Tiere vom Meeresboden auf. Viele ihrer Funde weisen **Magensteine** auf, hatten aber auch gut erhaltene Feten, die darauf hinweisen, dass sie **vivipar** waren. Plesiosaurier lebten vom Obertrias bis zum Ende der Kreidezeit und starben gleichzeitig mit den Dinosauriern aus.

A. Saurischia – Beckenstruktur

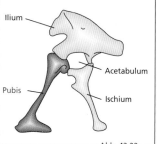

Ilium

Acetabulum

Pubis

Ischium

— Abb. 42.22 —

B. Saurischia – *Tyrannosaurus rex*

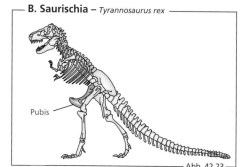

Pubis

— Abb. 42.23 —

C. Ornithischia – Beckenstruktur

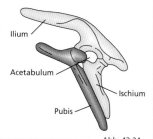

Ilium

Acetabulum

Ischium

Pubis

— Abb. 42.24 —

D. Ornithischia – *Stegosaurus*

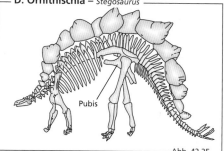

Pubis

— Abb. 42.25 —

E. Sauropoda – *Brachiosaurus*

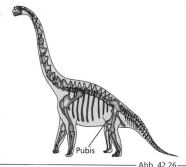

Pubis

— Abb. 42.26 —

F. Flugsaurier – *Pteranodon*

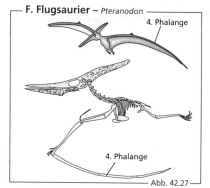

4. Phalange

4. Phalange

— Abb. 42.27 —

G. Pleiosaurus

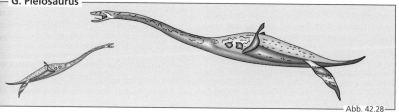

— Abb. 42.28 —

43 Aves

Diese Tiergruppe unterscheidet sich durch folgende Merkmale eindeutig von allen anderen Wirbeltiergruppen: Vögel sind zweibeing (biped), da die Vorderextremitäten zu **Flügeln** umgebildet sind. Alle Spezies dieser Gruppe besitzen **Federn** und sind **ovipar**.

43.1 Bauplan

Das **Skelett** der Vögel ist stark mineralisiert und viele Knochen enthalten luftgefüllte Hohlräume, sodass die Knochenmasse nur knapp 5 % des Körpergewichts beträgt. Die Halswirbelsäule ist meist lang und hoch beweglich und das **Coracoid** (Rabenbein), der kräftigste Knochen des Schultergürtels, verbindet als stabförmige, vertikale, seitliche Stütze das **Sternum** (Brustbein) mit dem Schulterblatt. Die Vorderextremität ist an das Fliegen angepasst und anatomisch entsprechend der **Flugtechnik** (Gleit-, Segel-, Schlag-, Schwirrflug) ausgebildet. Wandervögel können jährliche Flugleistungen von 40.000 km erreichen. Dementsprechend ist das **Gehirn** an die Orientierung und Bewegung im dreidimensionalen Raum angepasst. Insbesondere das Kleinhirn und die Endhirnhemisphären sind stark vergrößert. Vögel haben wie Säugetiere zwei vollständig getrennte **Blutkreisläufe** und eine **homoiotherme Temperaturregulation**. Eine Besonderheit stellt die **Lunge** dar, die keine blind endenden Alveolen hat, sondern aus einem komplizierten System von Luftsäcken und Lungenpfeifen (**Parabronchien**) besteht (→ A). Hier erfolgt auch der Gasaustausch. Die Kommunikation zwischen den Individuen erfolgt über Vokalisation im Stimmorgan (**Syrinx**), das im unteren Kehlkopf liegt.

Die Entwicklung des amniotischen Eies ist der entscheidende Schritt für eine vollständige Anpassung an das terrestrische Leben. Das **Amniotenei** (→ B) findet sich bei den Reptilien, Vögeln und Säugetieren. Es hat eine rigide Schale und zum Schutz des sich entwickelnden Embryos wurden vier extraembryonale Membranen ausgebildet. Die innere Hülle (**Amnion**) umgibt den Embryo in einer Flüssigkeitshülle, die ihn vor Austrocknung schützt und schädliche mechanische Einflüsse dämpft. Der **Dottersack** enthält ausreichend Nahrungsvorräte, die über ein Blutgefäßsystem zum Embryo gelangen. Die sackartige **Allantois** speichert die Abfallprodukte des embryonalen Stoffwechsels und das **Chorion** schützt als äußere Hülle die gesamte Struktur. Die Atemgase diffundieren durch die zwar poröse, aber wasserdichte Eischale und die Membranen. Zwischen Chorion und Eischale liegt das Protein **Ovalbumin**, das ebenfalls als Nahrungsquelle dient.

Die aus dem Ovar entlassenen Oocyten haben infolge der Dottergröße oft einen Durchmesser bis zu 30 mm. Die befruchtungsfähigen Eizellen entstehen dann erst im Infundibulum (→ C). Erst nach Besamung und Befruchtung werden im Eileiter das Eiklar und die Schalenhaut zugefügt. Die Kalkschale bildet sich erst im Uterus. Die Ablage der Eier erfolgt meist im Abstand von 24 h.

Bei der **Nahrungsaufnahme** spielt die **Schnabelform** eine entscheidende Rolle. Vögel haben keine Zähne, sondern weichen die Nahrung im **Kropf** ein. Anschließend wird sie in einem speziellen **Kaumagen** (→ D) mithilfe von Reibeplatten und Magensteinen (**Gastrolithen**) zerkleinert. Eulen und Greifvögel würgen unverdauliche Nahrungsbestandteile als **Gewölle** wieder aus. Der Darmtrakt ist durch paarige Blinddärme (**Caeca**) weiter spezialisiert (→ E), die entsprechend der Nahrungsart unterschiedlich voluminös ausgeprägt sind. **Carnivore Vögel** (z. B. Raubvögel) haben sehr kleine Blinddärme, Blattfresser dagegen sehr große. Der Enddarm teilt sich in **Colon** und **Coprodeum** und mündet dann in die **Kloake**, die aus Urodeum und Proctodeum besteht. In der Wand der Kloake befindet sich auch die **Bursa fabricii**, ein lymphatisches Gewebe zur Ausbildung von B-Lymphocyten.

Die **Niere** mündet mit einem sekundären Harnleiter seitlich in die Kloake. Eine Harnblase ist nicht ausgebildet. Der Harn wird teilweise durch retrograde Peristaltik in die Caeca zurückgetrieben und vermischt sich mit dem Darminhalt zu einer weißlichen Paste, die als **Guano** ausgeschieden wird und **Harnsäure** enthält.

© Springer-Verlag GmbH Deutschland, ein Teil von Springer Nature 2021
W. Clauss und C. Clauss, *Taschenatlas Zoologie*,
https://doi.org/10.1007/978-3-662-61593-5_43

A. Bauplan

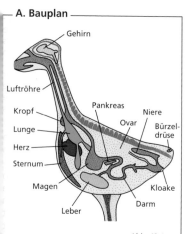

Gehirn
Luftröhre
Kropf
Lunge
Herz
Sternum
Magen
Leber
Pankreas
Ovar
Niere
Bürzeldrüse
Kloake
Darm

Abb. 43.1

B. Amniotenei

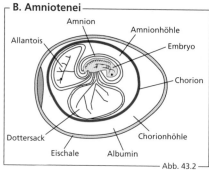

Amnion
Allantois
Amnionhöhle
Embryo
Chorion
Chorionhöhle
Dottersack
Eischale
Albumin

Abb. 43.2

C. Entwicklung des Eies

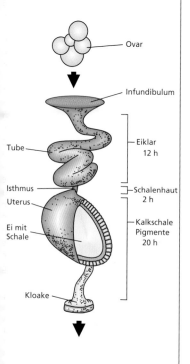

Ovar
Infundibulum
Tube
Eiklar
12 h
Isthmus
Uterus
Schalenhaut
2 h
Ei mit Schale
Kalkschale
Pigmente
20 h
Kloake

Abb. 43.3

D. Magen

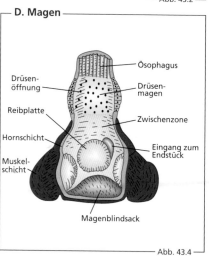

Drüsenöffnung
Reibplatte
Hornschicht
Muskelschicht
Ösophagus
Drüsenmagen
Zwischenzone
Eingang zum Endstück
Magenblindsack

Abb. 43.4

E. Blinddarm

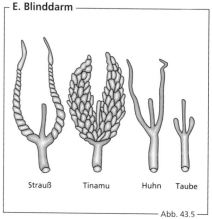

Strauß   Tinamu   Huhn   Taube

Abb. 43.5

43.2 Entwicklung

Die Vögel haben sich vermutlich aus der diapsiden Reptiliengruppe der **Archosaurier** entwickelt. Dies belegen Fossilien, die im Kalkgestein im bayrischen Solnhofen gefunden wurden und aus dem Jura (vor ca. 150 Mio. Jahren) stammen. Am berühmtesten Fund des *Archaeopteryx* kann man deutliche Reptilienmerkmale wie Krallen an den Vorderextremitäten und einen langen Schwanz beobachten (→ **A**). Er hat aber auch bereits Vogelmerkmale wie Federn, eine nach hinten gestellte erste Zehe und teilweise auch pneumatisierte Knochen.

Die **Systematik** der Vögel hat sich durch molekulargenetische Analysen in den letzten Jahren stark gewandelt. Traditionell unterschied man bisher die flugunfähigen **Struthioniformes (Laufvögel)** von den **Neognathae (Flugvögel)**. Allerdings zeigte sich jetzt, dass die Laufvögel eine paraphyletische Gruppe sind und es sich bei den die ihnen früher zugeordneten Steißhühnern (Tinamus) nicht um echte Laufvögel handelt. Die neuere Systematik unterscheidet deshalb die Vögel anhand der Gaumenstruktur und eines Fensters zwischen den Beckenknochen in die beiden Unterklassen **Palaeognathae (Urkiefervögel)** und **Neognathae (Neukiefervögel)**.

43.3 Palaeognathae (Urkiefervögel)

Sie umfassen 60 Arten in sechs rezenten Familien und werden eingeteilt in die beiden Ordnungen **Struthioniformes** (Laufvögel) und **Steißhühner** (Tinamus). Zu den reinen Laufvögeln gehören Strauß, Kasuar, Moa, Nandu, Emu und Kiwi.

Das **Flügelskelett** der Laufvögel mit der Unterscheidung zwischen Fingerknochen und Kralle wird in → **B** gezeigt.

Straußenvögel (Struthioniformes)

Es sind die größten und am schnellsten laufenden rezenten Laufvögel. Sie können bis zu 150 kg schwer werden und ihre Zehen sind in Anpassung an das Laufen stark reduziert. Der **Afrikanische Strauß** (*Struthio camelus;* → **C**) wurde durch Bejagung stark reduziert und lebt noch in Restpopulationen in Süd- und Ostafrika. Ansonsten werden Strauße in Farmen als **Zuchttiere** zur Fleischproduktion gehalten.

Kasuare (Casuaridae)

Zu den Casuariformes gehören die Emus und die Kasuare. **Emus** sind bis zu 1,8 m große Laufvögel, von denen nur noch eine rezente Art in Australien lebt. **Kasuare** (→ **D**) leben in Neuguinea und in Nordostaustralien. Die zwei rezenten Arten sind geschützt. Sie können bis 1, m groß werden und 60 kg wiegen. Nach dem Strauß sind sie die zweitgrößten rezenten Laufvögel. Charakteristisch ist die helmartige, verhornte Oberseite des Kopfes. Sie besitzen eine **dolchartige Kralle**, die als Waffe eingesetzt wird.

Moa (Dinornithiformes)

Moas (→ **E**) waren Laufvögel in Neuseeland. Ihre neun Arten sind heute **ausgestorben**. Moas waren riesige Tiere mit vermutlich über 200 kg Gewicht. Bei der Besiedlung Neuseelands wurden sie vermutlich im 13. Jahrhundert ausgerottet und ihre Existenz wurde erst in der Neuzeit durch **Fossilfunde** entdeckt. Auch wurden einige ihrer fossilen Eier gefunden, die deutlich größer als Straußeneier sind. Als reine Pflanzenfresser lebten sie in der Savanne und in Waldgebieten. Ihr einziger natürlicher Feind war der Haast Adler, ein ebenfalls ausgestorbener, gigantischer Greifvogel Neuseelands.

Steißhühner (Tinamiformes)

Es sind ca. 40 cm große hühnerartige Formen, die meist bodenläufig, aber auch eingeschränkt flugfähig sind. Zu ihnen gehört das im zentralen Südamerika lebende **Rotflügel-Pampahuhn** (*Rhynchotus rufescens*) und der in den Regenwäldern von Brasilien bis Mexiko lebende **Großtao** (*Tinamus major*). Auch der **Gelbfußtinamu** (*Crypturellus noctivagus*) lebt in den Wäldern Ostbrasiliens (→ **F**).

A. *Archaeopteryx* – Urvogel

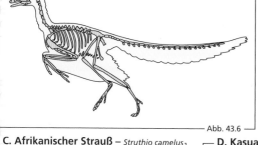

Abb. 43.6

B. Flügelskelett

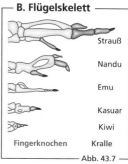

Strauß

Nandu

Emu

Kasuar

Kiwi

Fingerknochen   Kralle

Abb. 43.7

C. Afrikanischer Strauß – *Struthio camelus*

Abb. 43.8

D. Kasuar – *Casuarius*

Abb. 43.9

E. Moa – *Dinornis*

Abb. 43.10

F. Gelbfußtinamu – *Crypturellus noctivagus*

Abb. 43.11

43.4 Neognathae (Neukiefervögel)

Die andere Unterklasse der Vögel, die Neognathae, umfasst mit ca. 9000 Arten die Mehrzahl der Vögel. Allein die Sperlingsvögel umfassen davon ca. 5300 Arten. In der traditionellen Systematik wurde diese Unterklasse früher als **Flugvögel** bezeichnet, obwohl es einige flugunfähige Arten (Pinguine, einige Papageien) gibt.

Die zwei Hauptunterscheidungsmerkmale zu den Palaeognatha betreffen die Gaumenstruktur. Neukiefervögel haben ein intrapterygoidales **Gaumengelenk**. Außerdem sind die **Beckenfenster** (Foramina ilioischiadica) caudal geschlossen.

Die Anatomie eines typischen Neukiefervogels ist in → **A** dargestellt. Die große Artenvielfalt der Neukiefervögel macht eine vollständige Darstellung der umfangreichen Systematik oder selbst ein Kladogramm auf diesem begrenzten Raum unmöglich. Es werden deshalb auf dieser Seite nur einige wenige ausgewählte Arten näher beschrieben.

Der Uhu (**Bubo bubo**; → **B**) gehört zur Ordnung der **Eulen (Strigiformes)** und ist deren größte rezente Art. Er ist in Europa, im nördlichen Afrika und in Asien verbreitet. Sein massiger Körper mit den typischen **Federohren** trägt ein auffallend längs- und quergezeichnetes Gefieder. Die Augen sind orange. Es handelt sich um einen **Standvogel** mit Brutplätzen bevorzugt an felsigen Hängen. Seine auffällige Gesichtskontur (**Gesichtsschleier**) wird durch spezielle Randfedern geformt. Er ist ein nächtlicher Jäger, der neben Vögeln auch Mäuse am Boden bejagt. Die unverdaulichen Beutebestandteile werden als **Gewölle** ausgewürgt und abgelegt.

Der Kondor ist mit bis zu 1,3 m Körperlänge und einer Flügelspannweite von 3,2 m der größte Neukiefervogel. Es gibt zwei Arten: den **Andenkondor** (**Vultur gryphus**) und den **Kalifornischen Kondor** (**Gymnogyps californianus**; → **C**).

Sie zählen zur Familie der **Neuweltgeie** (**Cathartidae**), zu denen auch Truthahn sowie die Gelbkopfgeier gehören. Kor dore haben eine überwiegend dunk Befiederung und einen kahlen, rötliche Kopf.

Ein weiteres außergewöhnliches Beispie ist der **Riesentukan** (**Ramphatos toco**; - D), der in den tropischen Regionen vo Süd- und Mittelamerika lebt. Er gehö zur Familie der **Spechtvögel (Piciformes** mit 45 Arten. Tukane sind langschwän zige Vögel mit bis zu 65 cm Körpergröße Ihr auffallendstes Merkmal ist der groß gelborange gefärbte **Schnabel**, desse Durchblutung reguliert werden kan und der somit auch der Regulation de **Körpertemperatur** dient. Tukane lebe monogam in Baumhöhlen und ernähre sich von Früchten, Insekten und kleine Beutetieren.

Die **Kommunikation** der Vögel erfolg hauptsächlich durch akustische Signal Dazu erzeugen sie mit ihrem Stimmo gan (**Syrinx**) spezifische Vokallaute, di als **Rufe** oder **Gesänge** bezeichnet wer den. Besonders die **Singvögel** erzeuge hierbei durch neuronale Steuerung de Gehirns (→ **E**) komplizierte, oft zwei stimmige Tonfolgen, die von Jungvögel durch Nachahmung erlernt werden.

Der **Kiebitz** (**Vanellus vanellus**; → **F** gehört zur Familie der **Regenpfeife** (**Charadriidae**) und brütet auf Weide flächen am Boden oder im Watt. E ist in Eurasien beheimatet und ist ei **Zugvogel**, der inzwischen als gefährde gilt und auf der Roten Liste zum **Arten schutz** steht. Kiebitzeier galten frühe als Delikatesse. Er ist tag- und nachtakti und ernährt sich von Insekten und Wür mern. Kiebitze sind **standorttreu un** leben **monogam**. Zum Brüten komme sie meist an ihren eigenen Geburtsor zurück. Wegen seines charakteristische Rufs wird er oft auch als **Totenvoge** bezeichnet.

A. Flugvogel – Ansicht

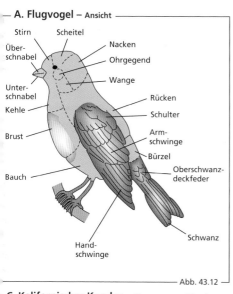

Stirn
Scheitel
Nacken
Überschnabel
Ohrgegend
Wange
Unterschnabel
Rücken
Kehle
Schulter
Brust
Armschwinge
Bürzel
Oberschwanzdeckfeder
Bauch
Schwanz
Handschwinge

Abb. 43.12

B. Uhu – *Bubo bubo*

Abb. 43.13

C. Kalifornischer Kondor – *Gymnogyps californianus*

Abb. 43.14

D. Riesentukan – *Ramphastos toco*

Abb. 43.15

E. Neuronale Steuerung – Vogelgesang

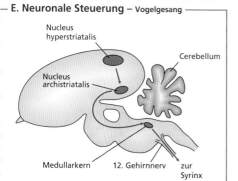

Nucleus hyperstriatalis
Cerebellum
Nucleus archistriatalis
Medullarkern
12. Gehirnnerv
zur Syrinx

Abb. 43.16

F. Kiebitz – *Vanellus vanellus*

Abb. 43.17

44 Mammalia

Die Säugetiere haben sich beginnend im Spätpaläozoikum vor ca. 320 Mio. Jahren mit den **Synapsiden** (Pelicosaurier) über die säugetierähnlichen **Therapsiden** und die artenreiche Gruppe der **Cynodontia (Hundezähner)** vor ca. 270 Mio. Jahren im Perm entwickelt. Von den Cynodontia sind zahleiche Schädelfossilien erhalten, deren Synapomorphien eine **Monophylie** gut belegen. Durch eine rasche, adaptive Radiation haben sich die Cynodontia vermutlich im Trias zu den Säugetieren entwickelt.

44.1 Entwicklung

Fossilien des säugetierähnlichen Reptils *Procynosuchus* (Hundekrokodil; → A) wurden in Südafrika und Nordhessen gefunden. Es war eine der ursprünglichsten Therapsiden innerhalb der Cynodontia. Das vermutlich älteste bekannte Säugetier ist *Adelobasileus cromptoni* (→ B), eine im Obertrias vor 225 Mio. Jahre lebende Art. Von ihm ist nur ein in Texas gefundenes Fossil, ein Teil des Hinterschädels, bekannt. Es ist 10 Mio. Jahre älter als alle anderen bisher gefundenen Säugetierfossilien.

Charakteristische Merkmale der Säugetiere sind die Produktion von **Milch** in Milchdrüsen der weiblichen Tiere und das **Säugen** der Jungtiere, außerdem die gleichwarme Körpertemperatur (**Endothermie**) und die Entwicklung des **sekundären Kiefergelenks**.

Ursprünglich war das **primäre Kiefergelenk** bei Pelicosauriern und den Cynodontia zwischen dem Articulare und dem Quadratum angelegt (→ C–E). Im Laufe der Säugetierentwicklung formte sich das **sekundäre Kiefergelenk** zwischen Dentale und Squamosum und die beiden erstgenannten Knochen entwickelten sich zu den Gehörknöchelchen Hammer und Amboss (→ F).

Verglichen mit anderen Tieren müssen Säugetiere täglich viele Kalorien zu sich nehmen, um den durch ihre hohe Stoffwechselrate bedingten hohen Energiebedarf zu decken. Der intensive Stoffwechsel ist für die Aufrechterhaltung einer gleichwarmen Körpertemperatur wichtig.

Die Bildung eines **Haarkleids** ist ein wichtiges Merkmal aller Säugetiere. Es dient der Isolation und Aufrechterhaltung der Körpertemperatur. Manche Ordnungen, z. B. die Wale haben zwar kein Haarkleid, sie zeigen jedoch in ihrer Embryonalentwicklung Haarwuchs und haben sich aus behaarten Vorfahren, den Paarhufern, entwickelt (→ Abschn. 44.23).

44.2 Systematik

Die Säugetiere unterteilt man in zwei Obergruppen. Zu den **Protheria** (ovipare Säugetiere) gehören die rezenten und die ausgestorbenen **Monotremata (Kloakentiere**; → G). Zu den **Theria** (vivipare Säugetiere) gehören die **Metatheria (Marsupialia, Beuteltiere)** und die **Eutheria**.

Als **Höhere Säugetiere (Eutheria**; → G) werden alle Ordnungen bezeichnet, die in der Unterkreide vor 125 Mio. Jahren einen gemeinsamen Vorfahren hatten. Zu ihnen gehören die **Placentalia** (Plazentatiere) und damit auch alle rezenten Säugetiere.

Molekulargenetische Untersuchungen legen eine Unterteilung der Eutheria in vier **Überordnungen** nahe. Dies sind die **Afrotheria, Xenathra, Euarchontoglires** und die **Laurasiatheria** (→ G). Innerhalb dieser Überordnungen ist der Stammbaum mehrfach verändert worden, denn die genetischen Vergleiche konnten zwar eindeutig einzelne Ordnungen (z. B. Raubtiere, Wale, Primaten) voneinander abgrenzen, ihre Beziehungen untereinander und die zeitliche Reihenfolge ihrer Entwicklung bleiben aber strittig, da Fossilienfunde der Eutheria aus der Oberkreide selten sind. Nach dem **Massenaussterben der Dinosaurier** in der Kreidezeit wurden viele ökologische Nischen frei. Daher entwickelten sich im Känozoikum die meisten der heutigen Säugetierordnungen. Diese wurden zur dominierenden landlebenden Tiergruppe. Ihre **größte Artenvielfalt** erreichten sie im Miozän vor ca. 20 Mio. Jahren. Seither wurde die Zahl der Arten durch ungünstige klimatische Bedingungen (Eiszeiten) wieder geringer. Am Ende des Pleistozäns kam es in dem Zeitraum vor 50.000–10.000 Jahren zu einem **Massenaussterben der Großsäuger**. Strittig ist ob klimatische Faktoren, oder die Bejagung durch den Menschen dafür verantwortlich sind.

© Springer-Verlag GmbH Deutschland, ein Teil von Springer Nature 2021
W. Clauss und C. Clauss, *Taschenatlas Zoologie*,
https://doi.org/10.1007/978-3-662-61593-5_44

A. Cynodontia – *Procynosuchus*

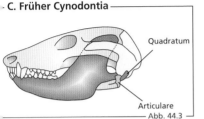

Abb. 44.1

B. Ursäugetier – *Adelobasileus cromptoni*

Abb. 44.2

C. Früher Cynodontia

Quadratum

Articulare

Abb. 44.3

D. Cynodontia

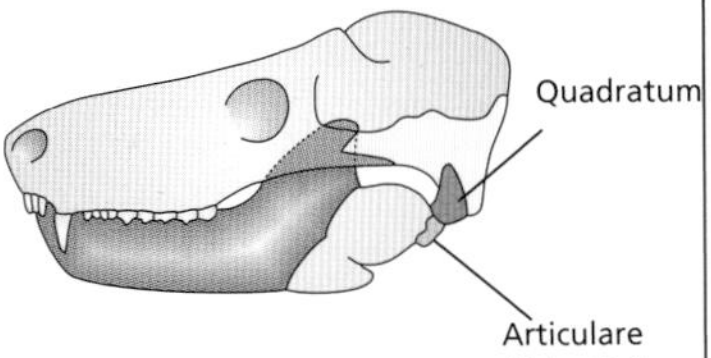

Quadratum

Articulare

Abb. 44.4

E. Pelicosaurus

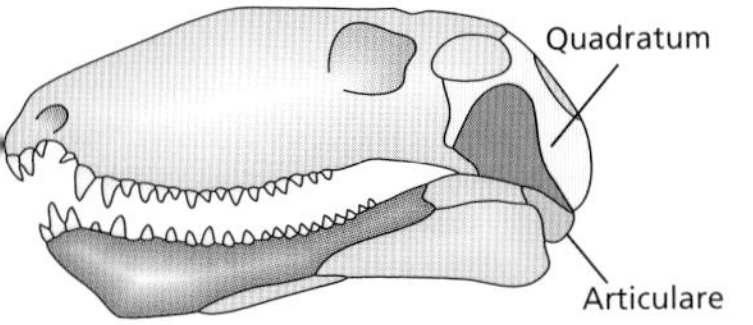

Quadratum

Articulare

Abb. 44.5

F. Säugetier – sekundäres Kiefergelenk

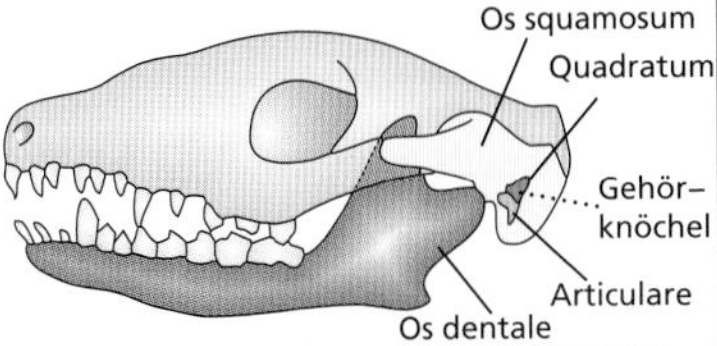

Os squamosum
Quadratum

Gehör–knöchel

Articulare

Os dentale

Abb. 44.6

G. Systematik der Säugetiere

Ursäuger (Protheria)

Kloakentiere (Monotremata)
Beuteltiere (Marsupialia)

Die folgenden Seiten zeigen nur eine Auswahl einiger Arten aus verschiedenen Ordnungen dieser Systematik. Eine vollständige bildliche Darstellung aller Ordnungen würde den Rahmen dieses Buches bei weitem sprengen.

Höhere Säugetiere (Eutheria)

	„Über-Ordnungen"
Tenrekartige (Afrosoricida)	
Rüsselspringer (Macroscelidea)	
Röhrenzähner (Tubulidentata)	**Afrotheria**
Schliefer (Hyracoidea)	
Rüsseltiere (Proboscidea)	
Seekühe (Sirenia)	
Nebengelenktiere (Xenathra)	**Xenathra**
Riesengleiter (Dermoptera)	
Primaten (Primates)	
Spitzhörnchen (Scandentia)	**Euarchonto-glires**
Nagetiere (Rodentia)	
Hasenartige (Lagomorpha)	
Insektenfresser (Eulipotyphla)	
Fledertiere (Chiroptera)	
Raubtiere (Carnivora)	**Laurasia-theria**
Schuppentiere (Pholidota)	
Unpaarhufer (Perissodactyla)	
Paarhufer (Artiodactyla)	
Wale (Cetacea)	

Abb. 44.7

44.3 Kloakentiere (Monotremata)

Die drei rezenten Arten der **Monotremata** sind die urtümlichsten Säugetiere (Ursäuger, Protheria) und leben ausschließlich in Australien und Neuseeland. Sie weisen noch einige Reptilienmerkmale auf. Das **Schnabeltier** (→ A) und **Ameisenigel** (→ B, C) sind die einzigen rezenten Säugetiere, die **Eier** entweder in einem Nest ablegen oder in einem Brutbeutel halten. Nach dem Schlüpfen saugen die Jungen die Milch aus dem Fell ihrer Mutter, da diese keine Zitzen besitzt. Weitere Merkmale sind Zahnverlust, Hornschnabel und Stachelkleid.

Das **Schnabeltier** (*Ornithorhynchus anatinus*) ist die einzige rezente Art aus der Familie der Schnabeltiere (Ornithorhynchidae). Es kommt ausschließlich im südöstlichen Australien vor und hat einen flachen, stromlinienförmigen Körper von ca. 40 cm Länge, mit einem platten Schwanz, der als Fettspeicher dient. Das Fell ist braun und wasserabweisend und die Extremitäten haben Schwimmhäute. Typisch für Kloakentiere ist die gemeinsame Ausscheidungsöffnung (**Kloake**) für Darm, Niere und Geschlechtsorgane. An den Hinterbeinen befinden sich **Giftsporne**, die bei Revierkämpfen ein vasoaktives Peptid absondern, das zwar nicht tödlich ist, aber schmerzhafte und langandauernde Schwellungen erzeugt. Schnabeltiere haben eine niedrige Körpertemperatur von 32 °C und können in Kältestarre (**Torpor**) fallen. Schnabeltiere besitzen zehn Geschlechtschromosomen.

Schnabeltiere leben in Süßwassersystemen im südöstlichen Australien und sind nachtaktive Einzelgänger. Sie graben sich Erdbaue in Uferböschungen und leben von Würmern, Krabben und Insekten. Am Schnabel befinden sich hoch sensitive **Elektrorezeptoren** zur Beuteortung. Beute wird in Backentaschen verstaut und erst an der Wasseroberfläche gefressen.

Die Fortpflanzung erfolgt **ovipar**. Nach der Paarung im Wasser baut das Weibchen ein Nest zur Eiablage. Die Eier werden zehn Tage lang bebrütet und die bis zu drei Jungtiere anschließend mit Milch aus dem **Milchfeld** im Brustfell gesäugt. Zitzen sind nicht vorhanden, die Jungtiere lecken die Milch aus dem Brustfell.

Vom **Ameisenigel** gibt es zwei Gattungen, d[..] **Kurzschnabeligel** (*Tachyglossus*; → B) mit e[..]ner Art und den **Langschnabeligel** (*Zaglosse[..]* → C) mit drei Arten. Alle vier Arten komm[..] in Australien, Tasmanien und Neuguinea v[..] Sie ähneln den Igeln, mit denen sie aber nic[..] verwandt sind.

Die bis zu 6 cm langen, hohlen Stacheln sin[..] gelb mit schwarzen Spitzen. Das übrige Fe[..] ist braun bis schwarz. Die Körperlänge b[..] trägt 50–70 cm mit einem kurzen, stummelfö[..] migen Schwanz. Ähnlich wie das Schnabelti[..] haben sie eine **erniedrigte Körpertemperat[..]** von 31–33 °C und können in eine Kältestar[..] (**Torpor**) fallen. An den Extremitäten trage[..] sie kräftige **Grabkrallen** und die Männchen a[..] den Hinterbeinen einen Stachel, der jedo[..] kein Gift absondert. Sie haben eine lang[..] **röhrenförmige Schnauze** mit einer bis zu 1[..] cm langen, **klebrigen Zunge**. Sie ernähren sic[..] vorwiegend von Ameisen, deren Bewegunge[..] sie mithilfe von **Elektrorezeptoren** und eine[..] ausgezeichneten **Geruchssinn** im Laub aufspü[..] ren. Sie haben keine Zähne, sondern Hornpla[..] ten am Gaumen. Sie sind **Bodenbewohner** un[..] ihr Lebensraum erstreckt sich von wüstena[..] tigen Gebieten bis ins Hochgebirge.

Ameisenigel sind **eierlegende Säugetiere**. S[..] zeigen ein merkwürdiges Paarungsverhalte[..] Die sonst als Einzelgänger lebenden Tier[..] bilden zur Paarungszeit **Karawanen**. Dabe[..] ziehen bis zu zehn Männchen oft mehrer[..] Tage hintereinander einem begattungsfä[..] higen Weibchen hinterher, bis es sich schließ[..] lich paarungsbereit niederlegt. Zur Paarun[..] bilden die Männchen rund um das Weibche[..] einen Ring und erstellen einen **Paarungsgra[..] ben**. Die Männchen verdrängen sich gege[..] seitig so lange, bis nur eines übrig bleibt, da[..] sich in den Paarungsgraben hinter das Weib[..] chen legt. Vier Wochen nach der Paarung leg[..] das Weibchen ein Ei und befördert es in di[..] **Bauchtasche**. In dieser schlüpft das Jungtie[..] und wird in der Tasche durch ein **Milchfel[..]** gesäugt. Nach ca. acht Wochen, wenn die Sta[..] cheln beginnen zu wachsen, verlässt das Jung[..] die Bauchtasche und wird von der Mutter i[..] einem Bau abgelegt und weiter versorgt. Ers[..] nach sechs Monaten beginnt das Junge, de[..] Bau zeitweilig zu verlassen.

Kloakentiere sind stammesgeschichtlich nich[..] die Vorläufer der Beutel- oder Placentatier[..] sondern stellen eine **Seitenlinie** dar, die sic[..] vemutlich schon in der Kreidezeit entwicke[..] hat.

A. Schnabeltier – *Ornithorhynchus anatinus*

Abb. 44.8

B. Kurzschnabeligel – *Tachyglossus aculeatus*

Abb. 44.9

C. Langschnabeligel – *Zaglossus bruijnii*

Abb. 44.10

44.4 Beuteltiere (Marsupialia)

Von ihnen gibt es ca. **320 Arten**. Diese leben die in Amerika und Australien. Sie gebären **wenig entwickelte Jungtiere**, die sich über eine **lange, passive Tragezeit im Beutel** der Mutter weiterentwickeln. Beuteltiere haben die für Säugetiere typischen Merkmale wie ein Haarkleid, drei Gehörknöchelchen und das Säugen der Jungtiere mit Muttermilch.

Beuteltiere haben sich vermutlich im **Mesozoikum** in **Nordamerika** und **Asien** entwickelt. Darauf deuten Fossilfunde hin. Sie haben vermutlich, zusammen mit den höheren Säugetieren, einen gemeinsamen Vorfahren mit den **Theria**, die als Schwestertaxon der eierlegenden Kloakentiere gelten. Früher wurden die Beuteltiere in einer einzigen Ordnung, den **Marsupiali**, zusammengefasst. Neuere Forschungen unterteilen sie in zwei Überordnungen: **Ameridelphia** (Beutelratten und Mausopossums) leben in Amerika und **Australodelphia** (Beutelmull, Raubbeutler, Nasenbeutler, Diprotodontia) leben in Australien. Zu den Australodelphia gehört auch die Chiloé-Beutelratte aus Südamerika.

Beuteltiere haben sich an die verschiedensten **Lebensräume** angepasst, von der Wüste bis ins Gebirge. Es gibt sowohl Boden- als auch Baumbewohner. Auch das **Sozialverhalten** ist sehr artenunterschiedlich, es gibt Einzelgänger oder auch lockere Verbände und tagaktive, dämmerungs- und nachtaktive Arten.

Das **Rote Riesenkänguruh (Macropus rufus)** (→ A) ist das größte rezente Beuteltier und gehört zu den **Diprotodontia**. Bemerkenswert sind die kräftigen Hinterbeine und der Schwanz. Die Tiere werden bis 1,8 m groß, bei einer gesamten Körperlänge von fast 3 m. Sie leben als **Pflanzenfresser** in fast ganz Australien in trockenen und halbtrockenen Gebieten. Ein mehrkammeriger Magen ermöglicht im Zusammenspiel mit Mikroorganismen eine den Wiederkäuern ähnliche Verdauung. Bei der Fortpflanzung kommt es zu einer verzögerten Geburt mit einer **Embryoruhe**, sodass weibliche Tiere einen ruhenden Embryo, ein sich entwickelndes Tier im Beutel und ein Jungtier außerhalb des Beutels haben können.

Der **Beutelteufel (Sarcophilus harrisii; → B)** ist der größte rezente Vertreter der Raubbeutler und kommt nur noch in Tasmanien vor. Er hat ein schwarzes Fell und zeigt ein aggressives Verhalten mit geröteten Ohren und lautem Kreischen. Dabei verströmt er einen beißenden Körpergeruch. Seine Zähne haben die größte Beißkraft unter den Säugetieren und können Knochen brechen. Der Beutelteufel lebt in küstennahen Wäldern und ist ein nachtaktiver Fleischfresser. Der Beutel öffnet sich nach hinten, sodass keine Interaktion des heranwachsenden Jungtiers mit der Mutter stattfindet. Beutelteufel sind durch eine infektiöse Tumorerkrankung bedroht, die beim Biss ins Gesicht übertragen wird.

Koalas (Phascolarctos cinereus; → C) sind bis zu 85 cm große Baumbewohner im südöstlichen Australien. Sie haben ein braun-weißes silbriges Fell und ernähren sich von **Eukalyptus-Blättern**. Ihr Beutel ist ebenfalls nach unten geöffnet. Es gibt drei **Unterarten**.

Opossums (Didelphis; → D) sind eine Gattung der **Beutelratten** und kommen in bewaldeten Gebieten in ganz **Amerika** vor. Es gibt sechs **Arten**.

Nasenbeutler (Peramelemorphia; → E) sind kleine bis mittelgroße, bodenlebende Tiere, die in **Australien**, **Indonesien** und **Neuguinea** vorkommen. Sie werden umgangssprachlich als **Bandicoots** bezeichnet. Sie sind als nachtaktive Einzelgänger Allesfresser und leben in selbstgegrabenen Höhlen.

Der **Große Beutelmull (Notoryctes typhlops; → F)** ist eine der beiden Arten der Familie der Notoryctidae. Er lebt wie der **Kleine Beutelmull (N. caurinus)** in sandigen Wüstengebieten im Inneren **Australiens**. Die Tiere gehören zu einer Seitenlinie der Beuteltiere. Sie ähneln den Goldmullen.

Wombats (Plumpbeutler, Vombatidae; → F) sind höhlengrabende Pflanzenfresser in **Australien**. Sie haben ein dachsähnliches Aussehen und Verhalten und ihr stämmiger Körper kann bis 1,2 m lang werden. Mit ihren sichelförmigen Grabkrallen errichten sie Höhlen und ausgedehnte Tunnelsysteme, die bis 3,5 m tief sein können. Ihr nach hinten geöffneter Beutel verhindert ein Vollschaufeln mit Erde beim Graben.

A. Rotes Riesenkänguruh – *Macropus rufus*

Abb. 44.11

B. Beutelteufel – *Sarcophilus harrisii*

Abb. 44.12

C. Koala – *Phascolarctos cinereus*

Abb. 44.13

D. Opossum – *Didelphis*

Abb. 44.14

E. Nasenbeutler – *Peramelemorphia*

Abb. 44.15

F. Gr. Beutelmull – *Notoryctes typhlops*

Abb. 44.16

G. Wombats (Plumpbeutler) (Vombatidae)

Abb. 44.17

44.5 Tenrekartige (Afrosoricidae)

Die Bezeichnung **Afrosoricidae** bedeutet „afrikanische Spitzmausartige".
Aufgrund ihrer morphologischen Ähnlichkeiten wurden sie früher zu den Insektenfressern gezählt. Molekulare Befunde sprechen jedoch für eine eigene
Ordnung. Zu ihnen gehören die Familien
der **Tenreks, Otterspitzmäuse** und **Goldmulle**, die in **Afrika** und **Madagaskar** leben, mit ca. 55 Arten. Es handelt sich um
eine sehr alte Gruppe, Fossilien werden
auf ca. 68 Mio. Jahre datiert.

Tenrek (Tenrecidae; → **A)** sind nachtaktive
Einzelgänger, die sich von Wirbellosen ernähren. Es gibt zwei Formen: die spitzmausartigen
Tenreks mit einem weichen Fell wie beim
Streifentenrek (*Hemicentetes semispinosus*)
und die igelartigen Tenreks (*Echinops telfairi*)
mit Borsten und Stacheln. Durch ihre **große
Radiation** im Laufe der Evolution haben die
Tenreks in Madagaskar verschiedene ökologische Nischen besetzt, von Regenwäldern bis
ins Hochgebirge. **Goldmulle (Chrysochloridea)**
leben im mittleren bis südlichen Afrika und
ähneln Maulwürfen (→ **B**), mit denen sie aber
nicht verwandt sind. Ihr spindelförmiger Körper ist an das unterirdische Leben in Höhlen
angepasst und hat keine äußeren Ohren. Die
Augen sind im Fell verborgen. Die nachtaktiven Tiere spüren ihre Beute (Wirbellose) über
Vibrationen auf, die sie mit spezialisierten,
vergrößerten Gehörknöchelchen perzipieren.

44.6 Rüsselspringer (Macroscelidea) sind
kleine bis mittelgroße Bodenbewohner
mit **rüsselartiger Nase** und einem langen
Schwanz (→ **C**).

Sie ähneln den Spitzmäusen, sind aber größer. Ihre 20 Arten leben endemisch im nördlichen, östlichen und zentralen **Afrika**. Durch
ihre verlängerten Hinterbeine können sie sich
schnell und hüpfend fortbewegen. Sie ernähren sich von kleinen Wirbellosen und auch von
Pflanzen. Die **Rüsselhündchen (*Rhynchocyon*)**
sind die größte Gattung aus der Familie der
Rüsselspringer (→ **D**). Sie werden bis zu 58 cm
lang. Ihre fünf Arten leben im zentralen und
östlichen Afrika.

44.7 Röhrenzähner (Tubulidentata) be-
inhalten nur eine rezente Art, die **Erdferkel** (*Orycteropus afer*; → **E**).

Sie haben einen kräftigen, muskulösen Körp[er]
von bis zu 140 cm Länge und 60 cm Höhe. Ch[a]-
rakteristisch ist eine röhrenförmig verlänger[te]
Schnauze. Erst neue molekulargenetische U[n]-
tersuchungen zeigten, dass es sich um ei[ne]
originär **afrikanische Tiergruppe** handelt, d[ie]
sich vor mehr als 20 Mio. Jahren von andere[n]
Gruppen abgespalten hat. Sie ist über d[as]
ganze Afrika südlich der Sahara verbreite[t].
Mithilfe von kräftigen **Grabschaufeln** an ihre[n]
Vorderextremitäten (→ **F**) legen sie Erdba[u]
an. Die nachtaktiven Tiere ernähren sich vo[n]
Ameisen und Termiten.

44.8 Schliefer (Hyracoidea) bilden ein[e]
Ordnung innerhalb der Überordnun[g]
der **Afrotheria**. Es sind bis zu 60 c[m]
große, robuste, muskulöse Tiere, dere[n]
nächste Verwandten die **Elefanten** un[d]
die **Seekühe** sind. Alle drei Grupp[en]
werden als **Paenungulata** zusammenge[-]
fasst. Die Vorderextremitäten haben vie[r]
Zehen, die in kleinen **Hufen** enden. Di[e]
Hinterextremitäten haben drei Zehe[n,]
eine Kralle am mittleren Zeh, und zwe[i]
Hufe an den beiden äußeren Zehe[n.]
Zu den Schliefern gehören sechs **Fam[i]-
lien**, von denen aber fünf ausgestorbe[n]
sind. Alle rezenten Schliefer werden i[n]
der Familie der **Procaviidae** geführt. All[e]
Schliefer sind **Pflanzenfresser**. Sie de[-]
cken ihren Flüssigkeitsbedarf überwie[-]
gend über die Nahrung und müsse[n]
nicht unbedingt trinken.

Der **Klippschliefer** (*Procavia capensis*; → **G[**])
ist die einzige Art der Procavia und wir[d]
auch als Wüstenschliefer bezeichnet. Er lebt i[n]
ariden, felsigen Gebieten in **Afrika** und auc[h]
im Südwesten **Asiens**. Er ist ein tagaktive[r]
Bodenbewohner, der in Gruppen lebt un[d]
gerne in der Sonne liegt. Dies trifft auch au[f]
den **Buschschliefer** (*Heterohyrax brucei*) z[u,]
der allerdings nur in Afrika vorkommt. Er is[t]
die einzige Art der Gattung. **Baumschliefe[r]
(*Dendrohyrax*;** → **H)** sind kleiner, ähneln äu[-]
ßerlich den Meerschweinchen und haben ei[n]
dunkleres Fell und einen Stummelschwanz[.]
Ein heller Fleck auf dem Rücken umgibt ein[e]
Drüse. Im Fell verteilt finden sich lange **Tast[-]
haare**. Er ist ein nachtaktiver Einzelgänger un[d]
guter Kletterer. Er lebt in Afrikas Wäldern un[d]
wird auch als Waldschliefer bezeichnet. Ma[n]
unterscheidet drei Arten: den Steppenwald[-,]
Regenwald- und den Bergwald-Baumschliefe[r.]

A. Streifentenrek – *Hemicentetes semispinosus*

Abb. 44.18

B. Goldmull – Chrysochloridae

Abb. 44.19

C. Rüsselspringer – Macroscelididae

Abb. 44.20

D. Rüsselhündchen – *Rhynchocyon*

Abb. 44.21

E. Röhrenzähner – Erdferkel – *Orycteropus afer*

Abb. 44.22

F. Röhrenzähner – Vorderextremität

Abb. 44.23

G. Klippschliefer – *Procavia capensis*

Abb. 44.24

H. Baumschliefer – *Dendrohyrax*

Abb. 44.25

44.9 Rüsseltiere (Proboscidae)

Rüsseltiere sind eine ca. 60 Mio. Jahre alte Ordung der Säugetiere und in Afrika entstanden. Sie haben sich durch mehrfache **Radiationen** in viele Arten entwickelt, von denen aber heute nur noch die **Elefanten (Elephantidae)** existieren. Rüsseltiere unterscheiden sich von allen anderen Säugetieren durch die Stoßzähne und den überlangen Rüssel. Es gibt drei rezente Arten.

Der **Afrikanische Elefant** (*Loxodonta africanus*; → A) lebt in vier Populationen im zentralen, westlichen, östlichen und südlichen Afrika. Es ist das größte landlebende Säugetier mit bis zu 7 t Gewicht. Sowohl Männchen als auch Weibchen besitzen Stoßzähne. Die im Vergleich zu den beiden anderen Arten größeren Ohren können eine Länge von 2 m erreichen. Sie dienen der **Thermoregulation**, da Elefanten nicht schwitzen können. Der Fuß des Elefanten besitzt eine besondere Anatomie, denn Elefanten sind **Zehenspitzengänger** und haben hinter den Zehen ein dickes Gallertpolster.

Der ebenfalls in Afrika lebende **Waldelefant** (*Loxodonta cyclotis*) lebt in den Regenwäldern West- und Zentralafrikas. Er wurde zunächst als Unterart des Afrikanischen Elefanten gesehen. Neuere genetische Studien zeigen jedoch, dass er eine eigene Art ist. Mit etwa 3 t Körpergewicht ist er wesentlich kleiner.

Der in Asien lebende Asiatische Elefant (*Elephas maximus*; → D) wird umgangssprachlich oft auch als **Indischer Elefant** bezeichnet. Er wird bis etwa 5 t schwer und die Weibchen haben nur rudimentäre oder keine Stoßzähne. Es gibt drei anerkannte Unterarten, die nach den Verbreitungsgebieten in Sri Lanka, Sumatra und auf dem asiatischen Kontinent (Indien, Thailand bis China) bezeichnet werden. Asiatische Elefanten sind nachtaktiv, während des Tages ruhen sie meist. Das ist auch was sie auch für ihren Temperaturhaushalt von Bedeutung, da sie nicht Schwitzen können und die Wärmeabgabe bei körperlicher Aktivität begrenzt ist. Kühe und Jungtiere leben in Herden. Asiatische Elefanten können gezähm und zur Arbeit eingesetzt werden.

Während der **Rüssel** des Afrikanischen Ele fanten zwei **fingerförmige Fortsätze** hat (E), findet sich beim Asiatischen Elefante nur ein Fortsatz (→ G). Die Fortsätze we den als Greif- und Tastwerkzeuge eingesetz Elefanten sind **Pflanzenfresser** und brauche täglich etwa 200 kg Nahrung. Die Verdauun findet dabei vor allem im Blinddarm durc Mikroorganismen statt. Das Gesäuge der El fanten befindet sich zwischen den Vorderbe nen. Die Tragezeit dauert rund 22 Monat Jungtiere werden nicht nur von der Mutte sondern auch von anderen Weibchen gesäug Der Bestand der Elefanten ist stark gefährde da sie wegen der aus Elfenbein bestehende Stoßzähne bejagt werden.

44.10 Seekühe (Sirenia)

Diese Ordnung ist den Rüsseltieren ar nächsten verwandt. Auch die Seeküh werden zu den **Afrotheria** gezählt. E sind **wasserlebende Säugetiere** die sic stets im flachen, küstennahen Wasse oder sogar im Süßwasser aufhalten. Ih massiger, zylindrischer Körper kann b zu 4 m lang werden. Ihre Vorderbein sind zu Flossen umgewandelt, die Hir terbeine ganz rückgebildet. Die Jung tiere werden im Wasser geboren und 1 Monate lang gesäugt. Alle vier rezente Arten sind **Pflanzenfresser**, leben i tropischen Gewässern und gliedern sic in zwei Familien:

Gabelschwanzseekühe (Dugongidae) leben ir Roten Meer, Indischen Ozean und westliche Pazifik. Es gibt nur eine Art, den Dugon (*Dugong dugon*), die sich ausschließlich vor Bewuchs und Tang am Meeresgrund ernährt

Rundschwanzseekühe (Tricheridae) werde auch Manatis genannt und umfassen drei re zente Arten, die nach ihrem Vorkommen be zeichnet werden: den **Karibik-Manati** (*Triche chus manatus*; → F), den **Amazonas-Mana** (*Trichechus inunguis*) und den **Afrikanische Manati** (*Trichechis senegalensis*). Sie ernähre sich von Seegras, Algen, Wasserpflanzen un Mangrovenblättern.

A. Afrikanischer Elefant – *Loxodonta africanus*

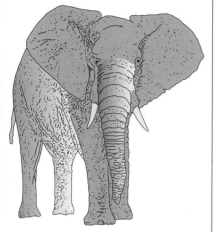

Abb. 44.26

D. Asiatischer Elefant – *Elephas maximus*

Abb. 44.29

F. Karibik-Manati – *Trichechus manatus*

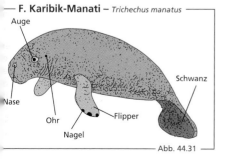

Auge

Nase

Ohr

Nagel

Flipper

Schwanz

Abb. 44.31

B. Elefant – Vorderfuß

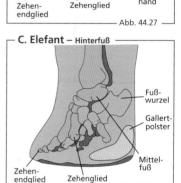

Hand-
wurzel

Gallert-
polster

Mittel-
hand

Zehen-
endglied

Zehenglied

Abb. 44.27

C. Elefant – Hinterfuß

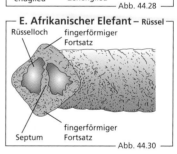

Fuß-
wurzel

Gallert-
polster

Mittel-
fuß

Zehen-
endglied

Zehenglied

Abb. 44.28

E. Afrikanischer Elefant – Rüssel

Rüsselloch   fingerförmiger
Fortsatz

fingerförmiger
Fortsatz

Septum

Abb. 44.30

G. Asiatischer Elefant – Rüssel

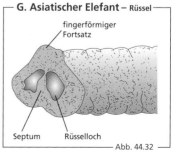

fingerförmiger
Fortsatz

Septum   Rüsselloch

Abb. 44.32

44.11 Nebengelenktiere (Xenathra)

Sie bilden eine **Überordnung der Säugetiere** und gliedern sich in die zwei Ordnungen: **Zahnarme (Pilosa)** und **Gepanzerte Nebengelenktiere (Cingulata)**. Ihre enge Verwandtschaft (Monophylie) und ihre besondere systematische Stellung als Hauptgruppe der Säugetiere wird durch ihre morphologische Besonderheit untermauert: wie ihr Name sagt, besitzen sie **Nebengelenke** (zusätzliche Fortsätze an den Wirbeln), die nur in dieser Überordnung vorkommen.

Entstanden sind sie vermutlich in der **Kreidezeit**, die frühesten Fossilfunde (Gürteltiere) werden auf das Paläozän vor ca. 55 Mio. Jahren datiert. Rezente Nebengelenktiere kommen in **Süd-** und **Mittelamerika** und im **südlichen Nordamerika** vor. In vorgeschichtlicher Zeit waren sie vermutlich auch in Afrika und Europa verbreitet.

Zu den **Zahnarmen (Pilosa)** gehören die **Ameisenbären (Vermilingua; → A)** und die **Faultiere (Folivora; → B)**.

Die **Ameisenbären** unterteilen sich in die Gattung der **Zwergameisenbären (Cyclopes)** mit sieben Arten, den **Großen Ameisenbär (→ A)** und die Gattung *Tamandua* mit zwei Arten.

Ameisenbären haben eine verlängerte, röhrenförmige, zahnlose Schnauze mit einer langen, runden und **klebrigen Zunge**. Mit dieser können sie ihre Nahrung (**Ameisen** und **Termiten**) einfangen. Die Tiere sind äußerst dicht behaart und haben große, sichelartige Krallen an den Vorderfüßen, mit denen sie Termitenbauten aufreißen können. Je nach Art erreichen sie eine Körperlänge bis 1,4 m. Ihr Schwanz, der als Greiforgan dient, ist mindestens ebenso lang. Sie sind tagaktive Einzelgänger und besitzen Territorien. Während Zwergameisenbären waldlebende Baumbewohner sind, lebt der Große Ameisenbär ausschließlich am Boden, vorwiegend in Savannen. Tamanduas leben sowohl am Boden als auch auf Bäumen. Die Jungtiere werden von der Mutter nach der Geburt noch mehrere Monate lang auf dem Rücken getragen.

Die **Faultiere (Folivora)** unterteilen sich in die **Dreifinger-Faultiere (Bradypoditae)** mit vier rezenten Arten der Gattung *Bradypus* und die **Zweifinger-Faultiere (Megalonichidae)** mit zwei rezenten Arten der Gattung *Choloepus* (→ B). Es handelt sich um eher kleine Tiere mit ca. 50 cm Körperlänge, die heute in **Süd-** und **Mittelamerika** leben. Faultiere entstanden im **Oligozän** vor ca. 30 Mio. Jahren. Sie waren mit über 90 Arten eine der formenreichsten Gruppen der Nebengelenktiere, allerdings sind fast alle Arten, darunter auch die **Riesenfaultiere** ausgestorben. Faultiere leben in den Baumkronen als **Pflanzenfresser**. Charakteristisch ist ihre **hängende Lebensweise** mit dem Rücken nach unten. Sie haben einen extrem **langsamen Stoffwechsel** und deshalb auch langsame Bewegungen und lange Ruhepausen. Fossilfunde zeigen, dass frühere Arten auch Bodenbewohner waren.

Zu den **Gepanzerten Nebengelenktieren (Cingulata)** gehören als einzige Familie die **Gürteltiere (Dasypoda; → C)**. Es gibt heute 20 rezente Arten, die im zentralen **Südamerika** und im südlichen **Nordamerika** leben. Es sind die einzigen rezenten Säugetiere mit einem knöchernen äußeren Panzer. Sie entstanden im **Paläozän** vor ca. 56 Mio. Jahren. Viele frühe Arten sind ausgestorben.

Gürteltiere leben unterirdisch in Erdbauten und sind **Insektenfresser**. Sie haben eine spitz zulaufende Schnauze und einen kurzen Schwanz. Am Bauch findet sich keine Panzerung.

Der **Kleine Gürtelmull (*Chlamyphorus truncatus*; → D)** lebt auf den Hochflächen des **südlichen Argentiniens** unterirdisch in Bauen und kommt nur selten an die Oberfläche. Er ernährt sich hauptsächlich von Insekten und Würmern, die er mit seinem **guten Geruchssinn** aufspürt. Er gehört zu den kleinsten Gürteltieren mit einer Körperlänge von max. 15 cm. Sein Rückenpanzer besteht aus **Knochenplättchen**, die durch Hautfalten getrennt werden, und ist braun bis gelblich gefärbt. An den Seiten und am Bauch besitzt er ein weißes Fellkleid. Die kurzen Extremitäten tragen starke gebogene Krallen.

A. Großer Ameisenbär – *Myrmecophaga tridactyla*

Abb. 44.33

B. Eigentliches Zweifinger-Faultier – *Choloepus didactylus*

Abb. 44.34

C. Gürteltier – Dasypoda

Abb. 44.35

D. Gürtelmull – *Chlamyphorus truncatus*

Abb. 44.36

44.12 Riesengleiter (Dermoptera)

Sie gehören innerhalb der Eutheria zur Gruppe der **Euarchontoglires**. Die einzige rezente Familie (Cynocephalidae) umfasst zwei Arten, die beide in **Asien** leben und **Pflanzenfresser** sind.

Philippinen-Gleitflieger (*Cynocephalus volans*; → **A**) werden fälschlicherweise auch als fliegende Lemuren bezeichnet. Sie sind **nachtaktive Baumbewohner** und ernähren sich von Blättern und Früchten. Die etwa katzengroßen Tiere haben ein geflecktes Fell, Finger mit langen Krallen und eine behaarte **Flughaut** (Patagium) zwischen Körper und Extremitäten. Sie können damit zwar nicht fliegen, aber bis zu 70 m lange Strecken zwischen den Bäumen gleiten. Die zweite Art ist der **Malaien-Gleitflieger** (*C. variegatus*).

44.13 Primaten (Primates)

Sie werden in **Feuchtnasenprimaten (Strepsirrhini)** und **Trockennasenprimaten (Haplorrhini)** eingeteilt. Die Verbreitungsgebiete erstrecken sich auf die Subtropen und Tropen in Amerika, Afrika und Asien. Einzige Ausnahme ist der Mensch, der sich weltweit ausgebreitet hat. Primaten haben sich vor 80–90 Mio. Jahren ausgehend von Baumbewohnern entwickelt. Auch sie gehören zur Gruppe der **Euarchontoglires**.

Die Feuchtnasenprimaten (Strepsirrhini) sind mit Ausnahmen (Indri, Sifakas, Varis) überwiegend nachtaktiv und haben Mehrlingsgeburten. Sie werden so bezeichnet, weil ihr Nasenspiegel (Rhinarium) feucht ist, was zu einen **besserem Geruchssinn** führt. Außerdem haben sie an der zweiten Zehe eine **Putzkralle**. Zu ihnen gehören die **Fingertiere** (Daubentonia; → **B**) auf Madagaskar, die **Lemuren (Lemuriformes**; → **C**) mit vier rezenten Familien (Gewöhnliche Makis, Katzenmakis, Wieselmakis und Indriartige) und die **Loriartigen (Lorisiformes)** mit zwei Familien in Afrika und Asien (Loris und Galagos).

Die Trockennasenprimaten (Haplorrhini) sind mit Ausnahme von Koboldmakis und Nachtaffen überwiegend tagaktiv. Zu ihnen gehört auch der **Mensch**. Sie haben keinen Nasenspie-gel und deshalb auch einen **schlechteren Ge**ruchssinn. Außerdem haben sie überwiegen Einzelgeburten. Sie kommen in den subtr pischen und tropischen Gebieten von Ame rika, Asien bis Japan und Afrika vor, allerding nicht in Madagaskar. Außerdem findet ma sie in Europa (Berberaffen in Gibraltar). Ma unterteilt sie in zwei Gruppen: die **Koboldma kis** und die **Affen**.

Die Affen werden wiederum in zwei Gruppe aufgeteilt: Die **Neuweltaffen** haben umfasse fünf Familien (Krallenaffen, Kapuzineraffe (→ **D**), Nachtaffen, Klammerschwanzaffe und Sakiaffen). Die **Altweltaffen** unterteile sich in zwei Überfamilien. Zu den geschwän ten Altweltaffen gehört nur die rezente Fam lie der **Meerkatzenartigen (Cercopithecidae** Zu den **Menschenartigen Affen (Hominoide** gehören die **Gibbons (Hylobatidae**; → **E**) un die **Menschenaffen (Hominidae)**, also Gorill Orang-Utan, Schimpanse und der Mensch.

Gorillas (*Gorilla*; → **F**) sind die größten r zenten Primaten. Sie haben einen kräftige Körperbau, leben im **zentralen Afrika** un unterscheiden sich in die westlichen (*G. g rilla*) und die östlichen (*G. beringei*) Arte Innerhalb Letzterer werden sie noch in d Unterarten der **Flachland-** und der **Berggori las** unterschieden.

Die Gattung der **Orang-Utans (*Pongo*;** → **C** beinhaltet drei rezente Arten. Sie leben a den südostasiatischen Inseln **Borneo** und **S matra**. Sie haben ein rotbraunes Fell und it Körperbau ist an das Leben als **Baumbewoh ner** angepasst, mit überlangen Armen un hakenartigen, langen Händen.

Die Gattung der **Schimpansen (*Pan*)** untertei sich in zwei Arten: den **Gemeinen Schimpar sen (*Pan troglodytes*;** → **H**) und den **Zwerg schimpansen (*Pan paniscus*)**, der auch a **Bonobo** bezeichnet wird. Beide Arten lebe im zentralen **Afrika** und nutzen **Werkzeug** Genetisch sind sie die nächsten Verwandte des Menschen. Die evolutionäre Trennung de beiden Arten erfolgte vor ca. 7–8 Mio. Jahrer

Der **Mensch (*Homo sapiens*)** ist die einzig rezente Art der Gattung *Homo*. Nach neueste Datierung verschiedener Fossilien entwickelt er sich gleichzeitig in verschiedenen Regione Afrikas vor ca. 500.000 Jahren.

A. Philippinen-Gleitflieger – *Cynocephalus volans*

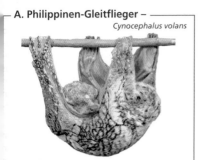

Abb. 44.37

B. Fingertier – *Daubentonia madagascariensis*

Abb. 44.38

C. Katta – *Lemur catta*

Abb. 44.39

D. Kapuzineraffe – *Cebus imitator*

Abb. 44.40

E. Weißgibbon – *Hylobates lar*

Abb. 44.41

F. Gorilla – *Gorilla*

Abb. 44.42

G. Orang Utan – *Pongo*

Abb. 44.43

H. Schimpanse – *Pan troglodytes*

Abb. 44.44

44.14 Spitzhörnchen (Scandentia)

Die **Spitzhörnchen** werden auch **Tupaias** (→ **C**) genannt. Sie sind tagaktive Bodenbewohner in Wäldern Südostasiens. Früher wurden sie als nahe Verwandte der Spitzmäuse betrachtet, tatsächlich sind sie aber genetisch eng mit den **Primaten** verwandt. Bis vor ca. 86 Mio. Jahren bildeten sie mit diesen die Gruppe der **Primatomorpha**. Es sind 20 Arten bekannt. Sie leben in Erdhöhlen und Felsspalten und ernähren sich von Wirbellosen, aber auch von Früchten und Samen.

44.15 Nagetiere (Rodentia)

Sie sind die artenreichste Gruppe, mit ca. **2300 Arten** umfassen sie etwa 40% der Säugetiere. Sie sind **Kulturfolger** und weltweit in den unterschiedlichsten Lebensräumen verbreitet.

Ihr wesentliches Merkmal sind die jeweils zwei nachwachsenden **Nagezähne** im Ober- und Unterkiefer. Diese haben keine Zahnwurzel und wachsen lebenslang nach. Werden sie nicht abgenutzt, dann wachsen sie unkontrolliert durch Gewebe und Knochen und können die Schnauze verschließen. Nagetiere ernähren sich vorwiegend herbivor, es gibt jedoch auch Allesfresser unter ihnen. Einige Arten sind Schädlinge, die Saatpflanzen beschädigen, Nahrungsmittel verzehren, Parasiten und Krankheiten übertragen. Manche Arten halten einen langen **Winterschlaf** (Murmeltiere, Siebenschläfer). Es gibt Zwergformen (Zwergmäuse), aber die meisten Nagetiere (Mäuse, Ratten, Hörnchen) sind mittelgroß (→ **B**) mit einer Körperlänge bis ca. 30 cm. Es gibt jedoch auch große Nager wie den **Biber** (→ **C**) , das **Stachelschwein** (→ **D**) oder das südamerikanische **Agouti** (→ **E**). Nagetiere entstanden vermutlich in der **Kreidezeit**. Genetisch sind sie eng mit den Hasenartigen verwandt, die als ihre **Schwestergruppe** gelten.

44.16 Hasenartige (Lagomorpha)

Sie unterteilen sich in zwei Familien: die **Hasen** (Leporidae) und die **Pfeifhasen** (Ochotonidae). Sie beinhalten ca. 80 Arten, die klein bis mittelgroß sind.

Charakteristisch sind die auffällig langen Hinterläufe und Ohren.

Lagomorpha sind weltweit verbreitet und herbivor. Die Verdauung der pflanzlichen Nährstoffe (**Cellulose**) erfolgt mithilfe von Mikroorganismen im Blinddarm (**Caecum**). Die Tiere geben tagesrhythmisch einen Blinddarmkot (**Caecotrophe**) ab, den sie zu einer zweiten Passage durch den Magen-Darm-Trakt wieder aufnehmen (**Caecotrophie**). Sie sind **Bodenbewohner**. Feldhasen leben offen in Sassen, während Kaninchen komplexe Bauten graben. Pfeifhasen leben in Spalten vor Geröllhalden meist im Gebirge in Nordamerika und im nördlichen Asien. Die ältesten Fossilien der Lagomorpha wurden in China gefunden und werden auf das **Paläozän** vor ca. 60 Mio. Jahren datiert. Fast alle Hasenartigen dienten dem Menschen in seinen verschiedensten Kulturen als Fleischlieferanten. Die **Monophylie** der Lagomorpha ist durch ihre auffallenden Merkmale gut begründet. Hasenartige haben eine frühe Geschlechtsreife, eine kurze Tragezeit und demnach eine starke Vermehrungsrate.

Der **Feldhase** (*Lepus europeaus*; → **F**) ist überwiegend dämmerungs- und nachtaktiv. Außerhalb der Paarungszeit sind die Tiere **Einzelgänger** und ruhen in Sassen (Mulden) im Feldbewuchs. Sie sind kräftige Springer und schnelle Läufer und Schwimmer.

Das **Wildkaninchen** (*Oryctolagus cuniculus*; → **G**) ist die Stammform aller Hauskaninchen. Es ist eine von insgesamt ca. 27 Arten der Kaninchen und hat sechs Unterarten. Es hat ein graubraunes Fell und im Vergleich zu Hasen kurze Ohren (Löffel). Durch den Menschen wurden die Kaninchen inzwischen weltweit verbreitet. Kaninchen leben in Kolonien und bauen ausgedehnte Tunnelsysteme.

Pfeifhasen (→ **H**) werden auch **Pikas** genannt. Ihre einzige rezente Gattung (*Ochotona*) umfasst 30 Arten. Pikas sind seit dem Oligozän bekannt, mehrere andere Gattungen, die früher weiter verbreitet waren, sind ausgestorben. Pikas produzieren auch **Caecotrophe**, die sie allerdings nicht direkt vom Anus aufnehmen, sondern erst an Felsen trocknen lassen.

A. Spitzhörnchen – Scandentia

Abb. 44.45

B. Burunduk – *Tamias sibiricus*

Abb. 44.46

C. Biber – Castoridae

Abb. 44.47

D. Stachelschwein – *Hystrix cristata*

Abb. 44.48

E. Aguti – *Dasyprocta*

Abb. 44.49

F. Feldhase – *Lepus europaeus*

Abb. 44.50

G. Kaninchen – *Oryctolagus cuniculus*

Abb. 44.51

H. Pfeifhase – *Ochotona*

Abb. 44.52

44.17 Insektenfresser (Eulipotyphla)

Die Insektenfresser auch als Insectivora bezeichnet stellen eine phylogenetisch umstrittene Gruppe dar, die etwa 450 Arten umfasst. Sie werden in die Überordnung der **Laurasiatheria** eingeordnet (→ **Abb. 44.1**). Früher wurden auch die Goldmulle und die Tenreks zu den Insektenfressern gerechnet, inzwischen ordnet man sie in eine eigene Gruppe, den **Afrosoricidae** ein. Die Körperlänge der Insektenfresser kann zwischen 3 und 45 cm Körperlänge betragen. Sie haben ein ausgezeichnetes Gehör und einen sehr guten Geruchssinn, den sie beim Beutefang einsetzen. Neben Insekten und anderen Wirbellosen fressen sie auch kleinere Wirbeltiere. In geringem Umfang nehmen sie auch Samen und Nüsse auf. Lange **Tasthaare** dienen der Orientierung der überwiegend nachtaktiven und als Einzelgänger lebenden Tiere. Die Insektenfresser werden in fünf Familien eingeteilt: Igel, Spitzmäuse, Maulwürfe, Schlitzrüssler und Karibische Spitzmäuse.

Die **Igel (Erinaceidae)** kommen nur in Afrika und in Eurasien vor. Ihre 24 Arten unterteilen sich in zwei Unterfamilien: **Stachelige Igel (Erinaceinae)** und **Stachellose Igel (Galericinae)**, die auch Ratten- oder Haarigel genannt werden (→ **B**). Bekanntester Vertreter ist der in Europa lebende **Braunbrustigel** (→ **A**).

Spitzmäuse (Soricidae; → **C)** haben eine lange, spitze Schnauze und sind in Afrika, Amerika und Eurasien mit insgesamt 350 Arten weit verbreitet. Sie ernähren sich carnivor und finden ihre Beute mit guten Gehör und Geruchssinn. Sie sind zur **Echoortung** fähig.

Maulwürfe (Talpidae; → **D)** leben meist unterirdisch in Amerika und Eurasien und umfassen 35 Arten. Sie haben Tasthaare am Schwanz und besondere **Tastsinneszellen (Eimer'sches Organ)** an der Schnauze. Damit können sie auch **elektrische Felder** ihrer Beute wahrnehmen. Ihre Vorderextremitäten sind zu schaufelförmigen **Grabwerkzeugen** umgebildet.

Schlitzrüssler (Solenodontidae; → **E)** sind nachtaktive Bodenbewohner, die in kleinen Gruppen in Erdspalten oder selbst gegrabenen Höhlen leben. Sie kommen nur auf den karibischen Inseln vor und erinnern an große kräftige Spitzmäuse. Sie haben eine Körperlänge bis 45 cm und einem langen Schwanz. Charakteristisch ist ihre lange, **rüsselförmige Nase**, die von einem Knochen (Praenasale) gestützt wird. Ihre Unterkieferdrüse produziert ein **Nervengift**, das sie für den Beutefang einsetzen. Sie sind Allesfresser, ernähren sich aber überwiegend carnivor und produzieren hochfrequente Klicklaute, die sie zur **Echoortung** verwenden.

Karibische Spitzmäuse (Nesopontidae; →) waren eine ausgestorbene Gattung mit neun Arten und bis ins 20. Jahrhundert auf den karibischen Inseln verbreitet. Von ihnen gibt es zahlreiche Skelettfunde. Die Tiere waren 3–1 cm lang, hatten eine lange Schnauze, einen schmalen Kopf und einen langen Schwanz.

44.18 Fledertiere (Chiroptera)

Fledertiere sind die einzigen Säugetiere, die fliegen können. Mit ca. 1100 Arten stellen sie das zweitgrößte Säugertaxon dar. Sie werden in zwei Unterordnungen unterteilt: Mega- und Microchiroptera.

Die **Flughunde (Pteropidae)** sind die größten Fledertiere und die einzige Familie innerhalb der **Megachiroptera** mit etwa 185 Arten. Sie leben in subtropischen und tropischen Regionen Afrikas, des Indischen Ozeans, Südasiens und Australiens. Sie sind dämmerungs- und nachtaktiv, haben keinen Schwanz und keine **Echoortung**. Sie orientieren sich meist optisch und haben einen sehr guten **Geruchssinn**. Die größeren Arten leben in Kolonien mit bis zu 500.000 Individuen.

Die **Fledermäuse (Microchiroptera)** unterteilen sich in zwei Subtaxa: Hufeisennasenartige **(Rhinolophoidea)** mit 170 Arten (→ **D)** und **Glattnasen (Vespertilionidae)** mit 930 Arten. Außer in der Antarktis kommen sie weltweit vor und sind etwas kleiner als die Flughunde. Fledermäuse sind nachtaktiv und bewegen sich mithilfe ihrer **Flughäute**, die zwischen Körper und Extremitäten gespannt sind. Typisch für Fledermäuse ist die **Echoortung**. Sie ernähren sich von Insekten, die tropischen Arten auch von Früchten und Nektar.

A. Europäischer Igel – *Erinaceus europaeus*

Abb. 44.53

B. Zwerghaarigel – *Hylomys suillis*

Abb. 44.54

C. Zwergspitzmaus – *Sorex minutus*

Abb. 44.55

D. Maulwurf – *Talpa europaea*

Abb. 44.56

E. Schlitzrüssler – *Solenodon paradoxus*

Abb. 44.57

F. Karibische Spitzmaus – Nesophontidae

Abb. 44.58

G. Flughund – Megachiroptera

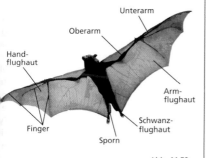

Unterarm

Oberarm

Hand-
flughaut

Arm-
flughaut

Finger

Schwanz-
flughaut

Sporn

Abb. 44.59

H. Fledermaus – Microchiroptera

Abb. 44.60

44.19 Hundeartige Raubtiere

Die **Carnivora** unterteilen sich in **Hundeartigen (Canoidea)** und die **Katzenartigen (Feloidea)**. Mit 270 Arten sind sie eine der größten Gruppen der Säugetiere und kommen auf allen Kontinenten vor. Sie sind **Beutegreifer** (Prädatoren), ernähren sich aber nicht ausschließlich von Fleisch. Einige Arten wie die Bären sind opportunistische Allesfresser oder haben sich sogar ganz auf eine pflanzliche Ernährung spezialisiert (Großer Panda). Nach neueren Studien haben sich die beiden Hauptlinien der Carnivora vor ca. 43 Mio. Jahren getrennt.

Die namensgebende Gruppe der **Hundeartigen** die **Hunde (Canidae)**, entwickelte sich im Eozän vor ca. 40 Mio. Jahren in Nordamerika. Zu den Hunden gehören auch die Füchse, Kojoten und Wölfe. Aus Letzteren haben sich durch Domestizierung die Haushunde entwickelt (→ **A**). Durch den Menschen sind die Canidae inzwischen auf allen Kontinenten verbreitet. Die bisherige **Taxonomie** unterteilte die Hunde in zwei Stämme: Echte Hunde (Canini) und Echte Füchse (Vulpini). Durch neuere molekulargenetische Befunde ist diese Systematik stark verändert worden, sodass die Rotfüchse (→ **B**) den Canini näher stehen als die Graufüchse.

Die **Bären (Ursidae)** werden als Echte Bären bezeichnet und damit von den **Kleinbären (Procyonidae)** abgegrenzt. Es sind acht rezente Arten mit mehreren Unterarten bekannt, die im nördlichen Südamerika, in Nordamerika, Eurasien und in den Polargebieten leben. Bären sind dämmerungs- und nachtaktive Einzelgänger, die in Höhlen oder Erdgruben leben. Die meisten Arten können gut klettern. In den kalten Monaten halten sie eine **Winterruhe** mit abgesenkter Atem- und Herzfrequenz. Da die Körpertemperatur aber wenig sinkt, ist es kein echter Winterschlaf und die Tiere können zwischendurch leicht aufwachen. **Eisbären** (→ **C**) leben in nördlichen Polargebieten. Aufgrund der Klimaerwärmung gilt die Art inzwischen als gefährdet. Der Grizzly (→ **D**) ist eine in Nordamerika lebende Unterart der

Braunbären. Er ist tag- und nachtaktiv. Weitere Bärenarten sind: Schwarzbär, Kragenbär, Lippenbär, Malaienbär, Brillenbär und Großer Panda.

Das **Walross** (→ **E**) ist eine Robbenart und die einzige Art der Familie (**Odobenidae**). kommt in den kalten Meeren der nördlichen Halbkugel vor. Es gibt eine atlantische und eine pazifische Unterart. Die Tiere werden bis über 3 m lang, wiegen 6–8 Tonnen und werden bis zu 40 Jahre alt. Ihre Eckzähne sind zu langen **Stoßzähnen** ausgebildet und sie ernähren sich unter Wasser vorwiegend von **Muscheln**.

Die **Ohrenrobben (Othariidae;** → **F)** sind erst aus dem **Miozän** vor 34 Mio. Jahren bekannt. Sie gelten als Schwestergruppe der Walrosse und werden in **Seebären** und **Seelöwen** unterteilt. Insgesamt gibt es 15 rezente Arten. Die meist großen Tiere sind sehr sozial und bilden Kolonien an den Felsküsten der Weltmeere. Ihr Ursprung liegt vermutlich an der Pazifikküste Nordamerikas. Durch ihre muskulösen Vorderflossen können sie sich gut an Land bewegen.

Skunks (Mephitidae; → **G)** werden auch Stinktiere genannt. Die zwölf rezenten Arten leben in Amerika und sind kleine bis mittelgroße Raubtiere. Sie haben einen langen, buschigen Schwanz und ein kontrastreiches, dunkles Fell mit weißen Streifen oder Flecken. An den Vorderpfoten haben sie Grabkrallen. Charakteristisch sind die paarigen **Analdrüsen**, die ein streng riechendes, reizendes **Sekret** meterweit versprühen können. Auch die asiatischen **Stinkdachse** sind mit ihnen eng verwandt.

Der **Waschbär (Procyon lotor;** → **H)** ist ein in Nordamerika beheimatetes, mittelgroßes nachtaktives Raubtier, das inzwischen auch in Eurasien und Japan eingewandert ist. Er ist ein **Allesfresser**, der seine Nahrung mit den Vorderpfoten vor dem Verzehr sorgfältig abtastet. Das Waschen der Nahrung ist vermutlich eine Leerlaufhandlung und dient nicht der Reinigung der Nahrung. Waschbären haben ein gutes Gedächtnis und eine gute **Lernfähigkeit**. Sie übertragen Tollwut und Spulwürmer

A. Haushund – *Canis lupus familiaris*

Abb. 44.61

B. Rotfuchs – *Vulpes vulpes*

Abb. 44.62

C. Eisbär – *Ursus maritimus*

Abb. 44.63

D. Grizzlybär – *Ursus arctos horribilis*

Abb. 44.64

E. Walross – *Odobenus rosmarus*

Abb. 44.65

F. Ohrenrobben – Othariidae

Abb. 44.66

G. Streifenskunk – *Mephitis mephitis*

Abb. 44.67

H. Waschbär – *Procyon lotor*

Abb. 44.68

44.20 Katzenartige (Feloidea)

Sie sind die Schwestergruppe der Hundeartigen und in Urformen schon aus dem Paläozän bekannt. Nur die Katzen, Hyänen und und die ausgestorbenen Barbourofelidae breiteten sich nach Amerika aus, alle anderen Familien beschränken sich auf Eurasien und Afrika. Die Feloidea unterteilen sich in sieben rezente Familien:

Katzen (Felidae) unterteilen sich in **Großkatzen** (Löwe, Tiger, Leopard) und **Kleinkatzen** (Wildkatze, Luchs, Puma, Gepard, Ozelot). Die **Hauskatzen** stammen von den Wildkatzen ab und wurden vom Menschen domestiziert. Katzen kommen außer in Ozeanien und in Antarktika auf allen Kontinenten vor. Sie entstanden vor ca. 30 Mio. Jahren in Europa. Heute sind 37 rezente Arten bekannt, die sich in acht Hauptlinien aufspalten. Von ihnen werden hier die **Löwen** (→ A) und die **Leoparden** (→ B) bildlich dargestellt.

Pardelroller (Nandiniidae) leben als nachtaktive Baumbewohner in Wäldern des **zentralen Afrikas**. Die **Allesfresser** ernähren sich von Früchten und Beutetieren. Sie werden bis ca. 60 cm lang und haben einen ebenso langen Schwanz (→ C). Sie sind Einzelgänger und markieren ihre Reviere mit Drüsensekret. Sie bilden eine eigenständige Linie innerhalb der Feloidea.

Hyänen (Hyanidae) leben in Afrika und Asien. Es gibt zwei Unterfamilien, die **Eigentlichen Hyänen**, zu der auch die **Tüpfelhyäne** (→ D) gehört, und die **Erdwölfe**, die sich von Termiten ernähren. Die Eigentlichen Hyänen können bis zu 1,6 m Körpergröße erreichen. Hyänen sind nachtaktive, ausdauernde **Jäger** und **Aasfresser**, die in riesigen Revieren leben. Diese markieren sie mit einem **übelriechenden Sekret** aus dem Analbeutel. Hyänen entwickelten ab dem Miozän vor 17 Mio. Jahren in Europa ca. 70 Arten, von denen heute nur noch vier existieren: Tüpfelhyäne, Streifenhyäne, Schabrackenhyäne und Erdwolf. Trotz ihres hundeähnlichen Aussehens zählen Hyänen molekulargenetisch gesichert zu den katzenartigen Raubtieren.

Linsangs (Prionodontidae) leben in Südostsien und sind nachtaktive Fleischfresser. Die schlanken, ca. 45 cm langen Tiere haben ein auffällig gemustertes Fell und einen langen Schwanz. Es gibt zwei Arten: den Bändelinsang und den Fleckenlinsang (→ E). Die scheuen Tiere leben in Regenwäldern und kommen nur nachts zum Beutefang an den Boden. Früher wurden Linsangs zu den Schleichkatzen gerechnet, molekulargenetisch bilden sie aber eine eigenständige Schwestergruppe der Katzenartigen.

Schleichkatzen (Viveriidae) sind kleine bis mittelgroße Raubtiere, deren 30 rezente Arten in Eurasien und Afrika leben. Sie können bis m Körperlänge erreichen, mit einem ebenso langen Schwanz. Sie sind nachtaktive Allesfresser und ruhen tagsüber auf Bäumen oder in Erdlöchern. Das **Analsekret** der **Zibetkatze** (→ F) wird in der **Parfümproduktion** genutzt. Bekannt ist auch der **Fleckenmusang**, aus dessen Kot mit halbverdauten Kaffeebohnen der **Kopi Luwak** (ein Kaffee) hergestellt wird.

Mangusten (Herpestidae) sind kleine Raubtiere, die im südlichen Europa, in Afrika und im südlichen Asien verbreitet sind. Es gibt 3 Arten, am bekanntesten sind **Mungos** und **Erdmännchen**. Die meisten Mangusten leben als Einzelgänger, nur die Erdmännchen, **Zwergmangusten** (→ G) und Zebramangusten leben in organisierten Gruppen. Sie ernähren sich von Insekten, Larven und kleinen Wirbeltieren. Mungos können **Giftschlangen** mit gezieltem Biss töten. Sie fressen auch Skorpione und giftige Tausendfüßer.

Madagassische Raubtiere (Eupleridae) leben auf Madagaskar endemisch in Wäldern und werden aufgrund molekulargenetischer Analysen in eine **monophyletische Familie** mit acht rezenten Arten gruppiert. Ihr größter Vertreter ist die **Fossa** (→ H), mit bis zu 80 cm Körperlänge. Sie ist überwiegend Bodenbewohner kann aber gut klettern und einige Individuen können auch schwimmen. Madagassische Raubtiere sind vorwiegend Fleischfresser, die Fossa erlegt auch Lemuren. Zu ihnen gehören auch die **Madagaskar-Mangusten**, und die **Ameisenschleichkatze (Falanuk)**. Die Vorfahren dieser Tiere haben Madagaskar vor ca. 2 Mio. Jahren von Afrika aus besiedelt.

A. Löwin – *Panthera leo*

Abb. 44.69

B. Leopard – *Panthera pardus*

Abb. 44.70

C. Pardelroller – *Nandinia binotata*

Abb. 44.71

D. Tüpfelhyäne – *Crocuta crocuta*

Abb. 44.72

E. Fleckenlinsang – *Prionodon pardicolor*

Abb. 44.73

F. Zibetkatze – *Viverrinae*

Abb. 44.74

G. Zwergmanguste – *Helogale undulata*

Abb. 44.75

H. Fossa – *Cryptoprocta ferox*

Abb. 44.76

44.21 Schuppentiere (Pholidota)

Sie werden auch Tannenzapfentiere (**Manidae**) genannt und bilden eine eigene Ordnung. Es gibt acht rezente Arten, die in Asien und Afrika leben.

Ihr Körper ist mit großen **Hornschuppen** bedeckt wie beim **Vorderindischen Schuppentier** (**Manis crassicaudata**; → **A**) und sie können bis 80 cm Körperlänge erreichen, mit einem ebenso langen Schwanz. Die Tiere haben eine röhrenförmige Schnauze, einen zahnlosen Kiefer und eine lange Zunge. Damit ernähren sie sich von Ameisen und Termiten. Bei Gefahr rollen sie sich zu einer **Kugel** zusammen (→ **B**). Molekulargenetische Untersuchungen weisen sie als nächste Verwandte der Raubtiere aus.

44.22 Unpaarhufer (Perissodactyla)

Sie haben im Gegensatz zu den Paarhufern eine ungerade Anzahl von Zehen. Zu ihnen gehören mit dem Nashorn die nach den Elefanten zweitgrößten Säugetiere mit einem Gewicht bis zu 3,5 t. Es gibt drei rezente Familien: Tapire, Pferde und Nashörner.

Litopterna entstanden im Paläozän und waren **Südamerikanische Huftiere**, die am Ende des Pleistozäns vor etwa 20.000 Jahren ausgestorben sind. Einer ihrer letzten Vertreter war **Macrauchenia** (→ **C**), ein ca. 1,8 m großer Wiederkäuer, der durch seine reduzierte Zehenzahl Pferden und Kamelen stark ähnelt. Von ihm finden sich noch viele Fossilien in den Pampas.

Tapire (Tapiridae) mit fünf rezenten Arten: Flachlandtapir, Bergtapir, Kobomani-Tapir, Mittelamerikanischer Tapir und der in Asien lebenden **Schabrackentapir** (→ **D**). Sie sind eine alte Tiergruppe, deren Vertreter schon im Miozän vorkamen. Der Lebensraum dieser Pflanzenfresser ist der tropische Regenwald.

Pferde (Equus) sind die einzige rezente Gattung der **Equiden**. Je nach Systematik unterscheidet man heute meist sieben Arten. Alle Pferde sind **Enddarmfermentierer** und verdauen das Pflanzenmaterial mithilfe von Mikroorganismen. Die meisten Wildpferde und Wildesel sind ausgestorben, nur die **Hauspferde** (→ **E**) und **Hausesel** (→ **F**) haben sich durch Domestizierung über die ganze Welt

ausgebreitet. Wild lebende Esel sind der Afrikanische Esel, der Asiatische Esel und der Tibet-Wildesel. Zu den Pferden gehören auch die drei rezenten Zebra Arten. Das **Steppenzebra** (**Equus quagga**), auch Pferdezebra genannt, ist die häufigste Art in Afrika und lebt überwiegend in der Serengeti (→ **G**). Das Grevyzebra (**Equus grevyi**) kommt in Ostafrika vor und das Bergzebra (**Equus zebra**) ist im südwestlichen Afrika verbreitet. Ihre Streifenanzahl unterscheidet die Arten deutlich voneinander. Zebras bilden kein natürliches Taxon, sondern sind vermutlich durch Kreuzungen mit afrikanischen und asiatischen Wildeseln entstanden.

Die **Nashörner (Rhinocerotidae)** bilden eine Familie mit fünf rezenten Arten. Sie haben sich vor 50 Mio. Jahren entwickelt und waren bis zum **Miozän** auf der Erde weit verbreitet. Heute sind sie durch Bejagung bedroht und es gibt nur noch das **Breitmaul-** und das **Spitzmaulnashorn** (→ **F**) in Afrika sowie das **Panzer-, Java-** und **Sumatra-Nashorn** in Asien. Die afrikanischen Nashörner und das asiatische Sumatra-Nashorn haben zwei Hörner, die asiatischen Panzer- und Java-Nashörner besitzen dagegen nur ein vorderes Horn. Das vordere Horn entwächst dem Nasenbein, das hintere Horn dem Stirnbein. Die Hörner bestehen aus **Keratin**, können sich abnutzen, wachsen aber lebenslang nach.

Die großen Tiere können bis zu 3,8 t wiegen und haben an jedem Fuß drei Zehen, die jeweils in einem breiten Huf enden. Nashörner sind **Pflanzenfresser**, die ihre Nahrung mithilfe von Mikroorganismen im Enddarm verdauen (**Enddarmfermentierer**). Dazu besitzen sie einen voluminösen Blinddarm. Bullen leben territorial als Einzelgänger, weibliche Tiere in matriarchalisch organisierten Herden. Nashörner sind scheue dämmerungs- und nachtaktive Tiere. Die nächsten Verwandten sind Pferde und Tapire.

Nashörner sind durch Wilderei stark vom Aussterben bedroht, da ihre Hornsubstanz in Asien als Potenzmittel für exorbitante Summen gehandelt wird.

A. Schuppentier – Pholidota

Abb. 44.77

B. Schuppentier – eingerollt

Abb. 44.78

C. Litopterna – *Macrauchenia*

Abb. 44.79

D. Schabrackentapir – *Tapirus indicus*

Abb. 44.80

E. Hauspferd – *Equus caballus*

Abb. 44.81

F. Hausesel – *Equus asinus asinus*

Abb. 44.82

G. Steppenzebra – *Equus quagga*

Abb. 44.83

H. Spitzmaulnashorn – *Diceros bicornis*

Abb. 44.84

44.23 Paarhufer (Artiodactyla)

Sie werden auch Paarzeher oder **Paarzehige Huftiere** bezeichnet, weil sie im Gegensatz zu den Unpaarhufern meist eine gerade Anzahl von Zehen (zwei oder vier) haben. Es sind überwiegend Pflanzenfresser, die eine Vielzahl gemeinsamer Merkmale haben, aber eine **paraphyletische Gruppe** darstellen. Sie haben also keinen gemeinsamen Vorfahren. Paarhufer lassen sich in vier Unterordnungen gruppieren: Schweineartigen, Kamele, Wiederkäuer und Flusspferde.

Schweineartige (Suina) sind eine Unterordnung der Paarhufer und gliedern sich in zwei rezente Familien.

Die echten **Schweine (Suidae)** werden auch als Altweltliche Schweine bezeichnet (→ **A**). Zu ihren etwa 20 Arten gehören die **Wildschweine** und die daraus domestizierten **Hausschweine**. Die Neuweltlichen oder auch **Nabelschweine (Tayassuidae)** umfassen die drei Arten der Pekaris, die in Brasilien vorkommen und ein moschusartiges Sekret aus einer Rückendrüse abgeben. Bei Schweinen sind die zweiten und fünften Zehen als **Afterklaue** nach hinten gerichtet.

Kamele (Camelidae) beinhalten die einzigen rezenten Arten der Unterordnung der **Schwielensohler (Tylopoda)**. Sie haben nur zwei Zehen, die keine Hufe sondern Klauen tragen, die zu Nägeln umgebildet sind.

Zu ihnen gehören die einhöckrigen **Altweltkamele** (Camelus) mit dem **Dromedar** (Camelus dromedarius; → **B**) und die zweihöckrigen Kamele mit dem **Trampeltier** (Camelus ferus). Die **Neuweltkamele (Lamini)** umfassen die beiden Gattungen **Lama** (Lama) und **Vikunja** (Vicugna) mit jeweils zwei Arten. Kamele werden nicht zu den Wiederkäuern gerechnet, obwohl sie ebenfalls einen **mehrkammerigen Magen** haben, in dem das Pflanzenmaterial mithilfe von Mikroorganismen verdaut wird. Kamele stammen ursprünglich aus dem arabisch-asiatischen Raum, sind inzwischen aber als Nutztiere weltweit verbreitet. Molekulargenetische Untersuchungen sehen die Kamele

an der Basis der **Cetartiodactyla**, dem gemeinsamen Taxon der Paarhufer und der Wale.

Wiederkäuer (Ruminantia) unterteilen sich in die Gruppen der **Hirschferkel** und der **Stirnwaffenträger**. Charakteristisch ist ihr mehrkammeriger Magen, in dem symbiontische Mikroorganismen die Celluloseverdauung ermöglichen.

Die **Hirschferkel** (Tragulus; → **C**) sind die stammesgeschichtlich älteste Gruppe der Wiederkäuer aus dem Oligozän und umfassen zehn rezente Arten. Sie sind kaum größer als Hasen und leben territorial im tropischen Afrika und Asien. Es sind scheue, nachtaktive Tiere.

Die **Stirnwaffenträger (Pecora)** umfassen fünf rezente Familien: die **Gabelhornträger**, die **Moschushirsche**, die **Giraffenartigen** (→ **E, F**), die **Hirsche** und die **Hornträger**. Letztere sind die artenreichste Gruppe und beinhalten die Antilopen (→ **D**), die Gazellen, die Schafe, die Rinderartigen und die Ziegenartigen (Caprini; → **G**). Das **Okapi** (→ **F**) wird auch als Waldgiraffe bezeichnet. Das scheue Tier lebt in den äquatorialen Regenwäldern Afrikas. Der **Takin** (→ **G**) gehört zu der Gruppe der Ziegenartigen. Es wird oft auch als Rindergemse bezeichnet, da es einen bulligen Körper hat und in den Bergregionen des östlichen Himalayas lebt. Stirnwaffenträger sind weltweit verbreitet, besonders in Eurasien, Afrika und Amerika.

Die Familie der **Flusspferde (Hippopotamidae)** umfasst heutzutage noch zwei rezente Arten: das **Flusspferd** (Hippopotamus amphibius; → **H**) und das **Zwergflusspferd** (Hexaprototon liberiensis).

Letzteres ist in den Sümpfen und Wäldern **Westafrikas** beheimatet und ein nachtaktives scheues Tier. Sein Körperbau ähnelt dem des Großflusspferds, mit halber Körpergröße und ca. einem Viertel des Körpergewichts.

Flusspferde sind schon aus dem **Pleistozän** bekannt, sie existieren heutzutage nur noch in Afrika südlich der Sahara. Mehrere Arten sind ausgestorben. Bis vor einigen Hundert Jahren gab es noch das Madagassische Flusspferd. Molekulargenetisch sind die Flusspferde eng mit den **Walen** verwandt.

A. Warzenschwein – *Phacocoerus africanus*

Abb. 44.85

B. Dromedar – *Camelus dromedarius*

Abb. 44.86

C. Hirschferkel – *Tragulus javanicus*

Abb. 44.87

D. Antilope – *Aepyceros (Impala)*

Abb. 44.88

E. Giraffe – *Giraffa*

Abb. 44.89

F. Okapi – *Okapia johnstoni*

Abb. 44.90

G. Takin – *Budorcas*

Abb. 44.91

H. Flusspferd – *Hippopotamus amphibius*

Abb. 44.92

44.24 Wale (Cetacea)

Die 90 Arten dieser ausschließlich im Wasser lebenden Säugetiere unterteilen sich in zwei Unterordnungen. Die **Bartenwale (Mysticeti)** sind **Filtrierer** und ernähren sich von Plankton. Die **Zahnwale (Otontoceti)** leben räuberisch und jagen Robben, Pinguine und auch andere Kleinwale. Wale können an Land nicht überleben. Sie sind enge Verwandte der Paarhufer und haben sich mit diesen im frühen **Eozän** vor 50 Mio. Jahren entwickelt. Molekulargenetische Befunde verweisen auf die Flusspferde als nächste lebende Verwandte der Wale hin.

Bartenwale (Mysticeti)

Zu den Bartenwalen gehört der **Blauwal** (→ **A**), der in allen Ozeanen vorkommt. Er ist eine von acht Arten der Furchenwale und ein Hochseebewohner. Der Blauwal wandert jahreszeitlich zwischen dem Polarmeer (Sommer) und den gemäßigten Breiten (Winter). Mit bis zu 33 m Länge und 200 t Gewicht ist er das schwerste Tier der Erde. Blauwale sind Einzelgänger oder bilden Mutter-Kind-Gruppen.

Buckelwale (*Megaptera novaeangliae*) sind kleinere Furchenwale (→ **B**), die höchstens 18 m lang werden, bevorzugt im Flachwasser in **Küstennähe** leben und oft auch in Buchten und Flussmündungen zu beobachten sind. Sie verhalten sich lebhaft und sind bekannt für ihre **Walgesänge**. Sie haben sehr große Brustflossen, die fast ein Drittel der Körperlänge erreichen können. Beim Abtauchen bilden sie einen Buckel.

Grönlandwale (*Balaena mysticetus*) gehören zu den **Glattwalen**, leben in arktischen Gewässern und können bis zu 200 Jahre alt werden. Sie werden bis 18 m lang und haben eine 70 cm dicke **Fettschicht** als Kälteschutz. Mit ihrem massiven, langen Kopf (→ **C**) können sie Eisschichten durchbrechen. Ihre riesige **Mundöffnung** kann bis 5 m groß sein. Sie ziehen in v–förmigen Gruppen und orientieren sich akustisch mithilfe von **Echos**. Durch ihre Fettschicht und ihre langen Barten waren sie begehrte Beute und wurden intensiv bejagt. Sie stehen deshalb heute unter **Artenschutz**.

Zahnwale (Otontoceti)

Zu den Zahnwalen gehört der **Pottwal** (→ **D**), der bis zu 20 m Länge erreichen kann. Er ist das größte bezahnte Tier der Erde, lebt räuberisch in allen Ozeanen und ernährt sich von Tintenfischen, die er in großer Tiefe erbeutet. Zahnwale können bis 1000 m tief tauchen. Sie orientieren sich akustisch mithilfe von **Echos** und stoßen dazu **Klicklaute** aus. Sie haben ein ausgeprägtes Sozialverhalten und sowohl Männchen als auch Weibchen mit den Jungtieren leben in **Gruppen**. Während der Paarungszeit bildet ein Männchen einen **Harem** mit zehn Weibchen. **Jungtiere** werden zwei bis drei Jahre gesäugt. Pottwale wurden intensiv bejagt und stehen unter **Artenschutz**.

Schwertwale (*Orcinus orca*) werden auch **Orcas** (Killerwale) genannt. Sie gehören zur Familie der Delfine und sind deren größte Art. Es sind fleischfressende **Raubwale**, sie ernähren sich von Fischen, Robben und auch anderen kleinen Walen. Charakteristisch ist ihre **Färbung** mit schwarzem Rücken und weißem Bauch. Schwertwale sind sehr soziale Tiere, die in komplex organisierten Gruppen (Mutterlinien) leben und in Verbänden jagen. Sie sind weltweit verbreitet und kommen am häufigsten in nördlichen Meeren und in küstennahen Gewässern vor. Es gibt je nach Fanggebiet und Beuteart verschiedene **Schwertwal-Ökotypen**, die vermutlich Unterarten darstellen und sich in Körperbau, Färbung und Verhalten unterscheiden. Sie zeigen komplexe Lautäußerungen zur **Kommunikation** und **Echoortung**.

Delfine (*Delphinidae*) stellen mit 40 Arten die größte und vielfältigste Familie der Wale dar. Sie haben einen stromlinienförmigen Körper mit langer Schnauze und einem ausgeprägt bezahnten schnabelförmigen Kiefer. Im Kopf befindet sich ein Organ (Melone), das der **Echoortung** dient. Delfine haben ein großes **Gehirn** mit komplexer Hirnrinde und gelten als sehr intelligent, was sich auch in ihrem Verhalten und in ihrer Lernbereitschaft äußert. Die sozialen Tiere leben in Gruppen (**Schulen**) und haben eine sehr guten Gehör- und Gesichtssinn. Alle 2 h regenerieren sie ihre äußeren Hautzellen (**Peeling**). Sie sind schnelle Schwimmer und können bis 300 m tief tauchen.

A. Blauwal – *Balaenoptera musculus*

Abb. 44.93

B. Buckelwal – *Megaptera novaeangliae*

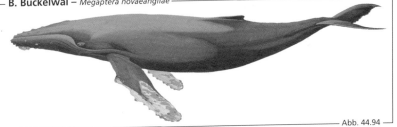

Abb. 44.94

C. Grönlandwal – *Balaena mysticetus*

Abb. 44.95

D. Pottwal – *Physeter catodon*

Abb. 44.96

E. Schwertwal – *Orcinus orca*

Abb. 44.97

F. Delfin – *Delphinus delphis*

Abb. 44.98

45 Sachverzeichnis

© Springer-Verlag GmbH Deutschland, ein Teil von Springer Nature 2021
W. Clauss und C. Clauss, *Taschenatlas Zoologie*,
https://doi.org/10.1007/978-3-662-61593-5

H

M